二〇一二年度國家古籍整理出版資助項目　最終成果（編號：七十六）

《工部廠庫須知》點校（正册）

明　何士晉　等　彙纂
連冕、江牧、李亮、許昌偉　校點　整理

中國建築工業出版社

校點說明

——寫在《工部廠庫須知》版行四百年、再顯七十五年之際

連晃　李亮　撰寫

「卷首」一卷、主體十二卷，計有十三卷的《工部廠庫須知》❶，註定將是一套令旁觀者好奇、欺心者覬覦的簿籍專書。

按慣常學理推斷，其開篇即見彼時署理工部事的閩人林如楚，爲「頒之各司」而「命梓人竣工」所寫下的《引》及落款時間——「萬曆四十三年季夏日」❷，故其初次版行，或即當在公元一六一五年（乙卯）夏末，迄今近四百載。而，約遲至一九四〇年末，國難蔓延，由鄭振鐸、蔣復璁等以搶救「國故」爲己任者，不問個人安危，藉由「孤島」上海秘密籌辦的「文獻保存同志會」❸，極力蒐購江南各家散出的精善舊藏之際，終令是書重回「公共知識」領域，算來也近七十五冬❹。雖在一六一五年之後，尤其在辛亥義成、擊潰倭夷、恢復中華之

後，歷史的車輪未曾有過絲毫停歇，但這「四百載」、這「七十五冬」的光陰的起點，套用郭沫若《甲申三百年祭》的講法，「總不失爲一個值得紀念的歷史年」❺。

因值得紀念，更爲化解好奇、滌汰穢垢，我們選擇於此刻，以團組約集的工作方式，校點、整理，并集中刊印與之相關的種種文獻。我們首欲達成的，就是不做粗鄙且特具破壞性的所謂「注釋」和現代轉換，而力圖虔敬地耕耘出一片誠實、齊整的基礎文本「田野」，以供來者深入參尋、發掘與墾殖。

一

此想法的雛形，誕生於二〇〇七年歲終。彼時爲推進清代「則例」及「禮制造物」關係研辯，今次成果的第一校點者，透過王世襄《清代匠作則例彙編·佛作-門神作》一書❻，知悉《廠庫須知》和「則例」的基本聯繫，并提出：清代的「庫」制「應該同樣承襲自朱明，明《工部廠庫須知》便是一個顯例，清人不過是在此基礎上使之更加完善」❼，繼而開始逐步醞釀由學術史層面，理董該書的可能❽。二〇一〇年春，第一校點者南遷羅剎江畔小鎮，授課之餘結識金陵X君，斟酌再三後，特將困難重重的全書正體録入，悉數委託并時作提點❾。因是年其僅就讀大學二年級，首次接觸古典專科文獻，磕磕絆絆中，不斷「捶打」，二十萬餘言電子底稿，方於一年多後始成。同期，二〇一〇年夏，第一校點者延請彭城L君於燕都，利用各數據庫資源，完成關於《廠庫須知》

及何士晉等歷史記録蒐集，并交予X君繼續清點。遲至二〇一二年夏末，後者更將此部分電子稿，與刻、印本原文，覆核一過。

回到二〇一〇年秋，因籌備工作出現的實際困難，第一校點者開始考慮向可能的機構、組織申請專項資助，并啓動出版事宜。初番，即曾大力推薦X君邀約L君，及其計算機科學與建築學專業同學聯署，申請所在地高等學校學生研究資助項目。惟，竟囿於「年資」背景，在部門形式篩選中敗陣。不過，第一校點者仍主張，將之定爲其學士階段的畢業論文訓練計劃。遺憾的是，X君復因「就業」等纏絆，二〇一三年夏，雖順利取得學位，但呈現的文字，離理想效果，尚有頗大差距。所以，今次成果内，自是無法曲意引述，也衹能棄捨。

又鑒於底稿已啓動電子化后的校檢，前期工作基本成熟，第一校點者爲避免再陷「年資」困局，於二〇一一年秋，正式考慮主動約同某所謂「更高階」者與事⑩，以實現於此世故的小小寰球，更好地爲先賢賡續智識，繼而示範學界的素樸心願。若再以這樣的情愫，細讀并反觀《廠庫須知》及其主旨，僅就傳統文人的角度論，朱明萬曆年間何士晉等人的彙纂工作，説千道萬，恰是從《禮記·中庸》，或乃子思引孔丘之言所稱的，「愚而好自用，賤而好自專，生乎今之世，反古之道，如此者，烖（災）及其身者也。非天子，不議禮，不制度，不考文」出發⑪。而該處的「反古」，當然不是指不願「持古法」而返歸賢明。按「鄭注」與「孔疏」，倒是指「不知大道」者的偏執、蠢頑，甚或成「愚」、至「賤」地「自用」、「自專」，死守一孔之識、一己之私，膽大恣意且橫行獨斷地議論禮樂、製造法度、考成文章。到頭來，勢將令其歷災臨禍。

那麼，「議論禮樂」，就《廠庫須知》來説，便是其「卷首」的《引》、《敘》，和卷一裏七篇《題本》重點要討論的內容。當然，其絶非淺表的「禮樂」問題，而是以工部內設的一個「節慎庫」，及營造將牽涉到的諸多「司」、「廠」、「局」、「所」等爲圓心，逐步展開對推動國計民生新發展的可能規劃——有借鑒後的改良，也有裁削後的創新。從「哲學」的角度講，便是通過對瑣碎日常的管理，包括對支收、匠作、保固等運行邏輯的調節、修正，以期淬煉出那種屬於「治國-經綸」之術[*statecraft*]的、抽象的「大美」。

至於「製造法度」，則可視作一種支撑「禮樂」的，具體行爲甚至有些絮叨的「善」。如其卷二，便是欲爲「廠庫」訂約、立規，并特别附列稽核官員的完善意見。而在以下的各卷，或是各「差」起首，再次用簡白説辭，詮釋了相應部門的基本職掌（參見《表2〈工部廠庫須知〉「四司十九差」職掌綜表》）。各「差」末，還開列經過彙纂者等審定的整改建議。其目的，除了幫助陌生的「初來者」了解經手事項，從條文上爲各色操持設下應然的依據，更關鍵的，怕更是要提醒那些「老手」，切實看好自己的「心」。所以，是書亦常被現代學人誤爲，一部僅剩「職場倫理」價值的「官箴」手册。

而佔其獨大篇幅的，恰恰是以標榜「考成文章」爲宗，在落實「經綸之術」時，頂頂緊要的「真數據」。事實上，由卷三至卷十二，雖何氏總括性地指認，字裏行間涉及了「四司十九差」⑫，但其所極力企望收納的，却是各「差」運行時，製備、維護等的，最終可以化約爲支收，并可施予監管的各色「確證」。那裏面，又不僅僅爲建築、工藝、軍事等的內容，就何氏等人而言，在可能的歷史時期中，更關鍵的，正是藉助對工匠所掌握的第一手運營材料的總結，并以如此形成的文書描述和「行政工具」，以履行其對家國的「忠」與「恕」。倘就我們這些後來的研究者論，也恰因其提供了一整套規範且難得的，足可按圖索驥的根本依憑，方特將之視作有明一代，「物質文化史」的最基礎的記憶「詳目」，和最有用的調查「表單」。

如此，依是書的原始彙纂情形，見有屬八個衙門，八類、七種職官資格，具體管轄十八項差事的三十三人參任（參見《表I〈工部廠庫須知〉各卷纂編及主體綜表》）。其內，最高階者爲正三品的劉元霖和林氏，均乃工部前後曾署部事的右侍郎。而除了那位營繕司司務廳司務係從九品，從七品的工科給事中何士晉等人則品級亦低。就列名頻度分析，於總計二百二十一次中，何氏以四十七次居首，之後是約二十四次的正六品營繕司修倉廠管理修倉主事陳應元，以及皆乃二十二次的正七品廣東道監察御史李嵩、正六品虞衡司驗試廳管廳主事樓一堂、正六品都水司器皿廠督廠主事黄景章、正六品屯田司管差主事華顏。但上述林氏、劉氏，雖屬權重之臣，却僅見二回。此亦與其書《凡例 • 職名》所稱，「四司又各以一臣『全編』，并得列名於首」的編輯邏輯吻合⓭，即「右侍郎」一者，實衹是首肯在工部內，按「給事中」等人的「題請」意圖操作⓮。

具體的參編行爲，則有十六種：「引、敘、題、照、議、輯、纂輯、彙輯、編、訂、訂正、訂証、校正、攷、攷載、參閲」。其中「議」、「攷載」等形式，最多且最主要，餘下係「編」與「參閲」。這些又從另一側面，反襯出參編的士大夫們，恐怕未必是通過親自進行的一綫采訪而獲得基礎資料。他們當是先以「坐而論道」的姿態，進入到手工業文獻的整理中。所以，蒐集并彙編營造匠人、廠庫掌收等的，各路鄙陋、草率的「工作檔册」後，再措手覆核、删改，以及重新展開正式的登録、修訂，再撰寫出適合於一定時間段使用的注意事項與改進要點，更在各主管、執行官吏及員役中傳閲，并增益、比照，應爲其最典型的操作情勢。而，《廠庫須知・凡例》所稱的「職名」、「職掌」、「議論」三部分，也即書内正文各相應結構版塊，或恰乃士大夫們直接訂立。而占最大體量的「會有」、「外解」二部分，當係由廠庫掌收，結合實際匠役情况呈報。惟「規則」一項，則乃該書「靈魂」，又可分爲具象與抽象，或即狹義、廣義兩類，最初應是「工」、「作」人等提供的「混合」文本。經士大夫們篩選，將其間有關管制的觀念等，并入前三項，而核心且直觀的「物料」斤兩、尺寸描述等，并入後二項。餘下的外在「操作程式」，即爲此「規則」的狹義内容，但實際文字却相對較少。更由於重在抽象思想和經濟數據的把控，導致此書亦無造作、工序等圖片輔助説明。然而，不得不説，中國歷代封建制度下，上層文官和底層粗工間，顯得矯情的聯通，倒又是藉之——純文獻的編纂——得以初步完成。

二

人們當能了解，仲尼詞句内的「天子」，指的是「聖人」。但，費解的却是「反古」與「災難」的呼應表述。何士晉等人彙纂此册，難道没有「厚古薄今」式地，追崇歷代儒者所仰羡的舊日「賢王」的，另一類「反古」傾向？那麼，他們竟因此之「獨斷」，最終「災及其身」了？於是，從淺層觀察，衹有「聖人」才可以「議禮」、「制度」、「考文」，若是誰「越俎代庖」，攬過「天子」的工作，就必要招致懲罰。這，似乎真是那位生年不甚詳晰，曾以「孝」、「報」，及護正統、敢直諫而名動士林，但光宗登極初，却遭魏閹黨徒構陷，於天啓五年（一六二五）「憤鬱而卒」的何士晉的悲劇縮影⑮。

「武莪」乃何氏表字，字面上除去或與「士晉」之名相關，又或同三位賢母及淒楚家事相連，并多係源自《詩・小雅・菁菁者莪》一篇⑯。其別號，當爲「青瑣侍臣」⑰。而與《廠庫須知》初版或同年付梓的，還有一部現今恐怕僅存於杭州圖書館的殘册《賜餘艸（草）》。意即，或夏日先刊前書，秋日再刊後者。

兩書版行時日，就歷史事件的沿遞綫條分析，也格外特殊。此年五月，約據乙丑、辛未日（二十、二十六日）《明實録》載述，因內廷突發「瘋人」張差持梃闖宫、打傷內監的「梃擊案」，其以「監察六部」、「禁直機構中，作用僅次於內閣」的「六科」的「給事中」，這一從七品官員身份⑱，抗顔上奏《儲宫保護疏》、《逆謀稽迅疏》（《賜餘艸》收録），當是徹底觸怒了神宗朱翊鈞，以致旋於六月，即遭致萬曆帝至少兩次親自嚴苛指定，必須「照原擬地方」、「不許加陞」地外轉浙江任事。

浙江的杭州、寧波兩府，參考已整編的可靠文獻判斷，乃武莪幼年存身、青年入仕的起點。神宗「旨意」，顯是要驅逐并叱辱此個敢於煽動朝野，無所顧忌地干涉皇族「廢長立幼」家事的，「位卑而職事重」的近侍

「外臣」和狂生[19]。雖不知赴任浙江背後，到底又是誰的謀劃，但這一年，可謂何氏命運最關鍵的轉捩。《廠庫須知》起首林氏之《引》中，所言「科臣更奉外差，急於趨命」，恐係暗喻此事。如是看來，一六一五年武莪署名的兩部作品之付梓，應有密切關聯——甚至可以說，兩者相輔相成，在微觀與宏觀、物質與精神，即形而下與形而上層面，共同搭建起了一套特殊且微妙的社會政治、經濟的管制理想。同時，此一「外轉」的起因，還將成爲其日後人生戛然斷止的總禍根。而《廠庫須知》、《賜餘吽》的，或隱、或毀，多也是緊隨着何氏的沉浮。以致我們或許還會說，「文人氣」仍重的兩書之版行，更可能成了「東林」與「魏閹」政治角鬥開始延燒的，「出版史」上的前兆之一[20]。惟其結局，却一如歷史看客們所遺憾地估計的那樣——并未最終成功推動，於真正的行政、財經等管制技術領域內的新變革。

另外，雖然僅是伏筆，但我們也有必要留心，一六一五年於寰球「大歷史」中的獨特地位。且不論是歲，西班牙塞萬提斯[Miguel de Cervantes Saavedra]的《唐•吉訶德》全數刊出[21]、德國開普勒[Johannes Kepler]發表《酒桶的立體幾何學》，日本德川家康擊敗據守大阪的豐臣秀賴，并頒布《武家諸法度》[22]，利瑪竇[Matteo Ricci]著《耶穌會與天主教進入中國史》的金尼閣[Nicolas Trigault]拉丁文改譯本於奧格斯堡[Augsburg]印行[23]，僅即此名將李成梁亡故之年的下一載[24]，萬曆四十四年（一六一六），建州「奴兒哈赤」正式在約爲萬曆四十三年基本建立起的「八固山[*gūsa*，旗]兵制」之上[25]，開始稱「（覆育列國英明）汗」，定國號「金」、建元「天命」，以赫圖阿拉爲都城。再兩年後的萬曆四十六年（一六一八），這個「女真國」，開始發動大規模對明戰役[26]。而更堪注目的還應包括，《廠庫須知》於其卷十《六科廊》的「文獻底片」上，竟以載記散賞（雙賞）建州等衞夷人（包括那位後來的「老罕王」在內）衣料、靴襪的形式[27]，捕捉到了那個風雲突變的時代裏的倏忽星火。

不過，回望武莪履業，其於萬曆四十三年急速抵達的高潮和低谷外，還是有旁的值得提起的事迹。譬如，三年後，他或由「浙江僉事」，遷任廣西左參議、廣西參政，并開始了與「兩廣」即「兩粤」密切交織的人生後半段。至泰昌元年（一六二〇）八月，「一月天子」朱常洛登極，因感念何氏等三十二人護持「國本」，特列名優卹，繼而進爲尚寶司少卿。可惜，光宗又或因「紅丸」，山陵突崩。其繼者熹宗，於天啓初（元年、二年、四年，一六二一、一六二二、一六二四），還是陸續擢升何氏爲太僕寺少卿、都察院右僉都御史并巡撫廣西、兵部右侍郎兼右僉都御史并總督兩廣，終達至其生涯之高點。直至天啓五年（一六二五）四月，因閹黨謀害，重翻「梃擊」舊案，更以「收賄」、「阻兵」并「增税擾民」爲由，討旨削其籍，「追奪《誥命》」，遣之「養馬、當差」[28]。故，當在是歲，武莪不堪再辱，憂憤而亡。天啓六年，魏閹大熾，何氏竟於身後，徹底捲入「東林黨争」，并同「紅丸」、「移宫」兩案諸君子，共登《三朝要典》等斥責之榜[29]。這些，都再次呼應了後世史家的分析：「文官控制軍事是晚明中國的一個已經確立的原則，而萬曆和天啓朝的黨争不可避免地涉及軍務」[30]。

那麼，何氏前往廣西，操掌一隅兵機的直接原因，又當緣於東北「遼事」頻變之際，黔地、粤地，漢、土各族互相傾軋，動蕩不堪，甚至出現境外安南人與境内西粤邊民，勾結串通的情况。軍事上，朱明王朝最少已在疆土的東北和西南兩端開仗，稍顯慶幸的是，山高林密的黔、桂等處，更多時，尚處於流民、匪幫、叛兵等偏於「游擊式」的滋擾。武莪於此刻的功勞，主要包括：於安南內亂時，確保了粵西邊境相對的安定；統攝兩廣，數年內，算是成功應付了加派之「遼餉」；并左右遙控、干預那個西商、教士、番兵及漢人等勢力膠着的澳門島，較妥恰地維護了政治管轄與領土主權[31]。唯其表面下所潛藏着的真正目標——「被動地」出京以蕩平禍端也好，「主動地」返京由軍勛升遷也罷，在一場場亦勝亦負的拉鋸鬥争中，均未及徹底實現。這些，據其友人謝肇淛的描述，似乎也應體現在一部情況不明的書稿《西寧疏草》，以及武莪那句「世事悠悠，孰知我艱」之中[32]。

但，總的來講，於傳統官僚體系及社會管制角度上，何氏仍乃頗見作爲者。衹是，其足以施展政治抱負的時日并不特長：自萬曆二十六年（一五九八）「舉進士」，三十五年（一六〇七）經考選，入北京「六科」爲「給事中」，截止於天啓五年，合計約二十七冬。而其享年，或即在五十五歲左右。赴京前，他的主要活動區域多在江蘇、浙江，尤其初期，當是因其有理、有節、有智地處理了家恨，而譽滿江南，以致及第并復仇後，被簡任爲與刑名、計典相關的寧波「推官」[33]。更因此，何氏始留意當地鄉賢、東漢人「董孝子」，并約在萬曆三十三年（一六〇五），參與整修董氏及其父母等墳塋、廟宇，再以官方名義，主持刊刻《董孝子廟志》。更在「不自覺」中，將個體際遇與董氏傳説等附會，成功進行了一次「何氏故事」的「神格化」，及「傳播學」升華。仔細分析，其怕也是因此而搏獲京職。

粗略一算，武莪的宦途，可謂十年之江、十年京師、十年兩粵，稱得上「半生功名，半生榮辱」，真乃傳統文人的又一發展典型。無怪乎，明人李維楨於萬曆末，爲命運同樣乖舛的何氏父母撰寫墓志銘時，曾頗有先見地慨然籲告，「甚哉，天之難諶也[34]！善不必福，而遘禍不善者，或縱之，以厚其毒」[35]。

三

「諶」，即「信」[36]。事實上，這才構成了歷代「統治力」與「管制手段」得以成功施行的，原始且唯一的根基。但，聖者如孔子，解答「天」的「可信」與否——即「可知」與否，以及如何才能「信」、才能「知」的問題，最終也衹能有選擇地回到「質諸鬼神而無疑」的方法中去。不過，其所謂宏觀的「質鬼神」，又當是以天地生成萬物的規律來比對、來參正，而因之降誕的「君子」，也才能「動爲天下道」、「行爲天下法」、「言爲天下則」[37]。

於是，試圖完滿解決前述李氏維楨的「兩難」，便要探查那種似乎不可知的「天」的運行邏輯。換言之，僅就何氏與《廠庫須知》的編撰群體論，包括那些默默無名的工匠們，便是要有他們那類歷險臨災般的艱難付出，同時也要有那種閹黨小醜般的滑稽搬演。末了，再將這一切的美與醜的標準，通過「令則」、「典法」，以及真正的「大道」，確認、約信并穩固下來，使之成爲真能憲章當代、安民濟世的「實學」。

爲此，自理董是書伊始，第一校點者即聲明，決不爲了淺短的銅臭利益，而在古籍整理領域及研究界，作出些插科打諢、惹人訕笑的荒誕行徑。我們經慎重比對后，選取了《北京圖書館古籍珍本叢刊》所影出的《廠庫須知》充作「底本」。該影本較之後出的，實際是轉影自《玄覽堂叢書・續集》的《續修四庫全書》本，勝在其優秀的景寫品相和呈現效果。

而要解答兩影本間，爲何有如此差异，這又須歸于第一校點者與L君，約七年來未曾中輟的跟蹤和調查。我們藉由與「玄覽堂本」的收藏單位，即現「南京圖書館」不斷費力、耗時的交涉，終於透過其施捨般提供的，被典守員役直接目爲「玄覽堂本」影印底本的全套電子掃描檔案的比對，發現了該本卷六書口處，極漫漶的「丙辰春」（當即「萬曆四十四年」，一六一六）之「改刊」註記㊳。換言之，再比照國家圖書館的收藏，「南圖本」多係在前者基礎上重經增修。此倒也契合該書《凡例》「議論」條下所言，「議論隨時斟酌，缺畧不妨續補，過時不妨更訂。故刊載『別葉』，示不敢以一時籌畫，擅千古不刊，以俟後賢。郎巡視『條陳』，後有佳者，不妨增入」的「準活頁」式編纂特點㊴。而國圖「底本」未見如「南圖本」那樣的乞補改刊，或意味着其版本學上的更「原始」性。并且還可推測，「南圖本」於修成后，似乎即有過更普遍的利用、更動和修正，「底本」則或許較早便被束之高閣，故其保存、轉影情形，均相對理想。

遺憾的是，礙於「南圖」的保守作派，我們無法對其收藏的另一殘本進行全面核校。同時，囿於今次成果交稿時限緊逼，爲確保校點無誤，故在核心刊書之影件均已搜羅齊備的前提下，暫先擱置版本方面的細密討論及反復比對。但，《北京圖書館古籍珍本叢刊》影出的另一卷數不齊的抄本《廠庫須知》，即載録於《皇明修文備史》中的上下兩卷「備史本」，我們已悉數納入利用。

如此，目前已知通過重新景行的二種刻本、一種抄本，第一校點者均已嚴格對勘，必要處概出「校記」，詳慎説明。同時，《賜餘卅》、《明實録》等部分篇章、段落，凡載有近似字句者，第一校點者亦再四與《廠庫須知》對照。另外，或是轉録自「南圖本」即「續四庫本」的某網絡電子出版物，雖因其識别而流於粗疏，但我們也做了少量參考。換言之，在條件并非盡達人意的狀况下，第一校點者却也竭其所能，以期令今次成果，或可束列學林。

有鑒於比照中發現，「玄覽堂本」與實際刻本（參照「南圖全電檔」），或由於影掃中有過修描，致使出現些微不同，我們更是堅持在改正字詞，甚至是在施加標點之際，均力求做到皆有典出，絶不妄改，亦絶不掠他人之美。這不僅花費了第一校點者極大的精力，也令出版事務變得棘手。所幸第一校點者累年從事「造字與造物」關係研究，對古今异體的處理，能貫徹學界最嚴肅的態度和最高之標準，即以「原文照録」爲根本宗旨，决不因現代電子字庫等的缺陷，營銷和個人業績升降等的欲求，輕率地苟且速成。

自然，這也是建基在一類古典專科、專門文獻的「整理觀念」之上的。即，我們認爲，正是緣於《廠庫須知》某種層面的「工藝性」、「實用性」，我們同樣視其特殊的文本、史料價值，當不僅僅體現於載記相關史實之中；更緊要的是，其近乎「層累」式的文化積澱[40]，恰須經由針對每一獨具生命的「語料」的細讀和深究，才能成功地漫散、傳播開去，繼而也才能從反向的研究上，收到釋疑、解惑的效力[41]。認真對待「异體」，以致重視原始素材各類標號、空格、空行，這才是真正尊重先輩流轉下來的智識，也才是純粹的讀書人，安身立命、出言布信，所必要堅持的「公共良知」及根性德行。

四

至於，二〇一一年秋末，職業從事當代室內和工業藝術設計的，所謂「更高階」者的加入，也是基於對其商請協助，以利盡速完成職銜上的「偉圖宏願」的充分理解、同情，與道義上的支持。

不過，第一校點者亦多番對其，兼L君、X君坦言，開放包括《廠庫須知》在內的文本來源和信息，并允其於校點、整理者署名上列在第二，即享有何士晉原書之演繹作品部分著作權，非是指單純的「掛名」，而是須經第一校點者逐次明確許可后，分擔外部聯絡，及初步申請遞交、稿件歸集并排版等事宜。第一校點者更在與L君商議後，於二〇一二年一月間，前往黑龍江省調研古籍存藏情形的逆旅中，參酌第一校點者早年曾發表的同主題短論，并摘列必要的當代研究成果，初步完成了申請表格填寫，及擬妥申請資助等各類評審所需全套文本材料。繼而，第一校點者刈除「尸位」者的滋擾，反復耗時費力地，重新獨立斟酌將提交相關評審之「前十數頁繁體横排『合作』樣稿」。同期，我們亦要求其務須向可能的出版社及編輯清晰轉陳，爲保證學術品質，我們堅持以「繁體豎排」付梓，備列「校勘記」，但决不草草添加出處未明的所謂「注釋」，另將輯編與武技及《廠庫須知》等相關史料作爲附録，以利更多學人采擇、引述。此，乃今次成果刊布形式的唯一構想來源。

可惜，「合作」的不良影響，旋於二〇一二年九月開始顯現。以致一年後，某出版社同樣也籌畫以「點校與注釋」的旗號，印行《廠庫須知》[42]。初起時，我們并未多想，但很快，半年後的二〇一四年三月，一本由其「素餐」、譸幻之餘所「校注」的簡體橫排《工部廠庫須知》，却已早早「超越」今次成果，而插列在各書店櫃架之上。最稱奇的是，該「更高階」者在未有告知、未獲首肯的情狀下，徑行沿用「『合作』樣稿」（乃至略「修描」後，仍「照單全收」先前第一校點者倉促間難免的疏失），致使彼册前後整理效果差距甚大，且於其内更全然不見明言第一校點者等的首創和啓智之勞……

我們必須再次感謝，創辦已六十年的中國建築工業出版社暨沈元勤社長、王莉慧副總編輯，以及責任編輯何楠女士等，在如此現實且困頓的條件下，對傳統學術研究事業的鼎力襄贊。作爲書稿的出版方，他們因前述二〇一四年初的「突發事件」，自然也因今次整理工作的較真和求全，蒙受了不小的，出版信息部分外洩帶來的莫名衝擊。

思忖由起意理董，迄今，約八載。而朱明宜興何士晉武莪先生，亦係繼意大利文藝復興尾聲卡拉瓦喬氏[Michelangelo Merisi da Caravaggio]、蒙元末葉諸暨王冕元章先生，及現代五邑鄭可應能先生後，第一校點者又一較深入研究的歷史人物。細細琢磨，幾位先生雖時空易异，但誠如L君所言，他們的偉岸人生行旅，却均充溢了極度的歡欣，和莫名且驚人的苦楚。而第一校點者更認爲，這一切，首當源自本是靜絜的靈肉，於污穢、機巧的社會泥淖的擠壓、拖磨中的苦鬥。他們非是可耻的孤獨者，非是悲情的飲鴆人，倒是心與魄不住流浪的，隨緣却又驕傲的探險家。

至於，包括武莪在內的，忠貞的彙纂集體、鬱晦的保藏人群，以各自或高蹈、或沉潛的鮮活過往，爲世人留存下了此部專册——除去本身遭遇的奇譎外，竟也給我們這近四百年後的晚生，帶來了一段豐富的故事：若没有善與惡較量的助推，第一校點者絶不能夠將燃膏繼晷、積歲籌量的稿件，如此急切地呈現予芸芸諸君；而傅熹年、王貴祥先生的熱忱推薦，原「國家新聞出版總署」（現「國家新聞出版廣電總局」）暨「國家古籍整理出版資助項目」，與住房和城鄉建設部、教育部、浙江省、杭州市相關課題等評審專家、工作人員堅决的肯定與支持，又爲我們在兩年半以來，因完善內容而度過的上百個奔波疲病、逼仄乏眠的日夜，添注了新力。

還有，杭州圖書館「專題文獻中心」，慷慨提供目前恐爲僅見的明刻《賜餘艸》殘卷原件；浙江圖書館古籍部、南開大學圖書館善本書閱覽室，爲我們比對相關刊件，給予了極大的方便。這些，秉持現代民主語境下基本職業品行的典守機構及作爲，均遠遠勝過了眼前他們那些閉塞、刁賴，且衙門派頭十足，甚至蠅狗自肥的同儕，真真令人佩慰。

今次成果正式成形，即自向原「總署」申請延遲發版逾半年後的二〇一三年十月起，第一校點者分四次付責任編輯何女士，并由其商請、轉承「建工社」吴文侯編審展開全文通讀與編輯加工。而經吴先生周細處置，第一校點者調整後的横排繁體「正式底稿」，即速交排版公司植字轉版，并由「建工社」建築與城鄉規劃圖書中心、圖書出版中心，及本書的總體設計者康羽女士等，參與組織、協調，更由王伯揚編審重點校讀。皆因繁體專科古籍的整理，於該社和排版公司尚屬稀見，前後凡十校，期間來回波折亦夥，但終以一心，克成此業。這期間，第一校點者博士同年，清華大學歷史學系賢友王銘，放棄寒假及春節公休，不計酬償，無私無怨，於京師小室，比對「底本」，披覽全稿，指正疏失，更參與幾處不明表述的「定讞」討論。而曾就學於第一校點者的，程曉冰、郭景、李爽、李斯言、劉婧妍、盧琬京、羅家洋、駱鈺檳、麥月晴、龐夢宇、瞿春山、王楚鴻、王睿雯、徐桂鑫、曾敬哲、張博、張同芳、張文娟諸生，亦於二〇一四年三、四及十月間等，數次執行了「初排稿」等的核查工作。其中羅、郭、徐、劉四位，貢獻尤大。另有西亳小友智君新科，亦於二〇一四年仲夏，親赴威海衛，全力協同第一校點者及L君，審對繁體暨排書稿。

最末，今次成果，實乃第一校點者舌耕筆耘之餘，和舊雨新知暨一衆仁人，分工合幹、齊心戮力而得的新收穫。至於尚存的挂漏、訛謬，及審人之不察，仍當由第一校點者任責。惟，慧穎之觀書者，亦能自識自鑒。

此際，忽憶起信陵門客曾云：「物有不可忘，或有不可不忘。夫人有德於公子，公子不可忘也；公子有德於人，願公子忘之也」㊸。吾輩，定將守之。

附識：更有蔡敏偉、陳映羽、馮雪丹、梁京、盧雨晴、石小玉、王璐瑤、王鑫哲、張磊諸生，新近參與付印前之「藍紙」校核。

注釋

❶ 除徵引文獻時，保持其所記之題名情形——或簡稱、或全稱，餘下行文，則基本省爲《廠庫須知》，後不再注。

❷ （明）林如楚：《引》，（明）何士晉等彙纂：《工部廠庫須知》，「卷首」，《序》，北京圖書館古籍出版社編輯組編：《北京圖書館古籍珍本叢刊》（史部·政書類，第四十七册），第三百二十一頁（三葉背）。

❸ 另參 佚名編：《（「臺灣圖書館」）本館簡史·抗戰西遷及復原時期（民國二十七年—三十七年）》，「臺灣圖書館」全球咨詢網。

❹ 并參 「中央圖書館」館刊編輯委員會編：《館史史料選輯·古籍搜購與集藏》，第八十七頁；陳福康：《鄭振鐸等人致舊「中央圖書館」的秘密報告（續）》，第一百一十二頁；沈津：《鄭振鐸致蔣復璁信札》（上），第二百四十九—二百五十、二百六十二—二百六十三頁。

❺ 郭沫若：《甲申三百年祭》，第一百六十一頁。

❻ 王世襄：《序例》，王世襄編：《清代匠作則例彙編·佛作-門神作》，第一—二頁。

❼ 連冕：《工以治世：清代旗纛及其思想研究》，第二十三、一百七十一頁。

❽ 并參 連冕：《關於古代物質文化史罕傳文獻整理》，第七十三版；連冕：《故紙四說：關於古典專門文獻理董》，第六十—六十三頁。

❾ 連冕：《致X君：關於傳統工藝文獻的計量史學視野》，第六十九版。

❿ 連冕：《再談「罕傳」》，第十六版。

⓫ （先秦-漢）佚名、（東漢）鄭玄注、（唐）孔穎達疏：《禮記正義》（下），卷五十三，《中庸（第三十一）》，第一千四百五十七頁；另參（南宋）朱熹：《四書章句集註·中庸章句》，第三十六頁。

⓬ （明）何士晉：《工部廠庫須知敘》，（明）何士晉等彙纂：《工部廠庫須知》，「卷首」，《序》，北京圖書館古籍出版社編輯組編：《北京圖書館古籍珍本叢刊》，第三百一十五頁（五葉正背）。

⓭ （明）何士晉等彙纂：《工部廠庫須知》，卷一，《凡例》，北京圖書館古籍出版社編輯組編：《北京圖書館古籍珍本叢刊》，第三百一十八頁（一葉正）。

⑭（明）林如楚：《引》，「卷首」，《序》，北京圖書館古籍出版社編輯組編：《北京圖書館古籍珍本叢刊》，第三百一十一頁（一葉正）。

⑮（清）張廷玉等：《明史》，卷二百三十五，《列傳第一百二十三・何士晉》，第六千一百二十九-六千一百三十頁（縮一千五百七十九頁）。

⑯（先秦）佚名、（漢）毛亨、（東漢）鄭玄箋、（唐）孔穎達疏：《毛詩正義》（中），《小雅-南有嘉魚之什・菁菁者莪》，第六百二十八-六百三十頁。

⑰（明）何士晉：《家禮儀節序》，（明）丘濬編：《文公家禮儀節》，六葉背。

⑱王天有：《明代國家機構研究》，第五十七-五十八、六十頁。

⑲王天有：《明代國家機構研究》，第六十五頁。

⑳參見　繆咏禾：《明代出版史稿》，第四百二十四、四百二十七-四百三十五頁。

㉑參見　翦伯贊主編：《中外歷史年表》（校訂本），第五百二十六頁。

㉒參見　孟慶龍等：《世界歷史・世界歷史大事年表（分册）》（第三十八册，上），《第二篇：一五〇〇-一九一三》，第三百一十三頁。

㉓[意]史若瑟（Joseph Shih）：《（附録：）一九七八年法文版序言》，耿昇譯，[意]利瑪竇、[比]金尼閣：《利瑪竇中國札記》，第六百五十四頁。

㉔陳涴：《努爾哈赤崛起與李成梁關係史事鈎沉》，第三十九-四十四頁。

㉕日人今西春秋譯《滿和蒙和對訳〈滿洲實録〉》記：乙卯年（万历四十三年）「原旗有黃白藍紅四色，將此四色鑲之为八色，成八固山（dade suwayan, fulgiyan, lamun, shanggiyan duin boco tu bihe, duin boco tu be kubume jakūn boco tu obufi uheri jakūn gūsa obuha）」。（卷四，第二百七十二、二百七十四頁）

又，《清史稿（校注）》在《太祖本紀》裏「天命元年（一六一六）丙辰春正月壬申朔」前一段亦提及，「乙卯……是歲，厘定兵制，初以黃、紅、白、黑四旗統兵，至是增四鑲旗，易黑爲藍」。（趙爾巽等編，卷一，「國史館」校注，《本紀一・太祖》，第十頁）

㉖參見　朱誠如、孟憲剛主編：《清朝通史・大事記（分卷）》（第十四册），第一頁。

另，一六一六年，除了第一校點者今次發現的《廠庫須知》改刊事件外，寰球「大歷史」的背景中，還有如荷蘭航海家發現美洲最南端「合恩角」[Cape Horn]、意大利祖基[Niccolò Zucchi]設計出最早反射望遠鏡，伽利略[Galileo Galilei]被宗教裁判所勒令放棄「地動學說」、法國黎塞留[Armand Jean du Plessis de Richelieu]出任國務大臣等，值得注意的歷史事件。（參見　孟慶龍等：《世界歷史・世界歷史大事年表（分冊）》（第三十八冊，上），《第二篇：一五〇〇－一九一三》，第三百一十三－三百一十四頁）

㉗ 何士晉等彙纂：《工部廠庫須知》，卷十，《六科廊》，北京圖書館古籍出版社編輯組編：《北京圖書館古籍珍本叢刊》，第六百一十六頁（八葉背）。而，其具體時日，據原行文，當即在萬曆四十三年正月至四月間。

另，孟森先生曾引述《明實錄》相關載錄，除羅列「奴酋」努爾哈赤早年因「朝貢親到北京者三次」（萬曆十八年、萬曆二十六年、萬曆二十九年，一五九〇、一五九八、一六〇一）外，還據當是曾爲武探《賜餘岬》作《序》的官應震，於萬曆四十七年（一六一九）三月戊戌前後之奏疏稱，在萬曆二十四年（一五九六）後，因門殿「大工」繁興，見有此奴酋「或冒名充工人內」、「窺瞷多年」的「傳聞之詞」。（《明清史講義》，下，第三百八十三－三百八十四頁）

㉘ 并參（明）佚名編：《明實錄・熹宗實錄》（第二十四冊），卷五十八，「天啓五年・四月－甲午」，第四十頁；（明）高汝栻編：《皇明續紀三朝法傳全錄》，卷十四，「哲皇帝紀・乙丑天啓五年－四月」，第八百四十五頁（五葉正）；（清）張廷玉等：《明史》，卷二百三十五，《列傳第一百二十三・何士晉》，第六千一百三十頁（縮一千五百七十九頁）。

㉙ 參見　李棪：《東林黨籍考》，第九十五頁。

㉚ [美]威廉・阿特韋爾（William Atwell）：《泰昌、天啓、崇禎三朝（一六二〇－一六四四年）》，[美]牟復禮（Frederick W. Mote）等編：《劍橋中國明代史：一三六八－一六四四》（上），第五百七十九頁。

㉛ 并參（明）佚名編：《明實錄・熹宗實錄－別本》（第二十三－二十四冊），卷四十二、五十八、六十四、八十二，「天啓四年－天啓五年－天啓七年・五月（庚午）－四月（癸卯）、十月（丁酉）－三月（乙未）」，第六百〇四、四十六、一百三十二、三百七十一頁。

另，涉及武探與澳門教士之事，還有一些當是被近代意大利編訂者和現代漢文譯者錯誤注釋的「僞史料」，如利瑪竇《耶穌會與天主教進入中國史》第五卷第十一章（《傳教事業的逐步發展以及各地教務情況・我們在廣州所受不公正待遇的結果；郭居靜神父和熊三拔神父返回中國；韶州寓所經歷的其他一些事情[一六〇六年四月－十一月]》）起首所記：「督堂得知澳門葡萄牙人造反的消息後，便派廣東總兵調集各地所有兵力組成一支大軍去攻占澳門，平定叛亂」，譯者注「督堂」爲「何士晉」，怕是襲自利氏、金尼閣《利瑪竇中國札記》中譯本第五卷第九、十章兩處引及德禮賢（Pasquale D Elia）的謬考。

（第I、VII、四百〇五、四百一十一、四百七十八－四百七十九頁；第五百二十五、五百三十二頁）。

惟，據前書所標年份，此事應在萬曆三十四年左右。今比對張德信《明代職官年表・總督年表－巡撫年表》，出任兩廣總督兼廣東巡撫者，其時乃戴燿，廣西巡撫爲楊芳（第三册，第二千四百七十六－二千四百七十七、二千八百四十三、二千八百四十五頁），與何氏履歷截然不符。此際，所謂「葡萄牙人造反」，應與《明神宗實録》載候代兩廣總督者張鳴岡疏稱，「萬曆三十三年，（澳夷）私築墻垣，官兵詰問，輒被倭抗殺，竟莫誰何」（第二十二册，卷五百二十七，「萬曆四十二年・十二月（乙未）」，第一百六十一－一百六十一頁）之事牽涉，即「中葡關係史」上所謂「明末澳門問題」之「葡人私蓄倭奴，去留之爭再起」、「借口防範紅毛，擅築墻垣炮台」兩項（「紅毛」爲荷蘭人；參見 黃慶華：《中葡關係史（一五一三－一九九九）》，上，第二百三十七－二百五十七頁）。

而，利氏於萬曆三十八年（一六一〇）五月上旬病逝。書稿拉丁文轉譯、改寫者金尼閣，於其辭世後約半年首次來華，萬曆四十一年（一六一三）攜稿離華赴羅馬報告傳教情形，一六一五年在歐洲刊行該書，萬曆四十七年（一六一九）再度返抵澳門并成功進入內地後，主要於以杭州爲中心的南方傳教，約至崇禎元年（一六二八）十一月卒（參見 計翔翔：《明末在華天主教士金尼閣事迹考》，第七十二－七十八頁；計翔翔：《明末在華傳教士金尼閣墓志考》，第九十九－一百〇五頁）。僅就一六一五年拉丁文本付梓論，仍概與武莪履歷不符。故，意人德氏所誤，多緣於未辨析大歷史背景下的諸個案。

32 （明）謝肇淛：《擬〈西寧疏草〉序》，《小草齋集・小草齋文集》（上），卷六，《序》，第一百四十七－一百四十九頁。

33 參見 鄭天挺等主編：《中國歷史大辭典（音序本）》（下），第二千六百六十二頁。

34 此句典出《書・咸有一德》「嗚呼！天難諶，命靡常」，據其篇首所稱，該文或爲伊尹製作[（先秦－漢）佚名、（西漢）孔安國傳、（唐）孔穎達疏：《尚書正義》，卷八，《商書・第八》，第二百一十四－二百一十六頁]。

另，暫不論今、古文真僞辯證，惟李氏活用《書經》之言，似別有深意。

35 李維楨：《贈工科給事中何公，錢、吳兩孺人墓志銘》，《大泌山房集》，卷九十六，《墓志銘》，第七百〇五頁（一葉正）。

36 《尚書正義》孔安國疏稱，「以其無常，故難信」（卷八，《商書・咸有一德第八》，第二百一十六頁），另《爾雅・釋詁》直言「諶」乃「信也」、「誠也」[（先秦）佚名、（晉）郭璞注、（北宋）邢昺疏：《爾雅注疏》，卷一，《釋詁第一》，第十六－十七頁]。

❸⓻（先秦—漢）佚名、（東漢）鄭玄注、（唐）孔穎達疏：《禮記正義》（下），卷五十三，《中庸（第三十一）》，第一千四百五十七—一千四百五十九頁。

㊳（明）何士晉等彙纂：《工部廠庫須知》，卷六，《虞衡司》，《續修四庫全書》編撰委員會編：《續修四庫全書》（史部・政書類，第八百七十八册），第五百六十六頁（又五十八葉）。

㊴（明）何士晉等彙纂：《工部廠庫須知》，卷一，《凡例》，北京圖書館古籍出版社編輯組編：《北京圖書館古籍珍本叢刊》，第三百一十九頁（三葉背）。

㊵顧頡剛：《古史辨第一册自序》、《與錢玄同先生論古史書》，《顧頡剛全集・顧頡剛古史論文集》（第一册），卷一，第四十五、一百八十一—一百八十六頁。

㊶另參　林嵩：《〈平妖傳〉异體字與版本研究叢札——兼談古籍整理研究中的异體字》，第三十八—四十六頁。

㊷佚名編：《中國版本圖書館月度CIP數據精選》，第二百八十八頁。

㊸（西漢）司馬遷、（南朝・宋）裴駰集解、（唐）司馬貞索隱、（唐）張守節正義：《史記》，卷七十七，《魏公子列傳第十七》，第二千三百八十二頁（縮六百〇三頁）。

故紙四説

——關於古典專門文獻理董

連冕

一

設計藝術「經典」與目録學

學風衰弱的當代，目録學、文獻學以及可以被整體上稱爲「史料學」的傳統基礎學科，絶對處於一個弱勢的地位。據我所知，即便在國内最嚴謹的大型綜合院校，願意堅持從事文獻研究的師生，目下都是寥寥可數。而我，在前輩學人的精神引領下，經過幾年艱苦的努力後，試着在這個絶對冷門的方向上，爲本學科找到一條或可資參照的脈絡——即通過「經典」，而傳授「文獻」。

從字面論，回答什麼是「設計藝術」的經典和文獻，似乎挺簡單。或有謂，「不就是些文字記録嘛。」一當然，高明點兒的會説，「應該還得包括那些實物吧」。另外，對於一部分并不十分理解設計學科的人來講，設計藝術沒有「經典」。即便有，也多是些用難以言傳的秘技、「心法」制作出來的奇怪物件。前述這些觀點，自然需要多少糾正一番。但，我想再提個問題，即「如何將那些可能的記録，以及實物所反映出的設計規律，通過現代模式下的教育，傳授給學員？」

過往，在知識階層與准知識階層中，最具代表性的傳布「經典」的場所和方式，是私塾及背誦。然而，現代大學教育，從課程設置與時間安排上，并不允許我們直接套用那種培養「生員」的辦法。我們所强調的，更多是一類小範圍輔導和集體性研修的思路或辦法。那麼，如此的前提下，再次厘清「設計藝術的『經典』到底是什麼」這個問題，竟將顯得格外緊迫。否則，我們衹能「以點代面」、「以偏概全」，繼而令講授者、聽課者勞神耗力，且毫無所得。

據我理解，「設計學」類文獻，即便從「經典」層面框定，也都是個極爲龐雜的體系，這主要與其「交叉學科性」及內部「部門」的特點密切相關。換句話説，從「普適」角度，所謂「經典」，完全可以狹義地理解爲，對於這樣一個學科合宜且具有劃時代價值的過往名著與名篇。衹是，針對「設計」而言，其在專門意義上，更指向的是實物材料和製作成品。如果着落到理論教授層面，就應包括那些具備集成性、動態性、大時空跨度特色的文字圖版、影像素材、資源工具，以及品鑒、收藏活動等等。要之，「設計藝術」與其他學科一樣，都具備成組、成套，齊整、規範，足以構建起其之持久存續的，靈動且根本的「經典」支撑結構。

於是，面對具體的如何「輔導修習」的問題，依着授課者的知識背景，首先需要在傳統文史類史料學的框架下，重點强化中外、古今「設計」類經典的閱讀、理解，以及國外「經典」的精准迻譯。其前提，還包括保證至少一至兩個學期的課程量，學生的高度自覺與自主，及教學資料條件（圖書、標本等）的相對充裕。而操作中，根據每單元時段，在總結現代教學法經驗後，還應分出四個版塊，即學員課外分組初步閱讀與隨堂報告、教員引導性講解、分組討論及學員再次報告，最後是教員總結。

很顯然，於此，學員之主動，與教員之投入，是同等關鍵的。另外，講解、討論之餘，更應輔以經典影像文獻觀覽，以及博物館、圖書館、製作工廠等「立體化」的實景參訪、實地調研、實物操作等真切活動。如此，關於「經典」的「導修」，作爲本科生基礎素養，及研究生基礎理論課程，才能確實扎根。

不得不再提一筆的還有，在貫徹「經典」掌握同時，仍需强調一個文獻學知識講授的版塊。個中的緣由，首先是作爲工具性門類知識的「文獻–史料」，在「設計藝術」領域迄今尚未獨立成一個自爲的分支。亦即，從文獻學視角觀察，「設計經典」仍處於相對鬆散甚至「僞劣」的氛圍中。基於此，我更堅持認爲，課程在最終呈現時，還得具備一個內在的貫徹思路，即基本上所有東、西方「經典」均應參照傳統文獻學，特別是傳統目録學的「四部」或「五部」（在經、史、子、集外，增加「叢書」）分類法進行組織。

此一點，便是對張之洞説的，「將《四庫全書總目提要》讀一過，即略知學問門徑矣」的呼應❶。而所謂「經典導修」課程，便是要推動學員「集約化」地理解傳統與遠邦（包括歐美、日韓與南亞、非洲、大洋洲諸國）的設計類史料的形態、分類和本質，觸發其在綜合研討的氛圍下，將個人化的專業感悟，提升到全新且可靠的理論維度。

那麼，「目録學」之於「設計」的價值便在於——通過綱舉目張的作用，深化學員觸類旁通、自我思辨的能力，并激勵其憑此動態適應門徑與規範，在假設和實證并重的前提下，掌握多彩的過往，分析繁雜的當下，博識精進，戮力創造。

二

古代物質文化史文獻整理

數日前，當與供職某大學的J兄交流時，我曾議及：中國古代繁盛的物質文化創造，是人的社會生命中不可缺的核心內容；而在那些品貌迥异且令後世驚詫的美的表現裏，更潛藏着一條「水流豐沛」的，基礎造物和高級藝術化行爲并舉的誕生、演進脈絡。毋庸置疑，它們的代代相續、生生不息，除了與師傅、徒弟間的心口遞習相關外，還仰賴於各類實物、文獻，或相對集中、或極端零散的保存與載記。

而一段時間以來，我個人的研究則尤爲關注其內那些稀見、罕傳的古代典籍。它們在側重形態規劃、文化叙述和精神升華的前提下，更深度觸及到了現代學科分類中的設計、美術、戲曲、音樂、舞蹈等藝術類型，甚至包括了文學、史學、哲學、農學、工程學、軍事學、管理學、政治學，以及食饌、服用、營建、冶鑄、勘測等，互有交叉又高度專業化的內容。它們也不僅是玄想式的藝理、畫論、樂評、舞史，還是一種明確的以實踐操持爲根基，以具體成型、儀式再現等爲線索的，綜合的、物質與「非物質」協調共生的創造體系。遺憾的是，那些由實物與文獻組成的「史料」，因着時代、地理和種族等之遷易，也因着「政治」上的「非適用」，而不斷遭到毁滅。難得存留至今的，竟又極少在民主化的邏輯關係下，被民衆、學界所普遍知悉并認真探討。

由此，我還憧憬着，編輯出版一套有針對性的學術整理叢書（下簡稱《叢書》）——除了在文學、歷史學、藝術學等互動頻頻的，那些社會科學現代研究觀念與手段的指導下展開外，更當運用并借鑒包括宗教禮儀、星象天文、技術生産、數理化學等在内的其他學科的成果。就執行看，我覺得，這恐怕又得落實於，通過對三十部左右、細心挑揀出來的書册的精校、詳注、表列和索引等，即古代和現代方法相結合的模式，而粗粗勾勒中華民族物質文化史的獨特軌跡，淡淡描摹其跨越時空的閃亮價值。

以我和L君目前措手的，《天水冰山録》整理爲例。這册據一般認爲乃明人過録籍没嘉靖朝權相嚴嵩財産的清單，涵蓋了嚴氏所用、所藏、所占的，數以萬計的綾羅緞匹、金銀財寶、良田甲第，其中以工藝製品、名家字畫的登録至爲豐富而廣泛。另還牽涉其時顯貴、「門閥」的一些線索，足可謂研究明代中後期歷史、政治，極緊要且無法規避的珍貴材料。

我們構想過，如此的《叢書》中，每一專題分册，均應由如下七個「部件」組成：

一　總序。即對所選「書目」的扼要介紹，兼及表述通過選本的組合，將構築起怎樣的文化傳播效果。此「書目」除将以漢文材料爲核心外，還應在有過深度研辯的前提下，兼收民族、外域文獻，比如滿族早期「祭神祭天儀式」、李氏朝鮮晚期「儀軌」等精寫、精繪内容。藉此，也能反映我們所做的整理工作，將以何種姿態，爲中華文化圈的「大格局」添加新力。

二研究專論。以分册《校點説明》等形式出現，除了討論版本、流傳等問題外，還將涉及相應時期的物質文化史關鍵内容，并附有檔案圖片、基礎研究表格等若干。

三點校、注釋與研究附録。即對分册全書文字進行標本式編號、校補和注解等。此爲傳統文獻整理的根本手段，對研究者、出版方的學術能力、編輯技術要求較高，并將盡可能結合現代已有研究成果。另外，民族、外域文獻還需切實掌握相應的語言文字，要求精准對譯。而「附録」即是與本書相關的其他古代文獻的彙編，如在《天水冰山録》整理時將一并輯出嚴嵩、趙文華（嵩義子）等人詩文集中的重要例證。

四表列。是就文獻所載具體器物、表現形式等，分門别類，依據一定邏輯聯繫進行標本化和表格化處理。强調以科學手段進行可能的，有層次且詳盡的「拆解」，以更好地呈現其内在結構，爲日後的實物復原、辯析做出鋪墊。

五總索引。主要涉及《叢書》所選「書目」中，那些擁有大量條目性、數據性内容的文獻。我們要求其將以現代方式配合第三點的「標本編號」，製作出專門索引，以利翻檢。并藉此，令整理成果最終成爲瞭解古代實踐操作和步驟的重要「參考手册」。

六附圖、參考文獻。《叢書》附圖將充分結合文獻與出土、傳世器物進行，同時包含民族與外域的器具製作、儀式搬演等，盡可能做到與文獻對應，形成穿插、交融的「史料網」。同時，也須將參考文獻整理成爲一套已有的專題研究成果索引。

七　小型資料庫。匹配的電子資料庫也將是《叢書》的重要衍生品，即結合文獻整理與表列、索引等，製作一套動態、開放的小型網絡出版物，公開提供必要的利用。實際上，這就是以文獻、表格爲骨幹，以網絡爲平臺，將文字記載下的名稱、重量、尺寸、數目、色澤、材質、造型、裝飾，以及時、地等綜合信息，與實例圖片、多媒體影像相鏈接，集成起一種文獻、數據和圖形、圖像，甚至包括動態搬演內容等的，綜合數據處理系統。若材料情况理想，更可於電子平臺上，通過重組并添入不同數據，而搭建起更趨多維的虛擬模型。

三

再談「罕傳」

我曾於「專欄」中談過古代「罕傳」工藝、造物等文獻的整理，而五年前既已籌畫啓動，近來亦邀約」，并國內知名建築類出版社共同合作的「《工部廠庫須知》點校」項目，因有了些利好消息，更令我深切感到，是時候再爲這個概念做點兒新的説明了。

當然，於我的私心，還有一層正本清源和所謂「申辯」的意思。其內的根由，除個別學生輩的人，或是間接透過我之宣傳，采擇該書做了「文章」的核心材料外，我亦曾聽聞有論者指出定義本身的不周延。即，我在大小場合作爲例證而不斷提到的那幾個「書目」，非是一般理解上的「罕傳」，甚至可謂是「常見」的。

我理解，他們立論的重點估計在「罕」——真是要指全國乃至全球「漢學」研究領域內衹那麼一二「大人物」

親見過的「珍本」文獻。不過，我頗好奇，且不談這些典册被有意或無意地鎖藏於「禁苑」，凡常學人無法翻閲，就是眼下市面上插架琳琅且博得各類專款支持的影印本「叢書」，也并非本本罕見、部部稀有。眉目不清者、以次充好者，尚大量幸運地存活，爲何難得有人在大衆媒體上撰文批駁呢？

我能理解善意的評點者的邏輯，他們恐怕也是焦急企盼出版業更真實、全面地繁榮。但我還得指出，此「繁榮」的要件之一，恰恰是在於能否做到，或者哪怕盡可能地做到真正的「正名」。落實在「罕傳」上，所將要處置的，或者所值得推崇的，并不一定就是那五六百年來，無人得知、得見的「武林秘笈」，縱然到目前我也掌握或瞭解到了數十部「稀有」的材料。

以明代萬曆間宜興人何士晋編寫的《工部廠庫須知》（亦稱《廠庫須知》）爲例，從目前的線索看，於不多的載記材料中，官方史書倒確有過記録，説明其地位絶非一般。但直至二十世紀三四十年代，在鄭振鐸先生等的努力下，作爲當時因戰亂而從收藏者手中散出，且係以往學界幾乎未曾有過大範圍傳抄、刊刻的部籍之一，它與其他的「新獲得者」一道，被集中通過現代方式重新複製、生産了出來，化身千百。於是，就「複本」[duplicate copy]角度講，此書流傳至今，反倒真算不得「罕有」了。可，我在面對物質文化史文獻時提出的「罕傳」，比之前者，却更具體指向了專門化的研究，以及可能的「復原」與「傳習」。换言之，其關鍵在於如何更切實地「傳」，而不是重印出一摞摞不招「旁人」待見的「廢紙」。

還説這部《廠庫須知》吧，其間大量涉及明代中央核心行政機構之一「工部」的物料收儲情況。其編輯成書的主要目的，又是進行收支平衡與領用控制，繼而保證「上游」供應者不受權奸的無端盤剥，并約束位於消費鏈「下游」的終端製造者、使用者。抽象上看，便是通過行政策略，以壓制最高統治集團無止境的「物欲」。其本質，也可以説，即文官集團運用當時制度所賦予的「合法」手段，就社會管理權展開更加明確的「條文化」争奪。而對此類問題，王世襄、王璞子等近現代研究名家，均有過零星觸及。政治史、經濟史界，也多少有過分析。但，倘若回到「工藝—設計史」層面，事實上，這樣的文字材料，又是可以借助傳世實物等，而逐步還原出其在當時所承載的，一定的製作、用度情況。當然，也有人間接受實驗考古學、實驗經濟學影響，願意稱此爲更具科學性的研究方法。

那麽，所謂「罕傳」的「傳」，即是指面對此類「文獻」，甚至是對於寬泛意義上的那些同等價值的史料，研究者除了推動「影印」變出「複本」外，更關鍵的還要在新的時空關係中，展開高度學術自覺化的理董，進行跨學科、跨時空的歷史性總結，最終再將所揭示出的內容，猶如「女紅傳習所」，或者像「文化傳承人」那樣，以新的實體化、群體化傳播，植入人群。如此，我們所做的，便能超越於那種「珍本」的，以及「收藏」、「保值」的逐利價值觀，而更傾向於强調「良性文化」，及其必然物質擔當者的具象再生意涵。

三四年來，我和L君利用出差及旅行，采訪了國內不少公立圖書館的「存貨」。儘管多會遇到阻力，有些還出現爲查閱某部書册而遭到强烈抵制、惡意威脅的情狀。但，在如此艱難之下，我們的目標衹有一個，就是希望令以文書等形式登録下的造物技術和精神，真正得到更多的重視與學習，并能更具「還原性」地活用於當前的日常之中。

所以，我還强調，對這批「罕傳」文獻的處置方式，也須與常見的影印、點校、標注等不同，縱然它們確是一切典籍整理的基礎，且也是着眼於現代人的可讀性等方面。我還想着，要借助表格化、科學化的疏通，在工藝材料的掌握等方面多做工作，包括搭建關聯性的資料庫等等。其目標也衹有一個，就是能夠爲更深入的研究和復原，鋪下一塊可靠的基石，提供一份理想的數據。

由此，再看我説的「罕傳」，事實上，就是要讓那些過往的「塵埃」，重新彙聚成滋長新芽的，屬於未來的種子。

四

五項標準與一個呼籲❷

約自二〇〇三年起，我在業師的支持下，與幾位友朋協作完成了一部陶瓷經典文獻的「圖説」再加工，至二〇一二年與國内建築行業一級出版社配合，并實際承擔「國家古籍整理出版資助項目」，於求學及任教的上述這十年間，我所主要做的，都是在與中國古代狹義的藝術類，尤其是工藝、設計類古籍及其「善本」，包括收藏它們的國内外各類圖書館、資料中心、博物館「打交道」。縱然，所獲成果實在無法和令人崇敬的先輩學賢、當代名宿相較，但我却也因某種「癡迷」，因某些對研究品質、水準「過度」的要求，而直面了不少可笑的冷遇、辛酸的嘲諷、荒唐的欺瞞，以及衆多頗難預估的困局。但，即便如此，我與身旁一路相扶助、共操持的志同道合者，仍毫不動搖且堅定异常。

話説回來，倘能去除功利化的個人好惡，由接續文明火種、保存文化基因、展現精神光華的層面出發，奮力於這些傳世數量并非特别巨大、却又獨具影響的「專題文獻」，實在應該成爲古典史料的系統整編與研辯中，至關緊要的一環。

基於初步執行過後的體會，我歸納出以下五項「標準」，作爲必要的「規範」討論前提，并據此簡要申説一些匡正的可能：

其一，識字、斷句。由於藝術行業的特殊性，目前主要從事文獻研究的人士，或者説，受過嚴格理論教育與訓練的核心從業者，對之儘管能夠有基本的體認，却又罕見願意傾注心力於其上。音樂學方向的古琴、曲譜如此，建築學方向的演算法、模數如此，工藝領域的尺度、則例如此，到了美術學領域的鑒藏、保存，更是缺乏明確具備「專業」素養者的「問津」。於是，從出版呈現的角度看，高水準的職業編輯隊伍，甚至連能夠全面理解古籍裝幀式樣的職業設計師隊伍的建立，均無從談起。除了個别出版機構甘心花費人力、物力，提升十分原始的行業形態外，僅就貌似「初級」的辨文、析義論，整理者、編輯者在由此還可能滋生出的，變相的「智力壟斷」和絶對的「表達蒼白」之下，衹剩無助和無力了。

其二，目録、版本。作爲專門學科，「目録」的掌握、「提要」的編訂是在初步瞭解文辭後，不可或缺的研究助手。然而，現今國內公立文獻收儲機構，礙於基礎條件，特別是人員組成、經費安排等的限制，不可能全力爲利用率相對較低的「珍貴藏品」，做出可靠的開放查閱與複製出版計畫。以至於，發展本不完善的，比如我們所討論的藝術史、設計史研究領域，在版本的全面掌握、校勘上，常常是艱難莫名，更毋論什麼「問題意識」，什麼「創造性成果」了。相形之下，傳統的「文獻研究」，即著意於詩文集和大型史書的中文、歷史行業，倒因研究隊伍的相對龐大與「緻密」，足以「反逼」收藏、出版機構，令其不斷改善并提升行業作風與職業素養。另外，就版本論，那些原已帶有優秀刻、繪圖像的藝術古籍，更因稀見，成了某些擁有單位「秘不示人」的「名品」。可，若從現代公民社會而言，那種一味的「固守」，却將會爲文化良性發展的歷史洪流，先期設置下一隻衹能恫嚇弱者的「紙老虎」。

其三，資料、索引。若說前述兩點乃亟需確立的「通則」，那麼本條，又是在扎實的文字和版本「功力」下，對整理者、編輯者，甚至是對收藏單位更高層次的要求。而且，作爲專門、專題文獻，藝術、設計方向的古籍在不少情況下，對當代研究人員以及外行讀者，實際起到的更多是一種「標本化」功用。如若無法將其內所臚陳的可能線索，以一種比簡單增添標點更加明晰、科學的辦法，呈現於紙質出版物或電子平臺中，則仍不能算作是一次成功的再整編。換句話講，流傳至今的古代文獻，已非是能夠在寬泛層面代表一切的「普世」價值，它們倒更像等待重生的舊日裏的吉光片羽。尤其工藝、設計類文獻，其所承載的，多衹是彼時相對典型的「個案」。

其四，音像、復原。於是，在穩妥處理將呈現資料，及編制綜合索引之餘，配合上那些經由嚴肅考古學、人類學等科學化工作而獲得的實物、圖像及音視頻資料，更將成爲貫徹「求真」宗旨的又一本質要求。文獻和多媒體之對照，目的不僅僅是豐富「個案」的史料格局，及某人的敘説「資本」，重點倒在通過它們，將前人所描摹、再現的物件，以及經由靈巧雙手重塑出來的過往「世界」，將那些原就充塞於其間的，活潑的地理、生產、經濟、政治、信仰等「數據元」，盡可能恢復、還原於我們的日常之內。

其五，再造、衍生。「文獻整理」於新時期，縱然還有不少連基本、謹慎的學術態度都不曾絲毫於其中展露的所謂「作品」產出，但更具超越性的目標，是我們不能僅自得於出版領域的「偉績」，以致在「後殖民」的混沌語境裏，草率地爲祖先們寫下各色「奇妙」、「寒磣」的注脚。我們的任務應當是，在盡可能的「局部復原」後，將「資料」轉換成足以被廣大人群所重新運用的，尊重其本體原生狀態的新造物和新思想。

藉此，我還有一個呼籲，即希望能在學界形成一種關心、專心理董藝術、設計類「國故」的新風氣、好風氣。特别是希望科研、收藏和出版機構，能以開放的作爲，爲它們，尤其是爲其中一批「罕傳」但却未必知名的文獻，提供更可靠、更能發揮公共價值的存活、再生空間。另一面，我們也應在制度上，繼續堅持并適當擴大，爲當代那些負責任、有抱負的研究者、編輯人員，更多元且公平地設置一些有針對性的「幫扶措施」。畢竟在「西風」勁吹、人際畸態的目下，他們遠離藝術「名利場」的「自我放逐」，着實不是一次討巧而輕易的抉擇。

載《美術報》（杭州），《設計週刊·「連聲快語」（專欄）》，二〇一〇年十一月二十七日、二〇一一年十月二十二日、二〇一二年五月五日，總第八百八十八、九百三十五、九百六十三期，第四十六、七十三、十六版；

及《美術觀察》（北京），二〇一三年第三期，第二十七頁。

全文載《藝術生活（福州大學廈門工藝美術學院學報）》，二〇一四年第一期（二〇一四年二月），第六十－六十三頁。

注釋

❶（清）張之洞：《輶軒語》，《語學第二·通論讀書》，趙德馨主編：《張之洞全集》（第十二册），第二百〇四頁。

❷ 本篇刊發時遭刻意删略，并更换題名。

致X君：傳統工藝文獻的計量史學視野

X君：

好！

我已在返回香港的飛機上了。埋頭於狹小的座位里，總算可以利用短暫空閒，讀讀手塚治蟲的小書。你知道的，他是我兒時的「偶像」，當然還有我一直摯愛的「阿童木」。關於該書的評論文章，我還在醞釀，不過相信很快會在這個專欄內刊出。的確，手塚和他筆下人物的精神，至今竟仍鼓舞着我這個研究「故紙堆」裏的學問的人。我也總是相信，那些現今似乎成了社會「邊緣」的舊物事，仍還有着他們的生命溫度。因爲，那曾是人類存續最真切的記録，或好、或惡，都代表了先民的歡欣與苦楚。

然而，若多年來，我們這個關涉寰宇中互動着的「人和物」的「工藝—設計」學科，却始終被遮蔽在一處遭人遺忘的角落。説實話，以中國古代爲例，儘管文人曾經鄙薄工匠，但還是留傳有大量的、觸及「形而下」地製造和搬演的文獻與實物。它們或是被「特權者」禁閉在圖書館、博物館內，密布蛛網；或是徹底地惹人生厭，繼而被斥爲充滿「荒唐言」的廢材。

我不願簡單看待這類現象，因爲，很明顯，那裏面還有不少值得我們分析的東西。比如，那些古代的工藝、設計「檔案」，尤其是文字表述出的内容，首先不論是否容易被現代人接受，僅其獨特的書寫風貌，便足以令觀者興味索然。可，真正稱得上優秀的工藝、設計文獻，其實就應類似于現代的藥品説明書——羅列一大把穩定的原料以及相當的製備工藝，同時最好還得詳盡標明「出廠日期」、「有效時段」、「服用方法」、「灌裝情況」、「抛棄指南」等等……這一切，除非你得了病，着急忙慌地在藥櫃裏翻騰外，你會細細讀它，表示關心嗎？但，我所説的可靠的日用「工藝」、「設計」，正是如此一種「忘適之適」——當使用它時❶，竟完全可以「忘懷」；可沒有它時，人類又難得進步。

那麼，直面一份曾經的「説明書」，或者就是一份器具的、服飾的「使用指南」、「養護手册」，歷史學又將如何展開更有效的研究？這，正是我對你也將參與整理的《工部廠庫須知》的特殊「牽念」。

事實上，除了王世襄先生❷，和少數中國建築史、經濟史方向的人士，曾提及《工部廠庫須知》這部明代基本還可歸入「考工類」的著作外，工藝和設計史界幾乎無人議論。就體例分析，其行文恐怕也影響到了清代雍正朝的《工程做法》。當然，它們的源頭之一應該都是宋代《營造法式》那類官書，繼而與明清時期在民間可能影響更大的《魯班經》系統，有所區別。

「營建」典籍，在我看來，自然也不一定僅指現代所謂的「建築」。而其寫法，有趣的地方還在於，確是可以歸入經濟史研究範疇：其內大量登記的，往往不是描述性的技術分析語匯，而是些被後世稱作爲定量性文件彙編的「工料核算價值」。換言之，在某種程度上，衹有當時掌握專門修造技術，包括冶煉、染織、燒窑、采掘等領域的匠人，甚至是徵收、驗正等等職能部門，才最終能夠徹底破解那些數碼的，可供公共或私家工程實踐參照的含義。

當然，不要忘了另一群人——即當下所謂的「監管方」，他們在收、驗之餘，更督控着「工部」以及類似的官方或半官方工程單位和活動。而所謂「須知」，就是他們的經費控制單，和預、决算説明書，以及管理報告大綱。

不過，北京故宫博物院的王璞子先生等，數十年對清代《工程做法》的研究，却非是簡單地將此類著作當成「手册」、「大綱」和「控制單」來看的。他們把一節節枯燥的奇怪數字組合與建築實物相印證，換算并表列出了大量可以指導現實操作的真切内容。而我個人與L君的一些關於禮經、造物的研究，也是從前輩們的思路中獲得了明白的啓發。若着落於具體斷代史層面，我們分别從明代關於嚴嵩的抄家檔案《天水冰山録》，及清代各部辦事規程——「則例」切進，最終觸碰到了一個被稱爲「計量史學」[*Quantitative History*]的領域。

所謂「計量史學」，一般指「有意識地、有系統地采用數學方法和統計學方法從事歷史研究工作的總稱」❸。我絶非説這是工藝、設計史研究的必然歸屬，但必須承認，「計量」之出現，確令史學研究從對宏觀的、帝王將相的性質描述，轉入到就社會相對單純、個體的行爲及其過程的微觀、定量分析之中。儘管，其間不免有「非人格化」的傾向，可經過仔細「演算」出的結論與動態模型，却又足以從更廣泛的層面上，揭示舊時的設計製造，甚至是藝術構思中的某些根本問題。不錯，從事傳統文獻的計量史學研究，一如國外學者所强調的，必須首先重視對於原始資料系統的分析與分類。而這，又恰恰與中國古代重要先賢們所强調的，對於目録學和版本學的重視，以及由此拓進的那種對於「名物」展開考辨的「小學」密切呼應。

而關於後面所談到的這幾項，我在以前的專欄文章中，也已做了申説，暫此不贅。

謹致意！

師友：連冕
草於九龍油麻地廟街旁
二〇一〇年十二月二十日

載《美術報》（杭州），《設計週刊·「連聲快語」（專欄）》，二〇一〇年十二月二十五日，總第八百九十二期，第六十九版。

注釋

❶ 語出《莊子·達生篇》（清·王先謙：《莊子集解》，卷五，《達生第十九》，第一百六十四頁）。

❷ 王世襄：《序例》，王世襄編：《清代匠作則例彙編·佛作-門神作》，第二頁。

❸ 王小寬：《譯者的話》，[英]羅德里克·弗拉德：《計量史學方法導論》，第一頁。

整理凡例

連晃 撰寫

一、關於刻本、抄本。本書所整理的《工部廠庫須知》，以中國國家圖書館藏「明萬曆四十三年（一六一五）刻本」爲「底本」（影印件載於「北京圖書館古籍珍本叢刊」），并着重對勘南京圖書館藏「明萬曆間修補改刊本」（即「南圖本」，影印件載於「玄覽堂叢書續集」、「續修四庫全書」）。凡必要處，再比對南京圖書館所藏，是書「全本」電子影掃圖片檔案（即「全電檔」）。同時，中國國家圖書館藏清抄《皇明修文備史》一部（影印件載於「北京圖書館古籍珍本叢刊」），內有《廠庫須知上下卷》百餘葉，摘録刻本（即「備史本」，應主「底本」）第三、五、七、八、十、十一卷不少內容。因明代兩槧俱在，「備史本」則多作查漏補缺，或引爲旁證之用。如無特別問題，其一般漏、誤、省、并等，均不出校。而，目前學界使用較多的電子出版物《中國基本古籍庫》中，亦録有《工部廠庫須知》經初步處置後的核心內容。惟，其版本僅記爲「明萬曆林如楚刻本」（應主「南圖本」），「整理」亦有漏誤，今僅充爲檢索工具，不作全面參考。

又，本書所存之何士晉《賜餘艸》，係孤本殘卷，今據杭州圖書館藏「明萬曆四十三年刻本」（即「殘本」）録出、標點。

另，兩書及「附録」部分內容，有摘引於《明實録》（即「實録本」、「實録『影本』」、「影本」）等其他文獻中者，必要時，均據以對勘，出校説明。

二、關於校勘方法。本書正文，即《工部廠庫須知》，在「對校」的基礎上，進行「本校」，并徵引相應材料展開「他校」及「理校」。「本校」部分，均標明所參本書各卷、各條、各款、各項等主題內容，并列出原刻葉碼正背（主以「底本」），以備查照。

三、關於數據覆核。本書主體乃收支估算內容，因各類變動及計量偏差等情況，原刻已難免罣誤。爲不致牽涉過廣，確保校點順利進行，今衹將最顯見幾處，細細檢驗、更改，并出校記。餘下內容，俟日後深入於表格化清點時，再圖匡正。

四、關於古今字形。全書因其行業特性，并爲存留、揭示一套較鮮活的歷史語言材料及深層版本現象，整理時除處在「校勘記」、「前言」、「代跋」、「頁邊」等現代語文環境者外，歷史文獻部分，均以尊重原刻（主以「底本」）爲首要標準，對古今异體、繁簡等，於充分協調當前編輯技術的大背景下，并不做單純的全面轉換、統一。重在處置古代各字書、韻書中未曾記録的，或現代核心電子字庫中不曾出現的，非俗體、錯字等特殊形態。而凡被前述典籍定義爲俗字者，均據其古代正字，適當參酌現今規範，出注糾改，「校記」亦遵循「首見」及「底本優先」原則。其他同用、通假等，一仍其舊，概不擅調。

惟，個別字迹，與當代常用形態比較，刻工等雖有微量筆劃增減、挪移、變形、互用（不別、通用），如「辶」作「辶」、「匕」作「上」、「夂」作「夊」、「氺」作「小」、「汞」作「汞」、「糸」作「糸」、「丷」作「〃」或「八」、「罒」作「罒」或「罒」、「厶」或「ㄱ」作「㇏」、「礻」或「衤」作「木」、

「尢」作「尣」、「眠」作「眂」、「卩」與「卪」不別，等等，但在普遍意義上未構成新例的，則基本以其古今正字爲範逕改，不再出注。

五、關於現代標點。全書均依現行中國國家標準，及部分已成行業定例執行。着重於分割、厘清書中條列式記録及其輔助申説，要在協助現代研究者，提高捕捉核心數據的速度，不因標點繁複，反生遲滯。故此，暫不使用現代古籍整理「全式標點」中的專名線、書名線等。惟，個別古代文句，如「一一」羅列時，加點則據其段落、内容情形，度量施用，亦不以簡單劃一爲是。

六、關於專門符號。全書原刻、原抄模糊以致漫漶各處，均以現代整理習見符號「□」代替。又如，各掌收廠庫名稱後標「-」符號曉示，物品名稱間偶用「-」符號區隔。而，「附録」部分，則以多藉「……」符號，略去相應無關宏旨或累贅語段。另，校點中，更將原刊等書葉葉碼及書口卷次相應刻記（主以「底本」），以下標序號、頁邊説明等形式引入運用，以利翻閲核檢。

七、關於排文列句。全書以保持原刻格式爲首要前提，除《目録》改動較大外，於剔去不必要之空格空欄、提格轉行，及部分小字縮排后，其餘字詞、段落布置，基本以原刻爲藍本，適當參酌今人閲讀、刷印習慣，進行縮進、空行、分段等，以利參酌原書而辨析眉目。若有特例，即行加注説明。

八、關於徵引文獻。書末已按歷史年代、姓名音序、出版時間等次第，全面臚列整理時所參考之册籍、篇章等完整信息。凡「校點説明」、「正文」、「存佚」、「附録」各處，僅作「簡式」，不再詳盡贅標。

總目録

正册

附册

佚存

（分工：連　冕　校點、整理　許昌偉　録入）

綴輯

（分工：連　冕　校點、編訂　李　亮、許昌偉　整理、録入）

工部廠庫須知

十二卷

明 何士晉 等 彙纂❶（分工：連 冕 校點 許昌偉 録入）

序❷

引❸

本部之有茲刻，原係科臣題請編緝，將渡進呈御覽。適，以上方有雲漢之禱，皇皇畾新政，臣子未敢以載藉之披閱爲煩。而科臣更奉外差，急於趨命，不及議上而行。然而，既以奏題成書，為本部不刊之典，倘遂廢閣是，不佞[1]入告不虔，而并委國計於草莽也❹。私念使上聞之，不如先使下行之。上聞而下不必行，是欺之属，義之所不敢出也。下行而上不必聞，猶忠之属，不佞不敢不勉畾之。因命梓人竣工，而頒之各司，存為掌故，使行有次第。他日踸進，以備乙夜之觀，竊比於「先行後從」之義❺。諸大夫皆曰，然。遂[2]行之。

萬曆四十三年季夏日，署部事閩人林如楚識[3]。

工部廠庫須知敘[6]

宋臣蘇軾之言曰：「廣取以給用[7]，不若節用以廉取[8]。」今「天下未嘗無財也」[9]，又未嘗不言理財也。第「理」其所以取之者，而不深計其所以用之者[10]。于是，入之孔百，漁獵而不厭[11]；出之孔一，漏巵而無當。舉國家全盛之物力，究且岌岌焉而不能終歲，此之不可不知也。

水衡之政，倣古冬官，計其歲入，堇堇當司農度支之十[1]三。而其出也，則宮府諸需，自「吉、凶、軍、賓、嘉」之大，以至器仗[12]、木植、瓦甓[13]、顧僦之細，無一不于是焉給。

乃費領于司空，觴濫于中官。中官之黠者，日夜與狙驓、奸賈、猾胥史，相搆而爲市。是黠猾奸狙者，又日夜伺司空之屬以嘗焉，而夤緣以爲利所藉[14]。以爬搔而洗濯之時[15]，震其靡窳，刷其叢垢[16]，引繩批根于出入之孔者[17]，有掖垣、柱下，巡視之役[2]在是。掖垣、柱下與司空之屬三人者，無論其岐，而爲黠猾奸狙所乘。卽合[18]，而精爲操[19]，而一歲數更事，數月一改篆，前之牘滮漫，而後之符凌亂[20]。業覈而縮之矣，縮復侈焉。業銃而湔之矣[21]，湔復洿焉[22]。始事而成之也，成且爲虧[23]，莫見功焉。後事而守之也，守且代創，莫逭辜焉。當此而策廠與庫，寧有捄乎[24]？

臣士晉，昔從戊申受事，甫及三月報竣，畧窺一斑[3]，條爲二《疏》。當事者，業稍稍見之施行，顧于端委，猶望洋其未有底也。頃歲閱，乙卯再承茲匱[25]，日取《會典》、《條例》諸書，質以今昔異同[26]、沿革之數，而因之釐故核新，搜蠹檢羨[27]，乃始憪然有概于出入之際也[28]。遂謀之水衡諸臣，彙輯[29]、校訂，按籍而探其額[30]，按額而徵其儲，按儲而定其則，按則而覈其浮。

衡知之，若外解、若事例、若題辨、若傳奉[4]、若年例，若會有、若會無、若召買，若本、若折，若造、若修，無不得焉。縱知之，若掛銷、若預支，若截給、若循環，若對同㉛、若實收㉜，若交盤㉝、若會查，若找、若扣，若比、若帶，無不得焉。

卷凡一十有二，四司十九差，次第布之。而末，各附以諸臣之條議。有是，則不難于侈縮淌洿之故；有是，則不難于成虧創守之數。以曉暘于出入之孔，胥爲嘗而杜口矣，賈爲嘗而戢[5]志矣，騐爲嘗而怵法矣㉞，中官爲嘗而束于掌故矣。明心白意于漏卮之爲出也者，而後，可以懲濫坊潰于漁獵之爲入也者。節而用之，用不虞詘；廉而取之，取不虞竭。今而後，乃知所以視廠庫者，須此矣。

推此類，具言之，由水衡而度支，其于推蕩，廓如；其于葆嗇，盎如。而財之足也，何日之有焉？雖然，臣竊有進此者。

語云，「聖人大寶曰位」㉟、「天子不私求[6]財」。自大工、大禮，比歲煩興，而採山榷水，十輩之使。綦布縣寓㊱，籠天下之物力，而歸京師內藏之㊲。所朽蠹，不能當飽貂寺，而肥釜鬵者之半㊳。于是，海內之財日益詘，而正供日益困。乃工靳成而故緩之，以益蠹；禮靳成而故踰之，以益耗。而皇上之有此財，以有用者，不一[7]用，而積之無用。臣乃有味乎？李絳所稱，「自左藏以輸內藏，猶東庫以移西庫」之說也㊴，獨不駴于「瓊林」、「大盈」，積而散之之日乎？其積也，不可圉，而其散也，乃有不可言者矣。

聖天子，誠一日慓然散所積，以佐司農、將作之不及，訖工竣禮，無緩期、無踰節。令水衡度支，一切事例、外解，不甚雅馴，爲萬曆初年《會計》所不載者，及採榷十輩之使[40]，一切報罷。嘉與海內元元，生養休息，以奠鴻流爍。則後此而巡視，所須有如此籍者。

臣士晉，請畢一日之力[41]，且芟煩蕩苛，盡捐一切無藝[42]，偕之大道。斯臣之願也，亦水衡諸臣之同願也。

萬曆乙卯六月，工科給事中、臣何士晉謹叙。

工部廠庫須知目録[43]

校勘記

❶「彙纂」，今據萬曆間刻本等綜合而得，何士晉於《工部廠庫須知敘》中自稱爲「彙輯、校訂」（四葉背：而與此「彙」字相關辯證，可參該處「校勘記」）；「國圖本」（即點校所用「底本」）除卷七「寶源局」、卷九「都水司」首葉記爲「彙輯」外，餘下俱爲「纂輯」。「南圖本」卷六此記漫漶不識，其他皆同。

另，傳爲明末清初顧炎武編録的《皇明脩文備史》（即「備史本」）中《廠庫須知》（不分卷）首葉作「纂輯」。

又，「明」、「等」，俱係今次校點者新添。

❷「序」，今據底本、「南圖本」《引》，及《工部廠庫須知敘》書口上單黑魚尾下所刻補。

❸「引」，「底本」篇全，「南圖本」首葉正背有損毁，餘覈底本無差异。

又，《引》文全篇，底本、「南圖本」均係行草手書上版刷印。

❹下標編號「1」，今據底本，將原刊各篇相應連續葉碼，以此阿拉伯文數字形式，注記於原刻本每全葉最末一字後，以利核對。餘下此類順序編碼，并各卷，皆同，不再注。

❺「竊」，底本、「南圖本」原作似「竊」，據遼釋行均編《龍龕手鏡》，正字當爲「竊」與「竊」、俗字爲「竊」（入聲卷第四，穴部第二十•入聲，第五百二十頁），今仍可從，後亦逕正不注。

❻「廠」，底本、「南圖本」原作「廠」，據《現代漢語詞典》「厂」條附注此字爲其异體（第一百四十八頁），今可從，後亦逕正不注。

❼「廣」，底本、「南圖本」原作「廣」，今逕正，後不再注。

❽「若」，今檢《蘇軾文集》，當爲「如」（第一册，卷八，《策•策別-厚貨財一》，第二百六十七頁）。

又，「節」，底本、「南圖本」原作「節」，今逕正，後不再注。

❾「嘗」，底本、「南圖本」原作「嘗」，據清人顧藹吉編《隸辨》注《魏孔羨碑》文，此字即「嘗」（卷二，平聲下•陽第十一，第五十九頁、三十二葉背），今從，後亦逕改不注。

又，「天下未嘗無財」，亦出自東坡《厚貨財》篇（《蘇軾文集》，第一册，第二百六十七頁）。

❿「深」，底本、「南圖本」原作「㴱」，今逕正，後不再注。

⓫「漁」，底本、「南圖本」原作「渙」，今逕改，後不再注。

又，「獵」，底本、「南圖本」原作「獵」，今逕正，後不再注。

⓬「仗」，底本、「南圖本」原作「仗」，今逕正，後不再注。

⓭「瓦」，底本、「南圖本」原作「瓦」，今逕正，後不再注。

⓮「緣」，底本、「南圖本」原作「緣」，今逕正，後不再注。

⓯「搔」，底本、「南圖本」原作「搔」，今逕正，後不再注。

⓰「叢」，底本、「南圖本」原作「藂」，今逕正，後不再注。

⓱「繩」，底本、「南圖本」原作「繩」，據北宋陳鵬年等編《廣韻》，此字即「繩」（《新校互注宋本〈廣韻〉》，卷二，下平聲・蒸第十六，第一百九十九頁、三十五葉正），今從，後亦逕正不注。

又，「繩」，《（宋本）廣韻》謂「俗作『繩』」（卷二，下平聲・蒸第十六，第五十七頁），今暫不從。

⓲「卽」，底本、「南圖本」原作「卽」，今逕正，後不再注。

⓳「精」，底本、「南圖本」原作「精」，今逕正，後不再注。

⓴「亂」，底本、「南圖本」原作「亂」，今逕正，後不再注。

㉑「銃」，底本、「南圖本」原作「銃」，據北宋丁度等編《（宋刻）集韻》，此字即「銃」（卷七，去聲上・𠅘第十四，第一百四十八頁、三十五葉背），今從，後亦逕正不注。

又，《集韻》某些校勘未必精善的晚期刻本，此二字已混同，如嘉慶十九年（一八一四）顧廣圻補刊本（卷七，去聲上・𠅘第十四，六十五葉正）、光緒二年（一八七六）「川東官舍」姚覲元重刊本（卷七，去聲上・𠅘第十四，六十五葉正）。

㉒「洿」，底本、「南圖本」原作「洿」，今逕正，後不再注。

㉓「虧」，底本、「南圖本」原作「虧」，今逕改，後不再注。

㉔「寧」，底本、「南圖本」原作「寍」，今逕改，後不再注。

㉕「閱」，底本、「南圖本」原作「閲」，今逕正，後不再注。

㉖「異」，底本、「南圖本」原作「異」，今逕正，後不再注。

㉗「檢」，底本、「南圖本」原作「検」，今逕改，後不再注。

㉘「際」，底本、「南圖本」原作「際」，今逕正，後不再注。

㉙「彙」，底本、「南圖本」原作「彚」。據《漢語大詞典》，「彑」字條謂「同『彐』」，「彐」字條謂「亦作『彑』。……今作『彐』，用作部首」（上卷，「彐（彑）部」，第二千一百四十四頁），即作部首時有互换情况，而「⺕」當爲書手誤刻之「彐」。又，復檢《現代漢語詞典》「汇」條，其表示「聚集、聚合」及「聚集而成的東西」義項時，僅見用「彙」（第五百八十頁），可知「彙」已係較穩定之當代常用繁體字型，故，今暫改爲近似字形，後不再注。

㉚「探」，底本、「南圖本」原作「探」，今逕正，後不再注。

㉛「對」，底本、「南圖本」原作「對」，今逕改，後不再注。

㉜「收」，底本、「南圖本」原作「収」，今逕改，後不再注。

㉝「盤」，底本、「南圖本」原作「盤」，今逕正，後不再注。

㉞「怵」，底本、「南圖本」原作「怵」，今正。

㉟「聖人大寶曰位」，據《周易正義》或爲「聖人之大寶曰位」，亦有疑「之」字衍者（卷八，《系辭下》，第二百九十七頁）。

㊱「縣」，底本、「南圖本」原作「縣」，今逕正，後不再注。

㊲「歸」，底本、「南圖本」原作「歸」，據劉復、李家瑞編《宋元以來俗字譜》分類，此即「歸」字（十八畫，第一百三十四頁），今從，後亦逕改不注。

㊳「蠶」，底本、「南圖本」原作「蠶」，今逕正，後不再注。

㊴「說」，底本、「南圖本」原作「説」，今逕正，後不再注。

又，「自左藏以輸内藏，猶東庫以移西庫」，據北宋司馬光《資治通鑒》，應爲「若自左藏輸之内藏以爲進奉，是猶東庫移之西庫」（第十六册，卷二百三十八，《唐紀五十四（憲宗元和五年—六年）》，第七千六百八十三頁）。

㊵「採」，底本、「南圖本」字形稍有模糊，易誤作「探」，今特說明，後不再注。

㊶「請」，底本、「南圖本」原作「請」，今逕正，後不再注。

㊷「盡」，底本、「南圖本」原作「畫」，據《正字通》，此爲「俗『盡』字」午集・中集，皿部・「六」畫，第七百二十四頁、四十一葉背，今從，後亦逕正不注。

又，「藝」，底本、「南圖本」原作「蓺」，今逕正，後不再注。

㊸「工部廠庫須知目録」，底本裝訂恐誤，將此置於《凡例》後，今從「南圖本」（影本）順序。

惟，據「南圖全本」電子影像，多因開拆掃描等，此次第已同底本，故此影像葉面前後關係，或已不堪參考。

㊹「序」，底本、「南圖本」原無，今據《引》及《工部廠庫須知敘》書口上單黑魚尾下刻記補。

㊺「引」，底本、「南圖本」原無，今據文前所記篇題補。

㊻「工部廠庫須知敘」，底本、「南圖本」原無，今據文前所記篇題補。

㊼「卷之二」并後文「卷之二」，底本、「南圖本」原兩卷所屬内容互調，今概依「南圖本」次第，詳可參本書卷一該處所注。

㊽「凡例」，底本、「南圖本」原無，今據文前所記篇題補。

又，《凡例》一篇，底本置於《敘》後《目録》前，「南圖本」置於《目録》後，今從「南圖本」。并，據其書口上單黑魚尾下所刻「卷之一」，轉入卷一目次。

㊾「工」，「南圖本」原作「本」，今據底本改。

㊿又，「巡視題疏-工部覆疏」，底本、「南圖本」原分作兩欄排列，更無符號「-」，今省并爲單行，詳可參本書卷一該處所注。

編號「1.」至後文「4.」暨相應標題等，底本、「南圖本」原無，今據各篇首、尾所記，縮略、括注補出。

51「廠庫弊端疏」，底本、「南圖本」原無此篇名，今更據《賜餘艸》殘本《疏目》（一葉正）補。

52 「約則」，底本、「南圖本」原無，今據是篇文題補。又，符號「-」，比對底本、「南圖本」，《目録》均作「廠庫議約」、篇題皆作「約則」，足證二者互爲一題之別稱，今補全，并以此相連。

53 「附」，底本《目録》原無此字，今據「南圖本」補。

54 「節慎庫條議」，底本、「南圖本」原作「條議」，并與前「節慎庫」三字接連寫刻，今據後各卷例分并補。

55 「年例錢糧」并本卷各二至三級目録標題，底本、「南圖本」原無，今據內文各節標題補録。又，今校點本新訂《目録》各卷，凡二至三、或至四級標題，今概依此例，均據篇題補録，後不再注。

56 「兼管小修」，底本、「南圖本」原無，今據是篇文題下所録補，并調整格式。

57 「灰」，底本、「南圖本」原作「灰」，據元人李文仲《字鑑》，此即「灰」俗字（卷一，平聲上・十五灰，第二十二頁），今從，後亦逕正不注。

58 「二差」，底本、「南圖本」原無，今據是篇文題下所録補，并調整格式。

59 「清匠司」，底本、「南圖本」原置於「繕工司」、「見工灰石作」前，今據兩刻本實際葉碼并裝訂情況乙正。

60 「琉」、底本、「南圖本」原作此，與正文標題不同，今暫不改。

61 「窑」，底本、「南圖本」原作「窑」，據《現代漢語詞典》「窑」條，此字係古今通用正字，所附僅「窰」、「窯」二例，皆標爲异體（第一千五百一十二頁），今暫可從，後亦逕改不注。

62 「廳」，底本、「南圖本」原作「廰」，今逕正，後不再注。

63 「廳」，底本、「南圖本」原作「廳」，今逕改，後不再注。

64 「盔」，底本、「南圖本」原作「盔」，今逕正，後不再注。

65 「以上皆都水分差」，「南圖本」《目録》至此止，後半葉闕。

66 「卷之十一」并後「卷之十二」及相應一級標題，底本原作此，「南圖本」闕。

67 「器皿廠條議」，底本原無，「南圖本」已闕，今據是篇文題補。

68 「臺」，底本、「南圖本」原作「臺」，今逕正，後不再注。

工部廠庫須知[1]

卷之一[2]

凡例[3]

一載職名。刊書之議，原係科臣條陳，因爲纂輯。而「在工言工」，非部臣，莫與共事。故，除各司、各差，自爲「攷載」、「條議」，以列姓名外，四司又各以一臣「仝編」，并得列名於首。凡各差，則具本司臣名「參閱」。而各司無與。於差臣，以司官統理差事，差官無與司事也。亦有書屬垂成，而官係新到者，卽未有差委，咸得列名，以見一時與聞。

一載職掌。各司、各差，咸有專職，但考《會典》、《條例》，多不相符。卽各差名目，有不知所自始者。今皆據見行事宜，臚列具備。庶新涖任者，不必借耳目於胥吏，爲奸竊所乘，滋爲獘竇矣。

一載年例。各項造辦，有一年、二年，三、四等年；有不等年，間行題辦者。悉照《條例》，并近時釐正者開載[4]，不得溷淆。但，此等除「歲供」外，多係昔時偶造，而監局視爲「歲額」。因仍奏請，部臣執爭，不得寧定年限者[5]。聖明在上，自能惜不經，節冗費。卽「歲額」，不無一二可減，餘可停造、壓造者甚多。後來諸臣，不妨每事量用執請，無使營竊者妨國家節儉之途❻，可也。「年例」，俱用「○」。如非「年例」，與各差之無「年例」，而僅載事宜規則者，亦用「○」，以便覽省。

一載規則。有行事規則，有制器規則，有價估規則，各因差上所有，以立名。雖用法因人❼，難拘定式，但「執柯伐柯，爲則不遠」。若向來用度多寛，近來漸窄；或國家之用與庶民不同，工作之費與侵漁不等。寧使少存餘地，令下情樂從❽，亦盛世之事。第不使并竊名目，濫耗不貲，額中之費，猶爲可算者也。

一載會有。各「廠」、「庫」，會有物料，都非實有。尚存名數，以見舊額。相應每歲，查一實在數目，分置各司、各差，以便隨時料辦。缺者、偽[2]者❾，皆責典守賠補，庶不致有名無實，紀載成虛。

一載外解。量入爲出，用如有經。第國家有不可測之出，如不時題辦者，冊籍之所能載，存爲故牒；亦有不可常之入，如歲時蠲欠者，冊籍之所不能載，難爲定額。典計者，固當以此較量嬴縮❿，尤當於此預備常變。上下共存，節省可也。

一載議論。各項之有裁酌者，用「前件」以具權宜。若議論有不可以各項贅者，則「條議」於後。所載「條議」，俱用本司、本差自著，少有增減。蓋經手之事，規畫自真，不敢以局外之見，妄參一語。但議論隨時斟酌，缺畧不妨續補，過時不妨更訂。故刊載「別葉」，示不敢以一時籌畫，擅千古不刊，以俟後賢。即巡視「條陳」，後有佳者，不妨增入。總歸無我，共襄國事，尤可大、可久之業也⓫[3]。

巡視題疏-工部覆疏⑫

1. ⑬巡視廠庫、工科給事中、臣何士晉，謹題：爲商困剝膚已極⑭，都民重足堪憐，謹採輿情，量爲調劑，懇乞聖明，勑行酌議，以濟燃眉，以安根本事。

臣惟，今天下，所在無樂土。而最苦者，尤莫如京師，所在皆窮民。而最困者，尤莫如京師之民夫。京師拱護宸極，緩急攸資；京民捍衛至尊，休戚與共。此豈門庭之外可以並論？而斯民，幸依輦轂以托生，實倚大君以爲命，必且日月之照獨先，雨露之施獨渥。詎意有若今之鋪商，業就死地而不加恤者？臣，待罪工垣，新叨廠庫，僉報屆期⑮，職掌所係。敢不以目前至迫、至苦之狀，爲皇上陳之？

臣稽國家經費一切物料，其初，俱用本色，取自外省。後因攬納滋獘，始令折銀解部，該部給價召商，臨時買辦。是商人起于召募，原非京民之正差。則借其力，以代「外解」之勞，足矣。而浚其囊橐，可乎？況錢糧止有正供，原無額外之鋪墊。則責之買辦，以不悞公家之務，足矣。而累其性命，可乎？乃鋪商之困也，則自鋪墊始⑯。而鋪墊之濫也，則自近年始。

昔當穆廟時⑰，商人私費與官價相半。比時閣臣猶《疏》稱，「泒及一家，卽傾一家，人心洶洶，根本動搖⑱，急宜痛釐宿獘」。而今，竟有罄官價，以當私費⑲，其上納錢糧，另行稱貸者矣；甚至有，罄官價，不足以當私費，既稱貸以買物料，又稱貸以緩箠楚者矣。嗟嗟，三四疲商，卽敲筋及骨，剜肉及心，寧能堪此？是「僉報」一說，雖欲不舉行，不可得也。

惟是三十五年[2]，方奉旨而報，而二十餘人，隨奉旨而免其報也。公之外廷，其免也，得之內降。臣等仰窺聖念，或偶出于哀矜。而中涓索騙人財，且指稱爲「孝順」。上以虧累聖德，下以騷動都城[20]；舊商欲脫而未能，公務久停而莫辦。傳之海內，筆之史書，將使天下、後世，謂陛下何如主，而直令刑餘之屬[21]，口銜天憲也？臣，竊惜之。

夫今日之京民，已大非昔日之京民，其誰能鬼運神輸，頓化爲素封之積？而內監之谿壑，尤甚于往時之谿壑，其誰肯赴湯蹈火，不別尋方便之門？故今如「僉報」，而欲于先年倖免之外，另求一番殷實人戶[22]，此必不得之數也。卽有其人，而欲使後來「僉報」之商，不走先年倖免之竇，亦[3]必不得之數也。商人千苦萬苦，苦于內監之苛求；臣等千難萬難，難于皇上之盡免。是「僉報」一說，雖欲不暫停，又不可得也。

無已，其講于「調劑之法」乎？

臣以爲，「鋪墊」當議也。鋪墊陋規，原係中涓私索[23]，豈容額派若干？但一項有一項之舊例，一年有一年之新增，惟請奉嚴旨，令該部革其新增，還其舊例。大約以所領之錢糧，先儘辦所需之物料。剩有贏餘，卽爲墊費。則公、私兩盡，而畫一可遵。如有私墊是圖，盡奪其關領之價者，聽臣等白簡糾參，望陛下，必罪不宥。是所謂，隄其濫而調劑之者。

臣又以爲，「貼役」當議也[24]。新商既不可報，舊商愈不能支，法窮必變。莫若，以買辦之役，聽該部自行召募，擇勤愼慣練者十數人，分撥四司應用。然，此十數人者，止取其習熟[25]，原非殷實之鋪商。雖領有錢糧，豈無各項[4]之賠費？又不可爲之設處[26]。似宜略倣編審「鋪行」規則[27]，凡京城鋪面，不論南北，照本出銀，名爲「貼役」。

如恐小民不堪重累，則請于下等「浮鋪」，量行豁免。其上等、中等鋪面，分爲六則，納銀有差，則重累可蠲也。如恐追呼，或至驚擾，則請行五城御史嚴飭，兵馬不許差人。苐每坊分爲數段[28]，每段就開鋪正身中，擇其忠實能幹者二人，爲一正、一副，領「官簿」一扇，公同議妥，開填數目。若有狗私隱捏等弊，正、副連坐，則驚擾可禁也。

如恐內監借爲口實，願欲愈奢，則請將此銀，貯之順天府庫，示與墊費無干。凡買辦諸役，內有差苦力竭者，聽該部斟酌支貼。不得一槩混帮[29]，年終仍聽巡視衙門查覈。儻有剩存，下年可以接濟，且緩再征。至用盡，始行前法，使各鋪樂其輕，而中涓絕其望，則口實可杜也。是所謂，寬其力而調劑之者。

臣又以爲[5]，「交納」當議也。年來，內監酷勒商役，每在交納錢糧之一關。而交納之最苦者，尤莫如「惜薪司柴炭」之一項。使鋪墊十分滿意[30]，雖物料差池，俱一槩收受。使需索毫不稱心，卽錢糧完備，亦百計刁難。故有殘肢體，繫妻孥，凌青襟，殺世職，諸不法事，屢見彈章，足爲實証。

自今，請于交納時，該司移會該監，將應納錢糧，貯之公所。官與面交，如期而辨，如約而會，如數而納。其議定鋪墊，亦用印封，總交本監，任其領回，自行分給。藉有借名抑勒，希圖苛索者，徑聽該部叅處。前所召募諸人，名爲雇役，身非鋪商，賞罰去留，俱統之該部。尤不許內監，擅提、擅比。是所謂，恤其苦而調劑之者。

臣又以爲，「改折」當議也。凡年例題辦錢糧，內有急需本色者，該部自應召買，無庸置喙。然，亦有各監自用，不必本色者；又有可以通融移用，不必急辦者。併責之于該部，甚難，而分任之于各監，甚易。故，今卽不敢謂「某項可省，某項宜折」，但有內監，願領部價，照數自辦者，或不妨折價與之。自後，上供物料問之該監，必無使侵漁；買辦價值問之該部㉛，必無使欠缺。則原額不改，何悞于公需；墊費可省，實便于部役。若各衙門小脩、小差等項，既乏商人承值㉜，亦宜照估折銀，聽其委官，自行脩辦。是所謂，分其責而調劑之者。

臣又以爲，「會有」當議也。查工部四司《條例》，凡「內庫」有見存，卽移會取用；必「內庫」無見貯，始召商買辦。開載甚明。近緣該監鋪墊欲多，雖例稱會有者，亦概揑會無。及商人買求既足，則向報會無者，又倏稱會有。如近日「鉛商」一事，尤爲可異。

自今，宜申明舊制。不論「內庫」、「外庫」，所有物料，先儘支用。不許該監，以有爲無，致滋需索。其果係「會無」者，方行該部給價買辦。或京中買辦不足，查照初年「外解」事例，移文該省，督解本色。但令解役，投部驗收㉝，一毫不涉內監，似亦可行。是所謂，覈其冒而調劑之者。

臣又以爲，「預支」當議也。邇來，工作繁興，支領分集，外解之題留既夥，事例之援納漸稀。庫藏甚虛，預支罔措。以致商人，望門投券，無米督催，併命塡溝，傷心酸鼻。且，向係鋪商，責無可諉；今，改爲募役，力益難堪。可復如前之指給乎？宜令工部四司，移會各工分署，立籍互查。必酌所需之緩急，定所支之多寡。不得一槩混請，使庫中無憑稽覈。則出入之間，或可節約，以爲預支之地。卽預支不能一時盡給，而先其所急，彼承辦者，亦自樂于趨赴矣。是所謂，綜其要而調劑之者。

臣又以爲，「冗濫」當議也。先年，內監提督不過數人[34]，其[8]司房書役，及工部四司各工書役，俱有定額，故攢食者少，而商困可蘇。邇來，內外衙門，多方營進，人數愈多，頂首愈重。聞有一役，而四五千金不止者。此輩捐重貲而入[35]，安所取償，勢不得不狐假鴟張[36]，恣行剝削。或索分「墊費」，或抑勒「對同」，或延捺「實收」，或誅求「打卯」，巧借名色，慣弄神通。內監固惟其撥置，部臣且付之誰何？彼商人種種蠹害，誰非此輩之爲也？請自今，陛下嚴勅各監，查照舊額，凡冗員冗役，悉行汰革。而該部諸司，尤宜自行清理。則窟穴漸減，吞噬漸輕。如前所稱積弊，內外諸臣，逐一留心禁止，不惟募役可久，抑且新商可僉。是所謂，滌其源而調劑之者。

葢臣見京民一聞「僉報」，如牛羊鷄犬，盡赴屠垣。其觳觫之狀，悲鳴之聲，直欲使怨氣成虹，天光盡黯。故連日與部司諸臣，悉心籌畫，萬不得已，酌爲此議。然，此皆前巡視諸臣所已[9]言，實係通國人情所樂就。在該部，固藉此以紓眉睫之憂；在各監，亦從此得享安全之利。竊謂，今日所便，無如此者。至于戶、兵二部諸商，倘可通行，并宜優恤。然，總之，則仰徼皇上之乾斷耳。

皇上勿謂，「商役細事，無關根本」。京民易制，可憑魚肉也？方今災異頻仍，羽書狎至，臣不敢一一掇拾，以塵天聽。第思交夷鳳孽，猶云遠在藩籬㊲，而遼左、薊門之形情，業已迫我肘腋。設一旦封豕、長蛇，合從而至，所與陛下共守此空城者，非卽今所嘗魚肉之京民乎？天鳴地震，猶可托言儆戒，而東南數省之水災，業已絶我糧餉。設一旦揭竿斬木，嘯聚而起，所與陛下共當此枵腹者，又非今所嘗魚肉之京民乎？夫至呼吸緩急之時，安危休戚之際，而[10]後知京民之足重也，亦已晚矣。

臣言及此，心膽俱裂。豈聖明在上，而獨不深長慮哉？

伏乞皇上俯垂省覽，亟將臣《疏》，及先後諸臣《條議》，凡有關于商役者，一併勅下，部院會議，務求長便。覆請明旨施行，京民幸甚，宗社幸甚。

臣愚，曷勝激切祈懇，待命之至。

萬曆三十六年，十月二十二日。

此《疏》，隨該工部，照款題覆。[11]㊳

【二】工部署部事右侍郎、臣劉元霖等，謹題：爲「商困剝膚已極，都民重足堪憐，謹採輿情，量爲調劑，懇乞聖明，勅行酌議，以濟燃眉，以安根本」事，營繕清吏等司案呈奉本部，送工科給事中何士晉《揭帖》。

前事，臣等議照得：

國家營造，專隸將作[39]，而一切物料「本色」，皆取自外省，以其採辦易而額有成規，上供不悞，而民亦不擾也。後因「外解」有遠涉之難，積猾有攬納之獘，始令各輸「折色」，本部召商，陸續買辦，以應上供，是「鋪商」之名所由起也。比時，錢糧止有「正供」，額外並無「鋪墊」，鋪商易於辦納，監司便於驗收，工作無悞，鋪商無苦。今則，鋪墊之費過於正供，承辦之苦甚如湯火。一聞「僉報」，百姓鹿駭，削髮、投河，千計營免。此，科臣目擊其狀，而有此救時、調劑之論也。

臣等竊謂[12]，國家經費承辦，不可以無商。而鋪商，既爲公家承辦物料，止當上納正供錢糧。廼鋪墊之費，果從何始？蓋由內監職司驗收，鋪墊一入，則驗收從寬，鋪墊若無，則多方勒措。咀膏吮血，不盡不止，良可酸鼻。合無如科臣所議，以後所領錢糧，先儘辦所需物料，剩有贏餘，方爲「墊費」。則正額既無虧，墊費亦不缺。獘源既清，濫流自塞矣。

至于「貼役」之議，尤爲經久之圖。蓋四司買辦，既不可無商。而纔聞「僉報」，內外騷動。根本重地，安可屢搖？惟，召募勤慎、慣練者數人，派之四司[40]。而另照「鋪行規則」，將京城內外一應鋪面，無分南北，照本銀之多寡，爲「幇貼」之等。則本小浮鋪，盡行豁免。其餘，則請行五城御史覈定。每坊，分定段數，擇其開鋪正身，忠實者二人，爲一正、一副，領「官簿」一扇，公同議妥，開塡數目。不惟驚擾可禁，而人心自爾帖服矣。且，以所貼之銀，貯之順天府[13]庫，諸鋪商有虧苦者[41]，酌量幇貼；赴巡視廠庫科道，掛號支給，不得一槩混幇，仍聽巡視衙門，年終查覈。餘剩者，仍存，下年接濟。則墊費之望可絕，而內監之口實，可杜矣。

若夫「交納」之苦，尤莫如「惜薪司柴炭」之役。內使提督者紛集，舖商一入，逼勒百種，眞有如科臣所議者。合無，以交納分司，會同該監，將應納錢糧，公同驗收。所有舖墊，亦用印封。總交本監，自行分給。舖商既係召募，不許內監擅提、擅比，則抑勒、苛索之獘，可免矣。

其年例題派錢糧，內有急需本色，固無容議折。間有內監可以通融自辦者，合准折價，無徒苦累商人。乃各衙門小修、小差等項，本部業已乏商承辦，每每照估折銀，聽其委役，自行修辦，合當著爲定例，永相遵守。

若四司《條例》，「會有」取用，「會無」召商買辦，此定例也。然亦有先「會有」，而及至取用則復「會無」。間或取用，則以朽腐、浥爛[14]不堪者抵塞。以後，當移會之時，務宜加意查驗。原收若干、支用若干、見存若干，不論「內庫」、「外庫」，所有物料，先儘支用，不許該監以有爲無。其果「會無」，方行給價召買，并移文外省，督解本色。則冒濫自杜，而侵欺可免矣。

工作煩興，全藉「預支」以接濟。而庫藏匱乏，奚容出入之多奸？臣等給發錢糧[42]，遵照成規，皆由各工呈請，奉部堂批允[43]，酌所需之緩急，定所支之多寡，方行該庫支放。及其扣銷，必據見工之「實收」，憑科道之「對同」，始行銷扣。法已詳慎，在奉行司官，實心振刷，無爲謾文。此科臣灼有定議，所宜嚴行中飭者也。

其冗員、冗役，撥置朘削[44]，莫可誰何，商匠安得不困？業經本部批行，各司并各工差官，裁革冗員、冗役，以節糜費，正在着實舉行。其在內監，尤望嚴勅查汰，以清弊源者也。

既經科臣論列前因，相應亟爲具題等因，案呈到部爲照。鋪商[15]之派，固爲物料承辦之無人；鋪商之困，實由監局埶費之需索。此科臣調劑之論，司官會議之辭，均之念切時艱，無非爲國、爲民也。

蓋京師之民，擁護宸居，尤宜首加優恤。乃今一報，鋪商如赴鼎鑊[45]。少有家貲，便思遠竄[46]。此豈本固邦寧之道哉？前科臣王元翰、道臣劉光復，已備疏鋪商之苦，臣部亦連疏「僉報」之艱矣。然，工作苦于浩繁，供應急如星火，物料不繼，承辦誰肩？不得已，而僉報鋪商，惟冀上供無悞而已[47]。詎期正供有限，埶費無窮，剜肉補瘡，罄產亡身，柰之何不逃且免哉？

今，科臣欲裁「埶費」者，清弊源也。議「貼役」者，免虧累也。設正、副，以免驚擾；貯府庫，以杜口實。「交納」公，則「惜薪柴炭」之役可甦；「年例」折，則小修等項之差不擾。「會有」者，「內庫」、「外庫」，照數支用，則錢糧不致冒濫。「預支」者，四司各工，立籍互查。則錢糧何由混請？至如員役[16]冒濫一節，尤爲糜費，作奸之藪。已經臣部嚴行四司各工，將應有胥役、夫匠人等，逐一查革，以杜弊竇。

今，科臣所議及此，正臣所日夕兢兢搜剔者。恤商安民，意慮深遠。既經科臣《揭》議，各司會呈臣部，酌議上請。伏候命下臣部，將承辦見役舖商，查照科臣原議事理，一體欽遵，優恤施行。

萬曆四十三年，正月初六日[17]。

2. 巡視廠庫、工科給事中、臣何士晉，謹題[48]：爲奏繳已竣，敬陳廠庫事宜，以裨節省事。

臣，待罪工垣，接管廠庫。一切獘源、蠹孔，該前巡視科臣，洞火列眉，條議上請，更何容復贅？惟是，將作繁興，物力滋匱，法無定守，人有倖心。廠庫之事，非親歷則不知其難；胥役之奸，愈隄防則轉覺其甚。臣，今督造各項「文冊」，循例奏繳，業已報竣。而辭差矣，可無一言之獻，爲陛下節省之助乎？蓋臣受事三月，悉心諮訪[49]，殫力稽查。如，商匠溷于兌支，近該戶部奉有明旨，隨即照例停革。解納利于掛欠，皆緣庫役，藉爲通融，隨經出示禁止。起放必先覆兌，則短少之獘難容；支存另置餘銀，則混冒之端自絕。查《事例》，應吊該部原《咨》嚴比，較新置各工「文簿」。此皆臣與監督司官，可循[18]職自效，不必瑣瀆宸嚴者[50]。第思「庫」中宜有畫一之規，而「廠」內甚多無益之費，非奉聖裁，恐難遵守。臣謹採輿議，爲陛下直陳之。

其一，「領狀」當酌。夫「領」，有預支、有實收、有扣銷、有找給，一經掛號，即投該庫，似無非當發者。但，實收已經對同，而預支每無限量，物料猶有題數，而夫、匠任憑混開。一領動輒萬千，一人動持數領。該庫，匱莫能支，紛無以應，勢不得不塡委生塵。而應支者，反爲不應支者所壓，則涇渭不分；應支而拙者，又爲不應支而巧者所奪，則苦樂倒置。甚有庫無見給，將此印領抵當于富豪、于貴戚。減十得五，而「五」之數，專歸夫、匠之頭。從五加息，而「十」之數，且盡歸勢要之宅。究竟本工不得知，該司不及察[51]。而衆夫、衆匠，仍無接濟。則本工之呈請繼至，而該司之印領又發矣。此，今日之一大漏巵[19]也。可嘆也！

臣初視事[52]，見印領委積，請討譁然。而文移案牘中，止有給發而無完銷。故，凡有可疑，嚴爲查駁，不敢輕准「掛號」。卽四司，每于下庫之期，會单催請，臣必就單中覆覈明確，方准給放。總爲同舟，敢辭勞怨？然，此領狀之多，在該部司屬中，固有痛言其爲弊竇者，非臣一人之臆見也。

合無自今爲始，將從前未完領狀，通行一查。應補給者補給，應停扣者停扣，應註銷者註銷。各司彙具一冊，送巡視備查，以清積牘，以杜影射。嗣後商匠、夫役，呈請錢糧，必本工查其前次所領完過若干，今應再給若干，備送該司，勒限回報。如「完」不及數，該司卽宜駁還。其及數者，覈實說堂，酌數給領。領狀與「手本」內，務將完過工料，詳開總數[53]。不必「花名」，各用印記鈐蓋，送臣等衙門掛號。「號簿」內，卽照數登記，存爲成案。下庫日，必盡數支放，無至遲留。蓋冒領者旣絕，則應[20]領者自簡。然後，一宗可完一宗，一號可清一號。

目前之「給發」，旣有的據，而可無混出之虞；他日之「對同」，且有細撒，而可作「實收」之驗。此不過一紙之內[54]，稍寬尺幅，稍增數行，而處處可以照會，人人咸知警懼。凡所稱「日報」、「月報」、

「循環」等冊，寧有簡便、眞確于此者乎？彼狡猾之徒，雖欲鑽營、請託，妄覬、冒支，安能揑未完爲已完？而該司與本工，責有專屬，又安得不秉公查覈也？故酌「領狀」而嚴其冒，乃節省之一助也。

其一，「關防」當愼。該庫錢糧，雖不及戶部太倉，然每歲出入，總計一百五十餘萬[55]。所關大工、河防、軍器、年例等項，亦至鉅也。奈何不倣太倉規制，而漫令庫官敲兌、司吏看銀、諸胥隨役，雜沓其中，解戶攬頭，通同爲政？或入而包納，則輕重之間，無不得心應手。或出而扣除，則商匠之苦，甚于剜肉醫瘡。

臣非不當堂嚴諭，而說者謂臣等，「監察有時[21]，此輩窟穴無盡」。若一秤無使費、一次不饜足，則後來百計刁難，荼毒彌甚。故不得不就其圈套，吞聲飲恨，而卒不敢言。且，據臣所目擊，「蘆稅」百金，開匣化爲烏有；「例銀」一錠，轉眼便作飛塵。攫取每見，公行追補，視如兒戲。甚至，寄「小庫」以尅已發之銀，指「羨餘」而盜正支之數。此輩視節愼一庫，盡若私藏，而安得相沿不問也？

合無自今以後，畧照太倉銀庫事例，固扃列柵，重關嚴限。看銀擇一匠役，敲兌擇一庫役，寢食在內，每季一更。庫官、庫吏，弟令司啓閉之常，登出入之數；務須隔遠，不許沾手。其餘丁供事者，兗畢[56]，必搜檢而出。若銀有低假、有短少，許諸人卽時面稟，將匠役、庫役，盡法叅送。如此，不惟竊取無從，抑亦扣尅可免，而種種奬蠹，不蕩然更始乎？故愼「關防」以絕其竇，亦節省之一助也。

其一，「偹造」當議。「盔」、「王」二廠，額設軍匠一千四百四十二名，戶[22]曹月給米一石，工曹人扣銀五錢。統以匠頭，督以年例，立法之初，未嘗不善。自以「民」冒「軍」，而小匠爲虛籍；自得「三」除「五」，而匠頭皆窶夫。脩造盡是空名，戎器毫無實用。前巡視議裁其米以還太倉，切中膏肓，誠爲遠慮。乃該部，猶執「年例」之成規，以湊「月糧」之舊額。此所謂，捐有用以就無用，甚可惜也。

且，臣查每歲脩「戊字庫」盔甲三萬副、腰刀三萬把，預造盔甲二千五百副，所費不下二萬四五千金。而各省直所造、解，堆積庫中，至不可勝數，詎不稱有備無患？然而，布襯稀疎、鐵葉易銹[57]，脩者與解者，並屬不堪。解者，積之逾年而復脩；脩者，積之逾年而改造。總歸無用，則奈何以塵飯塗羮之具，糜國家百千萬億之金錢也？設一旦有意外之虞，勢不得不更造以應。是，今之脩造，不徒糜費，兼類銷兵，臣竊危之。推原其故，則皆[23]小匠之爲害耳。

合無自今以後，兩廠止存匠頭八十名，以供造辦。軍伴等項，三百九十五名，以供雜差。而其餘小匠，九百六十七名，盡行汰革。以此裁剩之米，還歸太倉，固可佐軍儲，卽匀泒匠頭，亦可充工食。各色戎衣、戎械，查照先年堅利式様，責成匠頭，加工精造。倘有不敷，不妨雇覔，仍以此式，頒行省直，令一體造、解。領解者，卽用督造者，有不如式，從重究擬[58]。其每歲外解之數，與內造之數，通融合算，的議若干，足以備用而止。又須定以年限，無得歲歲混脩，以滋冒破。

卽如明盔、明甲，乃儀衞中之不可缺者。臣昨詳加估計，使該管善于收藏，實無事歲脩。惟歲脩額定，而匠役與將領，反通同爲市。脩者利其不堅，收者利其速壞，內監又從中利其鋪墊。此兩廠所以無寧期，而錢糧所以成沃釜也。

至于歲脩、歲辦，有必不可免者，亦宜專官監督，信賞必[24]罰，庶免虛冒。故，議「脩造」而求其實，亦節省之一助也。

其一，「弓箭」當折。語云，「器械不利，以卒予敵」[59]。我國家，狃安弛武，凡外解捍敵之具，盡失其初，而弓箭一項，尤爲塞責。今查「戊字庫」所貯，弓不下數十萬，箭不下數百萬，亦既稱多矣。乃當外解驗收之時，固已剝羽脫金[60]、裂弦反角。藏之浹歲，使京軍關領而出，彼止換錢數十文。于敵愾，毫無當也。近該工部議行省直，刻官匠姓名于上，似乎振刷。然，解官越數千里解至，卽不合式，動云「間關苦楚」，驗廳之駁回者，能幾？卽驗廳盡欲駁回，而解官且多方囑托，恐終掣肘難行，勢必因循如舊。合無自今以後，行令各省直，將弓箭、弦條，折色解部。遇宄換之年，徑以價給軍，俾擇其精者買用[61]，實爲兩便。如欲多備，卽着兩廠匠頭，每年量造若干，巡視衙門驗，果如式，然後送該庫收貯。則既不[25]廢其成規[62]，亦不失其鋪墊。京軍得有實用，解官可免賠累，計莫善于此者。故，折「弓箭」而更其制，亦節省之一助也。

抑臣尤有說焉？京師之困，莫甚于舖商。臣前有七「議」，方諄諄爲諸商請命。而「預支」一節，今復欲該庫加嚴者，何也？蓋以該庫錢糧，止有此數，惟洩之旁竇者多，則留爲正項者少。如「惜薪司」及見工商匠，實稱艱苦，皆所宜寬恤者也。其中有神奸、積棍，慣造黃江，希圖冒騙，皆所宜嚴覈者也。臣，謬叨巡視，發奸釐弊，乃其職掌。故，明知城社難薰，谿壑無厭，而掛號查单，不少假借者，誠欲塞旁竇，以留正項，留正項以恤疲商。臣之此《疏》，正以補前《疏》所未足也。

且今何時哉？薊門烽火喧傳[63]，司農庚癸罔恤。臣之言似不幸，而將驗，夫既驗于薊門，恐不能不驗于[26]輦轂。輦轂之下，所恃何人？苐有此積困之京民，而奈何復以商役累之也？

臣前《疏》，久經部覆，倘蒙採擇，京民咸得更生。卽不然，內有「貼役」一議，先聽該部題知，甦放舊商，另行召募。則大寒之後，忽被陽春。所關國家根本，非渺小矣。

伏乞皇上，留神省覽，同臣奏繳諸《疏》，勑下該部。如果臣言，有裨節省[64]，再行酌議上請，并將「商役」一事，統賜施行，永爲遵守。廠庫幸甚，都民幸甚！

萬曆三十六年十二月二十四日。

此《疏》，該工部，照款題覆[27]。

2.1 工部署部事右侍郎、臣劉元霖，謹題：爲舊例相沿，釐革宜盡，敬酌諸臣《條議》，伏候明旨申飭，以振積玩，以永法守事。

臣惟，國家無百年不敝之法，要在因時而振刷之。但，振刷於初敝之日，一布章程，自無衙越。振刷於極敝之後，非奉明旨，未易以盡革積習，而頓成淸肅也。

臣，署部兩年，適當鋪商重困，兼之各工煩併，帑藏已窮：以大工，待用數十萬金，而十萬餉邊、八萬修城，十餘萬爲婚禮內供借發。至於今，幾欲炊而無米。每一念及，眞有食不下咽，而寢不貼席者。節縮整飭之策，何日不共各屬議之哉？而諸司各差，或以格例因循，或以事勢掣肘，總之，昔年貽謀之委曲，遂致今日相習之膠固。而釐革未盡，殊切衷慚，臣之責也，非諸臣28之罪也。所幸，臺省諸臣，條上芳規，雖其所言者(65)，亦不遠於臣之所已舉。顧當此時，「窮則變」、「物極宜反」之秋，仰祈聖明鑒允，痛革夙獘，一振新規。非水衡所厚賴者哉？

臣，方以抱痾求去，不能別爲知計，以裨部務(66)。而目前，諸事緊急，又坐視而勢有不能者。謹取諸臣之《條議》，詳加酌請，而皇上垂聽焉。

夫今之所最苦者，不曰「僉商」乎？商之困也，自「鋪墊」始。夫「鋪墊」，非法也，是各監漁嚼之私意也。卽使嚴禁杜絕，猶恐其越法而思逞。乃查「部規」，則供應、繕脩，俱分內、外，工食、物價，多寡自殊。夫外寡而內多，本恤商人輸納之苦；因多而過索，遂開內監貪求之路。迄於今，相沿以「鋪墊」爲應得，而逼索鋪商，恬無忌憚。臣曾屢疏請裁，而聖聽彌高，人非迷罔，孰肯自赴于湯火？恐「召募」亦無應者矣。根本重地，既不宜騷動，而上供承辦，又時不可缺。止餘一二疲商，爲29皇上効役，而復忍令中官，吮盡其膏血哉(67)？則巡視諸臣所言，裁革墊費，及淸內外員役，固釐革之大端，最宜首及者也。

今之所厭煩者，不曰「預支」乎？預支之多也，二十餘年已然。夫每月磨筭工程，以「實收」給發，法至良也。乃查《條例》，則預支額數，強半先給，而工完「實收」，僅十之二三。夫作法於儉，猶恐其奢，而前後多寡乃爾，宜人心之無所不至也。迄于今，相沿以預支爲應得，而「扣銷」者未必得「結絶」，「結絶」者未必得「對同」。臣，向令各差，俱復舊規。近又題請，「月終實收、年終會查，不得濫請」。苐先年給發已多[68]，一朝完局未易，蓋其所由來者漸矣。而尙未盡耳，則巡視諸臣所言，「今後斟酌『領狀』，及『預支』完至八分，方許呈請」，固釐革之最要，極中肯綮者也。

今之可痛疾者，則有委官、書辦。查，京庫各官，與本部屬官之得兼委也；書辦飯錢之取給，於工匠也。訛[30]以承訛，遂視若成規，而不爲怪。迄於今，相沿以「常例」爲應得。間或倚恃奥援，至今監督不敢問矣。谿壑塡於下，謗篋貽之官，向不過爲胥役計耳，而豈意獘至于乎？臣，曾立簿挨差，限年革出，法頗稱詳。而各差力行，可期漸肅。今巡視諸臣，復經題叅，尤覺風淸。今後，每差視事頗簡，大加裁革，限定員名。而間有索取商匠者，叅問懲處，不少寬貸。役蠹之淸，方有日也。

今之所駭聞者，則有庫藏之獘。查該庫收放之必同科道也，該庫封開之必候科道也，規豈不善？而法玩於日久，奸生於務寬。迄於今，庫官、書胥，相沿以索取爲應得，乘機盜若。卽當巡視前，而獘猶生焉，玩慢極矣！且，鉛、鐵不關，科道或者初意，以事所不宜相煩，而終亦非法。臣會諭，置堂簿一扇，將應放銀，司查、堂批，勿使庫役作獘。法頗無謬，而各屬相視不能行。今，巡視諸臣，已經題禁，殊覺改[31]觀。而今後收放之日，量留執役，屛絶多人。又，下庫蚤至[69]，不令遇晚，侵匿一應物料；但係貯庫者，聽巡視收放。庫蠹之淸，方有日也。然，此皆爲合部之通獘論也。

至於商之最苦、最難，最不肯承認者，惟「惜薪司柴炭」一節。此役，旣無委官、書辦之侵漁，又有額定預支之當給，前司後庫，極意矜憐。止因各監，索揹多端，積威憭酷，一聞坐派，股栗膽寒。故，「僉報」各商，有力者，寧鑽托，竟徼「中旨」優免；其不能者，則有削髮、投河，東迯西竄，以布旦夕之命耳。此「僉報」之決難行也。

夫「僉報」旣難，而「召募」可責，其必來乎？內供烟爨⑩，勢不可缺，邇且補苴。目前，將一二舊商匠、夫頭、車戶等役給銀，權令代辦。委曲勸認，惟恐其不從；赤體窶夫，又虞其花費。展轉焦勞，萬分無奈。而繼此，則又乏人矣。臣與司官議復，倣科臣「幫貼」之說，量於原價外，酌爲增益。此項，卽從臣部，自行那[32]處。卽當帑藏匱乏，勉圖支撑。無貽輦轂。

小民之擾，仍議移文該監，務要仰承聖意，痛洗前愆，倍加優恤。庶人知，止用其力，不費其財，不傷其命。誰無徃役之義，寧乏子來之誠？行令宛、大二縣，出示招徠，必有起而應者矣。然，非特奉《聖旨》，則此法不信。或虐使仍前，彼喁喁之民，裹足而去，望風而止耳。

臣部千方百計，總歸無商。此時，計無復之，惟有每季，措處應辦價銀，具《疏》奏知。司官親賫赴監，聽其或收與否，以明不誤上供之需。或蒙聖慈，原鑒萬一，因之獲譴。臣等，原爲皇上保此子遺，不忍驅之糜爛之地。其心可白，其罪甘之也。

嗟嗟！冬曹劇任，時事紛拏，原非一人所能專理。提綱挈領，臣得爲政，稽詳慎出；諸司得爲政，發奸摘弊。實賴巡視衙門，臣已愧不能盡釐。而巡視《條議》，其所[33]爲防奸、革弊者，皇上又槩置之若罔聞焉？何以振玩愒，而儆人心也？

除《條議》中可徑行者，臣一面劄付各屬照行外，伏乞勑下臣部，通行各司屬遵照，不得覆以相沿舊例爲辭，及時一一釐正。并發先後諸臣《條議》、《章疏》，一併着實條舉，勿徒爲紙上之空談。庶時艱可濟，而於國計，裨益匪淺鮮矣。

萬曆三十七年，三月　日[34][71]。

2.2 [72]工科給事中、臣馬從龍等，謹題：爲看詳章奏，事據工部《揭帖》，爲部帑匱極，清查積弊，以昭成憲，以濟急需事。

糾發湖廣解官、布政司都事鄭士毓，解管該省料銀四千四百六十兩[73]，却改作本色，希圖以濫惡，塘塞進內，明分羨餘。又，據「丁字庫」太監曹壅等一本，爲「本、折，自有成例，部司偶欲紛更。乞勑該部，照舊辦送，以濟大工、大典」事。

奉《聖旨》：「該省所解本色錢糧，自有成規，部司如何意欲擅自紛更？着，照舊辦送該庫供用，毋得紊亂。工部知道。」

臣等隨查《聖旨》，該「湖廣布政司」麻、鐵等料，應解「丁字庫」者，于萬曆三年，題改「折色」，銀一萬三千六百三十一兩零，「閏」加八百三十四兩零。近年，混解本色，原係奸弊，速當改正，豈可遂據[36]以爲例乎[74]？

若止承訛襲舛，鄭士毓之罪尙有可原。乃慫恿內監[75]，輒行瀆奏，久假不歸，反斥部司爲欺紿。該部衙一小吏，乃猖獗如此，惡用三尺爲哉！

內監指布政司批文一「折」字爲証，不知巡撫咨文內，開載本、折極明，洞若觀火矣。除鄭士毓，聽該部咨行撫按提問，要見奸弊根由起自何時，承行吏書有無扶揑，因何「紛更紊亂」，從重究治外，目下，仍解「折色」于「節愼庫」交收。確守《會典》成規，庶與明旨符合。臣等，因慨於解官之弊，不止此也。

凡各省領解錢糧到京，卽有一種「積棍」，通同衙門吏書，慣窩騙誘之爲邪。解官廉愼者，有幾鮮不與之同汙。甚至，一解有短少銀三四百兩者，語之則曰：「原發短少，何敢與上官爭言」。涕泣哀訴，因而倖免者多矣。此輩指稱，「『使費』治裝甚厚」，反并正項，攘竊之。且，旣不難誣其上官。則，其回本省必曰：「某[37]庫、某官，收壓太重，賠累難堪」，是兩處污人名節矣。若係內監衙門，更不可言。以其値餌中人，餘皆羣蟻附羶而盡耳。及有急需，又行召買，絡藏安得不告匱乎？

臣等請通行各省直，凡解京錢糧係「折色」者，銀成大錠[76]，依欽頒「法馬錠」五十兩。務要足色、足數，不許中錠、零搭、滴珠；長邉印封兩重，用物料護，不許擦損。仍給《鞘单》二本，一投部，一投庫。該庫，驗係原物，與速收，勿多重分毫。如「印封」有損，或不如原式，卽行查究，盡法懲治。勿得聽其請托僥倖，咆儒小惠，致虧公帑。

若「內庫」應解「本色」者，凡可封緘之物，俱令彼處有司，印信封記，畧如解銀法，「驗試廳」留心查核。其私自折銀入京，打點朋分者，叅送法司重究。庶小民膏脂，不耗於若輩之手，而內府亦充矣[77]。然，解官不有眞正賠累者乎？臣等知其故矣。其人廉謹，不肯扶同，則[38]內監惡之，羣小惡之，百計魚肉。使守法者無所容，則自不得不折而入于彼之籠絡中矣。此在經管衙門，明察而護持之耳。

臣等敢并及之，以爲釐獘、節財之助。

奉《聖旨》[78]。

萬曆四十年，四月初四日[39]。

3. [79]巡視廠庫、工科等衙門、給事中等官、臣何士晉等，謹題[80]：爲欽遵明旨，畧摘廠庫獘端[81]，并陳釐剔、責成之要，以仰裨國計事。

該前巡視科臣，摘發庫獘[82]，奉《旨》處分各官，內云：「本部工程浩大，近來經管員役，欺冐多端，殊非法紀。以後，着巡視等官，不時稽察、叅處，務淸奸蠹。該部知道。欽此。」

臣等先後接差，業已謬叨巡視。仰惟明《旨》，燭欺冒之多端，責巡視之稽察，且令不時叅處，以清奸蠹。其嚴于國計何如者，臣等敢不夙夜凜凜[83]，勉圖報塞？惟是，水衡諸弊[84]，千頭萬緒，未易更僕而就[85]。其中，欺冒之最甚者，無如「預支」一事。臣等，請先摘「預支」之弊，而後及他蠹可乎？

竊照，該部一切工料，勢不能不取辦于商匠諸役。而商匠諸役，欲圖接濟，勢不能不取給[40-18][86]于「預支」。其「預支」也，有原題、有年例、有傳造、有預估、有小修；其各工，有日報、有月報、有循環；其會計，有對同、有實收、有扣銷、有找給。法非不密，而無奈濫請者之因緣于竿牘也，又無奈濫給者之寄移于左右也[87]。其憒者、疎者[88]，不能察。而貓、鼠同眠簠簋[89]，不飭者，且滋其蔓也。

遠不具論，即萬曆三十年至今，「營繕司」冒領「預支」，銀一十四萬二千四百九十兩有奇；「虞衡司」冒領「預支」，銀八萬六千六百兩有奇；「都水司」冒領「預支」，銀一十一萬二千九百七十兩有奇；「屯田司」冒領「預支」，銀五萬一千一百八十兩有奇。合之，則三十九萬三千二百四十六兩餘也。夫此數十萬金錢，誰匪民膏，誰匪公帑，而竟屑越于諸奸之谿壑[90]？彼當年之請者、給者，其憒耶，疎耶，而不能察耶[91]？抑貓、鼠之難問，而簠簋之可疑耶？數者有一焉，皆「官箴」所不載也，臣等不能爲之解也。

按月[41-19]而比，半屬逃亡，半屬市丐。累歲而追，逋者自逋，領者復領[92]，殊可浩嘆。今若不設法，以清已往、以杜將來，竊恐「預支」二字，便是水衡之尾閭、該庫之漏巵，而後且莫知所底也[93]。

臣等悉心籌畫，欲清已往，宜令工部四司，先將拖欠各役，逐名查審。果力尚能完，不妨留用；或人亡產盡，姑與註銷。

其餘，則有「截追」之法。彼方藉口于給新完舊，孰知其借舊以騙新。彼又幾倖于那乙補甲，孰知其媒甲以圖乙。故，截住行追，毋容再領，一法也。又有，「扣抵」之法。此有完而彼有負，數或相當，完宜找而負宜償，例應移會。故，扣明准抵，毋容互推，一法也。又有，「帶銷」之法[94]。夫，夫、匠未有能盡革者也。今日革，而興工必且復用；明日用，而工食卽可帶除。「給八銷二」，則人情不苦，亦一法也。又有，「帶比」之法。夫，吏、書未有不通同者也，新役或容量免，積猾必究烹分。一體比追，則前件易 42-20
結，亦一法也。

凡此，皆所以「清已往」也。欲「杜將來」，其法更有詳者。

夫歷年未支之「領狀」，前官停給之「實收」，司庫中不無充棟。葛藤纏擾，因開城社之倖門；歲月滋深，借作翻身之蹊徑。種種獘端，悉由于此。宜令工部四司，備查四十二年以前「領狀」、「實收」，共若干。內有原未領，亦有領未全者；內有未找給，亦有半找給者。俱，截日停止，通行覆覈。銷其舊「領」，驗其「實收」。眞則易新領而補支，贋則據法律而叅送[95]。移會巡視衙門，分別揭示，以絕諸奸覬覦、貪緣之念。是之謂「清其源」。

該部所遵行者，《會典》耳，《條例》耳，《水部備考》耳。邇來，「刑餘」爲政，「鋪墊」日增[96]。在內監，每越「例」而求，動能取《旨》；在外廷，實引「經」而諍，反至留中。于是，絲綸與功令不符[97]，新例與舊章互異。從、違莫決，爭執[-21]徒煩。若臣等巡視傳舍不常，胥役每乘機[43]而去籍。往牘靡據，臨期多閣筆而躊躕。不有刊規，誰爲永鑒？宜令工部四司，將《條例》諸書，查照今昔事宜，逐款校讐，酌議增減。某項應遵祖制，某項應奉新綸，悉行改正，題請聖裁，永爲畫一章程，庶免紛紜枘鑿。

臣等亦擬摘其大凡，并先後諸臣《條議》，凡有裨于節省者，彙刻《廠庫須知》一冊，新舊交代，執以相傳。則「預支」之緩急、多寡，一覽洞悉。卽神奸，能復影射乎？是之謂「定其制」。

往歲，該部題議，月終「實收」、年終「會查」，法最簡便，奉有欽依。乃今，多憚而中止[98]。臣等更議一「領狀」新式，以要前法之必行。

凡「領狀」，後接粘一紙，備開：某項工料，原額若干、已領若干[99]、今請若干。其今領之數，必完及八分，方許再領。而八分完數，以其「總」塡入領內[100]，以其「撒」載入循環。俟下[-22]次領到，查其總、撒分數，合則掛[44]給，不合則駁回[101]。其「前領」二分未完，仍于「續領」內帶銷。由是領「千」必銷「千」，領「萬」必銷「萬」。捐一時磨對之勞，省日後無窮之獘，何至經年累月，一「對同」之難出乎？

至于「會查」一法[102]，不但各工宜與四司「會」，四司宜與該庫「會」也。如大工、「十庫」，各巡視衙門，凡與廠庫錢粮有干涉者，四司并宜移會，互查明白，方許奏繳。其「會查底冊」，及一應緊關文簿[103]，應比照各部例，造一「冊庫」，另題司官一員，專管稽覈，以防竊換、洗補諸獘。斯該部最喫緊事也，卽廠庫文移塡委，總係錢糧、關防，宜慎。亦不可不令該部，酌議一封識之所。是之謂「扼其要」。

往例歲終奏繳，另有「查叅拖欠」一《疏》，然止及商匠[104]，而不及官吏，輒未幾而弁髦之[105]，何也？官無專責，法不必行。卽日日查叅，無益也。自今，宜著爲《令》：如非常營建，題定一官爲終始者，功[45-23]過俱當另議，錢糧自有責成，無庸置喙[106]；其餘四司監督，業以一官，營一職，凡任內請給銀兩，必本官盡數完銷，部司覆查無異，移會巡視[107]，方許與接管交代；如果拖欠數多[108]，冒支有據，每歲終，容臣等比照「考成」事例，移會該部，將本官及經承吏書[109]，酌入查叅《疏》內；其欠役與經承，卽聽本官自比；若能依限追完，仍不碍其考滿陞遷之格。

惟，內有事變突臨，勢難終局者，宜將已、未完數目，備造《對同》五本：一留本官，一送接管，一送部司，一送巡視，一送工垣。查無別弊，聽其離任。

至于拮据、勤勞，更自風清弊絕，諸司內，儘不乏人。該部堂官，廉訪的確，宜咨銓部，破格優擢，以示風勵。使人知嚴罰在前，異數在後，誰不悚然加毖乎？是之謂「重其責」。

凡此，皆所以「杜將來」也。蓋「預支」淸[110]，而廠庫之弊，思過半矣。

然，臣等又以爲，「餘銀」之弊多端，不可不革也。該庫，歲報「羨餘」[46-24]不過千金有零，而貼解冬衣布花，及該部堂司公費、工食等項，約用三千餘兩。皆取足于「餘銀」，而不知「餘銀」實未嘗有也[111]。吏胥借「報羨」之名，每重入而輕出；筦庫因堂司之取，或假公以濟私。于是乎，害中于下：衆口之所不平者，或一兌而差數兩[112]，或一兌而差數十兩，則何以抗顏于上矣？害中于上：前官之所交盤者，或一匣而少數十兩，或一匣而少數百兩，則又何以有辭于下矣？

上與下，俱受「餘銀」之害，而獨諸胥飽「餘銀」之利。皇上亦何愛于千金，而開此無窮弊竇哉？況「餘銀」一革，則出入皆原封，敲兌無高下，輿情盡愜，百蠹俱清。皇上名雖歲少千金，而不知所得更倍于幾千金也。

如該部以貼解[113]、工食等銀，必不可已，臣等業有「銀錢九一兼支」之議矣。查該部給錢舊例，以五百五十文准銀一兩，故夫47-25、匠不願領錢，以致庫中貫朽。今議，隨時定數，大約六百文以外，各役無不願者。搭一分于十數之中[114]，以通錢法；扣三文于一錢之內，以抵「餘銀」。四司一體通行，「積羨」還歸公用[115]。明告之君父而非私，面質之商匠而不怍。是在該部司，一洗從前陋習耳。

臣等又以爲，「事例」之弊多端，不可不覈也。國家時詘舉嬴，權開援納，已非政體。而持籌者復寬之，以示招徠；包攬者遂乘之，以圖僥倖。于是，赴司出帖，則那移項款[116]，視「原題」故作朦朧；赴庫納銀，則鉛、錫雜投，致「給放」頻滋物議。甚且，有原納吏役，而巧竊儒監之咨文；甚且，有銀不到庫，而假冒吏工之印信。彼其恃包攬而陰陽播弄[117]，至不可方物矣。夫若輩，操蹄望歲，梯之爲榮進，而窟之爲漁獵者也。今猶強半贗售，國家亦何利焉？卽責之傾錠鑿名，該司出帖48-26時，先驗足而後移「掛號」[118]，亦不爲過。倘，放之日，查出低假，徑提原納員役，與看銀吏役[119]，並坐以法[120]，庶幾洒然一變。

然，非成錠、非鐫名，胡由認也？若每季，工部曾咨過若干名，吏部准咨到若干名，該庫上納過若干名，三處會查，斷不可少。而行移，則工部該司爲政矣。近議，「戶七工三」，每歲「戶」開八月，「工」開四月，此開彼停，允宜爲例。如欲兩部同開，總筭取此與彼，頭緒混淆，反多不便。況，例款隨時增減，兩部互有異同，所當併一裁訂而申明者也。

臣等又以爲，「外解」之弊多端，不可不餙也。國家一應物料，取自外解，顧有「折色」[121]、有「本色」，所從來矣。「折色」納于「節愼庫」[122]，其弊有傾換、有掛欠、有倒批。臣等任勞任怨，所得而禁革者也。「本色」納于「內庫」，該監惟「鋪墊」是圖，解官輒通同爲市。于是，有原解「折色」，而故買濫惡抵充，改納「本色」者；有原解「本色」，而[49-27]匿其精以自鬻，易其僞以投庫者；又有「本」、「折」俱不入庫，全與該監瓜分[123]，反稅出庫中之物以爲驗，而徑取批收去者。弊至此而極矣，法至此而窮矣。夫，祖宗之制，雖「本」、「折」兼用，然必以「會有」、「會無」之數，定「外解」、「召買」之規。勿令缺乏，亦勿令朽蠹。其初，豈不甚善？何至今日，而中涓把持，明係「會有」，揑稱「會無」；明該「折色」，強爭「本色」？如近日，解官張明經、王德新等，以折納本，正費查駁；而「內庫」銀硃，數萬斤，爲該監王朝用盜賣，且見告矣。皇上每深信若輩，寄以筦鑰之司，寧知其入係虛名，出多旁竇？出、入俱不可問，而「內庫」所存，僅僅朽蠹之餘耳！不亦重負皇上，而令人髮指哉？

今宜令該部，移會巡視、庫藏衙門，將歷年解到物料，分別管收。除在的數各若干，每季一查，使「會有」、「會無」，不混撓于該監；歲終一報，使應「折」、應「本」，且額定[50-28]于題知。拔本塞源，計無逾此。

第「會無」而解「本色」，每多低假不堪。又須該部，明開款樣，移文各省直、撫按衙門，遴委廉能佐貳官：督買物料，必用印封進內；督造軍器，必刻官匠姓名；其解官，即用承委官。到京查驗，有不如式者，輕則追換，重則題參。庶責無可卸，而外解皆有實濟。倘，外解一時難湊，該部不妨量行召買。總期，上佐公家之急，下隄耗蠹之觴而已。

臣士晉，昔叨是役，曾竭管窺[124]，條陳二《疏》[125]。該部，俱照款題覆，畧見施行。而都民所最苦者，莫如「商役」。臣實以「貼役」調停，首議裁革，迄今且七年不報商矣，都民稍獲生聚之安。然，未聞違悞上供，妨碍部事，則商之永不必報，甚明也。嗣後，如有通同內監，妄言僉報者，皆欲朘商自潤而動搖根本，不忠于51-29[126]陛下者也。臣原《疏》具在，請得而折之。

夫，卽商鋪之可罷，而知該部事未有不可爲者也。此臣等，所以復有今日之《疏》也。今《疏》若行，在共事諸賢，固得以同心，受相成之益；卽奸胥猾吏，亦必以戢志，寬法網之誅。迹雖不便，所全固已多矣。不則，嚴綸方厲，殷鑒非遥[127]，臣等亦何敢博長厚之名，而自溺其職乎？

伏乞聖明，俯賜省覽。如果葑菲可采，卽勑下該部[128]，議覆施行。未必非節省之一助，國計之永圖也[129]。

臣等，曷勝惶悚、激切，待命之至[130]。

萬曆四十三年，三月初六日。

此《疏》，隨該工部，照款題覆[52-30]。

3.1 工部署部事右侍郎、臣林如楚等，謹題：爲「欽遵明旨，畧摘廠庫弊端，并陳釐剔、責成之要，以仰裨國計」事，營繕清吏等司，案呈奉本部，送該巡視廠庫、工科等衙門、給事中等官、何士晉等《揭帖》，前事等因，除具題外，備《揭》到部、送司。該臣等看得：

水衡錢糧，千頭萬緒。其最要者，始則「預支」之當嚴，終則「實收」之當覈，原有定規，不容溷淆。惟是，日久弊生，人情滋玩，雖臣等任事以來，極力稽查、有犯必懲，然與其窮治于事後，毋寧禁戢于未然[131]。今，該巡視科道，《條陳》妥確，櫽括周詳，所當亟爲舉行者。但，事關因革，非奉明《旨》申飭，恐無以肅人心、垂永久。謹逐款詳議，臚列如左。

一曰，清「預支」之源。巡視謂，年來給發太濫，以至拖欠數拾萬之多，量其可完與否，欲立「截追、扣抵」、「帶銷、帶比」之法。先[53]經臣等，摘其奸猾之尤[132]，如劉輅、洪仁，衆送追究。訖今，應如所議，逐一清查，分別追扣，帶銷、帶比，定以一年之限，務期限內通完，以銷前件。仍令各司與該庫，備查各役完過錢糧，或出「實收」未給「領狀」，或給「領狀」未經放完。查明，會同巡視衙門酌議，某項宜給，某項宜停。其「實收」未出者，監督各官，速爲出給。聽各該監察科道嚴覈，應准者准，應裁者裁。通前未了，悉爲歸結，仍行揭示，以杜獘端。嗣後，諸發「預支」，務查工程，約該若干；先請三分之一，必一分全完，始再酌給，永免追比之擾。

一曰，定「年例」之制。巡視謂，年例之請發者，向以《條例》爲則，顧今內監越「例」而求，外廷引「經」而諍；况祖制與新綸不同，新例與舊章互異，宜定畫一，請自聖裁，以免紛紛爭執。臣等查得，《條例》諸書，其傳刻已數十年矣，今昔不同，因革頓異。中涓[54]每額外以濫求，部司且去浮以就約。宮、府相持，有同聚訟。應如巡視所議，逐款清查、校訂，或因舊，或從新，定爲規則，併先後諸臣《條議》有關繫者，彙刻《須知》一冊。使當事之人，一覽無遺；無論職掌，內洞如觀火。卽遷轉更代，各差之事，且無不明習也。

一曰，扼「錢糧」之要。巡視謂，徃時月終「實收」，年終「會查」，法最簡便，乃今中止。今議一「領狀」新式，「狀」後接粘一紙，備開原額，及先領、今領之數；查完過八分，併循環、總撒相符，方准再領；未完二分，逐限帶銷。至于會查，如大工、十庫等衙門，凡與廠庫錢糧相關，四司併宜移會，查明奏繳。另立「冊庫」專官，以愼關防。

臣等先經如巡視所議，其「領狀」新式，行令各役遵行。外所議《循》、《環》二簿，卽「截出、實收簿」也。應令四司及監督，各置二簿印鈐，備開原估與先領已完之數，爲舊管。其今領錢糧，必完及[55]八分，以細數塡入循環，以總數塡入新領。同送巡視，查覈明確，准作「實收」，方許再給。未完二分，仍于下次帶銷。俟工完差竣，卽將此簿，通前覆筭。如無他獘，准作「對同」。《循》存廠庫，《環》發本差，各備查照。不但錢糧難冒，且使工作易完，眞一舉兩得之策也。

若歲終「會查」一節，應令四司各差，將各項錢糧，或收納、或給發、或泒辦等數目，備造「青冊」，俱于十二月初三日，齊送各該巡視、監察衙門。互相查明無獘，各書「查訖」二字，印鈐、發回存司，以爲日後比對。「實收」張本庶奏繳，不爲虛設其收貯底冊。

向來文卷，皆付吏書，日久不難去籍。近該臣等四司，各另設一「冊科」，置數廚櫃[133]，一吏一書，專管抄謄。日行文移、印鈐底簿，各另擇一空房，改爲「冊庫」，收貯、備查。掌印官親爲啓閉，眼同封識，稽察已嚴，專官可無設也。

一曰，重「考成」之責。巡視謂，官無專責，法不必行。凡四司[56]監督，任內請給錢糧，盡數完銷，始准接管交代、歲終考覈。內有事變突臨，勢難終局者，宜將已、未完數目，備造《對同》五本，送接管、部司、巡視、工垣各一本，自留一本。查無別獘，聽其離任。

臣等以爲，司官之于各獘，既以矢心振刷，而部堂之于各屬，又已刻意稽查，則殿最勸懲，本部自應不爽。而睹聞記載，科院自有公評。卽年終考核，法不詳于此矣。

惟是，各官既以監督爲職，則當以竣事爲忠。蓋一差有一差之首尾，一事有一事之本末。往時經手錢糧，每遇差回、陞轉，輙含糊而去。及至獘端摘發，後悔無及。今後，凡係本官任內請給錢糧，必期一一完銷。如有未完，卽令本官，將欠役與經承吏書，自行追比。追完之日，待部司覆覈相同，然後移會巡視查明，聽其交代。而帶比吏書者，以各役純、頑，工程遲、速，吏書自知之真。其嚴于承行，正所以杜其逋欠也[57]。內有事變突臨，勢難終局。或數本清楚，接管願交者，仍以已、未完數目，備造《對同》五本開送，查明離任。則各官雖去任之後，亦得安枕[134]，別無粘帶之虞矣。

巡視又謂，「餘銀」不可不革。以銀錢「九一兼支」，隨時定數。旣通錢法，復剩餘錢，可充公費。臣等以爲，庫銀支放，出入宜平。惟是，向積「餘銀」，蓋爲貼解及公費而設，所取無幾。乃領銀各役，恒以短少爲詞。今如所議，凡庫中支放，以九分給銀。卽與原封，以一分給錢，隨時定數。大約錢以市價爲則，於內扣下三文，卽作「羨餘」，以抵公費。明扣、明除，上下兩便，其買銅、鼓鑄各宜。於見充舖戶，掄選殷實，互相保結，聽其自願，給批泒辦。每年嚴限責成，以圖永利。再不許外役鑽求，墮其騙局。

巡視又謂，「事例」之弊多端，不可不覈。欲援納者，傾錠鑿名。每季，工部、吏部、該庫三處，會查上納人數，併議「戶七工三」、開納日期及[58]例款，裁訂畫一。臣等以爲，輸鏹博官，欲賒利厚，應如所議，責其傾錠以免零星，鑿名以防低假。每季，三處會查，仍送廠庫，比對號簿，以杜奸偽。

至于「戶」開八月、「工」開四月，此開彼停，尤爲妥便。其「事例」條款，向以陸續增開，弊竇甚多，而兩部亦互有叅差。今「繕司」已逐一裁訂，應削、應改，宜會同合一，以便遵行。

巡視又謂，「外解」之弊多端，不可不飭。納「折色」者，杜其傾換、掛欠等弊；納「本色」者，杜其濫惡、抵充等弊。臣等以爲，各省外解，原係惟正之供，豈容低假？惟是，領解員役，巧于規利，致生弊端。應如所議，凡解「折色」者驗《鞘》，若或改傾短少，照例查条。解「本色」者，不得以假易眞，改「折」爲「本」，及濫惡搪塞。違者，本部與巡視，據實条題。

其「十庫」收貯物料，令該庫，每季分別管收。除在造冊報部，庶不匿有爲無，多生影射，若果缺乏，應召買者，該司仍移會「十庫」科道，查其[59]庫中緩急，酌議定奪。不得，輕聽庫監《揭》催[135]，致滋冒費。

至于軍器等項，撫、按衙門，行令備刻官匠姓名，以便查驗。領解，卽用經承委官政，以專責成而杜規避。

巡視又以「僉報」商役，爲都民大害，向曾具《疏》，立有「幇貼」調停。首議裁革，今行之七年，民生樂業。臣等以爲，輦轂之下，永絕僉報，實爲無窮之福。嗣後，有妄議報商，搖動根本者，聽巡視科道與本部題条。但新役投充，各司官，須審其身家殷實，仍令見在富商保結，方准承辦。不得輕聽請託，使積棍營充，希圖領銀拖欠，致煩比較。且今四司，原不乏人，卽「繕司」見缺大工鋪戶，已經會議通融，於部內見商吳應麒、任一清等供役，臨期無悞。是又不必多收，以啓倖竇也。

以上各款，或清旣往，或杜將來，或嚴稽覈，或祛耗蠹，或裕國計，或安民生，總之，有裨將作，所當一一見[60]之施行者。呈乞覆議、具題等因，案呈到部。該臣等看得：

法之獘也，貴乎釐剔；事之立也，要在責成。

粵積官制，工部掌工役、農田、山澤、河渠之政令。而廠庫一差，司存出納，尤其重者。立法之初，何嘗不綱提目揭，井然有條？乃自二十年來，門殿經始，陵墳嗣興，年例加增，要津傳乞。

在事者或謂，勢難猝辦。人無備責，稍寬出入；罔核初、終，取快一時；因階爲厲，爰迨建造。中停，官更更換，人多飾詐，事每藏奸。于是，繩紐弛於上，銜勒疎於下；侵冒乘其惰偷，逋負生于遲久。工非稱廪，用總、銷花。究若水之横潰旁溢，叵可隄防。而水衡之歲積，遂蕭索而無餘矣。豈非釐剔無方，責成未至故耶？

今，巡視科道，躬履目擊[136]，首摘「預支」之害，併及「條例」、實收、考覈，與餘銀、事例、外解等項。其責成也，對證投劑，切中膏肓；其釐剔也，摘節[61]拔根，毫芒不漏[137]。誠於將作大有裨，所當永修[138]，俾勿替者也[139]。

既經諸司看議，會呈前來，相應題請。伏乞勑下臣部，督令所屬，逐款着實舉行。應咨會者咨會，應示諭者示諭，庶法紀修明，人心警省[140]，積獘清而國計無損，新圖懋而天工允釐矣[141]。

臣等可勝懇切，待命之至[62]。

校勘記

❶「工部廠庫須知」，底本、「南圖本」《凡例》書葉上書口均刻記「工部廠庫須知」書名，至下文《巡視題疏—工部覆疏》則刻記書名爲「廠庫須知」，今據《凡例》書口補出。

❷「卷之一」，今據底本、「南圖本」《凡例》書口上單黑魚尾下所刻補出。

❸「凡例」，底本、「南圖本」《凡例》各正葉下書口均刻記「凡例」小字。今本書此類刻記，均已依原文次第，移至校點本頁邊標出，以利翻檢。

❹「近」，底本、「南圖本」原作「近」，今逕正，後不再注。

❺「寧」，底本、「南圖本」原作「寧」，今逕正，後不再注。

❻「儉」，底本、「南圖本」原作「儉」，今逕正，後不再注。

❼「因」，底本原似作「囙」，今據「南圖本」改。

❽「情」，底本、「南圖本」原似作「情」，今逕正，後不再注。

❾「缺」，底本、「南圖本」原似作「鈌」，今逕正，後不再注。

❿「羸」，底本、「南圖本」原作「羸」，今逕正，後不再注。

⓫「久」，底本、「南圖本」原作「夂」，據《正字通》，此即「『久』字之譌」（子集・上集，丿部・「二」畫，第十三頁、二十五葉背），今從，後亦逕正不注。

⓬「巡視題疏—工部覆疏」，底本《目録》此兩項記爲「卷之二」，實際書葉置于《目録》後，書口單上黑魚尾下記爲「卷一」；「南圖本」《目録》雖記爲「卷之二」，但實際書葉置於《廠庫議約》、《節愼庫條議》后，且書口記爲「卷之二」或「卷二」（自「商困剝膚疏」末葉，即十一葉正背起）。今參底本，并據前文校點時新訂《目録》補記，亦從其序。
又，底本卷一《劉元霖等題本》通篇及前葉（二十七葉正背—三十四葉正背），書口見刻爲「卷二」，「南圖本」同，惟兩者字迹形式及間距略异。

另，兩類《奏疏》，兩刻本均已按事由連綴多篇不同撰者的文辭，有查實遵行，有呈遞申說，有印證批駁，邏輯關繫上非爲可獨立分置的兩項，故今以「-」連接。

⑬ 編號「1.」等，今據各《題疏》、《覆疏》等所述事由，依底本次第，分組編號，后卷均直接續編。

⑭「已」，底本、「南圖本」原作「巳」。據程毅中《古籍校勘釋例》，「顯著的版刻錯誤，根據上下文可以斷定是非者，如「己」「已」「巳」的混同之類，不論有無版本依據，可以逕改而不出校記」（許逸民：《古籍整理釋例》，第四十五頁），今從，後凡涉此，亦多逕改不注。

⑮「僉」，底本、「南圖本」原作「佥」，今逕改，後不再注。

⑯「塾」，底本、「南圖本」原作「塾」，今逕正，後不再注。

⑰「穆」，底本、「南圖本」原作「穆」，今正。

⑱「搖」，底本、「南圖本」原作「摇」，今逕正，後不再注。

⑲「費」，底本模糊，今據「南圖本」補。

⑳「騷」，底本、「南圖本」原作「騷」，今逕改，後不再注。

㉑「直」，底本、「南圖本」原作「直」，今逕正，後不再注。

㉒「番」，底本、「南圖本」原作「畨」，據唐人張參編《五經文字》，此係「番」於經典中的「隸省」（卷上，七・米部，第十頁），今從，後亦逕改不注。

㉓「涓」，底本、「南圖本」原作「涓」，據明人梅膺祚編《字彙》，此乃「俗『涓』字」（巳集，水部・「六」畫，第二百四十五頁、十一葉背），今從，後亦逕正不注。

㉔「役」，底本、「南圖本」原作「役」，今逕正，後不再注。

㉕「習」，底本、「南圖本」原作「習」，今逕正，後不再注。

㉖「設」，底本、「南圖本」原作「設」，今逕正，後不再注。

㉗「審」，底本、「南圖本」原作「審」，今逕正，後不再注。

❷⑧「每」，底本、「南圖本」原作「毎」，今逕正，後不再注。

㉙「槩」，底本、「南圖本」原作「槩」，今逕正，後不再注。

㉚「滿」，底本、「南圖本」原作「滿」，今逕正，後不再注。

㉛「值」，底本、「南圖本」原作「値」，今逕正，後不再注。

㉜「乏」，底本漫漶，今據「南圖本」補。

㉝「投」，底本、「南圖本」原作「投」，今逕正，後不再注。

又，「驗」，底本、「南圖本」原作「驗」，今逕正，後不再注。

㉞「過」，底本、「南圖本」原作「過」，今逕改，後不再注。

㉟「捐」，底本、「南圖本」原作「捐」，據《正字通》，此爲「俗『捐』字」（卯集·中集，手部·「六」畫，第四百〇五頁、三十四葉正），今從，後亦逕正不注。

㊱「狐」，底本、「南圖本」原作「狐」，今逕正，後不再注。

㊲「藩」，底本、「南圖本」原作「藩」，今逕正，後不再注。

㊳「款」，底本、「南圖本」原作「欵」，據《字彙》，此當即「款」俗字「欵」（辰集，欠部，「七」、「八」畫，第二百二十九頁、六十六葉正背），今仍可從，後亦逕改不注。

㊴「隸」，底本、「南圖本」原作「隷」，據明人宋濂、樂韶鳳編《洪武正韻》，此即「隸」、「隷」俗字（第四册，卷十，去聲·三霽，十八葉正）。

又，據《現代漢語詞典》「隶」條附注「隸」與「隷」并爲「隶」之异體（第八百〇一頁），今可從，後亦逕正不注。

㊵「派」，底本、「南圖本」原作「派」，今逕正，後不再注。

㊶「苦」，底本、「南圖本」原作「苦」，今改。

㊷「發」，底本、「南圖本」原作「發」，今逕正，後不再注。

㊸「允」，底本、「南圖本」原作「允」，今逕改，後不再注。

44 「撥」，底本、「南圖本」原作「撥」，今逕正，後不再注。

45 「鼎」，底本、「南圖本」原作「鼎」，據《字彙》，此即「俗『鼎』字」（亥集，鼎部，第五百八十七頁、七十六葉背），今從，後亦逕正不注。

46 「竄」，底本、「南圖本」原作「竄」，今逕正，後不再注。

47 「冀」，底本、「南圖本」原作「兾」，今正，後不再注。

48 「題」，下一篇，亦摘引於《神宗實録》「萬曆三十六年十二月丁丑」、「萬曆三十七年正月庚寅」條內（《鈔本明實録》，第二十一册，卷四百五十三、四百五十四、第四百二十四-四百二十五頁），今隨文參酌出校。

49 「諮」，底本、「南圖本」原作「諮」，今正。

50 「瑣」，底本、「南圖本」原作「瑣」，據《正字通》，此即「瑣」俗誤（午集•上集，玉部•「十」畫，第六百八十頁、二十二葉背），今從，後亦逕正不注。

51 「察」，底本、「南圖本」原作「察」，今逕正，後不再注。

52 「初」，底本、「南圖本」原作「初」，今逕正，後不再注。

53 「詳」，底本、「南圖本」原作此，「實録本」作「計」，今暫不改。

54 「紙」，底本、「南圖本」原作「紙」，據《説文解字（注）》，此即「絲滓」之意的本字（十三篇上，系部，「紙」條，第六百四十四頁）。至于「紙」，《説文解字（注）》，原指一「箈」（水中擊「絮」用的「簀」）的「絮」（十三篇上，系部，「紙」條，第六百五十九頁）。又，東漢劉熙編《釋名（匯校）》稱，「紙，砥也，謂平滑如砥石也」（卷六，《釋書契第十九》，第三百二十三頁）。今疑「紙」當爲「紙」本字，後世漸離析，以致義項有別，現并參，後亦逕改不注。

55 「二」，底本、「南圖本」原作此，「實録本」作「二」，今暫不改。

56 「宂」，底本、「南圖本」原作「宂」，今逕改，後不再注。

57 「銹」，底本、「南圖本」原作「綉」，今改。

❺❽「究」，底本、「南圖本」原作「究」，據《正字通》，此即「究」俗字（午集・下集，穴部・「二」畫，第七百八十二頁、七十一葉正），今從，後亦逕正不注。

❺❾「器械不利，以卒予敵」，或應爲「器械不利，以其卒予敵也」，語見《漢書・爰盎鼂錯傳》（卷四十九，「傳第十九」，第二千二百八十頁）。

❻⓿「剝羽脫金」，底本、「南圖本」原作此，「實録本」作「筋剝羽脫」，今暫不改。

❻❶「俾」，底本、「南圖本」原作「俾」，據《字彙》，此乃「俗『俾』字」（子集，人部・「七」畫，第三十七頁、二十八葉背），今從，後亦逕正不注。

❻❷「規」，底本、「南圖本」原作「規」，據《正字通》，此即「『規』本字」（午集・中集，矢部・「七」畫，第七百四十六頁、八十四葉背），今從，後亦逕正不注。

❻❸「烽」，底本、「南圖本」原作「烽」，今逕改，後不再注。

❻❹「裨」，底本、「南圖本」原作「裨」，今逕正，後不再注。

❻❺「雖」，底本、「南圖本」原作「雖」，據《正字通》謂，此乃「雖」俗字（戌集・中集，隹部・「九」畫，第一千二百五十三頁、四十一葉背），今從，後亦逕正不注。

❻❻「裨」，底本、「南圖本」原作「裨」，今正。

❻❼「吮」，底本、「南圖本」原作「吮」，今逕正，後不再注。

❻❽「發」，底本、「南圖本」原作「發」，今逕正，後不再注

❻❾「蚤」，底本、「南圖本」原作「蚤」，今逕正，後不再注。

❼⓿「釁」，底本、「南圖本」原作「釁」，今逕正，後不再注。

❼❶「日」上，底本、「南圖本」原上空三字格（即「月」下），今仍其舊。

❼❷「2.2」條前葉，「南圖本」影印件爲白頁，右下角標注「原缺」，底本則標注于三十六葉左下角，今據刻本葉碼排算，兩本所缺當爲三十五葉正背。

❼❸「管」，底本、「南圖本」原作「管」，今逕正，後不再注。

74 下標編號「36」，底本、「南圖本」由本葉起，葉碼刻記均省爲「三六」等，之前則均作「三十四」等。

75 「悳」，底本、「南圖本」原作「㥁」，今改。

76 「錠」，底本、「南圖本」原作「鋌」，今改。

77 「充」，底本、「南圖本」原作「𠫓」，今逕正，後不再注。

78 「旨」下，底本、「南圖本」原無它字，近乎空一欄，今疑或充作改刊補旨之用。

79 編號「3」，本篇於《賜餘艸》殘本（下簡稱「殘本」）《職掌六疏》中亦見載（十八葉正-三十葉背），今將其細節合并通校。

80 「題」下一篇，亦摘引於《神宗實録》「萬曆四十三年三月壬子」條內（《鈔本明實録》，第二十二册，卷五百三十，第一百七十七頁），今隨文參酌出校。

81 「畧」，底本、「南圖本」原作此，「殘本」作「略」，暫不從，後不再注。

82 「發」，底本、「南圖本」原作「癹」，據清人朱駿聲編《説文通訓定聲》，「字亦作『發』」（「泰部弟十三・癶」，第六百八十七頁、五十八頁正），今可從逕改，後不再注。又，「殘本」亦作「發」。

83 「凛凛」，底本、「南圖本」原作此，「殘本」作「廩廩」，誤，今不從。

84 「衡」，底本、「南圖本」原作此，「殘本」作「衜」，今暫不從，後不再注。

85 「僕」，底本、「南圖本」原作此，「殘本」作「僕」，據《字彙》兩字同（子集，人部・「十三」畫，第四十四頁、四十二葉正），今暫不改。

86 下標符號并編號「-18」，此爲「殘本」葉碼，今附標於底本葉碼後，并以符號區隔，後不再注。

87 「宻」，底本、「南圖本」原作此，「殘本」作「密」，今不改，後不再注。

88 「疎」，底本、「南圖本」原作「疎」，今逕正，後不再注。又，「殘本」作「踈」，暫不從，後不再注。

89 「鼠」，底本、「南圖本」原作「鼠」，「殘本」亦同，據《正字通》，此即「鼠」俗省（亥集・下集，鼠部，第一千四百〇五頁、四十五葉正），今從，後亦逕正不注。

又，「眠」，底本、「南圖本」原作「眠」，「殘本」亦近，今逕正，後不再注。

90 「蟄」，底本、「南圖本」原作「𧑅」，「殘本」亦近，今逕正，後不再注。

91「察」，底本、「南圖本」原作此，「殘本」作「䕩」，今不從，後不再注。
92「復」，底本、「南圖本」原作此，「實録本」作「自」，今不改。
93「底」，底本、「南圖本」原作此，「殘本」作「厎」，今不從。
94「帶」，底本、「南圖本」原作此，「殘本」作「帶」，今不從，後不再注。
95「據」，底本、「南圖本」原作此，「殘本」作「據」，今暫不改，後不再注。
96「增」，底本、「南圖本」原作此，「殘本」作「增」，今不改，後不再注。
97「絲」，底本、「南圖本」原作「絲」，今逕正，後不再注。
98「憚」，底本、「南圖本」原作此，「殘本」作「憚」，今暫不改。
99「已領若干」，底本、「南圖本」原作此，「殘本」無，今不從。
100「填」，底本、「南圖本」原作此，「殘本」作「填」，今不改，後不再注。
101「回」，底本、「南圖本」原作此，「殘本」作「囘」，今不改，後不再注。
102「一」，底本、「南圖本」原作此，「殘本」作「之」，今暫不改。
103「緊」，底本、「南圖本」原作「緊」，今逕改，後不再注。
又，「殘本」作「緊」，今不從，後不再注。
104「商」，底本、「南圖本」原作此，「殘本」作「啇」，今不從。
105「輙」，底本、「南圖本」原作此，「殘本」作「輒」，今暫不改。
106「庸」，底本、「南圖本」原作此，「實録本」作「容」，今不改。
107「移會」，底本、「南圖本」原作此，「實録本」作「冊報」，今不改。
108「果」，底本、「南圖本」原作此，「殘本」無，今不從。
109「官」，底本、「南圖本」原作此，「實録本」作「部」，今不改。

另，「實録本」《校勘記》稱其「抱經樓舊藏鈔本」亦作「官」，現已於本書「附録·《明實録》與何士晉史料」之「萬曆四十三年三日壬子」條中改。

110 「蓋」，底本、「南圖本」原作此，「殘本」作「葢」，今不改。

111 「眚」，底本、「南圖本」原作此，「殘本」作「訔」，今不改。

112 「兊」，底本、「南圖本」原作此，「殘本」作「兊」，今不改，後不再注。

113 「貼解」，底本、「南圖本」原作此，「殘本」作「公費」，今暫不改。

114 「搭」，底本、「南圖本」原作此，「殘本」作「搭」，今不改。

115 「歸」，底本、「南圖本」原作此，「殘本」作「歸」，今不改，後不再注。

116 「那」，底本、「南圖本」原作此，「殘本」作「郍」，據金人韓孝彦、韓昭道等編《成化丁亥重刊改併五音類聚四聲篇海》引及與北宋《集韻》可能關聯的《餘文》稱，後者可「省作『那』」（卷十三，《淺喉音曉匣影三母·影母第三十一-入聲-邑部第五十一》，第四百九十四頁、五十六葉正背），今暫不改。

又，「項」，底本、「南圖本」原作此，「殘本」作「頊」，誤，今不從。

117 「播」，底本、「南圖本」原作「播」，「殘本」亦同，今逕正，後不再注。

118 「驗」，底本、「南圖本」原作此，「殘本」作「騐」，今不改，後不再注。

119 「看」，底本、「南圖本」原作此，「殘本」作「看」，今不改，後不再注。

120 「並」，底本、「南圖本」原作此，「殘本」作「竝」，今不改，後不再注。

121 「顧」，底本、「南圖本」原作此，「殘本」作「顧」，今不改。

122 「愼」，底本、「南圖本」原作此，「殘本」作「愼」，今不改，後不再注。

123 「瓜」，底本、「南圖本」原作「爪」，「殘本」作「爪」，今逕正，後不再注。

124 「曾」，底本、「南圖本」原作此，「殘本」作「曽」，今不改，後不再注。

125 「疏」，底本、「南圖本」原作此，「殘本」作「踈」，今不改，後不再注。

126 下標編號「51」，底本此篇後缺葉（即止於本卷的五一葉正背），影印編輯注記錯移至下篇首葉後（即記於五十三葉後），今據「南圖本」（其五十二葉正背）并「殘本」補。

127 「遙」，「南圖本」原作「遥」，「殘本」亦同，今逕正，後不再注。

128 「勅」，「南圖本」漫漶，今據文意，并「殘本」補，「全電檔」同。

129 「國」、「圖」，「南圖本」漫漶，今均據殘損字型并上下文意暫補，「全電檔」同。

130 「待」，「南圖本」原作此，「殘本」作「俟」，今暫不改。

131 「毋」，底本、「南圖本」原作「母」，今改。

132 「猾」，底本、「南圖本」原作「猾」，今改。

133 「廚」，底本、「南圖本」原作「厨」，據《現代漢語詞典》「厨」條附注此字與「廚」并爲异體（第一百九十四頁）。

又，據《說文通訓定聲》，謂「厨」爲「廚」俗字（「需部弟八・壴」，第三百六十一頁、二十六葉背），今可從并正。

134 「枕」，底本、「南圖本」原作「枕」，今逕正，後不再注。

135 「監」，底本、「南圖本」原作「豎」，今改。

136 「履」，底本、「南圖本」原作「履」，今逕正，後不再注。

137 「摘節拔根，毫芒不漏」，底本原作此（與「全電檔」同），「南圖本」作「摘節救根，萬終不滿」（與「全電檔」异），暫不改。

又，「南圖本」自「救根」起，至「前來」兩欄，見明確局部修描（或修補）痕迹，其字型亦多不同，「全電檔」未見。

138 「永」，底本原作此，「全電檔」同，「南圖本」漫漶。

139 「俾」，底本原作「俾」，「全電檔」同，今據「南圖本」正。

140 「省」，底本原作此，「全電檔」同，「南圖本」漫漶。

141 「工」，底本原作此，「全電檔」同，「南圖本」作「王」，今暫不改。

工部廠庫須知❶

卷之二❷

工科給事中 臣 何士晉 謹議
工科右給事中 臣 徐紹吉
工科給事中 臣 劉文炳
廣東道監察御史 臣 李 嵩 仝訂

廠庫議約-約則❸

一議交代。科、院到任官吏，先期具「儀注」，至日遵行。所有各項冊籍，另造簡明數目一本。任滿，科、院查點明白，同印、鑰、冊庫鑰，當日面交。

一議共事。舊制，進署、下庫，科、院俱同，非徒示公，亦便商確。後因事煩，分日。至萬曆戊申，本科題明，復同進署。而下庫，則仍分，今沿爲例。

一議「關防」。每月，三、八日入署，是早聽事，人役繳牌、承印，例也。然，印不隨行，未免遺慮。今議，于印面❹，重紙封固，花押爲識；往來承役，仍給票、限時；出取庫官之「照」，驗入取本宅之圓牌，以防意外。

一議舊牘。凡「大翻身」❺、「黃江」諸弊，多乘新任倥偬，將遠年停閣「實收」、「領狀」，朦朧巧售❻。今議，科、院一更，首查舊存簿領。應給者，造入《循》、《環》❼，准其另掛。不應給者，卽時塗附，移會註銷。仍分別揭示，俾諸人共曉，則奸謀自阻。

一議「外解」。各省直「外解」錢糧投到❽，批文劄付。應驗其年月有無違限，數目有無洗補，印文有無假冒。無弊，方准掛號。有弊，則檄司坊官鞫實，酌輕重題叅。

一議「事例」。「營」、「都」二司所出「庫帖」，應照新式，明開某援某「例」，摘録本「例」全文，以便查對。其銀，須足色，傾錠鑿名。多者，五十兩爲一錠；少者，儘其納數爲一錠。司吏于帖內，註有「驗明」字様，方准移、掛。帖到，仍着廠庫經承，攄例磨對。其隨任、乞年、查回、起送等項，最易影射。并取其保結吏劄，原籍文書手$_2$本，親賫投驗。有碍，則駁回，司吏難辭其罪。

一議互查。「事例」之弊，千蹊萬徑，非盡援納員役自爲之，而强半則由包攬。夫包攬，非他人，卽衙門積猾，慣于舞文，巧于竊符，串結吏、禮、工三部諸胥，犄角而瓜分者也。故有，納吏而竊監儒，遥授而冒實歷，乞一年而混數年。其假庫收假，印信玩弄股掌，視如兒戲❾。必，每季工部，移文二部，將咨收名數，與「節愼庫」三處對查，前弊斯杜。

一議「掛銷」。外解「事例」，有掛，必有銷。乃有銷數不與掛數合者，弊在該庫。應于收銀時，取

《批帖》爲驗；銷號時，取《收簿》爲驗。彼此互照，而情窮矣。惟，是弊，有在掛銷之外者。如「外解」，于「批文」內，改多作少，以少數入庫，而復以多數回銷。又有，不掛、不銷，銀未入庫，而倒批以去。在省直，則云「已解」；在部司，則云「未完」。兩無照會，摘發何由？此其弊甚神、甚大，不可言也。

今議，巡視衙門，于解批、投[3]掛之日，卽給一《票》。票式，首列「由語」，次則計開：

一行「爲某事，據某省直或某府、州、縣，差某解，某年，某項錢糧，共若干」；一行「限某月、日納庫」，下註「本解不許違限，庫役不許留難」；一行「某月、日收訖，仍限某月、日赴署」，于本號下註「完訖」二字；一行「某月、日註『完訖』，仍限某月、日，赴部領《批文》回銷」；一行「限某月、日，該省、直某衙門官吏，查對『批票』」。

數目相同，隨具文，將原《票》繳部。仍送巡視衙門，查原號註銷。如有互異，並行查究❿。

夫，此一《票》也，前與後對，內與外對，司與庫對；司庫、內外、前後，又無一不與巡視對。卽《批文》可假，繳《票》難移。省直各衙門，仍于歲終備造一冊⓫，申報已解、未解的數于部司。部司移會巡視，以總稽其完、欠之實。雖有神奸，恐不能復施其伎倆，而「掛銷」之法始備。

一議「預支」。舖窑、灰車、夫匠等役，向來垂涎「預支」，鑽營百出⓬，冒濫多端⓭。本科特創一《領[4]狀》新式，復置《循》⓮、《環》，「截出、實收」二簿。先將本工原估⓯，及以前領過「預支」、辦過物料、做過工程，備載于簿領之前，爲舊管。今，自本科接管起，如某年、月、日請「預支」若干兩，掛給、印鈐，塡入《簿》內。仍限此銀，于某月、日到，工所監督驗收明白，卽註「某月、日收足」字樣于《簿》內爲照，庶無私領花銷之弊。嗣後，再請「預支」，必工料完及八分，以總數塡入《領狀》，以細數塡入《循》、《環》。先送本司，筭明鈐註，仍將「領簿」同日送署。查，果合數，方許第二次新領「掛號」。其前次未完二分，仍于下次帶銷。推之三次、四次，以至原估銀完，咸照此法，並不許于原估外透支。

其《循》、《環》二簿，一樣塡寫，《循》留巡視備查[16]，《環》發本差備照。然，三日投到者，至八日方發。留此數日，督令廠庫書役，細加磨算，有差訛，卽宜稟駁。如通同隱庇，查出，一體究罪。仍各註查對姓名于冊內，以示責成。俟他日工完[17]，此《簿》竟可作「實收」，何等簡便？若曰，「八分完數，恐有虛報」。指視甚衆[18]，誰能掩之？

一議「年例」。監局「年例」錢糧，近因中官題請太濫，取《旨》太易，揆之《條例》所載，大不相同。本科特《疏》題，明令諸司，裁酌畫一之規。自後，宮中、府中，各宜遵守，更不容妄有爭執。卽奉「特旨」傳派，亦宜比「例」，以自存職掌可也。至于，各項小脩，及公用紙劄、各役工食，雖有「實收」堂簿，內亦有可停、可緩之工，應扣、應減之數。概行找給，亦是倖門。除紙劄、工食，數最零星，另置一冊，通限月終「掛給」。其餘，俱造入四司《循》、《環》，以憑查覈。如有不應給者，徑行停駁，毋拘成案[19]。

一議「考成」。原題所謂「考成」[20]，非求多于在事也。蓋向來「預支」混發，拖欠數多，追比徒煩，分毫莫吐。且因交代之不明，動見彈章之波及，爲國、爲身，兩屬不便。故議，責成當事，與經承吏書，凡任內放過錢糧，如依新式，截出「實收」，安得有欠？萬一有欠，聽其勒限追完，方許交代。不則，歲終查叅欠役，且得並議其經承。所以示欠者不得不完，正欲使發者不得不慎，此「考成」之大指也。

若遇陞遷，事故，錢糧，原無不明。備造「冊揭」五本[21]：一送接管，一送部司，一送巡視，一送工垣，一留自照。互查無異，徑行離任。則，去後別無粘帶[22]，他人自難推卸。相成之益，不更大乎？

一議「對同」。各工「對同」諿例，取委官原報《循》、《環》，磨筭比對[23]。摘其差訛、虛冒諸獘，輕則或駁正、或裁減，重則不免于叅題。第邇來委官，多係夤進，其不通同揑報者，有幾？所恃監督得人，則「對同」無大剌謬[24]。且欲舍《循》、《環》而覈細撒，非監督日行之「底簿」，無足憑也。至于裁減規則，有「夫去十之二」、「匠去十之一」者，又有「夫去十之一分」、「匠去十之五厘」者。此其多寡之數，似難定擬，俱視監督之料理何如耳[25]。若料價、運價，皆有「會估」案在[26]。總之，無以冒虧公[27]，無以剥虧下，「對同」之法盡矣。

一議「行移」。四司及各差，文移往來，舊止用一「名帖」，而稽遲、沉匿、竊換之獘，何從察之？近與四司監督約：各置一簿，每有公移，開列硃語；立一前件，耑差傳送；隨取其「某日收訖」字樣，親註于前件之下。使彼此皆得稽查，而「名帖」竟可除去。至于，日行移會「手本」，亦另置一簿，隨到隨填。更批數語于內，令書役遵行，如「三日手批」、「八日限銷」。有違限㉘，罪坐書役。

一議「冊庫」。署中向無「冊庫」，案卷漫失。且，諸胥有所不便，輒恣意竊燬之㉙。稽覈無從，弊竇百出。今既題明，就署左數楹，列柵扃牖，改爲「冊庫」。內置十厨，檢從前故牘，挨年編號，什襲其中。嗣如充棟㉚，不妨遞增。要無使漫失、竊燬之患，復滋于異日。亦惟是，巡視者，謹持其鑰，而躬臨啟閉；仍委庫官，昕夕攝防之。則顯攻狐兎之窟，陰消城社之魂，胥于此庫有賴矣。

一議「部单」。向來「領狀」一經掛號，卽投庫候發。然，領多而發不及，緩急、多寡，又宜裁酌。故，本科于戊申年接差，復議取「司查、堂閱」一单：每于下庫之前，四司掌印，將明日應發錢糧，再加詳定，彙《单》呈堂，批注送庫；巡視者，止就《单》內查發，非《单》所載，一切不行；放完，卽將《单》、《領》粘附一卷。此，不惟巡視絕瓜李之嫌，且令堂司專出納之責，以明職掌，以杜請託，則《单》之爲也。

一議收放。每月，四、九日下庫，先收後放，此舊規也。惟，解領員役，各利于速㉛，而吏胥，或操攙越之權，則出入寧免需索之弊？今斷以巡視「掛號」㉜，及堂司《单》到，爲前後收放之序。庫《簿》內明開：某一件「該銀若干」，或「該錢若干」，「科、院某日掛號」，「堂司某日發单」。由前及後，並不容越次。且，各「解」執有納票，限定月、日，到庫繳驗。如有攙越，其弊不在各「解」，即在庫胥，究明重處。

一議「掛欠」。「事例」之納，藉邀名器，非責逋于窶人子也。傾錠鑿名，自無容欠。其「外解」者，省、直之平，與「內庫」之平，原較若畫一。非私傾竊換，及剪邊去銖，欠亦何由？夫，欠而補，似爲寬政。乃，延挨日久，遂有補不及原數者，又有補不入原匣者。甚有，乘科、院之互更，没奸胥之囊橐者。庫貯之缺，大率坐此。今著爲令，不足色、足數，不收。如收有不足，不當時補完，不許封本匣。彼雖喙長三尺，同事者持之力而行之久，掛欠當自絕矣。

一議銀色。該庫錢糧非上供，即「將作」，安得雜以低假？乃灌鉛掛錫，屢屢見告，至「事例」而物議譁然矣。今通行各省、直，凡起解銀兩，必鑿州、縣官匠姓名，仍用10印封鈐識。其「事例」，亦比「外解」，傾錠鑿名。倘收時，印封私動，竟合查叅。即放後，姓名具存，何難提究？而該庫看銀吏役33，并註名于「匣单」，亦無辭于連坐。若，僅僅一槩樣而能辨色之眞贋，恐無是事也，此鐫名之不容已也。

一議敲兌34。天平畸輕、畸重，獘在針眼。惟，針眼澁，則高下可以匠心；惟，敲兌偏，則多寡無不應手。出入失平，需索滿志35，所從來矣。今，督匠將機心更造，務令圓活，而又收放，必兩頭均兌。即有欺頭，易之而無不平也。又，每兌，必重敲十下，即有關鍵36，重之而無不轉也。又，敲兌，必該庫官吏與解領員役，掣籤互換，即有私囑，以不測用之而無可售也。兌完，仍將原平封庫，勿容奸胥，暗設機竅于中。從前諸弊，想當盡遣。

一議防察。吏胥之鑽營庫役者，非獨包攬「事例」、需求「外解」，而偷竊之巧，更自不貲，其[11]術，難更僕也。聞諓時，有製一通身衣者，所盜銀兩，從袖中直入襪內㊲。今，令短衫、裸臂，庶幾身無厚藏。

乃「法馬」之潛換，有弊焉？其呈驗者數少，而稱兌者數多也。此，借商匠以爲竊者也。諸胥之雜沓，有弊焉？一人看銀，一人敲兌，其餘搶攘，皆亂我指視也。此，叢左右以爲竊者也。銀匣之出入，有弊焉？或以支存而混稱空匣，或以全匣而暗置別隅㊳。其在日暮，尤易也。此，乘倦忽以爲竊者也。察之者，目到、耳到、口到、手到、心到，無一滲漏，則幾矣。

一議「餘錢」。往時，借「羨餘」爲名，天平左放右收，一秤已差四五兩；敲兌出輕入重，一人常差數十兩。究竟朝廷所得幾何，部司所用幾何？徒令宵小屬饜，可恨也！今，本科題革「餘銀」，嗣後奏繳，勿宜復言「報羨」。而，部司公費，以銀錢「九一兼支」之法，扣「餘錢」抵之。仍遵照先年[12]題准事理，一應「餘錢」支用，俱赴巡視衙門掛號，庫官另置一《簿》，登報開銷。其公費規則，曾經前巡視議減，茲復移四司覆訂，刻定一冊，另置署中。及該庫備照㊴，凡「冊」所不載㊵，不得擅增、擅取，亦遠嫌、急公之誼也。

第觀吏胥敲兌之間，終有攫取錙銖之意。不知，此法一定，凡銀之浮入而縮出者，皆積于無用者也。豈舌能熒惑，妄希變亂將來；抑術有神通，仍可竊歸囊槖耶？請以一言矢之。自題定「餘錢」後，設有再索「餘銀」爲商匠病者，明神其鑒在。

一議「覆兌」。「餘銀」既革，「敲兌」宜乎計，解領員役，無所用其買囑矣。第商匠人等，與庫胥，相爲窟穴者也。得微有兌出反重，而以正數歸商匠，以浮數取自潤者乎？此孔一開，非索于外之溢入，卽盜乎內之正供。謂，宜將取放銀兩，先兌明原數，而後支放，放完[13]復兌。明支存，而後結筭。如，支存短少，卽責令「敲兌」諸役賠補。盖原發既明，諸役更何詞展辯也？若于「敲兌」時，間行不測之法，驀掣一秤，親自覆敲。驗有欺獘，庫役與領役，以「通同」論罪，仍沒其應領之數還官。則法嚴知畏，誰敢復蹈前車耶？

一議「日總」。每下庫一次，「交盤」一冊、「收放」二冊、「事例」二冊，俱取出登塡，事完封識，誠愼之也。惟是，一日之內，總收若干，總放若干，支存若干；其取放者，舊貯若干，新收若干。頭緒既煩，數目易混，故必另置一冊，名爲《日總》。令，庫書逐項開載，不許遺漏、差訛。巡視者，隨緘之匣內，存爲後來磨筭之底簿。由是，積至一月，卽結一「月總」，積至一季，又結一「季總」，則百不失一矣。

一議那借。四司錢糧，各有額數。邇來，擅自那借，主者不聞，遂令一庫之內，雜亂不淸。且致騙領之奸，營求日甚，殊非分轄㊶、責成[14]之意。今後，除典禮、軍興，有必不能不借者，各司關白停妥，移會給發，仍應立限補還。其餘四司，原有四吏在庫，責令分管各司錢糧，不許一概擅那，擅則罪及該吏。庶詘者可以杜浮濫，贏者可以備非常，亦守財之善物也。

一議交盤。歲終奏繳，所報出、入之數，率據案抄謄。卽監督更差，其盤驗，止于一人經手錢糧，而前此舊貯，不問也。無論狗盜之雄，先年有從兵部穴地入庫者，卽本科偶掣舊存一匣試之，內短少輒至四百金，其可委之爲「河南南陽」耶？

向來，掛欠不入原匣，餘銀間借正支，積弊相沿，已非一日。然，補者、還者，畢竟歸于何處，因一匣而疑一庫，因一人而疑衆人，引繩批根，害且滋蔓。業經再三移會，請四司呈堂，約日各將庫存項下銀兩，盡數通盤。如有短少，作何抵補；如無抵補，作[15]何支放。此係該庫大弊，及今不一查明，長此安窮也？

本科有鑒于此，特申明「會查」之法：不但四司宜與該庫會，更宜與大工、「十庫」、各巡視會。緣，此放彼銷，彼無此買，首尾相關，必互覈，斯無遺漏。而況該庫自貯之物，柰何憚數日之辛勞，慮前人之嫌怨，遂貽不白之局，爲後來口實耶？每歲，限一「通盤」，斷不可少。

一議近習。工部各衙門吏書，與廠庫吏書，向來線索相通，未有作弊而可諉于不知情、不分贓者。故「連坐」之禁，宜嚴也。然，事發止一叅送，而不革其「頂首」。若輩，供扳則有買求，認罪則有「幫帖」，「三木」視爲奇貨，囹圄等于福堂。未幾脫網，仍挾重貲，別營一窟，而揚揚明得意矣。

豈法至若輩，而果窮耶？計其「頂首」，各不啻數千金。若輩所貪戀，而不忍割者，獨此耳。自今，除新役及輕犯外，如果係衙門積蠹，慣作翻身飛海諸弊者[16]，一經叅題，卽先革其「頂首」，并窮其同謀分贓之人。審有實跡，不論何衙門，一體叅革。夫曲庇左右[42]，惡名也，諒賢者所不願受也。

一議「報商」。舖商買辦物料，乏則報僉。其初，固未嘗不樂就也。自內監苛求「鋪墊」，吏胥勒索「例規」，而關領之價，盡奪爲浮費。及追比無奈，則身家、妻子，隨之舖商之苦于是乎，不忍聞矣。且欲報一家，而望門嚇詐，先已貽害數十家，此黠胥狐假之爲也。卽報有數十家，而「中旨」傳免，究竟不能得一家，此又閹豎孝順之爲也[43]。

故，本科于戊申受事，僉報屆期，不揣建爲「帖役」之議：止令四司，各募勤慎、慣練者數人，給以見價，膺克買辦。迄今六七年，未聞違悞正供[44]，而都民且稍獲安枕。則商之不必報，亦已見于前事矣。但聞「惜薪司」各役，因有「幫貼」，遂啟垂涎，諸市棍有紛紛[17]貪進者。是在當事，慎擇而嚴杜之，以永肩不報之法，都民幸甚！

一議「會收」。「盔」、「王」二廠，所轄硝黃、盔甲、刀鎗、銃藥、戰車諸物料，「戊字庫」所收「外解」盔甲、腰刀、弓箭、弦條各軍器，俱設有監督，亦俱預以內官。惟，內官利在「鋪墊」，每致監督掣肘，而器、料俱不如初。巡視者與監督，約日「會收」，按成法而稽驗之：硝黃必須盆淨，盔甲、刀鎗必須堅銃，火藥必須迅利，戰車必須便捷[45]，弓、箭、弦必須遒勁。有不合原式者，或駁、或衮，具有往例。近更議，硝黃不入「內庫」，以防攙換；軍器刻官匠姓名，以嚴責成。一切包攬神棍，各該衙門訪拿究遣，庶有裨于實用。每驗畢，卽批入《會收》簿，以憑稽查出給。

一議鑄錢。寶源局值四司鼓鑄之役，所患者銅難精、商難召。近議，「分隸四司，各任其責」，良有深見。巡視者與監督驗收，必以眞[18]正「四火黃銅」爲率。其銅，當堂鎔化，每包除正耗十三觔三兩，外再鎔折者，責商賠補。然，鎔太久則虧商，鎔太速則虧爐役。斟酌審視，以煙之青白爲度，此驗銅之則也。苐巡視所面鎔者，十百之一二耳。其餘，非監督耐煩躬親鎔化，彼爐役有不以低假搪塞乎？夫，銅低，則折少而鑄多。此爐役之利，而錢法之大不利也，愼之在監督矣。

一議鉛、鐵。鉛、鐵二物，工料急需，向來巡視多不「會收」，卽監督亦忽爲細務。低假短少，勢所不免㊻。且聞，有盜賣于各商者，此亦一漏卮也。嗣今，凡「外解」鉛、鐵等物，宜照例會同驗收。有前弊，卽行摘發。收完，仍于《簿》內註經收官吏姓名。日後支放，取《簿》質對，庶令經手者知所畏忌。

至于，庫門及四圍墻垣，務須修葺堅峻，嚴加封識。每晚，有工部司屬，輪流點閘。更宜，撥的當餘丁二名，在鐵庫大門下，守宿巡警，庶無他虞[19]。

一議陵工。山陵、橋梁等役，距京既遠，查閘較難，必題有專官，移駐工所，夙夜身親監督，庶可責其成功。乃其所移會巡視者，不過應收木石、磚瓦、灰土諸料，及支領之工價，與事竣之「對同」耳㊼。查，物料雖有「會估」成例，如「方石」可改用「浮石」，則省費爲多；黃土不計「斤」而計「方」，則虛冒特甚。又宜，臨時斟酌，未可盡憑往例也。工價「對同」，亦應照新置《循》、《環》，用「截出實收」一法，易于銷筭。惟，委官作官，書辦太多㊽，蠅營狼噬，耗蠹非淺。且，不用見屬而用候缺，吏議難加，何所不攖？則，量裁人數，更委本屬。以季報官，評責之；監督察才守，而殿最之。斯勸懲昭，工自集矣[20]。

4. ㊾巡視廠庫、工科給事中李瑾，爲體貼「節愼」二字，以裕國用事，照得：

本科道職兼巡視，凡隸貴部錢糧，一出一入，例得預聞。倘有侵冒等弊，不及覺察，卽爲帑藏之蠹，巡視衙門與有責焉。曩見貴部題議，「月出實收、歲終會查」兩款，誠剔蠹要訣矣。但，數月以來，「實收」未見截出，「預支」猶然混冒，得無經畫密而「考成」疎乎？

合無將先後領過錢糧、應辦物料、應做工程，已完者盡與，「實收」半完者「截出」。「實收」未完者，各開未完之由，仍速督。併濫冒者，明發濫冒之弊，勿聽含糊。外，其有原議未悉，與議外未及者，本科道誼在同舟，相應備列後款。合用「手本」，前去工部營繕淸吏司，煩爲轉行三司，一體查照，呈堂採酌施行。

計開：

一．請銀，責在監督。爲監督，身親經歷，虛實[21]、緩急，所眞知也。今後一切「不容己」工料㊿，監督須從公估計，實該銀若干。卽「原估」已定，亦須就「原估」二分之中，覈實用銀若干，明白呈堂。一次先請銀若干，卽「計銀」督併，將收過料若干、完過工若干，如限報部，方依次再請。仍逐節出給「實收」，俟工竣通計，出給「對同」，送巡視衙門。一瞬了然，何至令人遲疑？

倘係接管前人未竟，然事既到手，責卽難諉。亦須查原估若干、領過銀若干、實收過若干，斟酌多少，申明方請。如經管未竣，別有陞遷，務將請過銀兩，與已、未完工料，造冊報部，併移本科道知會。

一．發銀，責在印君。爲印君，綜理一司，操縱予奪，所獨擅也。今後，除「實收」印領外，凡見工程請「預支」，及舖商等役、買辦等項，須極力駁查，德怨俱忘。果，費出難已，方給「印領」。前「領」完至八分以上，方准後「領」。仍，逐「領」編號、登簿，以防他虞。其「領」內，明寫「總該銀若[22]干，第一次預領若干」。至二次，仍寫「原該銀若干，已領若干、完過若干，今第二次預支若干」。備註「領」內，仍用印鈐蓋，以爲後日左券。其三次、四次，以迨十次，俱如之。大約「原估」十分爲率，每次止領二分。卽事係緊急，不過三分。蓋錢糧既盈千、盈萬，造辦豈一朝一夕？目前既無混出，他日自易實收。

一．舊「預支銀」，當盡停。夫，「預支」之說，非爲工繁、事重而且急乎？乃領銀數千，用不滿百，成議累年，畧無實績，此其繁簡、輕重、緩急可知矣。似此已領之銀，且多虛冒。而未領之銀，豈可再發？況，在官方，執已領之實數，以責商役；在商役，却借未領之虛數，以應官府。捧纏不斷，支吾莫辨。合將三十六年已前「預支」，盡行停止，只據領過實數扣比。其采領銀數，及全、未領「領狀」，該庫監督移會該司，該司移會巡視，俱卽註銷。以清積牘，以杜濫冒。如謂，見在動工，或實用數多[23]，亦惟作速截出「實收」，一面扣銷，一面找給，庶自清楚。

一．舊「實收銀」，當酌給。夫，未辦一物、未動一工者，且討「預支」矣。況，既有「實收」，豈宜終歲逗留，以重商民之困？但爲庫藏不充，不得已急其所未完，反緩其所已完耳。合將三十六年已前，但有「實收」者，各司盡數查出，彙開一冊，分年立總後，結一大總。內，銀百兩上下，或以次數爲率，一

「領」不過兩次；內，銀貳百兩以上，或以十分爲率，一次定給二分。仍，通論月或論季，挨次推領，照分均給，酌議停當，備註「冊」後。內有未給「領狀」者，卽便印給[51]；未經「掛號」者，卽論赴掛。或有原人物故，家屬未的，及雖有「實收」，原屬混冒，一切隱情，俱要查實，總移本衙門知會，以憑揭示。庶法制畫一，人心自定。不惟吏胥不敢行其私，卽官府亦不得行其意。將負累者，有接濟之期；積猾者，無夤緣之竇[24]。

一．庫錢，當議「搭支」。先年建議鑄錢，爲錢之利，可當銀之什五，所以裕國，亦以便民，乃「發銀買銅」之法。既非矣，而已鑄之錢，朽貫庫中，止給「大工」夫、匠，餘俱不用。說者謂，當時錢貴，每銀一兩換錢五百文，遂據爲成數矣。後，稍加五十文，纔五百五十文耳，較時值尚少百文。迄今，「領狀」不載，商役不願，胥此之故。不知，物值隨時可增則增之，可如謂庫藏額定、戶工例同？然，一「領」萬千，虛浮尚多，卽量搭錢亦可。合自今以後，除內供、外解，併「惜薪司」柴炭外，餘俱銀「九錢一搭支」。該司卽明註《領》內，庶「通寶」非棄物[52]，商役不爲厲。

一．「年例」，當議緩急。夫，既謂之「年例」，似宜發矣。然，脩造雖云舊規，而究竟多屬故事；年分雖有定期，而責成終鮮實際。況，大工迫手之時，政帑藏告匱之日。一切靡費，卽不能盡爲停革，獨不可少示節制。合無將[25]內、外衙門，一切「年例」分別：某項應緩而停，某項應急而辦，某項應次緩而稍待，某項應次急而半給。內有前例未完，則後例豈可復開？舊者尚積無用，則新者何必聽其濫派？立法稽查，先期嚴禁，則可以杜通同捏詐之端，可以塞舖商鑽求之路。

一．各役工食，零星支領，不惟繁瑣難稽，抑且紛擾庫中，甚屬未便。合無將一切應給工食，俱于四季之季月，該司齊給，「印領」仍類開乎？本移會「掛號」次日，下庫一刻通完。庶查覈既便，衙門亦肅。

一．比較之法，宜嚴、宜簡。如人持一簿，司各一本，本數愈多，頭緒愈繁。且塡註紛雜，前後參差。不惟翻閱未便，卽竟日之力，不能完矣。合將貴部一應舖商、夫匠，凡係一起者，止給《稽考》簿一扇。其「簿」，由第二葉首行，直寫一「某行頭某夥某某」；第二行「計開」；第三行「某司一件，爲某事，預支銀若干」。如「預[26]支」未盡，卽註「先領若干」。第四行，「前件」，連空兩行。如工料全完，該司塡註「實收」月、日；如係半完，該見工，自註截出「實收」月、日。或通未完，不必註字。大抵貴簡明，不貴冗雜。內有一人服役四司，四司不妨共用一「簿」。蓋款項各別，稽查自易。且一「簿」並列，影射難容，非獨本科道比較之簡要也。通將原「簿」更正，不必另造滋費[27]。

工部廠庫須知
卷之二[53]

工科給事中　臣　何士晉　纂輯

廣東道監察御史　臣　李　嵩　訂正

屯田清吏司主事　臣　李純元　攷載

營繕清吏司主事　臣　陳應元

虞衡清吏司主事　臣　樓一堂

都水清吏司主事　臣　黄景章

屯田清吏司主事　臣　華　顔　仝編

節愼庫　附[54]

四司輪差主事，一年，專管庫藏。一應解納、支發錢糧，皆以四司印信關會，及堂上批准字樣爲憑。更有巡視科、院，面同查覈。本庫，但嚴鎖鑰、謹出納而已。其應收、應發，款目皆在四司項下，茲不復具。具一二《條議》，而見行事宜規則，皆可睹已。

節慎庫條議[55]

一·謹收放。庫中收入錢糧，如各省直料價、稅銀[56]，及員役「援納」、「事例」，俱有《批文》及《庫帖》可查[57]，不致朦朧。惟，支放各項，頭緒棼亂，恐難清稽。近依「新例」，各監督「掛號」訖，始于四司印給《領狀》，又呈堂註「閱訖」字樣。「總單」到庫，方准支給，定無有影射而闌出者。但，奸商詭計百出，吏書窟穴甚深，臨時須磨勘應給與否。應給者，亦須斟酌于緩急、多寡間。恐，出庫以後，奸商償債糜費，緣手立盡。爾時，悔其濫與晚矣。至，呈久錢糧，即有証據，定屬可疑，皮閣不發，不得以「留難」議也。

一·察銀色。「外解」大錠，鑿有州縣官匠字樣者，無可疑。間有無字者，須再三諦視。若絲麤、色黯，及銃底而厚腹者，其中叵側，即槌鑿試之。「事例銀」，舊日低假特甚，近依「新例」，俱傾錠鑿字，奸無所用。但須常守此法，不得因人言煽惑，廢法狥情，復滋前獘。舊日大錠，有貫鐵者；近日「例銀」，有貫鉛及黃土者。發商之後，紛紛告稟，主者無以置對，不可不慎。

一·平秤兌。舊日，兌入增數兩，兌出則減之[2]。止緣，每年奏繳及衙門公費，約數千金，皆取足「餘銀」，不得不有所輕重。官吏司秤兌者，因而高下其手，弊竇百端。近，奏革「餘銀」，于「九一搭錢」內，每錢節省三文充公。費用出入之間，正大光明，公平兌准，分毫無差。一切清議可息，怨讟可消，至當不易之法也。

一．革找欠。「事例」上納，當日兌銷，不致掛欠。「外解」錢糧，有去銖、去邊，致一秤少十數兩者，或少數兩者，許另日補找。前匣已經封鎖，另設一補「欠匣」貯之。給發時，遇有短少，逐一尋查、補找，甚爲煩碎。至，年終交盤，逐匣尋補，尤擔延可厭。定：應責其足數，有不足者，即令補完，方准收入。直截之法也。

一．杜攙越。解納、關領人等，欲速，念重鑽託；分上，希啚攙越。先後失倫，安在晝一之守？今議，應收、應領，俱以「掛號」前後爲序，挨順年月，不許紊亂。本庫，按籍收放，作速完局。如響應聲，無所留難，自無所容其請託矣。

一．議「事例」。援納「事例」，世方借此以邀名器。柰何請託紛紛，求減色數。況，此時入數既少，異日出數安能取盈？筦庫者，將何處補？舊日，猶有望于「餘銀」。今，「餘銀」既革，正額豈得欠少分毫？今後，「事例」中有不足色數者，定不准收。卽有士夫柬牘，可以「錢糧正額」爲辭，原非之。額外，但使秤兌公平，禁除一切庫中雜費，亦未始無「法中之情」也。

一．肅吏胥。該吏之鑽當庫役者，原圖包攬「事例」，通同竊取。次則，于秤兌時，作意低昂，爲欺騙、需索計耳。今，「事例」傾錠鑿字，無所施其包攬。出匣、入匣時，短衫、鼻褌，衣袖高捲。一人受事，餘人不得混攪、遮映。主者注目察之，卽善竊者，無藏匿處。看兌天平，俱憑掣籤。或一宗更換數人，或一人兌完數宗。機權不測，縧鏇在我。又令，將天平活轉[4]，敲鋮相對，解、領員役，當面看驗，或可無弊矣。

一·戒昏暮。每，四、九下庫，或入庫稍遲，收放不完，以火繼之。夫，公庭白晝，防範稍疎，猶懼有「見金不見人」者。秉燭光明幾何？乘昏暗而竊之，固所時有。且，出此納彼，寧無錯亂、遺失之虞？今，白之巡視：入庫宜卜其蚤，日出視事，日晡可以卒業。定不繼燭，以滋奸弊[53]。

一·酌那借。四司錢糧，偶值缺乏，輒相那借，以緩急。雖屬同舟之誼，然彼此不相關白，祇移會庫中，那移、銷筭，遂嘖有煩言，令出納者相顧無色。夫，錢、糧雖同貯一庫，原有分屬，那借不已，贏者易詘，非常法也。又，奸商明知缺乏，急于果腹，朦朧出「領」，一經「掛號」，卽通同庫中吏書，指稱舊例，揚揚攫取而去。寧計其非本司物哉？今後，偶有缺乏，非有軍、國重大事務，不妨停閣，以待本司[5]「外解」之至。卽欲那借，各司關白停妥，移會到庫，然後給發。

一·辦奸商。舖商關領錢糧，隨到隨給。「外解」原係足色例銀，近鮮低假，似可無言矣。間有奸商，希圖拖欠，求免督責于監督前。詭稱，「『庫銀』俱係鉛、銅，『領銀』又多使費」。監督多其苦，而寬之。誰爲主藏，不自爲政，使窮商至此極耶？夫，巡視《揭》有明示：銀低假者，卽刻面稟更換。

非有威稜厲禁，何不執稟，而退有後言？「總單」到庫，即日支發，各商自敲天平，對鍼而止。更何求于庫中各役？而輕財妄施，恐各商不若是之愚也。棍徒無賴，一切浮言。今後，果有低假、輕少等情，則責在本庫。若無故妄肆誹謗，將無作有，定須重懲，以熄刁風。

一．嚴守衛。庫藏百萬之儲，原關國計，宜爲廩廩。庶民居積千金，亦必固扃鐍、周樓疏，以備不虞。況，天府儲胥，可謾藏耶？近，閱視庫中，瓦甓牆堵，鐵門深鎖，或可無他。然，聞先年有從兵部夾道，穴地而入者。狗盜之窺伺，何所不至？不可謂過計也！原設巡邏，庫內以該吏一名，并衛官、餘丁守之。今，該吏衹以家人充當，各役或半爲烏有外，「巡風」恐亦習爲故事，枕鈴鐸而卧耳。庫官職司庫[59]，若漫無干係者，脫有疎虞[60]，誰任其咎？此本庫所深慮，而竊望巡風者之交儆也。

管庫屯田清吏司主事　臣　李純元　謹議

工科給事中　臣　何士晉　謹訂

校勘記

❶「工部廠庫須知」，底本、「南圖本」《約則》首葉首行并各書葉上書口，均刻記爲「巡視廠庫須知」，至第二十一葉「李瑾照會」方記爲《廠庫須知》，而《節愼庫條議　附》則記爲「工部廠庫須知」，今據總書名改定。

又，兩篇各刻本葉碼，亦均重新起算，前者同記到第二十七葉，後者同記到第七葉。

❷「卷之二」，「南圖本」《節愼庫條議　附》書口單上黑魚尾下刻記「卷之一」，而《約則》首葉首欄，除書名外，記「卷之一」，而書口單上黑魚尾下刻記「卷一」；底本《約則》首葉首欄除書名外，原無他字，而書口單上黑魚尾下刻記「卷二」，《節愼庫條議　附》書口單上黑魚尾下刻記「卷之二」。

又，裝訂情況上，底本《約則》先列，「南圖本」《節愼庫條議　附》先列，今皆參照底本，并據新訂《目録》次第調定。

❸「廠庫議約－約則」，底本、「南圖本」原首葉首欄僅簡記爲「約則」，今據新訂《目録》補全。

❹「面」，底本、「南圖本」原作「靣」，今逕正，後不再注。

❺「凡」，底本、「南圖本」原作「几」，據《字彙》，此爲「凡」俗字（子集，几部，第五十一頁、五十七葉正），今從，後亦逕正不注。

❻「朦」，底本、「南圖本」原作「朦」，今逕正，後不再注。

❼「環」，底本、「南圖本」原作「環」，據《字彙》，此爲「俗『環』字」（午集，玉部・「十一」畫，第二百八十九頁、十葉背），今從，後亦逕正不注。

❽「投到」，底本作「到投」，「全電檔」同，今據「南圖本」，并本卷《約則》「一議預支」條「三日投到」句（五葉背）乙正。

❾「戲」，底本、「南圖本」原作「戱」，今逕改，後不再注。

❿「並」，底本、「南圖本」原作「竝」，今疑當即「竝」，據南宋鄭樵《通志》，「竝，隸作並」（卷三十一，《六書略第一・象形第一－人物之形》，「志四八九」，第二欄）。

又，《（宋刻）集韻》，「並」字「同竝」，「竝、並」字「《說文》『倂』也，隸作『並』」（卷五、六，上聲上－下・緩第二十四－迥第四十一，第一百〇七、二百二十三頁，四十二、二十九葉背）。清人邵瑛編《說文解字羣經正字》，「竝」字「經典作『竝』，隸變」（卷二十，竝部，「竝」條，第二百七十頁、二十三葉正背）。現，兼從，後亦逕改不注。

⓫「備」，底本、「南圖本」原作「備」，今逕正，後不再注。

⓬「鑽」，底本漫漶，今據「南圖本」補。

⓭「濫」，底本原作「監」，今據「南圖本」改。

⓮「置」，底本、「南圖本」原作「置」，今逕正，後不再注。

⓯「估」，底本、「南圖本」原作「佑」，今正。

⓰「畱」，底本、「南圖本」原作「畱」，據清人吴任臣編《字彙補》，此即「『畱』字之譌」（午集，田部•「補字」，第一百三十四頁、九葉背），今從，後亦逕正不注。

⓱「俟」，底本漫漶，今據「南圖本」補。

⓲「衆」，底本、「南圖本」原作「眾」，據《說文解字羣經正字》，此於「經典作『衆』」，即俗「衆」的本字（卷十五，从部，「眾」條，第二百一十八頁、二十葉背－二十一葉正），今從，後亦逕正不注。另，今疑，又當與「眾」、「㬗」關涉。前者，應即《說文解字（注）》之「眾」（八篇下，㐺部，「眾」條，第三百八十七頁）的變形，《現代漢語詞典》「众」條附標爲异體（第一千六百九十一頁）；後者，應即《說文解字（注）》之「㬗」（八篇下，㐺部，「㬗」條，第三百八十七頁）的變形。

⓳「毋」，底本、「南圖本」原作「母」，今正。

⓴「謂」，底本、「南圖本」原作「謂」，今逕正，後不再注。

㉑「造」，底本原無，今據「南圖本」添，「全電檔」同。

㉒「帶」，底本、「南圖本」原作「帶」，今逕正，後不再注。

㉓「箳」，底本、「南圖本」原作「筭」，今逕改，後不再注。

㉔「剌」，底本原作「剌」，今據「南圖本」改。

㉕「俱」，底本原無，今據「南圖本」添，「全電檔」同。

㉖「有」，底本原作「亦」，今據「南圖本」改，「全電檔」同。
㉗「虧」，底本、「南圖本」原作「虧」，今逕改，後不再注。
㉘「有違」，底本原僅作「通」，今據「南圖本」改，「全電檔」同。
㉙「輙」，底本、「南圖本」原作此，《漢語大詞典》「敝」字「敝竇」條引及此段，作「則」（中卷，「攴（攵）部」，第二千九百三十三頁），今不從。
㉚「充」，底本原作「克」，「南圖本」作「冗」，今據「南圖本」改。
㉛「速」，底本、「南圖本」原作「速」，今逕正，後不再注。
㉜「斷」，底本、「南圖本」原作「斷」，今逕正，後不再注。
㉝「看」，底本、「南圖本」原作「看」，今逕正，後不再注。
㉞「敲」，底本、「南圖本」原作「猷」，據《龍龕手鏡》，此當即「敲」俗字（平聲卷第一，高部第卌九，第一百八十五頁），今從，後亦逕正不注。
㉟「滿」，底本、「南圖本」原作「滿」，今逕正，後不再注。
㊱「鍵」，底本、「南圖本」原作「鍵」，今改。
㊲「襪」，底本、「南圖本」原作「襪」，今逕改，後不再注。
㊳「隅」，底本原作「偶」，今據「南圖本」改，「全電檔」同。
㊴「備」，底本、「南圖本」原作此，今疑，或爲「備」暫不改。
㊵「冊」，底本原無，今據「南圖本」添，「全電檔」同。
㊶「殊」，底本、「南圖本」原作「殊」，今正。
㊷「夫」，底本原作「大」，今據「南圖本」改，「全電檔」同。
㊸「竪」，底本原作「竪」，「南圖本」作「豎」，「全電檔」同，今正。
㊹「未」，底本原作「木」，今據「南圖本」改，「全電檔」同。

㊺ 「捷」，底本、「南圖本」原作「揵」，今正。

㊻ 「勢」，底本、「南圖本」原作「勢」，今逕正，後不再注。

㊼ 「與」上，底本原多「無」（即「價」下），今從「南圖本」删，「全電檔」同。

㊽ 「辦」，底本、「南圖本」原作「辨」，今改。

㊾ 編號「4.」，承接前卷，不再新編。

㊿ 「己」，底本、「南圖本」原作「已」，今前文見一處類似情形，即「若，僅僅一槳様而能辨色之眞贋，恐無是事也，此鐫名之不容己也」（十一葉正），已將「巳」改「己」，作「止」（《新校互注宋本〈廣韻〉》，卷三，上聲・止第六，第二百五十一頁、十葉正）、「弃」（《大廣益會玉篇》，卷三十，下篇・巳部第五百三十五-「巳」，第一百三十四頁、七十六葉背）義，此處同，故正。

另，晦庵對「不容己」三字詮解得至爲透徹，今據南宋黎靖德轉録臨漳陳淳記載，摘出如左，以備參酌：「『或問云：「天地鬼神之變，鳥獸草木之宜，莫不有以見其所當然而不容己。」所謂「不容己」，是如何？』曰：『春生了便秋殺，他住不得。陰極了，陽便生。如人在背後，只管來相趲，如何住得！』」（黎靖德編：《朱子語類》，第二册，卷十八，《大學五或問下・傳五章》，「然則吾子之意亦可得而悉聞一段」，第四百一十三-四百一十四頁）

51 「內有未給領狀者，即便印給」，底本、「南圖本」原「狀」作「伏」、「者」作「自」，「全電檔」亦同，今據前後文例及用語特點改，并斷句。

52 「棄」，底本、「南圖本」原作「棄」，今逕正，後不再注。

53 「卷之二」，底本、「南圖本」《節慎庫》首葉首欄記爲「工部廠庫須知卷之」，今據新訂《目録》補。

54 「節慎庫附」底本、「南圖本」原記爲「節慎庫」，今據新訂《目録》補一「附」字。

55 「節慎庫條議」，底本、「南圖本」原無，今據後各卷例并新訂《目録》補。
又，《節慎庫附・節慎庫條議》全篇共七葉，兩刻本各正葉下書口基本均刻記「節慎庫」三字（第一葉均刻爲「節慎庫」）。

56 「稅」，底本、「南圖本」原作「稅」，今逕改，後不再注。

57 「查」，底本、「南圖本」原作「査」，今疑當誤，故暫改。

58 「滋」，底本、「南圖本」原作「滋」，今正。

59 「司」下，底本、「南圖本」原空一字格（即「庫」上），今未詳其旨，暫删）。

60 「脫」，底本、「南圖本」原作「脫」，今逕改，後不再注。

工部廠庫須知
卷之三

工科給事中 臣 何士晋 纂輯
廣東道監察御史 臣 李 嵩 訂正
營繕清吏司郎中 臣 聶心湯 參閱
營繕清吏司主事 臣 陳應元
虞衡清吏司主事 臣 樓一堂
都水清吏司主事 臣 黄景章
屯田清吏司主事 臣 華 顔 仝編

營繕司❶

掌，工、作之事。一切營造，皆由掌印郎中酌議呈堂，或用題請而分屬於各差❷，今除各項制度、規則，載在《會典》、掌自內府，不必臚列，列經費之大端，及有當權宜、置議者于左。

分司，爲「三山、大石窩」，爲「都重城」，爲「灣廠❸」（「通惠河道」兼管❹），爲「琉璃、黑窑廠」，爲「修理京倉廠」，爲「清匠司」，爲「繕工司」（兼管「小修」），爲「神木廠」兼「磚廠」，爲「山西廠」，爲「臺基廠」，爲「見工『灰、石作』」。

所属，爲「營繕所」，所正一員、所副二員、所丞二員，「武功三衛」經歷等官。

年例錢糧—

一年一次

○內官監❺，成造、修理「皇極」等殿❻、「乾清」等宮，一應上用什物、家伙。

會有：

甲字庫—

紫英石，一十斤。每斤，銀三分。該銀三錢。

硼砂，二斤。每斤，銀五錢五分。該銀一兩一錢。

乙字庫—

高頭紙，二十萬張。每百張，銀一分九厘。該銀三十八兩。

欒榜紙，一千張。每百張，銀一錢二分。該銀一兩二錢。

紙觔紙，二千斤。每斤，銀六分。該銀一百二[2]十兩。

黃白錫箔，六千張。每百張，銀一分八厘。該銀一兩八分。

奏本紙，三千張。每百張，銀五錢。該銀一十五兩。

丙字庫[7]—

荒絲，一百斤。每斤，銀四錢。該銀四十兩。

串五細絲，一百斤。每斤，銀一兩四分。該銀一百四兩。

丁字庫—

川漆，五千斤。每斤，銀一錢六分。該銀八百兩。

生鉄，二千斤。每斤，銀六厘。該銀一十二兩。

生黃牛皮，一千五百五十張。每張，銀三錢六分。該銀五百五十八兩。

白麻，二萬五千斤。每斤，銀三分。該銀七百五十兩。

白硝山羊皮，八十張。每張，銀三錢七分。該[3]銀一十三兩六錢。

通州抽分竹木局[8]—

筀竹，二百五十根。每根，銀八厘。該銀二兩。

長節竹木篾[9]，二十斤。每斤，銀一分。該銀二錢。

猫竹，二百根，各長二丈、圍一尺二寸。每根，銀九分。該銀一十八兩。

輭竹篾，三百斤。每斤，銀一分五厘。該銀四兩五錢。

散木，一十根，各長一丈二尺、圍三尺五寸。每根，銀一兩一錢五分。該銀一十一兩五錢。

杉木，六十根。每根，折收「柁木」三根，共一百八十根。每根，長一丈八尺、圍四尺八寸。照估「四號」，銀三兩一錢。該銀五百五十八兩。

杉木連二板枋，四十塊。每塊，折收「柁木」二根，共八十根，各長一丈八尺五寸、圍四尺八寸。照估「五號」，每根，銀三兩。該銀二百四十兩。

以上二十一項，共銀三千二百八十八兩四錢八分。

召買：

天大青，十二斤。每斤，銀二兩。該銀二十四兩。

天二青，十二斤。每斤，銀一兩四錢。該銀一十六兩八錢。

天三青，十二斤。每斤，銀七錢。該銀八兩四錢。

石大青，五十斤。每斤，銀七錢。該銀三十五兩。
石二青，五十斤。每斤，銀四錢五分。該銀二十二兩五錢。
石三青，五十斤。每斤，銀二錢八分。該銀一十四兩。
天大碌[10]，二十五斤。每斤，銀一錢二分。該銀[5]三兩。
天二碌，二十斤。每斤，銀一錢一分。該銀二兩二錢[11]。
天三碌，二十斤。每斤，銀九分二厘。該銀一兩八錢四分[12]。
硇砂大碌，五十斤。每斤，銀一錢三分。該銀六兩五錢。
硇砂二碌，五十斤。每斤，銀一錢一分。該銀五兩五錢。
硇砂三碌，五十斤。每斤，銀九分。該銀四兩五錢。
硇砂枝條碌，五十斤。每斤，銀九分五厘。該銀四兩七錢五分。
紅熟銅絲，一千五百斤。每斤，銀二錢一分。該銀三百一十五兩。
石大碌，五十斤。每斤，銀七分。該銀三兩五錢。
石黃，六十斤。每斤，銀四分二厘。該銀二兩[6]五錢二分。
焼造土，二萬九千斤。每斤，銀六厘。該銀一百七十四兩。
雜油，一千斤。每斤，銀二分三厘。該銀二十三兩。

松香，一百斤。每斤，銀二分。該銀二兩。

黃藤，四百斤。每斤，銀三分。該銀一十二兩。

棕毛，一千斤。每斤，銀四分。該銀四十兩。

雄黃，二十斤。每斤，銀三錢五分。該銀七兩。

銅青，二十斤。每斤，銀六分。該銀一兩二錢。

乾胭脂，二十斤。每斤，銀四錢。該銀八兩。

皮硝，四千斤。每斤，銀五厘。該銀二十兩。

熟牌鐵[13]，七萬斤[14]。每斤，銀一分五厘。該銀一千五百兩。

金箔，九千貼，各見方三寸六分。每貼，銀四分五厘。該銀四百五十兩。

水和炭，一十萬斤。每萬斤，銀一十七兩五錢。該銀一百七十五兩。繕工司，撥囚搬運在外[15]。

石灰，三萬斤。每百斤，燒、運價七分五厘。該銀二十二兩伍錢[16]。

蒲草，五千斤。每百斤，銀三錢。該銀一十五兩。

砂礶，一百箇，各高一尺、口徑四寸。每箇，銀一分五厘。該銀一兩五錢。

木炭，一十三萬斤。每萬斤，銀四十二兩。該銀五百四十六兩。

木柴，二百三十萬斤。每萬斤，銀十八兩五錢。該銀四千二百五十五兩。

榆木，八十根，各長一丈三尺。每根，銀五錢三分[17]。該銀四十二兩四錢。
紫英石，一十斤。每斤，銀三分。該銀三錢。
硼砂，二斤。每斤，五錢五分。該銀一兩一錢。
奏本紙，三千張。每百張，銀五錢。該銀十五兩。
川漆，五千斤。每斤，銀一錢六分。該銀八百兩[8]。
筀竹，二百五十根。每根，銀八厘。該銀二兩。
長節苦竹篾，二十斤。每斤，銀一分。該銀二錢。
猫竹，二百根，各長二丈、圍一尺一寸。每根，銀九分。該銀十八兩。
輭竹篾，三百斤。每斤，銀一分五厘。該銀四兩五錢。
散木，一十根，各長一丈二尺、圍三尺五寸。每根，銀一兩一錢五分。該銀一十一兩五錢。
杉木，六十根。每根，折收「柁木」三根，共一百八十根。每根，長一丈八尺、圍四尺八寸。照估「四號」，銀三兩一錢。該銀五百五十八兩。
杉木連二板枋，四十塊。每塊，折收「柁木」二根，共八十根，各長一丈八尺五寸、圍四尺八寸。照估「五號」，每根，銀三兩。該銀二百四十兩[9]。
以上四十五項，共銀八千九百二十兩二錢一分。

前件：查得，會庫錢糧，該銀三千兩零。「召買」，該銀八千九百二十兩零。二項共銀，一萬一千九百七十九兩八錢一分。近，會庫者，俱行折價。查，三十八、九，四十年，俱照數全給，在卷。至四十一年，內官監循例題請，隨經科抄該本司覆議得：「三殿未舉，兩宮未御，皇極門尚虛什物、家火，將安用之?」已經於萬曆四十三年二月內，具題：將前項銀兩，減去三千九百七十九兩八錢一分，止給銀八千兩。後可爲例。卽殿門、竪柱之後[18]，內監或藉口復舊，亦須酌議。

○內官監，苫蓋禁苑竹棚[19]。

會有：

本監屬廠放支－

揪棍，七千五百箇。每百箇，銀一錢二分。該銀九兩。

丁字庫－

綠麻，四千斤。每斤，銀一分六厘。該銀六十四兩。

召買：

斜席，一萬九千四百領。每領，銀二分五厘[10]。該銀四百八十五兩。

蘆葦，一萬斤。每百斤，銀一錢七分。該銀一十七兩。

稻草，二萬斤。每百斤，銀一錢八分。該銀三十六兩。

以上三項，共銀五百三十八兩。

搭材匠，工食，銀六兩四錢。

○內官監，成造抹地。扒除該廠節年自行放支「無名異」、「焼造土」外，

會有：

蘆溝橋抽分竹木局—

松木把柴，三千六百二十根。查《估》，止有「雜木把柴」，每根，銀八厘。該銀二十八兩九錢六分⓴。遇閏，加三百六十根，每根，銀八厘。該銀二兩八錢八分。

連閏，共銀三十一兩八錢四分。

召買：

木炭，四千七十四斤。每萬斤，銀四十二兩〃。該銀一十七兩一錢一分。遇閏，加二百七十一斤，每萬斤，銀四十二兩。該銀一兩一錢三分八厘二毫。

連閏，共銀一十八兩二錢四分八厘。

前件㉑：查得，十餘年未行，應停。

○內官監，成造細草紙。二年一行，物料分作兩年送用。每年，

會有：

繕工司取用—

白灰，四萬斤。每百斤，銀七分五厘。該銀三十兩。

召買：

紙觔紙，五千斤。每斤，銀六分。該銀三百兩。外付屯田司買辦，木柴，四萬斤，每萬斤銀一十八兩五錢。該銀七十四兩。

○[22]司設監，修理竹簾。

會有：

臺基廠[12]—

杉木，一十一根，各長三丈五尺、徑一尺五寸。每根，銀五兩五錢。該銀六十兩五錢。

山、臺、竹木等廠—

松柁木一十六根，各長一丈八尺、徑一尺五寸。每根，銀二兩九錢。該銀四十六兩四錢。

以上二項，共銀一百六兩九錢。

召買：

松柁木，一十六根，各長一丈八尺、徑一尺五寸。每根，銀二兩九錢。該銀四十六兩四錢。

前件：查得，「杉木」應減三根，每根，銀五兩五錢，減銀一十六兩五錢。「松柁木」共減六根，每根，銀二兩九錢，減銀一十七兩四錢。二項，共減銀三十三兩九錢，後以爲例。查，《條例》有「杉木」運價，「二兩四錢」，今亦并裁。

○司設監，修理氈簾。

會有：

臺基廠[23]—

杉木，一十五根，各長三丈五尺、徑一尺五[13]寸。每根，銀五兩五錢。該銀八十二兩五錢。

松桅木，一十二根，各長一丈八尺、徑一尺五寸。每根，銀二兩九錢。該銀三十四兩八錢。

松木枋桅，一十二根，各長二丈二尺、濶一尺二寸、厚八寸。每根，銀三兩七錢。該銀四十四兩四錢。

以上三項，共銀一百六十一兩七錢。

召買：

松桅木，一十二根，各長一丈八尺、徑一尺五寸。每根，銀二兩九錢。該銀三十四兩八錢。

松木枋桅，一十二根，各長二丈二尺、濶一尺二寸、厚八寸。每根，銀三兩七錢。該銀四十四兩四錢。

以上二項，共銀七十九兩二錢。

前件：查得，「杉木」，舊減三根；每根，銀五兩五錢，減銀一十六兩五錢。「松桅木」，舊減[14]五根；每根，銀二兩九錢，減銀一十四兩五錢。「松木枋桅」，舊減五根；每根，銀三兩七錢，減銀一十八兩五錢。今查，「松木枋桅」修簾，多屬虛開，再減四根，減銀一十四兩八錢。四項，共減銀六十四兩三錢，後以爲例。查，《條例》有運價「二兩零」，今裁。

○神宮監，修理社稷壇。春、秋二季辦。

會有：

甲字庫—

水膠，四十斤。每斤，銀一分七厘。該銀六錢八分。

丁字庫—

黃麻，二百斤。每斤，銀一分。該銀二兩。

白麻，一百斤。每斤，銀三分。該銀三兩。

桐油，一十五斤。每斤，三分六厘。該銀五錢四分。

料磚廠—

二尺方磚，四箇。每箇，銀六分。該銀二錢四分。

繕工司—

石灰，六百斤。每百斤，一錢七厘。該銀六錢四分二厘。

通州抽分竹木局—

猫竹，四根。每根，一錢二分。該銀四錢八分。

松木，七根。每根，銀一錢六分。該銀一兩一錢二分。

水竹輭篾，四十斤。每斤，銀一分。該銀四錢。

单料杉板，二塊。每塊，銀八錢八分。該銀一兩七錢六分。

以上十項，共銀一十兩八錢六分二厘。

召買：

墨煤[24]，四十斤。每斤，銀五厘。該銀二錢。

紙觔紙，七十斤。每斤，銀八厘。該銀五錢六分。

斜席，四百領。每領，銀一分五厘。該銀六兩。

青坩土，一百五十斤。每百斤，銀六分。該銀九分。

楸棍，二百個。每百個，銀一錢二分。該銀二錢四分16。

礬紅土，一百五十斤。每斤，銀五厘。該銀七錢五分。

以上六項，共銀七兩八錢四分。

○錦衣衛，成造鑾駕庫鳴鞭。另有，「皮雲履」一項，或十餘年、或五六年，取用一次；數目或六十雙[25]、或二十雙。以取用年分久，近，臨期酌定，每雙，價一錢五分。

黃絨鳴鞭，二十把。稍靶，全。

麻鞭，二十把。稍靶，全。

白羊甸皮靴材，二十雙。線、底襯，全。

氈襪，二十雙。

合用物料，

會有：

甲字庫—

水花硃，一十四兩。每斤，銀四錢三分五厘。該銀三錢八分。

丙字庫—

中白綿，四兩。每斤，銀五錢。該銀一錢二分五厘[17]。

白串五絲，三十斤。每斤，銀七錢。該銀二十一兩。

荒絲，一斤。每斤，該銀四錢。

丁字庫—

嚴漆，一斤。該銀一錢二分五厘。

川白麻，一百八十斤。每斤，三分。該銀五兩四錢。

墜頭鐵，七十五斤。每斤，銀一分六厘。該銀一兩二錢。

以上七項，共銀二十八兩六錢三分。

召買：

黃絡絨，一百四十斤。每斤，銀七錢。該銀九十八兩。
白羊甸皮靴，裁二十雙。底、裏襯，全。每雙，銀二錢六分。該銀五兩二錢。
生掙牛皮，一張。該銀四錢。
木炭，一百斤。每萬斤，銀三十五兩。該銀三錢五分[18]。
白羊毛氈襪，二十雙。每雙，銀八分。該銀一兩六錢。
檀木㉖，五根，各長六尺、徑四寸，折得四根八分。每根，銀三錢二厘。該銀一兩四錢四分九厘。
金箔，二十四貼，各見方三寸。每貼，二分八厘。該銀六錢七分二厘。
以上七項，共銀一百七兩六錢七分。
匠工，四百七十工。每工，五分七厘。該銀二十六兩七錢九分。
○成造「三法司」刑具。每年二次。
會有：
山、臺、竹木等廠—
散木，五根，各長一丈三尺五寸、圍三尺。照估「五號」，每根，銀九錢三分。該銀四兩六錢五分。
竹板，三百八十片。每片，銀三厘。該銀一兩一錢四分[19]。
以上二項，共銀五兩七錢九分。

召買：

榆木，六根。每根，銀一錢五分。該銀九錢。

拶指，八十把。每把，銀一分。該銀八錢。

鐵鎖頭，四十把。每把，二分五厘。該銀一兩。

鐵索，四十條；鐵鐐㉗，四十副。共重，鐵十斤。每斤，銀三分。該銀二兩四錢。

麻繩，一百八十條，共重四十斤。每斤，銀二分六厘。該銀一兩四分。

以上五項，共銀六兩一錢四分。

長枷，七十六面。每三面，准匠，一工，計二十二工半。每工，銀五分七厘。該銀一兩二錢八分。

方枷，二十五面。每三面，准匠，二工，計一十三工半。每工，銀五分七厘。該銀七錢六分九厘。

木肘，六十六副。每副，准匠，一工，計一十三工。每工，銀五分七厘。該銀七錢六分九[20]厘。

以上三項，共銀二兩八錢八厘。

前件：查得，每半年，止給舖戶，銀六兩五錢一分。買辦拶指、鐵鎖、鐵索、麻繩、竹板等項應用外，刪去八兩二錢二分八厘，不得多支㉘。

○尚寶司，寶絛。折送工價銀，三兩四錢五分。

○欽天監，曆日。折送匠價銀，三十四兩。遇閏，加銀二兩二錢。三十年，禮部奉《旨》，傳添五兩六錢。

○司苑局，修理採運船。折送工價銀，一十兩八錢。准，都水司付。

○長陵等陵，盪晒菓品斜薦。折送價銀，五十四兩。

○神宮監，修理社稷壇。正月、八月[29]。折送匠價、工食，銀各一十一兩七錢六分。

○臨淸磚廠，燒價。每年二次，據通惠河堂呈內銀數，差官解發。運價，該廠長短載銀內，支銀半。餘，節慎庫找給。

○通惠河，經紀運磚脚價。除通惠河自動糧[30]、民，磚料水脚「折缺銀」給領外[31]，如不足，節慎[21]庫找給。近年，雇運停止，磚少，脚價亦少[32]，俱未找給。

○修理京倉。萬曆十八年，大修三十六座。內，鼎新建造二座，因舊爲新三十四座。遇閏月，加三座。

二十五年，題減一十二座，每年，止修二十四座爲額。

會有：黃松木等七項，共銀一千二百九十二兩六錢二厘。外，遇閏，加軍餘瓦片，銀六十四兩八錢。

召買：桅木、松椽等十五項，共銀一萬六千八百八十五兩八錢四分八厘七毫。

夫、匠工價并運價，共銀二千四百四十六兩一錢八分六厘。此係全修三十六座年分例。今，議減，止修二十四座。其物料、夫匠數，亦照此減去三分之一。查，與近例數目不能盡合，難拘爲例。

前件：查得，修倉一役，每年有鼎新、有因舊爲新，不同，而費之多寡因之。如萬曆三十九年，實用銀一萬二百七十五兩零。四十年，實用銀一萬五百四十六兩[22]零。四十一年，實用銀八千五百八十兩零。其大較也。內，除戶部軍夫米，折銀二千七百兩，抵作夫、匠工價，其鋪戶物料價銀，均派四司協辦[33]。近，因木價騰湧，鋪商虧賠不堪。准：科、院會議，每銀一兩，遞增二錢。蓋目擊其苦，聊爲矜䘏。但，以工部官修戶部倉，件件掣肘，年年爭執。不如，以銀歸併，各倉自修，彼此便利，真不朽之論也。其詳載《修倉廠》。

二年一辦

○司禮監，金箔。折價銀，五百兩。甲、丙、戊、寅、壬年。

三年一辦

○司禮監，修理經廠。子、午、卯、酉年。

會有：

大通橋查發－

白城磚，三千個。查《會估》，每個，銀二分九厘。該銀八十七兩。又，每個，運價四厘五毫。該銀一十三兩五錢。

斧刄磚㉞，三千個。照估，每二個，折「白城磚」，一個。每個，銀二分九厘。該銀四十三兩五錢。

又，每個，運價二厘二毫五絲。該銀六兩七錢五分[23]。

竹木、山、臺等廠

大散木㊱，二百四十根。各長一丈六尺、圍五尺。每根，銀二兩二錢六分。該銀五百四十二兩四錢。

大柁木，一百二十根。各長二丈二尺，圍五尺五寸。每根，銀三兩四錢五分。該銀四百一十四兩。

大松木，二百四十根，各長一丈六尺、圍四尺六寸。每個㉟，銀一兩六錢。該銀三百八十四兩。

以上五項，共銀一千四百九十二兩一錢五分。

召買：

大松木，二百四十根。各長一丈六尺、圍四尺六寸。每根，銀一兩六錢。該銀三百八十四兩。

大柁木，一百二十根。各長二丈二尺、圍五尺五寸。每根，銀三兩四錢五分。該銀四[24]百一十四兩。

大散木，二百四十根。各長一丈六尺、圍五尺。每根，銀二兩二錢六分。該銀五百四十二兩四錢。

大桁條木，七百二十根。各長一丈六尺、圍五尺。每根，銀二兩二錢六分。該銀一千六百二十七兩二錢。

石灰，一十五萬斤。每百斤，銀一錢七厘。該銀一百六十兩五錢。

片瓦，六萬片。每百片，銀一錢八分。該銀一百八兩。

以上六項，共銀三千二百三十六兩一錢。

前件：木價，竝無增減，應照舊。

四年一辦

○錦衣衛，成造象氈。酸漿，召買，銀四十五兩三錢四分二厘三毫六絲。巳、酉、丑年，都水司付。查，三十九年內，止領一十六兩二錢七分九厘二毫。今，六科郎婁主事已議裁[37]，呈堂允訖。

○供用庫，油椿。召買，銀一百三十兩。申、子、辰年，都水司付[25]。

前件：議，在「水司」項下，原價開五十兩，於「會估」之額已十倍矣。萬曆十七年，又增八十兩，則價至一百三十兩矣。該監之濫索[38]，不大甚乎？相應執爭[39]，不足爲例者也。

五年一辦

○內官監，造東、西捨飯店家火。乙、庚年。

會有：

本監—

竹簸箕，十二個。每個，銀八厘。該銀九分六厘。
竹刷箒，四十把。每把，銀五厘。該銀二錢。
竹筯，四百把。每百把，量給銀二錢。該銀八錢。
笊籬40，四十把。每把，銀五厘。該銀二錢。
竹籮，十二個。每個，銀一錢。該銀一兩二錢。
○本監，成造條卓、板凳、錫湯壺、水桶等項。
丁字庫—
白圓藤，二十五斤。每斤，銀四分。該銀一兩。
錫，八十四斤。每斤，銀八分。該銀六兩七錢[26]二分。
熟建鐵，五百七十三斤。每斤，銀二分。該銀一十一兩四錢六分。
白麻，四十斤。每斤，銀三分。該銀一兩二錢。
桐油，三十五斤。每斤，銀三分六厘。該銀一兩二錢六分。
通州抽分竹木局—
猫竹，三十根，各長二丈二尺、圍一尺二寸。每根，銀九分。該銀二兩七錢。
筀竹，三百八十根。每根，銀八厘。該銀三兩四分。

竹木、山等廠—

杉木連二板枋，九塊，各長一丈六尺、濶一尺七寸、厚七寸。每塊，銀一兩九錢。該銀一十七兩一錢。

散木，一十根，各長一丈四尺、圍四尺二寸。每根，銀二兩一錢。該銀二十一兩。

以上十四項，共銀六十七兩九錢七分六[27]厘。

召買：

杉木連二板枋，九塊，各長一丈六尺、濶一尺七寸、厚七寸。每塊，銀一兩九錢。該銀一十七兩一錢。

散木，一十根，各長一丈四尺、圍四尺二寸。每根，銀二兩一錢。該銀二十一兩。

木柴，一千七百一十九斤。每萬斤，銀一十八兩五錢。該銀三兩一錢八分。

木炭，一千二百一十九斤。每萬斤，銀一十二兩。該銀五兩一錢一分九厘。

以上四項，共銀四十六兩三錢九分九厘。

前件[41]：

不等年辦

○司設監，成造、修理細車。己巳[42]、戊寅、丁亥年，大約十年。

會有：

甲字庫—

無名異，一百一十八斤十二兩。每斤，銀四[28]厘。該銀四錢七分五厘。

竹木、山、臺等廠—

松梲木，七十五根，各長一丈八尺、徑一尺五寸。每根，銀二兩九錢。該銀二百一十七兩五錢。

以上二項，共二百一十七兩九錢七分五厘。

寶源局—

鉄車穿，二百個。無估。

鉄車鐗，七百五十根。無估。

召買：

松梲木，七十五根，各長一丈八尺、徑一尺五寸。每根，銀二兩九錢。該銀二百一十七兩五錢。

榆木，二百七十五根，各長一丈六尺、徑一尺二寸。每根，銀七錢五分。該銀二百六兩二錢五分。

椵木，三百二十五根，各長七尺五寸、徑七[29]寸。每根，銀二錢。該銀六十五兩。

檀木車軸，五十根，各長八尺、徑六寸。每根，銀九錢四分。該銀四十七兩。

榆木轅條㊸，一百根，各長二丈、徑一尺二寸。每根，銀一兩一錢。該銀一百一十兩。

榆木車頭，一百個，各長二尺五寸、徑一尺五寸。照「槐木車頭」估，每個，銀三錢五分。該銀二十五兩。

棗木車輞㊹，九百塊，各長二尺五寸、徑六寸五分、厚三寸五分。每個，銀一錢五分五厘。該銀一百三十九兩五錢。

青薪木水屑，五十根，各長五尺、徑五寸。每根，銀一錢五分。該銀七兩五錢。

紅土，一百五十斤。每斤，五厘。該七錢五分。

水和炭，一十五萬二千斤。每萬斤，銀一十七兩五錢。該銀二百六十六兩。

紅真牛皮，七十五張。每張，銀五錢。該銀三十七兩五錢[30]。

青薪木輻條，一千八百條，各長二尺八寸、徑三寸五分、厚二寸五分。照「槐木二號輻條」估，折九百八十八個。每條，銀二分七厘。該銀二十六兩六錢七分六厘。

預備顛損更換：

檀木車軸，二十五根，各長八尺、徑六寸。每根，銀九錢二分。該銀二十三兩。

棗木車輞[45]，四百五十塊，各長二尺五寸、徑六寸五分、厚三寸五分。每塊，銀一錢五分五厘。該銀六十九兩七錢五分。

青薪輻條，九百條，各長二尺八寸、徑三寸五分、厚二寸五分。照「槐木二號軸條」估[46]，折四百八十八條。每條，銀二分七厘。該銀一十三兩一錢七分六厘。

以上十五項，共一千二百六十四兩六錢二厘。

前件[47]：木價，並無增減。然，亦從來未行。

○承運庫、織染所[48]，酒糟。銀五百二十二兩三錢[31][49]。丁、丑、甲、庚、寅年，准都水司付。

○國子監，「進士題名碑」。

會有：

虞衡司—

白榜紙，二千四百張。每百張，銀五錢。該銀十二兩。

綿葦席，一百三十五領。每領，銀四分。該銀五兩四錢。

檾麻，七十七斤八兩。每斤，銀一分六厘。該銀一兩二錢四分。

召買：

木炭，五十斤。每百斤，銀三錢五分。該銀一錢七分五厘。

匠頭鐫字，每科工食，五兩五錢一厘二毫。
打刷碑文，四百張。墨、臘、工食，銀十六兩。
石、搭瓦匠，并夫，工食，共銀六兩九錢五分。
外，中書科「花幣」，銀一十二兩，應刪。　辦酒席銀，二兩以上，共銀十九兩二錢六分[32]六厘五
毫。萬曆十九年，劉主事堂呈爲據。
每碑一座，開價二十五兩，運價一百兩，夫價一十二兩五錢。
以上，共銀一百三十七兩五錢。萬曆四十二年，本司說「堂帖」爲據。外，鐫刻題名文章及竪碑工食，
臨期酌給，但逢辰、戌、丑、未年支。
前件：看得，「題名勒碑」盛典[50]，每年當行。而併責於一時，則費侈。今八科，一時備矣。其中，開、運、夫價，往例浮濫太甚。本司，於萬曆四十二年，議有成規，減削近半，後可爲例。

○禮部鑄印局，領匠價銀，四兩。
水和炭，一千斤。該銀一十三兩五錢。

○內官監，傳造中分棺。每次十副。
召買物料，銀三百九十五兩一錢九分八厘。
夫、匠，工食，銀九十二兩。

運價銀，二十兩七錢六分一厘。

○司禮監二等太監，病故造塋[33]。

夫、匠、物料，銀五十六兩二錢五分。

○內官、御馬等監三等太監，并侯、伯，病故造塋。

蘆席、夫、匠，銀二十四兩。

○侯、伯并夫人，病故造塋。

蘆席、夫、匠，銀一十二兩。

○駙馬父，病故開礦合塋。

蘆席、夫、匠，折價銀，一十二兩。

○駙馬父，病故造墳安塋。

蘆席、夫、匠，折價銀，二十四兩。

以上「駙馬」二項，查《條例》，無載。查，三十年間，帖庫、「領銀簿」內，間或有之。今亦載入，以備查考[51]。

○宗人府領，纂修《玉牒》表背等匠，五名，工食。每月、每名，銀一兩五錢。每季，共銀二十二兩五錢。

《條例》漏下此款，亦無定年，但遇纂修，方支。四十一年正月初一日起，宗人府經歷司「手本」：「按季取工食[52]」。

以上各監局、各工所，會庫一應物料，除「會有」者照舊取用，其「會無」者召商買補，臨[34]期，照依原估價值移會。至各項「木植」運價，俱臨時酌量地里遠近，照依「估冊」算給，不能預定。

公用年例錢糧——

一年一次

○先「關」，後補「勘合」。司禮監，工食，銀四兩八錢。四年輪。爲首，加銀一兩二錢。司禮監，寫字領。四司同。

○工科，精微簿籍、紙劄、硃盒、筆、硯等項，銀一兩五錢。工科吏領。四司同。

○本司，筆、墨、木炭，銀一十二兩。本司關領。四司同。

○本司，表背匠，裝釘簿籍、綾殼刷印等項[53]。工食，銀五兩。表背匠領。四司同。

○清匠司，造年終奏繳「匠價文冊」。紙張、工食，銀六兩。清匠司領。

○節慎庫主事，差滿，交盤錢糧，造奏繳「文冊」。紙張、工食，銀一兩九錢五分二厘五毫。庫官領，給造冊書辦。

○堂上、司務廳等處，炙硯木炭[54]，銀二十二兩。年終[35]，雜科領、送。

○巡視廠庫科道，查盤倉厫，造「冊」奏繳。紙張等項，銀一兩五錢六分六厘。又，造冊工食，銀三兩五錢四分。

○巡視廠庫科道，年終查盤節慎庫，造「冊」奏繳。紙劄等項，銀二兩六錢二分。又，造冊工食，銀五兩一錢九分。各司數目不同。

○科道書辦，年終查盤修倉、節慎庫。公所飯食，銀五兩。

○節慎庫，年終造「四柱文冊」。紙張，銀一兩三錢六分。工食，銀八兩一錢三分。

○工科錄本吏，工食，銀三兩六錢。遇閏，加銀三錢。

○吏部驗封司，預支筆、炭，銀三十三兩五錢二分三厘四毫。今減十兩，止支二十三兩五錢二分三厘四毫。

○禮部精膳司，預支筆、炭，銀六兩四錢六分五厘六毫[36]。

○禮部精膳司領，本部司務廳筆、炭，銀三兩二錢四分七厘。

○禮部祠祭司領[55]，筆、炭，銀一十三兩五錢五分。

○禮部，刊刻天下王府「名封」。梨板、紙張、工食等項，銀六十四兩。以上八項，各司無。

四季支領

〇內閣打掃。四季，折送匠價銀，每位、每季一十八兩。

〇「纂修」各館打掃。四季，折送匠價銀，每季一十兩八錢。

〇史館打掃。四季，折送匠價銀，每季七兩二錢。

〇誥勅房打掃。四季，折送匠價銀，每季五兩四錢。

〇制勅房打掃。四季，折送匠價銀，每季三兩六錢。

〇精微科打掃。四季，折送匠價銀，每季七兩二錢。

〇尚寶司打掃。四季，折送匠價銀，每季一十八[37]兩。

〇印綬監打掃。四季，折送匠價銀，每季一十四兩四錢。

〇文書房打掃。四季，折送匠價銀，每季二十八兩八錢。

〇混堂司打掃。四季，折送匠價銀，每季三十六兩。

〇謄黃主事打掃。四季，折送匠價銀，每季三兩六錢。

〇本部清匠司打掃。四季，折送匠價銀，每季三兩六錢。以上十二項，三司無。皆本司關、送。

〇本司，巡風、齋宿。油、燭銀，四季、每季一兩二錢五分。四司同。今定，本司關領，分送各司官，取「收帖」附卷。

〇本司，印色、筆、墨等項銀，四季、每季一兩一錢二分。本司櫃吏領、辦，免派鋪戶。四司同。

〇本司，寫「揭帖」等項。紙價銀，四季、每季八錢。本司雜科書辦領。四司同56。

〇清匠司，筆、墨等項銀，四季、每季三兩三錢五[38]分。本差領。

〇繕工司，筆、墨、銀硃銀，四季、每季三兩。本差領。

〇巡視工程科、院，每月、每分紙劄，銀二兩二錢二分。

〇各工工程堂上，每堂、每月紙劄，銀一兩一錢七分。

〇大工提督工程太監，每員、每月紙劄，銀二兩二分。

〇大工管理工程太監，每員、每月紙劄，銀一兩二錢九分二厘。工程不興，各減去二錢九分二厘。

〇大工奏事司房太監，二分，每月、每分紙劄，銀二兩二分。

〇小工司房官，止一分，每月一兩二錢九分二厘。工程既小，紙劄太多，應減五錢四分二厘。止給七錢五分。以上六項，本司領、送。

〇本司，掌印帶管工程，每月紙劄，銀一兩。本差領。

〇監督司官，每月紙劄，銀五錢[39]。

自「巡視」款起，至此工完則止。《條例》不載。

不等月分

〇工科，抄呈號紙。銀，正月、五月、九月，各七錢。遇閏，加七錢。工科吏領。

〇節慎庫餘丁，工食，三月、六月、十月、十二月，各九兩。遇閏，加銀三兩。庫丁領。

〇本司，上半年、下半年，造奏繳錢糧「文冊」。紙劄等項，銀各六兩五錢。本司雜科書辦領。

輪該春季。俱，四司同。

〇承發科，填寫「精微簿」，銀三兩六錢。承發科吏領。

〇工科，抄謄章奏[57]。紙張、工食，銀七兩六錢八分。遇閏，加三兩六錢。工科抄謄吏領。

〇賃，西闕朝房，銀四兩。本司關領，移送闕房，取「迴文」附卷。

〇知印，印色，銀一兩五錢。大堂知印領。

〇本科，寫本。工食，銀五十兩六錢。遇閏，加十六兩八錢六分。本科本頭領。

〇本科，題、奏本。紙，銀二兩。本科本頭領。

〇三堂司務廳，紙劄、筆、墨，銀九兩八錢六分。本司關領，解過[58]，取「迴文」附卷。

○節慎庫，燒銀。木炭，銀一兩五錢七分五厘。庫官領。

○巡視廠庫科道，紙劄，銀八兩八錢八分。照季節，送科道，取「廵文」。

○巡視廠庫科道，到庫收放錢糧。茶菓、飯食，銀九兩六錢二分五厘。庫官領。

○節慎庫，關防印色、修天平等項，銀三兩。庫官領。

○三堂司廳、四司書辦，工食，銀三十兩六錢。遇閏，加十兩二錢。雜科領散❺❾。

○三堂、四司，抄報。工食，銀一十二兩六錢。遇閏，加四兩二錢。抄報吏領。

○節慎庫，紙劄并表背匠等項，工食，銀一十一兩五錢。庫官領。

○上本抄旨意官，工食，銀九兩。遇閏，加三兩。旨意官領。

○精微科吏，工食，銀一兩八錢。遇閏，加六錢。精微科吏領。

○內朝房官，工食并香燭，銀二兩一錢。遇閏，加[41]七錢。內朝房官領❻⓿。

○工科辦事官，工食，銀五兩四錢。遇閏，加一兩八錢。工科辦事官領。

○報堂官，三人，工食，銀三兩五錢。遇閏，加一兩一錢六分六厘。三堂，報堂官領。

不等年分

○進「考成」，銀五錢。甲、丙、戊[61]、庚、壬年，進「考成」吏領。四司同。

○本司，卓圍、坐褥，銀五兩。子、午、卯、酉年，雜科書辦領。四司同。

○本司，刷卷。工食、紙張，銀二兩五錢。寅、申、巳、亥年，雜科書辦領。四司同。

○節慎庫餘丁，草薦，銀二兩。亥、卯、未年，餘丁領。四司同。

○節慎庫餘丁，皮襖[62]，銀十九兩八錢。辰、戌、丑、未年，庫丁領。

○科道會估。酒席、紙劄，銀九兩三錢七分六厘。申、子、辰年，一次。有會估方支，無則止。四司同。

○戶部，賦役「黃冊」，折「工食」，一十二兩一錢二分[63]。庚年。各司無。每「黃冊」七張准一工，「青冊」八張准一工，「草冊」二十張准一工，約給此數。

造器規式

。以下共二十九項，皆係校尉服用。遇臨御、封典，不時傳造[42]。

○成造，鸞帽一頂[64]。

會有：物料四項，共銀六分三厘三毫八絲九忽五微。

召買：物料五項，共銀二分七厘九毫二絲七忽五微。

漆布台，工食，銀二分。

椵木盔頭，每千頂，用五十個。每個，約銀七分。該銀三兩五錢。

○成造，抹金銅帶一條。

會有：物料二項，共銀一錢九分一厘八毫七絲五忽。

召買：物料十四項，共銀一錢一分四厘九毫六絲八忽七微。

銅匠，工食，銀五分。

釘帶，工食，銀五分。

油鞓，二厘。

○成釘，銅帶一條。

會有：物料四項，共銀一分九厘一絲四忽[43]。

召買：物料四項，共銀三分五厘九毫七絲三忽。

工食，銀三分。

○修理，銅帶一條。添高事件、結頭等項。

會有：物料三項，共銀二分九毫二絲一忽九微。

召買：物料十一項，共銀七分九厘六毫九絲六忽二微。

銅匠工，每條修理一半以上者，每工給銀三分。不及一半者，以次遞減。

釘，抹金銅帶，工食，銀三分。

油鞓，工食，銀二厘。

○油、漆，帶鞓一條副。

會有：物料四項，共銀二厘五毫六絲。

召買：物料三項，共銀一厘一毫四絲一忽四微。

工食，銀二厘。

○油、漆，創金冠一頂44[65]。

會有：物料三項，共銀九厘八毫三絲七忽五微。

召買：物料八項，共銀一分九厘二毫五絲九忽九微。

工食，銀二分五厘。

○油、畫[66]，雨衣一件。

會有：物料七項，共銀五分五厘二毫四絲二忽五微。

召買：物料七項，共銀二分七厘四毫五絲。

畫花，工食，銀六分。

油雨衣，工食，銀三分。

○成造，絹雨衣一件。

會有：物料三項，共銀一兩九錢七分二厘九毫六絲。

裁縫，工食，銀七分。

印花夏布「只遜」，每件，銀四分。

印花夏布蹋裙，每副，銀一分。

「只遜」，染價，共銀六錢三分四厘[45]。

○成造，明盔一頂。

會有：物料一項，共銀二錢四分。

召買：物料二項，共銀四厘五忽。

○鋥磨，盔一頂。

會有：物料四項，共銀一分二厘二毫三絲。

召買：物料四項，共銀三分六厘九毫三絲。

○盔襻。

會有：物料一項，共銀三毫一絲八忽。
召買：物料四項，共銀八分二厘一毫八絲。
○成造，擺錫甲一副。
會有：物料四項，共銀一兩二錢八分六厘。
召買：物料九項，共銀三錢一分五厘二毫五絲五忽。
○成造，黑油腰刀一把。
會有：物料二項，共銀一錢二分一厘一毫二絲四忽。
召買：物料二項，共銀四厘五忽。
○鋥磨，刀一把[46]。
會有：物料五項，共銀三分四厘六毫二絲八忽。
召買：物料四項，共銀八分二厘五毫四絲。
○小拴。每副，
會有：物料一項，該銀五厘。
召買：物料四項，共銀三分三厘七毫七絲五忽。
○成造，硃紅漆弓一張。

會有：物料六項，共銀一錢五分三厘四毫三絲四忽。

召買：物料十項，共銀一錢五分八厘三毫五絲七忽。

○成造，長箭三十枝。

會有：物料四項，共銀一錢三分六厘六毫六絲四忽。

召買：物料五項，共銀一錢二分六厘三毫七絲一忽。

○成造，葵花撒袋一副[47] ㊿。

會有：物料七項，共銀一錢五分七厘九忽。

召買：物料八項，共銀七錢三分七厘七毫三絲。

○成造，鞓帶一條。

會有：物料五項，共銀一錢七分九厘九毫六忽。

召買：物料一項，共銀四毫四絲。

○修理，明盔一項。

會有：物料六項，共銀一分二厘二毫一絲八忽。

召買：物料五項，共銀五分四厘八毫七絲。

○盔襻。

召買：物料三項，共銀五分七厘四毫五絲八忽。

○修理，甲一副。

會有：物料三項，共銀一錢六分五厘八毫二絲五忽。

召買：物料六項，共銀二錢九分一厘一毫五[48]絲。

○修理，腰刀一把。

會有：物料六項，共銀五分二厘九毫五絲三忽。

召買：物料八項，共銀一錢一分四厘二毫三絲四忽。

○修理，長箭三十枝。

會有：物料四項，共銀一錢四分九厘四毫三絲六忽。

召買：物料二項，共銀二分一厘四毫四絲。

○修理，弓一張。

會有：物料五項，共銀六分八厘一毫五絲二忽。

召買：物料七項，共銀二分二厘二毫九絲五忽。

○修理，撒袋一副。

會有：物料六項，共銀三分一毫五忽。

召買：物料五項，共銀一錢二分六厘三毫五[49]忽。
○修理，鞓帶一條。
會有：物料四項，共銀二分七厘九毫三絲七忽。
召買：物料二項，共銀七分七厘二毫四絲。
○成造，明盔、明甲、腰刀、弓箭、撒袋等件，每副，九十八工。每工，銀五分七厘。
○修理，明盔、明甲、腰刀、弓箭、撒袋等件，每副，三十二工。每工，銀五分七厘。
○成造，節慎庫木匣一個。
會有：物料一項，該銀一錢六分一厘六毫四絲二忽。
召買：物料四項，共銀三分。
工食，銀八分五厘五毫。
自「成造鵞帽」起，至「木匣」止，俱有會庫錢糧。如「會有」者「會無」，卽召商買辦⑱，
臨期照依原價移會。
○成造，節慎庫木鞘一箇[50]。
召買：物料一項，該銀一錢五分。
工食，銀三分[51]。

營繕司外解額徵

順天府─

料銀，二千七十五兩二錢二分六厘九毫九絲。

永平府─

料銀，八百三十兩九分七毫九絲。

保定府─

料銀，二千七十五兩二錢二分六厘九毫六絲。

河間府─

料銀，二千四百九十兩二錢七分二厘三毫四絲。

真定府─

料銀，二千六百九十七兩七錢九分五厘六絲八忽。

順德府─

料銀，一千三十七兩六錢一分三厘四毫一絲[52]。

廣平府─

料銀，一千四百五十二兩六錢五分八厘八毫七絲二忽。

大名府

料銀，一千四百五十二兩六錢五分八厘八毫七絲二忽。

南直應天府

料銀，五千一百八十八兩六分七厘四毫。

蘇州府

料銀，九千三百三十八兩五錢二分一厘三毫二絲。

松江府

料銀，八千三百兩九錢七厘八毫四絲。

常州府

料銀，七千二百六十三兩二錢九分四厘五毫六絲。

鎮江府

料銀，五千一百八十八兩六分七厘四毫[53]。

廬州府

料銀，三千一百一十二兩八錢四分六毫四絲。

鳳陽府一

料銀，三千一百一十二兩八錢四分六厘四毫。

淮安府一

料銀，三千一百一十二兩八錢四分六毫六絲。

揚州府[69]一

料銀，三千一百一十二兩八錢四分六毫四絲。

徽州府一

料銀，五千一百八十八兩六分七厘四毫。

寧國府一

料銀，三千一百一十二兩八錢四分六毫六絲。

池州府[54]一

料銀，二千七十五兩二錢二分六厘九毫六絲。

太平府一

料銀，二千七十五兩二錢二分六厘九毫六絲。

安慶府一

料銀，二千六百九十七兩七錢九分五厘五毫。

廣德州—

料銀，八百三十兩九分七厘九毫。

和州—

料銀，四百一十五兩四分五厘三毫九絲。

滁州—

料銀，四百一十五兩四分五厘三毫九絲八忽。

徐州—

料銀，四百一十五兩四分五厘三毫九絲八忽[55]。

浙江[70]—

料銀，一萬三百七十六兩一錢三分四厘八毫。

山東—

料銀，九千三百三十八兩五錢二分一厘五毫二絲。

江西—

料銀，一萬三百七十六兩一錢三分四厘八毫。

山西

料銀，四千一百五十兩四錢五分八厘九毫六絲八忽。

陝西

料銀，四千一百五十兩四錢五分三厘九毫二絲。

廣東

料銀，九千三百三十八兩五錢二分一厘。

河南[56]

料銀，八千三百兩九錢七厘八毫四絲。

四川

料銀，六千二百二十五兩六錢八分八厘八絲。

湖廣

料銀，九千三百三十八兩五錢二分一厘。

福建

料銀，九千三百三十八兩五錢二分一厘三毫。

雜料

順天府—

匠班，銀七百零一兩五錢五分。

葦夫，銀九百兩。

綮麻，銀三兩二錢四分。

葦課銀，共五千六百兩四錢二分六厘九毫八絲五忽。

「皇木」車價銀，共二千八百兩。

永平府[57]—

匠班，銀一百五十四兩三錢五分。

保定府—

匠班，銀三百八十兩。

磚料，銀六百兩。

河間府—

葦課，銀四百七十四兩一錢二分八毫一絲一忽二微。

河道、椿木、葦草、綮麻、磚灰、子粒、賃基，共銀五百三十六兩一錢五分九厘三毫。

匠班，銀一百六十八兩七錢五分。
磚料，銀六百兩。
鎍麻，銀三十四兩四錢七分。

真定府一
匠班，銀三百一十七兩七錢。
磚料，銀六百兩。
鎍麻，銀九兩。

順德府一
匠班，銀一百五兩七錢五分[58]。

廣平府一
匠班，銀一百三兩九錢五分。
磚料，銀六百兩。
鎍麻，銀八兩七錢三分。

大名府一
匠班，銀三百一十八兩四錢五分。

磚料，銀六百兩。
檾麻，銀四十四兩八分二厘。
南直應天府一
匠班，銀三百九十八兩二錢五分。
磚料，銀九百兩。
蘇州府一
匠班，銀一千八百一十三兩九錢五分。
磚料，銀九百兩。
松江府一
匠班，銀一千五百零一兩二錢。
磚料，銀九百兩。
常州府[59]一
匠班，銀六百一十七兩八錢五分。
磚料，銀九百兩。
鎮江府一

匠班，銀二百六十五兩。

磚料，銀九百兩。

盧州府—

匠班，銀二百七十五兩七錢。

磚料，銀一千四百四十兩。

鳳陽府—

匠班，銀四百七十兩二錢五分。

磚料，銀一千四百四十兩。

淮安府[71]—

匠班，銀四百七十九兩二錢五分。

磚料，銀一千四百四十兩。

檾麻，銀一十七兩七錢六分六厘。

揚州府[72]—

匠班，銀七百八十四兩七錢五分。

磚料，銀一千四百四十兩[60]。

檾麻，銀四十一兩四分。

徽州府-

匠班，銀八百九十六兩八錢五分。

磚料，銀七百八兩。

寧國府-

匠班，銀二百八十六兩二錢。

磚料，銀七百八兩。

池州府-

匠班，銀一百五十一兩六錢五分。

磚料，銀七百八兩。

太平府-

匠班，銀五百七十一兩五錢。

磚料，銀七百八兩。

安慶府-

匠班，銀四百七十二兩零五分。

磚料，銀七百八兩。

廣德州—

磚料，銀一百八十兩[19]。

和州—

匠班，銀五十二兩六錢五分。

磚料，銀一百八十兩。

滁州—

匠班，銀二十二兩五錢。

磚料，銀一百八十兩。

徐州—

匠班，銀三百兩零一錢五分。

磚料，銀一百八十兩。

檾麻，銀一十七兩五錢五分。

浙江—

匠班，銀八千五百四十八兩。

山東—

匠班，銀三千九百六十三兩六錢。

磚料，銀三千二百四十兩。

檾麻，銀一百七兩四錢六分。

山西—

匠價銀，六千一百五十四兩六錢五分[62]。

陝西—

匠班，銀三千七百三十九兩零五分。

河南—

匠班，銀三千七百二十九兩一錢五分。

磚料，銀三千二百四十兩。

檾麻，銀九十五兩七分六厘八毫五絲。

直隸大同中屯衛—

檾麻，銀一兩。
直隸瀋陽中屯衛
檾麻，銀三兩六錢。
山東臨清衛
檾麻，銀三十一兩五錢[63]。

營繕司條議

一.各衙門皆有皂隸，卽有工食，惟本部四司無之。無工食，不得不藉口飯錢，專事需索。今議，各司皂隸，除掌印者照舊，其餘酌定各數，每名月給工食六錢。卽於「餘錢」內支給，使無身家之憂，安心服役。而後，禁革之法可行。

一.鋪車夫匠等役，凡領物料、工價、錢糧，原有「二八使費」，雖云陋規，然行之前人、見之章奏，未能頓裁。除皂隸已給工食不論外，其餘立一遞減法。如該使費一兩者，今年減去三錢，下年減二錢，向後年減一錢，以至於無，始歸清楚。卽內監「鋪墊」，亦然。

一.各衙門吏書，例有「頂首」。挾重貲以供役，正欲藉此以酬子母[73]，卽舞文弄法，所不暇計者。今後，立一遞減法。必於各吏書，役滿頂叅之時，查其原有「頂首」若干，今次每一百兩減銀三十，下次再減二十，又下次再減[64]一十。以千計者，亦同此法。減至三人，而「頂首」自輕，得失之念亦輕，奸弊不期寡而自寡矣。

一.工程請給「預支」，例也。邇來，法網嚴明，誰肯多請、多給？而「預支」之名不除，終是陋規。今後，凡遇工興，酌估十分中，先給二分，名爲「預支」。自後，必上有物料，役有工價，半月一筭、一給，不許延久，是謂「截給見錢」。「實收簿」上，亦改正見給名色。而後，事體淸楚，俾各役，不得藉口，希圖冒領。

一、錢糧支發，若有舊案可據，一繙閱間，緩急、多寡，可印證也。乃舊案不藏之官舍，竟收之吏書私寓，至官更吏改，那移改換，百弊叢生。今議，每司各置「冊庫」一所，以「冊科」掌之。凡有行過事情，登記冊籍，將原卷挨年順月，收藏庫內，以備日後叅考。

一、「瑠璃、黑窑」，燒造一應磚瓦等料，係宮殿所需之物，往時經費，不無浮濫。今，酌柴土[65]、計夫匠，殊多節省。但，不論物料美惡、造作精粗，祇取充數，何能經久？自後，必照近議，「瑠璃」一匠五夫，「黑窑」一匠三夫，分別責成。儻復濫惡、搪塞，除不准筭價外，仍以「燒造不如式」罪之。庶磚瓦堪耐，費不虛糜。

一、臨清廠，每年燒造「年例磚」一百萬個，運至大通橋磚廠堆放。年年不問舊存多寡，循例而燒。且有十餘年已燒之磚、已領之價，至今，磚不起運者。本司，於四十二年查明，磚廠貯有三百餘萬個。廠無隙地[74]，而外解磚價又不及半。業經題減原額四十萬個，并止窑戶雇運。卽今，再減十萬個，未爲不足。省至十年，可積銀十數萬兩。倘大工肇舉，或取用過多，廠存無幾，又查原額補燒，而非執減數爲定則云。

一、買辦各項物料，價值載在《會估》，然，亦與時低昂。往例，年一行之。自三十七年後，「會估」法廢，未免偏肥、偏枯，官、商兩礙。以後，或以[66]兩年爲限，公同科道，備細酌定，上下公平。庶措辦易，而督責易行。

一.楠、杉，採運甚難，則其取用，亦當愛惜。以後各工，必不得已者方用楠、杉。如可通那，寧以「柁木」伐之。蓋用一「柁木」，價不過數兩，與十數兩而用一「楠木」，非百什其價不止者。則改用省費，若霄壤然。

一.工程重大，關係內廷，兼用提督內監，猶可言也。其餘，原係工部職掌，止用外官足矣。如近日重城翼房等工[75]，皆監督獨爲之。成功易而節省多，其已試明效也。以後題差司官，不許帶及內監。卽內監，不得徑自開送。

一.「金磚」泒燒於蘇、松七府，「花石」採辦於徐州等處，以供殿門之用。卽一磚一石，所費不貲。彼時，當事者過爲蚤計，兼題數太浮，其失已不可追。及至磚、石到京，止憑解官投「文」本部，而收貯[67]之權，聽諸內監。故，徑運至鼓樓下之「備用」、「鑄鐘」二廠[76]，有同一擲，部官不得過而問焉。

更爲可異，去年本司清查前弊，差官赴天津通灣、沿河一帶尋覓，則抛毀殊甚。曾移會監察李御史題叅，行提原解官及車戶人等追究外，但此後補解之石與將到之磚，豈可復蹈前轍，不擇近地另爲安頓耶？

今查，大通橋原係貯磚之所，仍以「金磚」另堆在內。「花石」改收近廠，不惟管理便、取用近，即脚價亦省，而內監於何恣其需索也？懲前飭後，可復以未來工程，擅自題派，而已到美材，坐視消耗耶？

一.經手錢糧不明，監督不得徑自離任，頃《條議》、《覆疏》已詳言之矣。惟是，奸弊起於委官，尤起於上下書辦。蓋「日報」、「循環」，皆彼掌記，增改小數，虛冒價值，此正弊之囮也。委書與委官，猫鼠呈報，而監督之書辦，容私不禀。何爲正官獨受其累乎？嗣後，一應「實收[68]⑰」未出，委官不許離差，書役不得私頂⑱。務銷筭無弊，方准更換。蓋亦拔本塞源，責成之一端也。

營繕清吏司掌印郎中　臣　聶心湯　謹議

工科給事中　臣　何士晉　謹訂[69]

校勘記

❶《營繕司》全篇共六十九葉，底本、「南圖本」各正葉下書口均刻記「營繕司」三字，惟首葉、第六十四至六十九葉外（即《營繕司條議》篇），其餘均將「繕」刊爲「善」。

又，底本第二、三、十三、二十一、二十八、三十七、四十一、四十四、四十五、六十二葉，下書口該處背葉有模糊「營善司」三字墨痕。另，底本、「南圖本」第四十九葉此處，則記爲「善司」。

❷「於各差」，底本、「南圖本」原接於「分屬」之下，不斷，連爲一欄。官嵬《〈工部廠庫須知〉淺析——兼及明代建築工官制度勾沉》、王毓藺《明北京營建燒造叢考之一——燒造地域的空間變化和燒辦方式變遷》文，即均作「分屬於各差」（第一百二十三頁、第四十八頁），今暫不從，并更起一欄。

❸「灣」，底本、「南圖本」原作「灣」，今逕改（「備史本」同），後不再注。

❹符號「()」，底本、南圖本原無，今添此以區隔。又，左一例同。

❺符號「〇」，底本、「南圖本」原作此，「備史本」上下兩卷概無，今不從，後不再注。

❻「殿」，底本、「南圖本」原作「殿」，今逕正，後不再注。

❼「字」，底本、「南圖本」原作「子」，今據前後文例改，「備史本」同。

❽「通州抽分竹木局」，底本、「南圖本」原上空兩字格，今據前後格式，改空一字格。

❾「篾」，底本、「南圖本」原作「篾」，「備史本」同，據《正字通》，「篾」乃「俗『篾』字」（未集・上集，竹部・「九」畫，第八百零二頁、二十七葉正），今仍可從，後亦逕正不注。

❿「碌」，底本、「南圖本」原作「碌」，今逕正（「備史本」同），後不再注。

⓫「二兩」之「二」，底本漫漶，今據「南圖本」補。

⓬「一」，底本漫漶，今據「南圖本」補。

⓭「鐵」，底本、「南圖本」原作「鐵」，今逕正，後不再注。

⑭「七」，底本、「南圖本」原作此，今覈其數，似與所該銀不合，疑或爲「十」誤，今暫不改。

⑮「撥」，底本原作「撥」，「備史本」同，「南圖本」漫漶，今逕正，後不再注。又，「搬」，底本、「南圖本」模糊，今疑當爲「搬」，又據本書卷四《繕工司兼管小修》篇首「職掌」一節所云（二十五葉背）補，「備史本」、「全電檔」均同。

⑯「該」，底本、「南圖本」漫漶，今據前後文例補，「備史本」同。

⑰「錢」，底本、「南圖本」原作「千」，「全電檔」同，今據前後文例改，「備史本」同。

⑱「竪」，底本、「南圖本」原作「豎」，「備史本」同，今逕正，後不再注。

⑲「苦」，底本、「南圖本」原作「苦」，「全電檔」同，今據本書卷五《臺基廠條議》「議蓋藏以防朽腐」條作「苫蓋」（二十六葉背）改，「備史本」同。

⑳「十」，底本、「南圖本」原作「分」，「全電檔」同，今據「備史本」改。

㉑「前件」後，底本、「南圖本」原未縮刻，今據前後格式改。

㉒符號「〇」，底本、「南圖本」原「司設監修理竹簾」上空一字格，「全電檔」同，今疑係漏刻，現暫據前後格式補出。

㉓「臺」，底本、「南圖本」原作「臺」，據《字彙》，此即「俗『臺』字」（未集，至部•「七、八」畫，第三百八十八頁、九十六葉正），今從并正（「備史本」同），後不再注。

㉔「墨」，底本、「南圖本」原作「墨」，今逕改（「備史本」同），後不再注。

㉕「雙」，底本、「南圖本」原作「雙」，據《字鑑》，此即「雙」俗字（卷一，平聲上•四江，第五頁），今從，後亦逕正不注。

㉖「檀」，底本、「南圖本」原作「檀」，今逕正，後不再注。

㉗「鐐」，底本、「南圖本」原作「鐐」，今逕正（「備史本」同），後不再注。

㉘「不得多支」下，底本見殘損不識墨痕半欄，「南圖本」無，「備史本」亦無，今疑或爲刷印用紙捺押牌記及附著墨痕等，現不録。

㉙「八月」之「月」，底本、「南圖本」原作此，「備史本」作「日」，今疑誤，不從。

㉚「自動」，底本漫漶，今據「南圖本」補。

㉛「水脚折」，底本漫漶，今據「南圖本」補。

㉜「少」，底本漫漶，今據「南圖本」補。

㉝「辦」，底本、「南圖本」原模糊，後者似作「辨」（「全竈檔」確係），今改，「備史本」同。

㉞「刅」，底本、「南圖本」原作此，據清人段玉裁注《說文解字》稱，後世嘗將《說文》指「傷」義之「刄」訛記爲此（四篇下，刃部，「刄」條，第一百八十三頁）。而《（宋刻）集韻》，「刅」又可作「創」、「刱」等字（卷三，平聲三·陽第十，第六十三頁、三十六葉背）；《正字通》，此則爲「兩刃刀」義之正字（子集·下集，刀部·「二」畫，第八十八頁、四十五葉背）。

又，今人編《中國古建築術語辭典》有「斧刅磚」條（第二百五十三頁），惟未確指是單刃，還是兩刃，及相應砍淨辦法，故疑此字不當全改爲「刃」，現仍從原刻。惟，原刻凡作「刃」者，今亦暫不改。如，本書卷七《街道廳·工料規則》「修溝渠橋梁等各項合用」條，有「斧刃磚」（四葉正）一例。

另，至本書卷六《虞衡司條議》「一議防叵測以全外觧之額」條「王梁」（九十六葉背）起，又如本書卷七《街道廳》「每年查理」條「橋梁」（一葉背）、《街道廳·工料規則》「修溝渠橋梁等各項合用」條「橋梁」等（四葉正），刻工亦有將「梁」刻爲「梁」者，頗堪留意。

㉟「個」，底本、「南圖本」原作此，「備史本」同，今疑或爲「根」，暫不改。

㊱「大散木」，底本、「南圖本」原上空一字格，今據前後格式，改空兩字格。

㊲「郎」，底本、「南圖本」原作此，「備史本」作「廊」；「婁」，底本、「南圖本」原作此，「備史本」同。前項，「備史本」將「郎」改「廊」。本書卷十《六科廊》專章，其篇首記「虞衡清吏司主事臣樓一堂」（一葉正），今疑「廊」是，惟「樓」不可定，故暫均不改。

又，本書卷二《節慎（愼）庫條議 附》、本卷、卷四《三山大石窩、都重城、修倉廠、繕工司、見工灰石作二差、清匠司》、卷五《瑠璃黑窑廠、神木廠-山西大木廠-臺基廠》、卷六《虞衡司》、卷七《寶源局、街道廳、驗試廳》、卷八《盔甲王恭廠》、卷九《都水司》、卷十《通惠河》、卷十一《器皿廠》、卷十二《屯田司、臺基廠柴炭》各章篇首參編人員名單內，均列明「虞衡清吏司主事臣樓一堂」，并卷七《驗試廳條議》篇末「議訂」人員名單中，亦列明「虞衡清吏司管廳主事臣樓一堂謹議」（八葉背）。惟，本處，及卷十《六科廊》「供用庫板箱」條「會有」項下「丙字庫·以上十二項」款小字說明處

（十九葉背）、「成造象氊」條「前件」項下小字説明處（四十二葉背），刻本正文見「婁主事」。

復檢《神宗顯皇帝實録》，見萬曆四十七年（一六一九）三月「己丑，陞……、工部郎中婁一堂知江西瑞州府、……」（第二十二册，卷五百八十，第四百四十頁）記録，據《〈明實録〉校勘記》，其校本「抱（經樓）本」中「婁作樓」（第五册，《明神宗實録卷五百八十校勘記》，第四百七十四頁）。而明人房可壯天啓二年十二月初二日「巡按直隸監察御史、臣房，謹題爲：循例舉劾，各省有司官員事」一《疏》，則見兩處記爲「樓一堂」（《房海客侍御疏》，下卷，第五百六十九、五百七十五頁，二十二葉背、三十三葉正）。

另，清黄虞稷《千頃堂書目》整理本見兩處記：「樓一堂《女則》。浦江人」、萬曆癸丑科（四十一年，一六一三）「樓一堂《瑞槐軒集》。字叔宇，浦江人」（卷十一、二十六，《儒家類》、《別集類》，第三百一十六、六百四十八頁）；而《（雍正）浙江通志》整理本見：「樓一堂浦江人。廣東右布政」（第七册，卷一百三十三，《選舉十一・明-進士-萬曆四十一年癸丑科周延儒榜》，第三千四百九十頁），「樓一堂浦江人。癸丑進士」（第七册，卷一百三十九，《選舉十七・明-舉人-萬曆二十二年甲午科》，第三千八百二十頁），「樓一堂《金華府志》：字叔宇，浦江人。萬曆癸丑進士，除工部主事，出守瑞州。……遷本省驛傳，歷升廣東右布政，攝海道篆。盜李之奇，數寇海爲亂，一堂招其黨鄭芝龍，令殺之以自贖，芝龍果縛之奇，在庭僉多其功。以積勞卒」（第九册，卷一百七十，《人物三・循吏四-金華府-明》，第四千八百二十九頁），「《女則》崇禎《浦江縣志》：樓一堂著」、「《鄉約訓言》崇禎《浦江縣志》：樓一堂著」（第十二册，卷二百四十五，《經籍五・子部上-儒家-女戒-鄉約》，第六千八百一十-六千八百一十一頁），「《瑞槐軒集》崇禎《浦江縣志》：樓一堂著，字叔宇」（第十三册，卷二百五十一，《經籍十一・集部四-別集-明-萬曆時人》，第六千九百七十六頁）記録；而《（道光）濟南府志》，見「樓一堂浙江浦江人，進士」（第一册，卷二十五，《秩官三・明-布政司右叅政-天啓》，第四百九十八頁、三十七葉正）記録。即，前述清代文獻，共存九處記爲「樓一堂」者。

今疑此「樓」、「婁」二姓所指當爲一人，以前者所出較集中且顯眼，故或可定「樓」是。

❸❽「濫」，底本、「南圖本」墨迹模糊，原似作「監」（「全電檔」似作「濫」），今改，「備史本」同。

❸❾「應」下，底本、「南圖本」原空一字格（即「執」上），今未詳其旨，暫省却。

❹⓿「笊」，底本、「南圖本」原作「笓」，今逕正（「備史本」同），後不再注。

❹❶「前件」，底本、「南圖本」、「備史本」原下均無它字，「全電檔」同。

❹❷「己」，底本、「南圖本」原作「巳」，今據干支排列逕改，後不再注。

❹❸「轅」，底本、「南圖本」原作「輚」，「備史本」同，今逕正，後不再注。

❹❹「棗」，底本、「南圖本」原作「棗」，今逕正，後不再注。

❹❺「木」，底本、「南圖本」原作「未」，今據前文例改，「備史本」同。

❹❻「軸」，底本、「南圖本」原作此，「備史本」同，今據前文，疑或爲「輻」，暫不改。

❹❼「前件」後，底本、「南圖本」原未縮刻，今據前後格式改。

❹❽「染」，底本、「南圖本」原作「染」，據《正字通》，此與「染」俗字近（辰集・中集，木部・「五」畫，第四百九十四頁、二十八葉背），今可從，後亦逕正不注。

❹❾「二兩」之「二」，底本原作「二」，「備史本」、「全電檔」均同，惟「南圖本」作「二」，今據「南圖本」改。

❺⓪「典」，底本原無，原處作空一字格，「備史本」同，今據「南圖本」補，「全電檔」同。

❺❶「備」，底本、「南圖本」原作「俻」，今逕正，後不再注。

❺❷底本、「南圖本」原縮進格式即此，自本條起，後均略與前文异，「備史本」同，今故不改。

❺❸「殼」，底本、「南圖本」原作「殻」，今逕正（「備史本」同），後不再注。

❺❹「炙」，底本、「南圖本」原作「炙」，本書兩刻本卷六《虞衡司・公用年例錢糧－一年一次》「本司炙硯木炭」與「三堂司廳等處炙硯火池」條（五十九葉背）、卷七《寶源局・年例鑄器－一年一次》「翰林院庶吉士火盆等件」條「炙硯」款（七葉背）、卷九《都水司・年例公用錢糧－一年一次》「本司炙硯木炭」與「每年冬季廠庫科道炙硯木炭」條（三十五葉背）、卷十二《屯田司・年例公用錢糧－一年一次》「本司炙硯木炭」、「科道炙硯炭」（十六葉背）與「三堂司廳并本科炙硯炭」（十七葉正），概作此。「備史本」凡抄存者，均作「炙」形。若僅依版刻字迹，似「灸」或「炙」皆可。惟，「灸硯」明確連用，明代書册內恐極罕。而，明人鄭明選《驟冷》「炙硯消殘水，圍爐引宿灰」（《鄭侯升集》，卷十二，《詩・辛丑》，第二百九十九頁、十六葉背）一句，則另見一「炙」形，今疑其或係「炙」、「炙」的誤刻，或有殘損。

再據，本書卷六《虞衡司・公用年例錢糧－一年一次》「三堂司廳等處炙硯火池」條（前揭）、卷七《寶源局・年例鑄器－一年一次》「翰林院庶吉士火盆等件」條「火池」款（七葉背）及卷九《都水司・年例公用錢糧－一年一次》「每年冬季廠庫科道炙硯木炭」條（前揭），此二字當與「火池」并炙烤、加熱等行爲密切關聯。

目前，惟見明人沈懋孝《與元卿論城守》，論及禦倭之城守用燈，可如「方君之法，令冶人鎔鉄皮爲方斗，如炙硯狀，絡以鉄線，長丈許，柴松實其間，灌之以瀝脂」（《長水先生文鈔》，《（丁酉鄧以讚叙）四餘編・書九首》，第六百零一頁、二十五葉背），及呂維祺輯、清人曹溶與錢綎增補《四譯館增定館則・新增館則》記有「炙硯一座」（卷十一，《堂考－人役》，「火房」，第五百八十五頁、三葉背）各一例，均似與「灸」近，或可强爲説辭。清中期左右，吳錫麒《欒河大雪，約潘穀堂舍人有爲、宋芝山廣文同作》「書生豪氣那足道，炙硯且須煨榾柮」一句（《有正味齋詩集・泥爪集》，卷八，第四百四十九頁、六葉背），亦乃後證。

而，「炙硯」連用，明代簿籍中典型者，有高濂《遵生八牋（校注）》記：「余得一研爐，長可一尺二寸，濶七寸，左稍低，鑄方孔透火炙硯，中一寸許稍下，用以煖墨閣筆；右方置一茶壺，可茶可酒，以供長夜客談。其銘曰：蘊離火於坤德兮，回春陽於堅冰；釋陶泓凍淩兮，沐清泚於管城。是以三冬之業，不可一日無此於燈檠間也」（校注本，卷十四，《燕閑清賞牋》，上册，「論古銅器具取用」，第五百二十八頁）。

至滿清文獻中，「炙硯」連用已普遍。如，王士禛《朱璧揭鉢圖歌》「開卷一引千留犁，呵冰炙硯爲此詞，十指皸瘃兩肘胝」一句。對此，注者清人惠棟認爲唐人徐堅等《初學記》引「魚豢《魏略》曰：『顔斐爲河東太守，課人輸租車，便致薪兩束，爲寒冰，炙筆硯』」（第三册，卷二十一，《文部・筆第六－[事對]「班投－顔炙」》，第五百一十五頁）乃其出典（《漁洋精華録集釋》，點校本，中册，卷六，「康熙乙卯十四年・《漁洋續集》」，第一千零八十五、二千零八十八頁）。又如，陳維崧《念奴嬌・炙硯》「今日冷淡生涯，忍寒呵凍，苦伴端溪石。熾盡朱門紅獸炭，翻惹蟾蜍淚滴」（《陳維崧集・迦陵詞全集》，點校本，下册，卷十八，第一千三百四十二頁）、方濬頤《消寒八詠聯句・炙硯》「莫阻臨池興叔，中空且注湯謙。波融鸜眼活箴，墨潤兔毫香叔。鍛鍊詩無滓謙，摩抄字有芒箴。轉嫌呵凍拙叔，既濟寶文房謙」（《二知軒詩續鈔》，卷八，《古體詩二百五十三首己巳四月至十月》，第一百四十七頁、四十六葉正）等，皆在詞句中對之有過描述。以至，還出現了湯大奎《炙硯瑣談》、宋梅《炙硯詞》（影印編輯者作「炙」，而其鈔本題名模糊，似作「炙」：第二十二册，第一百四十六頁）和曹仁虎編《炙硯集》等文學類專書題名。

特別是《（乾隆）欽定大清會典則例》載，「炙硯，重一斤三兩。每箇，銀四錢」、「鐵炙硯，重一斤六兩，銀一錢五分；重一斤，銀一錢」（卷一百三十，《工部－虞衡清吏司・雜料－雜料價值－銅器－鐵器》，第一百三十三－一百三十四頁，三十四葉正、三十六葉正背）；景清等編《（光緒）欽定武場條例》存，「豫備黃銅炙硯等項。一十月初三日「紫光閣」、初四日「御箭亭」考試：御用精緻黃銅炙硯、紅螺炭；兵部先期行文工部，豫備」（卷二，《武殿試二・（目録）－豫備黃銅炙硯等項》，第三百二十三、三百二十六頁，一葉正、三葉正）；阮葵生《茶餘客話》記，「教習學士到館，舊例行工部給公座桌椅、錫硯、筆架、銅炙硯、掛牌、冬夏門簾、公會桌椅、鎖鑰、火盆等項」（校點本，上，卷二，《教習學士供給》，第三十三－三十四頁）；又及，趙良霨《詠物四首・炙硯》詩中「山骨貯堅氷，揮毫苦未能。薄宜鎔白鐵，寒可炙青燈。噓氣層雲上，焚膏烈焰騰。更擕麩炭火，煖手寫溪藤」更就此做了說解，「炙硯，以錫爲之，置燈于下」（《肖巖詩鈔》，卷八，第二百三十一頁、五葉正背）。這些，均是對朱明用例的可能補充。

故，或可謂明時典籍多作「炙」，滿清則基本確定爲「炙」，且「炙硯」連用較普遍。據此，今特正「炙」形爲「炙」，後不再注。

55 「祭」，底本、「南圖本」原作「祭」，今逕正，後不再注。

56 「四司同」，底本模糊，今據「南圖本」補。

57 「章」，底本、「南圖本」原上空一字格（即「膽」下），今省却。

58 「過」，底本原作「送」，「備史本」、「全電檔」均同，今從「南圖本」，并據本書卷四《繕工司條議》「法司問過囚徒折色」條（三十二葉背）改。

59 「雜科領散」，底本漫漶，今據「南圖本」補。

60 「官」下，底本、「南圖本」邊框斷爛，原再無字，今據「備史本」補，「全電檔」同。

61 「戊」，底本、「南圖本」模糊，似作「戊」或「戍」，「備史本」作「戊」、「全電檔」作「戌」。今據干支，作「戌」誤，又據天干排列，作「戌」非，故改「戊」。

62 「襖」，底本、「南圖本」原作「襖」，今正。

63 「二分」之「二」，底本原作「三」，「備史本」、「全電檔」均同，今暫從「南圖本」改。

64 「帽」，底本、「南圖本」原作此，據明人宋濂編、屠隆訂正《篇海類編》，此即「帽」正字（卷十七，《衣服類・巾部第三》，「九」畫，第二百五十一頁、四十葉正），今從，「備史本」同，後亦不改。

❻❺「冠」，底本原作「帽」，「備史本」同，今從「南圖本」改。

❻❻「畫」，底本、「南圖本」原作「畫」，據《字彙》，此即「俗『繪畫』字」（未集，聿部·「五、六、七」畫，第三百七十七頁、七十五葉正），今從，後亦逕正不注。

❻❼「葵」，底本、「南圖本」原作「葵」，今逕正，後不再注。

❻❽「商」，底本、「南圖本」原作「商」，今正。

❻❾「揚」，底本、「南圖本」原作「楊」，「全電檔」同，今從「備史本」改。

❼⓿「浙江」，底本漫漶，今據「南圖本」補。

❼❶「淮安」，底本、「南圖本」原作「順天」，「全電檔」同，今據「備史本」改。

❼❷「揚」，底本原作「楊」，「全電檔」同，「南圖本」模糊，今從「備史本」改。

❼❸「母」，底本、「南圖本」模糊，原似作「毋」，「全電檔」同。據《漢語大詞典》「頁」字「頁首」條所引，作「母」（下卷，「頁（页）部」，第七千二百一十頁），可從，今改。

又，「所不暇計者」，前揭《漢語大詞典》徵引時，闕一「者」字，暫不從。另，其句讀斷法，亦與今次校點略异。

❼❹「隙」，底本、「南圖本」原作「隙」，據《正字通》，其乃「俗『隙』字」（戌集·中集，阜部·「十一」畫，第一千二百四十四頁、二十四葉背），今可從，後亦逕正不注。

❼❺「翼」，底本、「南圖本」原作「翼」，今逕正，後不再注。

❼❻「備用鑄鐘」，今可據王毓藺《明北京營建燒造叢考之一——燒辦過程的考察》文所論（第四十六頁），讀之。

❼❼下標編號「68」，底本、「南圖本」原爲「六十九」，「全電檔」同，概誤，今據葉碼前後次第改。

❼❽「私」，底本漫漶，今據「南圖本」補。

工部廠庫須知

卷之四

工科給事中　臣　何士晋　纂輯
廣東道監察御史　臣　李　嵩　訂正
營繕清吏司郎中　臣　聶心湯　參閱
營繕清吏司郎中　臣　徐爾恒
營繕清吏司主事　臣　陳應元
虞衡清吏司主事　臣　樓一堂
都水清吏司主事　臣　黄景章
屯田清吏司主事　臣　華　顔　仝編

三山、大石窩[1]

營繕司註差郎中，有勑書、有關防、有公署，專掌燒造、開運各工灰、石之事。動工，則本差往涖事焉。錢糧出本司，「工價」本差出給「實收」。

見行事宜——

石料折方規則：

今有石一塊，長一丈、濶二尺、厚二尺，折方四丈。折方，則以長一丈爲主，以濶二尺乘之，得積數二丈。又以二丈爲主，以厚二尺乘之，共得折方四丈矣。餘可類推。

開石工價規則：

大石窩—

白玉石，折方，每一寸，准匠一工，給銀七分。

青白石，折方，每六寸，准匠一工。

壽宫明樓柱石、碑座等開價—

券石，折方十丈以上，每五寸，准匠一工。

折方十五丈以上，每四寸五分，准匠一工。

折方二十丈以上，每四寸，准匠一工。

折方三十丈至五十丈，每三寸，准匠一工。

馬鞍山-

青砂石，折方，每一尺一寸，准匠一工。

紫石，折方，每六寸，准匠一工。

壽宮明樓等處，青砂大石開價-

折方四丈以上，九寸，准匠一工。

折方七丈以上，八寸，准匠一工。

折方十丈以上，七寸，准匠一工[2]。

折方十五丈以上，六寸，准匠一工。

以上四項，已屬加數。

白虎澗，豆碴石，每一尺一寸，准匠一工。

牛欄山，青砂石，每一尺一寸，准匠一工。

石徑山，青砂石，開運到城上各工所，每折方一丈，銀一兩。

石徑山，青砂杜頂、街條等石，運到沙河等處，每一丈，開運比照入城工所，外，共加銀四錢。

以上二項，開運合筭。

運石脚價：

各山石料，運至各工，地有遠近，石有大小。新、舊「估」內，號數頗繁，難以槩開。惟，計里、計尺，遞加、增減，磨算皆可類推。其折方，止以一塊折成方數，不得以零星小石積筭，但按新、舊「會估」，多有丈、尺，遞減有額。而估價多寡稍無定額者，意，當時別有所爲，恐不得執以爲據。估者，須詳如近時論車、論卦[3]之法❷。則此例益不足拘，但亦畧堪比照耳。

各處運石地里數[1]

大石窩，至城一百四十里，至沙河橋一百七十七里，至山陵陸路二百四十里。

馬鞍山，至城計五十里，至沙河橋九十六里，至山陵一百四十里。

白虎澗❸，至城一百五里。至沙河橋、朝宗橋人行徑路三十六里，車路五十九里。至山陵七十里。

牛欄山，至城一百五里。至沙河六十八里，朝宗橋遠二里。至山陵一百里。

懷柔廠，至山陵九十里。

方石，每方堆垜，長一丈、高五尺、濶五尺。自八角山等處，運至橋南西岸三官廟前，至河中舊堤一帶交卸者，每方，給匠運價三兩四錢。自舊堤迄南，至河東堤，每方，給銀四兩。自東堤，至儘南高坡者，每方，給銀四兩五錢。大約計里增減[4]。

大石窩條議

一.採石工價，舊照丈數，准工給銀。但，丈尺易溷，分毫積成尋丈。必須精覈，方可實給。

一.運價，舊亦照「估」，頓給脚價。但，其數稍浮，實滋破冒。今議，不分大、小料，惟計日、計掛，查確給銀。如，每日行車幾輛、每輛用騾幾掛、每掛給銀幾錢，日查、日給，不憚煩瑣，較之「會估」，可省二三。而查之宜嚴，俾不令捱日混掛，以至侵欺，則監督責也。前任有「自僱車、騾」之說，亦爲有見。但，僱與不僱，總不出車户之手，惟清其出銀之源，而破冒自弭矣。

一.出給「實收」，舊以事非經手，積至十數年而不出者，吏胥實利於因循蒙弊也❹。今，必須役完便出，一事卽結一事之局，一人卽了一人之案，方祛積弊。若「石票」送監察衙門，亦期限刻發回。卽有遷轉，不妨交盤明白，彼此知會，而後謝事，庶不爲諸胥并監督藉口也。

一.各工灰料，題用馬鞍山燒造。以本山堅實可用，非若軍庄等處「雜灰」比也。近，灰户多納「雜灰」，妄稱本山，以希重價，相應設法查禁。

一.夫役舊例，一匠五夫。每夫一名，長工五分，短工四分。但夫役紛紜，易于瞞隱❺，稍不加意查臨時點，卽有走卯、混報等獘。今議，凡遇開運❻，必須日行親查，多不出一匠三夫，此在監督，節省也。

一、鋪戶錢糧，舊因工興，會收、寄頓，半屬烏有。今後，凡遇開運❼，合用麻鐵、滾木等項物料❽，計用若干、止收若干，必不預爲寄頓，致滋糜費。

營繕清吏司督理郎中　臣　徐爾恒　謹議

工科給事中　臣　何士晉　謹訂[6]

工部廠庫須知

卷之四

工科給事中　臣　何士晉　纂輯
廣東道監察御史　臣　李　嵩　訂正
營繕清吏司郎中　臣　聶心湯　參閱
營繕清吏司主事　臣　趙明欽　攷載
營繕清吏司主事　臣　陳應元
虞衡清吏司主事　臣　樓一堂
都水清吏司主事　臣　黃景章
屯田清吏司主事　臣　華　顏　仝編

都重城[9]

營繕司註差員外郎，有關防、公署，專司修理城垣之事。凡「都重城」遇有坍塌，查明呈堂，會同科、院，勘估、修理。不拘年分，工料亦隨時，多寡無定則云。

修理用磚、灰規則：

○重城，每濶一丈，計高四十五層，每層用磚七個。進深四層，共用磚一千二百六十個。石灰，每磚一個，舊「估」用灰三斤，共用灰三千[7]七百八十斤。近，用灰不過每磚二斤，上數難定。

○都城一丈，約抵重城四丈，磚、灰照筭。

攔馬墻，每濶一丈，計高一十五層。每層雙砌，共用磚二百一十個。每磚一個，用灰一斤，共用灰二百一十斤。

前件：三項磚、灰，皆係每丈全估數。若有舊磚堪用，可查數扣除新磚。若城脚有堅牢幾層不動，亦堪查數扣除新磚，并減灰料、工匠。

用夫、匠規則：

○重城砌磚之高，有四十五層至五十三層者。每一丈，用瓦匠三名。自下而上，三分之。下一段，可砌九層。中一段，可砌八層。上一段，可砌七層。以漸上，漸難於用力。用匠三名，約五日，計十五工，可砌完一丈。加匠三十名，可砌完十丈。用夫，每匠二三名不等。

○都城進身既深，背裏亦厚，工亦量增三分之一。

凡用：白城磚，取之大通橋磚廠；石灰，取之[8]馬鞍山。其價，并夫、匠做工，俱照成「估」算給[9]。

工部廠庫須知

卷之四

工科給事中　臣　何士晉　纂輯
廣東道監察御史　臣　李　嵩　訂正
營繕清吏司郎中　臣　聶心湯　參閱
營繕清吏司主事　臣　陳應元　攷載
虞衡清吏司主事　臣　樓一堂
都水清吏司主事　臣　黄景章
屯田清吏司主事　臣　華　顔　仝編

修倉廠⑩

營繕司註選主事⑪，三年，專管京倉修理事節。經題過，每年，小修屬户部，大修屬本部。凡本部辦料錢糧，則四司協泒。其雇募夫、匠，則户部有軍夫所納米折銀，聽本差移司，轉行支給，每次工完奏繳。委用，爲各衛經歷。

修倉事宜——

○萬曆拾捌年，大修叁拾陸座。內，鼎新建造貳[10]座，因舊爲新叁拾肆座。遇閏月，加叁座。因貳拾肆年，議減拾貳座，每年以貳拾肆座爲準。近年，「鼎建」停造。

會有：

通州抽分竹木局，并鞏華城等處取用—

黃松木，伍拾柒根⑫。每根，銀壹兩捌分。該銀陸拾壹兩伍錢陸分。抵「散木」用。

長柴，伍百根。每根，銀貳錢叁分。該銀壹百壹拾伍兩。抵「松椽」用。

松椽，伍百叁拾肆根。每根，銀貳錢叁分。該銀壹百貳拾貳兩捌錢貳分。

甲字庫—

泥兆布⑬，拾貳疋。每疋，銀壹錢。該銀壹兩貳錢。

丁字庫—

糭麻，叁千捌百肆拾斤。每斤，銀壹分。該銀叁拾捌兩肆錢。

白麻，叁百陸拾斤。每斤，銀貳分陸釐。該銀[11]玖兩叁錢陸分⑭。

以上陸項，共銀叁百肆拾捌兩叁錢肆分。近時多「會無」，召買。

召買：

柁木，肆百陸拾伍根，各長貳丈壹尺至壹丈柒尺、圍肆尺至叁尺伍寸。該銀壹千伍百陸拾叁兩陸錢零貳釐。舊料在外。

松椽，柒千壹百壹拾貳根。該銀壹千伍百柒拾柒兩貳錢陸分陸釐。舊料在外。

黑城磚，叁拾玖萬捌千肆百個⓯。每個，銀壹分陸釐。該銀陸千叁百柒拾肆兩肆錢。係題增「攔土」、「墁地」總數，逐年奏繳，「清冊」存據。如有舊磚，在此數內扣除⓰。

減角磚，叁千捌百肆拾個。每百個，銀貳錢壹分伍釐。該銀捌兩貳錢伍分陸釐。

同瓦，叁千捌百肆拾個。每百個，銀壹錢肆分。該銀伍兩叁錢柒分陸釐。

勾頭，捌拾捌個。每拾個⓱，銀貳分。該銀壹錢[12]柒分陸釐。

散木，捌百玖拾柒根，各長壹丈捌尺至壹丈叁尺、圍叁尺伍寸至貳尺貳寸。該銀柒百伍拾叁兩柒錢捌分叁釐捌毫。舊料在外。

白灰，柒拾貳萬斤。每百斤，銀壹錢壹分伍釐。該銀捌百貳拾捌兩。

青灰，捌千伍百玖拾肆斤。每百斤，銀陸分。該銀伍兩壹錢伍分陸釐肆毫。

鐵釘，叁千柒百壹拾壹斤。該銀壹百壹拾壹兩叁錢叁分。

蘆葦，壹拾叁萬貳千斤。每百斤，銀壹錢柒分。該銀貳百貳拾肆兩肆錢。

石徑山，開運「杜頂石」，叁百貳拾壹塊。該銀肆拾玖兩貳錢伍分叁釐捌毫。

廠門「土襯石」，貳拾肆塊。該銀貳拾捌兩伍錢壹分貳釐。

灣河，運價銀，貳百捌拾玖兩零貳分陸釐[13]。

大倉瓦，係窑軍歲辦，肆拾玖萬貳千片。遇閏，加叁萬陸千片。窑戶停辦，不出價。

以上壹拾肆項，共銀壹萬壹千捌百拾捌兩伍錢叁分捌釐。

木、石、瓦搭，桶、箔等匠，計工壹萬壹千肆百貳拾肆工。共該銀陸百捌拾伍兩肆錢肆分。此係長工算數，如遇短工，照例扣減。

織箔夫供作：夫，每廒供作，題准玖百陸拾捌工；織箔夫，叁拾玖工；共貳萬肆千壹百陸拾捌工，該銀玖百陸拾陸兩柒錢貳分。此係長工算數，如遇短工，扣除。其木楂⑱、舊料，照例扣抵。

土坯，每廒壹萬伍千個，共叁拾陸萬個。每百個，銀伍分。該銀壹百捌拾兩。

以上叁項，共該銀壹千捌百叁拾貳兩壹錢陸分。

通共，銀壹萬叁千玖百玖拾玖兩零叁分[14]捌釐。

前件：一應物料，俱照貳拾肆座見行數目開算。已將《條例》原額，逐項減正。其每年修、造，除額定夫、匠、葦、灰，無舊可因外，凡「木植」等項，隨舊料多少爲加減，難以拘定成例。大約，因舊爲新，每座，共算銀伍百壹拾柒兩零。若鼎新建造，費則倍增，其「鼎新規則」，另開後。

一應木價，萬曆肆拾叁年會估，每兩加貳錢。

鼎新建造額則：

每厫一

金柱柁木，拾貳根。

雙步梁柁木，拾貳根。

三架梁柁木，陸根。　鐴柁木⑲，伍根。

簷柱并厫門柱⑳，散木㉑，拾肆根。

鐴木、隨桁枋、厫門板、將軍柱、下檻，散木，貳拾根。

厫門桁條，散木，壹根。

桁條并大瓜柱，散木，貳拾叁根。

出稍桁條，散木，拾肆根。

单步梁，散木，拾肆根。

氣樓過梁，散木，貳根。

氣樓松椽，叁拾肆根。

上掛松椽，叁百貳拾根。

簷松椽，壹百陸拾根。

黑城磚，壹萬陸千陸百個。

減角磚，貳百個。　同瓦，貳百個。

勾頭，肆個。　大倉板瓦，叁萬片。

白灰，叁萬斤。　青灰，伍百斤。

土坯，壹萬伍千個。　杜頂石，貳拾陸個。

廒門土襯石，壹塊。　檾麻，壹百陸拾斤。

白麻，拾伍斤。

箔，拾伍扇。用：蘆葦，伍千伍百斤。

泥抹布，半疋。

肆、伍、陸、柒寸釘，壹千叁百個。

木匠，貳百肆拾工。　石匠，貳拾壹工。

瓦匠，壹百肆拾捌工。　箍桶匠，叁工。

搭材匠，伍拾伍工。　織箔匠，玖工。

織箔夫，叁拾玖工。　夫，玖百陸拾捌工[16]❷❷。

前件：係「鼎新」一定額料。若因舊爲新，則臨時勘估，多寡不能預定。其連修貳、叁座者，「木植」又每遞減，亦在臨時酌量。

料價、工價：

金柱柁木，每根，長貳丈壹尺、圍四尺。價銀肆兩。

雙步梁柁木，每根，長壹丈玖尺、圍叁尺柒寸。價銀叁兩。

三架梁柁木，每根，長壹丈玖尺、圍肆尺。價銀叁兩肆錢。

鏉柁木，每根，長壹丈柒尺、圍叁尺伍寸。價銀貳兩肆錢。

簷柱并厫門柱，散木，每根，長壹丈肆尺、圍叁尺。價銀壹兩壹錢肆分。

鏉木、隨桁枋，并厫門板、將軍柱，并抱下檻，散木，每根，長壹丈肆尺伍寸、圍叁尺伍寸。價銀壹兩叁錢伍分。

桁條并大瓜柱，散木，每根，長壹丈肆尺、圍貳尺伍寸。價銀柒錢伍分[17]。

出稍桁條，散木，每根，長壹丈捌尺、圍貳尺伍寸。價銀壹兩叁錢伍分。

厫門桁條，散木，每根，長壹丈柒尺、圍貳尺陸寸。價銀壹兩。

单步梁，散木，每根，長壹丈叁尺、圍貳尺柒寸。價銀伍錢。

氣樓過梁，散木，每根，長壹丈叁尺、圍貳尺貳寸。價銀肆錢貳分。

氣樓椽，松木，每根，長壹丈、圍玖寸。價銀壹錢貳分。

上掛椽，松木，每根，長壹丈壹尺、圍壹尺壹寸。價銀壹錢玖分。

簷椽，松木，每根，長壹丈叁尺、圍壹尺肆寸。價銀貳錢玖分。

以上木植，如圍圓大小，計寸增減。其運價，俱照「估」。各色木植，算車出給。新議，每兩加貳錢。

柱頂石，每個，見方壹尺壹寸至貳尺止，厚[18]伍陸寸至捌寸止。折方，每尺，價銀壹錢。

厫門「土襯石」，長壹丈壹尺，濶壹尺伍寸至貳尺止，厚五六寸至捌寸止。折方，每尺，價銀壹錢。

減角磚，每個，長捌寸伍分、濶肆寸伍分、厚壹寸伍分。每百個，價銀貳錢壹分伍釐。

黑城磚，每個，長壹尺肆寸伍分、濶柒寸、厚叁寸伍分。每個，價銀壹分陸釐。

同瓦，長柒寸、濶肆寸。每百個，價銀壹錢肆分。

勾頭瓦，每拾個，價銀貳分。

土坯，每百個，價銀伍分。

白灰，每百斤，銀壹錢零貳釐。近年會估，增壹分叁釐。該銀壹錢壹分伍釐。

青灰，每百斤，價銀陸分。

泥兆布，每疋，價銀壹錢。

蘆葦，每百斤，價銀壹錢柒分。

肆、伍、陸、柒寸釘，每斤，價銀叁分[19]。

綠麻，每斤，價銀壹分。

白麻，每斤，價銀貳分。

木、石、瓦搭匠，長工，每工，銀陸分。

短工㉓，每工，銀伍分伍釐。

夫，長工，每工，銀肆分。

短工，每工，銀叁分伍釐[20]。

修倉廠條議

一.公料計以復舊規。凡工程，先料計而後興工。然，修者不料，料者不修，防混冒也。已經先年具題應修厫座，別委司官壹員，同詣各倉勘估。將堪用舊料若干、應添新若干，逐一查明，造冊呈堂，而後本差受事焉。年來，此法盡廢㉔，不過工部「修倉」與戶部「管倉」兩主事。面估侵失，前人防微之意。今歲，戶部「京糧廳」開送過職，隨卽移會「繕司」，公同各倉監督。應用新、舊，公同確訂，該委官自不敢生侵冒之心矣。

一.定報簿以時協濟。查，修倉，先年曾議：完一聯，卽知會廠庫科院、巡倉衙門查勘。隨經議擬：各厫鱗次興工，亦同時報竣；非完此一聯，而又續修彼一聯也。定：於拾壹月會閱，拾貳月奏繳。職反覆思之：閱厫以省成也，容可仍往例；然，餼廩期稱事也，豈可無的據？擬，每委官[21]，設立「文簿」壹扇，將收過木植、灰磚，一一登記。每遇請給「預支」，卽照「簿」開送「繕司」，填寫「領狀」。「結尾」，一遵廠庫科、院近行格式。則，旣無透支莫詰之濫，亦無接濟不給之苦，庶可稍甦貧役之一二也。

一.定官攢以防混失。查，修倉，例委各衛「經歷」，顓多推避。緣奔走督率，半年無暇，一入倉門，官攢往往處以不堪。至所收官料，委官雖能記其數，不能防其失。至驗不堪用，退回物料，卽委官亦以非己責任，置之若棄。此鋪商、灰窑，所以痛心疾首，莫能控訴也。擬呈堂，移咨戶部，行各倉監督：選賢能倉官壹員，專理在倉物料，經紀其出入之數。蓋以「經歷」而約束倉中，歇家斗脚，風馬牛不相及也。一責本倉倉官董其事，則法易行而人知畏。果有竭力奉公、一洗夙蠹者，應與該委「經歷」，一體移會巡倉衙門㉕，破格優敘，似亦甚便而易行22㉖。

一.禁幫貼以省賠累。查，往例修倉，概部鋪戶貳叁拾名，盡送供役。每名，壹座或半座，衆輕易舉，賠累無多。且於應修人戶，卽註定來歲稍有微潤者之差，准與咨補。近年，不行此例，各戶如赴湯火，有削髮、縊死而不顧者。且，新泒部夫，多信積棍包攬，誘以「幫貼」。及至興工，潛躲無踪。是部夫有幫貼之害，而倉工無幫貼之利，安得不及今早防之也？議，嚴禁幫貼，註補善差，庶積蠹不得踞修倉爲窟穴，而鋪夫亦不至望修倉爲苦海矣。

一.裕工料以圖永賴。查，修廒，壹貳年，方上糧；柒年後，方盤廒；約以拾年爲期，保無他虞，方免于戾。每歲修完，卽懸扁以誌。時日載在令典，誠惕之也。但，修倉吃緊，始則患地基之不堅，故築時不可省力；繼則患上蓋之不厚，故箔上不可省灰；至「南松堅，而北松脆㉗」止。以鋪商賠累，遂有

「南六北四」之用[23]。以北松之價，輕於南松，倘能增價，不妨盡用南松也。總之，鋪商、夫匠，惟修倉最苦。而鋪商之苦，在木植賠多㉘；夫匠之苦，在朽木抵價。鋪商，例用四司料價，猶可按數請給；夫匠，泒定戶部米折，每多愆期吝與。其間融通、蘇困，在當事亟議之可也。

營繕清吏司管理修倉主事㉙　臣　陳應元　謹議

工科給事中　臣　何士晉　謹訂[24]

工部廠庫須知

卷之四

工科給事中 臣 何士晉 纂輯
廣東道監察御史 臣 李 嵩 訂正
營繕清吏司郎中 臣 聶心湯 參閱
營繕清吏司主事 臣 李篤培 攷載
營繕清吏司主事 臣 陳應元
虞衡清吏司主事 臣 樓一堂
都水清吏司主事 臣 黃景章
屯田清吏司主事 臣 華 顏 仝編

繕工司[30]，兼管「小修」[31]

「營繕」分司，係註選，有關防、有公署，專管內府各監[32]、局年例、灰炭、錢糧。國初，凡法司問過囚徒，撥送工部，搬運灰、炭。嘉靖年間，准納工價，收貯節慎庫，動支、買辦。然，追比上納，猶在「繕工」也。萬曆六年，刑部題准「自行追比」，但每年額解一千七百一十六兩。迄今，節年拖欠，至于三萬餘兩。以致上供缺乏，無可抵應，則今日之當議者也。

其「小[25]修」，原無專管。自萬曆三十五年，瞿主事始奉「堂劄」，以本司事簡，將「小修」事務，歸併管理。自是，繕工司遂兼有「小修」之名矣。

見行事宜——

凡繕工司年例款項，分屬四司，而收貯、解銀，則屯田司主之。《會典》，內府灰、炭，係撥囚搬運者，止有五項。舊例，呈堂酌量、批發，多不全給。車戶運納時，皆塡給「勘合」，此正支也。其餘別項，皆四司年例。而扣留額數以充之者[33]，近以刑部拖欠，亦多所停閣。其灰、炭價值，照《會典》：「水和炭」，每百斤，銀二錢；「石灰」，每百斤，銀一錢五厘。《條例》所載，往往不一，具開列于後。

計開：

營繕司。正支一項-

○內官監。水和炭，二十五萬斤。該銀五百兩。一年一次。

前件：《會典》、《條例》俱有，係正支，用「勘合」運納[26]。

○內官監，成造細草紙。石灰，四萬斤。該銀三十兩。

前件：《會典》無，《條例》有。《會典》但言，「營繕司。二年一次。石灰，八萬斤」，不係撥囚搬運。《條例》，則屬之「繕工」，二年一行，「物料」分作兩年送用。每年，四萬斤：每百斤，七分五厘。據本司舊案：每百斤，一錢五厘，該銀四十四兩。盖照《會典》之價，既非正支，當以《條例》爲主耳。

○❸❹太廟，四季、歲暮❸❺，五次修理。每次，石灰一千斤、青灰二百斤。該銀一兩一錢九分。每年五次。

前件：《會典》、《條例》俱無。《會典》但言，「營繕司。每年四季。各石灰一千斤，青灰二百斤」，不係撥囚搬運，且無「歲暮」之文。不知何年添作「五次」，近移營繕司，于該監行查矣。

○神宮監，修理社稷壇，二次。每次，石灰六百斤。該銀六錢四分二厘。每年二次。

前件：《會典》無，《條例》有。《會典》但言，「營繕司。每年修理。工料，春季二十兩一錢，秋季二十兩」，不係撥囚搬運。《條例》，則屬之「繕工」，每百斤，一錢七厘。別項灰價，視《會典》皆減，此項反增。

○「正陽」等九門打掃。石灰，一萬斤。該銀一十兩[27]二錢五分。一年一次，九月內發。

前件：《會典》、《條例》俱無，據本司舊案，有之。

○欽天監，挑抿觀象臺[36]。石灰，二千斤。該銀二兩零五分。一年一次。

前件：《會典》、《條例》俱無，據本司舊案，有之。

○禮部鑄印局。水和炭，四百斤。該銀一兩六錢。

前件：《會典》、《條例》俱無，據本司舊案，有之。查，此項原在「屯田」，不係「營繕」，近亦移文，裁革矣。

虞衡司。正支二項—

○兵仗局，修理軍器。水和炭，五十萬斤。該銀一千兩。一年一次。

前件：《會典》、《條例》俱有，正額一百萬斤。舊例，撥囚全運。嘉靖四年，題准：「五分，撥囚搬運；五分，召商買辦」。係正支，用「勘合」運納。

○寶鈔司，供用草紙。石灰，一十二萬二千五百斤。該銀一百二十八兩六錢二分五厘。一年一次。

前件：《會典》、《條例》俱有。但，《條例》所載灰數，止一十一萬五千斤，每百斤，價止七分五厘，該銀八十六兩二錢五分。係正支[37]，用「勘合」運納[28]。

○酒、醋、麵局[38]，修理爐竈。石灰，一千斤；青灰，六百斤。該銀一兩六錢八分。一年一次。

前件：《會典》、《條例》俱無，據本司舊案，有之。

都水司。正支二項

○供用庫。石灰，一萬三千三百三十四斤。該銀一十三兩九錢九分九厘六毫五絲。一年一次。

前件：《會典》有，而《條例》不載。查累年舊案，一萬三千三百三十四斤，該銀一十四兩五毫。係正支，用「勘合」運納。

○織染局。石灰，七萬斤。該銀七十三兩五錢。一年一次。

前件：《會典》、《條例》俱有，係正支，用「勘合」運納。

○司苑局，採蓮船。石灰，五百斤。該銀三錢七分五厘。一年一次。

前件：《會典》無，《條例》有。每百斤，七分五厘。

屯田司。

○公、侯、伯，都督、各太監、命婦，葬祭39，石灰。

前件：《會典》載于別條：全葬，「石灰七千五百斤」，今給銀二兩一錢五分二厘五毫；半葬，「石灰三千七百五十斤」，今給銀一兩七分六厘二毫五絲。《條例》不載。其鍬29棍，于神木廠取用，大峪山廠軍人搬運。

小修。雖有「條記」一顆，書辦一名，號稱「專掌」。然，各處修理不一，間行別委，不專責之一人也。

衙門公用，載本司項下。《條例》所有者，每季筆、墨、銀硃銀，每季，三兩30。

繕工司條議

一．法司問過囚徒「折色」，舊例，俱於繕工司上納。自萬曆六年，刑部題准：每年，止解一千七百一十六兩，而自留其餘，以爲公費。在「繕工」，免于追比之勞；而在刑部，資其贏餘之用。固亦兩便之道也。柰何行之未幾，正額並虧？自萬曆九年起，至四十一年，拖欠三萬四千六百七十餘兩。每遇上供急需，堂劄催辦，惟票行灰戶，先令運納而已。乃運納日積而無價可領，灰戶亦何罪之有？向來充應，尚有數家；賠累逃亡，僅存其一。今欲將各項，一槩停閣。于灰戶，似亦少蘇。

顧服用所需，祖宗典制，爲臣子者，所司何事，而可置之支頤無策乎㊵？大率職掌所關，則思切瓶罍之倚㊶；責任不在，則徒爲秦越之觀。此人情之自然，未可爲刑部咎也。當知此項所以屬工[31]部者，爲當時做工、辦料耳。既係「折色」，則運納於刑部，與運納於工部，亦復何異，何不一併題歸？而多一展轉，以隔手之支，貽掣肘之患，此變法而未精也。

計莫若題歸刑部，使各監局，徑往刑部催討，當無便於此。若以事係改行，難邀俞旨，彼此推諉，恐如近日「修倉」之議。則請自今以後，凡有問過囚徒，開具花名，按季移會，令本司得按籍而知多寡。額以外者，雖千百，聽若自留；額以內者，雖錙銖，必行解過。不亦明白而清楚乎？不然，定當議歸併之便矣。

一、各項錢糧，其《會典》、《條例》俱有者，正項也。《會典》有，而《條例》偶無者，失于紀載也。俱無者，或間一行之，不爲「例」者也，俱可不論。其《會典》無，而《條例》有者，蓋以往昔錢糧有餘之時，例以二分供內府、一分資修理，故扣留，以充四司數項之[32]用。今，匱詘已極，刑部每年所解，尚不足內府一項之數，安所得餘銀而扣留之，毋乃以有餘而取之不足乎㊷？要之，繕工所患，原不在此。倘刑部稍有解過，此數項之費，寧有幾何在別衙門？猶望之以同心協濟，而安敢以肝胆自分胡越哉？

一、舊例，正項錢糧、車戶運納，內府俱填給「勘合」。近以刑部拖欠數多，零星解進，並「勘合」而無之，似于關防踈矣。今已另刊新板，凡係運納，雖爲數不多，亦必呈堂填給。其例無「勘合」者，創置「交单」，開列數目。今，灰戶執向交納所在，討取「收迄」字様，方准給價。此亦稽核侵冒之一端也。

一、繕工司之有監所，以處囚徒也。自囚徒歸之刑部，此監之爲虛設久矣。而原設看監軍牢等役，因仍未革。其後，各司拖欠鋪商㊸，遂以此地寄頓，蓋取其提、比之便。本司，不惟不知其事體，亦且不知其姓名㊹，固毫無[33]干涉者也。此而親操鎖鑰，時加範防，如刑部提牢之爲，不亦迂濶而不情，瑣屑而多事乎？若置之不問，則又叢奸之藪矣。其軍牢、人役，或需索酒食，或縱令逃走，或易置替身，爲獘多端，難以悉舉。故，嚴之，則似不當管而管，事既出于越俎；寬之，又似當管而不管，迹反類于溺職。無一可者也。夫，欠多、罪大者，既叅送法司，無所事此；其欠少、易完者，發之兵馬司，何等省事？又何必槩置此地，徒以恣下人之獘竇哉？若必以提、比就近爲便，或另委「所官」一員，令掌鎖鑰，庶職掌明而防閑亦易矣。

一.「小修」舊無「規則」，爲修理之不常也；夫、匠舊無估計，爲工程之難定也。是則然矣。要之，倉、城大役，既有專職，號「小修」者，大率文武公廨之類耳㊺。雖各項不同，就中規制之廣狹、間數之多少，建新、揷補之繁省，彼此叅較，毋亦有小變㊻，而不失其大常者乎？

至于[34]夫、匠，原不能憑空而運，大率依于物料者也。匠以造料，夫以供匠。卽「料」可以准「匠」，卽「匠」可以准「夫」。卽其中無料可准，如疏溝、運土之類，亦有丈、尺可計，亦何至倍蓰而無筭哉？

今，「小修」雖分于衆手，倘將「實收」各簿，會萃一處，置爲「總簿」，令監督者得以斟酌、加減，此亦無例中默寓之例也。將人人勵其精明，而事事歸于節省矣。

一.獘端之起，大率多在「預支」。近議，「完過八分，方許再領」，稱嚴密矣。如「小修」者，大約不越數百金，無經年不結之局，此尤易爲清楚者。今量修理大小，大者分爲三次，小者分爲二次，將做過工程、上過物料，就應得之數，隨時支給。大約，價少于料，工浮于食，以留爲異日「實收」之地。則上常操其找給之權，而下無所容拖欠之竇。此「截收」之法㊼，雖不設「預支」可也。又何弊之可防哉？

一.胥破諸弊，起于通同。欲清其原，蓋有道焉[35]。曰，「收放之速」，是也。夫「料」經時而不收，「價」彌月而不領。于是，債家困以子母，而書役操其緩急，弊安得而不生也？今議：限定日期，凡物料既辦，即刻與收；至于領銀之時，出領、掛號、投庫，雖有許多轉折㊽，大約不許過五日。則，書役雖巧，安所容其沉匿、留難，而借爲需索之資哉？夫多寡容有虛實，而遲速無關省費。故，綜核用于多寡之間，體恤行于遲速之際，此亦並行而相濟之道也。

一.衙役舊無工食，其所恃以爲命者，「飯、錢」是也。禁之既非稱事之法，而縱之遂爲作奸之囮。處之不禁、不縱之間，惟有佯爲不知而已。嗚呼！安有佯爲不知，而可以爲法者乎？且，奴隸、下人，而望其懷高潔之心，知止足之義，但足以餬口，而不至于犯科，恐天下、古今，無此理也！

孰若額設名數，而量給工食之爲愈乎？或曰：「工食給矣，弊不止，柰何？」曰：「是不然」。有工食，則法必行；無工食，則[36]法必不行。安得惜此小費，而甘法之必不行哉㊾？況法行矣，所省者，豈止工食而已哉？

一.嚴稽查、禁需索，有此二者，「冬官」之職盡矣。又有說焉。夫稽查嚴，宜書役懼。而喜者有之，何者?彼有所挾而增價也。需索禁，宜鋪商喜。而怨者有之，何者?彼無所倚以爲奸也。故綜核所以爲威，而下反籍之以爲權；體恤所以爲惠，而下先竊之以爲德。所謂「負匱揭篋」，惟恐其扃鐍之不固者也[50]。夫惟恩威在上，而後弊端不生，則又惟其人，不惟其法矣。豈獨「小修」而已哉?

營繕清吏司主事　臣　李篤培　謹議

工科給事中　臣　何士晋　謹訂[37]

工部廠庫須知

卷之四

工科給事中　臣　何士晉　纂輯
廣東道監察御史　臣　李　嵩　訂正
營繕清吏司郎中　臣　聶心湯　參閱
虞衡清吏司主事　臣　周　頌　攷載
營繕清吏司主事　臣　陳應元
虞衡清吏司主事　臣　樓一堂
都水清吏司主事　臣　黃景章
屯田清吏司主事　臣　華　顔　仝編

見工「灰、石作」，二差[51]

「營繕」分差，無衙門，凡宮殿興作，則奉堂劄，差委監督。工止，則虛掌工、作之事。多與內監同事，動有牴牾。況頭緒煩雜，奸弊萌生。故於四司中，每酌委員外，主事，或數員管理。

見行事宜——

○木料，俱在山、臺兩廠造辦。其「鷹平」、「條槅」等木，係灣廠取用，運價該廠出給。松散楡、槐等[38]木，俱鋪戶買辦。臨收，計量丈尺、圍圓，各價不等，見工出給「實收」。「價估」，《山、臺兩廠》開載。

石料，在於「三山」開採。大料，運至西長安門外交卸；小料，運至內西華門外河邊交卸。「灰、石作」會收，令石匠成造，用夫運進內工。計工，「灰、石作」出給「實收」。

琉璃瓦片，并黑窑磚料，在於「瑠」、「黑」二窑燒造。運價，聽本窑出給。

河路磚料，在於「臨清」燒造，「大通橋」取用。內工運價：白城磚，三十六年，因霪雨爲災[52]，每個准給八厘；三十七年「會估」，每個減三厘，止准五厘；其斧刅磚，二個准「城磚」一個。運價，「灰、石作」出給。

青、白灰料，在於馬鞍山燒、運。三十六年，因霪雨爲災[53]，每百斤，准給一錢四分五厘。三十七年十二月「會估」，止准一錢二分二厘。青灰，每百斤，准給七分。「灰、石作」出給。

金磚，在於蘇州等府燒造。花斑石，在於徐、淮[39]開採。運赴本工，「灰、石作」驗收，價出本解地方。

包金土，在於寅洞山取用。每百斤，開運價一錢四分。如係鋪戶買辦，止一錢二分。「灰、石作」出給。

銅料東行，打造「雲龍」等葉，每個，准工三十工不等。鐵料西行，打造一尺長平頭釘，每十個，一工；剉磨，四十三根，一工。各准工不等。三十七年，會議，各項工價，減去十分之二，其剉工全減。「山」、「臺」兩廠，合用「西行」物料，年終總付，見工出給。

鋪戶錢糧，在供用廠驗收。各項價值不等，開載《會估》，見工出給[40]❺❹。

見工「灰、石作」條議[55]

一議，酌散「預支」。查得，本工所需，爲鋪戶物料、夫匠工價，勢不能無米求炊，請給「預支」，其來舊矣。第此輩，營營蝇聚，入手花銷，致煩催比。皆緣所領「預支」，監督引嫌，絕不入目，止憑若輩，自領、自分，以致終歸耗散。合無於「領狀」掛號之日，廉擇委官一員：監督給與「小票」，方許赴領；廠庫驗有「小票」，方行給發。卽時驗封，多寡面給。仍將所留者，寄貯小庫，徐聽隨時酌散。庶貪饕既無所覬覦，卽錙銖亦無所逋欠矣。

一議，堆廠物料。查得，本工所用，油、漆、絲、麻、金箔、顏料物項，所費金錢甚鉅。鋪戶買、運，供用廠交收，管工內監隨時取用，或多、寡混稱，或美、惡攙換。甚至，有通同鋪戶，運出重收。侵冒百端，孰從覺察？合無於物料經收入廠者，置立「底冊」二本[56]，備開數目[57]，一存巡[41]視，一存本差；仍於督工委官中，每半月輪委一員，封鎖、看視；須本差有印記「小票」取用，方許運發；俟半月接管之時，將原「票」類繳本差查驗，轉送科、道覆覈。如所發與所收之數不合，則咎在委官。庶典守之責有人，而侵漁之獘可絕矣。

一議，東、西兩行。查得，東、西兩行，打造銅、鐵。銅、鐵領於各庫，打造在於內作。所官、匠頭，交通作獘：物料止此斤數，收而又收；工匠止此名數，報而又報。種種情獘，難以更僕。合無於東、西闈廊內，設立庫房三間，封貯各料；兩行領出銅、鐵，赴監督驗發；打造完日，仍加監督驗收，封貯庫房，隨時給用。庶稱物程工，而虛冒自杜；且量入爲出，而節省良多矣。

一議，車運木植。查得，本工合用木料，取之灣廠。灣廠給與「運票」，本差驗收。每每，有圍圓、丈尺不對者，有根株短欠者，有木已運到[42]而「票」不到者，有後號已至而前號未至者。此必中途車戶欺弊，以小易大，以寡作多，孰從知之？將待「票」以收木，則悞在工程；將用木而遺「票」，則冒在運價。合無今後移會灣廠，着令本廠委官，置立「總单」一紙：凡本工所取木植，或五票、或十票，總填一单，備開多寡[58]、長短、圍圓、丈尺在內；於頭運時，將「单」移送本差。庶得執单驗「票」，執「票」驗木。「票」送科、道，「单」存本差。卽「票」有未至，「单」亦可稽。按季移「单」，送司銷算，運價如數扣減，并可追查前木。庶中途自無欺隱之奸，而拽運亦稽遲之悞矣[59]。

一議，成造石料。查得，本工石料，由外石作成造，而後拽運進工。往往石匠頭作弊，僱募生手，取盈人數：點名有，而轉睫則無[60]；糜費多，而成功則少。曾經前任監督，有「包工」之議：每，以石一面長短、濶狹、厚薄、大小、開荒、鑿糙，計量丈尺，折算工匠。嗣後，再四裁減[43]，大約：子街、象眼等石，每丈用一百工；過門、如意等料，准八十工；面方、角柱等料，准七十工；街條等小料，准三四十工。計石限匠，算無遺策。今後，填註《循》、《環》工簿，合當總報成造之完數，不必分派工匠之虛名。亦可省，遞數應官，旗下鐵匠之花費。

又查得，三殿舊頂廢石，殘燬之餘，缺不可使完，而下或可番上，大亦可就小。合無及今酌量起改，抵充塊數，仍責令石匠照數包主。庶可省開採之重繁，并可祛浮冒之太甚矣。

一議，運石規則。查得，本工石料，有子街、象眼、過門、如意、面方、角柱等塊，料大勢重，牽輓難前[61]。用夫動計千百，勤惰不齊，縱人人鞭策之，弗勝也。已經前任監督，苦心酌議：刻票、定規，分別大料、中料、小料之殊，日限一轉、二轉、三轉之數，或用輪車、或用旱船，或一夫拽七十斤、或四十五斤，以至大料拽十五斤。自「西長安」，運至公所，計量丈尺，折$_4$算斤秤，隨石重輕，限夫多寡。計便費省，法無踰此。

第由內門，運至安砌之處，未有定議。大都，石之斤兩不殊，夫數難減，而運之路途不遠，轉數可增。外道坦平，人可奮力內運。上下勢懸，且前後、左右傾亥不一，轉運力艱，躭閣時久。今，酌量轉數，計算人夫：除上料、卸料，夫匠無容增減，外用夫三分、內用一分。合無仍責令夫頭，包僱精壯小夫，照石算工。庶法便而人易從，事半而功自倍矣。

一議，關防磚料。查得，本工所用「黑城」等磚，及「白城」、斧刅磚，徃皆運堆社稷壇空地，驗收成細。監督能查收時之數，不能預收後之防。祇緣內廷禁地，無人看守，各監肆意擡用[62]，莫敢誰何。此亦貯非其地，所爲防閑踈也。合無知會皇城巡視科、道，今後本工所取用磚料，車戶運堆東、西翼房收貯。兩邊空房儘多，不妨紅軍$_{45}$守宿，便處築墻，出入封鎖。責令委官置簿收發，以便查閱。庶本差之關防甚便，而出入之成數不少矣。

一議，班軍實用。查得，本工原題：每年春、秋二季，兵部撥有班軍協濟。第每至有名無實，祇緣班軍「撥票」不投本差63，徑投內監，任其乾没，漫無責成耳。合無今後議撥之始，本部移文兵部，將班軍「撥票」，徑赴大工巡視科、道衙門掛號，轉發本差，不必知會內監。庶便本差約束查點，猶不失協濟初意。又查，班軍赴京應役，正身十無一二，皆係隊長也攬替，便於折乾。然，與其私自折乾，以填貂璫之壑，孰若明爲折價，以佐公帑之需。合照「兩窑」、「街道」成規，酌量准折。又照户部鹽、糧「事例」，出領支給。庶本差不虛接濟之名，而班軍亦不受需索之苦矣。

虞衡清吏司監督主事　臣　周　頌　謹議
工科給事中　臣　何士晉　謹訂46

工部廠庫須知

卷之四

工科給事中　臣　何士晉　纂輯
廣東道監察御史　臣　李　嵩　訂正
營繕清吏司郎中　臣　聶心湯　參閱
營繕清吏司主事　臣　丘志充　攷載
營繕清吏司主事　臣　陳應元
虞衡清吏司主事　臣　樓一堂
都水清吏司主事　臣　黄景章
屯田清吏司主事　臣　華　顔　仝編

清匠司[64]

營繕司註選主事，三年，專掌清理內府監、局、匠役事。舊制，天下匠役，輪入供作，本司多勾取[65]、查覈之事。後，外省准折色，而隸藉應者，悉屬內官。本司但存其名，不過外解、給批迴與折糧，戶部則據

「花名冊」掛號而已，事宜無可載。

載，見在食糧數，以爲戶部憑照；與一二公費之有關於庫領者。止此。

食糧匠數[47]

○內監、局，實在食糧官、軍、民匠，一萬五千一百三十九員名。每名、每月，各支米不等，共支米一萬四千五百一十八石陸斗。

前件[66]：以上匠役，俱內監泒用，名數不等，寄于各衛所，造冊支糧，亦多寡不等[67]。查，原額，官、軍、民匠，壹萬伍千捌百捌十四員名。因有逃亡、事故者，故數減少七百四十五名。倘後有告補者，卽當查照原額，會行工科查補，竝不得出于原額之外也。

○盔甲廠，實在食糧匠役，一千四百一十名。每名、每月，各支米不等，共支米一千四百八石伍斗。查，萬曆肆拾年，該廠清選過原額匠役，壹千肆百叁拾玖名。今少貳拾玖名。

○鑄印局，實在食糧匠役，貳拾名。每名、每月，支米壹石。共支米，貳拾石。此係額定數。

公用銀兩——

○每季，筆、墨、銀硃、紙劄，銀叁兩叁錢伍分。每年，共領，銀拾叁兩肆錢。「繕司」給送。

○每季，打掃廳房等處，銀叁兩陸錢。每年，共領⑱，銀拾肆兩肆錢。「繕司」給送[48]⑲。

○⑳每年終，奏繳各省解到「匠班」銀兩數目，造青、黃貳冊紙張、工食，銀陸兩。本司書辦領[49]。

清匠司條議

一.匠役供作，爲上用也，故以外臣董之。缺乏則勾補，濫冒則稽覈，此非內臣之事也。今，匠價入庫，本司猶得壹批廻、掛號，與聞其數。而諸役實在有無、多寡，僅憑內監、衛所等衙門，報名支糧。猶且拾年壹清，亦止憑該監之冊報。則中之朦朧、濫冒，以耗太倉之粟者，盡社中之鼠也。脫當總核，百度鳩工，意者得課該監等衙門，覈居肆之事，以求餼廩之稱。斯無以足財用者，耗財用乎？然而，宮中、府中，誰能使無不可問者？非外臣能也。責及「清匠」，謂有司存[71]，竊媿不能舉籩豆以置對矣[72]。

司務廳舊署司事司務[73]　臣　鄭　弼
營繕清吏司督理司事主事　臣　丘志充　謹同議
工科給事中　臣　何士晋　謹訂[50]

校勘記

❶《三山大石窩》全篇共六葉（一－六葉），底本、「南圖本」各正葉下書口基本均見刻記：第一葉爲「大石窩一」、第二葉「大石窩」（「南圖本」漫漶）、第三葉「三大石窩」（「南圖本」作「大石窩」）、第四葉「四大石窩」、第五葉「五大石窩」、第六葉「大石窩六」。又，底本第五葉，下書口此處背葉有不清晰「大石窩六」四字墨痕。

❷「卦」，底本、「南圖本」原作此，今疑當爲「掛」，暫不改。

❸「白」，底本、「南圖本」原作「日」，今疑當爲「白」，又據本卷《三山大石窩》「壽宫明樓等處青砂大石開價」條（三葉正），改。

❹「蒙」，底本、「南圖本」原作「㠓」，今逕正，後不再注。

❺「隱」，底本、「南圖本」原作「隠」，據《正字通》，此即「隱」俗字（戌集·中集，阜部·「十四」畫，第一千二百四十七頁、二十九葉正），今從，後亦逕正不注。

❻「運」，底本、「南圖本」殘損，「全電檔」同，今據所剩字型，暫補。又，底本、「南圖本」、「全電檔」殘損字迹全同，故據「南圖本」偶有修改之線索，今可暫定：底本爲先刻，「南圖本」爲其補修，惟「全電檔」情况仍不明朗。

❼「遇」，底本漫漶，今據「南圖本」補。

❽「滾」，底本、「南圖本」原作「滚」，今逕正，後不再注。

❾《都重城》全篇共三葉（七－九葉），底本、「南圖本」各正葉下書口基本均見刻記：第七葉俱漫漶、第八葉爲「都重司二」、第九葉「都重司三」（「南圖本」漫漶）。

❿《修倉廠》全篇共十五葉（十二－二十四葉），底本始於第十八、十九、二十葉，并《修倉廠條議》一節（包括「南圖本」此節），各正葉下書口基本均有刻記，第十八葉爲「九」、第十九葉「十」（又似「十一」）、第二十葉「十一」，及第二十一葉爲「修倉■十二」（「南圖本」模糊）、第二十二葉「修倉廠十□」（「南圖本」模糊，符號「□」似作「三」）、第二十三葉「修倉廠十四」、第二十四葉「修倉廠十五」（「南圖本」模糊）。又，底本此數葉，下書口

該處背葉有模糊墨痕：第十八（似「十一」）、二十一、二十二葉。

⓫「主」，底本原作「王」、「全電檔」同，「南圖本」漫漶，今據前後文例改。另，此處，「全電檔」清晰异常，「玄覽堂本」情況與「南圖本」同，故「全電檔」是否即爲「玄覽堂本」之底本仍可疑。

⓬「柒」，底本、「南圖本」原作「柒」，今逕正，後不再注。

⓭「兆」，底本、「南圖本」原作「兆」，據《現代漢語詞典》「兜」條附注此字爲异體（第三百一十五頁），與刻本原字稍有別，今仍可從并改。

⓮「玖」，底本、「南圖本」原作「玖」，今逕正，後不再注。

⓯「萬」，底本模糊，今據「南圖本」補。

⓰「係題增」下兩句，底本、「南圖本」原未縮刻，或因與「奏繳」關涉，今據前後格式改。

⓱「每」，底本、「南圖本」原作「母」，今疑誤，并據前後文例改。

⓲「楂」，底本、「南圖本」原作此，今疑或爲「植」，暫不改。

⓳「鏁」，底本、「南圖本」原作此，官嵬《〈工部廠庫須知〉淺析——明代建築工官制度勾沉》文，此字均改作「懈」（第一百二十四頁），今概不從，後不再注。

⓴「簷」，底本、「南圖本」原作「簷」，今正。

㉑「散木」，底本、「南圖本」原接於「杜」下，官嵬《〈工部廠庫須知〉淺析—明代建築工官制度勾沉》文，不斷（第一百二十四頁），今概不從，後不再注。

㉒「陸」，底本漫漶，今據「南圖本」補。

㉓「短工」，底本、「南圖本」原上空兩字格，今空三字格，以示主從關係，後一例同。

㉔「廢」，底本、「南圖本」原作「廢」，今逕正，後不再注。

㉕「衙」，底本原空一字格（即「門」上），今據「南圖本」補，「全電檔」同。

㉖「而易行」，底本漫漶，今據「南圖本」補。

㉗「北」，底本、「南圖本」原作「圵」，今據前後文意逕改，後不再注。

㉘「植」，底本、「南圖本」原作「植」，今逕正，後不再注。

㉙「管理修倉」，底本原作此，「南圖本」删、「全電檔」同，今從底本。

又，「議」，底本原無，今據「南圖本」補，「全電檔」同。

㉚《繕工司兼管小修》全篇共十三葉（二十五－三十七葉），底本、「南圖本」各正葉下書口基本均見「繕工」起首后加「一」至「十三」之刻記，惟「南圖本」第二十五、二十九、三十、三十五葉模糊，而底本第二十七、二十八、三十四、三十六葉，下書口此處背葉有墨印字迹。

㉛「兼」，底本、「南圖本」原作「𠔥」，今逕正，後不再注。

㉜「專」，底本、「南圖本」原作「専」，今逕正，後不再注。

㉝「充」，底本、「南圖本」原作「克」，據《字彙》，此即「俗『充』字」（子集，儿部·「五」畫，第四十六頁、四十七葉正），今從，後亦逕正不注。

㉞符號「○」，底本、「南圖本」原無，今疑或與「太廟」關涉、不刻，現據前後格式補出。

㉟「歲」，底本、「南圖本」原作「嵗」，據《現代漢語詞典》「岁」條附注「嵗」字爲「歲」异體（第一千二百四十六頁），與刻本原字稍有别，今仍可從并改。

㊱「扺」，底本、「南圖本」原作「抵」，今正。

㊲「支」，底本、「南圖本」模糊，今據前後文例補，「全電檔」同。

另，據「全電檔」所見，此處「分係正支」四字承印紙材偏白，今疑「全電檔」此四字或因初刻本「支」缺損，而曾做條塊挖改修補。

㊳「麵」，底本、「南圖本」原作「麪」，後文兩刻本又有作「麫」。據《現代漢語詞典》「面²」條列「麵」，現爲繁體正字，附注「麪」爲异體（第八百九十八頁）。今疑當與「麪」并「麫」、「麵」關涉，因據《字鑑》，後兩字即「麪」俗字（卷四，去聲·三十二「霰」，第一百三十七頁），暫可從，今逕改，後不再注。

又，據《説文解字（注）》，「麪」、「麫」或當均爲初步隸定後之正體（五篇下，麥部，「麪」條，第二百三十二頁）。

39 「祭」，底本、「南圖本」原作「祭」，據南宋毛晃、毛居正增訂《增修互注禮部韻略》，「从肉、从右手，今作『⺼』，非從『⺼』也」（卷四，「十三祭」，二十四葉背－二十五葉正），今從，后亦逕正不注。

40 「頤」，底本、「南圖本」原作「頣」，據《字彙》，此即俗「頤」字（戌集，頁部·「六」畫，第五百三十八頁、七十一葉背），今從，後亦逕正不注。

41 「疊」，底本、「南圖本」原作「曡」，今改。

42 「毋」，底本、「南圖本」原作「母」，今改。

43 「商」，底本、「南圖本」原作「啇」，今據前後文意逕改，凡此，後不再注。

44 「且」，底本、「南圖本」此處斷版，今據殘損字型，并前後文意補。

45 「廨」，底本、「南圖本」原作「解」，今正。

46 「毋」，底本、「南圖本」原作「母」，今改。

47 「截」，底本、「南圖本」模糊，今據文意補，「全電檔」同。

48 「轉」，底本、「南圖本」原作「轉」，今正。

49 「甘」，底本、「南圖本」原作「甘」，今正。

50 「鏟」，底本、「南圖本」原作「鏟」，今逕正，後不再注。

51 《見工灰石作二差》全篇共九葉（三十八－四十六葉），底本、「南圖本」各正葉下書口基本均見「灰石作」三字刻記，惟「南圖本」第四十一、四十五葉此處模糊，而底本第三十九、四十三葉，下書口背葉有墨印字迹。

另，「見工灰石作」，底本、「南圖本」《目録》後無「二差」兩字，但有「以上皆營繕司分差」雙行小字，應指本卷「三山大石窩」、「都重城」、「修倉廠」、「清匠司」、「繕工司」、「見工灰石作」所隸，今前已標注，此不贅録。

52 「霆」，底本、「南圖本」原作「霆」，今逕正，後不再注。

53 「霆」，底本、「南圖本」原作「霆」，今逕正，後不再注。

❺❹ 下標編號「40」，底本葉碼誤刻爲「四十一」，實乃第四十葉內容，致裝訂亦錯，今據「南圖本」全葉乙正，下標葉碼編號亦據「南圖本」，「全電檔」同。

❺❺「見工灰石作條議」，底本原無，今據「南圖本」補，「全電檔」同。另，「條議」二字，「南圖本」漫漶，今據前後文例補，「全電檔」同。

❺❻「本」，底本漫漶，今據「南圖本」補。

❺❼「備」，底本漫漶，今據「南圖本」補。

❺❽「備」，底本、「南圖本」原作「偹」，今逕正，後不再注。

❺❾「拽」，底本、「南圖本」原作「拽」，今逕正，後不再注。

❻⓿「睫」，底本、「南圖本」原作「睫」，今正。

❻❶「牽」，底本、「南圖本」原作「牵」，今正。

❻❷「擡」，底本、「南圖本」原作「擡」，今正。

❻❸「投」，底本、「南圖本」原作「投」，今逕正，後不再注。

❻❹《清匠司》全篇共四葉（四十七－五十葉），底本、「南圖本」各正葉下書口基本均見「清匠司」及「一」至「四」四字刻記，惟底本第四十八葉，「南圖本」第四十九、五十葉漫漶。又，底本第四十七葉，下書口此處背葉有墨印字迹。

❻❺「勾」，底本原作「毎」，今據「南圖本」改，「全電檔」同。

❻❻「前件」以下全段，底本、「南圖本」各有模糊以致漫漶，底本較甚，今相互參酌補出，不再一一標注。

❻❼「亦」，底本、「南圖本」原均模糊，今據「全電檔」補。

❻❽「領」，底本漫漶，今據「南圖本」補。

❻❾「送」，底本漫漶，今據「南圖本」補。

❼⓿ 符號「○」，底本、「南圖本」原「每年終」上空一字格、無此，今疑或與隔欄「奏繳」關涉、不刻，今據前後格式補出。

㉑「司」，底本斷爛，今據「南圖本」補，「全電檔」同。

㉒「媿」，底本模糊，今據「南圖本」補。

㉓「署」，底本斷爛，今據「南圖本」補，「全電檔」同。

工部廠庫須知
卷之五

工科給事中 臣 何士晉 纂輯
廣東道監察御史 臣 李嵩 校正
營繕清吏司郎中 臣 聶心湯 衆閱
營繕清吏司主事 臣 趙明欽 攷載
營繕清吏司主事 臣 陳應元
虞衡清吏司主事 臣 樓一堂
都水清吏司主事 臣 黄景章
屯田清吏司主事 臣 華顔 仝編

瑠璃、黑窑廠[1]

營繕司註選主事，三年，有關防、有公署，一差兼管二窑。每動工，題請燒造，多寡不等。錢糧出本司，本差出給「實收」。

見行事宜——

○一．瑠璃廠，燒造瑠璃瓦料，合用物料、工匠規則：

每瓦料一萬箇片，用兩火燒出。每一火，用柴十五萬斤。共用，柴三十萬斤。可減二萬斤。

坩子土，二十五萬斤。

做坯片匠，照「會估」瓦料大小筭工。在後。

淘澄匠❷，一百七十名。

碾土供作夫：每匠一工，用夫五名。

修窑瓦匠，五十名。

裝燒窑匠，五十名。

荅應匠，二十五名。

安砌匠，十名。

黃土，二百車。

開清塘口，局夫，三百五十名。

煤炸，五千斤。

運瓦夫，照《會估》斤秤定工。在後。

黃色，一料：

黃丹❸，三百六斤。　馬牙石，一百二斤。

黛赭石，八斤。

青色，一料：

焇，十斤。　馬牙石，十斤[2]。

鉛末，七斤。　蘇嘛呢青，八兩。

紫英石，六兩。

綠色，一料：

鉛末，三百六斤。　馬牙石，一百二斤。

銅末，十五斤八兩。

藍色，一料：

紫英石，六兩。　銅末，十兩。

焇，十斤。　馬牙石，十斤。

鉛末，一斤四兩。

黑色，一料：

鉛末，三百六斤。　馬牙石，一百二斤。

銅末，二十二斤。　無名異，一百八斤。

白色，一料：

黃丹，五十斤。　馬牙石，十五斤。

每一料，約澆洪瓦料，一千箇片。若殿、門，通脊❹、吻獸大料，不拘此數。

一、三、四作，做造：

頭樣。勾子、滴水❺，各二箇一工[3]。

同瓦、板瓦，各四箇一工。

二樣。勾子、滴水，各四箇一工。

同瓦、板瓦，各八箇一工。

三樣。勾子、滴水，各六箇一工。

同瓦、板瓦，各十四箇一工。

澁滑，八箇一工。

四樣。勾子、滴水，各八箇一工。

同瓦、板瓦，各十七箇一工。

滋滑，十一箇一工。

五樣。勾子、滴水，各十箇一工。

同瓦、板瓦，各十九箇一工。

滋滑，十五箇一工。

六樣。勾子、滴水，各十二箇一工。

同瓦、板瓦，各二十三箇一工。

滋滑，十六箇一工。

盆簷瓦-古老錢❻，各十二箇一工。

七樣。勾子、滴水，各十三箇一工。

同瓦、板瓦，各二十七箇一工[4]。

八樣。勾子、滴水，各十五箇一工。

同瓦、板瓦，各三十箇一工。

九樣。勾子、滴水，各十七箇一工。

同瓦、板瓦，各一百箇三工。

十樣。勾子、滴水，各二十箇一工。

同瓦、板瓦，各三十五箇一工。

如遇，大享殿、皇穹宇、乾光殿各處，「一把傘」行子同、板瓦，照依各樣下筭。

二作并瓦作，做造：

頭樣。通脊，高一尺九寸五分、長二尺四寸。每塊，七工。

垂脊，高一尺一寸五分、長二尺。每塊二工。

相連裙色，高五寸五分、長二尺四寸。每三塊十工。

黃道，高五寸五分、長二尺四寸。每三塊十工[5]。

花攛頭❼，三塊十工。

花擖扒頭，一塊二工。

束腰花蓮座，一塊七工。

二樣。通脊，高一尺七寸五分、長二尺四寸。每塊五工。

垂脊，高九寸五分、長一尺九寸五分。每塊一工。

相連裙色，高四寸、長二尺四寸。每塊二工。

黃道，高四寸五分、長二尺四寸。每塊二工。

束角花連座，三塊十工。

花攛頭-花搊扒，各一塊一工。

博風-吻匣當勾，各一塊一工。

吻座，二塊一工。

承奉連磚，三塊一工。

托泥當勾，三塊一工。

花揷角，一塊五工。

博春瓦，六塊一工。

三樣。通脊，高一尺五寸五分、長二尺四寸。每塊三工。

垂脊，高七寸五分、長一尺八寸。每三塊二工。

相連裙色，高三寸、長二尺四寸。每塊一工。

黃道，高三寸五分、長二尺四寸。每塊一工。

連磚，四塊一工。

花揷角，一塊三工。

四様。通脊，高一尺三寸五分、長二尺四寸。每塊二工。

　垂脊，高五寸五分、長一尺五寸。每二塊一工。

五様。通脊，高一尺一寸五分、長二尺二寸。每二塊三工。

六様。通脊，高一尺五分、長二尺二寸。每塊[7]一工。

七様。通脊，高九寸五分、長二尺二寸。每三塊二工。

八様。通脊，高八寸五分、長二尺二寸。每三塊二工。

九様。通脊，高七寸五分、長二尺二寸。每三塊二工。

十様。通脊，高六寸五分、長二尺二寸。每二塊一工。

不隨様小通脊，高五寸五分、長一尺五寸。每三塊一工。

小垂脊，高四寸五分、長一尺四寸。每三塊一工。

小通脊，高四寸五分、長一尺四寸。每四塊一工。

小通脊，高三寸五分、長一尺三寸。每四塊一工。

不隨様花亀角❽，十塊三工[8]。

花線磚轉頭，三塊十工。

花線磚、花結帶、花裙板、花鵲替、平頭連座、方眼格扇、小花插角、靠古、柱子、走龍束腰❾，各一塊二工。

花蓮伴、花蓮伴頭、花方、花平板方、花平板方頭、花柱頭、花桁條、花梁、花頭、海禽吞口、海石榴座、斗科、斜椽、角梁、小通脊、小垂脊、平頭獸座、束角獸座、護朽、大額方白、大耳頭、草兒插角、瑪瑙格柱、斗底[9]、博脊、通脊、龜文磚、屋扇瓦、地袱、垂帶、壇靣磚、江牙海水線磚、江牙海水蓮伴，各每一塊一工。

花攛頭、花搯扒頭、板椽、望板、椽管、起簽、小獸座、蓋梁瓦、水溝、博風、噴水、柁頭、吻匣當勾、脊底，各每二塊一工。

花裙色頭、花桁條頭、江牙海水柱頭、古文錦-龜文磚❿，各每一塊三工。

花連兒柱頭、花裙色（花臺上用）⓫、花梁斗底、角斗、大額花方、門當花磚[10]、靣堦，各每二塊三工。

花蓮伴格柱、海石榴，各每三塊二工。

花直工板、磉科、圓柱子、方柱子、方椽、圓椽、滿山紅、荷葉、小壇、江牙海直工板，各每三塊一工。

三層倒砌蓮磚、博脊運磚、列角托盤、托泥當勾、三抹頭，各每四塊一工。

花氣眼、方子白、吻座、小倒砌連磚、寶珠座、相連色道、落絲頭，各每五塊一工。

三色磚、滿面、面方、門坎、間色方磚，各每六塊一工[11]。

壇角磚、門坎、牙子磚，各每七塊一工。

大裙色、行條白、博脊瓦、杌子磚、牙子磚、荅垛磚，每八塊一工。

小裙色、押屑，各每九塊一工。

線磚、半混、氷盤色、翼色、蘆科、機方、耳子、元混、毒板白、印葉，各每十塊一工。

尖色、坎磚、替庄，各每十一塊一工。

圭角白、隨山半混、墊板、土襯，各每十二塊一工。

歡門⑫、江牙海水龍方子－走龍通脊⑬，各每一塊四工⑭。

雲鶴揷角⑮，每一塊五工[12]。

玲花槅扇、華虫揷角⑯，各每一塊六工。

江牙海水柱子、雲鶴扇面，各每一塊八工。

欄板，每一塊七工。

江牙海水龍揷角⑰、華虫扇面，各每一塊十工。

花扇面、江牙海水龍扇面，各每一塊十一工。

江牙靠古，每一塊十七工。

江牙海水攔板，每一塊二十一工。

盆花一板，每三塊六工。

四尺五寸、江牙海水雲龍缸[18]，每一口四十工。

各陵地宮大明門，并東、西長安門，三座，計六件。每一座，十八工。計五十四工。

承天門、端門、午門，并皇極門、三大殿，七座，計二十一件。每座，二十八工。計一百九十六工。

文武樓，二座，計八件。每一座，三十六工。計七十二工[13]。

穿堂，二座，計四件。每一座，十二工。計二十四工。

五作造：

頭樣。正當勾、押帶，各每四箇一工。

斜當勾，每二箇；走獸，四箇：十工。

眞人，一箇三工。

二樣。正當勾，押帶，各每七箇一工。

斜當勾，每四箇一工。走獸、眞人，各一箇二工。

三樣。正當勾、押帶，各每十四箇一工。

斜當勾，每六箇一工。走獸，一箇一工。

眞人，二箇三工。

四樣。正當勾、押帶，各每十七箇一工。

斜當勾，每八箇一工。走獸，三箇二工。

眞人，一箇一工。

五樣。正當勾、押帶，各每十九箇一工。

斜當勾，每十箇一工。走獸，三箇一工。

眞人，三箇二工。

六樣。正當勾、押帶，各每二十三箇一工[14]。

斜當勾，每十四箇一工。

走獸，四箇一工。眞人，三箇一工。

七樣。正當勾、押帶，各每二十七箇一工。

斜當勾，每十七箇一工。

走獸，五箇一工。眞人，四箇一工。

八樣。正當勾、押帶，各每三十箇一工。

斜當勾，每十九箇一工。

走獸、眞人，各每六箇一工。

九樣。正當勾、押帶，各每一百箇三工。

大瓦條，二十箇一工。

不隨様混磚、小瓦條，各每四十五箇一工。　香草磚，每二十二箇一工。

吻，一隻十三塊，一百五十工。

吻，一隻十一塊，九十工。

吻，一隻九塊，八十工。

吻，一隻七塊，四十八工。

吻，一隻六塊，三十六工。

吻，一隻五塊，二十五工[15]。

吻，一隻四塊，二十二工。

吻，一隻三塊，十八工。

吻，一隻、高二尺五寸，六工。

吻，一隻、高二尺，四工。

吻，一隻、高一尺五寸，三工。
吻，一隻、高一尺二寸，二工。
大獸頭，五塊，二十五工。
大獸頭，三塊，十二工。
三尺三寸、獸頭，一箇二塊，八工。
二尺二寸五分、獸頭，一箇，六工。
二尺二寸五分、獸頭，二箇，三工。
一尺八寸、獸頭，一箇一工。
一尺五寸、獸頭，四箇三工。
一尺二寸、獸頭，三箇二工。
一尺、獸頭，五箇二工⑲。
小獸頭，五箇一工。
套獸，高一尺三寸、脚長八寸伍分，一箇六工。
套獸，高一尺一寸、脚長七寸五分，一箇四工[16]。
套獸，高九寸五分、脚長六寸五分，一箇三工。

套獸，高八寸五分、脚長五寸五分，一箇二工。

套獸，高六寸、脚長四寸，一箇一工。

背獸，高一尺五分、脚長五寸五分，一箇二工。

背獸，高一尺一寸五分、脚長六寸，一箇三工。

背獸，高一尺二寸、脚長六寸五分，一箇四工。

背獸，高八寸、脚長四寸五分，一箇一工。

背獸，高七寸、脚長三寸五分，二箇一工。

吻朝，每一箇二塊，十二工。

吻朝，高一尺七寸，一箇六工。

吻朝，高一尺五寸，一箇四工。

吻朝，高一尺四寸五分，一箇三工。

吻朝，高一尺二寸，一箇二工。

吻朝，高一尺五分，一箇一工。

不隨樣套獸、背獸、吻朝，各每五箇一工[20]。

雲礶，一箇十工。　　蓮臺獅子，一箇三工。

各陵地宮，上伏簷、下伏簷，共九座。每一座，吻五對、獸頭八箇，共吻四十五對、獸頭七十[17]二箇。

每座六工，計五十四工。

單簷三座，吻三對、獸頭二十四箇，每座三工，計九工。

供器香爐，四箇。每一箇三工，計十二工。

花瓶八隻[21]，每一隻一工，計八工。

造，通脊龍，每一條一工。

造，通脊、垂脊、寶兒，每三攢，計一工。

架瓦作鑿過[22]，出青黃、黑綠色。

頭樣、二樣、三樣同瓦，各每三十六箇一工。

四樣同瓦，每六十箇一工。

五樣同瓦，每七十五箇一工。

六樣同瓦，每九十二箇一工。

七樣同瓦，每一百十箇一工。

八樣同瓦，每一百三十箇一工。

九樣同瓦，每一百五十箇一工。

十樣同瓦，每二百箇一工。

如遇「行子」同瓦㉓，隨各樣下筭。

頭樣、二樣、三樣，正當勾、押帶，各每一百[18]箇一工。

四樣正當勾㉔、押帶，各每一百十箇一工。

五樣正當勾、押帶，各每一百二十五箇一工。

六樣正當勾、押帶，各每一百五十箇一工。

七樣正當勾、押帶，各每一百七十箇一工。

八樣正當勾、押帶，各每二百箇一工。

大瓦條，一百二十五箇一工。

香草磚，六十五箇一工。

混磚，二百箇一工。

瓦條，一百五十箇一工。

頭樣通脊、垂脊，相連裙色、黃道，各每七塊一工。

二樣通脊、垂脊，相連裙色、黃道，各每十塊一工。

三樣通脊、垂脊，相連裙色、黃道，各每十[19]一塊一工。

承奉連磚，二十塊一工。

四樣通脊、垂脊，各每十四塊一工。

五樣通脊，十六塊一工。

六樣通脊，各每十八塊一工。

七樣、八樣通脊，各每二十塊一工。

九樣、十樣通脊，各每二十二塊一工。

不隨樣小通脊、小垂脊，各每二十四塊一工。

滿面黃、博脊、連磚，各每三十塊一工。

狎屑[25]、替庄、坎磚、圓方柱子、花方、行條、機方、圭角、線磚、花平板方、素板白、方子白、半混、罍色、蘆科、博脊瓦、圓混、氷盤色、杌子磚、花蓮伴、圓光座、相連色道，各二十五塊一工。

小通脊、面方，各每二十塊一工。

小裙色，五十塊一工[20]。

博脊、通脊、柱子、面堦，各每十四塊一工。

大裙色，十塊一工。　壇面磚，八塊一工。

壇角磚，二十七塊一工。

地栿，十五塊一工。　　欄板，七塊一工。
敲板瓦，一千片一工。
皇極殿。吻，一隻十三塊，高一丈三尺五寸。計一百七十工。
吻朝，一箇二塊，高四尺五寸。計十二工。
背獸，一箇三工。
合角吻，四隻二十塊，高五尺五寸。每隻，五塊，二十八工。共計一百十二工。
吻朝，四箇，每箇二工。計八工。
背獸，四箇，四工。
建極殿、中極殿，同前乾清宮。吻，二隻二十二塊，高一丈五寸。每隻，十一塊，九十八工。共計一百九十六工[21]。
吻朝，二箇，四塊。每一箇，二塊，計八工。共十六工。
背獸，二箇，每一箇二工。計四工。
合角吻，八隻四十塊。每一隻，五塊，二十八工。計二百二十四工。
吻朝，八箇，每一箇二工。共計十六工。
背獸，八箇，計八工。

文武樓，同前皇極門。吻，一隻十一塊，九十八工。

吻朝，二箇，計八工。　背獸，一箇，計二工。

合角吻，四隻二十塊。每隻，五塊，二十八工。計一百十二工。

吻朝，四箇，計八工。　背獸，四箇，計四工。

午門、端門、承天門，同前。

黄土車，每日、每車，四運，銀六分。

晝夜煉青匠，長工七分，短工六分㉖。以上二項，營繕司十一年新增。

運瓦料脚價[22]㉗：

瑠璃廠舊估：瓦片，每五十片，計三百七十五斤，作一車。今議：每車四百斤，每車、每里，運價四釐：如城內、外工所，離廠十里以外者，用車裝運；十里以內者，用夫擡運。照「舊估」，准：夫，二名，每日擡四次，每扛重一百二十斤；內城工所，每扛，各減十斤。俱准「長工」筭給。

〇一. 黑窑廠，燒造各様磚料，合用柴土、工匠規則：

二尺方磚，每箇，柴一百二十斤。應減十斤。

尺七方磚，每箇，柴九十斤。應減十斤。

尺五方磚，每箇，柴七十斤。

大平身磚，每箇，柴七十斤。二項，應減六斤。

尺二方磚、城磚、平身磚，每箇，各用柴五十斤。三項，應減四斤。

板磚、斧刅[28]、券副磚，每箇，各用柴四十斤。三項，應減十斤[23]。

望板磚，每箇，七十斤。

同、板瓦等，每萬箇，柴二萬四千斤有奇。

做坯片匠，照「會估」磚瓦大小筭工。開後：

二尺方磚，每四箇一工。

尺七方磚，每六箇一工。

尺五方磚，每十箇一工。

尺二方磚，每十三箇一工。

平身磚，每十三箇一工。

斧刅磚，每二十六箇一工。

券副磚，每二十四箇一工。

混磚、沙板磚，各每一百箇一工。

望板磚，每六十箇一工。

同瓦，每五十箇一工。

板瓦，每一百片一工。

勾頭、滴水、花邊瓦，各每四十四箇一工。

瓦條，一百五十根一工。

二尺七寸吻，一隻二工。屯田司，十三年增。

尺七獸，三隻二工。　尺五獸，二隻一工[24]。

尺二獸，五隻二工。　一尺獸，三隻一工。

八寸獸，四隻一工。　閣獸雙尾，一隻二工。

獅子、海馬，七箇一工。

當溝，七十箇一工。

城樓工所㉙，削邊瓦料：

五樣削邊同瓦，每三十箇一工。

板瓦，每六十片一工。

六樣削邊同瓦，每三十五箇一工。

板瓦，每七十片一工。

大平身磚，長一尺六寸、濶一尺，每九箇一工。

城磚，原無「會估」，今議：長一尺五寸八分、濶七寸五分、厚四寸，每十箇一工。

新板磚，長一尺四寸五分、濶七寸、厚三寸，每二十箇一工。

裝燒窰匠、做模子木匠，隨工量用。內，長工，七分筭。

以上各項，匠、工給銀六分。每匠六工，用「供作夫」十九名。開運鶯房黑土、運黃土，夫[25]，共二十三名。

運磚料脚價：

舊估：斧刅磚，每十五箇，計三百五十斤，作一車。今議：磚、瓦，每車四百斤，每車、每里，運價三厘五毫；如城內、外工所，離廠十里以外者，用車裝運；十里以內者，用夫擡運。照「舊估」，准：夫，二名，每日擡四次，每扛重一百四十斤；內城工所，每扛，各減十斤。俱准「長工」筭給[26]。

琉璃、黑窰廠條議

一、增「小票」。凡運磚、瓦於見工處，則給大「運票」一張，書樣數若干；見工監督會巡視，註「收訖」二字於「票」上，甚妙也。乃，車戶延遲，或中途盜賣，則以巡視不到、不收藉口。今定：於「大票」之外，加一「小票」，卽照「大票」塡註時日、運數，令見工委官，隨到隨查；到則書「到訖」，缺少則書缺少數目，以便追比；限以二日去、一日繳，如期不繳有責。則不得復有他諉，而運必到矣。

一、勤收驗。內監每收錢糧，必索「舖墊」。舖墊未足，內監必不肯收，必以此物爲不好。夫，好與不好，本差有目能辨，何須內監雌黃？可收卽收，卽有從旁揶揄，亦當置之不理，一也[30]。

一、禁花銷。一工磚、瓦，有一工之取用，必甲、乙無移，乃可稽覈。乃，內監向以門殿、陵工正經磚、瓦，應付內宮不時之取。蓋內工所[27]取，原該內監自賠，不得取之于正額。如取正額，則正額缺。正額缺，則須再造，以補正額。此，從來通弊也。今，必力持正額。如爲門殿造者，必門殿用，許發；爲陵工造者，必陵工用，許發。庶惡監不得花銷，而本部亦大有節省矣。

營繕清吏司管窰主事[31]　臣　趙明欽　謹議

工科給事中　臣　何士晋　謹訂[28]

工部廠庫須知
卷之五

工科給事中　臣　何士晉　纂輯[32]
廣東道監察御史　臣　李　嵩　訂正
營繕清吏司郎中　臣　聶心湯　參閱
營繕清吏司員外郎　臣　米萬鐘
營繕清吏司主事　臣　陳應元
營繕清吏司主事　臣　賈宗悌
屯田清吏司主事　臣　華　顏　仝攷載
虞衡清吏司主事　臣　樓一堂
都水清吏司主事　臣　黄景章　仝編

神木廠[33]

「營繕」分差，掌收各項材、木。先朝營建時，有巨木蔽牛，浮河而至，疑爲「神木」，廠遂得名。地在城外，以便灣廠輸運。歲時儲積，以供取用。所積，每多於「山」、「臺」兩廠。廠中木料，每年出入盈縮不等，難定數目。今，開具見行事宜，惟木價、運價、土工、匠作等價之有關于廠事者。「三廠」事體相同，故爲總開于後」。

山西大木廠

「營繕」分差，亦國初舊設。與「神木廠」同儲材、木，與「臺基廠」同儲材，爲造作之場。廠屋三層，屬內監居住，監督從外遙制。所掌，動工有「夫、匠價」，起運有「木運價」，同載「三廠」之後[2]。

臺基廠

「營繕」分差，與「神木廠」同儲材、木，與「山西廠」同儲材㉞，爲造作之場。查，國初無，係後增設，以近宮殿，造作所就，易于輸運。一切營建，定式於此，故曰「臺基」。內有磚砌方地一片，爲規畫之區。廠屋三層，內監居住，監督亦從外遙制㉟。所掌，動工有「夫、匠價」，起運有「木運價」，同載「三廠」之後[3]。

木料等價規則：

○長梁—

一號，長二丈五尺、圍五尺。每根，銀五兩。

二號，長二丈三尺、圍五尺。每根，銀四兩三錢。

十二號，長一丈七尺、圍三尺。每根，銀一兩五錢。

○柁木—

一號，長二丈一尺、圍五尺二寸。每根，三兩四錢五分。

二號，長二丈、圍五尺。每根，銀三兩二錢五分。

十三號，長一丈五尺、圍二尺五寸。每根，銀八錢四分。

○散木—

一號，長一丈五尺、圍四尺二寸。每根，銀二兩二錢六分。

二號，長一丈四尺、圍四尺一寸。每根，銀二錢一分。

九號，長一丈、圍一尺八寸。每根，銀三錢八分。

○松木—

一號，長一丈六尺、圍四尺六寸。每根，銀一兩六錢。
二號，長一丈六尺、圍三尺六寸[36]。每根，銀一兩四錢。
十五號，長七尺、圍九寸。每根，銀五分五厘。

○大杉木

一號，長四丈、圍四尺二寸。每根，銀五兩八錢。
二號，長三丈五尺、圍四尺五寸。每根，銀五兩五錢。
四號，長三丈四尺、圍三尺二寸。每根，銀四兩六錢。

○平頭杉木

一號，長三丈七尺、圍三尺。每根，銀三兩九[5]錢五分。
二號，長三丈、圍三尺。每根，銀三兩六錢。
七號，長二丈、圍一尺五寸。每根，銀七錢。

○鷹架杉木

一號，長三丈、圍二尺一寸五分。每根，銀一兩二錢。
二號，長二丈八尺、圍一尺七寸。每根，銀八錢五分。
四號，長二丈五尺、圍一尺四寸。每根，銀六錢。

○杉條木

一號，長二丈、圍二尺四寸。每根，銀五錢五分。

二號，長二丈八尺、圍一尺三寸。每根，銀三錢三分。

五號，長一丈六尺、圍九寸。每根，銀一錢四分。

○桍枋[6][37]

一號，長二丈四尺、濶一尺四寸、厚九寸。每塊，銀四兩二錢。

二號，長二丈四尺、濶一尺二寸七分、厚八寸七分。每塊，銀四兩。

六號，長二丈一尺、濶一尺、厚七寸。每塊，銀二兩六錢。

○柁枋

一號，長二丈三尺、濶一尺四寸、厚八寸五分。每塊，銀三兩九錢。

二號[38]，長二丈二尺、濶一尺三寸、厚八寸。每塊，三兩七錢。

五號，長一丈八尺、圍一尺一寸、厚六寸。每塊，銀一兩八錢。

○松板[39]

一號，長一丈八尺、濶一尺二寸、厚二寸五分。每塊，銀一兩[40]。

二號，長一丈六尺、濶一尺二寸五分、厚二寸五分。每塊，銀八錢[7]。

十六號，長二尺五寸、濶一尺二寸、厚三寸。每塊，銀六分。

○松木淨板-

一號，長六尺五寸、濶一尺、厚二寸五分。每塊，銀二錢五分。

二號，長六尺五寸、濶八寸、厚二寸五分。每塊，銀二錢二分。

五號，長六尺、濶一尺、厚三寸。每塊，銀八分。

○楠木連二板枋-

一號，長一丈八尺、濶二尺、厚一尺。每塊，銀七兩七錢。

二號，長一丈六尺、濶一尺五寸、厚八寸。每塊，銀五兩七錢。

三號，長一丈四尺、濶一尺二寸、厚六寸。每塊，銀四兩七錢。

○杉木連二板枋-

一號，長一丈六尺、濶一尺七寸、厚七寸。每塊，銀一兩九錢。

二號，長一丈五尺、濶一尺二寸、厚五寸。每塊，銀一兩五錢。

○单料板枋-

一號，長八尺、濶一尺六寸、厚六寸。每塊，銀八錢八分。

二號，長七尺、濶一尺五寸、厚五寸。每塊，銀七錢。

五號，長六尺五寸、濶一尺、厚三寸。每塊，銀五錢。

○杉木板-

一號，長一丈六尺、濶一尺七寸、厚七寸。每塊，銀二兩。

二號，長一丈四尺、濶一尺五寸、厚五寸。每塊，銀一兩七錢。

十一號，長六尺五寸、濶一尺、厚三寸。每塊，銀五錢。

一號，每塊，長七尺、濶一尺、厚五寸。每四塊，准「一號散木」一根[9]。

二號，每塊，長六尺八寸、濶八寸、厚四寸五分。每四塊，准「二號散木」一根。

三號，每塊，長六尺六寸、濶六寸、厚四寸。每四塊，准「三號散木」一根。

以上，俱「召買」，《則例》運價在外。但，運價亦「四塊」扣筭，不無虧官。仍，各該隨號倍加，「每八塊、折一根」筭給爲當。

○榆木-

一號，長一丈一尺、圍四尺八寸。每根，銀八錢五分。

二號，長一丈二尺、圍四尺二寸。每根，銀七錢八分。

七號，長一丈、圍三尺。每根，銀五錢。

○槐木車軸-

一號，長二丈五尺、圍三尺五寸。每根，銀二兩二錢。

二號，長一丈五尺、圍二尺七寸。每根，銀一兩。

九號，長二尺、圍二尺一寸。每根，銀七分[10]。

○檀木

長一丈、圍二尺。每根，銀七錢。

○檀木梢

長七尺、圍一尺六寸。每根，銀四錢八分。

○檀木軸

長一丈二尺、圍三尺。每根，銀九錢。

○栗木

一號，長一丈、圍三尺。每根，銀一兩四錢。

二號，長一丈二尺、圍二尺五寸。每根，銀一兩零八分。

四號，長一丈、圍二尺。每根，銀九錢。

○鉄力木

長五尺、圍一尺五寸。每根，銀一兩五錢。

○猫竹[一]

一號，長二丈二尺、圍一尺。每根，銀一錢二分。

四號，長一丈七尺、圍六寸。每根，銀六分。

○綮麻[41]，每斤，銀一分三厘[二]。

○綿葦席，長七尺、濶四尺。每領，銀四分。

○藭稭，每百斤，銀一錢。

○葦箔，每見方一丈，銀八分。

○棘茨[42]，每百斤，銀二錢六分。「內工」有量加之例。

○稻草，每百斤，銀一錢八分。

○泥稔草，每百束，銀四分。

前件：「木價」內不載。楠木，以由本地辦解，非「召買」之物也。餘價，或亦隨時低昂。今，所載一時「會估」價值，大約可以爲準。止載「三號」者，「二號」則遞減之式，「末號」則減極之式也，中可類推。但尙載「木價」，尙依舊例。今，萬曆四十三年「會估」，木商苦稱賠累，於長梁、柁木、松、散，每價一兩各加銀二錢，當照數補算。葢，時價一二年間，多有贏縮不等，故「會估」之法，必須每年舉行。雖不失大常，不無小變，不能執一也。

運價規則：

張家灣運至神木廠，計地五十里；臺基廠，計地五十七里；山西廠，計地六十里。

○楠木（「圍」一丈以上者，每十兩，照「估」遞加）[1]

一號，圍一丈四尺、長五丈五尺。每車一根[12]。每里，銀五錢六分。

二號，圍一丈三尺、長五丈四尺。每車一根。每里，銀四錢五分。

十二號，圍三尺、長四丈。每車一根。每里，銀三分五厘。以下，照此遞減。

○杉木[1]

一號，圍一丈四尺、長五丈四尺。每車一根。每里，銀二錢九分八厘。

二號，圍一丈三尺、長五丈三尺。每車一根。每里，銀二錢五分。

十號，圍五尺、長四丈七尺五寸。每車一根。每里，銀三分三厘三毫二絲。

○大鷹架杉木[1]

一號，圍四尺一寸以上、長六丈一尺。每車三根[43]。每里，銀三分。

三號，圍三尺七寸以上、長四丈七尺。每車五根。每里，銀三分二厘。

○小鷹架平頭杉木[13][44][1]

一號，圍三尺五寸以上、長三丈七尺。每車七根。每里，銀三分二厘。

二號，圍二尺一寸、長三丈以上。每車十根。每里，銀三分二厘。

○杉條-杉槁木㊺，每三十根一車。每里，銀三分。內-

一號，圍三尺五寸以上、長三丈七尺以上，與「小鷹架一號」同。

二號，圍二尺一寸以上、長三丈以上，與「小鷹架二號」同。每車，俱比照前定根數。每里，銀三分。

○楠木板枋（每見方一尺，重三十三斤）-

「連四」，每車、每里，銀二分三厘三毫。

「連三」，每車、每里，銀二分二厘三毫。

单料，每車、每里，銀一分九厘三毫。

以上「楠木板枋」內，有長、濶、厚比舊「則」不同。如：「单料」，一塊長一丈三尺、濶二尺四寸、厚七寸，秤重七百斤，每車二千二百斤；照「通州運價銀」，一兩一錢。

○杉木板枋（每見方一尺，重二十七斤）-

「連四」，每車、每里，銀二分一厘三毫[14]。

「連三」，每車、每里，銀二分一厘三毫。

单料，每車、每里，銀二分一厘三毫。

以上「杉木板枋」內，有長、濶、厚比舊「則」不同。如：「单料」，一塊長八尺五寸、濶二尺、厚七寸，秤重三百斤，每車重二千二百斤；照「通州運價銀」，一兩一錢。

前件：運價，多自嘉靖年時所定，向來遵依者。「三廠」計地定價，皆同一式。倘運入工所，計地雖同，而轉運漸難，故見工有論「轉數」計價之法，又不可一律定也。

土工價規則（此係山、臺二廠所有）：

內工-長工，銀七分；短工，六分。

外工-長工，銀六分；短工，五分七厘。

以上，自三月起至九月，作長工；十月起至二月，作短工。

包工規則-

築土墻，每丈，高九尺、濶五尺。銀三錢三分。

如高、濶不等，照此增減。今，每以「三錢一丈」定價矣。

清脚夯夫規則-

各工，每工，銀四分。係內提督者，加一分，以備督工飯錢㊻，遂以爲例。

雕工匠價規則：

門、殿雕工則[15]

兩面雙頭三伏雲，各見方一尺五寸。每塊，准四十工。外，門粗者，二十餘工，或三十餘工。每工，銀六分。以下工價，皆「六分」筭。

兩面一頭耎頭雲，各見方三尺一寸。每塊，准四十工。粗亦量減。

兩面三伏雲，每見方一尺，准七工。

兩面一頭桁梡雲，每見方一尺五寸。每塊，准二十工。

兩面囘香草雀木，每見方一尺，准七工。

結帶滿山紅，每見方一尺，准七工。

寶鉼㊼，各高一尺、徑一尺。每個，准一工。

葵花眼錢，每六十個，准一工。

影膈兩面葵花鼓墩，二個，各徑一尺。每個，准一工。

瓦丁、瓦頭，每四個，准一工。

花頂，每百個，准一、二工。以上，皆三十九年「門工」時價估，有案。

長槅扇-四碗菱花，做濶十眼、高十五眼，裏外、外兩扇一合[48]，准五十工[16]。

檻窻-四碗菱花，做濶七眼、高十五眼，裏外兩扇一合，准三十五工。

橫披-四碗菱花，做高四眼、濶十眼，裏外一合，准二十六工。以上三項，皆見「造王府」價估。

造床雕工二座則-

兩面玲瓏雲龍正山，二塊，各長四尺四寸、濶二尺一寸、厚四寸，折得七丈三尺九寸二分。每尺，七工。計五百一十七工四分。

兩面玲瓏雲龍左右，四塊，各長一尺九寸、濶一尺三寸、厚四寸，折得三丈九尺五寸二分。每尺，七工。計二百七十六工六分。

兩面玲瓏雲龍披，四塊，各長四尺六寸、濶八寸，折得一十四丈二寸。每尺，七工。計一千三十工四分。

兩面玲瓏雲龍左右，四塊，各長二尺五寸、濶八寸，折得八丈。每尺，七工。計五百六十工。

兩面龍足踏，二座。前後，四塊，各長二尺八寸、厚三寸，折得三丈三尺六寸。每尺，七工。計[17]二百三十五工二分。

左右，四塊，各長九寸、厚三尺，折得一丈零八寸。每尺，七工。計七十五工六分。

地平，四塊。週圍雕佈伏蓮瓣香草，准四十工。

雜項雕工則[1]

金殿，吻獸、獅仙，每五十件，准三十工。

金殿，瓦丁、瓦頭，六個，准一工。

凡，獅子、象，每個，准一工。

大十字古墩燈、盤，各徑一尺五寸。每尺，七工折算。

食盆、香几等件用，海石榴淨瓶、寶瓶，每個，准一工。

存龍，每尊，准七工。

荷葉，每個，准一工。

葵花眼錢，每百個，准一工。大者量加。

花梨木等物，俱照「估」，每尺，准七工。

楠木燈、盤，每個，一工。

十字古墩、盤，每個，一工[18]。

安珎珠傘用，雕鏇結帶寶瓶，二個，准五十工。

節節高燈，每個，一工。

十字古燈、兩面雕花古墩，每塊，一工。

天燈杆用，鏇木寶頂，各高一尺。每個，四工。

盒架用，雕海石榴，每高二寸五分。每二個，准一工。

撥曽用，鏇底盤，每徑一尺八寸、厚三寸。每個，一工。以上，皆三十六、七等年，曾經造辦，有案。

前件：雖經造辦，有案可稽，但雕工碎雜，頗難估計，若精、粗之間，相去倍蓰。更有內監督工，益堪假借零星名目，以滋破冒。監督儻無所據，何以折衷㊾？今，特檢舊案，存此數項，此內但有可減，無有可增。要在臨時料估，身親試之，而合以成法，則增減之數，可坐而斷矣。若，一應砍做梁柱，雖有舊案，但精粗、勤怠之間，皆當臨時驗筭者，茲不具成法也。

廠夫規則：

神木廠，三班當差軍人，一百六十六名。每名、每月，支米六斗，各倉支給。每班在廠，巡邏看守，修築墻垣。

山西大木廠，守宿、巡邏夫，共二十名。內，十四[19]名，工食出西城兵馬司；六名，工食出北城兵馬司。

臺基廠，守宿、巡邏夫，共二十四名。內，十六名，工食出東城兵馬司；八名，工食出南城兵馬司。皆係房號銀。

前件：所用夫數，未攷昉自何年。除神木廠，遠隔城外，更以廠地空濶，防守宜多，故用「軍夫」若干㊿。若「兩廠」用夫，當亦隨時派撥，故多寡不齊。或工動木多，則防閑宜密，派額稍增；或工止木少，則防閑稍寬，派額亦可稍減。如冬、春防火，則不妨多派一二名，不拘額限。大率此輩在廠，多爲內監供役，鼠竊狗偷，歲月難防。監守之人，卽爲窟穴，責成之法，惟有嚴記載、多查覈、計疎失。輕者扣工食，重者送法司，俾稍知警戒云耳。

本差公費一

每月，紙劄銀，五錢[20]。

神木廠條議

一·[51]一應楚、蜀名材，原以備門、殿之用，毋許擅取[52]。今，「作官」竟不遵依「繕司」開數，任將好木揀選。大小、長短，毫無憑據，是木之災也。以後發木，但照「繕司」開來丈尺、圍圓，照數查發。「作官」不許進廠號記，以滋弊竇。

一·木廠舊木，半屬朽腐，然皆巨材也。就朽腐中，儘有可量材節取者。後有取用，惟限定舊木內揀選。非遇門、殿大工，及陵寢鉅務，新收湖木，一尺一寸，毋許輕動[53]，庶影冒之端可杜。卽年遠，不患無稽矣。

一·凡工取用，多票行於數月之後，故多難稽覈。職曾立「條約」，凡發木，必先期報數，驗而後發。如已發而報，則木已出廠矣，其丈尺、圍圓，何憑取信？且，查有工程告竣，猶指「票」索木者，悉屬濫冒。卽宜移司查銷，無許溷[21]發。宜定爲令。

一·「通惠河」發木，當「票」隨木至，丈尺、圍圓，得以隨時稽考。有木到數月，而「票」尙未投，是何情弊也？相應立法嚴催，庶臨驗，無參差不齊之「票」矣。

營繕清吏司管差員外郎　臣　米萬鍾

營繕清吏司舊管差主事　臣　陳應元　仝議

工科給事中　臣　何士晉　謹訂[22]

山西廠條議

一.重委任，以嚴責成。「三廠」監督[54]，不係註選，本部劄委，屢更屢替。甚則，一歲數易，等爲蘧廬，安望其悉心稽查，晝善後之策也[55]?念，材木之貯放、工料之始末，一經更替，便可那移。胥役乘機爲奸，殊難究詰。合無比照「註差」之例，慎重更替，庶無推諉，而成績可稽矣。至於委官，率非見任，或以候缺省祭[56]，備員夤緣効用。有官守而實無官守，計典不加；無俸薪而藉口俸薪，需索必酷。恐非所属，實授職銜，不若　減[57]，未必非省煩擾之一端也。

一.置冊籍，以便稽查。本差歷來交代，從無印給冊籍。卽有收放「底簿」，多有惡其害已，而去其籍。故，楠、杉大木，或有成數可查，然而二十年以前舊木，卽查不可問。至鷹平、條槁等木，衹可據見在而核實數。卽一二年前之收放，亦漫不可究。葢惟交代無有清23冊，故竊者得以恣情侵耗，受事者無從加意清查。合無每廠各給一「印簿」，明開舊管，開除新收，實在定數。雖拱把之木，無不畢載，交代之日，呈堂驗明，然後卸肩。庶接管者，稽查易清，而侵耗之弊，少杜矣。

一.議救燎，以備不虞。廠內大[58]、小棚座，星布棊列。葦蓆、藭稭，易於引火。啬邇民居，雖已嚴禁火砲，可無或然之慮，而當設爲不必然之防？合無於廠內廳事前，置大桶二隻，兩傍各小桶十隻[59]，貯水常滿，淺卽增添；仍設火鈎、水斗等件，兩傍擺列；每夜，擺巡夫四名，守宿、巡儆。或杞憂之不可少者乎！

營繕淸吏司管差主事　臣　賈宗悌　謹議

工科給事中　臣　何士晉　謹訂[24]

臺基廠條議

一、定運法，以防抛棄。廠中「車運」一事[60]，原非「年例」長有，當作「短給」一例：農隙車騾俱賤[61]，冬春土力堅實，上下所乘，在此一時；但有見錢，役過卽給，不必「預支」，卽百千株，一時可歸於廠，永無抛棄之虞。見行，每月三次給發，人少賠應，且逐根開筭明白，上易稽查。長使驗收在前，則截筭更無疑慮。未有定質，丈尺、圍圓，當以灣廠會收時刻號爲據，不得再令胥役丈量，以滋需索。運有實証，有無、多寡，當以本廠見收數爲據[62]，不得再令他處支吾，以滋影冒。運木不論蚤晚，要令見收數與起運數，時時照會；運戶不論生熟，要令多運多給，少運少給，人人勸懲。以「短給」代「預支」，權常在我；以疾運防抛棄，利歸於國矣。

一、覈工程，以防濫冒。夫、匠之論日筭工，自古以來。濫冒，亦自古以來。葢，計工則多，計[25]績則少。其中，不論將虛作實、以一作百，不能盡窮。卽懶夫得勤匠之食[63]，勤者亦懶；拙夫得巧匠之食，巧者亦拙。故，除零星散工，不可計成績者，餘悉當與「包工」，不當與「計日」。「包工」之內，更辨精、粗。在監督者，按數日爲程，以數物爲準，執實御虛，以一例百，目稽心準，權衡不搖。更察人情之苦樂，以定隆殺[64]；廣召募之途徑，以服奸欺。則人人粉飾之心，俱爲實工用；而事事餼廩之稱，卽爲府庫資矣。

一·議蓋藏，以防朽腐。一應楚、蜀良材，經年出水、經年在途，已多朽腐，又復暴露，傷損實多。故今，苫蓋之功，所全者大；但，蘆蓆之用，必藉歲修。列棚之廣，時防風火，一勞永逸；將來興工，拆棚之後，時有積儲。莫若議一歲舉之工：每歲，各廠或將見存杉、槁，或動支節省，無碍建一長廊——令可容車，中留走路，兩邊卸木，廊下掘溝，以備浥潤。庶歲[26]時積造，費用自可權宜；而永久保全，節省當爲無算矣。

一·建官房，以便督察。人情詐僞無窮，一人耳目有限。今，兩廠官舍，皆爲內監所據，監督從外遙制：木料出入，既多疎失；工作煩興，俱屬影響。動推委官，委官之力，既不能與內監爭持；委官之行，或反爲廠夫作使。定：宜別建數楹，使監督棲住廠內，以便不時稽察。一時所費，不過爲濫冒剩餘；而歲月所益，當可與丘陵比積矣。

一·嚴關防，以備盜竊。廠中所貯材木，短小者，皆堪夾帶；長大者，又堪截取。不由門禁不嚴，致可潛移于外；定由墻垣不峻，致可窟穴於中。以後，非有工作，便應嚴固、封鑰，卽委官，不得擅開。永禁「內巡」之制，以防守者之盜；四邊墻垣，皆加棘刺。倘有工作，亦當嚴記丈、尺，搬入廠房封藏。一有疎失，罪及廠夫，照數治罪，扣除工食。并立「連坐」之[27]法，使人人自爲。庶宮府良材，不致受私門刀鋸；生民膏血，藉爲盜賊資糧矣。

一·用枯朽，以惜財物。廠中寸木，皆來自萬里，動費千金，敲血折觔[65]，非同容易。何一入內廠，便等溝中之瘠；暴露經歲[66]，漸爲土上之塵？真可痛惜！以後，除可叚取、節收者，相應設法取用，出爲公器；其朽腐不堪者，亦堪移會他廠，代作勞薪，以資燒造。驗視同同科、院，必無假公之私。取用卽屬朽蠹，寧爲濫冒之比？典守者，不得過爲李下之嫌，甘視櫝中之毀。庶拳石、涓流，亦有當山海之大；而竹頭、木屑，亦堪收水火之功矣。

屯田清吏司管差主事　臣　華　顏　謹議

工科給事中　臣　何士晉　謹訂[28]

校勘記

❶《瑠璃黑窑廠》全篇共二十八葉，底本、「南圖本」各正葉下書口基本均見「黑窑廠」三字刻記，惟「南圖本」第三、四、二十三、二十六、二十七、二十八葉，模糊以致漫漶。又，底本第十、二十二葉，下書口該處背葉有不清晰「黑窑廠」三字墨痕。

❷「淘」，底本、「南圖本」原作「淘」，今逕正，後不再注。

❸「丹」，底本、「南圖本」原作「冄」，今逕正，後不再注。

❹「脊」，底本原作「脊」，「備史本」、「全電檔」同，「南圖本」漫漶，今逕正，後不再注。

❺符號「、」，底本、「南圖本」兩名詞間原空二字格，今縮并，以此代。又，至「十樣勾子」款止，均同此例。

❻符號「丨」，底本、「南圖本」兩名詞間原不空，今暫添此以區隔。

又，後文「二作并瓦作做造」之「二樣通脊」條「花攛頭花擤扒」、「博風吻匣當勾」款（六葉背），均同此例。

❼「攛」，底本、「南圖本」原作「擹」，今逕正，後不再注。

❽「亀」，底本、「南圖本」原作「亀」，今改。

❾「走龍束腰」以上，底本、「南圖本」原名詞兩兩一組一欄，中空四至五字格不等，今省并，後不再注。

❿符號「丨」，底本、「南圖本」兩名詞間原不空，今暫添此以區隔。

⓫符號「（）」，底本、「南圖本」符號內原作小字單行縮刻，今添此以區隔，後不再注。

⓬「歡門」，底本、「南圖本」原單置一欄，今暫并入下條。

⓭符號「丨」，底本、「南圖本」兩名詞間原不空，今暫添此以區隔。

⓮「四工」，底本、「南圖本」原作小字雙行縮刻，今據前後文例逕改，後不再注。

⓯「雲」，底本漫漶，今據「南圖本」補。

又，「鶴」，底本、「南圖本」漫漶，今據「全電檔」補。

⑯「虫」，底本、「南圖本」原作「虫」，今逕正，後不再注。

⑰「江牙海水龍揷角」，底本、「南圖本」原單置一欄，今暫并入下條。

⑱「缸」，底本、「南圖本」原作「缸」，今逕正，後不再注。

⑲「二工」，底本漫漶，今據「南圖本」補。

⑳「工」，底本模糊，今據「南圖本」補。

㉑「隻」，底本、「南圖本」原作「隻」，據《正字通》，此爲俗「隻」字（戌集・中集，隹部・「二」畫，第一千二百四十九頁、三十三葉正），今從，後亦逕正不注。

㉒「架瓦作」一句，底本、「南圖本」原無縮進，今暫斷其邏輯歸屬從右，并據前後格式改。

㉓「如遇」一句，底本、「南圖本」原無縮進，今暫據前後格式改。

㉔「四樣」一句起至《瑠璃黑窑廠條議》止，底本、「南圖本」原上空三字格，今據前文格式逕改空二字格，後不再注。

㉕「狎脣」及下兩項，底本、「南圖本」原上空一字格，續於前段「塊一工」三字後、同列，今暫據通篇格式分欄并改。

㉖「短工六分」，底本、「南圖本」原上空四字格、另置一欄，今暫據通篇格式并入前條。

㉗「料脚」，底本模糊，今據「南圖本」補。

㉘「办」，底本、「南圖本」原作此，「全電檔」同，「備史本」凡涉此字均同。

㉙「城樓」，底本、「南圖本」原上空一字格，今據前後文格式改上空二字格。

㉚「一」，底本、「南圖本」原作此，惟底本上空一字格，今疑當爲誤刻位置，「南圖本」已改爲上空二字格，可從。

又，此字，今或疑衍，可删，暫不改。

㉛「管窑」，底本原無，今據「南圖本」補，「全電檔」同。

㉜「輯」，底本、「南圖本」模糊，今暫據「南圖本」殘損字形補，「全電檔」同。

㉝《神木廠》全篇共二十八葉，底本、「南圖本」各正葉下書口基本均見「神木廠」三字刻記（一-二十），或「神木廠條議」五字（二十一-二十二葉）、「山西廠」二字（二十三-二十四葉）、「臺基廠條議」五字（二十五-二十八葉）刻記，惟底本第十五葉，并「南圖本」第三、五、六、七、八、十六、二十二葉，模糊以致漫漶。又，底本第六、十四、十七、二十、二十四葉，下書口該處背葉有不清晰「神木廠」、「神木廠條議」、「臺基廠條議」幾字墨痕。

另，底本、「南圖本」《目録》將「神木廠山西大木廠臺基廠」連綴，後更有「以上皆營繕司分差」雙行小字，應指本卷「琉璃黑窑廠」、「神木廠山西大木廠臺基廠」所隸，今前已標注，此不贅録。

㉞「材」，底本誤與下「爲造」兩字倒，今據「南圖本」乙正，「備史本」、「全電檔」同。

㉟「外」，底本、「南圖本」原無，「備史本」、「全電檔」同，今據前文例補。

㊱「尺」，底本漫漶，今據「南圖本」補。

㊲「椼」，底本、「南圖本」原作「椼」，今逕正，後不再注。

㊳「二號」并後「五號」條，底本原屬「楠木連二板枋」，今從「南圖本」已調次第，「備史本」、「全電檔」亦同。又，「二」，「南圖本」模糊，今據殘損字形，并參底本、「備史本」同條補，「全電檔」同。

㊴「松板」後至「杉木連二板枋」各條，底本、「南圖本」共涉兩葉，內容基本相當，惟排列次第及所屬項目，後者有更動，今概從「南圖本」改，「備史本」、「全電檔」均同。

而，具體情形爲：底本先「柁枋」，後「杉木連二板枋」、「松木淨板」、「楠木連二板枋」、「松板」；「南圖本」亦先「柁枋」，後「松板」、「松木淨板」、「楠木連二板枋」、「杉木連二板枋」。而，底本「柁枋」中「長一丈八尺」之「一號」，與「二」、「三」號，「南圖本」入「楠木連二板枋」；底本「杉木連二板枋」中「十六號」，「南圖本」入「松板」；底本「楠木連二板枋」中「二」、「五」號，「南圖本」入「柁枋」；底本「松板」中「長一丈五尺」之「二號」，「南圖本」入「杉木連二板枋」。

㊵「一」，底本、「南圖本」原作此、「全電檔」同，「備史本」作「壹」，今不從。

❹❶ 符號「〇」并「燊」，底本、「南圖本」模糊，今據前後格式及殘損字形補出，「備史本」字同，「全電檔」均同。

❹❷「棘」，底本、「南圖本」原作「棘」，今逕正，後不再注。

❹❸「三」，底本漫漶，今據「南圖本」補。

❹❹「小鷹架平頭」，底本漫漶，今據「南圖本」補。

❹❺「杉條」、「杉槁木」并符號「-」，參本書卷四《見工灰石作二差・見行事宜》「木料」條（三十八葉背）所云「鷹平、條槁等木」（本卷《山西廠條議》「置册籍以便稽查」條同，二十三葉背），恐即指此，今疑或爲慣用語，不宜全斷，暫添此以連綴。

❹❻「以」，底本模糊，今據「南圖本」補。

❹❼「鉼」，底本、「南圖本」原作「鉼」，今正。

❹❽「外兩扇」之「外」，底本、「南圖本」原作此，「全電檔」同，今疑或衍，暫不删。

❹❾「衷」，底本、「南圖本」原作「衷」，今逕正，後不再注。

❺⓿「干」，底本、「南圖本」原作「千」，「全電檔」同，今改。

❺❶「一」并符號「-」，底本、「南圖本」原無，今據全篇行文體例補出。

❺❷「毋」，底本、「南圖本」原作「母」，「全電檔」同，「備史本」作「毋」，今改。

❺❸「毋」，底本、「南圖本」原作似「母」，「全電檔」同，今改，「備史本」同。

❺❹「三」，底本、「南圖本」原上空一字格（即「成」下），今省却。

❺❺「晝」，底本、「南圖本」原作「晝」，今從「備史本」改。

❺❻「祭」，底本、「南圖本」原作「祭」，今逕正，「備史本」同，後不再注。

❺❼「減」，底本、「南圖本」原上空一字格（即「若」下），今仍其舊。

❺❽「廠」，底本、「南圖本」原上空一字格（即「虞」下），今省却。

❺❾「傍」，底本、「南圖本」原作「徬」，今逕正，後不再注。

❻⓿「廠」，底本、「南圖本」原上空一字格（即「棄」下），今疑當爲刻本間隔用，本篇均有此例，現概省。

❻❶「賤」，底本、「南圖本」模糊，今據「備史本」補，「全電檔」同。

❻❷「本」，底本、「南圖本」原作「本」，「全電檔」同，「備史本」作「木」，暫不從。

❻❸「懶」，底本、「南圖本」原作「懶」，據《正字通》，此爲「俗『嬾』字」，其復云「懶」與「嬾」同（卯集·上集，心部·「十六」畫，第三百八十六-三百八十七頁、六十三葉背-六十四葉正）。又，《現代漢語詞典》「懶」條附記「嬾」爲异體（第七百七十二頁），今并從，後亦逕正不注。

❻❹「殺」，底本、「南圖本」原作「殺」，今逕正，「備史本」同，後不再注。

❻❺「敲」，底本、「南圖本」原作「敲」，今正。

❻❻「暴」，底本、「南圖本」原作「暴」，「全電檔」同，今疑當即「暴」訛，改。又，「備史本」作「暴」，暫不從。

工部廠庫須知

卷之六

工科給事中　臣　何士晉　纂輯
廣東道監察御史　臣　李嵩　訂正
虞衡清吏司郎中　臣　徐久德　攷載
虞衡清吏司主事　臣　樓一堂
營繕清吏司主事　臣　陳應元
都水清吏司主事　臣　黄景章
屯田清吏司主事　臣　華顔　仝編

虞衡司❶

掌，天下山澤、採捕、陶冶之事❷，凡四方一切輸貢，及各監局鑄辦，皆由本司統覈❸、出納。分司，爲寶源局、驗試廳，盔甲、王恭二廠。所屬，爲寶源局大使，皮作局大使、副使，軍器局大使、副使。

年例錢糧——

一年一次

○寶鈔司，年例灰、柴等料。造，供用草紙等用。

會有：

甲字庫

粗白棉布，二十五疋。每疋，長三丈二尺、濶一尺八寸。每疋，銀三錢。該銀七兩五錢。

丁字庫

白蔴，六百四十斤。每斤，銀三分。該銀一十九兩二錢。

桐油，一百二十斤。每斤，銀三分六厘。該銀四兩三錢二分。

法司撥囚搬運

石灰，一十一萬五千斤。每百斤，銀七分五厘。該銀八十六兩二錢五分。

順天府辦送

石碓礦，三條，各長三尺、見方一尺二寸。
荆筐，三箇，各長七尺、濶五尺、深三尺五寸。

通州抽分竹木局[1]

猫竹，十根，各長一丈五尺、圍三寸五分。照「四號」，折五根。每根，銀六分。該銀三錢。
散木，四十根。內[2]

十二根，各長一丈四尺、圍三尺八寸。照「三號」，每根，一兩六錢。該銀十九兩二錢。
九根，圍三尺一寸。照「五號」，折九根六分。每根，九錢三分。該銀八兩九錢三分。
十九根，各長一丈三尺、圍三尺八寸。照「四號」，折得二十根六分。每根，銀一兩一錢五分。
該銀二十三兩六錢九分。
以上，除順天府「石碓礦」、「荆筐」，係順天府辦送外，八項，共銀一百六十九兩三錢九分。
今，減過銀三十四兩五錢六分五厘。

召買：
石灰，十一萬五千斤。每百斤，銀七分五厘。該銀八十六兩二錢五分。
木柴，七十一萬斤。每萬斤，銀一十八兩。該銀一千二百七十八兩。
榆木，四根，各長一丈二尺。內：二根，徑一尺四寸，照「二號」，每根，銀七錢八分，該銀一兩五錢六分；二根，徑一尺二寸，照「四號」[3]，每根，銀七錢，該銀一兩四錢。

栗木，二根，各長二丈一尺、圍二尺五寸。照「二號」，每根，銀一兩八分。該銀二兩一錢六分。

柁木，一十二根，各長一丈八尺、圍四尺七寸。照「五號」，折得一十一根七分。每根，銀三兩。該銀三十五兩一錢。

馬尾，二斤十二兩。每斤，銀三錢二分。該銀八錢八分。

黃棕，三十斤。每斤，銀三分五厘。該銀一兩五分。

以上七項，共銀一千四百六兩四錢。今，減銀三十三兩八錢三分五厘。

○廣積庫，買辦硝、黃。

召買：

盆淨焰硝，二十萬七千五百斤。每斤，銀二分五厘。該銀五千一百八十七兩五錢。

熟硫黃，四萬斤。每斤，銀四分。該銀一千六[4]百兩。

以上二項，共銀六千七百八十七兩五錢。

前件：係成造京營春、秋操演火藥用。每年一辦，交納該庫，聽盔甲廠會造火藥。然，交庫則入有「鋪墊」之費，而出又有攙和❹、低假之弊。近議，欲令鋪商徑納該廠，相應得實用，而省虛費。已擬，堅行矣。

○兵仗局，水和炭。

召買：

水和炭，五十萬斤。每萬斤，銀一十九兩五錢。該銀九百七十五兩。外，法司撥囚搬運，五十萬斤。

○酒、醋、麵局，年例成造酒麵，柴、炭。

召買：

木柴，八十八萬斤。每萬斤，銀一十八兩。該銀一千五百八十四兩。

木炭，二萬斤。每百斤，銀四錢二分。該銀八十四兩。

外，間一修理磚竈，四座❺。「大通橋」取城磚❻，四百箇，該運價銀二兩二錢。召買：白灰一千斤，每百斤，燒、運價七分五厘，該銀七錢五分；青灰，六百斤，每百斤，銀七分，該銀四錢二分；麻筋，三百斤，每斤，銀五厘，該銀一兩五錢。又，寶源局修理破鐵鍋，四口。雖經題，節年止二口，俱未送。共銀四兩八錢七分[5]。

○酒、醋、麵局，拴麯麻繩❼，七百條。

會有：

丁字庫─

白麻，一百二十四斤。每斤，銀三分。該銀三兩七錢二分。近，止給七十一斤二兩。該銀二兩一錢三分三厘七毫五絲。

○尚寶司，寶色。

召買：

水花硃，一百二十斤。每斤，銀五錢二分。該銀六十二兩四錢。

前件：皆，召商辦送該司。今，據商稱費累，合無免買，即折銀，送司自辦，似爲便益。

○修倉廠，派支協濟「料價」，每年多寡不等。

前件：憑「繕司」付派。舊「例」，派價有併派鋪商者。近，「虞」、「水」、「屯田」三司議、照：派發銀，聽「繕司」鋪商投領，免派三司鋪商。實爲長便。

三年兩次。子❽、午、卯、酉、辰、戌、丑、未年，辦。

○兵仗局，小修、兌換軍器。

會有：

節愼庫⁶⁻

蘇州鋼，二千七百斤。每斤，銀三分六厘五毫。該銀九十八兩五錢五分。

盔甲廠⁻

白熟絲細線，二十斤。每斤，銀九錢。該銀一十八兩。

臺基廠-

杉木，九十三丈、圍三尺。照「估」，長二丈五尺、圍二尺五寸，折得四十四根七分。每根，銀一兩八錢。該銀八十兩二錢八分。

以上三項，共銀一百九十六兩八錢三分。

丁字庫-

白硝鹿皮❾，一百五十張。每張，銀四錢八分。該銀七十二兩。

通州抽分竹木局-

猫竹，五百七十四根，各長二丈二尺、圍一尺，折得七百四十二根八分。每根，六分。該銀四十四兩五錢六分八厘。

以上二項，共銀一百一十六兩五錢六分八厘。

召買：

金箔，四百五貼，各見方三寸六分。每貼，銀四分五厘。該銀一十八兩二錢二分五厘。

中青熟絲細線，一百一十八斤八兩。每斤，銀九錢。該銀一百六兩六錢五分。

木紅熟絲細線，八十斤。每斤，銀九錢。該銀七十二兩。

栢枝綠熟絲細線，二十六斤。每斤，銀九錢。該銀二十三兩四錢。

茜紅火把纓，一百一十斤。每斤，銀一錢三分。該銀一十四兩三錢。

白硝獐皮，一百一張。每張，銀二錢五分。該銀二十五兩二錢五分。

白硝馬皮，八十四張。每張，銀三錢五分。該銀二十九兩四錢。

脂硝黃牛皮，二十四張一分。每張，銀四錢。五分。該銀一十兩八錢四分五厘。

透油黃牛皮，十張。每張，銀五錢。該銀五兩。

沙魚皮，九十四張。每張，銀一錢五分。該銀一十四兩一錢。

藍斜皮，五十六截。每截，銀一錢。該銀五兩六錢。

紅斜皮，三十三截六分。每截，銀一錢。該銀三兩三錢六分。

黑斜皮，五十一截五分。每截，銀一錢。該銀五兩一錢五分。

白綿羊毛，八十五斤四兩。每斤，銀九分。該銀七兩六錢七分二厘。

土堿，二百五十斤。每斤，銀五厘。該銀一兩二錢五分。

小灰，二百二十石。每石，銀二分。該銀四兩四錢。

麻子油，三百五十斤。每斤，銀二分。該銀七兩。

熟金漆，三百二十四斤。每斤，銀二錢四分。該銀七十七兩七錢六分。

木炭，三萬二千斤。每萬斤，銀四十二兩。該銀一百三十四兩四錢。

水和炭，一十二萬五千斤。每萬斤，銀一十九兩五錢。該銀二百四十三兩七錢五分。

松椀木，一百八十丈、圍四尺，折得八十八根八分。每根，銀二兩九錢。該銀二百五十七兩五錢二分。

椵木，二十八丈、圍二尺五寸。每丈，銀三錢六分。該銀一十兩八分。

榆木，一十六丈五尺、圍三尺。每丈，銀五錢。該銀八兩二錢五分。

檀木，四十丈、圍二尺，折得五十七根。每根，銀四錢六分。該銀二十六兩二錢二分。

木柴，一萬七千斤。每萬斤，銀一十八兩。該銀三十兩六錢[10]。

生血水牛皮，四百張。內：二百張「二號」，每張，銀四兩五錢二分，該銀九百四兩；「三號」，二百張，每張，銀三兩六錢，該銀七百二十兩。共銀一千六百二十四兩。

以上二十六項，共銀二千七百六十六兩一錢八分二厘。

車戶運，杉木，九十三丈。脚價，銀一兩五錢二分五厘。

三年一次

〇兵仗局，大修、兌換軍器。寅、申、巳、亥年，辦。

會有：

盔甲廠

白熟絲細線，三十一斤。每斤，銀九錢。該銀二十七兩九錢。

臺基廠

杉木，一百一十丈、圍三尺。照，長二丈五尺、圍二尺五寸，折得五十二根。每根，銀一兩八錢。該銀九十三兩六錢[二]。

丁字庫

白硝鹿皮，一百七十七張。每張，銀四錢八分。該銀八十四兩九錢六分。

廣盈庫

黃素綾，三疋，各長三丈二尺。每疋，銀八錢。該銀二兩四錢。

節慎庫

蘇州鋼，五千五百一十斤。每斤，銀三分六厘五毫。該銀二百一兩一錢一分五厘。

通州抽分竹木局

猫竹，七百四十七根，各長二丈二尺、圍一尺。照，長一丈七尺，折得八百九十根。每根，銀六分。該銀五十三兩四錢。

以上六項，共銀四百六十三兩三錢七分五厘。

召買：

金箔，三千九百二十貼，各見方三寸六分。每貼，銀四分五厘。該銀一百七十六兩[12]四錢。

大樣沙礶，七十箇。每箇，銀四分五厘。該銀三兩一錢五分。

中青熟絲細線，三百四十二斤。每斤，銀九錢。該銀三百七兩八錢。

木紅熟絲細線，二百二十八斤。每斤，銀九錢。該銀二百五兩二錢。

栢枝綠熟絲細線，六十七斤。每斤，銀九錢。該銀六十兩三錢。

黃熟絲細線，三斤。每斤，銀九錢。該銀二兩七錢。

茜紅火把纓，四百三十七斤。每斤，銀一錢三分。該銀五十六兩八錢一分。

白硝獐皮，一百八十張。每張，銀二錢五分。該銀四十五兩。

白硝馬皮，一百七十張。每張，銀三錢五分。該銀五十九兩五錢。

透油黃牛皮，一百七十張。每張，銀五錢。該[13]銀八十五兩。

脂硝黃牛皮，二百一十四張。每張，銀四錢五分。該銀九十六兩三錢。

藍斜皮，五百六十八截。每截，銀一錢。該銀五十六兩八錢。

沙魚皮，一百六十七張。每張，銀一錢五分。該銀二十五兩五分。

黑斜皮，八百二十四截。每截，銀一錢。該銀八十二兩四錢。

紅斜皮，三十三截。每截，銀一錢。該銀三兩三錢。

白綿羊毛，一百四十六斤。每斤，銀九分。該銀一十三兩一錢四分。

黑鵰翎，六萬五千六百一十根。每根，銀一分五厘。該銀九百八十四兩一錢五分。

南針條，二千斤。每斤，銀六分。該銀一百二十兩。

土堿，五百六斤。每斤，銀五厘。該銀二兩五[14]錢三分。

麻子油，五百三十斤。每斤，銀二分。該銀一十兩六錢。

熟金漆，四百一十斤。每斤，銀二錢四分。該銀九十八兩四錢。

水和炭，一十五萬三千斤。每萬斤，銀一十九兩五錢。該銀二百九十八兩三錢六分。

木炭，八萬九千斤。每萬斤，銀四十二兩。該銀三百七十三兩八錢。

小灰，二百七十五石。每石，銀二分。該銀五兩五錢。

柳柴灰，二萬五千斤。每百斤，銀八錢五分。該銀二百一十二兩五錢。

松杝木，四百丈、圍四尺。照，一丈八尺、圍四尺五寸，折得一百九十七根。每根，銀二兩九錢。該銀五百七十一兩三錢。

檀木，七十丈、圍二尺。照，長七尺、圍一尺五[15]寸⑩，折得九十四根。每根，銀四錢六分。該銀四十三兩二錢四分。

椴木，四十四丈、圍二尺五寸。每丈，銀三錢六分。該銀一十五兩八錢四分。

榆木，二十丈、圍三尺。每丈，銀五錢。該銀一十兩。

箭桿竹，二萬一千八百七十枝。每百枝，銀二錢一分。該銀四十五兩九錢二分七厘。

木柴，五萬五千一百斤。每萬斤，銀一十八兩。該銀九十九兩一錢八分。

生血水牛皮，四百八十一張。內：「二號」，二百四十張，每張，銀四兩五錢二分，該銀一千八十四兩八錢；「三號」，二百四十一張，每張，銀三兩六錢，該銀八百六十七兩六錢。共銀一千九百五十二兩四錢。

以上三十二項，共銀六千一百二十二兩五錢七分七厘[16]。

車戶運，杉木，一百十丈。脚價，銀一兩八錢三厘七毫。

前件：查得，該局軍器，大約十二年之內，遇寅、申、巳、亥年則「大修」，遇子、午、卯、酉、辰、戌[11]、丑、未年則「小修」，是修無虛歲也。除「大修」照舊外，「小修」可壓一年，臨題斟酌。

○酒、醋、麵局，剿刀，二十把。牀[12]，全。舊，營繕所成造，今改召買。

召買：每把，五錢。該銀一十兩。已省七兩八錢四分。

○酒、醋、麵局，酒、麵家火。辰、戌[13]、丑、未年，文思院成造。

生絹篩麵羅，六十副。邊布，全。

拴驢索，六百條。

會有：

承運庫—

潤生絹，三十疋一丈一尺。該銀一十六兩七錢七分五厘。

甲字庫—

潤機布，二十二疋。該銀三兩九錢六分。

丁字庫⑭—

白麻，六百斤。該銀一十八兩。

以上三項，共銀三十八兩七錢三分五厘[17]。

○酒、醋、麵局，鐵杓，五十把。寅、申、巳、亥年。

召買：該銀一兩五錢。該局，領銀自買。

四年一次

○酒、醋、麵局，盛麵竹簍、二百個，竹籮、三百個。舊係營繕所造，今，該局折辦。巳、酉、丑年。

會有：

丁字庫-

白圓藤，九十斤。該銀三兩六錢。已減過一十四斤二兩。

通州抽分竹木局-

青皮猫竹，一百二十根。該銀一十八兩。已減過三十五根。

以上二項，共銀二十一兩六錢。

召買：

筀竹，四千根。每根，八厘。該銀三十二兩。已減八兩。

工食，銀一十五兩八錢。已減七兩。

前件：近年，每次將「會有」二項、「召買」一項，共給銀二十四兩七錢二分五厘⑮，折與[18]該局自辦⑯，工食不給。照《條例》，已省二十八兩八錢七分五厘⑰。

○酒、醋、麵局，弔麯麻繩，一千五百條。寅、午、戌年⑱，造。舊，文思院造；今，該局領麻自辦⑲。

會有：

丁字庫-

白麻，六百斤。該銀一十八兩。無工食[20]。

○酒、醋、麵局，馬連根，八百斤。亥、卯、未年，造。該局，領銀自置。

召買：銀二兩四錢。

○錦衣衛，象房煑料鐵鍋口等件。巳、酉、丑年。

會有：

甲字庫—

明礬，三百八十三斤八兩。每斤，銀一分五厘。該銀五兩七錢五分二厘。

水膠，八十五斤八兩。每斤，銀一分七厘。該銀一兩四錢四分五厘。

黃丹，一十一斤十兩。每斤，銀三分七厘。該銀四錢三分。

苧布，六疋二丈。每疋，銀二錢。該銀一兩三[19]錢二分五厘。

定粉，一十四斤。每斤，銀五分。該銀七錢。

銀硃，九斤八兩。每斤，銀四錢三分五厘。該銀四兩一錢三分二厘。

槐子，二斤。每斤，銀一分。該銀二分。

靛花[21]，七斤。每斤，該銀八分。共該銀五錢六分[22]。

藤黃，三斤。每斤，銀五分。該銀一錢五分。

無名異，六斤八兩。每斤，銀四厘。該銀二分六厘。

水花硃，二十二斤五兩二錢。每斤，銀五錢二分。該銀一十一兩六錢九分。

二硃，九斤二錢。每斤，銀二錢。該銀一兩八錢二厘五毫。

馬湖茜草，一千六百九十五斤。每斤，銀一錢。該銀一百六十九兩五錢。

白礬，一斤四兩。每斤，銀四厘。該銀五厘。

丙字庫[20]

荒絲，六十五斤十四兩。每斤，銀四錢。該銀二十六兩三錢五分。

吐絲[23]，四斤六兩。每斤，銀四分。該銀一錢七分五厘。

丁字庫

白川線麻，六十七斤。每斤，銀三分。該銀二兩一分。

桐油，八十六斤八兩。每斤，銀三分六厘。該銀三兩一錢一分四厘。

白川麻，七十一斤。每斤，銀三分。該銀二兩一錢三分。

魚線膠，六十七斤。每斤，銀八分。該銀五兩三錢六分。

綿麻，一百八十斤。每斤，銀一分四厘。該銀二兩五錢二分。

廣長牛觔，五十九斤。每斤，銀一錢二分七厘。該銀七兩四錢九分三厘。

檀木，三十根，共長六丈。照「估」，每丈，銀二分[21]三厘。該銀一錢三分八厘。

生鐵，一萬八千七百二十斤。每斤，銀六厘。該銀一百一十二兩三錢二分。

生血水牛皮，二十二張。每張，銀三兩六錢。該銀七十九兩二錢。

黃蠟[24]，一斤四兩。每斤，銀一錢二分。該銀一錢五分。

節慎庫—

熟建鐵，一萬四千二百二十斤。每斤，銀一分六厘。該銀二百二十七兩五錢二分。

廣盈庫—

黃絹，二十三丈八尺。照「估」，每疋，三丈六尺，折得六疋半。每疋，銀五錢五分。該銀三兩五錢七分五厘。

紅綠紵絲，二十七丈四尺五寸。每丈，銀八錢。該銀二十一兩九錢六分。

黃布，四丈三尺五寸。照「估」，每疋，長三丈，銀二錢。該銀二錢九分[22]。

通州抽分竹木局—

杉木心，一十二根。每根，銀五分。該銀六錢。

松木板，二塊。每塊，銀三錢。該銀六錢。

青皮猫竹，五十三根半。每根，銀一錢二分。該銀六兩四錢二分。

松木，四根。照估「六號」，每根，銀六錢。該銀一兩三錢四分。

以上三十四項，共銀七百兩八錢二分五厘。今，減一百二十九兩四錢五分七厘二絲五忽[25]。

召買：

秋白羊毛，一千三百九十七斤八兩。每斤，銀九分。該銀一百二十五兩七錢七分五厘。

紅眞牛皮，一百九十五張二分。每張，銀五錢。該銀九十七兩六錢。

木柴，一萬六千三百六十斤。每萬斤，銀十四兩五錢。該銀二十三兩七錢二分二厘[23]。

麻線，五斤。每斤，銀一錢一分。該銀五錢五分。

木炭，二萬二千三百三十斤十二兩。每萬斤，銀三十五兩。該銀七十八兩一錢五分七厘。

煉堿[26]，三百八十三斤十二兩。每斤，銀八厘。該銀三兩七分。

黃杭細絹，五十五丈八尺二寸。照「估」，每疋，三丈二尺，折十七疋。每疋，銀一兩二錢。該銀二十四兩四錢。

黃藍熟絲線，五兩二錢二分。每斤，銀八錢七分。該銀二錢八分三厘。

胭脂，八十二個。每百個，銀五分。該銀四分一厘。

烟子，三兩六錢。每斤，銀五厘。該銀一厘一毫。

大碌，八斤。每斤，銀七分。該銀五錢六分。

廣膠，二斤。每斤，銀二分五厘。該銀五分24。

花綿帶，四十八條。每條，銀三厘。該銀九分六厘。

金箔，三百五十二貼。每貼，銀二分。該銀七兩四錢。

黃細絡絨，五百一十斤。每斤，銀七錢。該銀三百五十七兩。

樟木，一丈八尺。照「估」，長六尺、圍三尺五寸，折三段四分。每段，銀四錢五分。該銀一兩五錢三分。

小磨菇釘，五千個。雨點釘，二百個。　鐵環㉗、鐵眼錢、鐵轉軸、鐵葉等件，重三十八斤。每斤，銀三分。該銀一兩一錢四分。

茜紅羊毛，二百七十八斤。每斤，銀一錢三分。該銀三十六兩一錢四分。

白麻線，二千五百二條。照「估」，折得五千四百條。每百條，銀二分。該銀一兩八毫。

綠斜皮，一百二十八截二分。每截，銀一錢。該銀一十二兩八錢二分25。

柳木杄㉘，九十段。每十段，給銀二分。該銀一錢八分。

香油，七斤二兩四錢。每斤，銀二分八厘。該銀二錢。

炸塊，四萬四千五百五十一斤八兩。每萬斤，銀一十二兩七錢五分。該銀五十六兩八錢三厘。

泡皮大木桶，一個。量給，銀二錢㉙。

磁末，三千五百斤。每百斤，銀一錢三分。該銀四兩五錢五分。

青坩土㉚，三千斤。每百斤，銀六分。該銀一兩八錢。

斜席，一百七十領。每領，銀二分五厘。該銀四兩二錢五分。

川腸草，二千五百斤。每百斤，銀二分。該銀五錢。

竹篩，十把。每把，銀一分。該銀一錢。

馬尾羅，十把。每把，銀一分四厘。該銀一錢[26]四分。

柳木杆，四十根。每根，銀五厘。該銀二錢。

土坯，二千個。每百個，銀七分。該銀一兩四錢。

喇叭、一對，鎖吶、一對，哱囉、一對，共重五斤十二兩。每斤，銀一錢三分。該銀七錢四分七厘五毫。

橫笛，二枝。每枝，銀二分。該銀四分。

槐木車頭，四個，各長一尺五寸、徑一尺四寸。照「估」，長四尺五寸、圍四尺五寸，折二個二分。每個，銀三錢五分。該銀七錢七分。

槐木輻條，七十二根，各長二尺五寸、濶三寸、厚二寸五分。照估「二號」，長三尺二寸、濶四寸、厚三寸五分，折三十根。每根，該銀二分七厘。該銀八錢一分。

槐木，二根，各長八尺、圍二尺一寸。照估「六號」，每根，銀三錢七分。該銀七錢四分[27]。

槐木水屑，七十二根，各長七寸、厚一寸二分。照「估」，長八寸、見方一寸，折十五根六分[31]。每根，五厘。該銀三錢七分八厘。

榆木，一根。照估「七號」，每根，銀五錢。該銀五錢。

棗木車輞，三十六塊，各長二尺、濶六尺、厚三寸五分。照估「二號」，長二尺五寸、濶七寸、厚三寸，折二十八塊。每塊，銀一錢五分。該銀四兩三錢二分。

襍油，五十六斤八兩。每斤，銀二分三厘。該銀一兩二錢九分九厘五毫。

細石麵，二十斤。每斤，銀二分五厘。該銀五錢。

二碌，四斤八兩。每斤，銀五分五厘。該銀二錢四分七厘五毫。

漆黃，四斤。每斤，銀三分。該銀一錢二分。

白麵，一十六斤八兩。每斤，銀八厘。該銀一錢三分二厘[28]。

石灰，一十七斤四兩。每百斤，銀一錢二厘。該銀一分七厘五毫。

桑皮紙，二百四張。每百張，銀三分。該銀六分一厘二毫。

葉銅、三塊，小釘、六十四個，量給，銀一錢。

以上四十八項，共銀八百四十八兩五錢四分二厘一毫。今，減七十二兩一錢九分九厘二毫。

工食，銀五百九十兩九錢九分六厘。今，減一百一十兩二錢九分二厘八毫七絲五忽。

五年一次

〇酒、醋、麵局，竹筅箒、二千四百把，竹笊籬、二千四百把。乙、庚年，造。舊，營繕所造；今，該局折辦。

會有：

通州抽分竹木局-

青皮猫竹，三百根。該銀三十一兩五錢。已減過一百根。

召買：

筀竹，三千五百根。該銀三十一兩[29]。

黃藤，二十斤。該銀六錢。

以上二項，共銀三十一兩六錢。

工食，銀十二兩。已減過六兩。

〇酒、醋、麵局，生絹酒袋，二千條。戊、癸年。已減過二百五十條。

會有：

承運庫—

生絹，二百七十五疋。該銀一百五十一兩二錢五分。已減過八十六疋一丈一尺。該局，自領造用。

○酒、醋、麵局，蘆葦，二萬五千斤。戊、癸年。已減過，五千斤。該局，領銀自辦。

召買：該銀四十二兩五錢。

六年一次

○酒、醋、麵局，麥檻、二座，麩檻、四座。今，減二座；巳、亥年，造。舊，營繕司造；今，該局領辦。

會有：

甲字庫—

水膠，二斤。該銀三分四厘。

黃丹，一斤。該銀三分七厘[30]。

無名異，一斤。該銀四厘。

丙字庫—

吐絲，半斤。該銀貳分。

丁字庫-

魚線膠，六斤。該銀四錢八分。

桐油，七斤八兩。該銀二錢二分五厘。俱，減訖。

以上六項，共銀八錢。

召買：

散木，一十六根。內：二根，每根，二兩一錢，該銀四兩二錢；一十四根，每根一錢三分，該銀一兩八錢二分。

松木，一十四根。內：四根，每根，銀六錢，該銀二兩四錢；一十根，每根，銀一錢，該銀一兩。

三寸釘，一百八十個，重三斤八兩。每斤，三分。該銀一錢五厘。

兩尖釘，三百個，重十斤。每斤，銀三分。該銀三錢[31]。

樸油，三斤。每斤，銀二分七厘。該銀八分一厘。

入油紅土，六斤。每斤，一分。該銀六分。俱，減訖。

以上六項，共銀九兩九錢六分六厘。

工食，銀一十四兩三錢。先，減過五兩。

○酒、醋、麵局，掇桶、二十五個，把桶、二十五個，擡酒桶、二十五個。辰、戌年㉜。舊，營繕所造；今，該局領辦。

召買：該銀三十兩。

○酒、醋、麵局，大木桶，十隻。子、午年。

召買：該銀一十四兩。該局，領銀自辦。

○酒、醋、麵局，酒缸盖，五十個。子、午年。

召買：每個，銀六錢。該銀三十兩。該局，領銀自辦。

○酒、醋、麵局，布漆篋酒斗，四十個。寅、申年，造。已減過十個。舊，營繕所造；今，該局自買。

會有：

丁字庫—

白圓藤，三斤。該銀一錢二分。已減過一斤一兩。

甲字庫[32]—

無名異，一斤八兩。該銀六厘。

通州抽分竹木局—

水竹軟篋，一百二十斤。該銀一兩二錢。已減過三十斤。

猫竹，八根。該銀七錢二分。已減過二根。

以上四項，共銀二兩四分六厘。

召買：

熟黑漆，二十二斤八兩。每斤，銀一錢五分。該銀三兩三錢七分五厘。

白麵，二十斤。每斤，銀八厘。該銀一錢六分。

斗梁椺木，四十根。每根，銀二厘。該銀八分。

以上三項，共銀三兩六錢一分五厘。已減過九錢三厘。

工食，銀四兩九錢。已減過一兩二錢。

七年一次

〇酒、醋、麵局，水車，二副。錫斗、鐵事件，全。己卯、丙戌年[33]，該局領辦。

會有[33]：

甲字庫—

黃丹，三斤。該銀一錢一分一厘。

水膠，二十斤。該銀三錢四分。已減過五斤。

無名異，三斤。該銀一分二厘。

丙字庫—

吐絲，一斤。該銀四分。

丁字庫—

水膠，一百斤。該銀八兩。已減過三十五斤。

桐油，一百斤。該銀三兩六錢。已減過二十斤。

魚線膠，六斤。該銀四錢八分。

以上七項，共銀一十二兩五錢八分三厘。

召買：

榆木，九根。每根，銀一錢五分。該銀一兩三錢五分。

棗木車輞，三十塊。每塊，銀三錢五分。該銀四兩五錢。

槐木，二段。每段，銀七分。該銀一錢四分。

檀木，四根。每根，銀四錢五厘。該銀一兩六[34]錢二分。

檀木輻條，四十根。照舊「卷」，折六根。每根，銀四錢五厘。該銀二兩四錢三分。

栢木，一十二根。照「估」，折九根。每根，銀八錢四分。該銀七兩五錢六分。

褓油，三十斤。每斤，銀二分三厘。該銀六錢九分。
入油紅土，四十斤。每斤，銀一分。該銀四錢。
雙連釘，二千個，重十八斤。每斤，銀三分。該銀五錢四分。
以上九項，共銀一十九兩二錢三分。已減過十七兩九錢七分。
工食，銀一百兩九分一厘九毫九絲。已減過五十六兩。

八年一次

○酒、醋、麵局，起酒木杓，三十把。乙亥、癸未年。舊，營繕所造；今，該局領辦。

會有[35] [34]：

甲字庫—

水膠，三斤十二兩。該銀六分三厘。

黃丹，十兩。該銀二分三厘。

無名異，十兩。該銀二厘五毫。

丙字庫—

吐絲，四兩。該銀一分。

丁字庫—

桐油，七斤八兩。該銀二錢七分。

以上五項，共銀三錢六分八厘五毫。

召買：

杉板，十二塊。每塊五錢。該銀六兩。

㯓油，三斤十二兩。該銀八分六厘。

白麵，三斤十二兩。該銀三分。

紅土，三斤十二兩。該銀三分七厘。

以上四項，共銀六兩一錢五分三厘。

工食，銀四錢八分。

○酒、醋、麵局，大匾簸，三十個。辛巳、己丑年。舊，營繕所造；今，該局折辦[36]。

會有[35]：

通州抽分竹木局—

猫竹，二百二十根，各長二丈五寸、頭圍八寸三分、稍圍四寸四分。該銀六兩七錢。已減過四十五根。

召買：

筆竹，二百五十根。每根，八厘。該銀二兩。

工食，銀三兩六錢。已減過九錢。

〇酒、醋、麵局，麵架松木，五百根。已減過一百根[36]。壬午、庚寅年，該局領辦。

召買：每根，銀一錢七分。該銀八十五兩。

十年一次

〇琉璃窑，燒造內官監磁缸等件。丙年。

會有：

承運庫

潤生絹，五十疋。每疋，銀五錢。該銀二十五兩。

甲字庫[37]

潤白綿布，五十疋。每疋，銀一錢八分。該銀九兩。

丁字庫

白麻，一千斤。每斤，銀三分。該銀三十兩。

以上三項，共銀六十四兩。

召買：

木柴，三百九十四萬斤。每萬斤，銀一十五兩。該銀五千九百十兩。

召買：

〇廣積庫，預備細藥硝、黃。壬年。

盆淨焰硝，一百五十萬斤。每斤，銀二分五厘。該銀三萬七千五百兩。

熟硫黃，五十萬斤。每斤，銀四分。該銀二萬兩。

以上二項，共銀五萬七千五百兩。

前件：查得，四十一年題過：除九邊併內供，派「硝」三十一萬一千一百一十一斤、派「黃」九萬九千八百八十三斤，共四十一萬九百九十一斤外，其預備細藥，派「硝」一百二十七萬一千二百零四斤八兩、「黃」三十一萬七千八百一斤八兩。近[38]，本司查照「造藥」額則，用「黃」甚少，欲照「則」，減黃、增硝，有《條議》附開在後。下次，相應斟酌題派。

不等年分

○乙字庫，年例「龍瀝」等紙。辛巳、甲申、己丑，約三、五年不等。

召買：

大白龍瀝紙，四百萬張。每百張，銀三錢四分二厘。該銀一萬三千六百八十兩。

小白中夾紙，四百萬張。每百張，銀一錢。該銀四千兩。

大黃龍瀝紙，一百五十萬張。每百張，銀三錢四分二厘。該銀五千一百三十兩。

大紅龍瀝紙，五十萬張。每百張，銀三錢四分二厘。該銀一千七百一十兩。

大綠龍瀝紙，五十萬張。每百張，銀三錢四分二厘。該銀一千七百一十兩。

大皂龍瀝紙，五十萬張。每百張，銀三錢四分二厘。該銀一千七百一十兩。

高頭白紙，三百萬張。每百張，銀一分九厘[39]。該銀五百七十兩。

小開化紙，二百萬張。每百張，銀四分。該銀八百兩。

以上八項，共銀二萬九千三百一十兩。

○兵仗局，補造「神器」。己卯、甲申、庚寅年，造。

會有：

節愼庫－

熟建鉄，三萬七千四百斤。每斤，銀一分六厘。該銀五百九十八兩四錢。

蘇州鋼，二千一百四十六斤。每斤，銀三分六厘五毫。該銀七十八兩三錢二分九厘。

南鉛，一萬三百二十斤。每斤，銀四分五厘。該銀四百六十四兩四錢。

丁字庫－

白硝山羊皮，二千四百張。每張，銀一錢七分。該銀二百三十八兩。

桐油，一千一百斤。每斤，銀三分六厘。該銀[40]三十九兩六錢。

二火黄銅，八萬七千四百六斤。每斤，銀八分一厘。該銀七千七十九兩八錢八分六厘。

通州抽分竹木局－

猫竹，一千八百根，各長二丈二尺、圍一尺。照「四號」，長一丈七尺，折二千三百二十九根。每根，銀六分。該銀一百三十九兩七錢四分。

以上七項，共銀八千六百三十八兩三錢五分五厘。

召買：

生血水牛皮，一百七十張。「二號」，八十五張，每張，銀四兩五錢二分；「三號」，八十五張，每張銀三兩六錢。共該銀六百九十兩二錢。

熟南漆，二千一百六十六斤。每斤，銀一錢五分。該銀三百二十四兩九錢[41]。

透油黃牛皮，八百五十張。每張，五錢。該銀四百二十五兩。

脂硝黃牛皮，四百三十張。每張，銀四錢五分。該銀一百九十三兩五錢。

熟金漆，三千八百斤。每斤，銀二錢四分。該銀九百一十二兩。

大樣砂礶，九千四百個。每個，銀四分五厘。該銀四百二十三兩。

木炭，二十八萬斤。每萬斤，銀四十二兩。該銀一千一百七十六兩。

水和炭，五十五萬斤。每萬斤，銀十九兩五錢。該銀一千七十二兩五錢。

柳柴炭，六千斤。每百斤，銀八錢五分。該銀五十一兩。

松柁木，七百二十丈、圍四尺。照估「五號」，長一丈八尺、圍四尺五寸，折得三百五十五根五分。每根，銀二兩九錢。該銀一千三十兩九錢五分[42]。

檀木，八十五丈、圍二尺。照「三號」，長七尺、圍一尺五寸，折得一百二十一根。每根，銀四錢六分。該銀五十五兩六錢六分。

椵木，二百六十丈、圍二尺五寸。每丈，銀三錢六分。該銀九十三兩六錢。

杉木，一百二十丈、圍三尺。照「二號」，折四十根。每根，銀三兩六錢。該銀一百四十四兩。

木柴，四萬斤。每萬斤，銀一十八兩。該銀七十二兩。

桑木，一百四十丈、圍三尺。照，長一丈、圍二尺五寸，折一百六十八丈[37]。每丈，五錢五分。該銀

九十二兩四錢。

以上十四項，共銀六千七百五十六兩七錢一分。

〇兵仗局，修、造，馬臉、尾鏡。庚午、乙亥、壬午年。

會有：

甲字庫[43]—

水銀，一百七十八斤一十四兩。每斤，銀七錢三分。該銀一百三十兩五錢七分八厘七毫。

銀硃，五百四十斤五兩。每斤，銀四錢三分五厘。該銀二百三十五兩三分五厘九毫。

水膠，三千六百八十四斤。每斤，銀一分七厘。該銀六十二兩六錢二分八厘。

明礬，四千七十一斤。每斤，銀一分五厘。該銀六十一兩六分五厘。

藍靛，九千八百二十二斤。每斤，銀一分八厘。該銀一百七十六兩七錢九分六厘。

黃丹，一百八斤一十兩。每斤，銀三分七厘。該銀三兩九錢九分八厘三毫。

五棓子，三千一百七斤。每斤，銀三分。該銀九十三兩二錢一分。

光粉，一百八斤一十兩。每斤，銀三分。該銀三兩二錢五分八厘七毫五絲[44]。

硼砂，一百三十九斤一十二兩。每斤，銀五錢五分。該銀七十六兩八錢六分二厘五毫。

丁字庫-

白硝鹿皮，四百七十五張。每張，銀四錢八分。該銀二百二十八兩。

白硝山羊皮，三千五百六十九張六分。每張，銀一錢七分。該銀六百六兩八錢三分二厘。

生漆，七千三百五十斤六兩。每斤，銀六分五厘。該銀四百七十七兩七錢七分四厘。

白錫，四百八十二斤三兩。每斤，銀八分。該銀三十八兩五錢七分五厘。

桐油，一千四百一十斤。每斤，銀三分六厘。該銀五十兩七錢六分。

黑水牛角，一千五百七十二隻。每隻，銀七厘。該銀一十一兩四厘[45]。

牛觔[38]，二千四百五十二斤三兩。每斤，銀一錢二分七厘。該銀三百一十一兩四錢二分七厘八毫。

節愼庫-

蘇州鋼，五萬二千八百一十五斤。每斤，銀三分六厘五毫。該銀一千九百二十七兩七錢四分七厘五毫。

熟建鉄，二十六萬二百九十斤六兩。每斤，銀一分六厘。該銀四千一百六十四兩六錢四分六厘。

通州抽分竹木局-

猫竹，二千二百四十八根，圍一尺、各長二丈二尺。每根，銀一錢。該銀二百二十四兩八錢。

山、臺、竹木等廠-

杉木，二百九十二丈、圍三尺。每丈，銀一兩一錢。該銀三百二十一兩二錢。

以上二十項，共銀九千二百六十兩一錢九[46]分九厘四毫五絲。

召買：

金箔，六百八十九貼六分，各見方三寸六分。每貼，銀四分五厘。該銀三十一兩三分二厘。

大紅熟細絨，六十四斤三兩二錢。每斤，銀九錢。該銀五十七兩七錢八分。

栢枝綠熟細絨，四百七十二斤八兩。每斤，銀九錢。該銀四百二十五兩二錢五分。

中青熟細絨，二千二百六斤。每斤，銀九錢。該銀一千九百八十五兩四錢。

木紅熟細絨，二千七百四十九斤十二兩八錢。每斤，銀九錢。該銀二千四百七十四兩七錢七分九厘五毫。

栢枝綠熟絲細線，一千一百五十二斤四兩八錢。每斤，銀九錢。該銀一千三十七兩七分。

木紅熟絲細線，一千五百七十二斤三兩[47]二錢。每斤，銀九錢。該銀一千四百一十四兩九錢八分。

中青熟絲細線，二千一百四十八斤四兩。每斤，銀九錢。該銀一千九百三十三兩四錢二分五厘。

白熟絲細線，一百六十五斤十三兩六錢。每斤，銀九錢。該銀一百四十九兩二錢三分四厘六毫。

黃熟絲細線，十一斤一兩六錢。每斤，銀九錢。該銀九兩九錢九分。

足色金，三百九兩五錢六分八厘。每兩，銀六兩。該銀一千八百五十七兩四錢八厘。

銀絲，四十七兩八錢四分。每兩，銀一兩一錢。該銀五十二兩六錢二分四厘。

茜紅火把纓，五萬五千八百八十五斤九兩。每斤，銀一錢三分。該銀七千二百六十五兩一錢二分三厘一毫[48]。

黑火把纓[39]，四千四百二斤。每斤，銀一錢二分。該銀五百二十八兩二錢四分。
白綿羊毛，一千八百一十五斤十二兩。每斤，銀九分。該銀一百六十三兩四錢一分七厘五毫。
脂硝黃牛皮，一千三百二張四分。每張，銀四錢五分。該銀五百八十六兩八分。
紅眞黃牛皮，七百五張六分。每張，銀五錢四分。該銀三百八十一兩二分四厘。
透油黃牛皮，五十二張八分。每張，銀五錢。該銀二十六兩四錢。
白硝馬皮，一千二十二張四分。每張，銀三錢五分。該銀三百五十七兩八錢四分。
白硝獐皮，二百六十四張。每張，銀二錢五分。該銀六十六兩。
黑眞黃牛皮，一百八十張。每張，銀五錢五分。該銀九十九兩。
沙魚皮，六百三十三張六分。每張，銀一錢[49]五分。該銀九十五兩四分。
藍斜皮，九千四百二十五截六分。每截，銀一錢。該銀九百四十二兩五錢六分。
黑斜皮，三千三百八十五截六分。每截，銀一錢。該銀三百三十八兩五錢六分。
白斜皮，二百四十七截二分。每截，銀一錢。該銀二十四兩七錢二分。
榆木，一百五十二丈二尺、圍三尺。每丈，銀五錢。該銀七十六兩一錢。
熟金漆，五百五十六斤五兩。每斤，銀二錢四分。該銀一百三十三兩五錢一分五厘。
麻子油，三百二十九斤。每斤，銀一分。該銀三兩二錢九分。

紫樺皮，一百五十七斤。每斤，銀一分五厘。該銀二兩三錢五分五厘。

五色磁末，三十六斤。每斤，銀五分。該銀一兩八錢[50]。

大樣沙礶，二千一百八個。每個，銀四分五厘。該銀九十四兩八錢六分。

土堿，一千二百五十二斤。每斤，銀五厘。該銀六兩二錢六分。

小灰，三百九十二石八斗。每石，銀二分。該銀七兩八錢五分六厘。

水和炭，一百六十八萬二千七百斤。每萬斤，銀十九兩五錢。該銀三千二百八十一兩二錢六分五厘。

木炭，六十八萬四千一百一十七斤。每萬斤，銀四十二兩。該銀二千八百七十三兩二錢九分一厘四毫。

白炭，九千六百斤。每萬斤，銀四十九兩。該銀四十七兩四分。

接白鵰翎，三百八十根。每根，銀一分四厘。該銀五兩三錢二分。

雉雞尾翎，一萬六千八百五十二根。每根，銀七厘。該銀一百一十七兩九錢六分[51]四厘。

黑雁翎[40]，一萬一千二百三十五根。每千根，銀三錢五分。該銀三兩九錢三分二厘二毫五絲。

黑鵰翎，一萬零二百三十二根。每根，銀一分五厘。該銀一百五十三兩四錢八分。

檀木，八十四丈、圍二尺。每丈，銀七錢。該銀五十八兩八錢。

椵木，一百五十四丈七尺、圍二尺五寸。每丈[41]，銀三錢六分。該銀五十五兩六錢九分二厘。

木柴，八萬八百八斤。每萬斤，銀一十八兩。該銀一百四十五兩四錢五分四厘。

箭桿竹，三萬一千四百四十根。每百根，銀二錢一分。該銀六十六兩二分四厘。

紅斜皮，一百二十二截四分。每截，銀一錢。該銀十二兩二錢四分。

白硝鹿皮，四百七十六張八分。每張，銀四[52]錢八分。該銀二百二十八兩八錢六分四厘。

藍靛，九千八百二十二斤。每斤，銀一分八厘。該銀一百七十六兩七錢九分六厘。

生漆，一萬斤。每斤，銀六分五厘。該銀六百五十兩。

以上四十八項，共銀三萬五百五兩一錢七分六厘七毫五絲。

車戶，運杉木，二百九十二丈。該脚價，銀四兩八錢七分六厘四毫。

前件：查得，三十五年，該監出「實收」，溢額外一萬一千兩。今，該造辦，已經部科、司再執奏，奉有「照原奏」之《旨》。

「科抄」稱：原奏者，《條例》也。今，應照《條例》無疑。

○酒、醋、麵局，驢槽，二十面。已減過五面㊷。乙亥、戊子年，約十三年一次。

召買：

散木，二十根。該銀一十六兩八錢。

松木，四十根。每根，銀一錢七分。該銀六兩八錢[53]。

松板，八十塊。每塊，四錢五分。該銀三十六兩。

雙連釘，八斤。每斤，三分。該銀二錢四分。

五寸棗核釘，八百個，重八斤。該銀二錢四分。
橾油紅土、橾料，該銀八錢。
以上六項，共銀六十兩八錢八分。已減過九兩九錢二分。
工食，銀十六兩九分五厘。已減過四兩。
○酒、醋、麵局，石磨，二副。盤、板、桿、索，全。辛未、乙酉年。
順天府，送辦石磨，二副。
營繕所、文思院，成造盤、板、桿、索。
會有：
丁字庫—
白麻，二百五十斤。該銀七兩五錢。
召買：
盤、板等料，共銀五兩一錢九分三厘。
工食，銀三兩一錢二分[54]。
○酒、醋、麵局，羅櫃，二座。框，全。癸酉、丙戌年㊸。
會有：

甲字庫－

水膠，五斤。該銀八分五厘。

丙字庫－

土絲[44]，一斤。該銀四分。

丁字庫－

魚線膠，四斤。該銀三錢二分。

通州抽分竹木局－

猫竹，一根。該銀九分五厘。

以上四項，共銀五錢四分。

召買：

散木，八根。每根，一錢一分。該銀八錢八分。

榆木，四段。每段，一錢五分。該銀六錢。

棗木，二段。每段，一錢五分。該銀三錢。

雙連釘，一百六十個，重三斤。每斤，三分。該銀九分。

兩尖釘，二百個，重三斤。該銀九分[55]。

襍油，十斤。每斤，二分三厘。該銀二錢三分。

白麵，六斤。每斤，八厘。該銀四分八厘。

以上七項，共銀二兩二錢三分八厘。

工食，銀一十八兩七分四厘[45]。

○酒、醋、麵局，千斤索，六百條。庚午、乙酉年。

會有：

丁字庫—

白麻，六百七十二斤。該銀二十兩一錢六分。

○酒、醋、麵局，大鍋盖，四個。丁卯、壬午年。舊，營繕所造，今改召買。

召買：每個，五兩。共銀二十兩。已減過二十六兩八錢四分。

○酒、醋、麵局，飯槽、二座，酒榨、二副。癸丑、癸酉年，約二十餘年不等，營繕所成造。

會有：

丁字庫—

桐油，六十斤。該銀二兩一錢六分[46]。已減過十五斤。

魚線膠，四斤。該銀三錢二分[47]。已減過二斤。

甲字庫[56]

水膠，十斤。該銀一錢七分。已減過七斤。

黃丹，二斤。該銀七分四厘。已減過一斤。

無名異，三斤。該銀一分二厘。已減過二斤。

丙字庫

土絲，二斤。該銀八分。

以上六項，共銀二兩八錢一分六厘[48]。

召買：

散木，三根。該銀六兩七錢八分。

榆木，四根。該銀二兩二錢。

松板，三十六塊。照「估」，折三十五塊。每塊，一兩六分。該銀三十七兩一錢。

樑油，二十四斤。該五錢五分二厘。

四寸棗核釘，四百八十個，共重三十二斤。該銀九錢六分。

五寸螞蝗蚼，五百個，共重四十三斤。該銀一兩二錢九分。

入油紅土，二十斤。該銀二錢。

白麵，二十斤。該銀一錢六分[57][49]。

以上八項，共銀四十九兩二錢四分二厘。已減十二兩八錢五分一厘。

工食，銀十八兩六錢二分三厘。已減過六兩。

○酒、醋、麵局，石碓，四副。戊申年。

○丁字庫，羊皮等料。乙酉年，辦送。

順天府，辦送。

遇缺，召買：

山羊皮，二萬七百五十九張。每張，銀二錢。該銀四千一百五十一兩八錢。

熟建鐵[50]，十九萬三千二百七十五斤。每斤，一分六厘。該銀三千九十二兩四錢。

以上二項，共銀七千二百四十四兩二錢。

前件[51]：《條例》原額，每年題辦，不得踰溢。查，萬曆四十一年[52]，該庫矇矓題辦：熟建鐵[53]，十三萬斤，該銀二千八十兩；白硝山羊皮，十三萬二千張，該銀二萬二千四百四十兩；羊粉皮，四萬五千張，該銀一萬三千五百兩。三項，共銀三萬八千二十兩矣。本部題覆，第[南58]就中通融[54]，泒：建鐵[55]，四萬斤，該銀六百四十兩；白硝山羊皮，三萬張，該銀五千一百兩；羊粉皮，五千十四張，該銀一千五百四兩。三項，原合舊額，七千二百四十四兩二錢，數不敢少溢。旋，奉有，「照庫《揭》內，泒納一半」之[底58]《旨》[56]。要知，該庫溷泒於前，以致踰例，實非上意也。已照先臣本部尚書曾同亨[57]，會同庫監[58]，曾叅酌《條例》

原奉欽依定數59，毋敢輕致冒濫。

前件60：下細數，癸丑冬，署司事員外郎劉汝佳61，泒辦成案也。雖額數無差，而「羊粉皮」一項，《條例》原所不載，照「外解」例，每張至價銀三錢，則浮濫極矣。故，奸商鑽營、爭攘。乙卯冬，該巡視廠庫科（徐紹吉）、院（翟鳳冲）62，與本司署司事郎中徐久德，會議：止照《條例》原載「山羊皮」一項，徑削去「羊粉皮」。除已交五千十四張，每張量給價銀一錢，已裁減一千兩整。今後，如遇題辦，仍斟酌《條例》「山羊皮」定價，毋得復狥該庫，巧立名色，耗蠹帑□。□會改□□□，以垂永副增「又58」□63。□□□64，掌印郎中繆國維呈堂，蒙批准，照《條例》改刊，餘俱依議行。奉此，相應刊入。

○遼東，闕領硝黃、席麻，銀五兩九錢七分。

前件：《條例》雖載，從來不闕領65。

○寧夏，闕領硝黃、席麻，銀一兩九分。

前件：亦從來不闕領。

公用年例錢糧——

一年一次

○先「關」，後補「勘合」。司禮監，工食，銀四兩八錢。四年輪。爲首，加一兩二錢。司禮監，寫字領。四司同。

○工科，精微簿籍[66]、硃盒等項，銀一兩五錢。四司同。工科吏領。

○本司，炙硯木炭，銀十二兩。四司同。本司關領。

○本司，表背匠，裝釘簿[67]、綾殼等項。工食，銀五兩。四司同。裱背匠領。

○巡視科、道，奏繳「文册」。紙劄、工食，銀四兩三錢六分二厘。科、道造册書辦領。四司俱有，而數不同，本司視三司獨少。

○三堂司廳等處，炙硯火池，銀三兩五錢六分[59][68]。各司無。

○節愼庫，主事差滿[69]，交盤錢糧，造奏繳「文册」。紙劄、工食，銀一兩九錢五分二厘五毫。四司同。庫官領，給造册書辦。

四季支領

○本司，巡風、齋宿。油、燭銀，四季，各一兩二錢五分。四司同。火房領，送各司官，取收帖附卷。

○本司，寫揭帖等項。紙價銀，四季，各八錢。四司同。本司書辦領。

○本司，印色、筆、墨銀，四季，各一兩一錢二分。櫃上書辦領，免派舖戶。

○左堂，鑄錢。紙劄銀，四季，各三兩三錢。近無「左堂」，久不支領。

○巡視盔甲廠科道并司官，紙劄銀，四季，各七兩三錢六分。冬季，加木炭，銀十兩五錢。

○驗試廳司官，紙劄銀，四季，各三兩。

○寶源局司官，紙劄銀，四季，各一兩九錢五分。

○本司司官，每月、每員，紙劄銀，五錢。《備考》有，故入[70]，本官領[60]。有別差，不重支。

○巡視廠庫科道，「書」、「算」。工食銀，四季，各二十一兩六錢。遇閏，加銀七錢。

○北安門，廠夫「王孝」等，搬運土墶。每日，用「夫」，一十二名。每名，工食，銀三分。每季，共用「夫」，一千零八十名，該工食銀三十二兩四錢。如係小旬，少一日，則除「夫」一十二名，該除銀三錢六分。臨時照月分大、小扣筭，四季出給「實收」。

○東、西安門，看守廠夫「徐誠」等，四名。每名、每月，工食，銀六錢。一季，共銀七兩二錢。四季出給

「實收」，「鐵冶銀」內給發。

不等月分

○工科，抄呈號紙。銀，二、六、十月，各七錢。遇閏月，加七錢。工科吏領。四司同。

○上、下半年，造奏繳「文冊」。紙劄、工食，銀各六兩五錢。本司雜科書辦領。數與「繕司」同，視「水」、「屯」二司稍多。

輪該夏季。俱，四司同[61]。

○承發科，塡寫「精微簿」，銀三兩六錢。承發科吏領。

○工科，抄謄章奏。紙張、工食，銀十一兩二錢八分。遇閏，加銀三兩六錢。工科抄謄吏領。

○賃，東闕朝房，銀四兩。本司關領，移送「內相」，取廻文附卷。

○知印，印色，銀一兩五錢。大堂知印領。

〇本科，題、奏本。紙張，銀二兩。本科本頭領。

〇三堂司務廳，紙劄、筆、墨等，銀九兩八錢六分。本司關領，解送，取迴文附卷。

〇本科，寫本。工食，銀五十兩六錢。遇閏，加十六兩八錢六分。本司同。本科本頭領。

〇節慎庫，燒銀。木炭，銀一兩五錢七分五厘。庫官領。

〇巡視廠庫科、道，紙劄，銀八兩八錢八分。照季，移送科道，取迴照附卷。

〇巡視廠庫科、道，到庫收放錢糧。茶菓、酒飯，銀九兩六錢二分五厘。節慎庫庫官領。

〇節慎庫，關防印色、修天平等項，銀三兩。庫官領。

〇三堂司務廳、四司書辦，工食，銀三十兩六錢[62]。遇閏，加銀十兩二錢。本司雜科領散。

〇三堂、四司，抄報。工食，銀十二兩六錢。遇閏，加銀四兩二錢。本司抄報吏領。

〇節慎庫，紙劄并表背匠，工食，銀十一兩五錢。庫官領。

〇上本抄旨意官，工食，銀九兩。遇閏，加銀三兩。旨意官領。

〇精微科吏，工食，銀一兩八錢。遇閏，加銀六錢。精微科吏領。

〇內朝房官，工食并香燭，銀二兩一錢。遇閏，加銀七錢。本部內朝房官領。

〇工科，辦事官，工食，銀五兩四錢。遇閏，加銀一兩八錢。工科辦事官領。

〇報堂官，三名，工食，銀三兩五錢。遇閏，加銀一兩一錢六分。報堂官領。

不等年分

○進「考成」，銀五錢。乙、丁、己、辛、癸年，進「考成」吏領。四司同。

○本司，換卓圍等項，銀五兩。乙[71]、午、卯、酉年，四司同。雜科書辦領、辦，不派舖商。

○刷卷。工食、紙張，銀二兩五錢。寅、申、巳、亥年，雜科書辦領[63]。

○節慎庫餘丁，草薦，銀三兩。申、子、辰年[72]，節慎庫餘丁領。四司同。

○科、道會估。酒席、紙劄，銀九兩三錢七分六厘。四司同，巳、酉、丑年。近無會估，不支。

○查盤盔甲、王恭二廠軍器。顧夫，銀五十三兩。丁、壬年，該廠領[64]。

虞衡司外解額徵

〇順天府

料銀，一千三十七兩六錢一分三厘四毫八絲。

〇直隸永平府

料銀，四百一十五兩四分五厘三毫九絲五忽。

〇直隸保定府

料銀，一千三十七兩六錢一分三厘四毫八絲。

〇直隸河間府

料銀，一千二百四十五兩一錢三分六厘一毫七絲七忽。

〇直隸真定府

料銀，一千三百四十八兩八錢九分七厘五毫二絲四忽。

〇直隸順德府

料銀，五百一十八兩八錢六厘七毫五絲[65]。

〇直隸廣平府

料銀，七百二十七兩三錢二分九厘四毫。

○直隸大名府

料銀，七百二十六兩三錢二分九厘四毫三絲六忽。

○應天府

料銀，二千五百九十四兩三分三厘七毫。

○直隸安慶府

料銀，一千三百四十八兩八錢九分七厘五毫二絲五忽。

○直隸徽州府

料銀，二千五百九十四兩三分三厘七毫。

○直隸池州府

料銀，一千三十七兩六錢七厘。

○直隸太平府

料銀，一千三十七兩六錢一分三厘四毫八絲。

○直隸蘇州府[99]

料銀，四千六百六十九兩二錢六分六毫六絲。

○直隸松江府
料銀，四千一百五十兩四錢五分三厘九毫二絲。
○直隸常州府
料銀，三千六百六十一兩六錢二分七厘二毫八絲。
○直隸鎮江府
料銀，二千五百九十四兩三分三厘七毫。
○直隸廬州府
料銀，一千五百五十六兩四錢二分三毫二絲。
○直隸鳳陽府
料銀，一千五百五十六兩四錢二分三毫二絲。
○直隸淮安府
料銀，一千五百五十六兩四錢二分三毫[67]二絲。
○直隸揚州府
料銀，一千五百五十六兩四錢二分三毫。
○直隸廣德州

料銀，四百一十五兩四分五厘。

○直隸滁州－

料銀，二百七兩五錢二分二厘六毫九絲九忽。

○直隸徐州－

料銀，二百七兩五錢二分二厘六毫九絲五忽。

○直隸和州－

料銀，二百七兩五錢二分二厘六毫九絲九忽。

○浙江－

料銀，五千一百八十八兩六分七厘四毫。

○江西－

料銀，五千一百八十八兩六分七厘四毫[68]。

○福建－

料銀，四千六百六十九兩二錢六分六毫六絲。買建鐵。

○湖廣－

料銀，四千六百六十九兩二錢六分六毫六絲。

○河南

料銀，四千一百五十兩四錢五分三厘九毫。題留，買「鉛」，十萬一千五百零五斤。送節慎庫收。

○山東

料銀，四千六百六十九兩二錢六分六毫六絲。

○山西

料銀，二千七十五兩二錢二分六厘九毫六絲。

○四川

料銀，三千一百一十二兩八錢四分。

○陝西[69]

料銀，二千七十五兩二錢二分六厘九毫六絲[73]。

○廣東

料銀，四千六百六十九兩二錢六分六毫六絲。

軍裝本、折

○順天府-

軍器，四百副。

胖襖[74]，一千一百二副。

○直隸永平府-

胖襖，三百九十二副八分。

○直隸保定府-

軍器，二百四十副。

弓、箭撒袋，折銀二百二十三兩九錢五厘。

胖襖，六百五十副。

○直隸河間府-

軍器，四百一十六副。

弓、箭撒袋，折銀一百四十九兩六錢[70]。

胖襖，四百二十四副。

○直隸眞定府

軍器，二百八十副。

弓、箭撒袋，折銀二百一十九兩五錢八厘二毫二絲五忽。

胖襖，八百十七副。

○直隸順德府

胖襖，一百五十四副七分。

○直隸廣平府

胖襖，四百三十五副。

○直隸大名府

胖襖，五百七十三副七分一厘。

○直隸安慶府

軍器，八十副。

弓、箭撒袋，折銀八十九兩二錢四分三厘七毫二絲。

胖襖，二百一十二副。

○直隸徽州府[71]

軍器，一百六十副。

弓，二千張。

箭，二萬枝。

弦，一萬條。

○直隸寧國府

軍器，八十副。

箭，二萬枝

弓、箭撒袋，折銀五十兩二錢四分七厘五毫九絲二忽。

○直隸池州府

胖襖，七十六副。

○直隸太平府

軍器，八十副。

箭，二萬枝。

胖襖，九百一十八副。

○直隸蘇州府

軍器，四百八十副。

弓，三百二十張[72]。

箭，四萬枝。

弦，一千六百條。

胖襖，五百副。

○直隸松江府[-]

軍器，三百二十副。

箭，四萬枝。

胖襖，二百八十副。

○直隸常州府[-]

箭，二萬枝。

胖襖，二百五十副。

○直隸鎮江府[-]

軍器，一百六十副。

箭，三萬枝。

弓、箭撒袋，折銀一百一十七兩八錢二分一厘九毫一絲八忽二微五塵。

胖襖，八百副。

○直隸廬州府—

軍器，二百二十副[73]。

弓，三百二十張。

箭，九千六百枝。

弦，六百四十條。

撒袋，三百二十副。

胖襖，三百三十九副。

○直隸鳳陽府—

軍器，一千八百四十四副。

弓，一千九百六十張。

箭，五萬八千八百枝。

弦，三千九百二十條。

撒袋，一千九百六十副。

胖襖，三百九十八副。

○直隸淮安府

軍器，三百二十副。

箭，二萬枝。

胖襖，六百五十三副。

○直隸揚州府

軍器，六百四十副[74]。

箭，二萬枝。

胖襖，一千五百七十八副。

○直隸廣德州

箭，二萬枝。

胖襖，二百二十三副。零，褲一條。

○直隸滁州

軍器，一百六十副。

弓、箭撒袋，折銀一百八兩一分四厘。

○直隸徐州–

軍器，二百四十副。

胖襖，七百九十六副。鞋，三雙。

○直隸和州–

胖襖，一百五十副。

○浙江–

軍器，二千一十副。

弓，二萬二千張。

箭，二十萬枝。

弦，十一萬條[75]。

胖襖，三千七百九十四副三分。

○江西–

軍器，四百六十副。

弓，二萬五千八百七十三張。

箭，十九萬八千八百七十九枝。

弦，十二萬八千四百七十八條。
胖襖，三千二百三十八副。

○福建-
軍器，一千六百副。
弓，一萬六千張。
箭，二十萬枝。
弦，八萬條。
弓、箭撒袋，折銀一千八百六十三兩七錢二分四厘八毫。
胖襖，折銀二千八百九十九兩一錢七分。

○湖廣-
弓，五百七十四張。
箭，十九萬一千三百三十三枝[76]。
弦，二千八百六十三條。
胖襖，三千七百八十七副二件。

○河南-

軍器，九百六十四副。

焰硝，一萬六百五十斤。

胖襖，六千一百五十一副。

○山東

軍器，一千六百副。

弓、箭撒袋，折銀一千九百一十六兩二錢八分二厘七毫九絲。

胖襖，五千八百副。

○山西

胖襖，一千七百四副。

○廣西

胖襖，折銀二千二百五十二兩七錢六分。

○潼關衛

軍器，一百六十副。

○潼關衛蒲州所[77]

軍器，二十副。

弓、箭撒袋，折銀一十九兩一錢九分九厘九毫六絲。

〇直隸九江衛

軍器，一百六十副。

〇德州衛

軍器，八十副。

弓、箭撒袋，折銀五十八兩七錢七分三厘八毫一絲六忽二微四纖。

〇德州左衛

軍器，八十副。

弓、箭撒袋，折銀五十八兩七錢七分三厘八毫一絲六忽二微四纖。

〇天津衛

軍器，八十副。

弓、箭撒袋，折銀一百二十兩四錢。

〇天津左衛

軍器，六十副[78]。

弓、箭撒袋，折銀九十六兩二錢七分六厘。

〇天津右衛－

軍器，八十副。

弓、箭撒袋，折銀一百二十兩四錢。

〇滄州所－

軍器，一十六副。

弓、箭撒袋，折銀二十二兩六錢八厘八毫。

〇寧山衛－

軍器，八十副。

弓、箭撒袋，折銀一百二十二兩一錢四分一厘五毫四忽。

〇大同中屯衛－

軍器，十六副。

〇瀋陽中屯衛－

軍器，八十副。

〇武清衛－

軍器，四十副。

弓、箭撒袋，折銀四十一兩八錢[79]。

〇涿鹿衛

軍器，四十副。

〇興州中屯衛

軍器，四十副。

〇神武衛

軍器，四十副。

前件：軍器、弓、箭、弦，「本」、「折」，俱巡視廠庫衙門掛號⑮。而本色，則驗試廳驗過，送戊字庫收；折色，節慎庫收。

焰硝、胖襖二項，本色，送巡視「十庫」衙門掛號，驗試廳驗過，送「內庫」收。其「胖襖」折色，則送廠庫衙門掛號⑯，節慎庫收。

雜料本、折

〇順天府

翎毛，八萬二千五百九十六根。折銀一百三兩二錢四分五厘。廠庫衙門掛號。

狐皮，单年折色，銀二十三兩。廠庫衙門掛號，送節慎庫收。
狐皮，雙年本色，四十六張。「十庫」衙門掛號，送驗試廳驗過，丁字庫收。
○直隸保定府[80]－
狐皮，单年折色，銀一百三十九兩。廠庫衙門掛號，送節慎庫收。
狐皮，雙年本色，二百七十八張。「十庫」衙門掛號，送驗試廳驗過，丁字庫收。
○直隸河間府－
狐皮，单年折色，銀一百六十一兩。廠庫衙門掛號，送節慎庫收。
狐皮，雙年本色，三百二十二張。「十庫」衙門掛號，送驗試廳驗過，丁字庫收。
翎毛，四萬五千一百五十根。折銀七十三兩九錢八分。廠庫衙門掛號，送節慎庫收。
○直隸眞定府－
狐皮[77]，单年折色，銀一百四兩五錢。廠庫衙門掛號，送節慎庫收。
狐皮，雙年本色，二百九張。「十庫」衙門掛號，送驗試廳驗過，丁字庫收。
○直隸順德府－
狐皮，单年折色，銀十五兩五錢。廠庫衙門掛號，送節[81]慎庫收。
狐皮，雙年本色，三十三張。「十庫」衙門掛號，送驗試廳驗過，丁字庫收。

○直隸廣平府

狐皮，单年折色，銀二百一十三兩五錢。廠庫衙門掛號，送節慎庫收。

狐皮，雙年本色，四百二十七張。「十庫」衙門掛號，送驗試廳驗過，丁字庫收。

翎毛，五萬七千七百八十根。折銀二十二兩一錢七分九厘。廠庫衙門掛號，送節慎庫收。

○直隸大名府

狐皮，单年折色，銀一百九十六兩五錢。廠庫衙門掛號，送節慎庫收。

狐皮，雙年本色，三百九十三張。「十庫」衙門掛號，送驗試廳驗過，丁字庫收。

○直隸安慶府

天鵞，五十二隻。折銀二十六兩。廠庫衙門掛號，送節慎庫收[82]。

翎毛，五萬根。折銀二十四兩。廠庫衙門掛號，送節慎庫收。

牛筋，四十三斤。折銀十兩七錢五分。廠庫衙門掛號，送節慎庫收。

牛角，一百三副。折銀二十二兩六錢六分。廠庫衙門掛號，送節慎庫收。

狐皮，单年折色，銀八兩五錢。廠庫衙門掛號，送節慎庫收。

狐皮，雙年本色，十七張。「十庫」衙門掛號，送驗試廳驗過，丁字庫收。

麂皮，本色，二百一十三張。「十庫」衙門掛號，送驗試廳驗過，丁字庫收。

○直隸寧國府－

麂皮，本色，四千張。「十庫」衙門掛號，送驗試廳驗過，丁字庫收。向來不解。

○直隸池州府－

天鵞，五隻。折銀二兩五錢。廠庫衙門掛號，送節慎庫收。

狐皮，单年折色，銀二兩五錢。廠庫衙門掛號，送節慎庫[83]收。

狐皮，雙年本色，五張。「十庫」衙門掛號，送驗試廳驗過，丁字庫收。

麂皮，本色二十七張。「十庫」衙門掛號，送驗試廳驗過，丁字庫收。

○直隸太平府－

翎毛，七萬六千根。折銀三十四兩六錢八分。廠庫衙門掛號，送節慎庫收。向來不解。

麂皮，本色，七百八十三張。「十庫」衙門掛號，送驗試廳驗過，丁字庫收。

○直隸松江府－

翎毛，二萬四千根。折銀十三兩五錢二分。廠庫衙門掛號，送節慎庫收。向來不解。

麂皮，本色，六百七十一張。「十庫」衙門掛號，送驗試廳驗過，丁字庫收。向來不解。

○直隸常州府－

麂皮，本色，四百張。「十庫」衙門掛號，送驗試廳驗過，丁字庫收。

○直隸鎮江府一

麂皮，本色，五百三十六張。「十庫」衙門掛號，送驗試廳驗過，丁字庫收[84]。

○直隸廬州府一

大鹿，五隻。折銀八十兩。太常寺收。

天鵞，七十四隻。折銀三十七兩。廠庫衙門掛號，送節慎庫收。

虎皮，十張；豹皮，一張。共折銀三十六兩。本司收，寄節慎庫。係本部堂公用。

翎毛，十四萬八千根。折銀七十四兩八錢八分。廠庫衙門掛號，送節慎庫收。

牛觔，四十八斤。折銀十二兩。廠庫衙門掛號，送節慎庫收。

牛角，八十四副。折銀十八兩四錢八分。廠庫衙門掛號，送節慎庫收。

麂皮，本色，三百五十八張。「十庫」衙門掛號，送驗試廳驗過，丁字庫收。

○直隸鳳陽府一

大鹿，三隻。折銀四十八兩。太常寺收。

小鹿，十隻。折銀四十兩。巡視光祿衙門掛號。

天鵞，三十一隻。折銀一十五兩五錢。廠庫衙門[85]掛號，送節慎庫收。

翎毛，三萬四千根。折銀十六兩三錢二分。廠庫衙門掛號，送節慎庫收。

○直隸淮安府－

小鹿，二隻。折銀八兩。巡視光祿衙門掛號。

天鵞，六十八隻。折銀三十四兩。廠庫衙門掛號，送節愼庫收。

翎毛，九萬一千一百九十根。折銀四十三兩七錢六分八厘。廠庫衙門掛號。

麂皮，本色，三百十張。「十庫」衙門掛號，送驗試廳驗過，丁字庫收。

○直隸揚州府－

小鹿，二隻。折銀八兩。巡視光祿衙門掛號。

天鵞，六十二隻。折銀三十一兩。廠庫衙門掛號，送節愼庫收。

麂皮，本色，二百三十四張。「十庫」衙門掛號，送驗試廳驗過，丁字庫收。

○直隸徐州－

天鵞，四隻。折銀二兩。廠庫衙門掛號，送節愼庫收[86]。

○直隸和州－

天鵞，三隻。折銀一兩五錢。廠庫衙門掛號，送節愼庫收。

虎皮，三張。折銀九兩。本司收，寄節愼庫。係本部堂公用。

翎毛，五萬根。折銀二十四兩。廠庫衙門掛號，送節愼庫收。

○浙江

麂皮，本色二百五十張。「十庫」衙門掛號，送驗試廳驗過，丁字庫收。

狐皮，单年折色，銀七兩五錢。向係題留，不解。

狐皮，雙年本色，一十五張。向係題留，不解。

麂皮，本色，四千五百三十八張。向係題留，不解。

○江西

天鵞，三十四隻。折銀一十七兩。廠庫衙門掛號，送節慎庫收。

狐皮，单年折色，銀六十一兩。廠庫衙門掛號，送節慎庫收。

狐皮，雙年本色，一百二十二張。「十庫」衙門掛號，送驗試廳驗過，丁字庫收[87]。

麂皮，本色，三千三百十九張。「十庫」衙門掛號，送驗試廳驗過，丁字庫收。

○福建

狐皮，单年折色，銀七十五兩五錢。廠庫衙門掛號，送節慎庫收。

狐皮，雙年本色，一百五十一張。「十庫」衙門掛號，送驗試廳驗過，丁字庫收。

○湖廣

小鹿，一百四隻。折銀四百十六兩。巡視光祿衙門掛號。

天鵞，二百二隻。折銀一百一兩。廠庫衙門掛號，送節慎庫收。

翎毛，二十七萬九千二百根。折銀三百八十二兩四錢七分。廠庫衙門掛號，送節慎庫收。

狐皮，单年折色，銀二十九兩五錢。廠庫衙門掛號，送節慎庫收。

狐皮，雙年本色，五十九張。「十庫」衙門掛號，送驗試廳驗過，丁字庫收[88]。

麂皮，本色，一萬七千八百八十二張。「十庫」衙門掛號，送驗試廳驗過，丁字庫收。

○河南－

大鹿，二十八隻。折銀四百四十八兩。太常寺收。

小鹿，一百六十九隻。折銀六百七十六兩。巡視光祿衙門掛號。

羊皮，三十六張。折銀十兩八錢。向係題留，不解。

狐皮，单年折色，銀一百一兩五錢。廠庫衙門掛號，送節慎庫收。

狐皮，雙年本色，二百三張。「十庫」衙門掛號，送驗試廳驗過，丁字庫收。

天鵞，六十五隻。折銀三十二兩五錢。廠庫衙門掛號，送節慎庫收。

麂皮，本色五百八十六張。「十庫」衙門掛號，送驗試廳驗過，丁字庫收。

缸罈[78]，折價銀，三百四十三兩三錢四分六厘。光祿寺收。

拾瓶罈，本色，四千二百六十三個。光祿寺收[89]。

○山東[-]

野味，銀四十一兩九錢六分一厘六毫。廠庫衙門掛號[79]，送節慎庫收。

大鹿，七隻。折銀一百十二兩。太常寺收。

狐皮，单年折銀，九百八十九兩五錢。廠庫衙門掛號，送節慎庫收。

狐皮，雙年本色，一千九百七十九張。「十庫」衙門掛號，送驗試廳驗過，丁字庫收。

翎毛，二萬六千六百十八根。折銀四兩五錢八厘。廠庫衙門掛號，送節慎庫收。

麂皮，本色，四十二張。「十庫」衙門掛號，送驗試廳驗過，丁字庫收。

活天鵞，二隻。巡視光祿衙門掛號。

○山西[-]

羊皮，三百六十五張。折銀一百九兩五錢。遇閏，加銀二十五兩五錢[80]。廠庫衙門掛號，送節慎庫收。

翎毛，五萬八千根。折銀三十八兩六錢五分。廠庫衙門掛號，送節慎庫收。

麂皮，本色八百九十三張。「十庫」衙門掛號，送驗試廳驗過[90]，丁字庫收。

○廣西[-]

小鹿，三隻。折銀十二兩。巡視光祿衙門掛號。

○順天府[-]

「山場」地租，銀四百七十四兩三錢三分六厘。

瘦地[81]，銀一百二十兩三錢五分。

新增「山場」瘦地，銀四十六兩五錢四分六厘八毫。

鐵冶民夫，銀六百七十二兩六錢。

匠班，銀二兩二錢五分。俱，廠庫衙門掛號，節慎庫收。

○永平府－

「山場」地租，銀三百六兩七錢四分九厘一毫。

鐵冶民夫，銀三千二百二十二兩四錢。俱，廠庫衙門掛號，節慎庫收。

○眞定府－

缸罈，折價銀，一千一百四十兩六錢五分[91]八厘。光祿寺收。

○安慶府－

白榜紙，一萬七千三百六十張。本部後堂庫收，各司裝釘、「文簿」等項。

○浙江、江西、湖廣，十年題派－

紅、綠榜紙，各六十六萬六千六百六十六張。

本色榜紙，一百三十三萬三千三百三十三張。聽本部查明、題辦，本司驗試廳驗過，送乙字庫收[82]。癸年題過。

○福建-

課鐵：無閏，該解二十九萬九千一百五十五斤；有閏，該解三十一萬七千二十一斤。

料鐵，三十一萬一千二百八十四斤六錢。扣剩「水脚」，銀三百一十一兩二錢八分四厘。俱，廠庫衙門掛號，節愼庫收。

○浙江-

課鐵⑧³，七萬四千五百八十三斤五兩四錢[92]。遇閏，加派四千四百六十五斤四兩六錢。向係題留。今查，自三十一年起至今，並無解到，行文查催[93]。

虞衡司條議

一議，緩年例，以舒帑藏之急。切照量入爲出，國家經費之常。況以有限之積貯，安能實無盡之尾閭？查，本司項下，實在錢糧，不過四萬餘兩。而，例值馬臉、尾鏡，年例則應費三萬九千七百餘兩。即此一項錢糧，而公帑若掃矣。矧「兵仗局」，又有「大兌換」、「小兌換」、「水和炭」，輻湊鱗集乎。即謂，三項俱屬上供，應鮮明整列，歲修誠不可缺，年例亦不可停。而「酒、醋、麵局」、「寶鈔司」等件成造，「象房煑料鐵鍋」不等年例，《條例》雖分有年限，獨不可更壓一年，亦可少寬一年之物力乎？

且，如兩廠「折修明盔」，查《條例》，續議不用「鎖緝線三道」，每副減二工，計五百工，已共減銀三十兩。「折修明甲」，每副減十工，計二千工，已共減一百二十兩。「量修明甲」，每副減十工，計一千五百工，已共減銀九十兩。況，查工料，動踰數萬。以「年例」之「修理」預造中，審[94]其可緩者，定以三年、五年，其爲帑藏儲積計，何啻百餘金、數十金而已乎？

各省「料銀」，既多缺解，又多題留。以入之孔，曾不足以半[84]；出之孔，祗左支右吾。捉衿肘見，甚則，仰屋嘆耳。似宜將壓一年者，三年、五年者，定爲「例」，是亦所當擬議者也。

一議，造細藥，以定混沠之數。查得，製藥《則例》，造「鳥迅藥」：一百斤，應用「硝」一百六十五斤、「黃」一十一斤；共造藥一百二十萬斤，合用「硝」一百九十八萬斤、「黃」一十三萬二千斤。是十分之「硝」，尚不用一分之「黃」。據《條例》召買額數，「硝」一百五十萬斤、「黃」五十萬斤，是三分「硝」，卽用一分「黃」矣。

近，據前任劉員外議題新額計，「黃」尚多一十八萬五千餘斤，而「硝」尚虧七十萬八千七百九十五斤半。查，「藥」之迅利，不在「黃」之多，而在「硝」之凈、工之窖。則一十八萬五千餘斤之「黃」，照「估」一斤「四分」筭，該銀七千四百餘金，不應裁減[95]乎？然，欲增「硝」七十萬八千餘斤[85]，照「估」每斤「二分五厘」筭，該價一萬七千餘兩。雖難輕議，合無卽以「黃」所減七千四百餘兩之銀，增買「硝」二十九萬七千二百八十二斤。量補「硝」所虧之數，而不必拘足於製藥之原額，似亦節省九千餘金。而硝、黃叅和適宜，兩廠亦不至虛糜矣。

因「火藥」，而又查《條例》之「造鉛彈」、「成造連珠彈」，每年二十萬個，「夾靶彈」每年二十萬個，共四十萬個。前任議題刊書，則益「連珠彈」至四十萬個，「夾靶彈」至一百六十萬個。數倍溢常額，而工食、錢糧不貲。應照《條例》之舊，而不必於加多，亦節省之一也。

一議，防叵測，以全外鮮之額。祖宗朝，斟酌各省，地可出爲輸。將劑量其歲所需，爲定額，如鐵、如翠毛、螺殼。水脚銀，俱正供也。今，卽一福建解鐵官，王梁[86]、金錯、潘諫[87]、盧穗，連以遭風[88]、被刧告矣，屢以《會典》一欵[96]告免賠矣。夫，風波叵測，固可委之天數，亦豈盡無人事以致之？鐵質本重，解官類多營利，好帶私貨，叢輕折軸，矧加重，寧不沉舟乎[89]？驚濤滸没，半由自取。故，該省委解之日，預宜嚴其夾帶私貨之令。至於強刼之禍，則地方有不得辭其責者矣。該省撫院，預給「批牌」一道，令所至地方，遇夜巡邏，遞守、遞送。復有踈虞，責令地方賠償。則正額可完，而解官亦免苦累矣。况今大工將興，所需於鐵，亦屬吃緊[90]，是不可不移文嚴諭也。

一議，辦錢銅，以釐奸商之弊。盖，國家鼓鑄，原爲生利。而竟以泒商失利，則亦何用買銅爲哉？新議，不許外役鑽求，墮其騙局。然，卽本部原商，亦不免「汪源」等之續耳。故，不得已呈堂，議召買、押買。三越月，無有應者，勢不得不發買。竊計，無如差官一員，給咨押買。據[97]各商告詞，俱稱蕪湖見貯有銅。則或取應天府「事例銀」，或取「南部」應用銀兩，照四司議定應辦的數，價銀兌付。委官，併「南部」復差官一員，解到節愼庫收貯。銅商所稱見銅，當委官與「南部」委官驗明的數。多寡若干，卽於銅價內，請量給運價若干。竢銅到局，會收明白，纔將解到銀兩[91]，照數找足。庶銅到有期，而鼓鑄有日，奸商或免拖延，而公帑亦得出息矣。至於銅必足色，非「四火黃銅」不准會收。則又在於「咨文」內，不厭再三，可也。

再查，「南部」額解：南季銅價三千六百兩，工料銀一千八百一十九兩六錢九分零，共銀五千四百一十九兩餘。年來，泒商咨領「南銀」，一經到手，任意出入，屢煩敲朴，竟無完期。合無即於「蕪湖分司」稅內，照「南部」應解南季銅，併工料銀數，見買積銅，抵稅、觧局。庶稅銀總是部銀，開銷見買，亦享見銅之利。

倘一可採，鑽求、騙局必免奸[98]商之弊矣。

虞衡清吏司署印郎中　臣　徐久德　謹議

工科給事中　臣　何士晉　謹訂[99]

校勘記

❶《虞衡司》底本全篇共九十九葉，而「南圖本」增一葉，即共一百葉。兩刻本各正葉下書口基本均見「虞衡司」三字，或「虞衡條議」四字刻記（僅第九十四葉見，第九十五—九十九葉此處無任何痕迹），惟底本第三十九、五十四、七十二、八十葉，「南圖本」第九、十、十一、十三、十六、十九、三十五、四十三、四十七、五十、五十二、五十七—五十八、南增五十八、六十、六十三—六十四、七十—七十二、七十五—七十六、七十八、八十八葉，模糊以致漫漶。

又，底本第二十二、二十四、二十八、三十—三十七、四十、四十四、四十六—五十四、五十八—六十、六十二、六十五、七十二—七十四、七十七—七十八葉，下書口此處背葉有不清晰「虞衡司」三字墨痕。

❷「陶」，底本、「南圖本」原作「陶」，今逕正，後不再注。

❸「統」，底本、「南圖本」原作「統」，據《正字通》，此乃「俗『統』字」及舊謅（未集・中集，糸部・「七」畫，第八百二十六頁、十八葉背），今從，後亦逕正不注。

❹「攙」，底本、「南圖本」原作「攙」，今正。

❺「外間」一段，底本、「南圖本」原接於右「木炭」條後，今據文意并前後格式，改起新欄，餘仍其舊。

❻「磚」，底本、「南圖本」原作「磚」，今逕正，後不再注。

❼「麵」，底本、「南圖本」原作「麵」，今逕正，後不再注。

❽「子」下一句，底本、「南圖本」原未縮刻，今據本書卷三「不等年份」項下（四十二葉正背），并本卷《虞衡司・年例錢糧—三年一次》「兵仗局大修兌換軍器」條（十一葉背）格式改。

❾「白」，底本、「南圖本」原作「曰」，今疑係誤刻，現據本卷《虞衡司・年例錢糧—三年一次》「兵仗局大修兌換軍器」條下「會有」之「白硝鹿皮」款（十二葉正）改。

❿「五」，底本模糊，今據「南圖本」補。

⓫「戌」，底本、「南圖本」原作「戍」，今據地支排列改。

⓬「牀」，底本、「南圖本」原作「𤕤」，今逕正，後不再注。

⓭「戌」，底本、「南圖本」原作「戍」，今據地支排列改。

⓮「庫」下，底本原見不識模糊墨迹，「南圖本」無，今疑或爲刷印用紙捺押牌記及附著墨痕等，現不録。

⓯「二分」之「二」，底本原作此、「全電檔」同，「南圖本」似作「三」，今不從。

⓰「該」，底本、「南圖本」模糊，今據殘損字形補，「全電檔」同。

⓱「八」，底本、「南圖本」模糊，今據殘損字形補，「全電檔」同。

⓲「戌」，底本原作「戍」，「南圖本」模糊，今據地支排列改。

⓳「寅午戌年」小字兩句起，底本、「南圖本」原轉欄上空三字格，今據前後格式改空兩字格，後不再注。

⓴「無」，底本、「南圖本」原上空一字格（即「兩」下），今省却。

㉑「靛花」，底本漫漶，今據「南圖本」補。

㉒「分」，底本漫漶，今據「南圖本」補。

㉓「吐」，底本、「南圖本」原作「吐」，今逕正，後不再注。

㉔「蠟」，底本、「南圖本」原作「蝋」，今逕正，後不再注。

㉕「綵」，底本漫漶，今據「南圖本」補。

㉖「煉」，底本、「南圖本」原作「煉」，今逕正，後不再注。

㉗「鐵」上，底本、「南圖本」原即接「個」，連綴爲兩欄，今暫空兩字格，以區分，餘仍其舊。

㉘「木」，底本、「南圖本」漫漶，今據此後又一「柳木杆」項（二十七葉正）補，「全電檔」同。又，「杆」，底本、「南圖本」模糊，今據殘損字形補，「全電檔」同。

㉙「二」，底本原作「三」，今從「南圖本」（惟，其字型較寬大），「全電檔」同（見「二」字上下兩畫間，仍存零星横向墨蹟）。

㉚「坩」，底本、「南圖本」原作「坩」，今正。

㉛「十」，底本、「南圖本」原上空一字格（即「折」下），今省却。

㉜「戌」，底本、「南圖本」原作「戍」，今據地支排列改。

㉝「戊」，底本、「南圖本」原作「戍」，今據干支排列改。

㉞「會有」，底本漫漶，今據「南圖本」補。

㉟「會」，底本漫漶，今據「南圖本」補。

㊱「百」，底本、「南圖本」原作「日」，「全電檔」同，今改。

㊲「百」，底本原作此，「南圖本」作「白」、「全電檔」同，今不從。

㊳「觔」，底本漫漶，今據「南圖本」補。

㊴「黑」，底本、「南圖本」模糊，今據殘損字形補，「全電檔」同。

㊵「雁」，底本、「南圖本」原作「鴈」，據《說文解字（注）》，「鴈」（四篇上，鳥部，「鴈」條，第一百五十二頁）似此。

又，據《現代漢語詞典》「雁」條附注「鴈」爲「雁」异體（第一千五百零三頁），今仍可從，後亦逕正不注。

㊶「丈」，底本模糊，今據「南圖本」補。

㊷「面」下，底本、「南圖本」原空一字格（即「乙」上），今省却。

㊸「戊」，底本、「南圖本」原作「戍」，今據干支排列改。

㊹「土」，底本、「南圖本」原作「圡」，今逕正，後不再注。

又，今疑或爲「吐」，暫不改。

㊺「厘」下，底本似原有一模糊字迹，今不録。

46 「二」，底本漫漶，今據「南圖本」補。

47 「三錢」，底本漫漶，今據「南圖本」補。

48 「一」，底本、「南圖本」模糊，今據殘損字形并合算數補。

49 「六」，底本、「南圖本」模糊，今據殘損字形并合算數補。

50 「熟」，底本原作此，「南圖本」作「孰」、「全電檔」同，今從底本。

51 「前件」第一段，底本原作小字雙行縮刻，「南圖本」作大字单行，今從底本。

52 「一」，底本原作「二」，今從「南圖本」，「全電檔」同，并據左欄增刻「前件」第二段首句有「癸丑冬」，即「萬曆四十一年」，改。

53 「鐵」，底本原作此，「南圖本」作「鉄」、「全電檔」同，今從底本。

54 下標文字并編號「南58」，即「南圖本」五十八葉至此止。

55 「鐵」，底本原作此，「南圖本」作「鉄」、「全電檔」同，今從底本。

56 下標文字并編號「底58」，即底本五十八葉至此止。

57 「曽同亭」，底本原作此，「南圖本」删、「全電檔」同，今從底本。

58 「會同庫監」，底本原作此，「南圖本」删、「全電檔」同，今從底本。

59 「曽」，底本原無，今據「南圖本」補，「全電檔」同。

60 「前件」第二段，底本原無，今據「南圖本」及相應殘損字形補出，并參前後格式，除「前件」二字外，改作小字。

61 「隹」，「南圖本」字形殘損、「全電檔」同，今疑當不爲「隹」，暫不改。

62 兩符號「（）」，「南圖本」原僅作「科、院」并兩人名小字雙行縮刻，「全電檔」同，今添此以區隔。

63 下標文字并編號「南增『又58』」，即「南圖本」增刻一「又58葉」至此止。

又，「南圖本」影本書口上單黑魚尾下，字迹漫漶，今檢「全電檔」，即見「卷之六又五十八號改刊重虞衙司」十四字刻記。

64「耗」下至「掌」上，「南圖本」漫漶，今據「全電檔」補録於此：「蠹耗金。移會改刊《須知》，以垂永久。丙辰春」。

65「來」，底本原作「耒」，今從「南圖本」改，「全電檔」同。

66「微」，底本、「南圖本」原作「微」，據《字彙》，此爲「俗『微』字」（寅集，彳部·「十一」畫，第一百五十二頁、八十二葉背），今從，後亦逕正不注。

67「簿」下，底本、「南圖本」原即接「綾」，據本書卷三《營繕司·公用年例錢糧一年一次》「本司表背匠」條（三十五葉背），今疑脱「籍」字，暫不補。

68下標編號「59」，底本、「南圖本」五十九葉均至此止。

69「滿」，底本、「南圖本」原作「滿」，今逕正，後不再注。

70「入」，底本、「南圖本」原似作「人」，今參本書卷九、卷十二同條（三十七葉背、十八葉正），均作「入」，正。

71「乙」，底本、「南圖本」原作此，今疑恐誤，暫不改。

72「辰」，底本模糊，今據「南圖本」補。

73「毫」，底本漫漶，今據「南圖本」補。

74「襖」，底本、「南圖本」原作「襖」，今逕正，後不再注。

75「廠」上，底本、「南圖本」原空一字格（即「視」下），今暫省却。

76「廠」上，底本、「南圖本」原空一字格（即「送」下），今暫省却。

77「狐」，底本、「南圖本」原作「狐」，今逕改，後不再注。

78「鐔」，底本、「南圖本」原作「鐔」，今逕正，後不再注。

79「庫」，底本、「南圖本」漫漶，今據前後文例補，「全電檔」同。

80「錢」下，底本、「南圖本」原空一字格（即「廠」上），今省却。

81 「瘦」，底本、「南圖本」原作「瘦」，今逕正，後不再注。

82 「收」下，底本、「南圖本」原空一字格（即「癸」上），今省却。

83 「課」，底本、「南圖本」模糊，今據殘損字形補，「全電檔」同。

84 「曽」，底本、「南圖本」原作「曽」，今逕改，後不再注。

85 「增」，底本、「南圖本」原作「增」，今逕改，後不再注。

86 「梁」，底本、「南圖本」原作「梁」，今逕正，後不再注。

87 「潘」，底本、「南圖本」原作「潘」，今逕正，後不再注。

88 「遭」，底本、「南圖本」原作「遭」，今正。

89 「舟」，底本、「南圖本」原作「舟」，今逕正，後不再注。

90 「緊」，底本、「南圖本」原作「緊」，今逕正，後不再注。

91 「繞」，底本、「南圖本」原作「繞」，今改。

工部廠庫須知

卷之七[1]

工科給事中　臣　何士晉　彙輯
廣東道監察御史　臣　李　嵩　訂正
虞衡清吏司郎中　臣　徐久德　叅閱
虞衡清吏司員外郎　臣　陳堯言　攷載
營繕清吏司主事　臣　陳應元
虞衡清吏司主事　臣　樓一堂
都水清吏司主事　臣　黄景章
屯田清吏司主事　臣　華　顔　仝編

寶源局[2]

虞衡司註差員外郎，監督、專司鼓鑄之事，有關防、有鼓鑄公署。所屬，有寶源局大使[3]。

年例鑄錢——

○本部，每季，鑄、進「內庫錢」，三百萬文。久已停鑄。

○本部，每季，鑄、解「太倉錢」，一百五十萬文。戶部給各衙門俸錢。

會有：

丁字庫[一]

白麻，一百四十斤。每斤，價銀三分。該銀四兩二錢。

召買：

戶部，關領銅價，辦「四火黃銅」，四萬五百斤。本部移咨，戶部關領。

爐頭自備：今改，商人買辦。

水錫，二千五百六十六斤二兩三錢九分。每斤，價銀八分。該銀二百五兩五錢九分一厘九毫五絲。

炸塊，一十萬七千七百七十八斤四兩五錢。每百斤，價銀一錢二分七厘五毫。該銀一百三十七兩四錢一分七厘。

木炭，二萬四百二十四斤七兩九錢。每百斤，價銀三錢五分。該銀七十一兩四錢八分五厘。

砂礶，二千七百個。每個，價銀四分五厘。該銀一百二十一兩五錢。

松香，二千四百八斤一兩一錢。每斤，價銀[2]二分。該銀四十八兩一錢六分一厘。

送「太倉錢」一百五十萬文，用小車，三十輛。照舊規，折「車」，一十二輛。每輛，腳價❹，銀一錢二分。該銀一兩四錢四分。

以上六項，共銀五百八十五兩二錢九分四厘九毫五絲。

爐頭繩匠，工食，銀一千四百八十兩九錢三分三厘。「內庫大繩」工食，照「太倉」數給。

〇❺代，「南部」，鑄、進「內庫錢」，三百萬文。久已停鑄。

〇代，「南部」，鑄、解「太倉錢」，一百萬文。戶部給各衙門俸錢。

會有❻：

丁字庫—

白麻，一百二十四斤。每斤，價銀三分。該銀三兩七錢二分。

召買：

四火黃銅，三萬六千斤。每斤，價銀一錢零五厘。該銀三千七百八十兩。

爐頭自備：今改，商人買辦[3]❼。

水錫，二千二百八十一斤三錢五分。每斤，價銀八分。該銀一百八十二兩四錢八分一厘七毫五絲。

炸塊，九萬五千八百二斤十四兩六錢。每百斤，銀一錢二分七厘五毫。該銀一百二十二兩一錢四分八厘六毫。

木炭，一萬八千一百五十六斤一兩六錢。每百斤，銀三錢五分。該銀六十三兩五錢四分六厘三毫五絲。

松香，二千一百四十斤八兩。每斤，銀二分。該銀四十兩八錢一分。

砂礶，二千四百個。每個，銀四分五厘。該銀一百八兩。

送「太倉錢」小車，二十輛。照舊規，折六輛。該銀九錢六分。

以上六項，共銀五百一十九兩九錢四分六厘七毫八絲一忽。

爐頭繩匠，工食，銀一千三百兩四錢七分七厘。「內庫大繩」工食，照「太倉」數給。

以上，除「北部」銅價外，「南部」銅價，并「北部」、「南部」雜料、工食銀，每年，共銀三萬六百六十六兩六錢六厘六毫一絲一忽。

前件：查得，前項「內庫錢」，停鑄多年，惟「太倉錢」，歷年照舊鑄、解。所開「工料」，每年止照「太倉錢」數支辦。其「北錢」，銅價出於戶部❽，工料出於本部「衡司」；「南錢」銅價、工料，俱出「南部」。近因，「工料」解不如期，每先經本部「衡司」代發❾，後移文催補。

其「雜料」五項，舊係爐頭自備。至萬曆三十五年，爐頭「韓得春」等告歸，雜料商人「任一清」承辦❿。本局，按銅給「票」，與爐頭徑自支領。

其「水錫」一項⓫，查得：每，鑄錢萬文，合用「水錫」五斤十一兩二錢，價銀四錢五分六厘。近因，銅低，不堪加錫[12]，照價，易「銅」四斤五兩零；每萬文，添鑄「水錫錢」四百八十三文[13]。如，後有「四火黃銅」，裁「錢」，仍用「水錫」。業經該局陳員外呈堂、覆議，批允在卷。

年例鑄器——

一年一次[14]

○寶鈔司，切草長刀等件。

會有：

節愼庫——

熟建鐵，四百五十斤。每斤，銀一分六厘。該銀七兩二錢。

召買：

炸塊，一千一十二斤八兩。每百斤，銀一錢二分七厘五毫。該銀一兩二錢九分九毫三絲。

木炭，一百一十二斤八兩。每百斤，銀三錢五分。該銀三錢九分三厘七毫五絲。

以上二項，共銀一兩六錢八分四厘六毫八絲。

匠作，工食，銀一兩八錢七分二厘[15]。

三年一次

○翰林院，庶吉士火盆等件。

會有：

丁字庫—

生鐵，三千二百斤。每斤，銀六厘。該銀一十九兩二錢。

召買—作頭自備：

木炭，四千斤。每百斤，銀三錢五分。該銀一十四兩。

炸塊[16]，二千一百斤。每百斤，銀一錢二分七厘五毫。該銀二兩六錢七分七厘。

木柴，二千一百斤。每百斤，銀一錢四分五厘。該銀三兩四分五厘。

青坩土，四百斤。每百斤，銀六分。該銀二錢四分。

磁末[17]，四百斤。每百斤，銀一錢三分。該銀五錢二分。

馬尾羅，二把。每把，銀一分四厘。該銀二分八厘。
竹篩，二把。每把，銀一分。該銀二分。
楊柳火桿，十根。每根，銀五厘。該銀五分。
斜席，十五領。每領，銀二分五厘。該銀三錢七分五厘。
炙硯，三十五副。每副，銀八分。該銀二兩八錢。
火池，十一個。每個，銀六分。該銀六錢六分。
火筯[18]，十一雙。每雙，銀一分。該銀一錢一分[19]。
裁紙刀，二把。每把，銀二分。該銀四分。
以上十三項，共銀二十四兩五錢六分五厘。
夫、匠，工食，銀六兩二錢四分。

四年一次

〇酒、醋、麵局，煮料鐵鍋，三口。申、子、辰年。
會有[20]：

丁字庫—

生鐵，二千斤。該銀一十二兩。已減四百斤。

綵麻，二十二斤。該銀三錢六分。

以上二項，共銀十二兩三錢六分。

召買：

炸塊，一千斤。每百斤，銀一錢二分七厘五毫。該銀一兩二錢七分五厘。

木柴，五百八十二斤。每百斤，銀一錢四分。該銀八錢一分四厘。

木炭，一千六百六十斤。每百斤，銀三錢五分。該銀五兩八錢三分一厘。

磁末，二百五十斤。每百斤，銀一錢三分。該銀三錢二分五厘。

青坩土，九百十六斤。每百斤，銀六分。該銀五錢四分九厘。

竹篩，一把。該銀一分。

馬尾羅，一把。該銀一分。

楊柳火桿，三根。每根，銀八厘。該銀二分四厘。

斜席，五領。每領，銀二分五厘。該銀一錢二分五厘。

以上九項，共銀八兩九錢六分四厘。已減二兩七錢七分。

工食，銀二兩五錢六分五厘。

不等年分

○供用庫，鍋口。丙子、丁亥年。

會有：

丁字庫[9]

生鐵，四萬六千七百六十斤。每斤，銀六厘。該銀二百八十兩五錢六分。

綮麻，三百五十斤。每斤，銀一分四厘。該銀四兩九錢。

節愼庫

熟建鐵，一百二十斤。每斤，銀一分六厘。該銀一兩九錢。

以上三項，共銀二百八十七兩三錢六分。今減一百三十九兩五錢八分一厘。

召買：

炸塊，一萬七千四百七十八斤。每百斤，銀一錢二分七厘五毫。該銀二十二兩二錢八分四厘四毫。

木炭，二萬六千一百九十五斤。每百斤，銀三錢五分。該銀九十一兩六錢八分二厘五毫。

磁末，四千斤。每百斤，銀一錢三分。該銀五兩二錢[10]。

穿腸草，一千八百斤。每百斤，銀二分。該銀三錢六分。

斜席，五十領。每領，銀二分五厘。該銀一兩二錢五分。

青坩土，三千五百斤。每百斤，銀六分。該銀二兩一錢。

土坯，八千個。每百個，銀七分。該銀五兩六錢。

楊柳火桿，五十根。每根，銀五厘。該銀二錢五分。

竹篩，六把。每把，銀一分。該銀六分。

馬尾羅，三把。每把，銀一分四厘。該銀四分二厘。

木柴，九千八百九十斤。每百斤，銀一錢四分五厘。該銀一十四兩三錢四分五毫。

扇風板，四塊。照「單料板枋－四號」，折二塊六分。每塊，銀五錢二分。該銀，一兩三錢五分二厘[11]。

以上十二項，共銀一百四十四兩五錢二分一厘。

夫、匠，工食，共銀六百三十五兩三錢五分三厘。今減二十七兩七錢八分九厘。

○酒、醋、麵局，燒酒銅鍋，四口。庚戌㉑、辛未年。

會有：

丁字庫－

檾麻，四十斤。該銀五錢六分。

召買：

二火黄銅，一千斤。該銀八十二兩。

大砂礶，四十五個。該銀二兩二分五厘。

斜席，四領。該銀六分。

馬尾羅，四把。該銀五分六厘。

炸塊，一千五百斤。該銀一兩九錢一分。

木炭，三百斤。該銀一兩五分。

木柴，八百斤。該銀一兩一錢六分。

以上七項，共銀八十八兩二錢六分。已減二十三兩[12]㉒。

○巡按，盛印銅池凾，七十九副。皮匣等項，全。萬曆三十一年，成造一次。

召買：物料二十項，并工食，共銀四十四兩一錢三分三厘。

○「三殿」，陳設。萬曆三十二年，成造一次。

頭號銅缸，一十九口。

二號銅缸，一口。

銅海，十口。

三寸鐵環，一百二十個。

大鐵倒環，六十個。

生鐵搊，一百個。

以上七項，「物料」係見工出給，「工食」由寶源局筭給。共銀七百一十八兩三錢三分三厘六毫。

鑄錢規則——

每，鑄錢萬文，用：淨銅，九十斤；水錫，五斤十一兩二錢（今，不用）㉓；炸塊，二百三十九斤；木炭，四十五斤六兩二錢四分；松香，五斤五兩[13]零；砂礶，六個；工價，三兩二錢五分二厘一毫九絲。

鎔銅規則——

每，鎔銅，先抽一百包，堆放兩旁。內點二包，敲斷，驗其成色。秤兌二百斤，分東、西二爐鎔化，卽令爐、商，各看守。俟烟氣黑盡而綠，綠盡而白，銅色已淨，纔出爐秤稅。每百斤內，除正耗十三斤三兩外，多耗一斤，令商人補一斤，多耗二斤，令商人補二斤。二爐通融計算，共折耗若干斤。折衷，每百斤，各折耗若干斤。凡，兌銅，以此爲則。

鑄器規則——

○朝鐘，一口。

會有：物料一十二項，共銀八百一十兩三錢五分。

召買：物料十八項，共銀三千二百七十六兩八錢一分八厘五毫。

鑄鐵、木、瓦、搭材等匠，工食，銀八百一兩八[14]錢一分五厘。

裝運木植人夫，工食，銀□兩六錢四分[24]。

○鼓樓，銅點，一面。

會有：物料一項，銀六分五厘。

召買：物料六項，共銀四十二兩二錢二分。

鑄匠、挫磨等，工食，共銀二兩八錢五分。

○承運庫，大鐵鎚，一把。

會有：物料一項，共銀一兩二錢。

召買：物料二項，共銀二錢五分九厘二毫五絲。

鐵匠，工食，銀二錢二分八厘。

○銅斧，一把。

會有：物料一項，銀九分二厘。

召買：物料二項，共銀一分七厘七毫五絲。

鐵匠，工食，銀三分。

○生鐵銀錠，一個。

會有：物料二項，共銀二錢二分四厘。

召買：物料九項，共銀九分二厘七毫[15]。

夫、匠，工食銀，共五分二厘九毫九絲一忽二微。

〇生鐵砧子，一個。

會有：物料二項，共銀一兩五錢四分。

召買：物料五項，共銀一兩二錢二分二厘。

夫、匠，工食，共銀七錢九分四厘。

〇鐵鑊，一口。

會有：物料二項，共銀五兩三錢二分。

召買：物料九項，共銀三兩一錢七分九厘。

夫、匠，工食銀，共八兩六錢五分七厘九毫九絲。

〇鐵鍋，一連。十二眼。

會有：物料二項，共銀八錢一分四厘。

召買：物料九項，共銀一兩九錢七分。

夫、匠，工食，共銀一兩四錢二分。

〇雲板，一面。

會有：物料二項，共銀一兩六分二厘。

召買：物料三項，共銀六錢一分三厘[16]。

做模、鑄匠，工食，銀五錢一分三厘。

○信符、金牌，一副㉕。

會有：物料十四項，共銀四兩一錢四分二厘。

召買：物料二十九項，共銀二十六兩八錢一分六厘五毫。

鑄匠、挫磨等，工食，銀二十二兩二錢八分。

○鐵楞、鐵檻，一副。

會有：物料四項，共銀三百一十一兩九錢二分。

召買：物料十二項，共銀一百九十九兩一錢一分。

鑄匠、做模等，工食，銀二百九十兩四錢。

○法馬，一副。計，三十七個。

會有：物料一項，銀三兩四錢一分一厘。

召買：物料五項，共銀三錢二分六厘。

做模、鑄匠、挫磨、較勘、鏨字等，工食，共銀一兩四錢四分。

○捨飯店，鐵鍋，一口[17]。
會有：物料二項，共銀三兩二錢八分八厘。
召買：物料十項，共銀二兩七錢七分二厘。
做模、鑄匠等，工食，銀二兩四錢九分。
○十「王府」，銅點，一面。
會有：物料一項，銀六分五厘。
召買：物料四項，銀一十九兩一錢八分七厘五毫。
鑄匠、挫磨等，工食，銀二兩六錢二分二厘。
○貼黃鐵鍋，一口。
會有：物料二項，共銀五錢九分五厘五毫。
召買：物料三項，共銀五錢六分八厘二毫。
鑄匠、做模等，工食，銀二錢九分七厘一毫。
○鐵券，一面。
召買：物料三項，共銀二兩六分五厘。
鑄匠、挫磨等，工食，銀四兩二錢八分。

○會極門，火盆，一個。
會有：物料一項，銀一兩五分。
召買：物料四項，銀五錢九分七厘四毫[18]。
鑄匠、做模等，工食，銀四錢五分六厘。
○光祿寺，煑料鐵鍋，一口。
會有：物料二項，共銀三十兩。
召買；物料九項，共銀三十五兩九錢六分三厘。
鑄匠、做模等，工食，銀二十五兩九錢三分。
○御馬監，煑料鐵鍋，一口。
會有：物料二項，共銀三兩六錢三分九厘二毫。
召買：物料十一項，共銀四兩一錢九分四厘。
工食，銀一兩四錢四分八厘。
○禮部，鑄印黃銅。

召買：物料一項，銀十八兩八錢。

○守衞，金牌，一面。

會有：物料三項，共銀三厘五毫七絲。

召買：物料二十九項，共銀六錢五分七厘五毫。

工食㉖，銀八錢七分六厘八毫[19]。

寶源局條議㉗

一.鎔化銅片。惟「驗銅」㉘，爲鼓鑄要領。在爐役，利於耗多；在商人，利於耗少。稍有低、昂，難令心服。舊規，東、西二爐，通融定耗，似已得平。但，二爐所化，不過二包，每包，不過百斤，而奸商射利，銅難一律。以數十萬之銅，而定耗於二百斤之內：偶值其高，則加耗少，而爐役虧；偶值其低，則折耗多，而商人虧。今後鎔銅，相應添設二爐，臨時抽銅八包。每包，取銅五十斤，共四百斤，秤兌下爐。則是，合八包而鎔其半，通四爐而酌其中，折耗多寡，庶幾得平，而商、爐，各輸服矣。

一.酌用「水錫」。凡，鑄錢萬文，用「四火黃銅」九十斤，必加「水錫」五斤十一兩二錢，從來久矣。近來，「商銅」日低，「錫」似宜裁。但，「銅」性燥烈，非用「錫」引，則稜角不整㉙、字畫不明。倘有「四火黃銅」，則「水錫」廼必需之物。前任王員外呈、議，「以錫易銅」，歸重錢內。蓋，欲錢體厚重[20]，期於久遠。

惟是「錢」自有定式，如果合式，則錢自不輕。與其「以錫換銅」，而以「四斤五兩四錢八分」之數，加重於「一萬文」之中，不若「計銅增錢」，而以「四斤五兩四錢八分」之數，加多於「一萬文」之外。

蓋，水錫「五斤十一兩二錢」，價銀四錢五分六厘。照價，買「淨銅」四斤五兩四錢八分，可鑄錢四百八十三文。如鑄錢十萬，卽多四千八百三十文錢矣。積而累之，其數無窮。如此，則公家有「水錫」之費，而亦有「水錫」之利；爐役無乾沒之弊，而亦無冒領之名。若後，果有「四火黃銅」，相應仍用「水錫」，庶不失立法初意。

至於，嚴禁「低銅」，成色不足者，依法重處，尤正本清源，第一議也。

一.扣抵工食。舊例，爐役鑄錢虧折，卽於工食內扣抵，名曰「賠補銅」。近因，奸商謀領，拖欠經年，片銅不到，以致將已完之局，反屬未完。比較雖煩，無裨緩急。今後，倘有虧折[21]，卽將工食扣抵。仍責令爐頭，照數買銅補完、解庫，然後，給還工食。遲，不過三月。如其不完，寧留貯庫，毋使奸商冒領㉚。則爐役不得互推，而錢糧清楚矣。

一.稽覈錢糧。「鑄錢」，《條例》：南、北季錢「工料價值」，由「衡司」給發。惟，「大工錢」及「三司錢」，該前任華主事議：將「工料價值」，卽於所鑄錢內，由本差隨鑄隨給；每銀一兩，給錢五百八十文，扣下七十文貯庫。在公家，有羨餘之利；在各役，無候領之艱。已經呈堂，如議遵行至今。

但，錢糧自有職掌，錙銖亦宜稽覈。以後，如鑄「大工錢」及「三司錢」，鑄過若干文、應扣「羡餘錢」若干文，相應先期按數呈堂，批司查覈、給「領」，赴巡視衙門掛號，本差方與給發。不特出入多寡，有所稽查，而事體亦歸一矣。

監督寶源局虞衡司員外郎(31)　臣　陳堯言　謹議[22](32)

工科給事中　臣　何士晋　謹訂[23]

工部廠庫須知

卷之七

工科給事中　臣　何士晉　纂輯
廣東道監察御史　臣　李　嵩　訂正
虞衡清吏司郎中　臣　徐久德　叅閱
虞衡清吏司員外　臣　林恭章　攷載[33]
營繕清吏司主事　臣　陳應元
虞衡清吏司主事　臣　樓一堂
都水清吏司主事　臣　黄景章
屯田清吏司主事　臣　華　顔　仝編

街道廳[34]

虞衡司註差員外郎[35]，三年，有關防、有公署，專司街道、溝渠，而時稽覈其通、塞。錢糧，關領於各司，或動支各城坊「房號銀」。五城兵馬司，咸隸焉。

見行事宜——

○每年，查理：都城內、外街道，橋梁、溝渠，各城河墻[36]、紅門、水關，及蘆溝橋堤岸等處。或遇有柵壞，即動支都水司庫銀修理。臨時酌估，多寡不等。其城外河，遇淤淺挑濬[37]，亦動都水司庫銀，或借班軍挑濬。

○每年，春季，開濬五城溝渠，以通水道，以清積穢[38]。凡，「官溝」，動支兵馬司「房號銀」，中城五十五兩[39]、東城一十二兩、南城二十四兩、西城二十兩，北城不支；「民溝」，聽民自開；「各衙門溝」，行總甲開；如上林苑、「五府」等溝，本衙門自開。

○每年，東安、西安、北安門三糞廠，及西公生門北一處，春、秋二季，搬運土墐。其合用錢糧，則：東安門，係中、東兵馬司撥夫，動該司「房號銀」，共四十八兩五錢；西安門，係西、北兵馬司撥夫，動該司「房號銀」，共四十陸兩四錢；西公生門，係南城兵馬司撥夫，動該司「房號銀」，共二十七兩。惟，北安門，舊例，兩季募民夫，動庫銀各二百餘兩。後，改立廠夫，一十二名。今，隨到隨搬，每名[2]、日給，銀三分，四季止各用三十一二兩不等，共約用一百二十餘兩。按季，移文都水司付，虞衡司給「領」、關支。其東、西二廠，各置看守廠夫二名，每名、歲給工食，銀七兩二錢。遇閏，加銀六錢，虞衡司支。

○凡，皇墻週圍，紅舖、各門直房、棋盤街柵欄，及九門牌坊，并各門「聖旨牌」，倘有損壞，動支營繕司庫銀修理。其九門城樓[40]，每年霜降後，奉劄、會同內官監打掃。或遇損壞，聽內官監移文營繕司，動庫銀修補。

○凡，九門角樓軍器，例奉堂劄，會同兵部司官查點。倘有損壞，移盔甲廠修補，動支虞衡司庫銀。

○遇，聖駕、郊祀、幸學、謁陵，填墊道路[41]，動支兵馬司「房號銀」，遠近、多寡不等。其搭盖浮橋，及填墊紅石口道路，則動支都水司庫銀。

○凡，都城內、外居民，有侵占官街、填塞官溝，及擅折官房者[42]，例得按法從事，行兵馬司查理。其五城兵馬司官員，每年終，分別賢、否，冊報吏部，以佐黜陟。

工、料規則：

○修溝渠、橋梁等，各項合用：石料，取之「三山」，給開、運價；白城磚，取之大通橋磚廠，止給運價；黑城磚、斧刃磚[43]、尺二方磚，則窑戶辦納，給買價。俱，臨期照丈尺酌估，多寡不定。其開、運、召買等價，俱有成估，與各差《則例》同。夫、匠工價，惟山陵工所，因有內監，比各工所量增。

山陵工所[1]

紅門內，各匠，長工八分，短工七分。

夫，長工五分，短工四分五厘。

夯夫，長工七分，短工六分。

紅門外，各匠，長工七分，短工六分[4]。

夫，長工五分，短工四分。

夯夫，長工六分，短工五分。

外工所，各匠，長工六分，短工五分五厘。

夫，長工四分，短工三分五厘。

夯夫，長工五分，短工四分。

本差公費：

紙劄、筆、墨銀，每季，銀三兩[5]。

街道廳條議

一、條溝渠。五城溝渠，多矣。歲久坍塌㊹，驟難槩修。計非擇急先修，以次漸及，不可。卽應修處，所猶須移會都水司，公同勘驗。果不容緩，然後料估、呈堂。盖，錢粮出自「水司」，會勘可無濫費也。其餘稍緩處所㊺，先行該城「兵馬」，檢拾坍磚，仍預爲開導，以俟陸續估、修。庶工無繁興，而溝亦不至淤塞矣。

一、省浮橋。浮橋之役，省百工料，不如省一內監，是盖難言矣；省一內監，又不如省一浮橋，是在蚤計焉。盖，浮橋有爲棚殿設者，如棚殿踰水，而搭一殿，即搭二橋，其費多矣；如棚殿不踰水而搭，則搭一殿，可免二橋，其省多矣。且，用木，當計橋之長短，不必用大，以滋木價；取木，當計橋之多寡，不必取多，以滋運價。至，繩之宜用綮蔴，不必用白蔴，其價幾倍；買蔴又不如買繩，其價亦倍；可用斜蓆，不必盡用葦蓆㊻，其價亦倍；墊[6]橋之黄土，折橋則存土可用，省買方之費亦倍㊼。若夫，各料隨用隨登，簿籍今委官看守，人役一一收管。折棚、折橋時，一一照數查點，短少者，責令賠補。庶向來狼籍之弊，可少杜乎。

虞衡清吏司管差員外郎　臣　林恭章　謹議

工科給事中　　　　　　臣　何士晉　謹訂」

工部廠庫須知

卷之七

工科給事中　臣　何士晉　纂輯

廣東道監察御史　臣　李　嵩　訂正

虞衡清吏司郎中　臣　徐久德　叅閱

虞衡清吏司主事　臣　樓一堂　攷載

營繕清吏司主事　臣　陳應元

都水清吏司主事　臣　黃景章

屯田清吏司主事　臣　華　顔　仝編

驗試廳[48]

虞衡司註差，三年，有關防、有公署，專管驗試之事。一應外解本色物料，其多寡數目，惟據各司送驗爲憑。驗中，則押送「十庫」收貯；不中，則駁還商解更換。若各司外解料銀、各項「折色」，徑送庫貯，與本差無與。第真贋雜投[49]，詐巧百出，典玆任者，稱煩瑣云。

驗試各項名目——

一·本司，所隸各省、直，額解軍器、胖衣等項，送驗[50]。

一·內裔，召買硝、黃、皮、鐵、紙張等項，送驗[1]。

一·「水司」，所隸各省、直額解，及各照局，不時題辦，絲、料、麻、鐵等項，送驗[2]

驗試廳條議

一.創立「盆硝」進驗。廠庫最急，無如軍需，而軍需最急，無如火藥。火藥之迅不迅，硝、黄之真不真而已。徃時驗硝，未有成法，一槩散硝中摻塩、堿，以賤抵貴，以假飾真。意欲逐包驗之，而窘於多數；卽就一包試之，而難於別色。

向查徃例，曾有「掣盆一二，酌爲折數入庫」之議。夫，「折而入」，則百觔而作六十、七十觔矣。發之而出也，能保如所入乎？此必不得之數也。在本商，憚入數之盈，既未甘心於筭折㊿；而在匠頭，苦出數之縮，猶然藉口於硝低。數十年來，兵、工互争，有如聚訟，職此之由。

本職涖任之始[52]，痛思善後之啚[53]，卽改「碎驗」，而爲「盆驗」之法。當時，有笑其迂者，有告苦於「脚值」之費，而從中撓者[54]，而本職惟堅持之：

每硝，必令本商盆净；每商，必令成盆進驗。先一日，傳兩廠匠頭二名候驗。至日，着本商，肩挑運到，無使損壞[3]；行行擺列，先令匠頭，揀擇一番。瑩潔趄鎗者[55]，收之；重底昬黑者，退之。而後，本職自行巡覽，嚴爲去取，不槩從匠頭之進退也。驗硝匠頭，着各做姓名棕記一箇，踈濶明朗。凡驗中，封口硝包，多打印記，堪久不磨。以便後日給發之時，某匠所驗硝，仍發某匠造藥。彼慮無逃于後日之賠累，安得不競競于驗日之精詳哉？

至今，各匠有不願關領舊硝[56]，而甘短少其數，以求今驗者。其故，可知也！盖，硝惟盆過，則渣滓悉去，塩、堿不得攙和；而驗以成盆，則高低、真假，又一目可以無遺視。夫，散硝龐襍[57]，僅僅掣什一于千百之中，而獘猶難窮詰者，不胥壞哉[58]？雖人情難與慮始，積習似難頓革，而第爲之，嚴需索之禁，塞旁費之竇，未有不競赴者。行之期年，上下兩便，群囂頓息。竊謂，是可以補捄已往，垂示將來者也。

一.鐫勒解進軍器。盔甲、弓刀所以衝鋒陷[4]陣，角弓、竹箭所以射疏及遠，用莫大焉。近來，狃于承平，安於懈弛[59]，所解軍器，頂盔僅存形質，布甲不用口袋，弓非堅勁，矢無利鏃，至于腰刀，悉皆白鐵。此何等關切，而當事者動以「五兵」爲戲也！每驗不堪，輒云「督造另自有人」。別生推諉，何以責成？

自今以後，合無如法製造，正官驗過起解。盔、甲、弓、刀，俱要勒刻「某年分、某省直、某督造」，即「某管解員役」于上。備列地方，使不得彼此那借；明開年歲，使不得新舊混淆。

至於甲裏既釘鐵葉[60]，不便鏤刻，其法：當于甲背正面之上，綴淡黃砑光細布或厚絹，四圍尺許[61]，團圈瘔縫，仍前識記；中邊騎縫，官印鈐盖，以便稽查。如此，則不惟「外解」無物中攙換之獘，而「內貯」亦不得有意外游移之變。已經呈堂、題准，中飭各省、直，訖。竊謂，是可以行之永永無獘者也[5]。

一．[62]關防解進胖衣。胖襖、布褲、鞰鞋之設，原以優恤軍寒，故「九邊」有「三年一給」之例，京師有「五年一給」之例，甚盛典也。但曰「三年」、「五年」，必其所給衣、鞋，新舊可以更替，而布花細、厚，歷年不至速朽。故，頒不違制[63]，領不後時，豈不亦軫邊、養士之長慮哉？

柰何，邇來懈弛，各省、直解進胖衣，粗布、黑花，稀針、踈縫。兼以管解非人，攬頭爲崇，假染練之舊物，夾襍而試于一投；持補綴之虫餘，鑽求而期于必中。挾纊之惠罔聞，墮指之悲空切。若不嚴禁，長此安窮？

本職蒞任以來，不知費幾番駁換、幾番枷責，尚未有盡革其故轍者。計，不得不於起脚處，重加申飭也。今後，各省、直所解胖衣等物，湏要細布、净花，本地如法製造，正官驗過起解。仍照所解「黃生絹事例」，勒寫年分[64]、省直、督造、管解員役于上。其法：亦用淡黃砑光細布或厚絹，四圍尺許，團圈畓縫于胖衣裏面；背縫之中[65]，勒寫前因；中邊騎縫，官印鈐盖，以便稽查。如無勒寫、印鈐，卽便駁回。如此，則不惟刁解無所售其欺，而攬頭亦無所射其利矣。

雖查舊解，間有印鈐其上者。而以本布粗糙、關防不明，又未開載年分、省直，卽有僞造者，孰從而辨之？此亦可以行之永永無斃者也。

一．申飭造、解歸併。各省、直解進軍器、胖衣等項，每每不堪，深爲痛恨。及詰所解，或濫委於匪人，或便帶于各差，或以劣轉之藩幕，或以赤貧之武弁。當堂究責，不曰「督造另自有人」，則曰「管解未曾管造」，多般推諉，展轉支吾。夫，安能越數千里，而面質之哉？收之既無補于國用，駁回又滋費其車脚，躊躕再四，情法兩難。

計，不從前申餙，何以事後責成？今後，各省、直所造軍器、胖衣等項，須選廉能勤幹佐二官、資俸未深者一員，專督本造。造畢，印官驗過，仍令管觧，以終其事。盖，以「本造」充「本觧」，則利害切已，業慮其觧之無躲避，自必其造之無侵欺。而以「所觧」問「所造」，則推諉無門。當事者既安心于退換，而承役者自帖意於賠償。法之無弊，無出此耳。

如有觧官廉能，本差驗過無弊者，一面呈堂、送吏部紀錄，仍行彼處撫、按旌奬。庶幾人人自效，而所觧皆實用矣。已經呈堂、題准，申餙各省、直，訖。竊謂，可以行之永永者也。

虞衡清吏司管廳主事　臣　樓一堂　謹議⑥⑥
工科給事中　臣　何士晉　謹訂∞

校勘記

❶「七」，底本、「南圖本」原無，「全電檔」同，今據《目録》并該卷書口上單黑魚尾下「卷之七」刻記補。

❷《寶源局》全篇共二十三葉，底本、「南圖本」各正葉下書口基本均見「寶源局」三字刻記，惟底本第二、十五葉，「南圖本」第十一、十五-十七、十九-二十一、二十三葉，模糊以致漫漶，而兩本第五至二十三葉，此處均將「寶」作「宝」。

❸「源局」，底本、「南圖本」原作此，惟后者所刻字迹与前者頗异，似有修摹，而「玄覽堂本」、「全電檔」同底本，復與此异。

❹「脚價」，底本、「南圖本」原作此，「全電檔」同，「備史本」下衍一「錢」字，今不從。

❺符號「〇」，底本漫漶，今據「南圖本」補出。又，左一條同此，不再注。

❻「會有」至「爐頭自備」并「爐頭繩匠」條，底本、「南圖本」原作此，「備史本」僅記爲「會有、召買、爐頭自備，同上筭」。且，「備史本」所抄各卷、各條細節，多有此例，即基本省略，今不從，後不再注。

❼「人」，底本、「南圖本」原無，「全電檔」同，今疑當脱，現據本卷前《本部每季鑄解太倉錢一百五十萬文·「召買」》「爐頭自備」條（二葉正）補。

❽「於」，底本模糊，今據「南圖本」補。

❾「司代」，底本模糊，今據「南圖本」補。

❿「一」，底本模糊，今據「南圖本」補。

⓫「一」，底本模糊，今據「南圖本」補。

⓬「加」，底本殘損，今據「南圖本」補。

⓭「水」，底本殘損，今據「南圖本」補。

⑭「一年一次」，底本、「南圖本」原上空一字格，今據後文格式，改空二字格。
⑮「一」，底本模糊，今據「南圖本」補。
⑯「炸」，底本、「南圖本」漫漶，「全電檔」闕此字，今疑當爲「炸」，現補，「備史本」同。
又「塊」，底本模糊，今據「南圖本」補，「全電檔」同。
⑰「磁」，底本、「南圖本」原作「磁」，今逕正，後不再注。
⑱「節」，底本、「南圖本」原作「節」，今逕正，後不再注。
⑲「分」，底本模糊，今據「南圖本」補。
⑳「會有」并后條「召買」各項，底本、「南圖本」原作此，「備史本」縮并，僅記爲「生鉄、檾麻，二項，共銀十二兩三錢六分」、「炸塊、木柴、木炭、磁末、青坩土、竹篩、馬尾羅、楊柳火桿、斜席，九項，共銀八兩九錢六分四厘。已減，二兩七錢七分」，今凡此類，亦不從，後不再注。
㉑「戊」，底本、「南圖本」原作「戊」，今據干支排列改，「備史本」同。
㉒「三」，底本原似作「二」，今從「南圖本」，「備史本」、「全電檔」同。
㉓符號「（）」，底本、「南圖本」原無，今添此以區隔。
㉔符號「□」，底本、「南圖本」此處原版斷濫，「全電檔」同，今暫不補。
㉕「副」，底本、「南圖本」原作此，「全電檔」同，「備史本」作「面」，今不從。
㉖「工食」一句，底本、「南圖本」原上空一字格，今據前文格式，改空兩字格。
㉗「寳源局條議」至下文「厚重」之「二十葉」，底本影本原無（以二十一葉重複置入），今據「南圖本」，并參「備史本」補出。
㉘「惟」，「南圖本」原上空一字格（即「斤」下），今省却。

又，本文并本卷餘下《街道廳條議》、《驗試廳條議》中各羅列段首，均有此例，今概省却，後不再注。

㉙「整」，「南圖本」原作此、「全電檔」同，「備史本」作「齊」，今不從。

㉚「毋」，底本、「南圖本」原作「母」，今改。

㉛「監督寶源局」，底本原作此，「南圖本」删、「全電檔」同，今從底本。

㉜「議」，底本原作「輯」，今從「南圖本」改，「全電檔」同。

㉝「孜」，底本、「南圖本」原作「孜」，今逕改，後不再注。

㉞《街道廳》全篇共七葉，底本、「南圖本」各正葉下書口基本均見「街道廳」三字刻記，惟「南圖本」第四、六葉，此處模糊以致漫漶。

㉟「郎」，底本、「南圖本」原似作「郎」，今據「備史本」，并本卷《街道廳條議》末「虞衡清吏司管差員外郎臣林恭章謹議」（七葉正）一句逕改。

㊱「墻」，底本、「南圖本」原作「墻」，今逕正，後不再注。

㊲「濬」，底本、「南圖本」原作「濬」，今逕正，後不再注。

㊳「積」，底本漫漶，今據「南圖本」補。

㊴「五」，底本漫漶，今據「南圖本」補。

㊵「城」，底本、「南圖本」原作此，「全電檔」同，「備史本」上（即「門」下）多「牌坊」二字，今暫不從。

㊶「填」，底本、「南圖本」原作「塡」，今逕正，後不再注。

㊷「折」，底本、「南圖本」原作此，「全電檔」同，「備史本」作「拆」，今暫不從。

㊸「刃」，底本、「南圖本」原作此，「備史本」、「全電檔」同。

㊹「坍」，底本、「南圖本」原作「坍」，今逕正，後不再注。

㊺「稍」，底本、「南圖本」原作「稍」，今逕正，後不再注。

❹❻「葦」，底本、「南圖本」原作「葦」，今逕正，後不再注。

❹❼「費」，底本模糊，今據「南圖本」補。

❹❽《驗試廳》全篇共八葉，其中底本第八葉，闕背半葉。又，底本第一-四葉正葉下書口基本均見「驗試廳」三字刻記，惟「南圖本」此處基本模糊以致漫漶。餘下各葉此處，兩刻本均無字迹。

另，「驗試廳」，底本、「南圖本」《目録》後更有「以上皆虞衡司分差」單行小字，應指本卷「寶源局」、「街道廳」、「驗試廳」所隸，今前已標注，此不贅録。

❹❾「真」，底本、「南圖本」原作「真」，今逕正，後不再注。

❺⓿「送」，底本原無、「備史本」同，今據「南圖本」補，「全電檔」同。

❺❶「廿」，底本、「南圖本」原作「廾」，今逕正，後不再注。

❺❷「莅」，底本、「南圖本」原作「莅」，今正。

❺❸「啚」，底本、「南圖本」原作「啚」，今逕正，後不再注。

❺❹「撓」，底本、「南圖本」原作「挠」，今逕正，後不再注。

❺❺「起」，底本、「南圖本」原作此，「全電檔」同，今疑或爲「起」，「備史本」同，現暫不逕改。

❺❻「願」，底本原作「顧」，「備史本」同，今從「南圖本」改，「全電檔」同。

❺❼「寵」，底本、「南圖本」原作「寵」，今逕正，後不再注。

❺❽「壞」，底本、「南圖本」原作「壊」，今逕正，後不再注。

❺❾「懈」，底本、「南圖本」原作「懈」，今逕正，後不再注。

❻❶「裏」，底本、「南圖本」原作「裏」，據唐顔元孫《干禄字書》，此字即「裏」俗字（上聲，第十六頁），今從，後亦逕正不注。

❻❶「圍」，底本、「南圖本」原作「圍」，今逕正，後不再注。

❻❷「一」，底本漫漶，今據「南圖本」補。

❻❸「違」，底本、「南圖本」原作「違」，今逕正，後不再注。

❻❹「寫」，底本、「南圖本」原作「寫」，今逕正，後不再注。

❻❺「背」，底本、「南圖本」原作「背」，今逕正，後不再注。

❻❻「虞衡清吏司」并左「工科給事中」共兩欄，底本原闕，「南圖本」在八葉背，今據以補出。

工部廠庫須知
卷之八

工科給事中 臣 何士晉 纂輯
廣東道監察御史 臣 李 嵩 訂正
虞衡清吏司郎中 臣 徐久德 參閱
虞衡清吏司主事 臣 王道元 考載
營繕清吏司主事 臣 陳應元
虞衡清吏司主事 臣 樓一堂
都水清吏司主事 臣 黃景章
屯田清吏司主事 臣 華 顏 仝編

盔甲、王恭廠❶

「虞衡」分司，註差主事❷，三年❸，有關防，二廠兼領，專掌修造軍器❹。所屬有軍器局。

年例軍器❺——

每年成造

○成造，連珠砲鉛弹，二十萬箇。

會有：

節慎庫—

南鉛，一萬八千七百一十三斤八兩。每斤一，銀四分五厘。該銀八百四十二兩六分二厘五毫。

匠頭自備：

炸塊，二千二百五十斤。每百斤，銀一錢三分。該銀二兩九錢二分五厘。

木炭，二千二百五十斤。每百斤，銀三錢。該銀六兩七錢五分。

以上二項，共銀九兩六錢七分五厘。

工食，銀四十二兩。

前件：「連珠鉛弹」，《條例》：「每箇，重一兩四錢五分」。四十年，該、本司議❻，減二錢五分。每箇，重一兩二錢。

○成造，夾靶鎗鉛弹，二十萬箇。

會有：

節慎庫[1]

南鉛，五千一百六十二斤八兩。每斤，銀四分五厘。該銀二百三十二兩三錢一分二厘五毫。

匠頭自備[2]：

炸塊，六百二十五斤。每百斤，銀一錢三分。該銀九錢一分二厘五毫。

木炭，六百二十五斤。每百斤，銀三錢。該銀一兩八錢七分五厘。

以上二項，共銀二兩七錢八分七厘五毫。

工食，銀三十六兩。

前件：「夾靶鉛弾」，《條例》：「每箇，重四錢」。四十年，本司議，減五分。每箇，重三錢五分。

以上二項「鉛弾」，係京營年例，春、秋二操支領。向來，京營濫領，至二百六十餘萬箇。萬曆三十九年，部、科酌議裁減，移會京營，查取每年操演的數，大、小鉛弾，二百六十萬七千二十個。本部復減，六萬七千二十個。四十一年，議題，每年定額：「連珠鉛弾」四十萬個、「夾靶鉛弾」一百六十萬個。該領「南鉛」六萬六千九百五十斤，該銀三千零一十二兩七錢五分。匠頭自備，該「炸塊」八千三百六十八斤，每百斤，銀一錢三分，該銀一十兩八錢七分八[3]厘四毫；該「木炭」八千三百六十八斤，每百斤，銀三錢，該銀二十五兩一錢四厘。以上二項，共銀三十五兩九錢八分二厘四毫。該工食，銀三百七十二兩。

又，遼東年例，關領「鉛弹」俟移文。大小、多寡數目，按前「估」鉛斤、工食、炸、炭，成造。

○成造，「夾靶」等鎗、砲火藥，三十萬斤。內：

○❼夾靶鎗火藥，一十五萬斤。

會有：

廣積庫－

盆淨焰硝，一十萬三百一十二斤八兩。每斤，銀二分五厘。該銀二千五百七兩八錢一分二厘五毫。

硫黃，一萬九千六百八十七斤八兩。每斤，銀四分。該銀七百八十七兩五錢。

以上二項，共銀三千二百九十五兩三錢一分二厘五毫。

召買4：

柳木炭，三萬斤。每百斤，銀四錢二分。該銀一百二十六兩。

工食，銀三百三十兩。

○成造，連珠砲火藥，一十五萬斤。

會有：

廣積庫－

盆淨焰硝，一十萬六千八百七十五斤。每斤，銀二分五厘。該銀二千六百七十一兩八錢七分五厘。

硫黃，二萬六百二十五斤。每斤，銀四分。該銀八百二十五兩。

以上二項，共銀三千四百九十六兩八錢七分五厘。

召買：

柳木炭，二萬二千五百斤。每百斤，銀四錢二分。該銀九十四兩五錢。

工食❽，銀三百六十七兩五錢。

前件：照《條例》，每年成造[5]。

○成造，鳥嘴銃火藥，三萬斤。每百斤，

會有：物料三項，共銀一兩八錢四分四厘一毫。

召買：物料二項，共銀二錢四分九厘四毫八絲。

工食，銀三兩一錢三分四厘二毫。外，減銀六錢。

前件：工食，減去，銀一錢三分四厘二毫。每斤，銀三分。

○成造，迅藥，三萬斤。每百斤，

會有：物料三項，共銀一兩八錢六分六厘二毫。

召買：物料二項，共銀三錢七分三厘二毫三絲。

工食，銀三兩二錢三分四厘二毫。外，減銀六錢。

前件：工食銀，減去，二錢三分四厘二毫。每斤，銀三分。

以上「鳥」、「迅」藥，京營春、秋二操關領。火藥粗、細，「二八兼支」。每年，該「鳥」、「迅」藥，各三萬斤。因，兩廠先年細藥，未完數多，已經呈明，知會科、院，抵充，年例暫停。俟完日，每年照例❾，成造六萬斤。

○成造，藥線，三十萬條。除藥線包藥不料外，

召買：物料，銀一十八兩❿。

前件：每藥一斤，用藥線一條。每年，成造「粗藥」三十萬斤，應造藥線，三十萬條。

工食，銀四十五兩。

○成造，起火屏風。

物料，十二項。共銀六錢三分。順天府辦送。

前件：查得，每年，旗手衛祭「旗纛」等神應用⓫，順天府派料、辦送。照《條例》，每年成造。

○修理，鐵心長鎗，七百桿。

會有：

甲字庫－

黄丹，四斤六兩。每斤，銀三分七厘。該銀一錢六分一厘八毫。

無名異，四斤六兩。每斤，銀四厘。該銀一分七厘五毫。

丁字庫-

桐油，四十三斤十二兩。每斤，銀三分六厘。該銀一兩五錢七分五厘[7]。

以上三項，共銀一兩七錢五分四厘三毫。

召買-

麻子油⑫，七斤十二兩。每斤，銀二分。該銀一錢五分五厘。

白麵⑬，二十一斤十四兩。每斤，銀八厘。該銀一錢七分五厘。

石灰，二十一斤十四兩。每百斤，銀一錢二厘。該銀二分二厘三毫。

瓦灰，二十一斤十四兩。每百斤，銀五分。該銀一分九毫。

烟子，七斤。每斤，銀五厘。該銀三分五厘。

木柴，一百五斤。每百斤，銀一錢五分六厘。該銀一錢六分三厘八毫。

頭髮，六十五斤十兩。每斤，銀一錢。該銀六兩五錢六分二厘五毫。

麻線，七百條。每百條，銀二分。該銀一錢四分。

以上八項，共銀七兩二錢六分四厘五毫[8]。

工食，銀二十兩三錢。

前件：係京營官軍，三年赴廠兊換，應二年一次修理。其量修，工料通減。每百桿，「會有」四項，共銀八錢二分七厘八毫一絲二忽五微；「召買」七項，共銀七錢六分五厘八毫一絲二忽五微；工食，銀一兩五錢。俱經科道會估，以後，照此修理。

○成造，五龍槍，一萬一千桿。每一桿，

會有：

節慎庫－

建鐵，二十四斤。每斤，銀一分六厘。該銀三錢八分四厘。

蘇州鋼，一兩五錢。每斤，銀三分六厘五毫。該銀三厘四毫二絲一忽八微。

甲字庫－

黃丹，三分。每斤，銀三分七厘。該銀六絲九忽四微。

無名異，三分。每斤，銀四厘。該銀七忽五微。

苧布，八寸。每疋，銀二錢。該銀五厘三毫。

水膠，一錢。每斤，銀一分七厘。該銀一毫六忽。

通州抽分竹木司－

青皮猫竹，一段，長三尺九寸、圍六寸。照「四號」，折得八分四厘二毫。每根銀五分。該銀四分二厘一毫。

丁字庫-

桐油，一兩。每斤，銀三分六厘。該銀二厘二毫五絲。

紅銅，五分。每斤，銀七分。該銀二毫一絲八忽七微。

魚線膠，二兩。每斤，銀八分。該銀一分。

白麻，五錢。每斤，銀三分。該銀九毫三絲七忽五微。

盔甲廠-

牛觔，二兩。每斤，銀一錢二分七厘。該銀一分五厘八毫七絲五忽。

以上十二項，該銀四錢六分四厘二毫八絲五忽九微。

召買[10]：

蔴子油，二錢。每斤，銀二分。該銀二毫五絲。

白麵，五錢。每斤，銀八厘。該銀二絲五忽。

石灰，五錢。每百斤，銀一錢二厘。該銀三絲一忽八微。

瓦灰，五錢。每百斤，銀五分。該銀一忽六微。

烟子，一錢。每斤，銀五厘。該銀三絲一忽二微。

桑皮紙，半張。每百張，銀三分。該銀一毫五絲。

白麻繩，一條，重二兩。每斤，銀二分八厘。該銀三厘五毫。

木炭，八錢。每百斤，銀三錢五分。該銀一厘七毫五絲。

以上八項，共銀五厘七毫三絲九忽六微。

匠頭自備：

炸塊，六十斤。每百斤，銀一錢三分。該銀七分八厘。

木炭，六斤。每百斤，銀三錢。該銀一分八厘[二]。

以上二項，共銀九分六厘。

工食，銀六錢。

前件：《條例》內，未及開載。查，係京營兑換軍器。遇缺，該營移文、成造，每次多寡不等。近，四十二年，京營移、造，一萬一千桿，併送新樣。已經山西廠、科、院、部會估，改造。內增：荒鐵，八斤；人工，二工。以後，遇缺成造。

其量修，工料遞減。每桿，「會有」九項，共銀三分二厘一毫四絲五忽六微；「召買」七項，共銀一厘九毫八絲九忽五微；工食，銀一錢二分。皆經科、院會估，以後，照此修理。

○成造，夾靶鎗，五千桿。

會有：

甲字庫-

黃丹，六斤四兩。每斤，銀三分七厘。該銀二錢三分一厘二毫五絲。

無名異，六斤四兩。每斤，銀四厘。該銀二分四厘。

水膠，六十二斤八兩。每斤，銀一分七厘。該銀一兩六分二厘五毫。

丁字庫-

魚線膠，六百二十五斤。每斤，銀八分。該銀[12]五十兩。

桐油，三百一十二斤八兩。每斤，銀三分六厘。該銀一十一兩二錢五分。

白麻，九十二斤十二兩。每斤，銀三分。該銀二兩八錢一分二厘五毫。

戊字庫-

廢鉄，二萬三千一百二十五斤。每斤，銀三分二厘。該銀七百四十兩。

節慎庫-

鉄，八萬六千二百五十斤。每斤，銀一分六厘。該銀一千三百八十兩。照《條例》，加四萬斤，係新增。

盔甲廠-

牛觔，六百二十五斤。每斤，銀一錢二分七厘。該銀七十九兩三錢七分五厘。

通州抽分竹木局-

青皮猫竹，一萬片。每片，銀六厘五毫。該銀六十五兩。

以上十項，共銀二千三百二十九兩七錢[13]五分五厘二毫五絲。照《條例》，加銀四百六十兩，係新增。

匠頭自備：

炸塊，二十七萬三千四百三十七斤八兩。每百斤，銀一錢三分。該銀三百五十五兩四錢六分八厘七毫五絲。照《條例》，加十萬斤，係新增。

木炭[14]，二萬七千三百四十三斤十二兩。每百斤，銀三錢。該銀八十二兩三分一厘二毫五絲。照《條例》，多一萬斤，係新增。

以上二項，共銀四百三十七兩五錢。照《條例》，加銀一百六十兩，係新增。

召買：

白麵，七十八斤二兩。每斤，銀八厘。該銀六錢二分五厘。

麻子油，六十二斤八兩。每斤，銀二分。該銀一兩二錢五分。

石灰，九十三斤十三兩。每百斤，銀一錢二厘。該銀九分五厘六毫。

烟子，三十一斤四兩。每斤，銀五厘。該銀一[14]錢五分六厘二毫。

瓦灰，九十三斤十二兩。每百斤，銀五分。該銀四分六厘六毫。

木柴，三百一十二斤八兩。每百斤，銀一錢五分六厘。該銀四錢八分七厘五毫。

木炭，三百一十二斤八兩。每百斤，銀三錢五分。該銀一兩九分三厘七毫。

以上七項，共銀三兩七錢五分四厘。照舊，不增。

工食，銀二千七百兩。照《條例》，已增六百兩，係新增。

前件：照京營新式，成造[15]。四十三年三月內[16]，經科、院會議，每桿內加「荒鐵」八斤、「人工」二工。因新增，工料數如右，遇缺，題造。若修理，則工料遞減。查，四十二年，新經科、院會估：凡，大修，每百桿，估用物料，二兩八錢八分六厘八毫五絲五忽，工食銀二十一兩；小修，每百桿，估用物料，八分五厘七毫五絲九忽三微，工食銀六兩。俱有「估冊」，存廠備照。以後，照此，分別修理。

○成造，快鎗，二千桿。

會有：

丁字庫

桐油，二十五斤。每斤，銀三分六厘。該銀九錢。

甲字庫

水膠，三十七斤八兩。每斤，銀一分七厘。該銀六錢三分七厘五毫。

無名異，二斤八兩。每斤，銀四厘。該銀一分。

黃丹，二斤八兩。每斤，銀三分七厘。該銀九分二厘五毫。

戊字庫[17]—

廢鐵，四千五百斤。每一斤，銀三分二厘。該銀一百四十四兩。

節慎庫—

鐵，二萬五千斤。每斤，銀一分六厘。該銀四百兩。

以上六項，共銀五百四十四兩。查《條例》，今止二百八十九兩六錢四分[18]，已加銀二百六十四兩二錢六分，係新增。

召買：

榆木把[19]，二千根。每根，銀五分四厘。該銀一百八兩[16]。

紅土，五十斤。每斤，銀五厘。該銀二錢五分。

烟子，三斤十二兩。每斤，銀五厘。該銀一分八厘七毫。

麻子油，十二斤八兩。每斤，銀二分。該銀二錢五分。

以上四項，共銀一百八兩五錢一分八厘七毫。照依《條例》原估數，不增。

匠頭自備：

炸塊，七萬三千七百五十斤。每百斤，銀一錢三分。該銀九十五兩八錢七分五厘。照《條例》，多四萬斤，係新增。

木炭，七千三百七十五斤。每百斤，銀三錢。該銀二十二兩一錢二分五厘。照《條例》，多四千斤，係新增。

以上二項，共銀一百一十八兩。照《條例》，多六十四兩，係新增[20]。

工食，銀七百七十兩。《條例》，止五百三十兩，今新增二百四十兩，共得此數[17]。

前件：照京營新式，成造。四十三年三月內，經科、院會議，每桿內加「荒鉄」八斤、「人工」二工。因增工料如右，遇缺，題造。若修理，則工科遞減。查得，四十二年，科、院會估：凡，大修，每百桿，估用物料，銀二兩七錢四分二厘二毫，工食銀一十二兩；小修，每百桿，估用物料，銀二分三厘一毫九絲，工食銀六兩。以後，照此，分別修理。

○造、修，鈎鐮，四百桿。

會有：

甲字庫—

無名異，一斤四兩。每斤，銀四厘。該銀五厘。

黃丹，三斤八兩。每斤，銀三分七厘。該銀一錢二分九厘五毫。

麻布，一十六疋。每疋，銀二錢。該銀三兩二錢。

丁字庫—

魚膠，六十斤。每斤，銀八分。該銀四兩八錢。

白麻，三十一斤。每斤，銀三分。該銀九錢三分。

桐油，三十斤。每斤，銀三分六厘。該銀一兩八分[18]。

丙字庫－

白綿，八兩。每斤，銀五錢。該銀二錢五分。

通州抽分竹木局－

猫竹，一百一十二段。照「四號」，折得二百十六根。每根，銀五分。該銀十兩八錢。

盔甲廠－

牛觔，四十四斤。每斤，銀一錢二分七厘。該銀五兩五錢八分八厘。

戊字庫－

廢鉄，一百二十五斤。每斤，銀三分二厘。該銀四兩。

節慎庫－

建鉄，二百五十斤。每斤，銀一分六厘。該銀四兩。

鋼，十二斤八兩。每斤，銀三分六厘五毫。該銀四錢五分。

以上十二項，共銀三十五兩二錢三分二厘五毫[19]。

召買：

炸塊，九百六十八斤。每百斤，銀一錢二分七厘五毫。該銀一兩二錢三分四厘二毫。

石灰，七十六斤。每百斤，銀一錢二厘。該銀七分七厘五毫二絲。
桑皮紙，一百五十張。每百張，銀三分。該銀四分五厘。
木炭，九十六斤十二兩。每百斤，銀三錢五分。該銀三錢三分八厘六毫二絲五忽。
白麵，一百三十二斤。每斤，銀八厘。該銀一兩五分六厘。
瓦灰，一百六十斤。每百斤，銀五分。該銀八分。
雜油，十四斤。每斤，銀二分三厘。該銀三錢二分二厘。
香油，一斤二兩。每斤，銀二分八厘。該銀三分一厘五分[20]㉑。
杉木鎗心，四百桿。每根，銀六分。該銀二十四兩。
烟子，十一斤。每斤，銀五厘。該銀五分五厘。
以上十項，共銀二十七兩三錢三分九厘八毫四絲五忽。
工食，銀四十三兩五錢五分。
前件：查，係京營官軍，三年兌換軍器。合應二年一次，照該營兌換下數目，分別造、修㉒。
○㉓造、修，虎乂，四百桿。
會有：
甲字庫-

無名異，一斤四兩。每斤，銀四厘。該銀五厘。

苧布，一十六疋。每疋，銀二錢。該銀三兩二錢。

黃丹，三斤八兩。每斤，銀三分七厘。該銀一錢二分九厘五毫。

丙字庫—

白綿，八兩。每斤，銀五錢。該銀二錢五分[21]。

丁字庫—

桐油，三十斤。每斤，銀三分六厘。該銀一兩八分。

魚膠，六十斤。每斤，銀八分。該銀四兩八錢。

白麻，三十一斤。每斤，銀三分。該銀九錢三分。

通州抽分竹木局—

猫竹，一百一十一段。照「四號」，折得二百一十六根。每根，銀五分。該銀十兩八錢。

盔甲廠—

牛觔，四十四斤。每斤，銀一錢二分七厘。該銀五兩五錢八分八厘。

戊字庫—

廢鉄，二百八十七斤。每斤，銀三分二厘。該銀九兩二錢。

節慎庫-

鉄，五百七十五斤。每斤，銀一分六厘。該銀九兩二錢[22]。

鋼，二十斤八兩。每斤，銀三分六厘五毫。該銀七錢四分八厘六毫。

以上十二項，共銀四十五兩九錢三分一厘。

召買：

雜油，十四斤。每斤，銀二分三厘。該銀三錢二分二厘。

烟子，十一斤。每斤，銀五厘。該銀五分五厘。

桑皮紙，一百五十張。每百張，銀三分。該銀四分五厘。

香油，一斤二兩。每斤，銀二分八厘。該銀三分一厘五毫。

杉木鎗心，四百桿。每桿，銀六分。該銀二十四兩。

白麵，一百三十二斤。每斤，銀八厘。該銀一兩五分六厘。

石灰，七十六斤。每百斤，銀一錢二厘。該銀七分七厘五毫二絲[23]。

瓦灰，一百六十斤。每百斤，銀五分。該銀八分。

炸塊，二千二百六斤四兩。每百斤，銀一錢二分七厘五毫。該銀二兩八錢一分二厘八毫六絲八忽。

木炭，二百二十斤。每百斤，銀三錢五分。該銀七錢七分。

以上十項，共銀二十九兩二錢四分九厘八毫八絲八忽。

工食，銀七十兩七錢七分六厘。

前件：查，係京營究換軍器。合應二年一次，照該營究換數目，分別造、修。若小修，則工料遞減。查，四十二年，科、院會

估：量修，每百桿，用「物料」五分五厘二毫，工食一兩。以後，照此，分別修理。

〇修理，大滚刀，一千把。

會有：

甲字庫－

白麻，一十八斤十二兩。每斤，銀三分。該銀五錢六分二厘五毫[24]。

苧布，二十三疋一丈。每疋，銀二錢。該銀四兩六錢六分六厘。

無名異，一十三斤八兩。每斤，銀四厘。該銀五分。

丁字庫－

魚膠，一百八十七斤八兩。每斤，銀八分。該銀十五兩。

桐油，二百五十斤。每斤，銀三分六厘。該銀九兩。

通州抽分竹木局－

青皮猫竹，二千片。每片，銀六厘五毫。該銀一十三兩。

盔甲廠一

牛觔，一百八十七斤八兩。每斤，銀一錢二分七厘。該銀二十三兩八錢二分九厘五毫。

以上七項，共銀六十六兩一錢八厘。

召買[25]：

麻子油，三十一斤四兩。每斤，銀二分。該銀六錢二分五厘。

白麵，六十二斤八兩。每斤，銀八厘。該銀五錢。

石灰，一百二十五斤。每百斤，銀一錢二厘。該銀一錢二分八厘五毫。

瓦灰，一百二十五斤。每百斤，銀五分。該銀六分二厘五毫。

烟子，六斤四兩。每斤，銀五厘。該銀三分一厘。

木柴，二百五十斤。每百斤，銀一錢五分六厘。該銀三錢九分。

以上六項，共銀一兩七錢三分七厘。

工食，銀一百兩。

前件：查，係京營兌換軍器。合應二年一次，照該營兌換數目，分別修理。

○修理，戊字庫：紅盔、青布擺錫釘甲、鐵帽兒盔、紫花布擺錫釘甲、黑油腰刀，共三萬頂、副、把㉔。內[26]：

○㉕修理，紅盔，一萬頂。

會有：

甲字庫—

黃丹，六十二斤八兩。每斤，銀三分七厘。該銀二兩三錢一分二厘五毫[26]。

丁字庫—

桐油，九百三十七斤八兩。每斤，銀三分六厘。該銀三十三兩七錢五分。

甲字庫—

藤黃，二十五斤。每斤，銀五分。該銀一兩二錢五分。

水花硃，二百五十斤。每斤，銀四錢三分五厘。該銀一百八兩七錢五分。

無名異，六十二斤八兩。每斤，銀四厘。該銀二錢五分。

水膠，九十三斤十二兩[27]。每斤，銀一分七厘。該銀一兩五錢九分三厘七毫五絲。

光粉，二十五斤。每斤，銀一分。該銀二錢五[27]分。

丙字庫—

白綿，三斤二兩。每斤，銀五錢。該銀一兩五錢六分二厘五毫。

以上八項，共銀一百四十九兩七錢一分八厘七毫五絲。

召買：

麻子油，二百五十斤。每斤，銀二分。該銀五兩。

燒造紅土，二百五十斤。每斤，銀五厘。該銀一兩二錢五分。

白麵，四百三十七斤八兩。每斤，銀八厘。該銀三兩五錢。

石灰，三百一十二斤八兩。每百斤，銀一錢二厘。該銀三錢一分八厘七毫五絲。

瓦灰，三百一十二斤八兩。每百斤，銀五分。該銀一錢五分六厘二毫五絲。

木柴，五千斤。每萬斤，銀十五兩六錢。該銀[28]七兩八錢。

以上六項，共銀一十八兩二分五厘。

工食，銀二百一十四兩四錢。運價在內。

〇修理，鐵帽兒盔，二萬頂。內：

〇(28)補造，盔，九千頂。

會有：

甲字庫-

烏梅，二百二十五斤。每斤，銀二分。該銀四兩五錢。近年不用。

細三梭布，七百三疋四尺。每疋，長三丈二尺、濶一尺八寸。每丈，銀八分四厘。該銀一百八十九兩。

粗白綿布，七百三疋四尺。每疋，長三丈二尺、濶一尺八寸，銀三錢。該銀二百一十兩九錢三分七厘五毫。

丁字庫－

白硝羊皮，四百五十張。每張，銀一錢。該銀四十五兩[29]。

高錫，二百二十五斤。每斤，銀八分。該銀一十八兩。近年不用。

戊字庫－

廢鐵，一萬一千九百四十三斤十二兩。又，原運「破爛盔、刀」，作廢鐵，一萬八千一百五十斤，共三萬九十三斤十二兩。每斤，銀三分二厘。該銀九百六十三兩。

節慎庫－

熟建鐵，六萬一百八十七斤八兩。每斤，銀一分六厘。該銀九百六十三兩。

丁字庫－

菉豆鐵線㉙，八百四十三斤十二兩。每斤，銀四分。該銀三十三兩七錢五分。

以上六項，共銀二千四百四兩六錢八分七厘五毫。

召買：

香油，五百六十二斤八兩。每斤，銀二分八厘。該銀一十五兩七錢五分[30]。

紫白綿線，十三斤八兩。每斤，銀一錢二分。該銀一兩六錢二分。

以上二項，共銀一十七兩三錢七分。

匠頭自備：

炸塊，二十二萬五千七百三斤二兩。每百斤，銀一錢三分。該銀二百九十三兩四錢一分。

木炭，二萬二千五百七十斤五兩。每百斤，銀三錢。該銀六十七兩七錢一分。

以上二項，共銀三百六十一兩一錢二分。

染戶變染：

紫花布，七百三疋四尺。每疋，銀三分。該銀二十一兩九分三厘七毫。三十五年會估，每疋，加銀一分。

三十七年會估，每疋，減五厘，仍舊三分五厘。

工食，銀五千六百八十二兩九錢六分。運價在內。

○修理，一等盔，二千頂。

會有[31]：

甲字庫[1]

細三梭白布，九十三疋二丈四尺。每疋，長三丈二尺、濶一尺八寸。每丈，銀八分四厘。該銀二十五兩二錢。

粗白綿布，四十三疋二丈四尺。每疋，長三丈二尺、濶一尺八寸，銀三錢。該銀一十三兩一錢二分五厘。

丁字庫－

白硝羊皮，一百張。每張，銀一錢。該銀十兩。

以上三項，共銀四十八兩三錢二分五厘。

召買：

香油，一十六斤四兩。每斤，銀二分八厘。該銀四錢五分五厘。

紫白綿線，二斤八兩。每斤，銀一錢二分。該銀三錢。

以上二項，共銀七錢五分五厘。

染戶變染：

紫花布，九十三疋二丈四尺。每疋，銀三分[32]。該銀二兩八錢一分二厘五毫。三十五年會估，每疋，加銀一分。三十七年會估，減五厘，仍舊三分五厘。

工食，銀八十二兩八錢八分。運價在內。

〇修理，二等盔，九千頂。

會有：

丁字庫－

白硝羊皮，四百五十張。每張，銀一錢。該銀四十五兩。

戊字庫-

廢鐵，一千一百二十五斤。每斤，銀三分二厘。該銀三十六兩。

節慎庫-

熟建鐵，二千二百五十斤。每斤，銀一分六厘。該銀三十六兩。

甲字庫-

細三梭白布，四百二十一疋二丈八尺，各長三丈二尺、濶一尺八寸。每丈，銀八分四厘。該銀一百一十三兩四錢[33]。

粗白綿布，一百九十六疋二丈八尺。每疋，長三丈二尺、濶一尺八寸，銀三錢。該銀五十九兩六分二厘。

丁字庫-

菉豆鉄線，四百五十斤。每斤，銀四分。該銀一十八兩。

以上六項，共銀三百七兩四錢六分二厘。

召買：

香油，七十三斤二兩。每斤，銀二分八厘。該銀二兩四分七厘。

紫白綿線，一十一斤四兩。每斤，銀一錢二分。該銀一兩三錢五分。

以上二項，共銀三兩三錢九分七厘。

匠頭自備：

炸塊，八千四百三十七斤八兩。每百斤，銀一錢三分。該銀一十兩九錢六分八厘七毫五絲。

木炭，八百四十三斤十二兩。每百斤，銀三[34]錢。該銀二兩五錢三分一厘二毫五絲。

以上二項，共銀一十三兩五錢。

染戶變染：

紫花布，四百二十一疋二丈八尺。每疋，銀三分。該銀一十二兩六錢五分六厘二毫五絲。三十五年會估，每疋，加銀一分。三十七年會估，每疋，減五厘，仍舊三分五厘。

工食，銀五百五十二兩九錢六分。運價在內。

○修理，青甲，一萬副。

會有：

甲字庫－

烏梅，九百三十七斤八兩。每月，銀二分。該銀一十八兩七錢五分。

細三梭白布，三千三百七十五疋。每疋，長三丈二尺、濶一尺八寸。每丈，銀八分四厘。該銀九百七兩二錢。

粗白綿布，三千三百一十二疋一丈六尺[35]。每疋，長三丈二尺、濶一尺八寸，銀三錢。該銀九百九十三兩七錢五分。

丁字庫[一]

白硝羊皮，四千張。每張，銀一錢。該銀四百兩。

高錫，八百四十三斤十二兩。每斤，銀八分。該銀六十七兩五錢。

戊字庫[30][一]

廢鐵，一萬一千二百五十斤。每斤，銀三分二厘，銀三百六十兩。

節慎庫[一]

熟建鐵，二萬二千五百斤。每斤，銀一分六厘。該銀三百六十兩。

以上七項，共銀三千一百七兩二錢。

召買：

松香，七百五十斤。每斤，銀二分。該銀一十五兩。

生掙牛皮，一百二十五張。每張，銀四錢。該[36]銀五十兩。

青白綿線，三百一十二斤八兩。每斤，銀一錢二分。該銀三十七兩五錢。

以上三項，共銀一百二兩五錢。

匠頭自備：

炸塊，八萬四千三百七十五斤。每百斤，銀一錢三分。該銀一百九兩六錢八分七厘五毫。

木炭，八千四百三十七斤八兩。每百斤，銀三錢。該銀二十五兩三錢一分二厘五毫。

以上二項，共銀一百三十五兩。

染戶變染：

青布，三千三百七十五疋。每疋，銀七分五厘。該銀二百五十三兩一錢二分五厘。三十五年會估，每疋，加銀二分五厘。三十七年會估，減一分，每疋，九分。

工食，銀三千一十四兩四錢。運價在內。

○修理，紫花布甲，二萬副[37]。

會有：

甲字庫－

烏梅，一千八百七十五斤。每斤，銀二分。該銀三十七兩五錢。

細三梭白布，六千七百五十疋。每疋，長三丈二尺、濶一尺八寸。每丈，銀八分四厘。該銀一千八百一十四兩四錢。

粗白綿布，六千六百二十五疋。每疋，長三丈二尺、濶一尺八寸，銀三錢。該銀一千九百八十七兩五錢。

丁字庫—

白硝羊皮，八千張。每張，銀一錢。該銀八百兩。

高錫，一千八百七十五斤。每斤，銀八分。該銀一百五十兩。

戊字庫—

廢鐵，二萬二千五百斤。每斤，銀三分二厘。該銀七百二十兩[38]。

節慎庫[31]—

熟建鐵，四萬五千斤。每斤，銀一分六厘。該銀七百二十兩。

以上七項，共銀六千二百二十九兩四錢。

召買：

紫白綿線，六百二十五斤。每斤，銀一錢二分。該銀七十五兩。

松香，一千八百七十五斤。每斤，銀二分。該銀三十七兩五錢。

木柴，一萬斤。該銀十五兩六錢。

生掙牛皮[32]，二百五十張。每張，銀四錢。該銀一百兩。

以上四項，共銀二百二十八兩一錢。

匠頭自備：

炸塊，一十六萬八千七百五十斤。每百斤，銀一錢三分。該銀二百一十九兩三錢七分五厘。

木炭，一萬六千八百七十五斤。每百斤，銀[39]三錢。該銀五十兩六錢二分五厘。

以上二項，共銀二百七十兩。

染戶變染：

紫花布，六千七百五十疋。每疋，銀三分。該銀二百二兩五錢。三十五年會估，每疋，加銀一分。三十七年會估，每疋，減五厘，仍舊三分五厘。

工食，銀六千二十八兩八錢。運價在內。

〇修理，二等腰刀，一萬五千把。

會有：

甲字庫－

苧布，二百九十五疋一丈。每疋，銀二錢。該銀五十九兩六分二厘。

黃丹，四十六斤十四兩。每斤，銀三分七厘。該銀一兩七錢三分四厘。

丁字庫－

魚線膠，三百七十五斤。每斤，銀八分。該銀三十兩。

桐油，一千一百二十五斤。每斤，銀三分六[40]厘。該銀四十兩五錢。

白麻，二百八十一斤四兩。每斤，銀三分。該銀八兩四錢三分七厘。

丙字庫—

荒絲，一十八斤十二兩。每斤，銀四錢。該銀七兩五錢。

甲字庫—

無名異，四十六斤十四兩。每斤，銀四厘。該銀一錢八分七厘。

以上七項，共銀一百四十七兩四錢六分。

召買：

香油，九十三斤十二兩。每斤，銀二分八厘。該銀二兩六錢二分五厘。

椵木，一千三百五十丈，折得八百一十丈。每丈，銀二錢五分。該銀二百二兩五錢。

麻子油，三百七十五斤。每斤，銀二分。該銀七兩五錢。

石灰，四百六十八斤十二兩。每百斤，銀一[41]錢二厘。該銀四錢七分六厘。

瓦灰，四百六十八斤十二兩。每百斤，銀五分。該銀二錢三分四厘。

烟子，九十三斤十二兩。每斤，銀五厘。該銀四錢六分八厘。

木柴，一千八百七十五斤。每百斤，銀一錢五分六厘。該銀二兩九錢二分五厘。

白麵，四百六十八斤十二兩。每斤，銀八厘。該銀三兩七錢五分。

白硝牛脂皮，二百十四張二分。每張，銀四錢六分。該銀九十八兩五錢三分二厘。

以上九項，共銀三百一十九兩一分。

工食，銀六百八兩四錢。運價在內。

○修理，三等腰刀，一萬五千把。

會有：

丁字庫—

白麻，二百八十一斤四兩。每斤，銀三分。該銀八兩四錢三分七厘[42]。

魚線膠，五百六十二斤八兩。每斤，銀八分。該銀四十五兩。

桐油，一千一百二十五斤。每斤，銀三分六厘。該銀四十兩五錢。

甲字庫—

苧布，三百四疋二丈二尺。每疋，銀二錢。該銀六十兩九錢三分七厘。

黃丹，四十六斤十四兩。每斤，銀三分七厘。該銀一兩七錢三分四厘。

丙字庫—

荒絲，一十八斤十二兩。每斤，銀四錢。該銀七兩五錢。

甲字庫-

無名異，四十六斤十四兩。每斤，銀四厘。該銀一錢八分七厘。

丁字庫-

菉豆鉄線，七十五斤。每斤，銀四分。該銀三兩[43]。

紅銅，九十三斤十二兩。每斤，銀七分。該銀六兩五錢六分。

以上九項，共銀一百七十三兩八錢五分五厘。

召買：

香油，九十三斤十二兩。每斤，銀二分八厘。該銀二兩六錢二分五厘。

椴木，一千四百二十五丈，折得八百五十五丈。每丈，銀二錢五分。該銀二百一十三兩七錢五分。

麻子油，三百七十五斤。每斤，銀二分。該銀七兩五錢。

白麵，四百六十八斤十二兩。每斤，銀八厘。該銀三兩七錢五分。

石灰，四百六十八斤十二兩。每百斤，銀一錢二厘。該銀四錢七分九厘。

瓦灰，四百六十八斤十二兩。每百斤，銀五分。該銀二錢三分四厘[44]。

烟子，九十三斤十二兩。每斤，銀五厘。該銀四錢六分八厘。

木柴，一千八百七十五斤。每百斤，銀一錢五分六厘。該銀二兩九錢二分五厘。
紫膠，九十三斤十二兩。每斤，銀一分五厘。該銀一兩四錢六厘。
熟鉄葉，一萬五千片，折得一萬片。每片，銀二分。該銀二百兩。
黃蠟，九斤六兩。每斤，銀一錢二分。該銀一兩一錢二分五厘。
白硝牛脂皮，二百十四張二分。每張，銀四錢六分。該銀九十八兩五錢三分二厘。
以上十二項，共銀五百三十二兩七錢九分四厘㉝。

匠頭自備：
炸塊，一萬九千六百八十七斤八兩。每百斤，銀一錢三分。該銀二十五兩五錢九分[45]。
木炭，五千六百二十五斤。每百斤，銀三錢。該銀一十六兩八錢七分。
以上二項，共銀四十二兩四錢六分。
工食，銀七百五十八兩四錢。運價在內。

前件㉞：《條例》內開：修理盔、甲、刀，三萬頂、副、把，係官軍充換、披戴。匠頭半給預支，半扣米石，誠不可缺。但，查工料，比別項年例錢糧，最爲浩鉅。《條例》開載，有議「減一萬副」者，有議「減七千副」者，每年議論紛紜，築舍靡定㉟，反致停閣。合應照《條例》，修理三萬副，酌議「三年一次」舉行。

○預造，盔甲，二千五百副。

會有：

甲字庫—

細三梭白布，一千三十九疋二尺。每疋，長三丈二尺、濶一尺八寸。每丈，銀八分四厘。該銀二百七十九兩三錢。

粗白綿布，一千七百五十七疋二丈零，各長三丈二尺、濶一尺八寸。每疋，銀三錢。該銀五百二十七兩三錢四分。

烏梅，六百二十五斤。每斤，銀二分。該銀一[46]十二兩五錢。

丁字庫—

白硝羊皮，一千三百七十五張。每張，銀一錢。該銀一百三十七兩五錢。

高錫，六百二十五斤。每斤，銀八分。該銀五十兩。

丁字庫—

廢鐵，四萬五千八百五十九斤六兩。每，廢鐵一斤，作熟建鐵二斤。每斤，銀一分六厘。該銀一千四百六十七兩五錢。

節慎庫—

熟建鐵，九萬一千七百一十八斤十二兩。每斤，銀一分六厘。該銀一千四百六十七兩五錢。

甲字庫－

粗白綿布，八百二十八疋四尺。每疋，長三丈二尺、濶一尺八寸，銀三錢。該銀二百四十八兩四錢三分七厘五毫[47]。

丁字庫－

菉豆鉄線，三百一十二斤八兩。每斤，銀四分。該銀一十二兩五錢。

以上九項，共銀四千二百二兩五錢七分七厘五毫。

召買：

松香，一千二百五十斤。每斤，銀二分。該銀二十五兩。

香油，四百六十八斤十二兩。每斤，銀二分八厘。該銀一十三兩一錢二分五厘。

紫白綿線，九十三斤十二兩。每斤，銀一錢二分。該銀一十一兩二錢五分。

生掙牛皮，五十張。每張，銀四錢。該銀二十兩。

木柴，二千五百斤。每百斤，銀一錢五分六厘。該銀三兩九錢。

以上五項，共銀七十三兩二錢七分五厘。

匠頭自備[48]：

炸塊，三十四萬三千九百四十五斤。每百斤，銀一錢三分。該銀四百四十七兩一錢二分八厘五毫。

木炭，三萬四千三百九十四斤八兩。每百斤，銀三錢。該銀一百三兩一錢八分三厘五毫。

以上二項，共銀五百五十兩三錢一分二厘。

染戶變染：

紫花布，一千三十九疋二尺。每疋，銀三分。該銀三十一兩一錢七分一厘九毫二絲。三十五年會估，每疋，加銀一分。三十七年會估，每疋，減五厘，仍舊三分五厘。

工食，銀五千九百五十兩。

前件：查得，「盔甲」係十六門官軍兌換。既有修理「紫花盔甲」，此項似緩，合于五年一次舉行。

丁、壬年，折價：盔甲廠查盤軍器，僱夫，銀五十三兩。

前件：查得，本廠五年一次，淸選軍匠，查盤軍器。「僱夫」銀兩，俟五年一次，查明給發[49]。

不等年分

○折修，京營明盔，二百五十頂。

會有：

盔甲廠-

二珠線，四斤十一兩。每斤，銀一兩六錢。該銀七兩五錢。

甲字庫－

粗白綿布，二十八疋六尺七寸。每疋，長三丈二尺、濶一尺八寸。每疋，銀三錢。該銀八兩四錢六分三厘。

以上二項，共銀十五兩九錢六分三厘[36]。

召買：

香油，七斤十三兩。每斤，銀二分八厘[37]。該銀二錢一分八厘七毫五絲[38]。

紅潞紬，七疋二尺九寸八分。每疋，長三丈六尺[39]、濶一尺八寸，銀二兩六錢。該銀一十八兩四錢一分五厘二毫。

綠潞紬，一疋二丈六尺二寸二分。每疋，長三丈六尺、濶一尺八寸[40]，銀二兩六錢。該銀四兩四錢九分三厘八毫[41]。

熟軟黃羊皮，二百張。每張[42]，銀一錢七分[43]。該銀三十四兩。

絨繩，三斤二兩。每斤，銀九錢。該銀二兩八錢一分二厘五毫。

以上五項，共銀五十九兩九錢四分。

工食，銀一百二十兩。以後，不用鎖緝線三道，每副，議減二工。計五百工，共減銀三十兩。實該工食，銀九十兩。

染戶變染：

紅扣線，四斤十一兩。每斤，工料，銀一錢八分。該銀八錢四分三厘七毫五絲。

○量修，明盔，二百五十頂。

召買：

香油，七斤十三兩。每斤，銀二分八厘。該銀二錢一分八厘七毫五絲❹。

絨繩，三斤二兩。每斤，銀九錢。該銀二兩八錢一分二毫五絲[51]。

以上二項，共銀三兩二分九厘。

工食，銀六十兩。

○折修，明甲，二百副。

會有：

盔甲廠-

扣線，四百一十斤。每斤，銀九錢。該銀三百六十九兩。

甲字庫-

粗白綿布，四十八疋四尺五寸。每疋，長三丈二尺、濶一尺八寸。每疋，銀三錢。該銀一十四兩四錢四分。

以上二項，共銀三百八十三兩四錢四分。

召買：

香油，一百五十斤。每斤，銀二分八厘。該銀四兩二錢。

紅潞紬，一十二疋九尺二寸一分六厘。每疋，長三丈六尺、濶一尺八寸，銀二兩六錢。該銀三十一兩八錢六分[52]。

綠潞紬，一疋三丈八寸八分。每疋，長三丈六尺、濶一尺八寸，銀二兩六錢。該銀四兩八錢三分八毫。

熟軟黃羊皮，二百張。每張，銀一錢七分。該銀三十四兩。

鹿皮條，二十六張八分。每張，銀四錢八分。該銀十二兩八錢六分四厘。

以上六項，共銀八十七兩七錢六分。

工食，銀一千五十六兩。以後，「背心」不用鎖緝線三道，每副，議減十工。計二千工，共減銀二百二十兩。實該工食，銀九百三十六兩。

染戶變染：

紅扣線，四百一十斤。每斤，工料，銀一錢八分。該銀七十三兩八錢。

○量修，明甲，一百五十副。

會有：

盔甲廠-
扣線，一百五十七斤八兩。每斤，銀九錢。該銀一百四十一兩七錢五分[53]。
甲字庫-
粗白綿布，三十六疋三尺二寸。每疋，長三丈二尺、濶一尺八寸。每疋，銀三錢。該銀十兩八錢三分。
以上二項，共銀一百五十二兩五錢八分。
召買：
紅潞紬，九疋六尺九寸一分三厘。每疋，長三丈六尺、濶一尺八寸，銀二兩六錢。該銀二十三兩八錢九分九厘。
綠潞紬，一疋一丈四尺一寸六分。每疋，長三丈六尺、濶一尺八寸，銀二兩六錢。該銀三兩六錢二分三厘一毫。
鹿皮條，二十張一分。每張，銀四錢八分。該銀九兩六錢四分八厘。
以上三項，共銀三十七兩一錢七分。
工食，銀三百四十二兩。以後，「背心」不用鎖緝線三道，每副，議減十工。計一千五百工，共減銀九十兩。實該工食，銀二百五十二兩。
染戶變染[54]：

紅扣線，一百五十七斤八兩。每斤，工料，銀一錢八分。該銀二十八兩三錢五分。

○連補，明甲，一百五十副。

會有：

盔甲廠－

扣綿[45]，七十五斤。每斤，銀九錢。該銀六十七兩五錢。

召買：

紅潞紬，一疋一丈三尺九寸九分。每疋，長三丈六尺、濶一尺八寸，銀二兩六錢。該銀三兩六錢一分。

工食，銀七十二兩。

染戶變染：

紅扣線，七十五斤。每斤，工料，銀一錢八分。該銀一十三兩五錢。

○修理，臂手，五百副。

會有：

盔甲廠[55]－

扣線，十五兩。每斤，銀九錢。該銀八錢四分三厘七毫五絲。

召買：

香油，六十二斤八兩。每斤，銀二分八厘。該銀一兩七錢五分。
絹線帶，三千條。每條，銀七厘。該銀二十一兩。
狗皮，二百五十張。每張，銀三分五厘。該銀八兩七錢五分。
紅潞紬，三十三疋二丈三寸三分。每疋，長三丈六尺、濶一尺八寸，銀二兩六錢。該銀八十七兩二錢六分八厘四毫八絲。
熟軟黃羊皮，三百張。每張，銀一錢七分。該銀五十一兩。
以上五項，共銀一百六十九兩七錢六分八厘四毫八絲。
工食，銀三百三十兩。

染戶變染[56]：

紅扣線，一十五兩。每斤，工料，銀一錢八分。該銀一錢六分八厘七毫五絲。

○成造，纓頭木桶，五百個。旗槍事件，全。
明盔皮套，五百件。
明甲皮包，五百件。
臂手皮包，五百副。

會有：

甲字庫－

粗白綿布，一百九十二疋。每疋，銀三錢。該銀五十七兩六錢。

節慎庫－

熟建鉄，一千斤。每斤，銀一分六厘。該銀一十六兩。

丁字庫－

桐油，一千八百七十五斤。每斤，銀三分六厘。該銀六十七兩五錢。

甲字庫－

黄丹，五斤一兩。每斤，銀三分七厘。該銀一[57]錢八分七厘三毫一絲二忽五微。

水膠，二百五十斤。每斤，銀一分七厘。該銀四兩二錢五分。

以上五項，共銀一百四十五兩五錢三分七厘三毫一絲乙忽五微。

召買：

麻子油，十五斤十兩。每斤，銀二分。該銀三錢一分二厘五毫。

紅真牛皮，五百張，各見方五尺。每張，銀四錢七分五厘。該銀二百三十七兩五錢。

驢皮，三十張。每張，銀三錢。該銀九兩。

牛脂皮，二十五張，各見方五尺。每張，銀四錢六分[46]。該銀一十一兩五錢。

無名異，四斤十一兩。每斤，銀四厘。該銀一分八厘七毫五絲。
茜紅羊毛，一十五斤十兩。每斤，銀一錢二分。該銀一兩八錢七分五厘。
茜紅馬尾，三十七斤八兩。每斤，銀五錢。該[58]銀十八兩七錢五分。
入油紅土，六斤四兩。每斤，銀五厘。該銀三分一厘二毫五絲。
生絲，四十六斤十四兩。每斤，銀五錢。該銀二十三兩四錢三分七厘五毫。
麻線，五百條。每條，銀二毫。該銀一錢。
黃蠟，六十二斤八兩。每斤，銀一錢六分。該銀七兩五錢。
椴木，七十丈。每丈，銀一錢五分。該銀一十兩五錢。
以上十二項，共銀三百二十兩五錢二分五厘。

匠頭自備：
炸塊，二千五百斤。每百斤，銀一錢三分。該銀三兩二錢五分。
木炭，二百五十斤。每百斤，銀三錢。該銀七錢五分。
以上二項，共銀四兩[59]。
工食，銀一百五十兩。

前件：盔、甲、臂手，本司萬曆三十九年題准：每年照「例」，修理五百副。但，前項盔、甲，俱用潞紬、絲絨，工料最鉅。軍士收藏，少不如法，卽浥爛不堪，殊爲可惜。且，前項盔、甲，止備聖駕謁陵、郊祀，京營選鋒披戴，以肅儀衛。合行暫停，俟有命駕之日，該營先期題請修、造。木桶、皮包，京營盛貯明盔、甲、臂手，以防浥爛、銹蠹，誠不可缺。《條例》內，未經開載。萬曆三十九年，會同科、院、本司，酌議增造。俟，題造明盔、甲之日，照「估」成造。此項增入。

○修理，戰車，二百輛[47]。

會有：

甲字庫—

靛花[48]，九斤八兩。每斤，銀八分。該銀七錢五分。

定粉，十八斤十二兩。每斤，銀五分。該銀九錢三分七厘五毫。

銀硃，七斤十四兩。每斤，銀四錢三分五厘。該銀三兩四錢二分五厘六毫。

黃丹，四十三斤。每斤，銀三分七厘。該銀一[60]兩五錢九分一厘。

無名異，一十七斤八兩。每斤，銀四厘。該銀七分。

水膠，一百八十九斤。每斤，銀一分七厘。該銀三兩二錢一分三厘。

丙字庫—

土絲，四斤八兩。每斤，銀四分。該銀一錢八分。

丁字庫[49]—

川白麻，一百八十三斤。每斤，銀三分。該銀五兩四錢九分。

魚膠，十二斤。每斤，銀八分。該銀九錢六分。

桐油，五百四十八斤。每斤，銀三分六厘。該銀一十九兩七錢二分八厘。

戊字庫[1]

廢鐵，三千一百八十六斤。每斤，銀三分二厘。該銀一百一兩九錢五分二厘。

節慎庫[19]

鐵，六千三百七十一斤。每斤，銀一分六厘。該銀一百一兩九錢五分二厘。

以上十二項，共銀二百四十兩二錢四分九厘二毫。

召買：

轅條榆木，四十根。每根，銀一兩五分。該銀四十二兩。

前扒頭榆木，三根。每根，銀二錢五分。該銀七錢五分。

車枕榆木，十根。每根，銀一錢八分。該銀一兩八錢。

推桿榆木，五十二根。每根，銀二錢六分。該銀一十三兩五錢二分。

梯檔榆木，四十六根。每根，銀三分。該銀三兩三錢八分。

斜仙榆木，九根。每根，銀一錢。該銀九錢。

後扒頭榆木，一十一根。每根，銀一錢六分。該銀一兩七錢六分[62]。

柁工榆木，四十根。每根，銀二分。該銀八錢。

車頭槐木，一百八個。每個，銀五錢五分。該銀五十九兩四錢。

車網棗木，八百六十六塊。每塊，銀一錢五分五厘。該銀一百三十四兩二錢三分。

車輻槐木，一千九百一十六根。每根，銀二分七厘。該銀五十一兩七錢三分二厘。

車軸檀木，八根。每根，銀九錢。該銀七兩二錢。

框檔榆木，二百五十根。每根，銀一錢八分。該銀四十五兩。

車椿撑檔榆木，一百根。每根，銀五厘。該銀五錢。

柳木車椿脚，一百根。每根，銀二分。該銀二兩。

順撑榆木[50]，四十九根。每根，銀二分。該銀九錢八分。

雁翅板，用「散木」六根。每根，銀二兩一錢。該[63]銀十二兩六錢。

生鉄車間，三百七十七根，重五十五斤。每斤，銀一分。該銀五錢五分。

生鉄川，十四副，重七百三十斤。每斤，銀一分。該銀七兩三錢。

黄蠟，一斤四兩。每斤，銀一錢二分。該銀一錢五分。

雜油，一百三十六斤八兩。每斤，銀二分三厘。該銀三兩一錢二分九厘五毫。

紅土，三百三十斤。每斤，銀五厘。該銀一兩六錢五分。
漆碌，七斤十二兩。每斤，銀七分。該銀五錢四分二厘五毫。
漆黃，二斤十五兩。每斤，銀三分。該銀八分八厘一毫。
瓜兒粉，十七斤八兩。每斤，銀二厘。該銀三分五厘。
土黃，九斤。每斤，銀三分。該銀二錢七分[64]。
炸塊，二萬三千八百九十八斤十二兩。每百斤，銀一錢二分七厘五毫。該銀三十兩四錢七分九毫。
木炭，二千三百八十九斤十四兩。每百斤，銀三錢五分。該銀八兩三錢六分四厘五毫六絲。
以上二十八項，共銀四百二十九兩一錢二厘五毫六絲。
工食銀，共七百二兩一錢二厘五毫。
前件：舊例，每年，京營送「戰車廠」修理。自三十六年，該營送「廠」二百五十輛，極壞，不堪。四十一年，料計，題造一百輛。近，營議，改「輕偏」。俟該營題請，舉行。
○造、修，戰車圍裙，二百條。
會有：
甲字庫－
銀硃，一斤十兩。每斤，銀四錢三分五厘。該銀七錢六厘八毫七絲五忽。

定粉，三斤十四兩。每斤，銀五分。該銀一錢九分三厘七毫五絲[65]。

靛花，一斤十四兩。每斤，銀八分。該銀一錢五分。

無名異，八兩。每斤，銀四厘。該銀二厘。

黃丹，一斤。該銀三分七厘。

水膠，五斤。每斤，銀一分七厘。該銀八分五厘。

白綿布，四十二疋二丈四尺。每疋，銀三錢。該銀十二兩八錢一分。

丙字庫－

土絲，四兩。每斤，銀四分。該銀一分。

丁字庫－

桐油，三十五斤。每斤，銀三分六厘。該銀一兩二錢九分五厘。

以上九項，共銀一十五兩二錢八分九厘六毫二絲五忽。

召買：

雜油，四斤。每斤，銀二分三厘。該銀九分二厘[66]。

土黃，一斤十二兩。每斤，銀三分。該銀五分二厘五毫。

漆碌，一斤十兩。每斤，銀七分。該銀一錢一分三厘七毫五絲。

漆黃，十兩。每斤，銀三分。該銀一分八厘七毫五絲。

瓜兒粉，三斤八兩。每斤，銀二厘。該銀七厘。

白棉線，五兩六錢。每斤，銀一錢二分。該銀四分二厘。

以上六項，共銀三錢二分六厘。

工食，銀一十三兩一錢六分八厘。

前件：係「戰車」，停修，亦宜停造。統俟該營題請，舉行。

○修、造，盾牌，四百面。

會有：

甲字庫-

銀硃，六斤四兩。每斤，銀八錢三分五厘。該銀五兩二錢一分八厘七毫五絲。

定粉，一十五斤。每斤，銀五分。該銀七錢五[67]分。

靛花，七斤八兩。每斤，銀八分。該銀六錢。

黃丹，四斤。每斤，銀三分七厘。該銀一錢四分八厘。

無名異，二斤。每斤，銀四厘。該銀八厘。

水膠，十一斤。每斤，銀一分七厘。該銀一錢八分七厘。

丁字庫－

桐油，七十斤。每斤，銀三分六厘。該銀二兩五錢九分。

丙字庫－

土絲，八兩。每斤，銀四分。該銀二分。

以上八項，共銀九兩五錢二分一厘七毫五絲。

召買：

楊木板，三百一十三面。每面，銀一錢。該銀三十一兩三錢。

穿帶榆木，四百三十根，折得三百五十九[68]根。每根，銀一分。該銀三兩五錢九分。

提子榆木，二百六根，折得二百六十五根。每根，銀二分。該銀五兩三錢。

棗核釘，二十一斤。每斤，銀三分。該銀六錢三分。

褋油，十五斤。每斤，銀二分三厘。該銀三錢四分五厘。

土黃，七斤四兩。每斤，銀三分。該銀二錢一分七厘五毫。

雙連釘，二百四十斤。每斤，銀三分。該銀七兩二錢。

雨點釘，四十二斤。每斤，銀五分。該銀二兩一錢。

白硝牛皮條，三張五分。每張，銀三錢六分。該銀一兩二錢六分。

生血黃牛皮，一百五十張。每張，銀三錢七分。該銀五十五兩五錢。

漆碌，六斤四兩。每斤，銀七分。該銀四錢三[69]分七厘五毫。

漆黃，二斤五兩。每斤，銀三分。該銀六分九厘三毫七絲五忽。

瓜兒粉，一十四斤。每斤，銀二厘。該銀二分八厘。

紅土，三十斤。每斤，銀五厘。該銀一錢五分。

以上十四項，共銀一百八兩一錢二分七厘三毫七絲五忽。

工食，銀六十三兩四錢五分六厘。

○造、修，大、小「日月旗」，各四百面。

會有：

甲字庫-

黃丹，五斤四兩。每斤，銀三分七厘。該銀一錢九分四厘。

苧布，二十疋。每疋，銀二錢。該銀四兩。

無名異，二斤。每斤，銀四厘。該銀八厘。

丙字庫-

白綿，二兩。每斤，銀五錢。該銀六分二厘五[70]毫。

丁字庫–

魚膠，三十斤。每斤，銀八分。該銀二兩四錢。

白麻，一十五斤八兩。每斤，銀三分。該銀四錢六分五厘。

桐油，五十五斤。每斤，銀三分六厘。該銀二兩三分五厘。

通州抽分竹木局–

猫竹，五十六段。照「四號」，折得一百八根。每根，銀五分。該銀五兩四錢。

盔甲廠–

牛觔，二十二斤。每斤，銀一錢二分七厘。該銀二兩七錢九分四厘。

戊字庫–

廢鉄，二百斤。每斤，銀三分二厘。該銀六兩四錢。

節慎庫–

鉄，四百斤。每百斤，銀一兩六錢。該銀六兩[71]四錢。

鋼，二十五斤。每斤，銀三分六厘五毫。該銀九錢一分二厘五毫。

以上十二項，共銀三十一兩七分一厘二毫。

召買：

白麵，六十六斤。每斤，銀八厘。該銀五錢二分八厘。

石灰，三十八斤。每百斤，銀一錢二厘。該銀三分八厘七毫六絲。

瓦灰，八十斤。每百斤，銀五分。該銀四分。

綿紬，一百三疋二丈六尺。每疋，銀八錢。該銀八十二兩八錢。

紅真牛皮，八分。每張，銀五錢。該銀四錢。

白麻線，八十條，折得一百八十六條。每百條，銀二分。該銀三分七厘二毫五絲。

杉木槍心，二百桿。每桿，銀六分。該銀一十二兩[72]。

桑皮紙，七十三張。每百張，銀三分。該銀二分一厘九毫。

雜油，七斤。每斤，銀二分三厘。該銀一錢六分一厘。

炸塊，一千五百六十二斤八兩。每百斤，銀一錢二分七厘五毫。該銀一兩九錢九分二厘一毫八絲。

木炭，一百五十六斤四兩。每百斤，銀三錢五分。該銀五錢四分六厘八毫七絲五忽。

烟子，五斤八兩。每斤，銀五厘。該銀二分七厘五毫。

香油，一斤二兩。每斤，銀二分八厘。該銀三分一厘五毫。

茜紅羊毛，十七斤。每斤，銀一錢三分。該銀二兩二錢一分。

白綿線帶，八百八十條。每條，銀三厘。該銀二兩六錢四分[73]。

絲線，一斤。該銀八錢七分。

柳木小旗槍桿，二百根，折得七十三根八分。每根，銀五分。該銀三兩六錢九分。

紅土，十二斤。每斤，銀五厘。該銀六分。

以上一十八項，共銀一百八兩九分四厘九毫六絲五忽。

工食，銀九十三兩五錢八分。

前件：「盾牌」、「日月旗」，俱係「戰車」內錢糧，俟造、修戰車之日，一併議、舉。

○造、修，摶刀，四百桿。每桿，

會有：物料十項，共銀六分八厘七毫六忽二微。

召買：物料七項，共銀六分二厘四毫二絲五忽。

以上二項，共銀一錢三分一厘一毫三絲一忽二微。

匠頭自備：

炸塊，三斤二兩。每百斤，銀一錢三分。該銀四厘六絲二忽五微[74]。

木炭，五兩。每百斤，銀三錢。該銀九毫三絲七忽五微。

以上二項，共銀五厘。

工食，銀二錢二分四厘七毫五絲。

前件：查，係《條例》未載，合應增入。遇，修、造戰車，每一輛，修、造二把。

○修理，羊角槍，四百桿。

會有：

甲字庫-

黃丹，一斤十二兩。每斤，銀三分七厘。該銀四分六厘二毫五絲。

無名異，十二兩。每斤，銀四厘。該銀三厘。

丁字庫-

桐油，十五斤。每斤，銀三分六厘。該銀五錢五分五厘。

以上三項，共銀六錢四厘二毫五絲。

召買：

柳木，二百根，折得九十四根八分。每根，銀五分。該銀四兩七錢四分[75]。

香油，一斤一兩。每斤，銀二分八厘。該銀三分一厘五毫。

雜油，一斤。該銀二分三厘。

紅土，十一斤。每斤，銀五厘。該銀五分五厘。

以上四項，共銀四兩八錢四分九厘五毫。

工食，銀二十一兩六錢。

○修理，拒馬槍，六百桿。

召買：

鋥磨香油，一斤二兩。每斤，銀二分八厘。該銀三分一厘五毫。

工食，銀一十七兩一錢[51]。

○修理，毛槍，一千桿。

會有：

甲字庫—

黃丹，九斤六兩。每斤，銀三分七鳌。該銀三錢四分六厘八毫。

無名異，九斤六兩。每斤，銀四厘。該銀三分七厘五毫[76]。

丁字庫[52]—

魚線膠，二百八十一斤四兩。每斤，銀八分。該銀二十二兩五錢。

桐油，二百五十斤。每斤，銀三分六厘。該銀九兩。

白麻，六十二斤八兩。每斤，銀三分。該銀一兩八錢七分五厘。

盔甲廠—

牛觔，一百八十七斤八兩。每斤，銀一錢二分七厘。該銀二十三兩八錢一分二厘五毫。

通州抽分竹木局[1]

青皮猫竹，一千段，各長六尺、圍八寸。每根，銀五分。該銀五十兩。

以上七項，共銀一百七兩五錢七分一厘八毫。

匠頭自備：

木炭，九十三斤十二兩。每百斤，銀三錢。該[77]銀二錢八分一厘二毫五絲。

召買：

桑皮紙，一千張。每百張，銀三分。該銀三錢。

瓦灰，一百二十五斤。每百斤，銀五分。該銀六分二厘五毫。

麻子油，三十一斤四兩。每斤，銀二分。該銀六錢二分五厘。

烟子，一十八斤。每斤，銀五厘。該銀九分三厘七毫五絲。

白麵，一百二十五斤。每斤，銀八厘。該銀一兩。

石灰，一百二十五斤。每百斤，銀一錢二厘。該銀一錢二分七厘五毫。

木柴，二百五十斤。每百斤，銀一錢五分六厘。該銀三錢九分。

以上七項，共銀二兩五錢九分八厘七毫五絲。

工食，銀七十兩[78]。

前件：「毛鎗」、「拒馬鎗」、「羊角鎗」，查，非兌換數內，似應暫停。俟該營取討，題請[53]、舉行。

○成造，湧珠砲[54]，六百位。

會有：

戊字庫－

廢鉄，一萬八千斤。每斤，銀三分二厘。該銀五百七十六兩。

節愼庫－

熟建鉄，三萬六千斤。每斤，銀一分六厘。該銀五百七十六兩。

以上二項，共銀一千一百五十二兩。

匠頭自備：

炸塊，一十三萬五千斤。每百斤，銀一錢三分。該銀一百七十五兩五錢。

木炭，一萬三千五百斤。每百斤，銀三錢。該銀四十兩五錢。

以上二項，共銀二百一十六兩。

工食，銀八百二十八兩。

○成造，連珠砲，八百位[79]。

會有：

戊字庫-

廢鉄，六千斤。每斤，銀三分二厘。該銀一百九十二兩。

節慎庫-

熟建鉄，一萬二千斤。每斤，銀一分六厘。該銀一百九十二兩。

以上二項，共銀三百八十四兩。

匠頭自備：

炸塊，四萬五千斤。每百斤，銀一錢三分。該銀五十八兩五錢。

木炭，四千五百斤。每百斤，銀三錢。該銀一十三兩五錢。

以上二項，共銀七十二兩。

工食，銀四百一十六兩。

前件：查得，「湧珠砲」、「連珠砲」二項，係京營兌換火器。俟該營移文成造，照例舉行。

○修理，兩廠，庫藏作房。

前件：查得，「庫房」收貯各項軍器，關係最重。舊例，三年一小修，五年一大修。如遇[80]天雨連綿，坍塌，不拘年分修理。《條例》未載，合應增入。

成造軍器規則

○成造，迅砲。每一位，

會有：物料八項，共銀三分九厘九毫一絲五忽。

召買：物料六項，共銀一分一厘七毫三絲五忽。

工食，銀三分六厘。

○成造，大鉄銃。每一位，

會有：物料一項，銀一兩六錢。

工食、炸、炭，銀一兩四錢。

○成造，大鉄銃鉛弹。每百個，

會有：物料一項，銀一兩一錢二分五厘。

工食、炸、炭，銀六分三厘四毫三絲七忽。

○成造，鳥嘴銃。每一把，

會有：物料三項，共銀五錢二分九厘二毫八絲。

工食、炸、炭，銀一兩四錢九分[18]。

○成造，鳥嘴銃鉛弹。每百個，
會有：物料一項，銀八分七厘一毫三絲五忽。
工食、炸、炭，銀一分九厘一毫。
○成造，黑油長鎗。每一桿，
會有：物料十項，共銀二錢一厘七毫二絲。
召買：物料八項，共銀二厘八毫七絲六忽。
工食、炸、炭，銀三錢九分二厘。
○成造，大砍刀。每一把，
會有：物料八項，共銀二錢二分三厘四毫一絲。
召買：物料六項，共銀一厘八毫六絲一忽。
工食、炸、炭，銀五錢三分。
○[55]修理，硃紅長鎗。每一桿，
會有：物料九項，共銀九分五厘三毫八絲。
召買：物料六項，共銀五厘九毫。
工食，銀七分。

○成造，濶面弓一張、箭三十枝、弦二條。

會有：物料十六項，共銀三錢五分六毫六絲[82]。

召買：物料九項，共銀八分一厘二絲四忽。

工食、炸、炭，銀五錢二分二厘五毫四絲。

○成造，隨鋭牛皮大褡連[56]，一副。

會有：物料六項，共銀八厘四毫五忽。

召買：物料三項，共銀二錢七分一厘三絲五忽。

工食，銀三分五厘。

○成造，大杏黄旗。每一面，

會有：物料二項，共銀一兩八錢六分二厘。

召買：物料六項，共銀四兩八錢八分一厘二毫。

工食，銀一兩五錢九分六厘。

○成造，小杏黄旗。每一面，

會有：物料二項，共銀六錢四分八厘。

召買：物料七項，共銀四錢二分九毫六絲八忽。

工食，銀七錢四分一厘。

前件：以上各項，緩急不等。俟各衙門移文㊼，成造[83]。

○成造，大佛朗機一架、提砲六個。事件，全。

會有：物料二項，共銀六兩四錢五分九厘。

工食、炸、炭，銀三兩八錢六分四厘七毫。

前件：「鉄佛朗機」、「提砲」，係京營官軍兌換火器，最爲喫緊。三年一次，赴廠兌換若干㊽。按數，分別工料修理。如遇該營兌換缺額，不拘年分成造㊾。

○成造，戰車，一輛。

會有：物料一十九項，共銀四兩八錢五分八厘四絲五忽。

召買：物料四十七項，共銀一十五兩五錢一分七厘三毫八絲九忽。

木匠等匠，工食，銀九兩四分五厘七毫五絲。

前件：京營「車、兵營」十枝，額設「戰車」一千二百輛。因「營車」朽爛，不堪修理，始移文成造，補額。今議，改「輕偏」等車。俟該營移文，成造。

○成造，火箭一架，計三十枝。

會有：物料三項，共銀二分二厘一毫二絲四忽。

召買：物料五項，共銀一錢七分一厘四毫三[84]絲七忽。
　工食，銀一錢八分。
○成造，鉄箭頭，三十個。
會有：物料二項，共銀一錢一毫六絲。
召買：物料三項，共銀二分六厘二毫四忽。
　工食，銀一兩二錢。
○成造，箭溜，一根。
會有：物料四項，共銀五分二厘五毫六絲六忽。
召買：物料九項，共銀四分七毫七忽[60]。
　工食，銀六分。
○成造，箭罩，一個。
會有：物料六項，共銀一分二厘八毫八絲。
召買：物料五項，共銀一錢六分四厘一毫五絲。
　工食，銀一錢二分。
○成造，藥桶，三十個。

會有：物料二項，共銀三分七厘六毫[85]。

召買：物料四項，共銀九分八厘九毫七絲五忽。

工食，銀七錢八分。

○成造，木架，一座。

會有：物料二項，共銀七分五毫。

召買：物料七項，共銀二錢八分四厘五毫。

工食，銀六分。

每架，隨用火藥，并藥線。

會有：物料三項，共銀一錢八厘一毫六絲二忽。

召買：物料四項，共銀二分三厘八絲五忽。

工食銀，在「藥桶」內。

每，棕木桶，一個。

會有：物料二項，共銀九分五厘五毫。

召買：物料七項，共銀一錢五分四厘八毫一絲五忽。

工食，并炸、炭，銀九錢六分八厘。

此項，《條例》未載，「火藥」發營必須，合應增入[86]。

前件：查得，國家禦侮，惟恃火攻，「火箭」爲最喫緊。萬曆三十六年，該兵部尚書李 條議[61]，多造火箭。除將未完、三十三年「條造」三千架，催料嚴督造完，第此項成造甚艱，或五年成造千架，以備急需。

○成造，令旗、令牌。每一面，

會有：物料十七項，共銀三錢八分八厘八毫六絲五忽。

召買：物料一十九項，共銀四錢九分八毫五絲。

工食，銀二錢五分六厘五毫。

前件：「令旗」、「令牌」，兵部題催，各邊鎮官，不時給發。本廠造完，送貯本司庫內。俟完日，另行題造。

○成造，玄武門更鼓，一面。

會有：物料一十七項，共銀三十一兩一錢一分一厘。

召買：物料二十一項，共銀一十三兩一錢三分三厘。

工食，銀八兩二錢八分。

○成造，國子監更鼓，一面[87]。

會有：物料五項，共銀二錢八分七厘。

召買：物料九項，共銀一十一兩四錢七分二厘。

工食，銀五兩七錢。

○成造，西直門更鼓，一面。

會有：物料十三項，共銀一十一兩六錢八分。

召買：物料九項，共銀二兩一錢三分三厘。

工食，銀三兩一錢二分。

前件：各項「更鼓」，俱係各衙門年久，破壞不堪，題請移文料估，不拘年分成造、應用[88][62]。

盔甲、王恭二廠條議

一．核硝黃[63]。國家禦虜，惟火藥爲長技[64]，未有不堪之硝、黃，能造堪用之藥者。先年，兩廠關領庫硝，俱低假、盆折，數多匠頭賠累，苦告無補。邇來，驗試廳加意查核，鋪商止納硝、黃，必領匠頭「會盆」，眞正始收，立法詳且毖矣。詎意，一入該庫，閹豎作奸手滑，恣意侵漁；隨攙和積陳泥城[65]，以充原數；備查包封字樣，俱拆毀無稽。所出非所入，徒深浩嘆。

法：惟令各商，上納「年例」、「預備」硝黃，經驗試廳「盆驗」，徑進兩廠，無仍入「內庫」，轉展以滋弊竇。知該庫垂涎「鋪墊」，必援舊例執爭。但，「年例火藥」，供春、秋操演之用，屢經巡視、京營條議，非可苟且塞責。而「預備細藥」一項，乃備九邊警急，不時取討者。豈僅以飽閹豎之溪壑哉？若念積年雄踞，勢難驟革，或量給「鋪墊」之半，令渠屬饜[66]，則所損小，而所益猶大也[89]。

一．酌修造。謹按：《條例》內，每年修理、預造，凡盔甲、刀鎗、銃砲、火藥、鉛子，一切禦虜之具，條目甚夥。若諸項紛然竝舉，無論帑藏之委輸莫繼，而費繁、日久，百弊叢生。莫如，酌議緩急，以爲行止；分別年分，以爲修造。

除，起火屏風、夾靶火藥、大小鉛弾，每年應造，無容別議外，其盔、甲「修理」三萬頂、付、把，「預造」二千五百頂、副，爲費不貲。合于「年例」，修理或三年一舉，預造或五年一舉。其長鎗、快鎗、拒馬鎗、鈎鐮、虎叉、佛朗機、連珠砲等項軍器，查，係究換所必需者，照三年究換之期，增減數目，尅期二年一舉。修理「明盔、甲」，造修戰車、盾牌、旗幟、迅砲、鉄銃等件，及令旗、令牌、更鼓，合應暫停，聽該衙門題請舉行。弓箭「外解」，「內庫」積貯頗多，并杏黃大、小旗，不必議造。他如，催造未完細藥、火箭，以補年例，亟造預備細藥、鉛子，以防不虞，此又通融《條例》之未盡載，而有備無患之一[90]也[67]。

一.清完欠。查得，工料「實收」，例俟全完，出給。然，錢糧大小，端緒不一，豈能一時交納？鋪匠希圖冒破，故意延挨，曠日持久，奸蠹因而窟穴。及經管更替，接管誰執其咎？以致，「實收」累年不銷，未完累年比追，殊非政體。故，欲清逋負，莫如截給。

除，以前完過錢糧[68]，業經會收，冊籍無偽者，盡行算給，「實收」扣銷。嗣後，錢糧隨完，隨即出給[69]。即有工程洪鉅，未可即完者，役過工料，計千餘兩，即行截算。如，工有緒而「預支」完者，不妨續發；工未完而「預支」欠者，合行嚴比。卽有神奸，無所容其影射。且監督會同巡視，親收親給，耳目最真，寧復有不白之錢糧乎？鋪匠知刻期銷筭，顛末瞭然，必不敢冒破、觀望。而經管逐年清楚，亦不至貽不了之案也。

虞衡清吏司管廠主事　臣　王道元　謹議

工科給事中　臣　何士晉　謹訂[91]

校勘記

❶《盔甲王恭廠》全篇共九十一葉，底本、「南圖本」各正葉下書口基本均見「盔甲廠」三字，或「盔甲王恭條議」六字（八十九-九十葉）刻記，惟底本第五-六、八、十一、十四、二十-二十一、二十四、二十八、三十-三十一、三十三-三十四、三十七、四十、五十二、五十六、六十六-七十二、七十四、七十六、七十八、七十九、八十二、八十四葉，「南圖本」第三、五、七-八、十五-十六、二十、二十七、三十七、四十二、四十二-四十五、五十一-五十二、五十四、五十六、六十、六十四、六十六、六十八-七十、七十六、八十三-八十六、九十葉，此處模糊以致漫漶，而底本、「南圖本」第九十一葉則皆無。

又，底本第九、十二、二十六-二十七、二十九、三十二-三十六、五十五、五十七-五十八、六十一、六十五、六十九、七十三-七十四、七十六、七十九-八十三葉，下書口該處背葉有不清晰「盔甲廠」三字墨痕。

另，「盔甲王恭廠」，底本、「南圖本」《目録（錄）》後更有「虞衡司分差」單行小字，應指本卷所隸，今前已標注，此不贅録。

❷「註差主事」，底本原無、「備史本」同，今據「南圖本」補，「全電檔」同。

❸「三年」，底本原無、「備史本」同，今據「南圖本」補，「全電檔」同。

❹「器」，底本原作此，「南圖本」作「噐」，「備史本」、「全電檔」同，今不改。

❺「器」，底本、「南圖本」原作此，「全電檔」同，「備史本」作「噐」，今不改。

❻「該」及「本司」，底本、「南圖本」原作此，「全電檔」同，「備史本」作「該司本」，今疑或可從，暫不乙。

❼符號「〇」上，底本、「南圖本」原不空，今爲明确其從屬關係，故改空一字格，後一條同此例，不再注。

❽「工食」，底本模糊，今據「南圖本」補。

❾「照」，底本模糊，今據「南圖本」補。

❿「銀」，底本、「南圖本」原上空二字格（即「料」下），今省却。

⓫「纛等」，底本模糊，今據「南圖本」補。

⑫「麻子油」，底本、「南圖本」原作此，「備史本」多見省作「麻子」，今不從，後不再注。

⑬「麵」，底本、「南圖本」原作「麪」，「備史本」作「麵」，今仍可從，後亦逕改不注。

⑭「炭」，底本、「南圖本」原作此，「全電檔」同，「備史本」作「柴」，今不從。

⑮「成造」，底本、「南圖本」原作「造成」，「備史本」、「全電檔」亦同，今疑或多作「成造」，現據本卷《年例軍器・每年成造》「成造快鎗二千桿」條「前件」款（十八葉）暫改。

⑯「年」，底本、「南圖本」原作「斤」，「全電檔」同，今疑當作「年」，現據本卷《年例軍器・每年成造》「成造快鎗二千桿」條「前件」款（十八葉）改，「備史本」同。

⑰「戊字庫」，底本、「南圖本」原上空三字格，今據前後格式，改空一字格。

⑱「今」，底本、「南圖本」原似作此，「備史本」、「全電檔」同，今疑或爲「令」，或即衍，又因前後數據覈算略有參差，暫不改。

⑲「把」，底本、「南圖本」原作此，「全電檔」同，「備史本」無，今不從。

⑳「係新增」一欄，底本左上半欄原有模糊殘損墨迹，「南圖本」無，今疑或爲刷印用紙捺押牌記及附著墨痕等，現不録。

㉑「分」，底本、「南圖本」原作此，「全電檔」同，今疑當誤，暫不改。

㉒「造修」，底本漫漶，今據「南圖本」補。

㉓符號「○」，底本、「南圖本」原無，今據前後格式補出。

㉔「把」，底本模糊，今據「南圖本」補。

㉕符號「○」上，底本、「南圖本」原不空，今慮及從屬關係，故改空一字格，後五條同此例，即「修理鉄帽兒盔」（二十九葉正）、「修理青甲」（三十五葉背）、「修理紫花布甲」（三十七葉背）、「修理二等腰刀」（四十葉正）、「修理三等腰刀」（四十二葉背），不再注。

㉖「二厘」之「二」，底本、「南圖本」模糊，「全電檔」同，今據殘損字形補。

㉗「九」，底本、「南圖本」模糊，「全電檔」同，今據殘損字形補。

㉘符號「〇」上，底本、「南圖本」原不空，今慮及從屬關係，故改空二字格，後二條同此例，不再注。

㉙「菉」，底本、「南圖本」原作「菉」，今正，「備史本」同。

㉚「戊字庫」，底本、「南圖本」原上空二字格，今據前後文格式，改空一字格。

㉛「慎」，底本、「南圖本」漫漶，「全電檔」同，今據殘損字形補。

㉜「生」，底本、「南圖本」原作「牛」，「全電檔」同，今據前後文例改，「備史本」同。

㉝「三」，底本原作此，「備史本」同，「南圖本」作「二」，「全電檔」同（惟「二」字兩橫間見橫向墨痕）今暫不從。

㉞「前件」一段，底本、「南圖本」前半各有模糊，今互參酌補，并覈「備史本」，不再一一出注。

㉟「築」，底本、「南圖本」模糊，今暫據殘損字形補，「備史本」、「全電檔」同。

㊱「九錢六分三厘」，底本漫漶，今據「南圖本」補。

㊲「八厘」，底本漫漶，今據「南圖本」補。

㊳「該銀」，底本漫漶，今據「南圖本」補。

㊴「丈」，底本漫漶，今據「南圖本」補。

㊵「八寸」，底本漫漶，今據「南圖本」補。

㊶「三厘八」，底本漫漶，今據「南圖本」補。

㊷「每張」，底本漫漶，今據「南圖本」補。

㊸「銀」，底本漫漶，今據「南圖本」補。

㊹「五」，底本漫漶，今據「南圖本」補。

㊺「綿」，底本、「南圖本」原作此，「全電檔」同，「備史本」作「線」，今暫不改。

㊻「銀」，底本、「南圖本」原作「錢」，「全電檔」同，今據前後文例改。

㊼「二百輛」與「會有」間，「備史本」獨多一欄，添記如下：「按，『戰車』、『盾牌』，係軍器重事，故備書物料、斤兩云。丁巳春日，念潛子，志」。

㊽「靛」，底本、「南圖本」原作「靛」，今逕正，後不再注。

㊾「丁字庫」，底本、「南圖本」原上空二字格，今據前後文格式，改空一字格。

㊿「撐」，底本、「南圖本」原作「樘」，「備史本」、「全電檔」同，今逕改，後不再注。

51「錢」，底本涂污，今據「南圖本」補。

52「丁」，底本漫漶，今據「南圖本」補。

53「題」下，底本、「南圖本」原空一字格（即「請」上），今省却。

54「湧」，底本、「南圖本」原作「湧」，「全電檔」同，今逕正，「備史本」同，後不再注。

55符號「〇」，底本、「南圖本」原無，「全電檔」同，今據前後格式補出。

56「褡」，底本、「南圖本」原作「褡」，今正，「備史本」同。

57「移」，底本涂污，今據「南圖本」補。

58「干」，底本、「南圖本」原似作「于」，「備史本」、「全電檔」同，今改。

59「成造」，底本、「南圖本」原作「造成」，「備史本」、「全電檔」同，今仍據本卷《年例軍器・每年成造》「成造快鎗二千桿」條「前件」款（十八葉）暫乙。

60「四」，底本模糊，今據「南圖本」補。

61「李」下，底本、「南圖本」原空一字格（即「條」上）。檢張德信《明代職官年表・部院大臣年表（京師）》「萬曆卅六年，戊申（一六〇八）」，此李氏當即十一月十九日（癸卯）上任，協理戎政、署掌印務之李化龍（第一册，第六百四十三頁），今仍其舊，暫不補。

62「應用」，底本漫漶，今據「南圖本」補。

63「黄」下，底本、「南圖本」原空一字格（即「國」上），今疑當爲刻本間隔用，本篇均有此例，現概省却，後不再注。

❻❹「拔」，底本、「南圖本」原作此，「全電檔」同，「備史本」作「技」，今疑或可從，暫不改。

❻❺「和」，底本模糊，今據「南圖本」補。

❻❻「屬饜」，底本模糊，今據「南圖本」補。

❻❼「一」，底本漫漶，今據「南圖本」補。

❻❽「以」，底本、「南圖本」原作「已」，「全電檔」同，今從「備史本」改。

❻❾「給」，底本殘損，今據「南圖本」補。

工部廠庫須知

卷之九

工科給事中　臣　何士晉　彙輯
廣東道監察御史　臣　李　嵩　訂正
都水清吏司署印郎中　臣　胡爾慥　孜載
營繕清吏司主事　臣　陳應元
虞衡清吏司主事　臣　樓一堂
都水清吏司主事　臣　黄景章
屯田清吏司主事　臣　華　顔　仝編

都水司❶

掌，川瀆、陂池、橋道、舟車、織造、衡量之事。除奉勑分理，於外者爲：北河差郎中、南河差郎中、中河差郎中、夏鎭閘差郎中、南旺泉閘差主事、荊州抽分差主事、杭州抽分差主事、清江廠差主事。其錢糧，俱不係本部，故不載。載，通惠河、器皿廠、六科廊，皆本司總理者。所屬，爲文思院大使❷、副使，織染所大使、副使。

年例錢糧

一年一次

○御用監，年例雕、塡錢糧。

會有：

丁字庫－

白圓藤，二百斤。每斤，銀四分。該銀八兩。

廣漆，七千斤。每斤，銀五分五厘。該銀三百八十五兩。

以上二項，共銀三百九十三兩。

召買：

廣漆，一萬三千斤。每斤，銀五分五厘。該銀七百一十五兩。

川漆，二萬斤。每斤，銀一錢六分。該銀三千二百兩。

金箔，三萬五千貼。每貼，見方三寸。每貼，銀三分。該銀一千五十兩。

銀箔，六千貼。每貼，銀一分。該銀六十兩。

硃砂，三十五斤。每斤，銀三兩二錢。該銀一百十二兩。

雄黃，三十五斤。每斤，銀三錢五分。該銀十二兩二錢五分。

石黃，三百斤。每斤，銀四分二厘。該銀十二兩六錢。

樟腦，三十斤。每斤，銀五分。該銀一兩五錢。

輕粉，九十五斤。每斤，銀三錢二分。該銀三十兩四錢。

水和炭，五萬斤。每萬斤，銀一十七兩五錢。該銀八十七兩五錢。

石灰，五千斤。每百斤，銀七分。該銀三兩五錢。

木柴，四萬斤。每萬斤，銀二十四兩。該銀九十六兩。

木炭，四萬斤。每萬斤，銀五十兩。該銀二百兩。

以上十三項，共銀五千五百八十兩七錢五分。

〇外，屯田司付、辦，御用監「年例錢糧」。

會有[3]：

丁字庫[1]

召買：

川漆，六千斤。每斤，銀一錢六分。該銀九百六十兩。

川漆，九千斤。每斤，銀一錢六分。該銀一千四百四十兩。

廣生漆，一萬斤。每斤，銀五錢五分。該銀五千五百兩。

雲母石，一千斤。每斤，銀三錢。該銀三百兩。

以上三項，共該銀二千二百九十兩。

前件：查得，《備考》內開，該監每年成造「龍床之頂架」❸，及袍匣、服橱、寶箱，係本司項下。其「屯司」付、辦，則稱「上用龍鳳座床頂架」，與夫壇、廟供器，總一「雕漆」錢糧也。

除以上所開「會有」、「召買」外，又：「嚴漆」二千斤、「罩漆」二百斤、「桐木」五十段又七十五根（行浙江）❹、「川二硃」二百斤（行四川）、「廣膠」一百斤（行廣東），各採取「本色」解、用。

人匠，題奉欽依，取到浙江（三十名）、廣東（三十名）、河南（二十名）、雲南（三十名）、貴州（三十名）、應天（三十名）、蘇州（二十名）、鎮江（十四名）、太平（二名）、徽州（一十七名）、安慶（四名）、廬州（二十五名）、揚州（二十六名）、淮安（二十八名）等處，共三百二十名。今，見在 百 十名❺。各司、府，議，解幇貼衣裝銀兩。續，本部咨行各撫、按，每名，給銀十兩八錢，遇閏加九錢❻。每年解部，送監給領。

夫，「雕塡」、「剔漆」，精細之器也❼。工不易成，成不易壞。安有一年之間，盡用得許多錢糧？且甫成，而次年皮置，何所復另行「成造」也哉？今，以一年而一題，其爲乾没也，多矣。本司胡郎中，呈堂議裁。而該監兩次瀆奏、得《旨》，聊錄以俟覽擇焉。

再照❽：屯田司付、辦一項，《備考》內開，舊係「三年一題」。隆慶二年❾，題議，「匀作三分，一年一沠」，其數如右。至期，該監具題、到部，屯田司查例、覆請。命下之日，移付「水司」，召商買辦。

除「屯田司付、辦」項下，《條例》開：會有「廣生漆」一萬斤，召買「川漆」一萬五千斤。及查，近年，見行將「川漆」改「會有」，分六千斤。而「廣生漆」，一萬斤，則全入「召買」項下。以價較之，「廣生漆」每斤五分五厘，「川漆」每斤一錢六分，可省四百一十兩。相應先行改正外，前「議」再俟酌行。

○供用庫，柴、炭等料。

會有：

丁字庫

白麻，一千斤。每斤，銀三分。計銀三十兩。

召買：

松木，一十六根六分。照「八號」，每根，銀三錢九分。該銀六兩四錢七分。

猫竹，二十根。每根，銀三錢。該銀六兩[5]。

木柴，三十三萬三千三百三十四斤。每萬斤，銀三十五兩。該銀一千一百六十六兩六錢六分。

木炭，一萬七千三百三十四斤。每萬斤，銀七十五兩。該銀一百三十兩。

荊條，二千三百三十四斤。每百斤，銀一錢五分五厘。該銀五兩九錢五分。

榆木，二十段。照「七號」，折得八根。每根，銀五錢。該銀四兩。

栢木，六段六分。照「四號」，折得七根。每根，銀六錢。該銀四兩二錢。

綮麻連包，六百箇。每箇，銀一錢二分。該銀七十八兩。

磨盤松木板，二十三片三分，各長八尺、濶一尺、厚二尺。照「十一號」，折得十七片七分。每塊，二錢。該銀三兩五錢四分。

槐木，一十段，各長九尺五寸、圍六尺。照「一號」，折得六根五分。每根，銀二兩二錢。該[6]銀一十四兩三錢。

以上十項，共銀一千四百一十九兩一錢二分。

運磚脚價，銀六兩四錢。

前件：見行「事例」，歷年給領。再查，《備考》內開，該庫，除行河南（大樣磁罈，三百箇；小樣磁罈，三百箇；石磨，一副，「鐵臍」全）⑩、池州府（芒茴苕箒，五千四百八十一把；竹掃箒，三千九百十三把）、眞定府（中樣磁罈，六百箇）辦解本色外，本部召商買辦：木柴，三十三萬三千三百三十四斤；木炭，一萬七千三百三十四斤；綹麻連包，一千箇；荆條，二千三百三十四斤；猫竹，二十根；白麻，一千斤；榆木，二十段；槐木，十段⓫；栢木，六段六分；松木，十六段六分；磨盤松木板，二十三片三分。大約費銀，七百六十餘兩。則，與今《條例》之數不符。但查歷年來，商人苦於該監刁難，今徑給該監，於商便矣，驟難議減。只，壓年給領，微存不當增之意云耳。

○司苑局，採蓮船。

會有：

丁字庫⁃

白麻，一百三十斤。每斤，銀三分。該銀三兩九錢。

熟建鐵，三十七斤。每斤，銀一分六厘。該銀，五錢九分二厘。

桐油，一百三十斤。每斤，銀三分六厘。該銀四兩六錢八分。

石灰，五百斤。每百斤，銀七分五厘。計銀，三錢七分五厘。以上「石灰」，係付「繕司」，撥囚搬運。

以上四項，共銀八兩九錢九分。

召買：

木炭，七十四斤。每百斤，銀四錢二分。該銀三錢一分八毫。

杫木，四根，各長一丈八尺、圍三尺五寸。每根，銀一兩八錢九分。該七兩五錢六分。

以上二項，共銀七兩八錢七分八毫。

外，人匠工食，銀一十兩八錢。付營繕司，支取。

○織染局，打造靛青，合用「礦子石灰」。

會有：

石灰，七萬斤。

前件：查，本部據該局《揭帖》具題，行「馬鞍山」燒造。前「灰」，行法司，撥囚運送該局，不支庫銀。

○光祿寺，小油紅器皿。折「工食」銀，四季、每季，五百兩。

前件：查，近年，俱壓年給發。

○神宮監⑫，修理祭器。折送工食銀，孟春、孟夏、孟秋、孟冬、歲暮，各一十一兩七錢八分。

○修倉廠，派支料價。每年，木植等項銀數，憑「繕司」付派，多寡不等。

前件：「憑『繕司』付派」，舊例派料價，有併派舖商者。近，「屯」、「虞」、「水」三司議、照，發銀聽「繕司」舖商赴領，免派三司舖商，相應斟酌從便。

○營繕所，整點笙簧。折「工食」，銀一十五兩。

前件：禮部「咨文」前來，該所官具文，作頭投領。

○賞，各夷、番僧，折「叚」銀兩。止眼同包封⑬，並不涉六科廊，故載本司。

前件：查得，海西、朶顔等衛，泰寧等衛、福餘等衛，女直等夷人，順義王、朝鮮國王⑭，陝西番僧、番人，四川番僧、番人，有一年一至者、有三年一至者，有六年而并脩兩次貢者，人數不常，且賞格不等，錢糧難以擬定。禮部「咨文」前來，本司查塡「實收」，呈堂⑮，隨具「印領」，移節愼庫支銀。堂劄六科廊主事，眼同該所包封，移送賞房，聽禮部主客司頒賞。四十年，貢夷、番僧，共三千五百八十四名，發銀一萬五千七百二十六兩⑯；四十一年，貢夷、番僧，共二千四百九十四名，發銀三萬一千七百一十四兩；四十二年，貢夷、番僧，共三千五百二十四名，發銀三萬四千八百八十八兩五錢⑰。

○光祿寺，包瓶白麻。

會有：

丁字庫—

白麻，六千斤。查舊卷，每年，光祿寺移文到部，轉劄該庫，照數取用。

○雲南、四川、貴州，遠方監生，折「衣服」銀兩。每名，夏衣八錢一分四厘、冬衣三兩二錢六分五厘。

前件：查得，「監生折『衣服』銀兩」，准：禮部「咨文」到日，按名算給⑱。每年，名數多寡不等。

二年一次

○司設監，年例金箔等料。乙、丁、己、辛、癸年[19]。

會有：今，免支。不開。

召買：

金箔，二萬六千三百二十五貼。每貼，見方三寸五分。每貼，銀四分。該銀一千五十三兩[10]。

天大青，十七斤八兩五钱。每斤，銀二兩。共該銀三十五兩六分。

天大碌，十七斤八兩五钱。每斤，銀一錢二分。共該銀二兩一錢。

白山羊絨，四百三十八斤十二兩。每斤，銀三錢。共該銀一百三十一兩六錢二分五厘。

白綿羊秋毛，一萬三千一百六十二斤八兩。每斤，銀九分。共該銀一千一百八十四兩六錢二分五厘。

黑綿羊秋毛，六千一百四十二斤八兩。每斤，銀一錢。共該銀六百一十四兩二錢五分。

白山羊毛，一萬三千一百六十二斤八兩。每斤，銀一錢。共該銀一千三百一十六兩二錢五分。

入油紅土，一千五十三斤。每斤，銀一分。共該銀一十兩五錢三分[11]。

紅眞牛皮，六百一十四張二分五厘。每張，銀五錢。共該銀三百七兩一錢二分五厘。

白綿花絨，六百五十八斤二兩。每斤，銀一錢。共該銀六十五兩八錢六厘。

木柴，二十五萬四千四百七十五斤。每萬斤，銀十八兩。該銀四百五十八兩五分五厘。

木炭，二十五萬四千四百七十五斤。每萬斤，銀四十二兩。共該銀一千六十八兩七錢九分。

石灰，二十萬一千八百二十五斤。每萬斤，銀七兩五錢。共該銀一百五十一兩三錢六分八厘。

水和炭，二十萬一千八百二十五斤。每萬斤，銀十七兩五錢。共該銀三百五十三兩一錢九分三厘。

銅絲，二十六斤四兩。每斤，銀二錢一分。共[12]該銀五兩五錢一分二厘。

杉木，四十三根八分七厘，各長三丈五尺、徑一尺五寸。每根，銀五兩五錢。共該銀二百四十一兩二錢八分五厘。

松桅木，六十五根八分一厘，各長一丈八尺、徑一尺五寸。每根，銀二兩九錢。共該銀一百九十兩八錢四分。

松木枋桅，四十三根八分七厘，各長二丈二尺、濶一尺四寸、厚八寸。每根，銀三兩七錢。共該銀一百六十二兩三錢一分九厘。

榆木，四十三根八分七厘，各長一丈二尺、徑一尺二寸。每根，銀七錢。共該銀三十兩七錢九厘。

椴木⑳，八十七根七分五厘，各長七尺、徑七寸五分。每根，銀二錢。共該銀十七兩五錢五分。

以上二十項，共銀七千四百兩[13]。

前件：查得，《條例》內開：「會有」項下，八百三十七兩五錢；「召買」項下，八千四百三十三兩二錢。三十六年間，崔郎中議：以四百兩抵作物料，免支；而「召買」一項，定價七千四百兩，不派舖商，徑給該監；向，俱分作兩年給發，第一年四千兩、第二年三千四百兩。其裁定數目，與《條例》不同，今改正如右。

○針工局，折「冬衣」銀兩。

前件：查得，《備考》開載，隆慶年間㉑，用銀八萬兩。至萬曆十八年，《條例》開載，增至十二萬七千餘兩。雖據該局原題具覆，然中間猶恐虛冒，相應覈查。近以中官停選，人數漸減，如：萬曆三十八年，領銀八萬七千八百六十四兩；四十年，領銀八萬四千五百五十八兩；四十二年，領銀八萬五百九十二兩。官，每員，三疋。中使、長隨，每名，二疋。每疋，折價三兩。南京，官、中使、長隨，俱在內。

○御馬監，晾馬繩索。

會有：

丁字庫[1]

白麻，五萬斤。

前件：查，《備考》內開，如該庫「會無」，暫行「召買」，大約用銀一千三百兩。近年，俱「會有」。有該本司胡郎中看得：「白麻，每年外解，共一萬一十餘斤。則該庫之稱『會無』者，悉妄也。」須覈《循》、《環》文簿，以杜「召買」之弊。

○司禮監[14]㉒，上用各色「灑金箋紙扇」等項。

金箔，一萬貼。折價銀，五百兩。

前件：查，《條例》無，《備考》內開此項，付營繕司，動支「葦課銀」給。今見行，係二年一題，以五百兩，分作兩年支用。

○挑空新河。

前件：查得，《條例》開載，挑河夫銀，額定二千八百六十四兩五錢，分爲兩年支用。近年，通惠河道，每年止請銀一千七十八兩二錢。此係挑淺，遠近、用夫多寡，臨時酌量請給。大率，無容出于額銀之外，應照原議。

三年一次

○尚衣監，冠頂。子、午、卯、酉年。

會有：

臺基廠-

杉木，五十根，各長二丈七尺、圍二尺八寸。照「平頭杉木-四號」估，每根，銀二兩二錢。該銀一百十兩。

散頭木，五十根，各長一丈四尺、圍三尺五寸。照「散木-四號」估，每根，銀一兩一錢五分。該銀五十七兩五錢[15]。

以上二項，共銀一百六十七兩五錢。

召買：

金箔，五千貼，各見方三寸。每貼，三分。該銀一百五十兩。

天大青，七斤八兩。每斤，銀二兩。共該銀一十五兩。

天大碌，七斤八兩。每斤，銀一錢二分。共該銀九錢。

羊皮金，二十五張。每張，銀二錢二分。共該銀三兩。

銅絲，二十五斤。每斤，銀二錢。共該銀五兩。

藍馬斜皮，二十五截。每截，八分。共該銀二兩。

掐金線，一百副。每副，銀二分五厘。共該銀二兩五錢。

白水牛皮底，五十張。每張，銀五兩五錢。共該銀二百七十五兩。

白山羊羢，二百五十斤。每斤，銀三錢。共該[16]銀七十五兩。

秋白綿羊毛，二百五十斤。每斤，銀九分。共該銀二十二兩五錢。

黃綿羊皮，二百五十張。每張，銀二錢。共該銀五十兩。

紅眞牛皮，五十張。每張，銀五錢。共該銀二十五兩。

杉木，五十根，各長二丈七尺、圍二尺八寸。照「平頭杉木-四號」估，每根，銀二兩二錢。共該銀一百一十兩。

散木，五十根，各長一丈四尺、圍三尺五寸。照「散木-四號」估，每根，銀一兩一錢五分。共該銀五十七兩五錢。

木柴，五萬斤。每萬斤，銀十八兩。共該銀九十兩。

木炭，五萬斤。每萬斤，銀四十二兩。共該銀二百一十兩。

以上十六項，共銀一千九十三兩四錢[17]。

前件：查得，《條例》內開：「會有」項下，一百六十七兩五錢；「召買」項下，一千九百八十七兩五錢。四十二年，沈郎中議：照萬曆十三年例，於「召買」一項，裁去八百九十四兩一錢，止給銀一千九十三兩四錢。題奉欽依，與《條例》不合，今改正如右。《備考》開載，隆慶元年題定，六百五十兩，陸續增加，遂至今數。

○司禮監「御前作房」，成造龍床等項。辰、戌、丑、未年。

會有：

丁字庫-

白圓籐，三千斤。每斤，銀四分。該銀一百二十兩。

臺基廠、山西廠-

鷹架杉木，一百根，各長四丈五尺、徑一尺五寸。照估「一號」，每根，長三丈、圍二尺一寸五分，折得三百一十三根。每根，銀一兩二分。該銀三百一十九兩二錢六分。

楠木，一百五十根，各長二丈五尺、圍六尺。照「楠木短段－一號」估，長五尺、圍四尺，折得一千一百二十五段。每段，銀九錢。該[18]銀一千一十二兩五錢。

杉木，一百五十根，各長二丈五尺、徑二尺。照估「二號杉木」，長三丈五尺、圍四尺五寸，折得一百四十二根。每根，銀五兩五錢。該銀七百八十一兩。

抽分竹木局－

猫竹，一百八十根，各長二丈五尺、徑五寸。照估「二號」，長一丈八尺、圍一尺，折得三百七十五根。每根，銀九分。該銀三十三兩七錢五分。

松木，二百五十根，各長一丈六尺、徑一尺六寸。每根，銀一兩六錢。該銀四百兩。

以上六項，共二千六百六十六兩五錢一分。

召買：

松木，一百七十根七分二厘，各長一丈六尺、徑一尺六寸。每根，銀一兩六錢。共該銀二百七十三兩一錢五分二厘[19]。

嚴漆，二萬四千五百八十四斤四兩㉓。每斤㉔，一錢二分五厘。該銀三千七十三兩。

大碌，三十四斤一兩四錢。每斤，銀一錢二分。該銀四兩零八分。

大青，三十四斤一兩四錢。每斤，銀二兩。該銀六十八兩一錢。

螺甸㉕，二千五百二十六斤七兩。每斤，銀三錢。該銀七百五十七兩九錢四分。

南熟金漆，四千四百四十一斤八兩。每斤，銀二錢四分。該銀一千六十五兩九錢六分。

金箔，三萬七千五百五十九貼半。每貼，銀四分五厘。該銀一千六百九十兩一錢七分七厘。

木柴，三萬七千五百五十九斤半。每萬斤，銀一十八兩。該銀六十七兩六錢六厘。

以上八項，通共該銀七千兩。

外，運價，銀二百六兩九錢二分[20]。

前件：查得，《備考》內開，除「會有」外，其「召買」猫竹、松木、螺甸、青碌、川漆、嚴漆、金箔、圓藤、木柴等料，召商買辦。隆慶元年，題定經制，該銀七千餘兩。後以「婚禮」各禮，增至一萬有餘，然不得援此爲例。查，萬曆四十二年，輪及應題年分，前任尤郎中呈堂，題奉欽依，仍照一萬二百五十兩，派有商人「林有年、黃恩」承辦在卷。

該本司胡郎中看得：近年，「婚禮」已經傳派別項錢糧，則本項只合照七千兩之數。況，隆慶元年已經題明，定爲「經制」乎。今將逐項物料，改正如右。至于「運價」，《條例》內開「二百六兩九錢二分」，邇來增至八百餘兩。以前項「會有」木植，從灣廠起運，遠於「神木」、「山」、「臺」也。但，查「神木」、「山」、「臺」廠，原有杉木、板枋，何故舍近而必求諸遠乎？合照《條例》改正，仍于「神木」、「山」、「臺」廠取用。其運價，只照二百六兩九錢二分。

四年一次

○供用庫，油椿[26]、槐木。申、子、辰年。

召買：

槐木，二根。價，銀五十兩。萬曆十七年，議，增八十兩。此項，付營繕司「葦課銀」內出給。

前件：查得，《會估》內開，「槐木-頭號」，每根，長二丈五尺、圍三尺五寸者，只該銀二兩二錢。則，「二根」、「五十兩」，已十倍不啻矣。何得議增？且，據《條例》「增八十兩」，亦謂增三十金於五十之外，以合八十之數。若遂增「八十」，則增數百倍於原數，無是理矣！近，「繕司」開一百三十兩之數，想年前多爲該監所誤，所當據理執争，以復舊額[21]者也。

○修、蓋，通惠河黃船苫蓋蘆席，三十兩。己酉[27]、戊戌年。

前件：查得，「蘆席」用以苫蓋黃船，計一千五百領，額銀三十兩，價非虛冒。每年，憑通惠河道印信堂呈，前來給領。查，三十五、三十九年，舖商「洪仁、陳漢」，尚未投領；四十二年，舖商「任一清」，于四十三年四月內，領訖。

五年一次

○內官監，淨車。折銀，二千七百五十兩。辛、丙年。

前件：查，《會典》內開，係該監領銀成造。其年分、銀數，與《條例》相同。

六年一次

○鍼工局，折「鋪蓋」銀兩。辰、戌年。

前件：查得，《備考》開載㉘，隆慶間，數僅九千餘兩。萬曆間，增至二萬餘兩；二十六年，領銀二萬六百八十八兩；三十二年，領銀一萬八千三十三兩；三十八年，領銀一萬八千八百八十五兩。雖，人、數難定，然，必臨時覈查，庶免虛冒。

七年一次

○內官監，成造蛤粉㉙。

會有：

白榜紙，一千八百張。每張，銀七厘。該銀十二兩六錢。以上，虞衡司取用22。

苓苓香，二十六斤七兩。每斤，銀三分。該銀七錢九分三厘三毫一絲二忽。

以上，太醫院取用。

以上二項，共銀一十三兩三錢九分三厘三毫一絲二忽。

召買：

丁香，二十三斤七兩。每斤，銀二分。該銀四錢六分八厘。

蛤粉，三千一百八十七斤八兩。每斤，銀一分五厘。該銀四十七兩八錢一分二厘。

以上二項，共銀四十八兩二錢八分。

前件：應照舊。

十年一題。均作二分㉚，每五年，辦一次。

○內官監，郵典器物㉛。

會有：

甲字庫－

黄丹，九十三斤十二兩。每斤，銀三分七厘。計銀三兩四錢六分八厘七毫五絲[23]。
水膠，七百五十斤。每斤，銀一分七厘。計銀一十二兩七錢五分。
丁字庫-
桐油，三千斤。每斤，銀三分六厘。計銀一百八兩。
甲字庫-
無名異，九十三斤。每斤，銀四厘。該銀三錢七分五厘。
以上四項，共銀一百二十四兩五錢九分三厘七毫五絲。
召買：
木炭，六萬斤。每萬斤，銀四十二兩。該銀二百五十二兩。
黑煤，五百斤。每斤，銀五厘。該銀二兩五錢。
礬紅土，一千五百斤。每斤，銀五厘。該銀七兩五錢。
釘線，九萬二千個，各長四寸五分。每個，重二兩。共重一萬一千五百斤。每斤，銀三[24]分。該銀
三百四十五兩。
以上四項，共銀六百七兩。
前件：《會典》內開，二十年一次。續該本部酌議，定爲今限。均作二分，每五年，辦一次。

不等年分

○丙字庫，「串五」等絲。遇缺，具題、派商[32]。

召買：

串五細絲，一萬五千斤。每斤，銀一兩四分二厘。該銀一萬五千六百三十兩。

黃白長荒絲，一萬斤。今，照新議「荒絲」例，每斤，銀四錢。該銀四千兩。

以上二項，共銀一萬九千六百三十兩。

前件：查得，《條例》內開，「乙酉、戊子、庚寅年，題」。自來，價銀僅用二萬兩。及查《備考》，內開：「該庫預備織造上用袍服，並御用諸物。如遇缺乏，具揭、到部，酌量題辦」。夫，曰「遇缺」，又曰「酌量」，則不當刻定「乙酉、戊子、庚寅等年」，亦不當取盈「二萬」之數。第當檢查《循》、《環》文簿，勿爲該監所誤耳。乃，邇來不待缺乏，只憑《揭帖》，便與題覆，每次增至五萬餘兩。甚至，有前「絲」未經買完，而卽爲題買新「絲」；又有，已題者，具題豁免，而更爲新商題辦者。不識何意。此皆舖商夤緣內監，與書役[25]通同作弊耳。

查，「黃白長荒絲」一項，原議「每斤五錢，續增三分」在卷。本司，於該庫中取一束驗之，粗紕不堪，價實太浮。乃知，向來之題「黃白長荒絲」，竟無虛歲。且將「細絲」之已題者，題免。而汲汲於「荒絲」者，良有以也？

今查，該庫原有「荒絲」一項，定價四錢。名殊、價殊，而「絲」寔不殊。卽該庫《環》、《循》簿內，向來收發只開

「荒絲」，並不見「黃白長荒絲」一項，此其證矣。本司，議：將「黃白長荒絲」，照依「荒絲」、「四錢」之價，每斤，減去一錢三分；其「串五細絲」，仍照原估，每斤，一兩四分二厘。呈堂批允，今改正如右。

〇丁字庫，漆、麻等料。遇缺，具題、派商。

召買：

檾麻，一十三萬九千斤。每斤，銀一分四厘。該銀一千九百四十六兩。

白麻，二十萬三千六百斤。每斤，銀三分。該銀六千一百八兩。

蘇木，二萬八百斤。每斤，銀九分。該銀一千八百七十二兩。

魚線膠，八千斤。每斤，銀一錢三分。該銀一千四十兩。

瀝青，一萬四千六百斤。每斤，銀二分五厘[26]。該銀三百六十五兩。

生漆，一萬八千六百六十六斤。每斤，銀六分五厘。該銀一千二百十三兩二錢九分。

桐油，二萬三千八百斤。每斤，銀三分六厘。該銀八百五十六兩八錢。

以上七項，共銀一萬三千四百一兩九分。

前件：查得，《條例》內開，乙酉、丙戌、戊子年，遇缺，召買檾麻、白麻、蘇木、魚線膠、瀝青、生漆、桐油七項，共銀一萬三千四百一兩九分耳。及查，三十九年間，題買一次，至銀四萬餘兩，多增白圓籐、鉄線、川白麻、苧麻等項，不幾濫乎？且，糜有用之部帑，易不堪之物料，以置之不可稽查之，該庫於舖商、各胥役，似甚利矣，如國計何？今後，凡遇該庫《揭帖》到司，除多添物料，悉照《條例》刪減外，猶當比對《循》、《環》文簿。若各項非大缺乏，不得曲狥該庫，即行題辦。或各項物料下，果有一二項缺乏，只將一二項具題，亦不得槩稱缺乏，糜帑金也。

各監局㉝，各項。不時傳派錢糧。

○內官監，成造、修理，南、北大方舟。

前件：查，萬曆四十年，該監題修「大方舟」二隻。該本司王郎中，因該監濫估，至四千九百餘兩，呈堂量准一半：除「會有」外，「召買」物料，及僱募夫、匠，共折銀二千[27]四百九十五兩，與該監自行修理。似可爲例。但，折銀數目，又須臨時酌議耳。

○內官監，修、造龍鳳舟㉞。

前件：近年，久不成造。

○御用監，成造乾清宮「龍床頂架」等件錢糧。

前件：查，萬曆二十六年，該監爲乾清宮鼎建落成，題造陳設：龍床頂架、珍羞亭、山子、龕殿、寶厨、竪厨、壁櫃㉟、書閣、寶椅、插屏、香几、屏風、畫軸、圍屏、鍍金獅子、寶鴨、仙鶴、香筒、香盤、香爐、黃銅鼓子等件，合用物料，俱係「召買」。照原「估」，止辦三分之二，共銀十萬一千三百六十七兩九錢二分一釐。外，雲南採，「大理石」六十八塊、「鳳凰石」五十六塊；湖廣採，「蘄陽石」五十塊。

○御用監，成造慈寧宮等處陳設，龍床、寶厨、竪櫃等物。

前件：查得，萬曆十二年，偶逢災燬無存，本年十月，該監題造。除「會有」木、鉄等料，及金、銀、紵絲等料，於「寶藏庫」等衙門取用外，其「召買」及工、匠，共費銀一十萬三千四百一十二兩一錢。

○御用監，成造鋪宮龍床。

前件：查，萬曆十二年七月二十六日[28]，御前傳出紅殼面《揭帖》一本，傳造：龍鳳拔步床、一字床、四柱帳架床、梳背坐床，各十張；地平、御踏等，俱全。合用物料，除「會有」鷹平木，一千三百根外，其「召買」六項，計銀三萬一千九百二十六兩。工、匠銀，六百七十五兩五錢。此係「特旨」傳造，固難拘常例。然，以四十張之床，費至三萬餘金，亦已濫矣。

○司設監，成造慈寧宮鋪宮物件。

前件：查，萬曆十三年三月，該監成造鋪宮物件，出給「寔收」，計銀三萬四千六百一十七兩二錢七分五厘。

○內官監，成造慈寧宮鋪宮物件。

前件：查，萬曆十三年正月，該監成造鋪宮物件，出過「寔收」㊱，計銀一萬九千六百三十五兩二分。

○司設監，成造金殿龍床等項。

前件：查，萬曆十六年九月，題修「金殿龍床」等物，除「會有」杉、楠等六項外，其召買物料十七項，計銀一萬三千九百五十一兩七錢七分。

○御用監，成造「天燈」等燈。

前件：查，萬曆十四年三月內，該監題造，「天燈」十九對、「萬壽燈」三對，及「春聯」七十三對。本部，因該監估料太濫，覆議停止。奉《旨》：「准辦三分之二」。又，工料題請停造。奉《旨》：「七萬內，准再減二萬五千兩」。後，費過工料，除「會有」外，「召買」，銀四萬六千八十九兩六錢六分。工、匠銀，二千四十九兩二錢五[29]分。共費，四萬八千一百三十八兩九錢一分。以二十二對之「燈」[37]，縱每對一千金筭，不過二萬二千；以七十二對之「春聯」，每對以百金筭，不過七千二百兩。合之，尚不滿三萬。況，必無千金之「燈」、百金之「聯」乎！該監虛冒，固不必言。乃此時當事者，竟以鉅萬金錢輕擲，良可惜也。

○司設監，修造天、地、日、月等壇，帳幕、帷幄、氈毯等項。

前件：查，萬曆十四年，該監題造：天、地、夕月三壇，正位、配位「頂帳」、「圍幕」、「案衣」、「葢袱」併「帷幄」等件，四百八十一件。合用物料，本部報奏，呈准一半。乃，該監朦朧取《旨》，竟從全派，致糜帑金一萬四千三百五十五兩。後之當事者，當亦有慨於斯云。

○司禮監，傳造小綿紙等料。

前件：查得，萬曆十五年三月內，該監題造，至費八千一百五十八兩。雖經本部執事，覆辦三分之二，而該監朦朧取《旨》，竟從全派。

○內官監，成造冊封王府，玉器、冊盝[38]、袱匣等項。

前件：查得，萬曆十六年，該監題造：「珠翠」五十項，「冊盝」、「袱匣」三百副。辦過物料，除「會有」十五項，約計銀六千餘兩外，其「召買」二十三項，計銀二萬一千六百一十六兩五錢三分七厘。而戶部召買「珠玉」之費，尚不與焉。冒濫之極，不啻「月一估十」。近於四十年間，王郎中量行裁縮，案候在卷，未題。至四十三年，該監復以盝[30]、袱用盡告矣，且謂，「歷年透應過五十三副」㊴。不思十六年所題物料儘豐，堪以通融措辦，不必補給。本司，止據見年所需「一十九副」具題。

至於物料，於五月二十一日，內官監發出「冊盝」、「褥袱」前來，本司一一諦視之。每，「冊盝」一個：長八寸五分、濶四寸、高四寸五分，質皆杉、楠薄板；外，戧金雲龍鳳，俱漆灰纍線爲之，非雕鏤精巧者比；內，塗以硃紅，周圍貼金紅素紵絲，約見方一尺三寸。其包冊、鈞冊、夾冊、墊冊「褥袱」，并「外包袱」，每副，各五件：一用黃閃色絨錦爲表，紅羅裏，見方六寸；一用綠閃紅絨錦爲表，木紅平羅裏，濶二寸、長六寸；一用黃閃色紱鈞爲表，紅絹裏，見方一尺一寸；一用木紅銷金平羅爲表，裏用紅絹，見方一尺四寸；一用木紅銷金平羅爲表，裏用紅絹，濶二尺六寸、長二尺七寸。盝後，用二小銅鐶、二鉸鏈。前用薄銅皮，二塊；鎖扭，一副。共用銅，約二兩。小銅鎖，一把，「匙」全，約值六分。此「冊盝」之大較也。

至于「服匣」，該監尚未發出，本司備詢儀制司書役，每個：約見方二尺五寸，中有小替，下有底抽，周圍硃丹，其內金貼，其外雲龍鳳文，亦係漆灰纍線；有鐵鐶二、鐵鎖一，前、後「鉸鏈」全；俱以金箔飾之。匣外，有套箱一個，約見方四尺，內、外髹紅，竝無戧金龍鳳文采。

總計「冊盝」、「褥袱」，合「服匣」、「鎖鑰」，方成一副。若照器皿廠造辦「王府誥命軸匣、羅袱」，每副工料，可按而定也。

○御用監，造辦皇極殿、皇極門，陳設樂器。

前件：查得，萬曆二十四年八月，該監題辦，皇極殿「中和樂」一分、侑食一分，皇極門「丹陛大樂」一分。除「會有」生漆外，「召買」物[31]料，計銀二萬二百五十一兩四錢四分。

○兵仗局，造辦「御前供應」，及乾清弃宮陳設樂器㊵。

前件：查得，萬曆二十四年八月，該局題辦，「御前供應」茶、飯等項，乾清等宮併各殿陳設「錦衣大樂」，銅鼓、坐鼓、扎子、鐘磬㊶、嚮盞等件，「召買」物料，銀二萬一千二百六十五兩九錢八分八厘。

○御用監、兵仗局，成造聖母喪禮，隨陵樂器。

前件：查，萬曆三十四年，爲仁聖皇太后喪禮，御用監題辦「隨陵樂器」，計「物料」，銀六千一百八十六兩五錢七分三厘。

○兵仗局，題「隨陵樂器」。計「物料」，銀一千零八十九兩五錢七分八厘。俱㊷，召商買辦。

該本司署印胡郎中呈議：喪禮時值倥偬，樂器極多靡爛，將「實收」內減裁一千七十餘兩，不給。蒙堂批允，在卷。

○銀作局，成造聖母徽號各色金器。

前件：查得，萬曆三十四年，爲[32]聖母徽號，該局題辦「金冊」、「儀仗」、「金盆」、「香盒」等各金器。計「物料」，銀一萬九千一百一十七兩三錢六分，併究金在內。

○兵仗局，成造聖母徽號樂器。

前件：查，萬曆三十四年，爲聖母徽號㊸，該局題辦陳設，「銅鼓」、「坐鼓」、「金鐘」、「響盞」、「雲樂」等「樂」等樂器。本部執奏：此項樂器，原無題辦例；或令該局，將舊器量修供應。後，又奉《旨》，「量辦一半」。計，招商買辦物料，銀一萬四千五百六兩三錢二分二厘六毫。該本司署司胡郎中，議裁四千兩，呈堂批允在卷。

○內官監，題造公主婚禮，玉器、儀仗、帳幔等件。

前件：查得，萬曆三十五年八月，該監題造，七公主婚禮「玉器」、「儀仗」、「帳幔」等件。除「會有」外，「召買」牙、玉、珊瑚、琥珀、紵絲、紗羅、銅、鉄、竹、木等，一百四十六項，共銀五萬一千七百兩二錢一分七厘四毫三絲七忽五微。

○內官監，成造東宮、親王，婚禮花朵。爲納采、發冊、親迎等禮應用。

前件：查得，萬曆三十年，皇太子婚禮，共用銀三百八十六兩四錢。

○御用監，成造親王婚禮，床、帳等物件[33]。

○內官監，成造親王婚禮，儀仗、粧奩等物。

○司設監，成造親王婚禮，床、帳、驕乘等物。

○銀作局，成造親王婚禮，金冊、冠頂等各金器。

前件：以上，計「親王婚禮」五項，應查潞王、福王例，酌行。

○內官監，成造親王出府物件。

前件：查，萬曆三十一年十一月，該監爲福王出府，題辦「椅」、「桌」等器物。除「會有」外，其「召買」物料，折價一萬五千七百一十一兩九錢，與該監自辦。器物細數，本司案卷可查。

○司設監，成造「親王之國」，錢糧。屋殿、驕乘、帳房、軟床、鋪陳、帳幔、圍幕、皮篋、史袋、車氊、轎衣、苫氊、花毯等物。

○內官監，成造「親王之國」，龍床、坐褥、板箱等物。

○巾帽局，成造「親王之國」，冠帶、鞋靴等物。

○針工局，成造「親王之國」，執事衣服等件。

○兵仗局，成造「親王之國」，儀仗等件。

前件，應查照：潞王、福王例，行。

○御用監，成造[34]皇極門等門殿，陳設家火。行「南京」造辦。

前件：查，萬曆三十七年，該監具題、造辦，本部即咨行南京工部及應天等府，設處協辦，解運協濟。「南部」因門殿停工，落成未期，題請停辦，俟門殿工完工㊹，辦送。

○司設監，成造大婚「乾清」、「坤寧」宮殿，應設行簾、帳幔、花毯、地氊等項物件。

前件：查，萬曆五年正月內，該監題造，兩宮前、後殿，竹簾、帳幔等，一千五百五十八件。其物料，除「會有」外，「召買」二十六項，計銀一萬六千六百九十二兩二錢。

○內官監，成造選、立九嬪等項㊺，錢糧。

前件：查，萬曆五年，該監題辦器物，除「會有」外，「召買」物料，計六萬一千六百五十九兩四錢三分。

年例公用錢糧——

一年一次

○先「關」、后補「勘合」。司禮監，工食銀。每年，四兩八錢。四年輪。爲首者，加一兩二錢。司禮監，寫字領。四司同。

○工科，精微薄籍、紙劄、硃盒、筆硯等項，銀一兩五錢。四司同。工科吏領。

○本司，炙硯木炭，銀一十二兩。四司同。本司關領。

○每年，冬季，廠庫科道，炙硯木炭，銀三兩。查得，《條例》[35]無，《備考》有。向未領送，此項仍留庫中。今應開造[46]，至期，聽科、院支用。

○本司，表背匠，裝釘薄籍、綾殼等項。工食，銀五兩。四司同。本司表背匠領。

○科道，年終奏繳。紙劄、工食，銀六兩五錢。四司俱有，數各不同。科道造冊書辦領㊼。

○內府承運庫，冬至用蘆葦、蘆席，銀三兩七錢五分。查得，舊例，俱派本司鋪戶承辦，仍候給價。今議，承行吏辦送，價即聽本司關領，不必騷擾鋪商。《條例》開載「三兩三錢八分」，今照《條例》改定。各司無。

○冬至，「小脚」雇夫，扛送柴、炭。工食，銀一兩七錢八分。查得，舊例，俱派本司鋪戶承辦，仍候給價。今議，承行吏辦送，價即聽本吏關領，不行鋪商。各司無。

○內府承運庫，包裹年終《勘合》。黃杭細絹，二疋，銀二兩。查，《條例》開載「二兩」，《備考》開載「六錢」，今照《條例》改正。向，年久不給領，徒派鋪商，深爲未便。應議，支給承行該吏買辦。各司無。

○節慎庫主事，差滿交盤錢糧，造奏繳「文冊」㊽。紙張、工食，銀一兩九錢五分二厘五毫。四司同。節慎庫造冊書辦領[36]。

四季支領㊾

○本司，巡風、齋宿。油、燭銀，四季、每季，一兩二錢五分。四司同。今定，本司關領，分送各差，「收帖」附卷。

○本司，印色、筆、墨等項銀，四季、每季，一兩一錢二分。四司同㊿。本司櫃吏領辦，免派鋪戶。

○本司，寫「揭帖」等項。紙價銀，四季、每季，八錢。四司同。本司雜科書辦領。

○街道廳，銀硃、筆、墨、印色銀，四季、每季，三兩。遇閏，加銀一兩。舊係街道廳書辦領，今應聽該廳移司支送。

○本司官，每月、每員，紙劄銀，五錢。《備考》有，故入，本官領。有別差，不重支。

不等年月

○工科，抄呈號紙。三月、七月、十一月，各七錢。遇閏，加銀七錢。工科吏領。四司同。

○工科，掛號紙。銀，正月、五月、九月，各四錢八分。掛號書辦領。各司無。

○本年，上半年、下半年，造奏繳「文冊」51。紙劄、工食銀，各五兩六錢四分。本司37雜科書辦領，數視三司獨少。

輪該秋季。俱，四司同。

○承發科，填寫「精微薄」，銀三兩六錢。承發科吏領。

○工科，抄謄、草奏。紙張、工食，銀一十一兩二錢八分。遇閏㊷，加銀三兩六錢。工科抄謄吏領。

○賃，西闕朝房，銀四兩。本司關領，移送內相，取「廻文」附卷。

○知印，印色，銀一兩五錢。大堂知印領。

○本科，題、奏本。紙，銀二兩。本科本頭領。

○三堂司務廳，紙劄、筆、墨，銀九兩八錢六分。本司關領，解送，取「廻文」附卷。

○本科，寫本。工食，銀五十兩六錢。遇閏，加銀一十六兩八錢六分。本科本頭領。

○節慎庫，燒銀。木炭㊸，銀一兩五錢七分五厘。節慎庫庫官領。

○巡視廠庫科道，紙劄，銀八兩八錢八分。照季，移送科道，取「廻照」附卷。

○巡視廠庫科道，到庫收放錢糧。茶果、飯食，銀九兩六錢二分五厘。節慎庫庫官領[38]。

○節慎庫，關防印色、修天平等項，銀三兩。節慎庫庫官領㊹。

○三堂司廳、四司書辦，工食，銀三十兩六錢。遇閏，加銀一十兩二錢。本司雜科領，分散。

○三堂、四司，抄報。工食，銀一十二兩六錢。遇閏，加銀四兩二錢。本部抄報吏領。

○節慎庫，紙劄并表背匠[55]，工食，銀一十一兩五錢。庫官領。

○上本抄旨意官，工食，銀九兩。遇閏，加銀三兩。旨意官領。

○精微科吏，工食，銀一兩八錢。遇閏，加銀六錢。精微科吏領。

○內朝房官，工食并香燭，銀二兩一錢。遇閏，加銀七錢。本部內朝房官領。

○工科辦事官，工食，銀五兩四錢。遇閏，加銀一兩八錢。工科辦事官領。

○報堂官，三人，工食，銀三兩五錢。遇閏，加銀一兩一錢六分六厘。三堂，報堂官領。

不等年分

○針工局，冬衣、紙劄、鎖損等項。工食，銀三兩一錢[39]。雇夫，銀一兩三錢。甲、丙、戊、庚、壬年。今議，承行吏關領、辦送，不必更行鋪商[56]。

○進「考成」，銀五錢。甲、丙、戊、庚、壬年。

○三堂，夏季，卓圍、座褥、墊席。大堂、川堂、火房三處，三副，共九副，銀十二兩。子、午、卯、酉年。舊，俱票行鋪戶。今議，本司關領，呈堂轉發，司取辦送[57]，取「迴照」附卷。

○司廳，卓圍、座褥，銀五兩。子、午、卯、酉年。查得，此項《條例》開載「五兩」，《備考》開載「二兩四錢」，應照《條例》。本司關領，徑送司廳自備，取「廻照」附卷。各司無。

○本司，桌圍、座褥，銀五兩。子、午、卯、酉年。今改，雜科書吏領辦，不派鋪商。四司同。

○三堂，冬季，卓圍、座褥、氈墊，共九副，該二十七兩。寅、申、巳、亥年。本司至期關領，呈堂轉發，司廳辦送，取「廻照」附卷。或，每年「九兩」支辦，亦可。

○刷卷。工食，銀二兩五錢。寅、申、巳、亥年，四司同。雜科書辦領。

○節慎庫餘丁，草薦，銀三兩。巳、酉、丑年。節慎庫餘丁領。

○科道會估。酒席、紙劄，銀九兩三錢七分六厘。寅、午、戌年。四司同。近不會估，不支[40]。

都水司外解額徵

○順天府-

料銀，一千八百一十五兩七錢二分四厘六毫。

○永平府-

料銀，七百二十六兩三錢二分九厘四毫四絲。

○保定府-

料銀，一千八百一十五兩八錢二分三厘六毫。

○河間府-

料銀，一千一百七十八兩九錢九分八厘三毫三絲。

○眞定府-

料銀，二千三百六十兩五錢七分八厘九毫九絲。

○順德府-

料銀，九百七兩九錢二分八毫[41]。

○廣平府-

料銀，一千二百七十一兩七分六厘五毫三絲。

○大名府-

料銀，一千二百七十一兩七分六厘五毫二絲。

○應天府-

料銀，四千五百三十九兩五錢五分九厘。

○安慶府-

料銀，二千三百六十兩五錢七分八厘七毫九絲。

○徽州府-

料銀，四千五百三十九兩五錢五分九厘。

○寧國府-

料銀，二千七百二十三兩七錢三分六厘。

○池州府-

料銀，一千八百一十五兩八錢二分四厘。

○太平府[42]-

料銀，一千八百一十五兩八錢二分四厘。

○蘇州府一

料銀，八千一百七十一兩二錢七厘。

○松江府一

料銀，七千二百六十三兩二錢九分五厘。

○常州府一

料銀，六千三百五十五兩三錢八分三厘。

○鎮江府一

料銀，四千五百三十九兩五錢五分九厘。

○廬州府一

料銀，二千七百二十三兩七錢三分六厘。

○鳳陽府一

料銀，二千七百二十三兩七錢三分六厘。

○淮安府一

料銀，二千七百二十三兩七錢三分六厘。

○揚州府一

料銀，二千七百二十三兩七錢三分六厘。

○廣德州[43]：

料銀，七百二十六兩三錢三分九厘四毫四絲。

○滁州：

料銀，三百六十三兩一錢七分四厘七毫二絲。

○徐州：

料銀，三百六十三兩一錢七分四厘七毫二絲。

○和州：

料銀，三百六十三兩一錢七分四厘七毫三絲。

○浙江布政司：

料銀，九千七十九兩一錢二分。

○江西布政司：

料銀，九千七十九兩一錢二分。

○福建布政司：

料銀，八千一百七十一兩二錢七厘。

○湖廣布政司[44]

料銀，八千一百七十一兩二錢七厘。

○河南布政司

料銀，七千二百六十三兩二錢九分五厘。

○山東布政司

料銀，八千一百七十一兩二錢七厘。

○山西布政司

料銀，三千六百三十一兩四分八厘。

○四川布政司

料銀，五千四百四十七兩四錢八分。

○陝西布政司

料銀，三千六百三十一兩六錢四分八厘。

○廣東布政司

料銀，八千一百七十一兩二錢七厘。

年例。外解，并本司開納。

前件：查，各省、直納銀者，具文解部。近，浙江題留，抵「織造」矣。其本司欽奉「聖諭」開納，「戶七工三」，銀數難以額定。

河、泊額徵。內，「本色」解「十庫」，「折色」解「廠庫」。

○應天府[45]

黃麻，一萬七百五十九斤五兩。遇閏，加三百零一斤一兩。

白麻，八千三百一十九斤七兩。遇閏，加二百四十六斤十一兩三錢。

魚線膠，四百三十八斤十五兩。遇閏，加十一斤十二兩。

翎毛，十二萬三千三百根。遇閏，加三千九百三十四根。

碎小翎毛，七百六根。

已上，惟「白麻」、「魚線膠」應解「本色」，其餘三項，折銀三百零六兩九錢八分六絲七忽五微。遇閏，加八兩八錢一分二厘七毫五絲七忽五微。

○[58]安慶府

黃麻，四萬四千二百二十九斤。遇閏，加三千二百三十二斤十二兩一錢。

白麻，三萬八千五百二十八斤二兩。遇閏，加一千八百六十二斤一兩[46]。

熟鐵，一萬七千三百六十七斤。遇閏，加七百一十八斤三兩。

魚線膠，二千三百八十七斤。遇閏，加一百二十二斤十三兩八錢。

翎毛，七十八萬五千八百十三根。遇閏，加八萬七千七百五十九根。

已上，惟「白麻」、「魚線膠」應解「本色」，其餘三項，折銀一千七百四十一兩七錢九分七厘二毫四絲。遇閏，加一百三十兩八錢四分九厘三毫一絲一忽七微五纖。

○寧國府-

熟鐵，五千九百三十三斤四兩。遇閏，加四百九十二斤四兩一錢。

生銅，七百三十斤二兩四錢。遇閏，加六十斤八兩八錢。

魚線膠，一百五十二斤三兩。遇閏，加十一斤五兩三錢。

翎毛，四萬八千六百七十七根。遇閏，加六[47]千零六十一根。

已上，惟「生銅」、「魚線膠」應解「本色」，其餘二項，折銀一百四十二兩零二分九厘九毫六絲。遇閏，加一十二兩七錢。

○池州府-

黃麻，八千六百三十五斤四兩五錢。遇閏，加二百八十九斤八兩九錢。

白麻，六千五百四斤十兩。遇閏，加一百九十一斤一兩六錢。

魚線膠，四十八斤一兩。遇閏，加二斤一兩二錢。

翎毛，七萬三千三十六根。遇閏，加一千九百五十二根。

已上，惟「白麻」、「魚線膠」應解「本色」，其餘二項，折銀二百三十三兩八錢一分二厘七毫四絲八忽七微五纖。遇閏，加銀七兩五錢八分三厘九毫六絲。

○太平府[48]

黃麻，二萬四千五百四十四斤十四兩四錢。遇閏，加二千二百二十二斤七兩。

魚線膠，四百斤十三兩五錢。遇閏，加三十五斤二兩二錢。

翎毛，一十三萬九千七百一十八根。遇閏，加一萬三千四百零二根。

採辦「翎毛」，一萬七千七百三十七根。

已上，惟「魚線膠」應解「本色」，其餘二項，折銀六百四十兩零一分一厘一毫一絲。遇閏，加銀五十七兩五錢四分八厘九毫六絲。

○蘇州府

黃麻，一萬五千六百二十六斤。

桐油，一百九十斤零四兩。

白麻，一萬一千五百五十九斤。
翎毛，二十一萬三千五百八十八根。
已上，惟「白麻」、「桐油」應解「本色」，其餘二項，折銀四百六十二兩九錢二分二毫四絲[49]。
○松江府-
黃麻，九百斤。
白麻，四百七十五斤。
魚線膠，二十七斤。
桐油，一百九十一斤四兩。
翎毛，八千六百零八根。
已上，惟「白麻」、「魚線膠」、「桐油」應解「本色」，其餘二項，折銀二十四兩八錢三分一厘八毫四絲。
○常州府-
黃麻，一萬六千四百五斤八兩四錢。
白麻，七百七十三斤。
魚線膠，二百八十六斤五兩五錢。

翎毛，九萬一千四百二十四根。

已上，惟「白麻」、「魚線膠」應解「本色」，其餘二項，折銀四百二十一兩一錢九分八厘五毫二絲。

○鎮江府[50]

黃麻，三千二百二十九斤七兩。遇閏，加六百三十一斤十五兩。

魚線膠，八十二斤五兩。遇閏，加十二斤零七厘。

翎毛，二萬八百八十七根。遇閏，加九百三十三根。

已上，「魚線膠」應解「本色」，其餘二項，折銀八十四兩三錢零二厘七毫六絲。遇閏，加一十四兩九錢八分二厘八毫四絲。

○盧州府

黃麻，一萬二千四百二十一斤。遇閏，加五百五十二斤。

白麻，一千四百五十二斤六兩。遇閏，加四十一斤十兩。

熟鐵，一萬一千四百二十六斤。遇閏，加六百六十三斤十兩。

生銅，六百六十九斤四兩。遇閏，加八斤十二兩。

魚線膠，三百八十三斤八兩。遇閏，加二十[51]一斤八兩。

翎毛，一十二萬四千六百十六根。遇閏，加七千一百七十八根。

牛角，一十六副。遇閏，加一副。

牛觔，四斤。遇閏，加十二兩。

已上，惟「白麻」、「生銅」、「魚線膠」、「牛角」、「牛觔」應解「本色」，其餘三項，折銀五百七十四兩零一分八厘六毫八絲。遇閏，加銀二十九兩四錢一分五厘四毫四絲。

○鳳陽府

黃麻，三百十二斤八兩。

白麻，二百六斤四兩。

已上，惟「白麻」應解「本色」。其「黃麻」，折銀七兩一錢八分七厘五毫。

○淮安府

黃麻，二萬八千四百三十八斤九兩。

白麻，二萬六千二百三十一斤四兩五錢。

桐油，一千二百斤[52]。

熟鐵，七百五十四斤十一兩八錢。

生鐵，九百六斤六錢。

魚線膠，七百六十五斤九兩。

翎毛，二十九萬四千九百五十五根。

已上，惟「白麻」、「桐油」、「生鐵」、「魚線膠」應解「本色」，其餘三項，折銀二百二十二兩八分二厘五毫五絲。

○揚州府－

黃麻，二萬六千五百八十七斤三兩二錢。遇閏，加一千九百二斤九兩。

白麻，二萬三十八斤一兩三錢。遇閏，加一千六百斤一兩六錢。

魚線膠，八百三十四斤九兩三錢。遇閏，加五十八斤七兩八錢。

熟鐵，一千二百六十六斤四兩四錢。遇閏，不加。

翎毛，二十五萬六千五百二十一根。遇閏，加一萬六千零九根[53]。

桐油，八十八斤四兩。

已上，惟「白麻」、「魚線膠」、「桐油」應解「本色」，其餘三項，折銀七百五十九兩九錢五分五厘五毫八絲。遇閏，加銀五十一兩四錢四分二厘三毫七絲。

○和州府－

黃麻，三千八百三十三斤十二兩八錢。遇閏，加一百八十二斤九兩九錢。

白麻，三千五十一斤十二兩九錢。遇閏，加十斤七兩三錢。

生鐵，一千九百五十八斤九兩。遇閏，不加。

魚線膠，一百六十六斤八兩五錢。遇閏，加十九斤十五兩三錢。

翎毛，五萬三百九十七根。遇閏，加一萬七千三百零。

已上，惟「白麻」、「生鐵」、「魚線膠」應解「本色」，其餘二項，折銀一百一十二兩三錢六分七厘五毫六絲。遇閏，加銀十二兩五錢零[54]四厘。

○浙江布政司

黃麻，一萬二千二百八十八斤八兩四錢。遇閏，加八百八十斤十三兩七錢。

白麻，四百九十三斤三兩七錢。遇閏，加五十一斤六兩五錢。

黃絡麻，五千九百三十四斤十五兩。遇閏，加四百八十二斤十三兩五錢。

苧麻，四百五十二斤十兩四錢。遇閏，加三十九斤四兩二錢。

熟鐵，三萬七千五百二十八斤五兩。遇閏，加二千八百三十二斤十三兩九錢。

生鐵，一千三百三斤二兩。遇閏，加一百八斤九兩七錢。

熟銅，五百二十六斤。遇閏，加四十三斤五兩二錢。

生銅，九百三十六斤六兩。遇閏，加六十六斤十三兩三錢[55]。

魚線膠，一千七百二斤九兩四錢。遇閏，加一百零三斤七兩五錢。

銀硃，一百四十四斤十四兩七錢。遇閏，加十二斤四兩三錢。
生漆，二百二十六斤二兩一錢。遇閏，加十九斤一兩六錢。
桐油，五百九十五斤十五兩六錢。遇閏，加三十四斤三兩。
已上，「白麻」、「苧麻」、「生鐵」、「生、熟銅」、「魚線膠」、「銀硃」、「生漆」、「桐油」應解「本色」，其餘三項，折銀一千一百二十八兩一錢六分二厘。遇閏，加銀八十四兩六錢四分一厘五毫。

○江西布政司－

黃麻、白麻、熟鐵、魚線膠、桐油[誤57]59、銀硃、生鐵60。
已上各料，共一十四萬四千九百二十二斤三兩三錢一分八厘。該折解銀，一千九百七十二兩六錢七分七厘。

○湖廣布政司－

黃麻、白麻、銀硃、生鐵、魚線膠、桐油、紅銅、生銅、熟鐵。
已上各料，共六十萬三千二百七十一斤十五兩。該折銀，一萬三千六百三十一兩二錢六厘八毫。遇閏，加料三萬三千[誤58]六百六十一斤七兩七錢。該加折銀，八百三十四兩九分五厘五毫。
前件：查得，「刊書61」開載「折色」，近年歷來俱解「本色」。該本司署印郎中胡62，查照「刊書」釐正，仍上「折色」，呈堂批允。今，改正。

○福建布政司-

黃麻，八十八斤。遇閏，加一十九斤。

熟鐵，二千三百三十四斤十兩一錢。遇閏，加一百九十斤七兩二錢。

魚線膠，五百九十一斤一兩四錢。遇閏，加四十六斤五兩一錢。

已上，惟「魚線膠」應解「本色」，其餘二項，折銀四十八兩九錢三分三厘。遇閏，加銀四兩二錢四分七厘。

○四川布政司-

黃麻，一萬五千三百七十九斤。

魚線膠，二千三百六斤十五兩。

熟鐵，二萬五百五斤一兩。

已上，惟「魚線膠」應解「本色」，其餘二項，折銀[誤59]七百六十三兩七錢二分八厘二毫。遇閏，加銀三十四兩二錢二分五厘六毫。

○廣東布政司-

熟鐵，一萬七千十四斤五兩。遇閏，加一千二百八十七斤三兩。

黃麻，一萬一千一百十二斤六兩九錢。遇閏，加八百零九斤三兩七錢。

魚線膠，一千二百八十四斤十一兩。遇閏，加一百二十五斤十二兩九錢。

熟銅，四百六十四斤十兩六錢。遇閏，加三十八斤五兩二錢。

生銅，一百一斤二兩五錢。遇閏，加十四兩一錢。

翎毛，一十七萬七千八百四十九根。遇閏，加一萬五千四百八十七根。

已上，惟「魚線膠」、「生、熟銅」應解「本色」，其餘三項，折銀六百八十一兩二錢三分八厘五毫六絲。遇閏，加銀五十一兩八錢三[X59]❻❸分零七毫二絲。

○廣西布政司

黃麻，一千五百十六斤四兩四錢。

熟鐵，一萬二百三十四斤四兩。

生銅，二百八十四斤三錢。

魚線膠，一千十六斤五兩。

翎毛，十八萬五千一百九十七根。

已上，惟「魚線膠」、「生銅」應解「本色」，其餘三項，折銀三百二十八兩四錢五分二厘五毫六絲。

〇附：各司、府，應解物料價值數目⁻

黃麻，每斤，折銀二分三厘。惟，「湖廣」二分。

白麻，每斤，折銀三分。惟，「湖廣」二分五厘。

熟建鐵[64]，每斤，折銀二分。惟，「湖廣」一分六厘。

絡麻，每斤，折銀一分六厘。

魚線膠，每斤，折銀八分。惟，「湖廣」六分五厘。

熟銅，每斤，折銀八分。惟，「湖廣」一錢二分。

銀硃，每斤，折銀六分[60]。

生漆，每斤，折銀六分。惟，「湖廣」一錢一分六厘。

生銅，每斤，折銀七分。惟，「湖廣」八分。

桐油，每斤，折銀四分。

生鐵，每斤，折銀一分。

雜泒額徵。內，「本色」徑解「監」、「局」，第經「十庫[65]」掛號，不由驗試廳查驗。其「折色」[66]，由「廠庫」掛號，送節慎庫收。

○順天府，每年應解：

本色-黃櫨木，一千三百斤；椴木，九十六叚。送御用監，交收。

本色-冰窨物料。該：「葛秸」七百束、「蘆蓆」六十束，每束，重六十斤；「蒲草」，三萬斤。送內官監，交收。

折色-藍靛，銀四百五十九兩。

挑河夫，銀二千八百六十四兩五錢。「帖」發節愼庫，上納。

○永平府，每年應解：

本色-灤榜紙，五千五百張。送御用監，交收[61]。

挑河夫，銀七百七十三兩二錢。「帖」發節愼庫，上納。

○眞定府，每年應解：

本色-中樣磁罈，六百箇。送供用庫，交收。

○徽州府，每年應解：

本色-槐花，一千斤；烏梅，一千五百斤；梔子，五百斤。「劄」發甲字庫，交收。

○寧國府，每年應解：

本色-筆管，五千枝；兎皮[67]，一百二十五張；香狸皮，六十五張；山羊毛，二十斤。送司禮監，交收。

○池州府，每年應解：

本色-芒苗若箒，五千四百八十一把；竹掃箒，三千九百十三把。送供用庫，交收。

○太平府，每年應解：

本色-筆管，五千枝；兎皮，一百二十五張；香狸皮，六十五張；山羊毛，二十斤。送司禮監，交收[62]。

○蘇州府，每年應解：

本色-蓆草，一萬斤。送司設監，交收。

○揚州府，每年應解：

本色-蒲草，一萬斤。送司設監，交收。

折色-藍靛，銀五百兩。「帖」發節愼庫，上納。

○浙江布政司，每年應解：

本色-白猪鬃，五十斤，該價銀一十五兩。「帖」發節愼庫，上納。

本色-筆管，二萬枝；兎皮，三百張；香狸皮，二百張；山羊毛，六十斤。送司禮監，交收。

本色-粗、細銅絲，各八十斤；粗、細鐵線，各五百三十二斤；鐵條，五百三十八斤；鍼條，一百一十一斤；鍍白銅絲，四斤；碌子，四斤；青花綿，二斤；松香，五百五十斤；光葉，五十斤；

桐木，五十段又七十五根；書籍紙，三千五百張；班竹，二百五十根；嚴漆，二千斤；罩漆，二百斤。送御用監，交收。

本色－猫竹，一萬根；筀竹，五百根；紫竹，一百根；桐油，七千五百斤。送司設監，交收。[63]

本色－槐花，六百斤；烏梅，一千五百斤；梔子，五百斤。「劄」發甲字庫，交收。

○江西布政司，每年應解：

本色－猫竹，七百五十根；水竹，五萬根；棕毛，一千五百斤；白圓藤，五千斤。送司設監，交收。

○福建布政司，每年應解：

本色－翠毛，九百三十箇；班竹，二百五十根。送御用監，交收。

○湖廣布政司，每年應解：

本色－班竹，二百五十根；椰桑木，十段；實心班竹，五十根；長節猫竹，一千五百根。送御用監，交收。

○河南布政司，每年應解：

閘夫，銀五百六十兩。遇閏，加四十六兩六錢六分六厘二毫六絲。「帖」發節慎庫，上納[64]。

本色－大樣磁罈，三百箇；小樣磁罈，三百箇；石磨，一副，「鐵臍」全。送供用庫，交收。

○山東布政司，每年應解：

本色-燋炭，四萬五千斤。近議，「折色」併脚價，共該銀二十二兩五錢。「帖」發節愼庫，上納。

○四川布政司，每年應解：

本色-川二硃，二百斤。送御用監，交收。

○廣東布政司，每年應解：

本色-生漆，五千斤。送司設監，交收。

胭脂木，十段；花梨木，十段；南棗木，十段；紫榆木，十段；沙葉，一百斤；翠毛，一千八十四箇；

廣膠，一百斤。送御用監，交收。

○廣西布政司，每年應解：

翠毛，九百三十箇。送御用監，交收。

○雲南布政司，每年應解：

折色-實心斑竹，一千五百根，該銀一千六百五十兩。「帖」發節愼庫，上納[65]。

○河間府，每年應解：

椿木、葦草、檾麻、磚灰，河灘「籽粒」、賃基，銀五百三十六兩一錢五分九厘三毫。「帖」發節愼

庫，上納。

○通惠河道，每年應解：

椿草，銀一千一百五十四兩六錢五分。房基、退灘地畝「籽粒」，銀二百五十三兩四錢六分四厘零。俱，「帖」發節慎庫，上納。

○西城兵馬司，每年徵解：「王在寧」等入，官房、地租銀，一十二兩四錢四分。

前件：萬曆四十三年，解到四十、四十一、四十二年，三年，共銀三十七兩三錢二分。堂批轉發司廳，抵公費，訖。

織造額解。共二萬八千六百八十五疋一丈九尺一寸五分。遇閏，共加二千六十一疋二丈三寸五分。解，內承運庫。

○蘇州府—

紵絲，一千五百三十四疋。遇閏，加一百三十九疋。

○松江府[99]—

紵絲，一千一百六十七疋。遇閏，加九十九疋。

○常州府—

紵絲，二百疋。遇閏，加一十七疋。

○鎮江府—

紵絲，一千四百四十疋。遇閏，加一百二十疋。

○徽州府—

紵絲，七百二十一疋。遇閏，加五十九疋。

○寧國府–

紵絲，六百九十六疋。遇閏，加五十八疋。

○池州府–

生絹，二百一十一疋一丈九尺一寸五分。遇閏，加一十九疋二丈八尺二寸九分。

○太平府–

生絹[68]，五百疋。遇閏，加四十二疋。

○安慶府–

生絹，六百八疋。遇閏，不加。

○揚州府–

紵絲，二百三十疋。遇閏，加一疋[67]。

生絹，七百一疋。遇閏，不加。

○廣德州–

紵絲，二百四十疋。遇閏，加二十疋。

○浙江布政司–

紵絲，九千五百八十八疋；遇閏，加五百九十疋。紗，六百六十六疋；遇閏，加二十五疋。羅，一千三百二十疋；遇閏，加一百七十七疋。綾，五百六十疋；遇閏，加四十六疋。紬，五百二十八疋；遇閏，不加。

○福建布政司－

紵絲，二千二百五十八疋。遇閏，加一百八十八疋二丈四尺。

○山西布政司－

綾，五百疋。生絹，五百疋。遇閏，加八十六疋。

○四川布政司－

生絹，四千五百一十六疋。遇閏，加三百七十七疋。

叚疋折價。嘉靖六年十月內，該本部會同禮部，題、議得：江西、湖廣、河南、山東，四[68]省不善織造，將應解叚疋，每歲，折價解部，以備買「叚」應用。共該「叚」價，銀二萬三千五百一十八兩三錢三分五厘七毫。遇閏，加一千七百六十兩三錢。

通解節慎庫。

○江西布政司，一萬六百五十一兩四錢。遇閏，加九百三十一兩。

○湖廣布政司，四千五百二十六兩六錢。遇閏，加六百四十八兩四錢。

○河南布政司，三千一百六十九兩五錢三分五厘二毫。遇閏，不加。

○山東布政司，二千一百七十兩八錢。遇閏，加一百八十兩九錢。

○各省、直，改造叚疋，遇缺，題沠織造。其叚疋數目，難以擬定。

○陝西羊羢。原無額數，偶遇缺乏，欽降花樣，定擬數目「揭帖」，差人賫送彼處鎮、巡等官，照數織辦。如或差及內監官員節，該本部及科道官，執奏停止。惟，嘉靖五年，差太監「梁玉」織造；七年，以陝西灾傷，取回。二[69]十四年，差太監「孟忠」織造；二十九年，以絨疋稀鬆，奉《旨》着錦衣衛官校，將「忠」拏解來京。是後，間有織造，止係行文，並未差遣內臣矣。近年，該省解「羊羢」，一次「鋪墊」不賫。又，每次四五十疋，揑稱不堪、應退，要行補織。而，原絨仍留「內庫」，不肯發回[69]，地方苦之。

○御用葛布，原無額解。嘉靖三十五年五月內，內閣傳奉世宗皇帝「聖諭」[70]：「我每取葛疋，內司皆無。祖宗時，止是下人進者。夫，葛爲服，見于『經』，亦爲可用、可着。工部議奏。欽此。」本部議得：河南、湖廣、兩廣，係產葛地方，候欽定數目、式樣，分沠織、解。是年，題准：每歲、四省，共解八百疋。隆慶元年，奉《詔》停止。萬曆十四年，又行傳造。本部酌量，題沠織、解。

○[71]南京神帛堂，制帛。十年一題，每年起運赴京[70]，一千九十六叚。南太常寺請用，二百五十五叚。起運「顯陵」，一十八叚。其絲線、裝盛等費，俱該南京「戶」、「工」二部題、給。洪武三年，欽定織文：郊祀及配享，皆曰「郊祀制帛」；太廟祖考，曰「奉先制帛」；親王配享，曰「展親制帛」；社稷、歷代帝王、先師孔子，及諸神祇，皆曰「禮神制帛」；功臣，曰「報功制帛」。蒼、白、靑、黃、赤、黑，各以其宜。織完，解到，徑送內府交收。至，萬曆三年，續增一萬九千一百二十段。合之年例，則三萬有奇矣。乃，四十三年，司禮監太監「李恩」等，復稱缺乏，巧添「欽取名色」具題。該工科抄叅，寢行在卷。

○司禮監，每年，成造上用並進宮，「兎毛」等筆，錢糧。

前件：查得，該監「年例」，「筆」，共該二萬九千九百餘枝。合用物料，俱係各省、府徵解。直隸寧國府：筆管，五千枝；兎皮，一百二十五張；香狸皮，六十五張；山羊毛，二十斤。直隸太平府：筆管，五千枝；兎皮，一百二十五張；香狸皮，六十五張；山羊毛，二十斤。浙江布政司：筆管，二萬枝；兎皮，三百張；香狸皮，二百張；山羊毛，六十斤。嘉靖元年內，該監題催、到部。本部覆：奉欽依，派定數目，一年一次，起解赴部，轉送該監應用。

○司禮監，成造上用經書、畫軸等項，裝盛櫃、匣，並屏風、畫軸、楣杆等件。

前件：查得，本項錢糧，合用「杉木板枋」六百塊。成化十四年，該監具題、到部，覆行南京工部，轉行守備、司禮監官，差官抽取。每年，分作二次解進，「南工部」摘撥船隻，運送來京。仍備：張家灣雇車「脚價」，銀四百兩；雇夫進監，銀五十兩。差監丞等官，每年解進到部，轉送該監應用。嘉靖間，南京拖欠數多，該監題請：每年，折補「杉條木」，五千根。其

「板枋」六百塊，至今，每年仍舊起運。查，車脚、雇夫銀兩，就于「南京」備給。

○內官監，成造宮殿等處，供應床、卓、器皿等件。

前件：查得，本項錢糧，合用「竹木板枋」，每年，二萬七千八百八十根、塊。先年，該監具題、到部，覆行南京工部，於「龍江」、「蕪湖」抽分廠抽取。仍備：張家灣雇車「脚價」，銀八百四十一兩九錢二分八厘；雇夫進監，「小脚」，銀五十五兩四錢。差監丞等官，每年解運到部，轉送該監收用。查，車脚及雇夫「小脚」銀兩，俱「南部」處給。

○內官監，成造御用器皿，如彩漆膳盒、托盒之類，及備用油漆、銀硃、金箔、銀箔等項72。

前件：查得，前項錢糧，雖無定例，大約十年一次，具題、到部，本部酌議、查覆，轉咨南京工部辦料。行南京守備衙門，並內官監成造，陸續起運，徑送該監應用。如係「折色」，價銀解赴本部，辦料轉送。

○內官監，合用生鐵鍋竈⑫、砂銚、確、盤等件。

前件：查得，前項錢糧，係該監伺候各官，及膳房、荅應用者。遇有缺乏，具題、到部，覆行廣東鑄造，陸續解部，轉送該監。隆慶五年內，以廣東解進愆期，暫令本部召買、送用，原非舊例。

○御用監，「南京」楠、杉、竹、木「板枋」。

前件：查得，前項，係該監「年例」應用者。如遇缺乏，該監具題、到部，覆行「南京」抽取。完日，一年一次，差官解運八千六百五十根、塊。南京兵部，撥船裝載，仍備雇車、雇夫脚價銀兩。投「文」到部，送監交收。

○御用監，成造上用兆羅絨袍服，合用魚牙、柘茨。

前件：查得，前項錢糧，如遇缺乏，具題、到部，查照舊例，覆行浙江、江西、湖廣、廣東、廣西五省，各採辦「魚牙」一百斤、「柘茨」一百斤。解赴本部，轉送該監。

○司設監，成造各宮，篋篳[73]、蒲薦、棕薦等項。

前件：查得，前項錢糧，俱係該監成造合用物料。先年具題、到部，覆行各司、府，採辦「本色」：直隸揚州府，解，本色「蒲草」一萬斤；蘇州府，解，本色「蓆草」一萬斤；浙江布[73][74]政司，解，本色「猫竹」一萬根、「筀竹」五百根、「紫竹」一百根、「桐油」七千五百斤；江西布政司，解，本色「猫竹」七百五十根、「水竹」五萬根、「棕毛」二千五百斤、「白圓藤」五千斤；廣東布政司，解，本色「生漆」五千斤。節年差官解部，轉送該監應用。

○織染局，曬晾木架一座，計十間。

前件：查得，前項錢糧，如遇損壞，該局具題、到部，轉行南京工部。成造完備，解赴本部，轉送該監應用。

○銀作局，傾銀大、小砂鍋，二十萬個。

前件：該局，如遇缺乏，題、行本部，照「例」，轉行山西布政司燒造、解部，轉送該局應用。

○司苑局，成造進用蔬菜，竹籃、筐、盒，合用物料。

前件：查得，前項錢糧，如遇缺乏，該局題、行本部，轉行南京工部。於「龍江」、「瓦屑」二抽分局，解運「猫竹」五千根、「筀竹」一萬根，送局應用。其餘，絹布、包袱、氈片、桶隻等件，該局徑自處備，不得增累本部。題奉欽依，節年遵行。

○內承運庫，合用荷葉鍋鑵、鍋銚，茶瓶、汁瓶、礶鐣等樣砂器。

前件：查得，缺乏，該庫具題、到部，照「例」查覆，行山西布政司燒造、解部，轉送該庫應用。

○南京「孝陵」神宮監，進送「奉先殿」薦新供[74]養，及進京鮮薑(75)、果品等物。

前件：合用竹藍裝盛，每二年，料造一次。搭盖薑棚、葡萄架，五年一次。石碾磨、油榨桶簍等件，十年，料造一次。俱，該南京工部具題、到部，本部照「例」查覆，轉行彼處，辦料、修理。

○南京司苑局，進送薦新荸薺、藕鮮，並上用薑、果等物，合用竹簍、杠索等件。

前件：查得，三年，料造一次。搭盖薑棚並葡萄架，五年，料造一次。俱，該南京工部具題、到部，本部照「例」查覆，轉行彼處，辦料、修理。

○凡，文、武官員，應給誥、勅，俱，該內府印綬監，題、行本部，轉行南京內織染局。照依品級制度，如式成造：誥，織用五色紵絲，其前織文曰「奉天誥命」；勅，織用純白綾，其前織文曰「奉天勅命」。俱用升、降龍文，左、右盤繞。後，俱織「某年、月、日造」。其帶，用五色織。完之日，每年，春、秋二季，南京工部轉文，卽差內官並堂長，解進二千餘道。送赴內府印綬監，同本部六科廊主事，及中書科掌印官，會同驗收[75](76)。

○內織染局，織羅匠役。

前件：如遇缺乏，「內局」題、行，本部查實，行南直隸、浙江撫按。於蘇州、杭州二府內，照依舊例，揀選年力少壯、藝業精通者，隨帶妻、子，解部，轉送該局。其每年工食，每名，該銀十兩八錢。本處解送到部，轉發該監給散[76](77)。

校勘記

❶《都水司》全篇應共七十六葉，底本、「南圖本」各正葉下書口基本均見「都水司」三字刻記，惟底本第一－二、七、十、十二、十五－十八、二十一－二十二、三十一、三十五－三十六、四十二、四十四－四十六、又五十九、六十四、七十、七十二葉，「南圖本」第四十三、「七十四－七十五」（實爲「七十五－七十六」）葉，模糊以致漫漶。又，底本第二－八、十一、十四、十六、二十四－二十六、三十－三十二、三十五－三十六、四十－四十三、四十六、五十七、六十－六十二、六十九－七十、七十三－七十四葉，下書口該處背葉有不清晰「都水司」三字墨痕。而，底本、「南圖本」、「全電檔」均不見「都水司條議」內容，今疑當係原即無該篇。

另，底本影印編輯標注闕第五十六葉（第六百頁），「南圖本」影印編輯記爲「原書編跳一頁」（第六百七十九頁），實係原兩刻本概誤刻此葉爲「五十七」，故理論上後續葉碼當遞減一號。且，兩刻本均多一「又五十九」葉。惟，「南圖本」實闕第七十四葉（影印編輯無標注），而重刻或修補者等，更將其第七十五、七十六葉改作「七十四、七十五」（仍可見修補痕跡，第六百八十八頁）。

❷「思」，底本模糊，今據「南圖本」補。

❸「龍床之頂架」，底本、「南圖本」原作此，即明言《備考》曾開列「御用監」若造「龍床」的「頂架」等項，所用係「都水司」錢糧，亦指向本卷「御用監成造龍床頂架等件錢糧」條（第二十八葉正背），又或與《（萬曆朝重修本）明會典・工部》「四司經費・都水司」款下所記「御用監成造龍鳳牀座頂架等項」并「雕填剔漆龍牀頂架等項」關涉（卷二百〇七，《工部二十七》，第一千〇三十三頁）。另，後所謂「屯司付辦」的「上用龍鳳座床頂架」，方指本條「外屯田司付辦御用監年例錢糧」，又或與《（萬曆朝重修本）明會典・工部》「四司經費・屯田司」款下所記「御用監物料」關涉（卷二百〇七，《工部二十七》，第一千〇三十四頁）。

❹「叚」，底本、「南圖本」原作「叚」，「全電檔」同，今因本書前各卷此類均作「叚」，暫逕改，後不再注。又，今疑當爲「段」，現暫不正。

另，符號「()」，底本、「南圖本」符號內原無縮刻，今添此并改字號以區隔，本段後例均同，不再注。

❺「在」下并「百」下，底本、「南圖本」原空一字格（即「百」上、「十」上），今仍其舊。

❻「閏加九」，底本漫漶，今據「南圖本」補。

❼「精」，底本漫漶，今據「南圖本」補。

❽「再」，底本、「南圖本」原作「冄」，今逕正，後不再注。

❾「隆」，底本、「南圖本」原作「隆」，今逕正，後不再注。

❿符號「（　）」，底本、「南圖本」符號内原無縮刻，今添此并改字號以區隔，本段後例均同，不再注。

⓫「十」，底本涂污，今據「南圖本」補。

⓬「神宫監」條，底本、「南圖本」原縮進格式作此，今從，後不再注。

⓭「眼」，底本、「南圖本」原似作「眼」，「全電檔」同，今疑或爲「限」，暫不改。又，後一處同此，不再注。

⓮「鮮」，底本、「南圖本」原作「觧」，今逕正，後不再注。

⓯「呈」下，底本、「南圖本」原空二字格（即「堂」上），今省却。

⓰「五」，底本模糊，今從「南圖本」。

⓱「三」，底本原作此，「全電檔」同，「南圖本」作「二」，今不從。

⓲「算」，底本、「南圖本」原作「筭」，今正。

⓳「癸」，底本、「南圖本」原作「癸」，今逕正，後不再注。

⓴「椵」，底本、「南圖本」原作「椵」，「全電檔」同，今因本書前各卷均作「椵」，暫逕改，後不再注。又，今疑或爲「椴」，現暫不正。

㉑「隆」，底本、「南圖本」原作「隆」，今逕正，後不再注。

㉒「司禮監」下，底本見殘損不識墨痕，「南圖本」無，今疑或爲刷印用紙捺押牌記及附著墨痕等，現不録。

㉓「兩」，底本漫漶，今據「南圖本」補。

❷④「每斤」，底本漫漶，今據「南圖本」補。

❷⑤「螺」，底本、「南圖本」原作「螺」，今逕正，後不再注。

❷⑥「椿」，底本、「南圖本」原作「椿」，今逕正，後不再注。

❷⑦「己」并「戊」，底本、「南圖本」原均模糊，似作「巳」，及「戌」（「全電檔」同），今據干支排列暫改。

❷⑧「考」，底本、「南圖本」無，「全電檔」同，今疑脱，現據本卷「司禮監御前作房成造龍床等項」條「前件」款首句（二十一葉正）暫補。

❷⑨「蛤」，底本、「南圖本」原作「蛤」，今逕正，後不再注。

❸⓪「均作」一句，底本、「南圖本」原與上接「十年一題」字號一致，無縮刻，今爲區分，改小字。

❸①「衈」，底本、「南圖本」原作此，「全電檔」同，今疑或當爲「衈」。據南宋趙彦衛《雲麓漫鈔》卷八「郭公元邁」條「奉使張公邵自軍前回」一段（第一百四十三頁）、明人張煌言《李陵論》（《張蒼水集》《第一編·冰槎集》，第四十四頁）等整理本，見記爲「衈」，現暫不改。

❸②「遇缺」一句，底本、「南圖本」原未縮刻，今據前後格式改，下條同此例。

❸③「各監局」一句，底本、「南圖本」原與下接「不時傳泒錢糧」，字號一致，無縮刻，今爲區分，改小字。

❸④「造龍鳳舟」下，底本見殘損不識墨痕半欄，後條「御用監成造乾清宮龍床頂架等件錢糧」該欄，并其「前件」二字欄，及再後「御用監成造慈寧宮等處陳設龍床寶厨竪櫃等物」條最末欄，及再後「御用監成造鋪宮龍床」條間，均見，「南圖本」皆無，今疑或爲刷印用紙捺押牌記及附著墨痕等，現不録。

❸⑤「壁」，底本原似作「壁」，「全電檔」同，「南圖本」模糊，今正。

❸⑥「過」，底本、「南圖本」原作此，「全電檔」同，今疑或爲「給」，暫不改。

❸⑦「十」，底本、「南圖本」原作「千」，「全電檔」同，今據本段前文所列，計數覈改。

❸❽「盝」，底本、「南圖本」原作「𥁞」或「盝」，今逕正，後不再注。

❸❾「透」下，底本、「南圖本」原接「應」（「南圖本」此字模糊），「全電檔」同，今疑或有脫漏、衍倒等，暫不補。又，「過」，底本、「南圖本」原作此，「全電檔」同，今疑或爲「給」，暫不改。

❹⓪「宫」，底本、「南圖本」原似作「官」，今改。

❹❶「罄」，底本、「南圖本」原作「磬」，今逕正，後不再注。

❹❷「俱」下一句并後一段，底本、「南圖本」原接於「厘」下，連爲四欄、未縮刻，今據前後格式，改小字，更另起一欄。

❹❸「爲」，底本、「南圖本」原無，「全電檔」同，今疑脫，現據前條文例補。

❹❹兩「工」，底本、「南圖本」原作此，「全電檔」同，今疑或有一衍，或別有脫字，暫不删。

❹❺「嫃」，底本、「南圖本」原作「嬇」，今逕正，後不再注。

❹❻「今」，底本、「南圖本」模糊，「全電檔」同，今據殘損字形暫補。

❹❼「俱有數」一欄左下半，底本見殘損不識墨痕，今疑或爲刷印用紙捺押牌記及附著墨痕等，「南圖本」無，現不録。

❹❽「奏繳」上，底本、「南圖本」原衍符號「○」，更因提行，與右欄「節」至「造」割裂，爲獨立一欄，今據前後格式删改。

❹❾「四季支領」上，底本、「南圖本」原衍符號「○」，今據本書卷三《營繕司・公用年例錢糧》「四季支領」四字（三十七葉正）格式删改。

❺⓪「四司同」一欄左半，底本見殘損不識墨痕，今疑或爲刷印用紙捺押牌記及附著墨痕等，後文「本司官每月每員紙劄銀五錢」條（同葉）亦見此，「南圖本」皆無，現不録。

❺❶「奏繳」上，底本、「南圖本」原衍符號「○」，更因提行，與右欄「本」至「造」割裂，爲獨立一欄，今據前後格式删改。

❺❷「遇閏」一欄左下，底本見殘損不識墨痕，「南圖本」無，今疑或爲刷印用紙捺押牌記及附著墨痕等，現不録。

❺❸「木」，底本、「南圖本」原作「本」，「全電檔」同，今據本書卷三《營繕司・公用年例錢糧・輪該四季》「節慎庫燒銀木炭」條（四十一葉正）改。

❺❹「慎」，底本、「南圖本」俱模糊以致漫漶，「全電檔」同，今據前後文意補。

❺❺「背」，底本、「南圖本」原作「昔」，「全電檔」同，今改。

❺❻「不必更行鋪商」一欄左半，底本見殘損不識墨痕，後文「三堂夏季卓圍座褥墊席」條末「取廻照附卷」下（同葉）亦類此，「南圖本」皆無，現不録。

❺❼「司」并「取」，底本、「南圖本」原作此，「全電檔」同。今據後文「三堂冬季卓圍座褥氊墊」條記爲「司廳辦送」（四十葉背），疑或脱「廳」，或「取」訛，現暫不改。

❺❽符號「〇」，底本、「南圖本」原脱，今據前後格式補出。

❺❾下標文字并編號「誤57」，底本、「南圖本」原作「五十七」，底本影印編輯於本葉末標注「原書缺葉」（第六百頁），「南圖本」編輯於本葉前標註「原書編跳一頁」（第六百七十九頁）。據兩刻本，尤其「五十七」葉「已上」一段所言及九種物品，均見於「五十五」葉，據本卷後文《都水司外解額徵・附各司府應解物料價值數目》（六十葉背）覈算，其「五十七」葉記「折銀」、「遇閏加銀」三項，與「五十五」葉可能對應之物品「所解斤兩」數，基本吻合。

又，據本卷《都水司外解額徵》，「和州」與「江西布政司」間亦僅列「浙江布政司」一條（四十四葉正背），今疑「五十七」係誤刻，實乃「五十六」葉，惟爲便利查對原槧，現不全改，僅於數碼前加「誤」字曉示。

另，後文下標文字并編號「誤五十八」、「誤五十九」，均爲此誤，現概依此例，實乃「五十七」、「五十八」葉。

而，「全電檔」亦闕五十六葉，惟見一正背泛黄空葉，今疑此即所謂「編跳」。

❻⓪「黄麻」至「生鐵」，底本、「南圖本」原名詞一個一欄，今省并，後不再注。

❻❶「刊」，底本模糊，今據「南圖本」補。

❻❷「該」，底本模糊，今據「南圖本」補。

❻❸「又59」，底本、「南圖本」原即作「又五十九」，「全電檔」同，今疑當乃實際之「五十九」葉，暫不改。

64 「建」，底本模糊，今據「南圖本」補。

65 「十」，底本、「南圖本」模糊，今據殘損字形補。

66 「折」，底本模糊，今據「南圖本」補。

67 「兎」，底本、「南圖本」原作「兎」，今逕正，後不再注。

68 「絹」，底本、「南圖本」原作「絹」，今逕正，後不再注。

69 「肯」，底本、「南圖本」原作「肯」，今逕正，後不再注。

70 「聖諭」一段，另見載於《世宗肅皇帝實録》，今録出如左，以備考：

上諭內閣：「朕，近取葛布于內司，皆無見貯者。惟祖宗時，左右進御，則有之。夫，葛為服，見于『經』，亦為可用。其令工部議奏。」工部覆：「《禹貢》載：豫州，厥貢絺、紵。是用葛，自虞夏已然。今，四方產葛之所，惟兩廣、河南、湖廣，可備上用。第一時難猝辦，宜先於京城，權鬻百疋。其每年供用者，請下所司，定織、獻之。」得《旨》，「每歲，進八百疋。」（《鈔本明實録》，第十六册，卷四百三十五，《嘉靖三十五年·五月（一丁亥）》，第三百九十頁）

71 符號「〇」，底本、「南圖本」模糊，今據前後格式補出。

72 「竈」，底本、「南圖本」原作「竈」，今正。

73 「篋」，底本、「南圖本」，原作「篋」，今疑當爲「篋」，故正，後不再注。

74 下標編號「73」後，至下標編號「74」前，「南圖本」闕一葉（即第七十四葉）、「全電檔」同，今據底本補出。

75 「薑」，底本、「南圖本」原作「薑」，今逕正，後不再注。

76 下標編號「75」，底本原即作「七十五」，「南圖本」挖改爲「七十四」，「全電檔」現已破損不可見，今不從。

77 下標編號「76」，底本原即作「七十六」，「南圖本」挖改爲「七十五」，「全電檔」現已破損不可見，今不從。

工部廠庫須知

卷之十

工科給事中 臣 何士晋 纂輯
廣東道監察御史 臣 李 嵩 訂正
都水清吏司署印郎中 臣 胡爾慥 条閲
都水清吏司員外郎 臣 朱元修
營繕清吏司主事 臣 陳應元
虞衡清吏司主事 臣 樓一堂
都水清吏司主事 臣 黄景章
屯田清吏司主事 臣 華 顔 仝編

通惠河[1]

都水司奉敕註差員外郎，三年，駐通州，掌通會河漕政。自大通橋至通州，迤南至天津止，其中閘、垻之事，皆隸焉。兼管修理通州倉廒，并灣廠收發木料事。

年例收解錢糧——

○霸州：每年，原額「葦課銀」，一千五十一兩五錢八分七厘六絲。又，增丈出張等課銀❷，五十兩八錢七分七厘。

○武淸縣：每年，原額「葦課銀」，三千七百五十六兩六錢六分三厘。三十四年，因水灾題免「水地銀」，七百二十九兩五錢七分九厘。如遇生魚，徵「魚課」。今，每年，實額課銀，三千二十七兩八分四厘。

○文安縣：每年，原額「葦課銀」，三百八十三兩五厘四毫八絲五忽。近，題免富管營「水占地」，銀四十四兩一錢七厘六毫五絲。又，蠲免「灘里」等三庄還官「水地銀」，六十三兩九錢五分五厘一毫六絲。今，每年，實額課銀，二百七十四兩九錢四分二厘六毫七絲五忽。

○大城縣：每年，原額「葦課銀」，三百五十八兩二錢九分四厘四毫四絲。

○静海縣❸：每年，原額「葦課」，并新增認❹，共銀四百七十四兩一錢二厘八毫一絲七忽。

○東圻管河指揮：每年，額解「灘房基銀」，一百七十兩三錢五分一厘六絲六忽。

○西圻管河主簿：每年，額解「灘房基銀」，九十八兩四分二厘二毫四絲。

○通流閘閘官：每年，原額「河灘地廒銀」，四十一兩一錢四分二厘六毫。《部劄》：遵照節年舊例，每年秋，挑空天津海口新河，內動支雇船運米、抗米「脚價」，一十三兩二錢五分。又，督工總委官，支紙劄、飯食、築覇、祭物等項，銀十兩外，每年各解，一十七兩八錢九分二厘六毫。係通灣臨河，淤漲沙灘地畝。年每衝坍，徵科不全。

年例支用錢糧——

○挑空，天津海口新河：額該「募夫銀」，二千八百六十四兩五錢，三年一次。今，以每年坍、漲不等，歲請銀，一千　百　十❺。

○修理「通倉」❻：每年，修廠，一十五座；額設官軍，四百五十五員、名，係「通州」等一十二衛編送、着工。每年，二月初一興工，九月終止，仍[3]候巡視閱驗。其歇工月分辦料，聽候支用。應添木植，取於廠、局，不敷，量行買辦。磚料、石𡐓，磚廠折缺內取。如，南來磚少，燒造「黑城磚」用灰瓦釘、蔴葦草等物，出自軍辦料銀。每年，除木植、磚料，於廠、局取用，其買辦物料，大約計費六七百兩爲率，俱出本司徵、貯。各軍料銀，並不赴節愼庫關領[4]。

工部廠庫須知

卷之十

工科給事中　臣　何士晉　纂輯

廣東道監察御史　臣　李　嵩　訂正

都水清吏司郎中　臣　胡爾慥　粲閲

都水清吏司主事　臣　徐　㭊　攷載

營繕清吏司主事　臣　陳應元

虞衡清吏司主事　臣　樓一堂

都水清吏司主事　臣　黄景章

屯田清吏司主事　臣　華　顔　仝編

六科廊[7]

都水司註差主事，三年。公署在內府「六科」之傍，因名「六科廊」。專掌諸夷賞勞，并內庭典禮之取給者。故，特設此差于「內」，督官作匠役，成造備賞。而諸事，則文思院、馬槽廠隸焉。

年例——

按季領造

○夷人，衣服、靴襪。本「廊」匠作成造，係預備建州、朶顔、泰寧、福餘、海西夷人，及朝鮮使臣、暹邏國王、陝西土官，土魯番、哈密衞，各差來夷、使，撫按、報捷舍人等項，賞用」。

春季：

織金紵絲員領，八百件。

素紵絲員領，二百件。

素紵絲褡褸、貼裏❽，各千件。

絹員領褡褸、貼裏，各三十件。

黑牛皮靴，二千雙。　白羊毛襪，二千雙。

秋季：

織金紵絲員領，八百件。

素紵絲員領，二百件。

素紵絲褡褳、貼裏，各千件。

絹員領褡褳、貼裏，各三十件。

絹裏，一百套。此項，載在《條例》。查近年舊案，並無所放。每年秋季，亦止料造「絹員領」等件。隨移文關領，不拘數。

會有：

內承運庫-各色紵絲，八千二百六十丈。照「估」，長三丈二尺❾。折得，二千五百八十一疋八尺。

每疋，約銀三兩。該銀七千七百四十三兩七錢五分2。

承運庫-闊生絹，八千七百五十三丈五尺。送織染所，染藍、紅二色。每疋，長三丈六尺，折

二千四百三十一疋一丈九尺。每疋，銀五錢五分，該銀一千三百三十七兩三錢三分八厘。近年，絹疋

不過三丈二尺，折該二千七百三十五疋一丈五尺。

以上二項，共銀九千八十一兩零八分八厘。係上、下半年，題請一次。上半年，兼成造靴、襪，下半年無。

召買：

黑眞牛皮靴，二千雙。每雙，銀二錢八分，該銀五百六十兩。朝鮮陪臣，特用麂皮靴。每雙，價銀，一兩五分。

秋白羊毛氊襪，二千雙。每雙，銀八分。該銀一百六十兩。《條例》「額數」，本「廊」預領，以備「本色」、

「折色」之用。如，庫銀足而關給者少，量行少領。大約，「朝鮮」靴、襪，用「本色」；餘夷，用「折色」。

青、紅、藍、綠熟細絲線，一十八斤。每斤，銀八錢七分。該銀十五兩六錢六分。

熨衣木炭，四百斤。每百斤，銀三錢五分。該銀一兩四錢[3]。

以上四項，共銀七百三十七兩零六分。

○賞夷，急缺「面紅叚衣」⑩。係預備建州、朶顏、泰寧、福餘、海西夷人，及朝鮮使臣、暹邏國王、陝西土官，土魯番、哈密衞，各差來夷、使，撫按、報捷舍人等項，賞用。每，年終題造。

員領，一千二百件。　褡護，一千二百件。

貼裏，一千二百件。

會有：

內承運庫－各色紵絲，三千六百疋。每疋，銀三兩。該銀一萬零八百兩。

承運庫－裏絹，三千六百疋。每疋，銀五錢五分。該銀一千九百八十兩。

以上二項，如查本「庫」缺乏不多，止各請二千四百疋。按歷年事例，急缺之料計，在「褡護」，爲有餘。然，適可以補「年例」之不足也。

召買：

青、紅、藍、綠熟細絲線，二十四斤八兩。照《卷》估，每斤，銀八錢七分。共該銀二十一兩三錢一分五厘。

熨衣木炭，四百斤。照《卷》估，每百斤，銀三錢[4]五分。共該銀一兩四錢。

以上二項，共該銀二十二兩七錢一分五厘。

工食：本「廊」額設「作官」、「裁縫」等，五十名。每月，各支米八斗。又，每日，各支口糧八合。在官成造。凡春、秋急缺三項夷衣，俱不另給工食。

○附：成造夷衣，規則—

員領，每百件，用紵絲，一百疋；

裏絹，一百疋。

褡褳，每百件，用紵絲，七十八疋；

裏絹，八十疋。

貼裏，每百件，用紵絲，九十八疋；

裏絹，一百疋。

前件：該本「廊」監督、主事徐⑪，查、議：成造「員領」、「褡褳」、「貼裏」等件，於內通融、湊合，俱有節省；隨時逐項，不必數同，總期毫無冒濫；更約，每月不拘寒暑，酌量本「庫」見存叚、絹，量加裁製，勿致臨時倉皇，有悮期限。

○散、賞各夷，近額。查，近年，本差放賞數目，四十三年三月以後，係見任徐主事放賞。各隨禮部「咨文」，無定數⑫。

四十年分，賞過[5]—

海西夷人「工孛羅」等，朵顏、泰寧、福餘三衞夷人孩子「咬歹杜乞兒」、「伯革安」、「耳只禿兀魯思罕」等，共一千一百七十四員、名。在邊報事，加添，各賞不等。共，金素叚衣，八千七百七十五件；靴、襪一千八百雙，每雙折銀三錢六分，共折銀六百四十八兩。

甘肅總督、舍人王守奇，十二名。紅素叚衣，三十六件。

朝鮮使臣，吳百齡、趙廷堅、柳寅吉、趙存性等，共一百五十四員、名，各賞不等。共，金素叚衣，四百八十六件；絹衣，二百零四件；

黑牛皮靴、襪，各二百十一雙；

麂皮靴、襪，各九雙。

暹邏國王，差頭目「握坤喇柰邁低鼊」等⑬，七十七員、名，各賞不等。共，金素叚衣，一百八十六件；

黑牛皮靴、襪，各二十九雙[6]。

四十一年分，賞過—

朵顏等衞夷人「可脫赤母花力」、「都冷工木」，孩子「孛只速斡抹禿」等，共五百八十三員、名。在邊報事，加添不等。共，金素叚衣，五千三百六十一件；靴、襪各五百七十雙，每雙折銀三錢六分，共折銀二百零五兩二錢。

陝西巡按、舍人江梧等，十三名。素紵絲衣，三十九件。

朝鮮使臣，閔汝任、朱榮耉、尹暄等，共一百二十二員、名，各賞不等。共，金素叚衣，四百三十二件；絹衣，五十八件；

黑牛皮靴、襪，各一百九十一雙；

麂皮靴、襪，各六雙。

陝西、老撾、車里土官，差通事、象奴「曩留」等⑭，七名。素紵絲衣，六件；絹衣，十五套；

黑牛皮靴、襪，各七雙。

四十二年分，賞過

泰寧、朶顏等衞夷人「咬歹兀魯思罕」、孩子「兀邦失母花力」等，共七百五員、名。在邊報事，加添不等。共，金素叚衣，六千三百四十五件；靴、襪共六百九十一雙，每雙折銀三錢六分，共折銀二百四十八兩七錢六分。

朝鮮、安南使臣，朴弘耉、劉廷質、許筠、閔馨男、鄭弘翼、尹頵、沈彥名等⑮，共二百八十四員、名，各賞不等。共，金素叚衣，六百七十二件；絹衣，三百零三件；

黑牛皮靴、襪，各三百十一雙；

麂皮靴、襪，各四十雙。

陝西、土魯番夷使「馬黑麻剌恨」⑯，哈密衛告襲都督、舍人「把都孛剌」等，共四十四名。共，金素段衣，一百三十二件；

黑牛皮靴、襪，各四十四雙。

四十三年正月起，至四月止，賞過—

建州等衛夷人「奴兒哈赤」等⑰，共四百九十九員、名，各雙賞。共，織金紵絲衣，二千九百九十四件；靴、襪各九百九十八雙，每雙折銀⑱三錢六分，共折銀三百五十九兩二錢八分。

朶顏夷人「班吉」等，一百九十員、名。在邊報事，加添不等。共，金素段衣，二千零六十一件；靴、襪各一百九十雙，每雙折銀三錢六分，共折銀六十八兩四錢。

建州夷人「大針」等，十五名。絹衣，十五件；靴、襪各十五雙，每雙折銀三錢六分，共折銀五兩四錢。

朶顏等衛夷人孩子「兀邦失」等，二百三十四員、名。補貢，并在邊報事，加添，各賞不等。共，金素段衣，二千零八十二件；靴、襪各二百三十四雙，每雙折銀三錢六分，共折銀八十四兩二錢四分。

朶顏等衛夷人「朶兒只」等，六員。加添，金素段衣，共一十八件。

海西夷人「莊台」等，六百三十六員、名。補貢，各雙賞。金素段衣，三千八百一十六件；靴、襪，一千二百七十二雙，每雙折銀三錢六分，共折銀四百五十七兩九錢二分。

朝鮮使臣，尹昉等，五十三員、名，賞不等。共，金素叚衣，一百二十二件；絹衣，九十六件；

黑牛皮靴、襪，一百零二雙；

麂皮靴、襪，四雙。

臨期料造

〇套虜賞衣。貢虜衣數，多寡無定，俱准禮部「咨文」爲據。

四十年，賞過。十五套，每套，三件—

會有：

內承運庫—各色紵絲，四十五疋。價值多寡不等。

承運庫—裏絹，四十五疋。

召買：

青、紅、藍、綠熟細絲線，六兩，該銀三錢二分六厘二毫五絲。

熨衣木炭，十斤。該銀三分五厘。

又，賞過八十五套零一件。每套，三件－

會有[10]：

內承運庫－各色紵絲，二百五十六疋。

承運庫－裏絹，二百五十六疋。

召買：

青、紅、藍、綠熟細絲線，一十八兩。每斤，銀八錢七分。該銀九錢七分八厘七毫五絲。

熨衣木炭，十五斤。該銀五分二厘五毫。

四十一年，賞過。八十三套零二件，每套，三件－

會有：

內承運庫－各色紵絲，二百五十一疋。

承運庫－裏絹，二百五十一疋。

召買：

青、紅、藍、綠熟細絲線，二十四兩。每斤，銀八錢七分。該銀一兩三錢零五厘。

熨衣木炭，十五斤。該銀五分二厘五毫。

四十二年，賞過。八十五套，每套，三件—

會有：

內承運庫—各色紵絲，二百五十五疋[11]。

承運庫—裏絹，二百五十五疋。

召買：

青、紅、藍、綠熟細絲線，二十四兩。每斤，銀八錢七分。該銀一兩三錢零五厘。

熨衣木炭，十五斤。該銀五分二厘五毫。

以上，俱召募外匠成造。每套，工食，銀二錢三分。

○成造，順義王衣服。近年，順義王久不貢市。歷查舊案，多寡不定。

三十六年分，賞過。各色「紵絲衣」，一千一百三十六套零一件。每套，三件—

會有：

內承運庫—各色紵絲，三千四百零九疋。

承運庫—裏絹，三千四百零九疋。

召買：

青、紅、藍、綠熟細絲線，三十斤八兩。每斤，銀八錢七分。該銀二十六兩五錢三分五厘。

熨衣木炭，七百斤。每百斤，銀三錢五分。該[12]銀二兩四錢五分。

三十七年分，賞過。各色「紵絲衣」，一千一百十八套零一件。每套，三件－

會有：

內承運庫－各色紵絲，三千三百五十五疋。

承運庫－裏絹三千三百五十五疋。

召買：

青、紅、藍、綠熟細絲線，三十斤八兩。每斤，銀八錢七分。該銀二十六兩五錢三分五厘。

熨衣木炭，七百斤。每百斤，銀三錢五分。該銀二兩四錢五分。

三十八年分，賞過。各色「紵絲衣」，一千五十九套零一件。每套，三件－

會有：

內承運庫－各色紵絲，三千一百七十八疋。

承運庫－裏絹，三千一百七十八疋。

召買[13]：

青、紅、藍、綠熟細絲線，三十斤八兩。每斤，銀八錢七分。該銀二十六兩五錢三分五厘。

熨衣木炭，六百斤。每百斤，銀三錢五分。該銀二兩一錢。

以上，俱召募外匠成造。每套，工食，銀二錢三分。

前件：順義王進貢給賞，原無定數，俱准禮部「咨文」，臨期料造。當事者留心節省，題請之數，不必拘於成例。裁製之日，亦可倣乎近規也。其合用「裏絹」，如會有「熟絹」，徑發成造。倘「熟絹」缺少，會係「生絹」，舊例召染。每疋，該染價，銀六分。於往年《實收簿》可查。

○各夷賞叚，折價。

前件：《條例》開載。夷人「折叚」，俱係禮部備將應賞各夷銀數，移咨本部，批司案呈，劄付本差。隨于四司庫「火房」領銀，照數劈分，包封送賞。每年，多寡不定，但憑「咨文」爲準，「司冊」詳載。近，該本「廊」徐主事議，「欲會官一員，公同包封，期于錢糧明白、精妥」，宜著爲令。

一年一次

○萬壽、正旦宴，花。文思院成造，係夷人貢賀、宴賞應用[14]。

成造：

羅絹花，三千枝。

花筒，一百五十箇。

翠葉絨花，一百五十枝。係召買。

會有：

乙字庫－

白連七紙，四百五十張。每百張，銀四分五厘。該銀二錢二厘。

丁字庫－

紅銅，七斤八兩。每斤，銀八分五厘。該銀六錢三分七厘。

四火黃銅，二十七斤。每斤，銀九分四厘。該銀二兩五錢三分八厘。

廣盈庫－

紅羅，六疋，各長三丈二尺。每疋，銀六錢四分。該銀三兩八錢四分。

紅熟絹，六疋，各長三丈二尺。每疋，銀六錢四分。該銀三兩八錢四分[15]。

藍熟絹，六疋，各長三丈二尺。每疋，銀六錢四分。該銀三兩八錢四分。

以上六項，共銀一十四兩八錢九分七厘。

召買：

松香，三十斤。每斤，銀二分。該銀六錢。

銅絲，九斤。每斤，銀二錢一分。該銀一兩八錢九分。

銅青，一斤八兩。每斤，銀六分。該銀九分。

黃蠟，一斤八兩。每斤，銀一錢二分。該銀一錢八分。

紅連七紙，四百五十張。每百張，銀五分。該銀二錢二分五厘。

炸塊，三百斤。每百斤，銀一錢二分七厘五毫[18]。該銀三錢八分二厘。

金箔，四十五貼，各見方三寸。每貼，銀二分八厘。該銀一兩二錢六分。

翠葉絨花，一百五十枝。抹金銅牌脚，全。每枝，銀四分五厘。該銀六兩七錢五分[16]。

以上八項，共銀十一兩三錢七分七厘。

工食，銀十二兩六分四厘。

前件：據《條例》，「工料」共銀三十八兩三錢三分八厘。查得，近年不成造，俱改召買。「羅絹花」，估，每枝，銀一分七厘，該銀五十一兩；「翠葉絨花」併「花筒」，照舊「估」，每枝，四分五厘，該銀六兩七錢五分；共用，銀五十七兩七錢五分。照《條例》，增值一十九兩四錢一分二厘。以後臨辦，相應再行斟酌，毋致糜費[19]。

○供用庫，板箱。馬槽廠匠作成造：「紅油板箱」，一千四百六十箇，「扛索」、「事件」全；磁礓木架，一千二百箇，「扛索」全；黃、紅苫氊，四十塊，見方六尺。

會有：

甲字庫－

水膠，三百五斤十一兩。每斤，銀一分七厘。該銀五兩一錢九分六厘。今，減五十斤十一兩，止用二百五十五斤。該銀四兩三錢三分五厘。

黃丹，十七斤。每斤，銀三錢七分。該銀六錢二分九厘。

明礬，二百四十二斤。每斤，銀一分五厘。該銀三兩六錢三分。

槐花，六十二斤八兩。每斤，銀一分。該銀六錢二分五厘。

丁字庫－

魚線膠，一百九斤八兩。每斤，銀八分。該銀八兩七錢六分。

桐油，六百七十七斤十四兩。每斤，銀三分六厘。該銀二十四兩四錢三厘。今，減七十七斤，止用六百斤十四兩。該銀二十一兩六錢三分一厘。

白麻，四千九百三十一斤。每斤，銀三分。該銀一百四十七兩九錢三分。今，減二百一十斤，止用四千七百二十一斤。該銀一百四十一兩六錢三分。

黃櫨木，八十斤。每斤，銀二分。該銀一兩六錢。

節愼庫－

蘇木，四百三十斤。每斤，銀九分。該銀三十八兩七錢。內，一百五十斤，代「茜草」用。

熟建鐵，九百十二斤八兩。每斤，銀一分六厘。該銀十四兩六錢。今，減五十斤八兩，止用八百六十二斤。該銀十三兩七錢九分二厘[18]。

通州抽分竹木局—

松板，一千六百三十二塊。半照舊《卷》，長六尺五寸、濶一尺二寸、厚三寸，折一千四百六十二塊。每塊，銀三錢。該銀四百三十八兩六錢。

丙字庫—

土絲，十斤。每斤，銀四分。該銀四錢。

以上十二項，該銀六百七十四兩三錢三分二厘。近年，「松板」、「白麻」、「蘇木」、「魚膠」數項，多「會無」，補買。《條例》有「無名異」、「木柴」、「茜草」三項，今婁主事議裁革、免「會」，訖。

運價，銀三十一兩五錢。按：歷年「實收」運價，俱以車數多寡、地里遠近筭給，不拘定數。

召買：

青皮貓竹，一十五根，各長一丈八尺、圍九寸。照估「三號」，每根，銀八分五厘。該銀一兩二錢七分五厘。

松木長柴，四千四百六十根，各長七尺、圍一尺。每根，銀五分。該銀二百二十三兩[19]。

燒造土，一百二十八斤十二兩。每斤，銀六厘。該銀七錢七分二厘。

礬紅土，二百三十五斤二兩。每斤，銀五厘。該銀一兩一錢七分五厘。

秋白羊毛，三百四十斤。每斤，銀九分。該銀三十兩六錢。今，減四十斤，止用三百斤，減銀三兩六錢。該銀二十七兩。

木炭，三百五十斤。每百斤，銀三錢五分。該銀一兩二錢二分五厘。

炸塊，二千斤。每百斤，銀一錢二分七厘五毫。該銀二兩五錢五分。今，減一百斤，止一千九百斤，減銀一錢二分七厘五毫。該銀二兩四錢二分二厘五毫。

以上七項，共銀二百六十兩五錢九分七厘。除「羊毛」、「炸塊」二項內，減銀三兩七錢二分七厘五毫，共該「召買」銀，二百五十六兩八錢六分九厘五毫。

工食，銀一百五十三兩二錢四分。

○織染所，藍靛、小粉。此項，據該所「同文」，要將「藍靛」、「木柴」量增，「小粉」量減。今，備查，俱照隆慶三年題准例行，不依來文增減[20]。

召買：

藍靛，二萬五千三百五斤。每斤，銀一分八厘。該銀四百五十五兩四錢九分。

小粉，一萬八十八斤。每斤，銀一分一厘。該銀一百一十兩九錢六分八厘。

煉鹻，一萬五百斤。每斤，銀八厘。該銀八十四兩。

土鹻，一千四百一十五斤。每斤，銀五厘。該銀七兩七分五厘。

木炭，一萬六千三百三十六斤。每百斤，銀三錢五分。該銀五十七兩一錢七分六厘。

木柴，二十一萬九千八百二十一斤。每萬斤，銀一十五兩六錢。該銀三百四十二兩九錢二分。

以上六項，共銀一千五十七兩六錢三分。歷年實報俱同。外，仍有「石灰」，係繕工司搬運，數在「司冊」中。

○圜丘等壇[20]，厨役淨衣。

會有[21]：

承運庫—

潤生絹，二千三百八十五疋三丈一尺五寸。每疋，銀五錢五分。該銀一千三百一十二兩三錢。送織染所，染藍。

甲字庫—

潤白綿布，三千八百七疋三丈六寸。每疋，長三丈二尺。每疋，銀二錢四分，該銀九百一十三兩九錢一分。內，一千二百七十九疋二丈三尺二寸，送織染所，染藍。

丙字庫—

綿花，六百六十斤。每斤，銀五分。該銀三十三兩。

以上三項，共銀二千二百五十九兩二錢一分。

召買：

濶白腰機夏布，七百二十九疋，各長三丈二尺、濶一尺六寸。每疋，銀三錢五分。該銀二百五十五兩一錢五分[22]。

藍腰機夏布，二百七十六疋，各長三丈二尺、濶一尺六寸。每疋，銀三錢五分。該銀九十六兩六錢。

以上二項，共銀三百五十一兩七錢五分。此係「一年四次」總數，共該「工食」，銀七十三兩。新議：徑與整疋絹布，令自造，無「工食」，併裁「綿線」一項；止給「會庫」運價，銀五兩，于本司雜項「實收」內，三次出給。

○尚寶司，寶絛。文思院成造。

會有：

丙字庫－

上白綿，二斤。每斤，銀五錢八分。該銀一兩一錢六分。送織染所，變染大紅。

綿花，二百斤。每斤，銀五分。該銀一十兩。

丁字庫－

麂皮，四十張。每張，銀四錢五分。該銀一十八兩。

蘇木，四斤。每斤，銀九分。該銀三錢六分。

以上四項，共銀二十九兩五錢二分。

召買[23] ㉑：

黃生絲線，一百斤。每斤，銀五錢。該銀五十兩。

黃熟細絲線，四斤。每斤，銀八錢七分。該銀三兩四錢八分。

木炭，六百斤。每百斤，銀三錢五分。該銀二兩一錢。

以上三項，共銀五十五兩五錢八分。

工食，銀一十九兩六錢五分。

外付營繕司支取，「紡價」，銀三兩四錢五分。

○《曆日》黃羅銷金袱。照，欽天監開會袱數，文思院成造。各年多寡不齊，臨時增減。

會有：

承運庫—

澗生絹，四十三丈四尺六寸。每三丈二尺，折一疋，計十三疋一丈八尺六寸。每疋，銀五錢五分。該銀七兩四錢三分。送織染所，染黃。

本司收貯[24]—

黃羅，四十三丈四尺六寸。每三丈二尺，折一疋，計十三疋一丈八尺六寸。每疋，銀一兩九錢八分。該銀二十六兩八錢九分。應照「王府誥軸箱、袱」，通用「杜羅」，每疋，可減二錢二分。

以上二項，共銀三十四兩三錢二分。

召買：

金箔，九十四貼，各見方三寸。每貼，銀二分八厘。該銀二兩六錢三分二厘。

黃熟細絲線，一兩三錢五分。該銀六分。

以上二項，共銀二兩六錢九分二厘。

三年一次

〇王府，誥軸箱、袱。文思院成造：紅羅銷金大、小夾袱，各四千五百條；硃紅板箱，八十隻，摃架、繩、銅事件、鎖鑰、氈套，全。

會有：

馬槽廠—

短段松木，一百六十段。每段，銀五分五厘。該銀八兩八錢。

甲字庫[25]—

銀硃，三十二斤。每斤，銀四錢三分五厘。該銀十三兩九錢二分。

二硃，二十斤。每斤，銀二錢。該銀四兩。

苧布，二十六疋。每疋，銀二錢。該銀五兩二錢。

水膠，十斤。每斤，銀一分七厘。該銀一錢七分。

丁字庫[一]

水錫，一斤。該銀八分。

白麻，八十斤。每斤，銀三分。該銀二兩四錢。

魚線膠，十二斤。每斤，銀八分。該銀九錢六分。

鐵線，一斤。該銀六分。

桐油，八十斤。每斤，銀三分六厘。該銀二兩八錢八分。

四火黃銅，一百六十斤。每斤，銀九分四厘。該銀十五兩四分。

廣盈庫[一]

木紅平羅，一千二百九疋一丈二尺。每疋[26]，長三丈二尺、濶一尺八寸，銀二兩五錢。該銀三千二十三兩四錢三分七厘。

紅細熟絹，一千二百四十九疋一丈二尺。每疋，長三丈二尺、濶一尺八寸，銀八錢五分。該銀一千六十一兩七錢五分二厘。

山、臺、竹木等廠－

杉板，一百四塊，各長六尺五寸、濶一尺、厚三寸五分。每塊，銀五錢。該銀五十二兩。

以上十四項，共銀四千一百九十兩六錢九分九厘。

召買：

金箔，九千貼，各見方三寸。每貼，銀二分八厘。該銀二百五十二兩。

紅熟細絲線，十四斤。每斤，銀八錢七分。該銀一十二兩一錢八分。

白麵，四十五斤。每斤，銀八厘。該銀三錢六分[27]。

氈套，八十箇。每十箇，重二十八斤，共重二百二十四斤。白羊毛，每斤，銀九分。該銀二十兩一錢六分。

廣膠，二十四斤。每斤，銀二分五厘。該銀六錢。

杉木擡扛，八十根，各長七尺五寸、徑三寸。每根，銀五分。該銀四兩。

雙連釘，八斤。每斤，銀三分。該銀二錢四分。

馬蝗鉤，六百四十箇，共重四十斤。每斤，銀三分。該銀一兩二錢。

雜油，二十五斤。每斤，銀二分三厘。該銀五錢七分五厘。

木炭，一百斤。該銀三錢五分。
砟塊，三百五十斤。每百斤，銀一錢二分七厘。該銀四錢四分四厘五毫。
砂礶，五箇，各高九寸、徑四寸。每箇，銀四分五厘。該銀二錢二分五厘。
松香，一斤。該銀二分[28]。
以上十三項，共銀二百九十二兩三錢五分四厘五毫。
工食，銀二百三十九兩四錢四分七厘。
前件：各項物料，每臨期樽節，不拘成例。其「平羅」一項，近因濫惡不堪，四十二年改用「杜羅」。已經該「廊」呈堂，移會巡視衙門，另定價值，「每疋，銀一兩七錢六分」，案存本司。

○文舉宴，花。子、午、卯、酉年。
召買：
翠葉絨花，二百枝。花箇㉒，全。每枝，銀四分五厘。該銀九兩。

○狀元、進士，袍服。文思院成造。辰、戌、丑、未年。
會有：
承運庫—
潤生絹，二百二十丈八尺。領送織染所，染藍。每疋，長三丈六尺、潤二尺，折六十一疋一丈二尺。每疋，銀五錢五分。該銀三十三兩七錢三分。

召買[29]㉓：

大紅線羅㉔，五丈八尺。照舊《卷》，每尺，銀一錢一分。該銀六兩三錢八分。

黑青線羅，一丈二尺。照舊《卷》，每尺，銀四分。該銀四錢八分。

青蘇州絹，五尺。照舊《卷》，每尺，銀四分。該銀二錢。

白蘇州絹，二丈二尺。照舊《卷》，每尺，銀四分。該銀八錢八分。

紅生絹，九尺。照舊《卷》，每尺，銀二分。該銀一錢八分。

錦綬，一副。銅鈎，全。照「估」，該銀三錢。

天青水緯羅㉕，五十五疋，各長三丈二尺。照舊《卷》，每疋，銀一兩四錢。該銀七十七兩。

黑青水緯羅，二十二疋，各長三丈二尺。照舊《卷》，每疋，銀一兩四錢。該銀三十兩八錢。

紅、白、藍、綠熟細絲線，十一兩六錢。每斤，銀八錢七分。該銀六錢三分七毫五絲[30]。

木炭，一百斤。照舊《卷》，該銀三錢五分。

梁冠，一頂。縧、簪，全。該銀五錢。

烏紗帽，一頂。展翅，全。該銀三錢。

玎璫，一副。銅鈎，全。該銀三錢。

木笏，一片。該銀三分。
革帶，一條。該銀一錢五分。
黑角束帶，一條。該銀二錢五分。
履靴，一雙。該銀四錢。
氈襪，一雙。該銀二錢。
進士巾，一百八十頂。每頂，銀二錢。該銀三十六兩。
黑角革帶，一百五十條。每條，銀一錢五分。該銀二十二兩五錢。
木笏，一百片。每片，銀一分。該銀一兩。
展翅，三百副。每副，銀一分。該銀三兩。
翠葉絨花，七百枝。照舊《卷》，每枝，銀四分五厘。該銀三十一兩五錢。
以上二十三項，共銀二百一十三兩三錢[31]三分七毫五絲。
工食，銀十六兩八錢三分。
前件：查，四十一年分「實收」，成造「狀元、進士冠服」等件，召買前項物料，該銀二百零六兩一錢一分六厘，「工食銀」一十一兩三錢零八厘八毫。又，添造進士巾、袍帶、笏等件，召買物料，銀九十一兩七錢六分，「工食銀」四兩二錢七分五厘。各件多寡，皆以禮部「咨文」、國子監「手本」爲據。但，每科進士，竝無領一巾、一帶，而「絨花」又止各一枝。三項，相應移文該衙門，照數支給，以光盛典。

○武舉宴，花。辰、戌、丑、未年。

召買：

翠葉絨花，三百枝。花筒[26]，全。每枝，銀四分五厘。該銀一十三兩五錢。查，四十一年分「實收」，同。

四年一次

○織染局，板箱。馬槽廠成造，五百箇、扛。扛[27]、事件，全。寅、午、戌年。

會有：

甲字庫—

水膠，三十一斤四兩。每斤，銀一分七厘。該銀五錢三分一厘。

銀硃，一百三斤十二兩。每斤，銀四錢三分[32]五厘。該銀四十五兩一錢三分。

二硃，七十二斤八兩。每斤，銀二錢。該銀一十四兩五錢。

苧布，一百九疋一丈二尺。每疋，銀二錢。該銀二十一兩八錢八分。

硼砂，一斤。該銀五錢五分。
黃丹，七斤。每斤，銀三分七厘。該銀二錢五分九厘㉘。
無名異，五斤。每斤，銀四厘。該銀二分。
光粉，七斤。每斤，銀一分。該銀七分。
丙字庫—
吐絲，七斤。每斤，銀四分。該銀二錢八分。
中白綿，一斤。該銀五錢。
馬槽廠—
杉木檟，五百根。每根，銀五分。該銀二十五兩。
木柴，七百斤。每百斤，銀一錢四分五厘。該銀一兩一分五厘[33]。
丁字庫—
桐油，四百斤。每斤，銀三分六厘。該銀一十四兩四錢。
二火黃熟銅，八百二十七斤。每斤，銀八分一厘。該銀六十六兩九錢八分七厘。
魚線膠，四十斤。每斤，銀八分。該銀三兩二錢。
灣廠—

杉板，四百六十四塊，長六尺五寸、濶一尺、厚三寸五分。每塊，銀五錢。該銀二百三十二兩。

以上一十六項，共銀四百二十六兩三錢二分二厘。

召買：

黃紅細絨，四百斤。每斤，銀七錢。該銀二百八十兩。

雙連釘，四十斤。每斤，銀三分。該銀一兩二錢[34]。

雜油，九十三斤十二兩。每斤，銀二分三厘。該銀二兩一錢五分六厘二毫五絲。

合銲錫，四斤。每斤，銀八分。該銀三錢二分。

炸塊，一千五百斤。每百斤，銀一錢二分七厘五毫。該銀一兩九錢一分二厘五毫。

化銅大樣砂礶，二十箇，各高九寸、徑四寸。每箇，銀四分五厘。該銀九錢。

白麵，一百二十五斤。每斤，銀八厘。該銀一兩。

以上七項，共該銀，二百八十七兩四錢八分八厘七毫五絲。

工食，銀一百八十一兩一錢七分。

前件：近時，四年一造。查舊例，原係五年一次。相應酌議，以復舊規。

○御馬，槽、椿桶隻。本廠成造：馬槽，一丈六尺、二十面，一丈二尺、四百六十面，五尺五寸、四十面。其餘，椿桶、竹籮等件，俱照舊數。亥、卯、未年。

會有：

甲字庫—

黃丹，七十斤。每斤，銀三分七厘。該銀二兩[35]五錢九分。

水膠，四百三十二斤八兩。每斤，銀一分七厘。該銀七兩三錢五分二厘。

無名異，七十斤。每斤，銀四厘。該銀二錢八分。

丙字庫—

吐絲，十八斤。每斤，銀四分。該銀七錢二分。

荒絲，十斤。每斤，銀四錢。該銀四兩。

丁字庫—

桐油，一千四百二十斤。每斤，銀三分六厘。該銀五十一兩一錢二分。

熟建鐵，一萬三千斤。每斤，銀一分六厘。該銀二百八兩。

白員藤，二百二十五斤。每斤，銀四分。該銀九兩。

瀝青，十斤。每斤，銀二分五厘。該銀二錢五分。

遮火羊皮，四張。每張，銀七分。該銀二錢八[36]分。

竹木局—

筆竹，一千七百三十一根。每根，銀七厘。該銀一十二兩一錢一分七厘。

貓竹，五百三十三根，各長一丈八尺，頭徑三寸、稍徑二寸五分。每根，銀八分。該銀四十二兩六錢四分。

水竹軟篾，一千斤。每斤，銀一分。該銀十兩。

松板，八十五塊，各長一丈六尺、濶一尺二寸五分、厚二寸三分。每塊，銀八錢。該銀六十八兩。

又，二千五十三塊，各長一丈二尺、濶一尺二寸五分、厚二寸五分。每塊，銀五錢五分。該銀一千一百二十九兩一錢五分。

又，二百塊，各長五尺五寸、濶一尺一寸、厚二寸五分。每塊，銀一錢五分。該銀三十兩。

杉板，九百八十二塊，各長七尺、濶一尺、厚三寸。每塊，銀五錢。該銀四百九十一兩。

以上十七項，共銀二千六十六兩四錢九分九厘。

召買：

雜油，九百四十五斤十兩。每斤，銀二分三厘。該銀二十一兩七錢四分九厘。

入油紅土，二千三百四十三斤十二兩。每斤，銀一分。該銀二十三兩四錢三分。

香油，十斤。每斤，銀二分八厘。該銀二錢八分。

柁木，三百九十五根，各長一丈五尺、圍三尺八寸。每根，銀二兩四分。該銀八百五兩八錢。

榆木鉆椿，六段。每段，銀五分。該銀三錢。

檀木靶鏢，四百根，各長二尺、徑一寸。每根，銀一分。該銀四兩。

散木，一千一百九十根，各長一丈二尺、圍二尺五寸。每根，銀六錢三分。該銀七百[38]四十九兩七錢。

樹棕，一萬三千二百斤。每斤，銀三分五厘。該銀四百六十二兩。

猪踪，二百五十二斤。每斤，銀八分。該銀二十兩一錢六分。

生鐵鉆，二箇。每箇，重一百斤。照舊《卷》，每百斤，銀八錢。該銀一兩六錢。

磁末，三百斤。每百斤，銀一錢二分。該銀三錢六分。

木炭，二千一百斤。每百斤，銀三錢五分。該銀七兩三錢五分。

炸塊，三萬六千斤。每萬斤，銀十二兩七錢五分。該銀四十五兩九錢。

以上十三項，共銀二千一百四十二兩六錢二分九厘。

工食，銀三百三十五兩三錢五分八厘。

前件：近年，原會「松板」、「杉板」、「筀竹」、「水竹軟篾」、「桐油」、「無名異」、「貓竹」七項，俱會無，召買。

〇成造，象氊。皮作局成造，計八十條，各長一丈七尺二寸、闊一丈四尺五寸。又，蓋[39]象藍布綿被，八十床。用「表裏布」，

十四幅㉙，各長二丈。巳、酉、丑年。

會有：

甲字庫—

粗闊白綿布，七百疋。每疋，長三丈二尺。內，三百五十疋，送織染所，染藍。每疋，銀三錢。該銀二百一十兩。

明礬，一千七百斤。每斤，銀一分五厘。該銀二十五兩五錢。

丙字庫—

綿花，二千斤。每斤，銀五分。該銀一百兩。

丁字庫—

白川線麻，一百四十斤。每斤，銀五分。該銀七兩。

以上四項，共銀三百四十二兩五錢。

召買：

秋白羊毛，六千四百斤。每斤，銀九分。該銀五百七十六兩。

蘇木，六千斤。每斤，銀九分。該銀五百四十兩。

木柴，三萬九千零五十八斤。每萬斤，銀十四兩五錢。該銀五十六兩六錢三分四厘一毫㉚。

煉城，一千六百斤。每斤，銀八厘。該銀十二兩八錢。

黃、藍熟細絲線，二十斤。每斤，銀八錢七分。該銀十七兩四錢。

葦席，三十二領，各長六尺、闊四尺。每領，銀二分五厘。該銀八錢。

葦箔，三十二塊，各長八尺、闊五尺，折得見方十二丈八尺。每丈，銀八分。該銀一兩二分四厘。

打毛竹條，四十根，各長七尺。每根，銀一分二厘。該銀四錢八分。

彈毛竹弦，五十根。每根，銀二分。該銀一兩。

舖氈旱簾，二副，各長一丈八尺、闊一丈六尺。每副，銀一錢。該銀二錢[41]。

洗氈水簾，一副，長一丈八尺、闊一丈六尺。該銀一錢。

燒湯鐵鍋，一口，徑四尺五寸。量給，銀五錢。

挑水桶，一副。擔鈎，全。每隻，銀五分。該銀一錢。

淘鍋把桶，四箇。每箇，銀二分。該銀八分。

以上十四項，通共該銀一千二百零七兩一錢一分八厘一毫。

工食，銀二百一十二兩三錢三分五厘二毫。

前件：查得，《條例》開載，「會有」五項，計銀一千六百七十二兩二錢㉛；「召買」十五項，計銀九百一十三兩四錢四分二厘；「工食銀」，二百六十四兩一錢九分五厘。又，付營繕司，召買「酸漿」，銀四十五兩三錢四分二厘三毫六絲，共二千八百九十五兩一錢七分九厘三毫六絲。近，本差婁主事加意節省，其物料，綿布、明礬、綿花、白麻、羊毛、木柴、煉城等七項，俱各裁減；「茜草」改用「蘇木」；「繕司」「酸漿銀」，亦不移文支給。俱，呈堂議允，在卷。今，新定工料，照《條例》原數，已減銀一千一百三十三兩二錢二分六厘六絲[32]。

○尚寶司，牌縧。文思院成造[42]。

召買：

茶褐色細熟絲線，三十四斤六兩。每斤，銀八錢七分。該銀二十九兩九錢六厘二毫。

天青色細熟絲線，七十三斤。每斤，銀八錢七分。該銀六十三兩五錢一分。

黑青色細熟絲線，七十三斤。每斤，銀八錢七分。該銀六十三兩五錢一分。

以上三項，共銀一百五十六兩九錢二分六厘二毫。

工食，銀五十七兩五錢。

八年一次

○三生袍服。文思院成造。庚辰、戊子年。

會有：

甲字庫－

苧布，四十一疋，各長三丈、闊二尺。每疋，銀三錢。該銀一十二兩三錢。

水花硃，五斤。每斤，銀五錢二分。該銀二兩[43]六錢。

水銀，五斤。每斤，銀七錢三分。該銀三兩六錢五分。

銀硃，四斤。每斤，銀四錢三分五厘。該銀一兩七錢四分。

二硃，四斤。每斤，銀二錢。該銀八錢。

黃丹，六斤。每斤，銀三分七厘。該銀二錢二分二厘。

無名異，四斤。每斤，銀四厘。該銀一分六厘。

光粉，二斤。每斤，銀一分。該銀二分。

水膠，一斤。該銀一分七厘。

丁字庫—

水錫，二斤。每斤，銀八分。該銀一錢六分。

廣漆，一百十五斤。每斤，銀五分五厘。該銀六兩三錢二分五厘。

紅熟銅，三十四斤。每斤，銀九分五厘。該銀三兩二錢三分。

魚線膠，二十斤。每斤，銀八分。該銀一兩六[44]錢。

桐油，四十六斤。每斤，銀三分六厘。該銀一兩六錢五分六厘。

四火黃銅，四十五斤。每斤，銀九分四厘。該銀四兩二錢三分。

二火黃銅，十五斤。每斤，銀八分一厘。該銀一兩二錢一分五厘。

承運庫－

闊生絹，九疋。每疋，銀五錢五分。該銀四兩九錢五分。

廣盈庫－

紅細熟大絹，二百三十一疋八尺。每疋，銀八錢五分。該銀一百九十六兩五錢六分二厘。

藍細熟大絹，四十八疋二丈八尺。每疋，銀六錢五分。該銀三十一兩七錢六分八厘七毫。

玄色杭紗，二百四十五疋二丈三尺。每疋[45]，銀一兩。該銀二百四十五兩七錢一分八厘七毫。

天青杭紗，九疋一尺八寸。每疋，銀一兩。該銀九兩五分六厘二毫。

藍杭紗，六尺六寸。該銀二錢六厘二毫。

綠細熟大絹，二疋一丈一尺。每尺，銀六錢七分。該銀一兩五錢七分三毫。

山、臺、竹木等廠－

杉板，八十六塊，各長六尺五寸、闊一尺、厚三寸五分。每塊，銀五錢。該銀四十三兩。

以上二十四項，共銀五百七十二兩六錢一分三厘一毫。

召買：

紅生絹，一百三十六疋一丈七尺。每疋，銀七錢二分。該銀九十八兩三錢二厘五毫。

青生絹，三百九十疋二丈。每疋，銀七錢二分。該銀二百八十一兩二錢五分[46]。

紅絨錦，三十四丈七尺。每丈，銀八錢。該銀二十七兩七錢六分。

紅熟細絲線，三十五斤四兩。每斤，銀八錢七分。該銀三十兩六錢六分七厘五毫。

青熟細絲線，三斤八兩。每斤，銀八錢七分。該銀三兩四分五厘。

藍熟細絲線，十兩。該銀五錢四分三厘　毫㉝。

天青、黑青細絲線，五十三斤。每斤，銀八錢七分。該銀四十六兩一錢一分。

五色扣線，六斤九兩。每兩，銀一錢。該銀一十兩五錢。

黃細絨，三十斤。每斤，銀七錢。該銀二十一兩。

串領白綿線，四斤。每斤，銀一錢。該銀四錢。

熟金漆，六十七斤。每斤，銀二錢四分。該銀一十六兩八分。

大呈文紙，五百四十張。每百張，銀二錢四[47]分。該銀一兩二錢九分六厘。

鐵線，八斤八兩。每斤，銀六分。該銀五錢一分。

生絲線，五兩。量給，銀一錢五分。

香油，三斤。每斤，銀二分八厘。該銀八分四厘㉞。

金箔，六千二百貼，各見方三寸。每貼，銀二分八厘。該銀一百七十六兩四錢。

廣膠，二十斤。每斤，銀二分五厘。該銀五錢。

福建靛花，十斤。每斤，銀八分。該銀八錢。

川碌，九斤。每斤，銀六分。該銀五錢四分。

筆管滕黄，十一斤。每斤，銀三分。該銀三錢三分。

杭粉，十三斤。每斤，銀五分。該銀六錢三分。

胭脂，六百四十箇。每百箇，銀五分。該銀三錢二分。

烏梅，五斤。每斤，銀二分。該銀一錢。

合浮錫，七兩。每斤，銀八分。該銀三分五厘[48]。

硼砂，十兩。每斤，銀四錢七分。該銀二錢九分三厘七毫。

砕塊，三百斤。每百斤，銀一錢二分七厘。該銀三錢八分一厘。

生挣牛皮，三張。每張，銀四錢。該銀一兩二錢。

黄銅雀舌結頭事件，四十四副。每副，量給，銀一分。該銀四錢四分。

水牛角簪，三百九十六根。每根，銀六厘。該銀二兩三錢七分六厘。

銅絲，三斤八兩。每斤，銀二錢。該銀七錢。

大紅紵絲，一疋七尺二寸。每疋，銀三兩五錢。該銀四兩二錢八分七厘五毫。

紅纓寶硃抹金銅筒，各一百九十八副。每副，量給，銀一分。該銀三兩九錢六分。

紵絲雲頭履鞋，四百八十九雙。每雙，銀二錢。該銀九十五兩八錢。

白布夾襪，六百八十七雙。每雙，銀一錢五[49]分。該銀一百三兩五分。

紅鞓角帶，五百七條。每條，銀二錢五分。該銀一百二十六兩七分五厘。

麂皮皂雲頭抹泥靴，一百九十八雙。每雙，銀一兩五分。該銀二百七兩九錢。

木炭，九百斤。每百斤，銀三錢五分。該銀三兩一錢五分。

赤葉子金，四兩。每兩，銀六兩。該銀二十四兩。

兩尖釘，六百箇，共重二十斤。每斤，銀三分。該銀六錢。

雙連釘，二十斤。每斤，銀三分。該銀六錢。

椵木，二十二根，各長五尺、徑三寸。照「估」，長六尺、圍一尺，折十六根伍分。每根，銀九分。該銀一兩四錢八分五厘。

竹竿，二十二根。每根，量給，銀一分。該銀二錢二分。

直雞楞，一百三十二副。每副，量給，銀一分[50]。該銀一兩三錢二分。

雜油，九斤。每斤，銀二分三厘。該銀二錢七厘。

白麵，十一斤。每斤，銀八厘。該銀八分八厘。

石大碌，一斤。該銀七分。

砂礶，十一箇，各高九寸、口徑四寸。每箇，銀四分五厘。該銀四錢九分五厘。

松香，八兩。該銀一分。

以上四十八項，共銀一千二百九十六兩六分一厘九毫。

工食，銀一百七十兩二錢三分八厘六毫。

不等年分

〇織染所，年例紅花大料。丁丑、甲申、庚寅年，題過。約八年上下，一次。

會有：

承運庫－

細潤生絹，一十五萬疋。每疋，銀五錢五分。該銀八萬二千五百兩。

甲字庫[51]－

梔子，一千五百斤。每斤，銀二分。該銀三十兩。
槐花，六千一百二十五斤。每斤，銀一分。該銀六十一兩二錢五分。
紅花，五萬三千斤。每斤，銀一錢二分五厘。該銀六千六百二十五兩。
烏梅，五萬三千斤。每斤，銀二分。該銀一千六十兩。
明礬，二萬三千三百七十五斤。每斤，銀一分五厘。該銀三百五十兩六錢二分五厘。
綠礬，二百五十斤。每斤，銀四厘。該銀一兩。
黃丹，二千六百二十五斤。每斤，銀三分七厘。該銀九十七兩一錢二分五厘。

乙字庫—

中夾紙，七萬五千張。每百張，銀一錢。該銀七十五兩。

丁字庫[52]—

蘇木，二萬七千六百二十五斤。每斤，銀九分。該銀二千四百八十六兩二錢五分。
白麻，一千五百斤。每斤，銀三分。該銀四十五兩。

本所取用—

藍靛，八萬一千五百斤。每斤，銀一分八厘。該銀一千四百六十七兩。
小粉，四萬三千九百六斤。每斤，銀一分一厘。該銀四百八十二兩九錢六分六厘。

煉堿，四萬三千五百九十六斤。每斤，銀八厘。該銀三百四十八兩七錢六分八厘。

剝花堿，八千二百八十一斤四兩。查「估」，無，止有「土堿」，每斤，銀五厘。該銀四十一兩四錢六厘二毫五絲。

猪胰子，七萬一千五百箇。每十箇，銀一分。該銀七十一兩五錢。

木柴，一百二萬九千斤。每萬斤，銀一十五兩六錢。該銀一千六百五兩二錢四分[53]。

以上一十七項，共銀九萬七千三百四十八兩一錢三分二毫五絲。

召買：

黃栢皮，一千五百斤。每斤，銀一分。該銀一十五兩。

荊葉，九千斤。每斤，銀一厘。該銀九兩。

以上二項，共銀二十四兩。

外付營繕司取，「酒槽」，八萬八百斤。該銀五百二十三兩二錢五分。

前件：查，上次買辦前項物料，于三十八年閏三月出給「實收」。內，紅花、烏梅、明礬、黃丹、蘇木、黃栢皮、荊葉七項，皆「會無」，召買，計用銀，六千八百八十八兩六錢五分。事係「內庫」移會，有、無難于窮詰。以後，相應斟酌、題辦。

○親王出府，馬槽。本廠成造，「木槽」二十面、「椿」二十七根、「布槽」十面，鞍架、桶隻，各不等件。

會有：

甲字庫—

闊白綿布，三十六丈。

灣廠[54]—

杉條木，三十六根。

召買：

松板，九十塊，各長一丈二尺、闊一尺二寸五分、厚二寸五分。每塊，銀五錢五分。該銀四十九兩五錢。

杉板，三十八塊，各長七尺、闊一尺、厚三寸。每塊，銀五錢。該銀一十九兩。

柁木[35]，二十七根，各長一丈五尺、圍三尺八寸。每根，銀二兩零四分。該銀五十五兩零八分。

散木，六十三根，各長一丈二尺、圍二尺五寸。每根，銀六錢三分。該銀三十九兩六錢九分。

樹棕，一千二百斤。每斤，銀三分五厘。該銀四十二兩。

猪踪，九斤。每斤，銀八分。該銀七錢二分。

猫竹，二十八根，各長二丈、圍八寸。每根，銀八分五厘。該銀二兩三錢八分[55]。

筀竹，二百四十根[36]。每根，銀八厘。該銀一兩九錢二分。

白員藤，十一斤。每斤，銀四分。該銀四錢四分。

水竹軟篾，六十斤。每斤，銀一分。該銀六錢。

榆木，四根，各長一丈、圍三尺。每根，銀五錢。該銀二兩。

檀木抽，一根，長四尺、圍一尺八寸。每根，該銀二錢五分。

桐油，一百斤。每斤，銀三分六厘。該銀三兩六錢。

雜油，三十五斤。每斤，銀二分三厘。該銀八錢零五厘。

入油紅土，九十斤。每斤，銀一分。該銀九錢。

水膠，二十斤。每斤，銀一分七厘。該銀三錢四分。

黃丹，二斤八兩。每斤，銀三分七厘。該銀九分二厘五毫[56]。

無名異，四斤。每斤，銀四厘。該銀一分六厘。

吐絲，二斤。每斤，銀四分。該銀八分。

荒絲，六兩。每斤，銀四錢。該銀一錢五分。

香油，六兩。每斤，銀二分八厘。該銀一分五毫。

瀝青，六兩。每斤，銀二分五厘。該銀九分三毫六絲。

綿花，六兩。每斤，銀五分。該銀一分八厘七毫五絲。

熟建鐵，九百四十斤。每斤，銀一分六厘。該銀一十五兩零四分。

大鐵鍋，三口，各口徑二尺。每口，銀二錢。該銀六錢。

炸塊，二千三百五十斤。每百斤，銀一錢二分七厘五毫。該銀二兩九錢九分六厘二毫五絲。

木炭，二百四十斤。每百斤，銀三錢五分。該銀八錢四分[57]。

白麻繩，二十四丈，共重二十四斤。每斤，銀二分八厘。該銀六錢七分二厘。

以上二十八項，共該銀二百三十九兩七錢五分三毫六絲。

各作成造，工食，共該銀一十八兩三錢二分二厘六毫。

○王府婚禮，花朵，五千枝。

召買：

藍絹葉、羅帛花，每枝，銀一分七厘。該銀八十五兩。

○公主婚禮，花朵。召買，價值同上。

○內閣考滿宴，花。近年不行。

召買：

翠葉絨花，一百枝。花筒，全。該銀四兩五錢。

○幸學，賜衣。

會有：物料一項，該銀四百八十兩。

召買：物料二項，共銀五錢五分。

前件：據《條例》開載，大畧如右。近時，此典久未見行，其物料細數，無從查攷[58]。

〇厨役，袍服、帽、帶。文思院成造。

三山帽，一頂。

會有：物料五項，共銀四分七絲二忽五微。

召買：物料七項，共銀四分六厘一毫三絲六忽二微。

工食，銀五分七厘。

緌，一副。

召買：物料二項，該銀二分七厘一毫八絲七忽五微。

工食，銀九厘五毫。

呂公緌，一條。

召買：物料一項，該銀一錢八厘七毫五絲。

工食，銀五分七厘。

圜丘壇，青絹夾袍，一件。

召買：物料五項，共銀一兩二錢五分四厘三毫七絲二忽六微。

工食，銀八分厘五毫[37]。

單袍，一件[59]。

召買：物料四項，共銀二錢二分九厘八毫一絲二微。

工食，銀五分七厘。

朝日壇，單袍，一件。

會有：物料一項，該銀六錢二分一厘八毫四絲三忽七微。

召買：物料三項，共銀七厘九毫六絲六忽五微。

工食，銀五分七厘。

方澤壇，單袍，一件。

會有：物料一項，該銀六錢二分一厘八毫四絲三忽七微。

召買：物料三項，共銀七厘九毫六絲七忽五微。

工食，銀五分七厘。

夕月壇，單袍，一件。

召買：物料四項，共銀六錢二分八厘一毫一絲二微[60]。

工食，銀五分七厘。

歐陽巾，一頂。價銀，一錢。

黑角紅鞓帶，一條。價銀，二錢。

以上二項，召買。

○陪祀武官，祭服。一套，計八件。

天青羅袍、白杭生絹中單、紅羅裙、絨錦綬、蔽膝㊳、白羅單、藍絹包袱、玎瑠紅紗口袋㊴。

會有：物料三項，共銀二兩一錢一分六厘五絲。

召買：物料一十二項，共銀二兩九錢七分二毫二絲。

八件，共工食，銀二錢二分八厘。

○各壇，神馬槽、椿。本廠成造。

馬槽，一面。一丈二尺。

會有：物料六項，共銀二兩五錢一分八厘八毫二絲六忽一微[61]。

召買：物料四項，共銀九錢二分三厘。

二作，工食銀，共三錢六分三厘五毫。

馬槽，一面。五尺五寸。

會有：物料六項，共銀七錢九分三厘三毫三絲四忽。

召買：物料四項，共銀八錢九分四厘。

二作，工食銀，共一錢五分。

馬椿，一根。拴，全。

會有：物料五項，共銀四分五厘七毫一絲六忽二微。

召買：物料三項，共銀一兩三分四厘七絲五忽。

二作，工食銀，共二分九厘。

○修造，「三院」女樂，冠頂、衫裙。

前件：《水部備攷》開載：恭遇內宮喜慶，「三院」女樂，例應入侍；所有穿戴，冠、頂、襖、衫、裙等件，該禮部移咨本部，劄行六科廊主事，會同禮部司官，查驗、料計，酌量多寡，具題脩造，未有定數。

○修理，織染所[62]。

前件：《水部備攷》開載：織染所，染造絹疋，家火什物，并庫藏晾架等項，遇有損壞，申請修造，本部委官料計，具題修理。合用物料，「會有」者，行庫支用；「會無」者，召商買辦，行六科廊主事督管。大約，每次料價、工食，費銀一千五百餘兩。修理雖無限期，約以八年爲率[63]。

六科廊條議

一議「備賞」，節省、詳慎事宜[40]。查，節年「年例」急缺，與「例」外題請賞賜，料計段絹額數，各豐嗇不同。斟酌近規，各項樽節，定通融、湊合之法，大約，每千疋之內，計可省二十餘疋。至造完之日，必驗其疏密，度其尺寸；不如法者，閱衣上所標匠役姓名，究治。年終，將發裁，併減省數目，一一報堂。又，查，春、秋成造，實不宜拘。內除「優賞」，召募見造，餘酌本庫所貯，須不避寒暑，逐月備辦，以待關給。其「本色」之靴、襪，亦須勿令缺乏，依「主客司」移文開送。庶，工易精密，賞易完足也。此外，間有各夷「折段」銀兩，本差當奉「堂劄」，于庫署，逐項包封。動至數百餘分，期迫而數繁，合會司官一員，公同包封。要于明白、精妥，公事速完而已。

一議「年例」，「會有」、「召買」事宜。查，本差職掌，除賞賚貢夷，其他兼攝督造者，皆係「年例」定[64]額，載在「刊書」。然，時異勢殊，「會有」物料，往往變而爲「召買」；至于松板、水竹之類，今亦稱匱。不知金錢且日增一日，當事者從何能給？茲議：凡「會有」稱乏，隨爲根究，果係眞無，仍查他廠、局所有，不妨公議通融、取用；而又稍爲變通，如松板可用松木，蘇木可代茜草，正自不宜膠杜；萬不得已，然後改「召買」，以濟燃眉。蓋，省一分之價值，卽省一分之庫藏也。至召買諸料，臨時酌量，主于省約，戒乎踰額。旣不蠹國，亦勿病商。要于隨時集事，照例脩舉而已。

都水清吏司管差主事　臣　徐　楠　謹議

工科給事中　臣　何士晉　謹訂[65]

校勘記

❶《通惠河》全篇共四葉，底本、「南圖本」各正葉下書口基本均見刻記「通惠河」三字，惟「南圖本」第四葉漫漶。又，底本第三葉，下書口此處背葉有不清晰三字墨痕。

❷「張」下，底本、「南圖本」原空一字格（即「等」上），今仍其舊。

❸「静」上并符號「〇」，底本、「南圖本」原空二字格、無符號，今疑上空爲漏刻，暫刪一字格，并據前後格式補出。

❹「認」下，底本、「南圖本」原空一字格（即「共」上），今仍其舊。

❺「千」下并「百」下，底本、「南圖本」原均空一字格（即「百」上并「十」上），今仍其舊。

❻「修」上并符號「〇」，底本、「南圖本」原空二字格、無符號，今疑上空爲漏刻，暫刪一字格，并據前後格式補出。

❼《六科廊》全篇共六十五葉，底本、「南圖本」各正葉下書口基本均見刻記「六科廊」三字，惟底本第四、十一、三十二、五十三–五十五、六十葉，「南圖本」第一、九、二十六、五十二–五十三、六十三葉，模糊以致漫漶。又，底本第三、七、十二、十七–二十一、二十四、二十八–二十九、三十一、五十四、五十七、五十九–六十二、六十四葉，下書口該處背葉有不清晰三字墨痕。另，「六科廊」，底本、「南圖本」《目録》後更有「以上皆都水分差」雙行小字，應指本卷「通惠河」、「六科廊」所隸，今前已標注，此不贅録。

❽「裏」，底本、「南圖本」原作「裛」，今逕正，後不再注。

❾「尺」，底本、「南圖本」原作「尺」，今逕正，後不再注。

❿「段」，底本、「南圖本」原作「叚」，「全電檔」同，今暫據本書前各卷兩刻本用字例，改（「備史本」同），後不再注。

⓫「徐」下，底本、「南圖本」原空一字格（即「查」上），「備史本」同，今仍其舊。

⓬「無定數」右半欄，底本見殘損不識墨痕，「南圖本」無，今疑或爲刷印用紙捺押牌記及附著墨痕等，現不録。

⓭「喇」，底本、「南圖本」原作「喇」，今逕正，後不再注。

⑭「曩留」，底本模糊，今據「南圖本」補。

⑮兩「弘」字，底本、「南圖本」原作此，「全電檔」同，「備史本」爲缺末筆之「弘」。據王彦坤編《歷代避諱字彙典》，朱明「國諱」未避此字，今疑或係避清高宗「弘曆」之「偏諱」（「弘」條，第九十三－一百頁），故「備史本」抄寫歷史時段，最早恐難越乾隆朝。又，陳垣《史諱舉例・清諱例》議及乾隆四十二年（一千七百七十七）「王錫侯《字貫》案」，似强調滿清至乾隆盛期，僅缺末筆仍有不敬之嫌（第二百二十五－二百二十六頁）。至於上揭王彦坤書，亦未見臚列此際有爲避本字竟衹缺末筆者，惟引清人梁章鉅《南省公餘録》轉「《會典》中載」，清聖祖名諱「如有偏旁及字中全書者，（俱於本字）敬缺末筆」（《光緒）欽定大清會典》，卷三十二，《禮部・儀制清吏司六》，「示其程式」句，第二百九十四－二百九十五頁；《南省公餘録》，卷四，「文字敬避」條，第七千〇九十八頁、十三葉正）一項（第九十九頁）。而，《（光緒）會典》於「高宗純皇帝聖諱」下稱，「上一字敬避作『宏』字。如有偏旁及字中全書者，敬缺末筆」（第二百九十五頁）。特此，本處二例，對厘清「備史本」抄寫更具體的時間，仍堪玩味。

⑯「刺」，底本、「南圖本」原作此，「備史本」作「剌」，今暫不改。又，後一例同此。

⑰「奴」，底本、「南圖本」原作此，「備史本」、「全電檔」亦同。據《史諱舉例・清諱例》，「明人譯其太祖曰奴兒哈赤，清人自書曰努爾哈赤」（第二百二十五頁），今聯繫前述兩「弘」字例，特疑「備史本」抄寫時間或係乾隆初期，遲不至盛期，即文網稍見鬆弛之際。

⑱「七」，底本、「南圖本」原作「士」，「全電檔」同，今改。

⑲「毋」，底本、「南圖本」原作「母」，今正。

⑳「圜」，底本、「南圖本」原作「圛」，今逕正，後不再注。

㉑下標編號「23」，底本、「南圖本」原刻作「廿三」，後續兩葉作「廿四」、「廿五」，與前葉作「二十二」及再後作「二十六」等不同，「全電檔」亦均如此。

㉒「箇」，底本、「南圖本」原作此，「全電檔」同，惟本卷後「武舉宴花」條「召買－翠葉絨花」項內，作「筒」（三十二葉背），今暫仍其舊。

㉓ 下標編號「29」，底本原刻似作「廿十九」、「南圖本」原作「廿九」，後續葉底本、「南圖本」原作「卅」，與前葉「二十八」及再後「三十一」等不同，「全電檔」亦均如此。
另，「玄覽堂」本誤將「廿九」葉與「三十九」葉對調，今疑當係影印編輯錯置，「南圖本」、「全電檔」不誤。

㉔「線」，底本模糊，今從「南圖本」。

㉕「緯」，底本、「南圖本」原作「綿」，今逕正，後不再注。

㉖「筒」，底本、「南圖本」原作此，「全電檔」同，今據本卷前文「文舉宴花」條（二十九葉正），疑當爲「箇」，暫不改。

㉗ 兩「扛」，底本、「南圖本」原作此，今或疑有一字衍，暫不刪。

㉘「錢」，底本闕，今據「南圖本」補。

㉙「幅」，底本漫漶，「南圖本」模糊，「全電檔」同，今據「備史本」補。

㉚「三」，底本涂污，今從「南圖本」，「全電檔」同。

㉛「錢」，底本漫漶，今據「南圖本」補。

㉜「二錢二分」左半欄，「南圖本」見殘損不識墨痕，底本無，今疑或爲刷印用紙捺押牌記及附著墨痕等，現不録。

㉝「毫」上，底本、「南圖本」原闕（即「厘」下），「全電檔」同，今仍其舊。

㉞「厘」，底本、「南圖本」原作「分」，誤，「全電檔」同，今暫改。

㉟「木」，底本、「南圖本」原作「大」，「全電檔」同，今據本卷「御馬槽椿桶隻」條「召買-柁木」一項數據（三十八葉背）比對，疑當爲「木」，改。

㊱「二」，底本、「南圖本」原作似「一」，今覈，與總價不符，改，「全電檔」同（惟「二」字上横較模糊）。

㊲「八分厘」，底本、「南圖本」原作此，「全電檔」同，暫不改。

㊳「膝」，底本、「南圖本」原作「膝」，今逕正，後不再注。

㊴符號「、」并「玎璫紅紗口袋」以上八項，底本、「南圖本」原兩兩一組一欄，中空四字格，今省却，更添符號以區隔。

㊵「宜」下，底本、「南圖本」原空一字格（即「查」上），今疑當爲刻本間隔用，本篇均有此例，現概省却，後不再注。

工部廠庫須知

卷之十一[1]

工科給事中　臣　何士晉　纂輯
廣東道監察御史　臣　李　嵩　訂証
都水清吏司郎中　臣　胡爾慥　叅閱
都水清吏司主事　臣　黄景章
都水清吏司主事　臣　黄元會　仝攷
營繕清吏司主事　臣　陳應元
虞衡清吏司主事　臣　樓一堂
屯田清吏司主事　臣　華　顏　仝編

器皿廠[2]

都水司註差主事，三年，專管造光祿寺每歲上供，及太常寺壇、廟之器。諸如九「陵」，及婚、喪典禮，併各衙門一應器物。或題造，或咨造者，各按「例」斟酌、造辦。有造作公署。所屬爲營繕所，註選所丞一員。

匠作十八種，曰：木作、竹作、桶作、蒸籠作、捲胎作、油作、漆作、戧金作、貼金作、染作、索作、絛作、銅作、錫作、鐵作、彩畫作、裁縫作、祭器作」。

年例一應器皿

一年一次

○光祿寺，成造器皿。

每年題造數，除「南京」應造外，其本廠應造者，查，近年來，或六七千件，或八九千件。逐項多寡不一，但計總數，不得過增。今，以萬曆四十二年成造數目開後，大約每年相似。

萬曆四十二年，成造—

硃紅竹絲連二盒，二千七百五十副。架、杠，全。

硃紅竹絲連三盒，六百八十副。架、杠，全。

砵紅膳盒，一百副。架、杠，全。

砵紅大膳盒，六百副。架、杠，全。

戧金膳盒，一百五十副。架、杠，全。

戧金大膳盒，四百五十副。架、杠，全。

砵紅托盒，一千五百架。架、杠，全。

砵紅大托盒，一百八十架。架、杠，全。

戧金大托盒，四百七十架。架、杠，全[2]。

戧金大酒盒，三十副。

砵紅酒盒，五百副。

外抬酒盒，蓋、架、杠，各五百條、件。

砵紅水沿木桌，二百張。

砵紅木水桶，一百零六隻。

紅油木案，十張。

錫鑲水桶，十六隻。

砵紅木方箱，二十七撞。

錫鑲方箱，三撞。

硃紅木箱，四十六個。

蒸籠，十撞。

醬蓬，五十個。

硃紅連椅，五十張。

竹籮，四個。

大、小祭卓，四十五張。供器，全。

黃絹單三銷金袱，三千三百條。

以上，除「黃絹銷金袱」外，器　共八千五百九十七件❸。照《條例》開載，往年數溢萬件❹，近年數稍減矣。

會有：

甲字庫—

水花硃，二百四十二斤五兩八錢。每斤，銀五錢二分。該銀一百二十五兩九錢九分。

銀硃，八百七十五斤九兩一錢五分。每斤，銀四錢三分五厘。該銀三百八十兩零八錢二分七厘五毫。

二硃，一千零六十二斤十一兩一錢一分。每斤，銀二錢。該銀二百一十二兩五錢三分七厘五毫。

黃丹，八百七十五斤十一兩六錢。每斤，銀三分七厘。該銀三十二兩四錢零三厘。
水膠，一千三百五十九斤五兩。每斤，銀一分七厘。該銀二十三兩一錢零七厘。
苧布，一千六百八十三疋。每疋，銀二錢。該銀三百三十六兩六錢。
明礬，一千零三十斤二兩。每斤，銀一分五厘。該銀十五兩四錢五分二厘[4]。
槐花，一千零三十斤二兩。每斤，銀一分。該銀十兩三錢零一厘。
無名異，八百八十九斤十兩二錢。每斤，銀四厘。該銀三兩五錢五分九厘。此項，近年「會無」。
丙字庫—
中帛綿，十二斤十兩八錢八分。每斤，銀五錢。該銀六兩三錢二分五厘。
荒絲，八十一斤。每斤，銀四錢。該銀三十二兩四錢。
丁字庫—
蔴麻，三十三斤八兩二錢。每斤，銀一分六厘。該銀五錢三分六厘。
四火黃銅，二百二十五斤。每斤，銀九分四厘。該銀二十一兩一錢五分。
生漆，二千零六十五斤。每斤，銀六分五厘。該銀一百三十四兩二錢二分五厘。此項，近年免用，不「會」，亦不買。
水錫，四百六十四斤。每斤，銀八分。該銀三[5]十七兩一錢二分。

魚膠，二百四十斤。每斤，銀八分。該銀十九兩二錢。近年「會無」，召買。

白圓藤，五十九斤十二兩❺。每斤，銀四分。該銀二兩三錢九分。近年「會無」，召買。

桐油，一萬八千四百零六斤三兩四錢。每斤，銀三分六厘。該銀六百六十二兩六錢一分六厘。近年「會無」，召買。

黃眞牛皮，一張，計十五斤。每斤，銀八分。該銀一兩二錢。

節慎庫－

熟建鐵，六十二斤。每斤，銀一分六厘。該銀九錢九分二厘。

戶部撥商買辦－

小麥，九十六石零三分。每石，銀七錢。該銀六十七兩二錢二分一厘。

承運庫－

黃生絹，一千七百三十四疋一丈二尺。每疋，銀六錢四分。該銀一千一百一十兩。

黃平羅，四十一疋一丈八尺。舊時，每疋，一兩九錢。原價太高，四十二年，因舖戶承辦婚禮，所買粗惡，議減，作九錢。該銀三十七兩四錢四分。

通州抽分竹木局－

松板，二千一百二十五塊四分三厘。每塊，合式❻，銀二錢二分。該銀四百六十七兩五錢九分四厘五毫。

竹木、「山、臺」二廠

軟篾，一萬一千一百一十四斤零四兩。每斤，銀一分五厘。該銀一百六十六兩七錢一分三厘。

猫竹，一千四百三十九根九厘一毫。每根，合式，銀八分五厘。該銀一百二十二兩三錢二分二厘七毫三絲五忽。

青松柁木，五根七分。每根，合式，銀八錢。該銀四兩五錢六分。

杉板，四千五百八十二塊二分五厘。每塊，合式，銀五錢。該銀二千二百九十一兩一錢二分五厘。

松木長柴，三百六十八根。每根，銀三分。該銀一十一兩零四分。

以上，除「小麥」外，二十八項，共銀六千二百六十九兩七錢二分六厘二毫三絲五忽。近年，松板、杉板、軟篾、猫竹、青松柁木、松柴、黃平羅、桐油、魚膠、白圓藤、無名異，十一項，俱「會無」，召買。

召買：

石灰，一萬六千一百八十六斤十四兩五錢。每百斤，銀七分。該銀一十一兩三錢二分八厘一毫。

藍綿紗，七十斤。每斤，銀一錢。該銀七兩。

棕毛，二百斤。每斤，銀二分。該銀四兩。

江米，一石。每石，銀一兩。該銀一兩。

熟金漆，一千三百四十五斤十四兩。每斤，銀二錢四分。該銀三百二十三兩零一分[8]。

箬葉，二百斤。每斤，銀一分。該銀二兩。

雙連釘，一百三十斤。每斤，銀三分。該銀三兩九錢。

蘑菇釘，八千五百個。每千個，作三斤，共二十五斤八兩。每斤，銀三分。該銀七錢六分五厘。

鐵箍倒環，一百二十二副，共八百五十四斤。每斤，銀三分。該銀二十五兩六錢二分。

鐵軸，一百副，共重六十斤。每斤，銀三分。該銀一兩八錢。呈堂新增，連椅用❼。

鐵葉，二百張。每張，銀二分。該銀四兩。呈堂新增，連椅用。

金箔，二萬七千八百一十五貼四張。每貼，銀二分八厘。該銀七百七十八兩八錢三分一厘二毫。

榆木，二十九根七分五厘。每根，銀二錢五分。該銀七兩四錢三分七厘五毫。

剛竹❽，一百九十三根。每根，銀二分。該銀三[9]兩八錢六分。

黃藤，十七斤一兩。每斤，銀三分。該銀五錢一分。

木炭，一千二百一十六斤。每百斤，銀三錢五分。該銀四兩二錢五分六厘。

鐵鍋，每口，銀二錢。

雜油，五十斤十二兩。每斤，銀二分三厘。該銀一兩一錢六分八厘。

椵木，八十根。每根，銀九分。該銀七兩二錢。

練堿，七百二十一斤。每斤，銀八厘。該銀五兩七錢六分八厘。

猪胰子，七百零一個半。每十個，銀一分。該銀七錢零一厘五毫。

楊木，四根。每根，銀二錢五分。該銀一兩。

炸塊，四百五十斤。每百斤，銀一錢二分七厘五毫。該銀五錢七分三厘七毫五絲。

廣膠，一百零五斤。每斤，銀二分五厘。該銀二兩六錢三分七厘五毫[10]。

大杉杠，九十根。每根，銀五分。該銀四兩五錢。

柳杠，九千零八十根。每根，銀一分。該銀九十兩零八錢。

生絲線，十斤零七兩。每斤，銀五錢。該銀五兩二錢二分七厘五毫。

白呈文紙，一百二十張。每百張，銀一錢二分二厘。該銀一錢四分六厘四毫。

以上二十八項，共銀一千二百九十九兩三錢一分六厘零五絲。

工食，銀二千四百六十八兩二錢七分四厘四毫。

前件：物料、工食，乃一年估計之數。每年，器皿不齊，工料增損亦異，要于此數不甚增溢。至支放物料❾，在本廠，逐項節縮、通融總筭，每千省三百，留作下年應辦之數。查《條例》，有會庫「生漆」一項，近因「庫漆」不堪，節省，免「會有」、「召買」；「熟絹線」一項，亦免買。至「練堿」、「猪胰子」、「炸塊」、「鉄葉」四項，皆《條例》不載。就中斟酌，「染作」各料既多，則「練堿」、「猪胰」亦可裁省。「炸塊」爲「銅作」用，「鉄葉」爲連椅用，新經呈堂加添，所費頗小，相應照新買辦。其錫、鉄等器，據《條例》載，二十九年題過，送回改造，止給修理工食。如該「寺」不將舊器送出⓾，不准另造。近年，一概造送⓫，相應改正[11]。

○壇、廟，修理祭器。

圜丘壇：

成造[1]

大朝燈，二座。　傳贊架，二座。

扛牲匣，二副。并杠。　品官凳，十條。

走牲架，十間。　倒環桶，十隻。并杠。

扯水桶，四隻。并繩。　掇桶，二個。

長、短柄挽子，共十二個。內，杠，六根。

座燈、路燈帽，共十七個。并「篾扇」。

御杖，十五對。　黃布帳房，十間。

銅香靠，四個。并匙。　折鉄拐子，六把。

水斗，十個。并繩。　扯帳房麻繩，五十根。

黃淨巾布，十疋。　蒸籠，二副。

荆筐，十五箇。并繩。　黄絨繩，三十條。
鐵鍬，十把。　大鐵杴，二把。
木鍬，十把。　竹籮，二個。
環角鎖，四把。　蓋燎爐葦蓆⑫，二十領。
簸箕，十五個。　苕帚，三十把[12]。
竹掃箒，十五把。　笊篱，二十把。

修理[1]

走牲架，六十間。　黄、藍布帳房，共二十間。
朝燈，十座。　座燈，一百盞。
揷燈，一百二十盞。　錫裏牲匣，四副。
進俎匣，二副。揭補見新。　錫裏漂牲桶，七個。
接卓，五張。　福卓，一張。
案卓，二張。　饌卓，十張。
燒香卓，二十張。　傳贊架，二座。
長、短柄挽子，二十個。內，杠，十根。

宰牲亭藍布帳房，一間。

倒環桶，二十隻。

糊飾–

神厨，宰牲亭。　大朝燈，十二座。

座燈，一百盞。　挿燈，二百盞。

大望燈，一盞。

安卸–

俎棚架，一百十間。　走牲帳架，一百十間[13]。

天門六座，護門月牙閘板。

座燈，八十盞。

鋪設–

圜丘壇，三纏欆薦。

以上應用物料，除「鐵簽」等有定價者開具外，其成造諸料，如「會庫」十二項、「召買」十四項諸價，俱在前「年例物價」中。「年例」所無者，止：「黃松木」，合式，價銀五錢；「連二木」，每根，合式，價銀八錢三分。「方澤」以下，俱同此。

方澤壇：

成造–

長身鎖，十把。　短身鎖，二十把。

鉄鍬，十把。　鉄乂，二把。

鉄杓，二把。　鉄火鈎，二把。

轆轤軸轄，併繩灌，各一副。

各處燒香卓，十張。　品官凳，十條。

長、短柄挽子，桶，各十個[14]。

掇桶，十個。　扯水桶，二隻。并，繩，全。

倒環桶，十隻。并，杠，全。　荊筐，十個。并，绳，全。

竹籮，四個。　木楸，十把。

舊卓，十張。　傳贊，二座。

井架，四座。　籩豆匣，六副。

修理–

揷凳、眼凳，添補。　座燈，四十盞。

錫裏漂牲桶，四個。滴補⑬。

篋絲燈扇。內有損壞，添補、油飾。

錫裏大、小牲匣，共六副。滴補。

黃布帳房，一百間。年深，內有損壞，不堪修整。

藍布帳房，五間。修整。

內、外各天門，護門閘板。內有損壞⑭，抽添、修整、油飾。

糊飾—

神庫。　神厨。

宰牲亭。　大朝燈，十四座。

座燈，八十盞。　插燈，一百八十盞。

安卸15—

內、外五天門，護門月牙閘板。

進牲帳房，一百間。　俎棚，一間。

大朝燈，十四座。　座燈，八十盞。

插燈，一百八十盞。應用物價前同。

朝日壇：

成造—

掇桶，六個。　長柄挽子⑮，八個。

扯水桶，一個。并繩。　杠繩，二十條。

黃淨巾布，五疋。　接水桶，一個。

倒環桶，六個。

修理—

大朝燈，八座。　挿燈，六十盞。

眼凳，十條。　帳房，十三間。

三牲匣，一副。　燒香卓，十張。

水桶、把桶，各六個。　漂牲大桶，三個。

倒環桶，六個。

糊飾—

大朝燈，八座。　座燈，六十盞[16]。

挿燈，六十盞。　遣官房，五間。應用物價前同。

月夕壇：

成造—

大朝燈，二座。　走牲帳房架⑯，六間。

黃淨巾布，五疋。　倒環桶，八隻。并杠。

長、短柄挽子，各二十個。

掇桶，二個。　扯水桶，一隻。并繩。

荆筐，二十個。并，繩、杠。　鐵鍬，十把。

木橛，十把。　竹掃箒，十把。

苕箒，二十把。　刷箒，二十把。

笊籬，十把。　鐵杓，二把。

扯月牙板蔴繩，五十條。

提梁大爐，一個。　扯帳房蔴繩，二十條。

扯水柳斗，五個。并繩。　葦蓆，二十領。

修理—

神牌卓、孔卓、祝卓、案卓、燒香卓，共三十五張。修理，油飾。　朝燈，四座。修理，油飾。

座燈，四十盞。修理，油飾。　挿燈，八十盞。修理，油飾[17]。

錫裹三牲匣，二副。滴補，油飾。

漂牲錫裹大桶，三個。添錫另鑲。

酒壺，四把。滴補。　倒環桶，八隻。

扛牲匣，二副。修理，油飾。　傳贊架，二副。并梯。

饌盤，八個。　黄布帳房，六間。

藍布帳房，三間。

糊飾—

大朝燈，八座。　座燈，四十盞。

挿燈，八十盞。　遣官房，五間。

神庫、神厨、宰牲亭、燈庫，共十五間。

安卸—

東、北天門，二座。　走牲帳房架，十一間。

大朝燈等項。應用物價前同。

先農壇：

成造—

燒香卓，十五張。　御杖，十對。

倒環桶，十隻。　掇桶，八隻。

長柄挽子，四個[18]。

修理—

座燈，二十盞。　挿燈，二十盞。

水桶，二十隻。　把桶，十個。

掇桶，七個。　禮官凳，十條。

糊飾—

路燈，五十檠。　座燈，二十盞。

新、舊倉房，六間。　太歲殿，五間。應用物價前同。

帝王廟，春季：

成造—

淨巾黃布，三疋。　扯水灌，四個。并繩。

荆筐、柳杠、蔴繩、簸箕、苕箒、掃箒、刷箒、笊籬，各十件。　朝燈，四座。

帳房，五間。并布。　饌盤，九個。

帛匣，九個。　香盒，二十副。

品官凳，十二條。　公座，十五張。

倒環桶，十個。　長、短柄挽子，十個。

燒香卓，十二張。　路燈扇，二百五十片。

修理[19]

路燈，八十盞。　紗方燈，三十二盞。

三牲匣，二副。　二牲匣，二副。

籩豆匣，四副。　東、西兩廡香案，四張。

倒環桶，十個。　長、短柄挽子，十個。

糊飾

正殿，兩廡。　神庫、神厨、宰牲亭，楄。

路燈，八十盞。　紗方燈，三十二盞。

朝燈，四座。并，安、卸。　應用物價前同。

前件：六「壇、廟」修理祭器，每年原無定數，上所臚列，係《條例》中開載大畧。舊時，以此爲準，工料繁多，故有一「壇」費銀二百四十餘兩者。約一歲，六處費九百餘兩，誠爲過濫。近年，加意節省，除「五年大修」臨時酌議外，其「小修」年分，該壇、廟雖多濫開，該廠親勘、嚴查，酌量修理。其工料，多不過五六十兩，少止二三十兩。亦臨期估筭，不能預定。然，視《條例》所載，已減大半，歲省費幾百金矣。其合用物料，如「硃」、「丹」、「膠」、「布」等項，舊皆「會庫」，今卽在本廠「節省」內支用，免會。其「杉、松板」、「竹」、「篾」、「灰」、「藤」、「繩」、「杠」，及「淨巾布」、「紙張」、「箕」、「蒂」等項，則照舊召買。倘遇聖駕親臨郊祀，一應修造，臨時另議，不拘此例⑰。

○太常寺，紫杉祝板。每年成造。

召買[20]：

紫杉大板，四塊。每塊，銀五錢。該銀二兩。

工食，銀六兩六錢。

○光祿寺，醡酒絹袋，八百條。每年成造。

會有：

承運庫－

召買：

黃生絹，八十七疋一丈六尺。每疋，銀五錢五分。該銀四十八兩零九分。

黃生絲線，十二兩。每斤，銀五錢。該銀三錢七分五厘。

工食，銀一兩九錢三分二厘。

○「册封」，方木櫃，二十五個。鉄事件、鑰匙、杠、架，全。

會有：

甲字庫—

銀硃，二斤六兩。該銀一兩零五分八厘一毫二絲五忽。

二硃，二斤一兩二錢五分。該銀四錢一分五厘六毫二絲五忽[21]。

黃丹，一斤十三兩七錢五分。該銀八分二厘五毫三絲⑱。

水膠，三斤二兩七錢五分。該銀五分八厘七毫五絲。

苧布，十八丈，計五疋二丈。該銀一兩一錢五分。

以上五項，共銀二兩七錢六分五厘三絲。

召買：

杉板，三十二塊五分。該銀十六兩六錢二分五厘。

松板，十八塊零五厘五毫。該銀三兩九錢七分二厘一毫。

杉杠，二十五根。該銀一兩二錢五分。

蘑菇釘，二千五百個。該銀二錢五分。

鐵鎖，二十五把。該銀五錢。

雙連釘，一斤一兩五錢。該銀三分二厘七毫五絲[19]。

魚膠，一斤一兩五錢。該銀八分七厘五毫[22]。

鐵葉，七十五張。該銀一兩五錢。

石灰，三十二斤十三兩。該銀二分二厘九毫五絲。

以上九項，共銀二十四兩二錢四分零三毫。

工食，每個一錢七分，共該銀四兩二錢五分。

前件：查得，本部「印信文冊」會估數內，每個「木櫃」工價，銀三錢二分三厘[20]。每年，「光祿」辦造「木櫃」，俱照此價。其各差「木櫃」，舊因造辦不多，裁減如前。近年，造「櫃」歲至數百個，木作屢請苦累。合無將木作下，量加工食，該廠相應呈堂、酌議。

○裝夷綵段，木櫃。每年，多寡不定。近造，更多有一處八十個、一百個者。

○武官誥命，木櫃，二個。

○順義王衣服，木櫃。每年，亦多寡不等。

○頒給朝鮮《曆日》，木櫃，一個。

以上四項「木櫃」，工料同上，各加氈套。每，氈一斤，價銀八分。

○香帛、龍亭，併香帛匣[21]、銷金袱，及道士夏衣。子、午、卯、酉年，遣祭用[22]。

會有：

甲字庫[23]—

銀硃，八兩。每斤，銀四錢三分。該銀二錢一分七厘。

二硃，三斤。每斤，銀二錢。該銀六錢。

苧布，三疋。每疋，銀二錢。該銀六錢。

魚膠，五斤。每斤，銀八分。該銀四錢。

水膠，三斤。該銀五分一厘。

無名異，五斤。該銀二分。

靛花，八斤。每斤，銀八分。該銀四分。

丁字庫—

桐油，二斤。每斤，銀三分六厘。該銀七分二厘。

廣盈庫—

黃平羅，一十五疋二丈。每疋，長三丈二尺，銀一兩九錢八分。該銀三十兩九錢三分。如「會無」，召買應照新價：每疋，銀九錢。

黃熟大絹，一十五疋二丈。每疋，「長」同上，銀六錢四分。該銀一十兩。

竹木等廠—

杉木，二十五塊，各長六尺五寸、濶一尺、厚[24]三寸。每塊，銀五錢。該銀一十二兩五錢。

松板，五塊，各長六尺五寸、濶八寸、厚二寸五分。每塊，銀二錢二分。該銀一兩一錢。

以上十二項，共銀五十六兩五錢三分。

召買：

椴木，二段，各長八尺、圍二尺四寸。每段，銀二錢五分。該銀五錢。

雙連釘，二斤。每斤，銀三分。該銀六分。

金箔，一百八十貼。每貼，見方三寸。每貼，銀二分八厘。該銀五兩四錢。

大碌，一斤。該銀七分。

漆黃，一斤。該銀三分。

漆碌，一斤。該銀七分。

青腰機夏布，二十二疋二丈六尺。每疋，銀三錢五分。該銀七兩九錢七分。

藍腰機夏布，二十疋三丈。每疋，銀三錢五分。該銀七兩三錢一分。

青、黃、藍熟絲線，十二兩。每斤，銀八錢。該銀[25]六錢五分二厘。
定粉，一斤。該銀五分。
以上十項，共銀二十一兩七錢五分二厘。
工食，銀三十兩三錢六分。
前件：查得，近年，除「匣」、「衣」照舊製辦外，其「龍亭」，止量行修理。工料節縮，亦在該廠臨時查覈、樽節。

三年一次

○翰林院教習、庶吉士，卓幃、坐褥等家火，一分。辰、戌、丑、未年。
會有：
丁字庫—
水錫，一百二十二斤。每斤，銀八分。該銀九兩七錢六分。
乙字庫—
連七紙，三十張。每百張，銀四分。該銀一分二厘。
廣盈庫—

紅紗，十三疋二丈一尺八寸。每疋，長三丈[26]二尺，銀一兩六錢。該銀二十一兩八錢九分。

青細綿布，八疋一丈六尺五寸。每疋，長三丈二尺，銀三錢三分五厘。該銀二兩八錢四分八厘。

以上四項，共銀三十四兩五錢一分。

召買：

紅氊，十一條，各長六尺、濶四尺。每條，銀六錢。該銀六兩六錢。

紅叚，十九疋二丈三尺。每疋，長三丈二尺，照「紅紵絲」估，銀一兩八錢。該銀三十五兩四錢八分。

青叚，四疋二尺三寸。每疋，「長」同，銀一兩八錢。該銀七兩三錢二分。

彈熟綿花，三十七斤。每斤，銀七分。該銀二兩五錢九分。

凉蓆，十九領。每領，銀一錢。該銀一兩九錢。

青熟絲線，八兩。該銀四錢三分五厘[27]。

托盤，二個。量給，銀二錢。

磁茶鍾，二十個。該銀二錢。

銅茶匙，二十張。該銀一錢。

磁酒鍾，二十個。該銀二錢。

酒托，二十個。該銀一錢。

飯碗，二十個。該銀二錢。

湯碗，二十個。該銀三錢。

磁碟，八十個。該銀四錢。

水缸，四口。該銀六錢。

烏木筯，二十雙。該銀二錢四分。

大竹簾，一百八副。每副，銀五錢。該銀五十四兩。

小竹簾，三十副。每副，銀一錢四分。該銀四兩三錢。

鐵簾鈎擢，共重一百六十五斤。該銀四兩九錢五分。

藍綿紗鈎繩，五斤。該銀五錢。

松香，十四兩。該銀一分七厘[28]。

木柴，一百斤。該銀一錢四分五厘。

以上二十二項，共銀一百二十兩六錢七分七厘㉓。

工食，共銀七兩三錢二分五厘。

前件：查得，歷年舘選人數，多寡不等，器用增減亦異，要難拘定。又，查，「竹簾」一項，《條例》載「大簾，銀五錢；小簾㉔，銀一錢四分」。今，據舖戶稱，價虧賠累。及訪時值，前價委果不足，下次相應議增，以便置辦。

○兵部，貼黃家火。辰、戌、丑、未年。

會有：

丁字庫－

水錫，三十一斤。每斤，銀八分。該銀二兩四錢八分。

廣盈庫－

紅熟大絹，十二丈。每疋，長三丈二尺，銀七錢二分。該銀二兩七錢。

青布，七丈五尺六寸。每疋，長三丈二尺，銀三錢三分五厘。該銀七錢九分。

以上二項，共銀五兩九錢七分[29]。

召買：

磁碟，十個。該銀五分。

磁瓶，十個。該銀一錢。

磁碗，十個。該銀一錢。

烏木筯，十雙。該銀一錢一分。

茶匙，十張。該銀五分。

涼蓆，二領。該銀二錢。

水缸，二口。該銀二錢。
大鉄鍋，二口。該銀四錢。
小鉄鍋，二口。該銀八分。
鉄盆，四個。該銀二錢。
通條、爐條，共八斤。該銀二錢四分。
青㠶，三丈三尺。該銀一兩八錢五分。
綿花，六斤。該銀三錢。
青、紅熟絲線，二兩。該銀一錢零八厘。
以上十四項，共銀三兩九錢八分八厘。
工食，銀一兩八錢二分四厘。

不等年分[30]

○親王婚禮，紅器，一分。遠年無可考，今，據四十二年光祿寺題辦，瑞王婚禮：盤、盒、箱、籠，共一千二百七十五担、件；銷金羅、絹，夾單、袱、茶袋，共一千一百八十二條、件；葵花袍㉕、抹金帶，絲繩、杉杠、牽羊皮籠頭，共二千一百一十五條、件；貼金銅錢，大、小，三千六百八十個。

會有：物料六項，共銀一百四十二兩一錢零八厘。

召買：物料四十五項，共銀一千二百三十七兩五錢六分七厘三毫。內有「竹」、「木」等八項，不召買，動支本廠「節省」。內，料計，四百五十兩四錢五分二厘一毫；實辦，三十七項，計銀七百八十七兩一錢一分五厘二毫。

工食㉖。

前件：憑「光祿」題數造辦，雖往年容有多寡不等，大約彷彿此數，故載此爲例，以備參訂。其物料細數，亦臨時酌估，無定，故不備錄。今，止照堂呈《實收簿》內，實用過總數，開具如右㉗。

○王妃、公主墳所，祭器，一分[31]。

會有：物料二十五項，共銀一百零七兩一錢六分九厘四毫。

召買：物料十九項，共銀一十二兩二錢九分四厘三毫。

工食銀，共二十五兩八錢一分。

運夫，工食，銀二兩四錢一分五厘。

○嬪、妃墳所，祭器，一分。

會有：物料十八項，共銀三十三兩四錢三分三厘。

召買：物料十五項，共銀五兩一錢零二厘。

工食銀，共二十四兩三錢二分。

運夫，工食，銀二兩一錢二分九厘。

前件：墳所「祭器」，據《條例》開載，大畧如此。原無細數，錄此備考。

○「長陵」等陵，併「恭仁」、「恭讓」十一陵寢，太廟、社稷壇、奉先殿32、神靈殿㉘、文廟。以上十六處，修理「祭器」：原無定時，亦無定額，各該衙門題請後，據該廠查估，堂呈數目，刪酌題請。其各色「祭器」名色，有該廠「文冊」存照。

○「親王之國」，木櫃。

物料、工食，與各「木櫃」同。

○王府，印匣。袱、褥、縧、鎖，全。

會有：物料十四項，共銀三兩六錢六分七厘八毫一絲八忽六微。

召買：物料十七項，共銀三兩二錢七分八厘四毫三絲六忽四微。

工食，銀八錢四分九厘。

前件：查，四十二年成造，召買物料二十二項，共銀四兩五錢九分五厘；本廠放支，物料六項，該銀一兩零。原數已裁減。

○駙馬誥命，匣。袱、縧、鎖，全。

會有：物料三項，共銀一兩零五分。

召買：物料四項，共銀一兩二錢四分。

工食銀，共六錢八分四厘。

○換給番僧，勑匣[33]。

會有：物料十三項，共銀一兩四錢六分三厘九毫八絲九忽五微。

召買：物料十項，共銀一兩零九分一厘九毫四絲三忽三微。

工食，銀三錢五分五厘。

○修理，表亭。

會有：物料八項，共銀二十四兩五錢六分四厘。

召買：物料十三項，共銀五兩九錢五分六厘。

工食㉙，銀八兩六錢六分四厘。

○國子監，紅氊。

召買：每條，銀六錢。

○太常寺，盛貯香帛紅櫃。

會有：物料十三項，共銀一兩五錢四分七厘六毫八絲七忽。

召買：物料六項，共銀一錢七厘五毫一絲二忽。

工食，銀二錢一分六厘。

○犧牲所，成造香案、御杖、錦袱、器皿等件。

會有：物料十八項，共銀一百八十三兩一錢七分四厘[34]。

召買：物料二十項，共銀九十四兩九錢九分四厘。

工食，銀六十六兩三錢四分。

○詹事府，卓幃等家火。近年，久不成造，無工料細數可查，臨時酌估。

○吏部三堂，卓幃等家火。近年，亦久不成造。

成造各器額則。每器，開一副爲率。

○硃紅竹絲連二盒，一副。

物料：十九項，共銀三錢七分九厘一毫七忽。

工食：三作，共銀一錢八分二厘。

○硃紅竹絲連三盒，一副。

物料：十七項，共銀四錢五分三厘六毫五絲。

工食：三作，共銀二錢四分八厘。

○硃紅膳盒，一副。

物料：十九項，共銀六錢九分六厘六毫九絲。

工食：四作，共銀一錢九分七厘。

○硃紅大膳盒，一副。照前倍估，臨時裁節。

○戧金膳盒，一副。

物料：二十三項，共銀一兩零四分八厘一毫九絲。

工食：五作，共銀三錢四分七厘[35]。

○戧金大膳盒，一副。視上件倍估，臨時裁節。

○硃紅托盒，一副。

物料：十三項，共銀四錢七分四厘。

工食：二作，共銀一錢零八厘。

○硃紅大托盒，一副。照前倍估，臨時裁節。

○戧金托盒，一副。

物料：十七項，共銀七錢零二厘一毫。

工食：三作，共銀二錢四分八厘。

○戧金大托盒，一副。照前倍估，臨時裁節。

○硃紅擡酒膳盒，一副。

物料：十六項，共銀六錢一分八厘五毫。

工食：四作，共銀一錢九分七厘。

○戧金擡酒膳盒，一副。

物料：二十項，共銀八錢六分九厘零二絲。

工食：五作，共銀三錢四分七厘。

○圓板盒，一副。計八層㉚。

物料：十三項，共銀一兩六錢五分五厘九毫。

工食：三作，共銀二錢二分三厘[36]。

○硃紅竹絲茶飯盒，一副。

物料：十七項，共銀三錢四分七厘九毫。

工食：三作，共銀一錢八分二厘。

○硃紅竹絲大單盒，一副。

物料：十七項，共銀三錢三分四厘一毫。

工食：三作，共銀一錢二分六厘。

○硃紅錫鑲木水桶，一個。併，蓋、杠、鐵環，全。

物料：十四項，共銀一兩七錢四分九厘四毫六絲一忽八微七纖五塵。

工食：三作，共銀一錢零五厘。

○硃紅錫鑲木方箱，一撞。併㉛，紅麻繩㉜、杠，全。

物料：十六項，共銀八兩六錢五分七厘七毫。

工食：四作，共銀五錢三分三厘。

○硃紅木箱，一個。

物料：十四項，共銀一兩零七分九厘四毫一絲九忽。

工食：四作，共銀三錢二分三厘。

○硃紅水沿木卓，一張。錫湯皷，二個，全。

物料：十五項，共銀一兩八錢四分一厘八毫[37]。

工食：三作，共銀三錢三分六厘。

○油紅杉木案卓，一張。

物料：十七項，共銀二兩零三分三厘五毫三絲六忽二微五纖。

工食：二作，共銀二錢五分七厘。

○大連椅，一張。

物料：十項，共銀七錢五分二厘二毫一絲二忽一微二纖五塵。

工食：二作，共銀一錢三分。

○板凳，一條。

物料：八項，共銀二錢九分三厘五毫四絲三忽三微七纖五塵。

工食：二作，共銀四分二厘八毫。

○油紅大蒸籠，一副。

物料：五項，共銀六錢三分九厘四毫九絲三忽七微五纖。

工食：三作，共銀二錢五分八厘。

○油紅中蒸籠，一副[38]。

物料：五項，共銀四錢八分一厘二毫二絲。

工食：三作，共銀二錢零二厘。

○油紅小蒸籠，一副。
物料：五項，共銀三錢八分七厘八毫二絲一忽八微七纖五塵。
工食：三作，共銀一錢一分八厘。

○擡酒大竹籮，一個。
物料：九項，共銀三錢零七厘五毫七絲九忽四微。
工食：二作，共銀九分四厘七毫。

○竹葉棕大醬篷，一個。
物料：九項，共銀四錢一分三厘五毫三絲一忽二微五纖。
工食：二作，共銀一錢一分六厘。

○竹絲雙酒絡，一副。
物料：十二項，共銀一錢二分三厘一毫六絲一忽九微一纖。
工食：二作，共銀六分[39]。

○大祭卓蓋替，并銷金黃羅夾袱、黃絹銷金油袱。并，銅事件，全。
物料：二十四項，共銀十五兩七錢六分一厘七毫四絲四忽一微二纖五塵。
工食：四作，共銀二兩四錢三分八厘一毫。

○小祭卓蓋替，并銷金黄羅夾袱、黄絹銷金油單袱。并，銅事件，全。
物料：二十四項，共銀十一兩九錢五分五厘一毫六絲九忽一微二纖五塵。
工食：四作，共銀一兩三錢九分八厘六毫。
○大、小祭卓，共四十五張。上案放，楪、壺、盞、把鍾、燈籠、手照、御杖、合漏、板凳、盆、桶等項，大、小共二千五百一十七件。
物料：三十一項，共銀一百三十五兩九錢三分五厘七毫五絲。
工食：銀三十兩四錢八分一厘八毫。
○戧金大馬盆，一個。
物料：十三項，共銀一兩二錢三分三厘七毫。
工食：三作，共銀三錢一分六厘[40]。
○油紅馬卓，一張。
物料：八項，共銀一兩四錢三分三厘二毫三絲六忽二微五纖。
工食：二作，共銀三錢七分。
○硃紅茶架，一架。
物料：八項，共銀二錢九分九厘四毫九絲五微七纖五塵。

工食：二作，共銀八分四厘。

○麋案，一座。

物料：十項，共銀五兩一錢五分六厘四毫五絲四微一纖。

工食：二作，共銀一兩七錢九分。

○長春苦酒麋案，一座。

物料：十四項，共銀五十五兩五錢七分一厘。

工食：銀三兩三錢四分一厘五毫。

○錫鑲養牲匣，一副。

物料：十七項，共銀九兩九錢零五厘八毫九忽[41]。

工食：三作，共銀三錢二分三厘。

○錫鑲三牲匣，一副。

物料：十八項，共銀十一兩八錢八分一毫三絲九忽三微。

工食：三作，共銀一兩零四分六厘。

○紅熟銅行灶，一座。底、練索，全。

物料：五項，共銀四兩七錢八分五厘六毫八絲。

工食：一作，銀三錢。

○鐵大淺鍋，一口。

物料：十九項，共銀十三兩一錢二分六厘。

工食：一作，銀一兩五錢五分。

○煑荳大鐵鍋，一口。徑五尺五寸。

物料：十六項，共銀七十兩零七錢二分一厘二毫。

工食：一作，銀八兩二錢六分。

○煑醬黄大鐵鍋，一口。徑五尺、深四尺。接口，全。

物料：十六項，共銀四十七兩八錢七分四[42]厘八毫。

工食：一作，銀八兩二錢六分。

○生銅退牲中接口鍋，一口。徑五尺、深三尺五寸。鐵條攀灶門，全。

物料：十三項，共銀一百六十五兩八錢四分二厘。

工食：一作，銀五兩七錢。

○生鐵拖爐，一副。濶二尺六寸。

物料：七項，共銀五兩七錢三分四厘。

工食：一作，銀五兩四錢。

○銅銚，一把。

物料：三項，共銀三錢四分九厘二毫八絲二忽五微。

工食：一作，銀九分。

○錫頂罐[33]，一個。替、蓋、攀，全。

物料：四項，共銀七錢二分六厘一毫。

工食：一作，銀四分七厘。

○錫茶壺，一把。

物料：四項，共銀二錢四分三厘一毫[43]。

工食：一作，銀五分。

○錫粉盤，一面。

物料：四項，共銀六錢四分四厘四毫六絲。

工食：一作，銀四分七厘。

○錫大盪酒壺，一把。

物料：四項，共銀五錢六分四厘三毫六絲。

工食：一作，銀五分。
○錫酒壺，一把。
物料：六項，共銀二錢四分六厘八毫四絲七忽。
工食：一作，銀二分八厘。
○錫大汁壺瓶，一把。
物料：四項，共銀七錢二分六厘一毫。
工食：一作，銀五分。
○戧金大膳卓，一張。
物料：十三項，共銀十五兩一錢五分七厘一毫六絲五忽。
工食：三作，共銀三兩九錢六分[44]。
○戧金小膳卓，一張。
物料：十三項，共銀七兩零一分八厘二毫四絲九忽。
工食：三作，共銀七錢四分。
○戧金果菜楪，二十四個；湯碗，三套。
物料：十一項，共銀一兩二錢一分四厘四毫四絲一忽七微。

工食：三作，共銀[34]。

○戧金頂盤，一面。

物料：十八項，共銀一兩一錢零四厘九毫六絲二忽四微。

工食：五作，共銀八分八厘。

○膳厨房，一座。

物料：三十五項，共銀二百五十六兩三錢零七厘四毫五絲。

工食：七作，共銀四十七兩八錢六分八厘。

○九龍膳亭，一座。

物料：三十一項，共銀六十二兩八錢二分[45]八厘一毫。

工食：八作，共銀十六兩四錢五分四厘。

○百味亭，一座。

物料：四十三項，共銀六十七兩三錢六分四厘五毫八絲五忽。

工食：八作，共銀十兩零一錢二分。

○裝盛磁器樣箱，一個。事件、鎖鑰等，俱全。

物料：二十六項，共銀二兩七錢七分四厘一毫二絲。

工食：四作，共銀八錢七分。

○「回青」，木櫃，一個。

物料：十四項，共銀一兩一錢三分七厘六毫。

工食：四作，共銀二錢零二厘。

○黃生絹，染一疋。

物料：銀四分四厘三毫一絲。

工食：銀五分。

○黃絹銷金三幅袱，一條。

物料：四項，共銀一錢六分一厘六毫七絲[46]五忽。

工食：一作，銀三分。

○葵花袍，一件。

物料：七項，共銀一兩二錢二分二厘八毫四絲。

工食：二作，共銀七分。

○抹金銅帶，一條。

物料：二十五項，共銀四錢七分零二毫。

工食：二作，共銀九分。

○鹿籠，一座。

物料：一三項，共銀三兩五錢四分一厘一毫。

工食：三作，共銀三錢六分。

○大銅鍋，一口。徑二尺八寸。

物料：十三項，共銀四十六兩三錢一分七厘。近年不造，姑存之，工料似尚可裁。

工食：一作，銀一兩四錢二分五厘。

○澆花板[47]。

物料：一項，該銀一兩八錢。

工食：銀三兩九錢。

○籩、豆，龍袱條。

物料：六項，共銀六錢九分六毫。

工食：二作，共銀一分八厘。

○陵、壇，油龍袱，一條。

物料：三項，共銀二錢四分八毫五絲。

工食：二作，共銀三分四厘。

○太廟，羊角燈。

召買：每盞，該銀六錢六分。

以上各器，查《條例》，所載「紅器」名色止此，各項止開一副爲例。遇修若干㉟，照一副規則㊱，增減物料。其各料細數，欵目繁多，難以刊刻，該廠有「印信文册」存照[48]。

器皿廠條議

一議，褎「會料」，以尠買辦㊲。《條例》開載，本廠應用物料，俱會於「十庫」、「竹木局」、「山」、「臺」等廠，此外召買無幾，甚稱簡便。近數十年，移會各庫、局，惟硃、丹、水膠、明礬、槐花、苧布、荒絲㊳、生絹、銅、錫十二項㊴，回稱「會有」。餘如，桐油、魚膠、「松、杉板」、篾、竹、青松柁木等，一槩「會無」矣㊵，因致歲費帑金千百兩。不知昔何以有，今何以無？本廠職止監造，權不他與。本司相應移文各庫、局，嚴查有無，務令實報，毋得朦朧回覆㊶。庶乎，「會」一項，省一項買辦之費耳。

一議，嚴辦納，以清「預支」。京師各物充牣，而本廠所需物料，又最易辦㊷，乃煩終歲比追？則以近日舖商，名雖爲「商」，實窶人、白棍耳。不得「預支」，且諉于「無米之炊」；既得「預支」，又視爲下咽之物。于是，官之需料，急于星火，而彼之緩辦，玩若兒戲。雖鞭笞不免頻用，而「預支」未能速清。

今後，本廠舖商，如領「預[49]支」，合無稟白本廠，將領「出領」當堂封貯一櫃，仍寄「小庫」，責成本司庫吏防守，陸續支發。已發者，限商作速辦納。然後，如前再發。其未盡者，留貯在櫃。如此，則商不至久逋，官不煩嚴此。卽遇交代，亦得以已納之料、未支之銀，明白盤筭，不至爲後人口實矣。

至于壇廟雜差，歲費不下幾百金。今既不多領「預支」，難俟年終總筭。相應隨出「實收」，以濟啇之窮者也。

一議，酌物料，以清支放。本廠物料，已經先年分別裁減：於竹、篋、膠、布等，照原「估」，減三分；銀硃、桐油等，照原「估」，減二分；松、杉板，照原「估」，減一分五厘。定爲「續估」，每歲，遵照料計。仍於「續估」數中，各項節縮，通融合筭。大約，「支」存三分，留作本廠節省之數，以爲定例。蓋，視原估，則又減矣。如遇「婚禮」等項，器求精美，有不得必取盈於「三」者。至于，丹、硃等項「會庫」物料，近皆低惡，如果眞材實料[50]，則所節雖溢于「三」之外，可也。總之，錙銖必省，又在臨時斟酌之。

一議，調餼廩，以甦匠役。查，《條例》各作工食，分四季給散，原爲優恤貧役。蓋，匠作終歲勤動，緩則自造，已歎饔飧之不支；急則倩人[43]，益苦雇值之無措。若官不給銀，勢必借貸，則日後所領官銀，不足償宿逋。况欲竊錙銖之贏，以活家室，寧可得乎？近時，必俟歲終「實收」到日總支，似難久待。合無照舊，按季四次支領。或分作兩次，半在初秋、半在歲終出「實收」之日。其壇、廟雜差，照《條例》，逐項隨給。庶接濟蒙恩，而貧役競勸矣。

一議，復「回銷」，以節物力。本廠造「光祿」器皿，如箱、盒等，每歲多則八千餘件，少亦不下六七千件。「銷金絹袱」，每歲或三千餘條，少亦不下二千餘條。數不爲少，費亦可惜。先年，會題過「盤宮三分、回銷一分」，以便次年修飾、送用。今，數十年間，絕無「回銷」，一入不[51]出矣。相應查《例》具題，以復舊制。至於「錫鑲」等器㊹，則《條例》原將回還舊錫，加添改造。今無舊錫回還㊺，似應免造，亦應題明，以便遵守。

一議，扃　著㊻，以寬歲修。每歲，禮部咨修各壇、廟祭器，在本部，固不忍以小費誤大禮，而各壇、廟，亦宜體諒、愛惜，加意收貯。除，朝燈暴露，不容不歲修，糊飾紙張，及一切「年例」箕、箒、蓆、布，纖細等物，不容不歲給外，他若座燈、插燈、香卓、牲匣、帳房之類，儘堪經久，何至任其遺失、毀壞，修無虛歲？相應移咨禮部，轉行「太常」，責成各該壇、廟員役，於祭畢後，加意查點、收貯，共圖節省。

都水清吏司督廠主事　臣　黃景章
臣　黃元會　謹仝議
工科給事中　臣　何士晉　謹訂[52]

校勘記

❶「十一」，底本、「南圖本」原闕，今據《目録》并該卷書口上單黑魚尾下「卷之十一」刻記補。

❷《器皿廠》全篇共五十二葉，底本、「南圖本」各正葉下書口基本均見刻記「器皿廠」三字，惟底本第十三、四十五、四十九葉，「南圖本」第十二、二十三、二十六、二十八、三十四－三十五、三十九、四十七葉，模糊以致漫漶。又，底本第八、十二、十六、十九、二十二－二十三、二十五、二十七－二十八、三十一－三十五、三十九－四十三、四十五－四十八、五十－五十一葉，下書口此處背葉有不清晰三字墨痕。

❸「器」下，底本、「南圖本」原空一字格（即「共」上），「備史本」同，今疑或爲「皿」，暫不補，一仍其舊。另，「器皿廠」，底本《目録》後更有「都水司分差」單行小字，應指本卷所隸，今前已標注，此不贅録。

❹「溢」，底本、「南圖本」原作「溢」，今逕正，後不再注。

❺「二」，底本、「南圖本」原作此，「全電檔」同，「備史本」似作「三」，今據數據覈算，誤，不從。

❻「式」，底本、「南圖本」全書，上與「合」連者，僅本卷所見六處，即第七葉正背（三處）、八葉正、十四葉正（兩處），今據是書行文特點，此處一般先臚列物料尺寸，再言價值，故可定其讀當於「式」字後。

❼「椅」，底本字迹缺損，今據「南圖本」補。又，「備史本」作「椅」，後一例同此，今不從。

❽「剛」，底本模糊，今據「南圖本」補，「備史本」同。

❾「至」，底本模糊，今據「南圖本」補，「備史本」同。

❿「該」，底本模糊，今據「南圖本」補，「備史本」同。

⓫「一」，底本字迹缺損，今據「南圖本」補，「備史本」同。

⓬「爈」，底本、「南圖本」原作「爈」，今正。

⓭「滴」，底本、「南圖本」原作此，「全電檔」同，而下一例「錫裏大小牲匣共六副滴補」（十五葉背），及本卷本條「月夕壇・修理」下「錫裏錫裏三牲匣二副滴補油飾」、「酒壺四把滴補」，兩刻本均作「滴」，今疑即當爲「滴」。

又,《列子(集釋)·力命篇》「若何滴滴去此國而死乎」一句疊用者,有傳本作「滴滴」,雖后世整理時已將其定爲與「流蕩貌」牽涉的「滂滂」,或「水多貌」的「汸汸」(卷六,第二百一十三頁),惟據之足見該字偶或可存,故暫不改。

⑭「內」,底本模糊,今據「南圖本」補。

⑮「長」,底本模糊,今據「南圖本」補。

⑯「架」,底本、「南圖本」原作「價」,「全電檔」同,今據本卷本條後「安卸」項下有「走牲帳房架十一間」(十八葉背),改。

⑰「聖駕親臨」一段左上半欄,底本見殘損不識墨痕,「南圖本」無,今疑或爲刷印用紙捺押牌記及附著墨痕等,現不録。

⑱「二」,底本、「南圖本」字迹缺損,今據所剩字迹暫補,「全電檔」同(惟「二」字下横畫殘)。

⑲「三」,底本字迹缺損,今據「南圖本」補。

⑳「三錢」之「三」,底本、「南圖本」字迹缺損,今據所剩字形補,「全電檔」同(惟「三」字最上横畫殘)。

㉑「匣」,底本斷爛,今據「南圖本」補。

㉒「卯酉年遺祭用」一段左半欄,底本見殘損不識墨痕,「南圖本」無,今疑或爲刷印用紙捺押牌記及附著墨痕等,現不録。

㉓「錢」下,底本、「南圖本」原空二字格(即下邊框上),今省却。

㉔「小簾」,底本模糊,今據「南圖本」補。

㉕「葵」,底本、「南圖本」原作「葵」,今逕正,後不再注。

㉖「工食」下,底本、「南圖本」原再無字,「全電檔」同,今仍其舊。

㉗「總數開具如右」一段左半欄,底本見殘損不識墨痕,「南圖本」無,今疑或爲刷印用紙捺押牌記及附著墨痕等,現不録。

㉘「靈」,底本原作「靈」,「南圖本」漫漶,今逕正,後不再注。

㉙「工」上,底本、「南圖本」原多一「召」字,「全電檔」同,今疑衍,删。

㉚「計」,底本、「南圖本」原模糊以致漫漶,今據「全電檔」補。

又，「八」，底本、「南圖本」原模糊以致漫漶，今據殘損字形補，「全電檔」同。

㉛「併」，底本漫漶，今據「南圖本」補。

㉜「紅」，底本模糊，今據「南圖本」補。

㉝「罐」，底本、「南圖本」原作「鑵」，今正。

㉞「銀」下，底本、「南圖本」原闕，「全電檔」同，今仍其舊。

㉟「干」，底本、「南圖本」原作「于」，「全電檔」同，今改。

㊱「規」，底本字迹涂污，今據「南圖本」補。

㊲「辦」下，底本、「南圖本」原空一字格（即「條」上），今疑當爲刻本間隔用，本篇均有此例，現概省却，後不再注。

㊳「荒」，底本模糊，今據「南圖本」補。

㊴「二」，底本、「南圖本」原作此，「全電檔」同，今疑衍，暫不改。

㊵「無矣」，底本字迹缺損，今據「南圖本」補。

㊶「毋」，底本、「南圖本」原作「母」，今正。

㊷「最」，底本、「南圖本」原作「㝡」，今逕正，後不再注。

㊸「倩」，底本、「南圖本」原作「倩」，今正。

㊹「鑲」，底本、「南圖本」原字迹模糊以致漫漶，今據所剩字形補，「全電檔」同。

㊺「今」，底本字迹缺損，今據「南圖本」補。

㊻「扃」下，底本、「南圖本」原空一字格（即「著」上），「全電檔」同，當係脱字，今不詳，仍其舊。

工部廠庫須知

卷之十二

工科給事中　臣　何士晋　纂輯
廣東道監察御史　臣　李　嵩　訂正
屯田清吏司郎中　臣　劉一鵬　攷載
營繕清吏司主事　臣　陳應元
虞衡清吏司主事　臣　樓一堂
都水清吏司主事　臣　黄景章
屯田清吏司主事　臣　華　顔　仝編

屯田司[1]

國初，以軍食爲重，故特設，以經理開墾器具[2]、耕牛之事。今，耕屯俱隸有司，本司止管上供，并監局柴炭與山陵之事。分司爲「臺基柴炭廠」，爲外差「易州山廠」。有「陵工」，臨時委差。所屬爲柴炭司正使一員、副使二員。

年例錢糧

二年一次[3]

〇御用監，金箔等料。

會有」：

甲字庫-

銀硃，二百斤。每斤，銀四錢三分五厘。該銀八十七兩。

水膠，二千五百斤。每斤，銀二分七厘。該銀四十二兩五錢。

黑鉛，五百斤。每斤，銀四分二厘。該銀二十一兩。

乙字庫-

欒榜紙，三千張。每百張，銀一錢二分。該銀三兩六錢。

丁字庫-

川漆，一千五百斤。每斤，銀一錢六分。該銀二百四十兩。

白圓藤，二百斤。每斤，銀四分。該銀八兩。

通州抽分竹木局[1]

長節大樣竹篾❹，一百五十斤。每斤，銀一分五厘。該銀二兩二錢五分。

以上七項，共銀四百四兩三錢五分[2]。

召買：

金箔，四萬貼。每貼，銀三分。該銀一千二百兩。

細銅絲，三百斤。每斤，銀一錢二分。該銀六十六兩。

瀛沙，三千斤。每斤，銀六厘。該銀一十八兩。

羊毛，二百斤。每斤，銀五分。該銀一十兩。

明羊角，一百斤。每斤，銀三分。該銀三兩。

檀木，二十根。每根，銀一錢。該銀二兩。

椴木，五百丈。每丈，銀一錢五分。該銀七十五兩。

大樣甘鍋，二千個。每個，銀六分。該銀一百二十兩。

蘆甘石，五千斤。每斤，銀五分。該銀二百五十兩。

灰挣牛皮，二十張。每張，銀四錢。該銀八兩。

眞紅牛皮，五十張。每張，銀五錢。該銀二十五兩[3]。

水和炭，十五萬斤。每萬斤，銀一十七兩五錢❺。該銀二百六十二兩五錢。

木炭，二十萬斤。每萬斤，銀五十兩。該銀一千兩。

木柴，二十萬斤。每萬斤，銀二十四兩。該銀四百八十兩。

白炭，一十萬斤。每萬斤，銀六十五兩。該銀六百五十兩。

以上十五項，共銀四千一百六十九兩五錢。

○外付都水司添、辦，本監「年例錢糧」。

會有：

丁字庫－

川漆，六千斤。每斤，銀一錢六分。該銀九百六十兩。

召買：

雲母石，一千斤。每斤，銀三錢。該銀三百兩。

廣生漆，一萬斤。每斤，銀五錢五分。該銀五[4]百五十兩。

川漆，九千斤。每斤，銀一錢六分。該銀一千四百四十兩。

以上三項，共銀二千二百九十兩。係「水司」改正新額。

前件：「都水司」議。查，《備考》開載，原係三年一題。隆慶二年題，攤作三分，一年一派，其數如右，已屬攤數。弟《條例》開，會有「廣生漆」一萬斤、召買「川漆」一萬五千斤，近年，見行將「川漆」改「會有」，分六千斤，而「廣生漆」一萬斤，全改「召買」，計省買費，四百一十兩。今，已改正如右。

○巾帽局，巾帽紗、羅等料。

會有：

甲字庫

水膠，二百十六斤。每斤，銀一分七厘。該銀三兩六錢七分二厘。

銀硃，八斤十三兩。每斤，銀四錢三分五厘。該銀三兩八錢三分。

五棓子，一百斤。每斤，銀三分。該銀三兩。

皂礬，一百斤。每斤，銀四厘。該銀四錢。

乙字庫[5]

榜紙，四千五百八十張。每張，銀七厘。該銀三十二兩六分。

奏本紙，五百張。每百張，銀五錢。該銀二兩五錢。

丁字庫

鐵線，二百二十三斤。每斤，銀六分。該銀一十三兩三錢八分。

通州抽分竹木局

長節苦竹篾片，二百斤。每斤，銀一分。該銀二兩。

以上八項，共銀六十兩八錢四分二厘。

召買：

白生素平羅，八百疋。每疋，銀一兩八錢。該銀一千四百四十兩。

皂縐紗，四百疋。每疋，銀七錢。該銀二百八十兩。

青熟絲線，三十五斤。每斤，銀九錢。該銀三十一兩五錢。

棕毛，三千斤。每斤，銀四分。該銀一百二十兩。

墨煤，一百斤。每斤，銀五厘。該銀五錢。

木炭，五萬八千三百斤。每萬斤，銀五十五兩。該銀三百二十兩六錢五分。

木柴，一十一萬斤。每萬斤，銀二十四兩。該銀二百六十四兩。

以上七項，共銀二千四百五十六兩六錢五分。

○巾帽局，靴料折價。銀，八萬餘兩。

前件：每年，該局具題，其人數不無虛冒，本司必嚴覈的確，然後覆題、解給。查得：十七年，九萬七千五百五十二兩五錢零；十八年，九萬六千五百五十九兩三錢零；四十一年，七萬九千八百六十六兩零；四十二年，七萬八千五百三十七兩零。歷年，該局人數消減，故銀亦遞減。

○司苑局，藭稭等料。

會有：

丁字庫-

黃蔴，七百二十二斤十二兩。每斤，銀一分，。該銀七兩二錢二分七厘五毫。

白蔴，四百四十五斤八兩。每斤，銀三分。該銀一十三兩三錢六分五厘❻。

以上二項，共銀二十兩五錢九分二厘五毫。

○司苑局，藭稭等料。

折價：

每年，額折，銀九百七十五兩五錢一分四厘。

○御馬監，煑料木柴。

召買：

木柴，一百二十五萬斤。每萬斤，銀二十四兩。該銀三千兩。

○銀作局，「打造」木炭。

召買：

木炭，三十萬斤。每萬斤，銀五十兩。該銀一千五百兩。

○[7]織染局，「變染」柴、炭[8]。

召買：

木柴，七十萬斤。每萬斤，銀二十五兩。該銀一千七百五十兩。

木炭，三萬斤。每萬斤，銀五十兩。該銀一百五十兩。

以上二項，共銀一千九百兩。

○惜薪司，「四廠」柴、炭。

召買：

「內柴」，舊額，九百五十七萬斤。二十六年題，增二百五十萬斤。共一千二百七萬斤。每萬斤，銀四十兩。該銀四萬八千二百八十兩。

「外柴」，「南」、「紅」、「北」、「西」四廠，舊額，八百五十萬斤。每萬斤，銀三十五兩。共該銀二萬九千七百五十兩。

木炭，舊額，七百四十三萬二千斤。二十六年題，增一百五十萬斤。共八百九十三萬二千斤。每萬斤，銀七十五兩。共該銀[9]六萬六千九百九十兩。

楊木長柴，五萬斤。每萬斤，銀一百四兩。該銀五百二十兩。

堅實白炭，七萬斤。每萬斤，銀一百一十一兩三錢。共該銀七百七十九兩一錢。係「西」、「北」二廠。

荊條，二萬斤。每萬斤，銀五兩[8]。共該銀一百兩。

以上通共，該銀一十四萬六千四百一十九兩一錢。至萬曆二十七年，因舖商賠累，該司呈堂，委四司，會同巡視衙門議：將「內柴」，每廠，定幇貼銀二百兩，共貼銀八千四百六十六兩六錢二分；「外柴」，「南」、「北」、「西」三廠，每廠，幇貼銀一百二十兩；「紅羅」廠，幇貼銀一百八十兩；共貼銀，二千八百二十兩。木炭，「南」、「北」、「西」三廠，每廠，幇貼銀一百五十兩；「紅蘿」廠，幇貼銀二百兩；共貼銀，五千零七十五兩。通共貼銀，一萬[10]五千九百四十一兩六錢二分。即於前項「外柴」、「木炭」價內，通融扣除。本部止找貼銀，六百三十五兩四錢二分。共正貼銀，一十四萬七千五十四兩五錢二分。

○惜薪司太監，折柴。價銀，約一萬六七千兩。上、下半年題、解。

前件：每年，該監具題。其人數，亦由本司查確，然後覆題、解給。查得：十七年，二萬六千八十六兩五錢；十八年，二萬五千四百七十九兩九錢；四十年，一萬八千七百六兩五分；四十一年，一萬六千二百八兩六錢。亦歷年遞減。

○西「捨飯店」，濟貧煑粥木柴。

召買：

春、夏兩季，每季，各六萬三千三百六十斤。每萬斤，銀一十八兩。該銀一百一十四兩四分八厘。

秋、冬兩季，每季，各六萬四千八十斤。該銀一百一十五兩三錢四分四厘。

以上，共銀四百五十八兩七錢八分四厘。遇閏月，加銀三十七兩五錢八分四厘[11]。

前件：戶部驗糧廳與內監，會收。

○天壽山，蔴觔，四千五百斤。每斤，銀五厘。該銀二十二兩五錢。

前件：舊係召買。近，鋪商苦累，徑聽提督內監，折銀自辦。

○翰林院，木炭，一萬斤。該銀一百一兩。

前件：折銀，送內閣用。取中書科「手本」，回繳、附卷。

○太常寺，木柴。

召買：

木柴，二十二萬二千五百斤。該銀七百九十四兩五錢六分。

前件：祭祀應用，本「寺」同內監，會收。

○壩上大馬房，木柴，五萬二千九百四十九斤。每萬斤，銀一十八兩。該銀九十五兩三錢八厘二毫。

前件：該「房」內監，折價自買。

○太常寺樂舞生，木柴。折價銀，七百九十九兩五錢四分二厘。

前件：該「寺」典簿廳，移文請給。每年，兩次支領[12]。

○易州山廠，長柴大炭。舊額，七十萬斤。每萬斤，銀一百六十九兩。共該銀，一萬一千八百三十兩。

二十六年題，增十萬斤，該銀一千六百九十兩。通共，銀一萬三千五十二兩。每年，兩次題差、解送。

〇內官監，成造細草紙。木柴，四萬斤。每萬斤，銀一十八兩五錢。該銀七十四兩。

前件：准營繕司付取。

〇修倉廠，派支協濟料價銀。每年，八九百兩不等。

前件：憑營繕司派支。舊時派料，「銀」有併派舖商者。近，「虞」、「都」、「屯」三司議，「照派發銀，聽『繕司』舖商投領，免令各司派商」，似爲長便。

〇內官監，年例「本色」物料。

一年一次

通州抽分竹木局

黃松，二十根。

大黃松，二十五根。

中黃松，二十五根[13]。

長柴，一百根。

把柴，一百根。

松板，二十五塊。

車輞，三十五塊。

車軸，十根。

軟竹篾，五十斤。

箭竹，一百根。

叚木，十叚。

磚，二千個。

瓦，四千片。

蘆溝橋抽分竹木局-

散木，四十根。

松木，三十五根。

長柴，二百根。

把柴，二百五十根。

石灰，二百斤。

通積抽分竹木局-

磚，八百個[14]。

瓦，四千片。

廣積抽分竹木局-

磚，八百個。

瓦，四千片。

方磚，八十個。

○御用監，年例「本色」物料。

通州抽分竹木局-

船板，一百九十塊。

黃松木，七十根。

杉木板，九十塊。

松木板，九十塊。

蘆溝橋抽分竹木局-

松木柁，一百根。

松木散頭，二百根。

松木，三百七十五根。
松木板，二百七十五塊。
長柴，五百根。
通積抽分竹木局[15]
片瓦，一萬片。
沙板磚，五千個。
廣積抽分竹木局
沙板磚，五千個。
片瓦，一萬片。

年例公用錢糧——

一年一次

○先「關」，後補「勘合」。司禮監，工食，銀四兩八錢。四年輪。爲首，加一兩二錢。四司同。司禮監，寫字領。

○工科，精微簿籍、硃盒、筆、硯等項，銀一兩五錢。四司同。工科吏領。

○本司，炙硯木炭，銀一十二兩。本司關領。四司同。

○本司，裱背匠，裝釘簿籍、綾殼。工食，銀五兩。裱背匠領。四司同。

○巡視科、道，造奏繳「文册」。紙劄、工食，銀七兩一錢六分四厘。科、道造册書辦領。數視「繕司」少，視「衡」、「水」多。

○司禮監書辦，筆、炭，銀二兩五錢。本「監」移文關領。各司無。

○科、道，炙硯炭，銀三兩。庫官領、送。《條例》止本司有，三司俱無[16]❾。

○聖旦、冬至，「三堂司廳」、四司。習儀，賃房、備飯銀，各一十兩六錢六分。本司「雜科」領。各司無。

○三堂司務廳，并本科，炙硯炭，銀二十二兩。年終，「雜科」領、送。《條例》止本司與「繕司」有外，「衡」、「水」二司無。

○巾帽局，包裹紙、鎖，銀二兩六錢七分。承行書辦領。各司無。

○節愼庫主事，差滿交盤錢糧⑩，造奏繳「文册」。紙張、工食，銀一兩九錢五分二厘五毫。四司同。庫官領，給造册書辦。

○壽宮管理太監⑪，每年，紙劄，銀二十四兩二錢四分。遇閏，加銀二兩二分。本「監」移文關領。

四季支領

○本司，巡風、齋宿。油、燭，每季，銀一兩二錢五分。四司同。火房領。今定，本司關領，分送各差，取「收帖」附卷。

○本司，寫揭帖等項。紙價銀，每季，八錢。四司同。本司雜科書辦領。

○本司，印色、筆、墨等項，每季，銀一兩一錢二分。四司同。門吏領、辦，免派舖戶[17]。

○本司司官，每月、每員，紙劄銀，五錢。《備考》有，故入。

不等月分

○本司，攢造奏繳「文册」。紙劄、工食銀，各五兩九錢八分九厘。上、下半年，雜科書辦領。各司，數俱不同。

○本司，「考成」。紙劄、工食，銀各六兩。屯科書辦領。各司無。

○惜薪司，包裹紙、鎖。銀，上半年四錢九分，下半年二錢四分。准支。科書辦領⑫。各司無。

○工科，抄呈號紙。銀，四月、八月、十二月，各七錢。遇閏月，加銀七錢。本科書辦領。四司同。

輪該各季。俱，四司同。

○承發科，塡寫「精微」，銀三兩六錢。承發科領。

○工科，抄謄章奏。紙張、工食，銀一十一兩二錢八分。遇閏月，加三兩六錢。工科抄謄吏領。

○賃，東闕朝房，銀四兩。本司雜科書辦領，移送內相，取「迴文」附卷。

○知印，印色，銀一兩五錢。大堂知印領。

○本科，題、奏本。紙，銀二兩。本科本頭領。

○三堂司務廳，紙劄、筆、墨，銀九兩八錢六分。本司雜科領，解送，取「迴文」附卷[18]。

○⑬本科，寫本。工食，銀五十兩六錢。遇閏月，加銀一十六兩八錢六分。本科本頭領。

○節慎庫，澆銀。木炭，銀一兩五錢七分五厘。庫吏領。

○巡視廠庫科、道，紙劄，銀八兩八錢八分。照季，移送科道，取「廻照」附卷。

○巡視廠庫科、道，到庫收放錢糧。茶菓、飯食，銀九兩六錢二分五厘。庫官領。

○節慎庫，關防印色、修天平等項，銀三兩。庫官領。

○三堂司務廳、四司書辦，工食，銀三十兩六錢。遇閏月，加銀一十兩二錢。雜科領散。

○三堂、四司，抄報。工食，銀一十二兩六錢。遇閏月，加銀四兩二錢。抄報吏領。

○節慎庫，紙劄、裱背匠，工食，銀一十一兩五錢。庫官領。

○上本抄旨意官，工食，銀九兩。遇閏月，加銀三兩。旨意官領。

○精微科吏，工食，銀一兩八錢。遇閏月，加銀六[19]錢。精微科吏領。

○內朝房官，工食銀并香燭銀，二兩一錢。遇閏月，加銀七錢。內朝房官領。

○工科辦事官，工食，銀五兩四錢。遇閏月，加銀一兩八錢。工科辦事官領。

○報堂官，三人，工食，銀三兩五錢。遇閏月，加銀一兩一錢六分六厘。三堂，報堂官領。

不等年分

○進「考成」，銀五錢。乙、丁、己、辛、癸年分，一次。進考成吏領。四司同。

○「朝覲」各項拖欠錢糧「文冊」，銀八兩五錢。子、午、卯、酉年分。本司書辦領。各司無。

○換卓圍等項，銀五兩。子、午、卯、酉年分。雜科書辦領，四司同。

○刷卷，工食、紙劄，銀二兩五錢。寅、申、巳、亥年分，一次。雜科書辦領、刷。四司同。

○「考成」，紙劄、工食，銀一十六兩。辰、戌⑭、丑、未年分，一次。本司書辦領。各司無。

○科、道會估。酒席、紙劄，銀九兩三錢七分六厘。亥、卯、未年分，一次。近無會估，不支[20]。

○節愼庫餘丁，草薦，銀三兩。寅、午、戌年分⑮，一次。餘丁領。

○「京察」年分，「揭帖」。紙劄，銀一十一兩三錢九分。本司書辦領。各司無。

○工科編本，工食，銀一十五兩。科吏領。

造墳規則。此係不時題請，遵《旨》照「某例」奉行。今，止據《條例》所載開具，以備叅考。

○宜妃楊氏，造墳物料。

墳券，一處。享殿，一座，五間。左、右廂房，二座。每座，五間。靈寢門，一座。宮門，一座，三間。照壁，一座。神厨，一座。後小房，三間。神庫，一座。後小房，三間。紙爐，一座。司香官住房，三十六間。大門，一座。左、右門房，六間。井，一眼。柵欄門，三座。

會有：

物料四十項，共銀五千四百兩五錢二分二厘五毫。

召買：

物料五十二項，共銀二萬一千九百三十[21]九兩一錢六分六厘七毫。

灰戶，燒、運價，共銀三千四百四十八兩二錢三分八厘六毫五絲。

車戶，運磚價，共銀九百九十一兩八錢四分。

車戶，運木、石、土等價，共銀五千三百六十兩五錢一分八厘二毫⑯。

匠役，工食，共銀六千五百二十一兩九錢一分八厘。

夫匠，工食，共銀九千六百八十兩二錢。

內官監，成造葜儀、冥器物料⑰。

會有：

物料十二項，共銀四千三百八十二兩一錢九分一厘五毫。

召買：

物料十九項，共銀一千一百九十兩五錢五分二厘一毫。

○**司設監**[18]，成造銘旌、冥器物料[22][19]。

會有：

物料五項，共銀一百四兩六錢六分八厘。

召買：

物料九項，共銀一百二十五兩一錢九分八厘

針工局，成造冥器、儀仗物料。

召買：

物料二項，共銀二十七兩八分。

營繕所，成造「方相」一座，并拽運、棚罩。工食，共銀八十三兩四錢七分五厘。

○邠哀王，造墳物料。

墳券，一處。享殿，一座，五間。左、右廂房，二座。每座，五間。靈寢門，一座。宮門，一座，三間。照壁，一座。神厨，一座。後小房，三間。神庫，一座。後小房，三間。左、右門房，六間。井，一眼。栅欄門，三座。

會有：

物料三十四項，共銀四千五百四兩二錢[23]七分五厘四毫。

召買：

物料五十七項，共銀一萬五千九百六十一兩一錢七分三厘七毫五絲。

買墳地，銀四十五兩。

窑戶，燒、運價，共銀二千一百四十七兩一錢七分八厘。

灰戶，燒、運價，共銀三千三百三十五兩一錢六分三厘四毫。

車戶，運價，共銀二千七百一十四兩三錢。

匠役，工食，共銀三千四百五十九兩九錢。

夫役，工食，共銀一千九百六十三兩二錢一分。

內官監，成造椉儀、冥器物料。

會有：

物料七項，共銀二千八十兩一錢七分。

召買：

物料三十五項，共銀三千五百九十五兩[24]九錢二分。

司設監，成造銘旌、冥器物料。

會有：

物料六項，共銀六十一兩九錢七分。

召買：

物料十項，共銀八十八兩二錢四分。

鋮工局，成造冥器、儀仗物料。

召買：

物料二項，共銀一十二兩六錢八分。

營繕所，成造「方相」一座，并拽運、棚罩。工食，共銀五十一兩三錢五分七厘。

○潞王長女，造墳物料。

墳塋，一處。　享殿，三間。　司香房，六間。　週圍墻垣。

會有：

物料十八項，共銀二十五兩七錢二分五厘。

召買：

物料三十七項，共銀一千四百一錢五分七厘[20]。

灰戶，燒、運價，共銀二百一十四兩四錢九分五厘。

車戶，運價，共銀四百九十兩六錢八分。

匠役，工食，共銀六百兩一錢六分。

夫役，工食，共銀五百五十八兩一錢九分。

冥器。

召買：

物料十七項，共銀六十六兩二錢。

○內宮封「夫人」者，傳奉造墳[21]。

墳所、享堂、神床、供器、祭臺等項。

會有：

物料二十一項，共銀四十三兩七錢六厘。

召買：

物料十一項，共銀一百一十七兩七分一厘。

車戶，運價，共銀四百八十九兩三錢四分[26]。

匠役，工食，共銀八百二十四兩三分。

夫役，工食，共銀二百九十兩三錢二分。

一·**開窆𨎌道**。

○皇貴妃文氏，開窆𨎌道。

會有：

物料二十四項，共銀四百八十三兩三錢五分六厘。

召買：

物料一十九項，共銀二千一百四兩三錢四分一厘。

車戶，運價，共銀三百九十三兩五錢四分。

灰戶，燒、運價，共銀四兩二錢。

匠役，工食，共銀二百三十三兩四錢八分。

夫役，工食，共銀一千六百一十八兩二錢五分。

靈柩席殿，一座。　鼓樓西祭棚，一座。

教場前祭棚，一座。　北極寺祭棚，一座。

內官監，成造蒭儀、冥器物料[27]。

會有：

物料十一項，共銀九千二百六十五兩六厘五毫。

召買：

物料三十二項，共銀一萬一千二百六十二兩八分一厘。

司設監，成造銘旌、冥器物料。

會有：

物料五項，共銀五十六兩二錢三分四厘。

召買：

物料十三項，共銀一百四十八兩七錢一分四厘。

針工局，成造冥器、儀仗物料。

召買：

物料二項，共銀一百八十四兩四錢。

營繕所，成造「方相」一座，并拽運、棚罩。工食，共銀一百七兩六錢一分六厘。

前件：一「方相」之費至此，甚属虛冒。亦應，量計長短，用料多寡、用工多寡，裁節虛[28]費。查，屢年《條例》亦有用

「七十金」、「五十金」者，差可爲定例耳。

○懿妃于氏，開窆墜道。

會有：

物料十九項，共銀一百八十四兩三錢九分八厘三毫。

召買：

物料二十一項，共銀四百三兩九錢八分四厘。

灰戶，燒、運價，共銀六兩二錢三分二厘。

匠役，工食，共銀一百二兩二錢二分。

夫役，工食，共銀四百三十八兩。

內官監，成造㚇儀、冥器物料。

會有：

物料六項，共銀一百三十三兩四錢五分六厘。

召買：

物料十九項，共銀三百七十兩三錢二分五厘[29]。

司設監，成造銘旌、冥器物料。

會有：

物料七項，共銀七十四兩一厘。

召買：

物料七項，共銀四十六兩八錢四分五厘。

營繕所，成造「方相」一座，并拽運、棚罩。工食銀，共三十二兩六錢九分七厘。

○淑妃秦氏，開空墜道。

會有：

物料十六項，共銀六十八兩七錢五分八厘四毫。

召買：

物料十八項，共銀三百七十兩五錢七分八厘。

灰戶，燒、運價銀，共五兩九錢。

匠役，工食，共銀一百一十四兩九錢四分。

夫役，工食，共銀四百三十七兩五錢二分。

內官監，成造葜儀、冥器物料[30]。

會有：

物料七項，共銀一百三十三兩四錢五分六厘[22]。

召買：

物料十八項，共銀三百六十一兩七錢七分五厘。

司設監，成造銘旌、冥器物料。

會有：

物料六項，共銀七十三兩八錢九分。

召買：

物料八項，共銀四十七兩一錢九分。

營繕所，成造「方相」一座，并拽運、棚罩。工食，共銀三十二兩七錢。

○沅懷王，開乞墢道。

會有：

物料二十項，共銀三百六十兩九錢七厘。

召買：

物料二十項，共銀九百五兩九錢一分[31]。

窑戶，燒、運價，共銀六百一十九兩二錢。

灰戶，燒、運價，共銀五百一十五兩四錢。

車戶，運價，共銀三百九十四兩三錢三分三厘四毫一絲。

匠役，工食，共銀五百七十兩四錢一分。

夫役，工食，共銀六百七十一兩三錢一分。

內官監，成造㦸儀、冥器物料。

會有：

物料八項，共銀一千二百八十八兩二錢五分一厘六毫。

召買：

物料三十四項，共銀四千四百七兩九分八厘。

司設監，成造銘旌、冥器物料。

會有：

物料五項，共銀一十七兩三錢一厘。

召買：

物料十一項，共銀九十四兩六錢三分七[32]厘。

營繕所，成造「方相」一座，并拽運、棚罩。工食，共銀六十六兩一分七厘。

○靜樂公主，開空壙道。

會有：

物料二十三項，共銀二百四十二兩六錢六分四厘。

召買：

物料一十七項，共銀六百二兩六錢六分七厘。

灰戶，燒、運價，共銀三百九兩六錢。

車戶，運價，共銀三百九十二兩六錢二分。

匠役，工食，共銀二百四十四兩五錢四分。

夫役，工食，共銀六百八十三兩二錢八分。

內官監，成造葜儀、冥器物料。

會有：

物料六項，共銀一百八十九兩二錢八分一厘[33]。

召買：

物料四十一項，共銀一千九百七十四兩六錢五分四厘。

司設監，成造銘旌、冥器物料。

會有：

物料六項，共銀四十八兩七錢三分八厘。

召買：

物料六項，共銀五十九兩六錢五分五厘。

針工局，成造冥器、儀仗物料。

召買：

物料二項，共銀六兩三錢四分。

營繕所㉓，成造「方相」一座，并拽運、棚罩。工食，共銀五十四兩二錢四分。

○雲夢公主，開空𨗉道。

召買：

物料二項，共銀六兩三錢四分。

營繕所，成造「方相」一座，并拽運、棚罩。工食，共銀四十三兩五錢七分[34]。

公主，選有駙馬者，造墳折價。

○永福公主，造墳。因冐破數多，不爲例。以後陳乞者，止照「永淳」等公主例，酌議覆請。

○永淳長公主，造墳。合用物料、夫匠，先年，共折銀二萬三千一百九十三兩一錢一分九厘七毫。

○壽陽長公主，造墳。合用物料、夫匠，近，該本部酌議，共折價銀一萬四千八百五十七兩八錢四分五厘。又，奉「特旨」，外賜物料、夫匠，銀一萬兩。此項加添，難以爲例。外，冥器、席棚等項，工料冒費銀七百四十兩。以後，當照別公主例，酌減。

前件：各項「陵工」，凡係奉《旨》題造，或上有「特恩」者，例難執減。其中，容有中官濫冒者，動以數千百萬，墳之丘壑[24]。是在管工者，逐項清查，時爲節省，庶典禮、經費，兩無妨碍耳。

○內相，祭葬。有三等。

一等：物料、夫匠，共折價銀一千一百二十五兩。係節慎庫本司「料銀」內支[35]。

二等：物料，共銀七百六十一兩三分。係節慎庫本司「料銀」內支。

夫匠、蔴觔等，銀五十六兩二錢五分。移付營繕司「葦課銀」內支。

軍餘，二十名，該銀二十兩。後軍都督府出辦。

三等，并公、侯、伯，物料。

會有：

物料十項，共銀二十四兩九錢五分二厘。「二十四兩」內，付營繕司[25]，支「蘆蓆銀」六兩。

夫匠，十二名，共銀一十八兩。付營繕司「葦課銀」內支。

軍餘，二十名，該銀二十兩。後軍都督府出辦。

如在南京，公、侯、伯物料同前，南京工部等衙門措辦。如開壙，止給一半。

前件：公、侯、伯，另給棺木一副，折銀六十兩。通惠河衙門放支。

〇皇親，祭葬。

封「侯」、「伯」者。「固安伯」，隆慶六年造墳，萬曆四年加增碑亭、石門、房屋，二次，共用銀一萬六千兩零。三十七年

「永年伯」、三十八年「武清伯」，俱一萬五千兩。

封「指揮」、「千戶」。奉有[36]「明旨」，比照「姜泰」、「王秀」例者，該銀四百五十六兩五錢四分；

「魏承志」、「邵名」例者，該銀三百二十兩。

〇駙馬，開壙。物料，與公、侯、伯「全葬」同。如，駙馬病故在先，候公主造墳合葬。駙馬父母，造葬物料，與公、侯、伯同。

〇翊聖夫人、安聖夫人，先年俱係本部造墳。以後，戴聖夫人造墳，本部具題，折價四百兩，奉《旨》「加四百兩」，共八百兩。後，奉聖夫人，本部仍題，折價四百兩，奉《旨》「加一百兩」，共五百兩。

〇親王，并妃、「繼」造墳。工價，銀三千八百兩。俱差官。若開壙，給銀八十兩。冥器、衣儀，銀六十八兩八錢八分。行該布政司，支給。妃，不差官。如繼妃，造壙祔葬，照嫡妃開壙例，同。

〇帝孫。給銀三百五十兩[37]。

〇郡王，并妃，造葬。減半，折價銀一百七十五兩。冥器、衣儀，銀三十四兩四錢四分。若開壙，給銀四十

兩。行該布政司，支給。

○文臣，并父、母、妻，給造墳「工價銀」。

一品：五百兩；棺木一副，折銀六十兩，本地方支領。

二品：四百兩。

以上，不論已、未考滿，俱全給。

三品：三百兩。

三品，未經考滿，一百五十兩。

二品，未經考滿、被論、致仕在家，二百兩。

三品，考滿、被論，一百五十兩；未考滿者，止祭，無葬。

以上三品，止父、母造墳、開壙，妻無。凡開壙者，不分品級崇卑，止與夫匠五十名，該銀五十兩。行該省衙門，支給。

○左、右都督，都督同知、僉事，管府事及在外總兵官，并父、母、妻，造墳物料。行原籍衙門，給與[38]。

物料，九項，共銀一十四兩八錢六分二厘。

夫匠，二十名，該銀二十兩。

棺槨，一副。折銀六十兩，通惠河衙門領給。

○王府，銘旌紵絲。每副，九尺。價銀，五錢六厘二毫五絲。

大包袱。每個，紅紵絲，四尺五寸。并，絹裏，四尺五寸。價銀，三錢三分七厘五毫。

小包袱。每個，紵絲，一尺八寸㉖。并，絹裏，一尺八寸。價銀，一錢三分五厘。

龍鳳鈎，每副，價銀二錢。

金箔，十四貼。價銀二錢八分。

王，木印、本冊，并鎖匣。每副，價銀六錢九分。

妃，木冊，連匣，價銀一錢八分。

以上，王，每一位，通共，該銀二兩一錢四分八厘七毫五絲；妃，每一位，通共，該銀一兩六錢三分八厘七毫五絲。

○各工所工完，造奏繳「文冊」。黃冊，七張准一工；青冊，八張准一工；攢底，二工。每一工[39]，給銀六分。

○凡遇「陵工」，內、外官員人等，廩給、夫、馬銀兩。本部給發一半，「順」、「保」二府，協濟一半[40]。

屯田司外解額徵

○順天府一

料銀，一千五百五十六兩四錢三分。

○永平府一

料銀，六百二十二兩五錢六分八厘九絲二忽。

○㉗保定府一

料銀，一千五百五十六兩四錢三分二毫。

○河間府一

料銀，一千八百六十七兩七錢四厘二毫八絲九忽。

○眞定府一

料銀，二千二十三兩三錢四分六厘四毫九絲九忽。

○順德府一

料銀，七百七十八兩二錢一分一絲五忽。

○廣平府一

料銀，一千八十九兩四錢九分四厘一毫[41]。

○大名府

料銀，一千八十九兩四錢九分四厘一毫六絲二忽。

○應天府

料銀，三千八百九十一兩三分三毫七絲五忽。

○安慶府

料銀，二千二十三兩三錢四分六厘二毫九絲九忽。三十七年，題留「織造」。

○徽州府

料銀，五千六百三兩一錢一分二厘八毫二絲八忽。

○寧國府

料銀，二千三百三十四兩六錢三分三毫四絲五忽。

○池州府

料銀，一千五百五十六兩四錢二分二毫三絲。三十七年，題留「織造」[42]。

○太平府

料銀，一千五百五十六兩四錢二分二毫二絲。三十七年，題留「織造」。

○蘇州府–
料銀，三千八百九十一兩五分五毫七絲五忽。三十七年，題留「織造」。
○松江府–
料銀，四千九百八十兩五錢四分四厘七毫二絲八忽。
○常州府–
料銀，五千四百四十七兩四錢七分八毫。
○鎮江府–
料銀，三千八百九十一兩五分五毫七絲五忽。
○廬州府–
料銀，二千三百三十四兩六錢三分三毫四絲五忽。
○鳳陽府[43]–
料銀，二千三百三十四兩六錢三分三毫四絲五忽。
○淮安府–
料銀，二千三百三十四兩六錢三分三毫四絲五忽。
○揚州府–

料銀，二千三百三十四兩六錢三分三毫四絲五忽。

○滁州-

料銀，三百一十一兩二錢八分四厘四絲六忽。

○徐州-

料銀，三百一十一兩二錢八分四厘四絲六忽。

○和州-

料銀，三百一十一兩二錢八分四厘四絲六忽。

○廣德州[44] ㉘-

料銀，六百二十二兩五錢六分八厘九絲二忽。

○浙江-

料銀，七千七百八十二兩一錢一厘一毫五絲。三十五年，題留「織造」。

○江西-

料銀，七千七百八十二兩一錢一厘一毫五絲。

○福建-

料銀，七千三兩八錢九分一厘三絲五忽。

○湖廣一

料銀，七千三兩八錢九分一厘三絲五忽。三十五年，留採大木。

○河南一

料銀，六千二百二十五兩六錢八分九毫一絲。

○[29]山東一

料銀，七千三兩八錢九分一厘三絲五忽[45]。

○山西一

料銀，三千一百一十二兩八錢四分四毫六絲。

○四川一

料銀，四千六百六十九兩二錢六分七厘九絲。三十五年，留採大木。

○廣東一

料銀，七千三兩八錢九分一厘三絲六忽。

○陝西一

料銀，三千一百一十二兩八錢四分四毫六絲。

柴夫折價

〇順天府－

二萬一千六百九十四兩一錢。

〇保定府－

三萬五千九百九十二兩六錢七分六厘九毫三絲九忽。

〇㉚眞定府[46]－

四萬二千四百二十五兩五錢七厘五毫。

〇山東－

七萬三百五十七兩一錢三分四厘。

〇山西－

九萬八百二十八兩三錢二分三厘九毫三絲五忽。

〇外，「通積」等局、「通惠河」、「蘆溝橋」竹木等局㉛，三處稅銀，無定額[47]。

屯田司條議

一、查完欠㉜。各項錢糧，原解自外省、府、州、縣。並，本司，只按數，一批發耳，無追比之例。如「覇州應解料價銀兩」，不徵之官，只憑老人自收、自解，因而乾没者六載，本司何由知之？錢糧各有欵項，州縣各有定派，合應盡數查出，立限徵解。畿以内，限五月；畿以外，限十月。如違限，即行文催督，仍載入「考成」，照「例」移咨吏部，停俸、停考。則，錢糧自完，前弊可杜。

一、嚴支放。《條例》内開載，舖商照「估」領價，不必復贅。惟是，召買錢糧，欲責之「先交後納」，彼以「乏本」爲辭，勢不得不「預支」，又虞其「拖欠」也。設立「三分給一」之法，是矣。此「三分之一」，非千則百，獨不拖欠乎？要其吃緊在，擇殷實商頭。尤吃緊在，刻期追比。每發一項錢糧，責令商頭，識認衆商，取其「甘結」——「一年三支」、「額定月限」、「重責商頭」。商頭以身代刑[48]，而小商利於後領，則「預支」之弊可革矣。

屯田清吏司掌印郎中　臣　劉一鵬　謹議
工科給事中　臣　何士晋　謹訂[49]

又附：陵工條議[33]

一、會估價值，所以示畫一而杜紛爭，法至詳也。細玩其中，不無可議者。夫，一「木價」也，前者可以比附，後者亦可比附，規則無定，價值溷淆。倘，舞文者上下其手，而相去倍蓰矣。嗟嗟，此冒破之竇也[34]。愚議，自今之急務，無如更定「會估」：木，則以長短、濶狹定爲例；卽比而不合者，亦按尺寸遞爲增減，毋得而假借焉[35]。餘物準是，庶奸胥無所庸其巧[36]，而錢糧不至冒支矣。拔本塞源，此着吃緊。故，「舊估」急宜更定也。

一、夫匠工價，舊例領銀，近議「兼用錢」，誠便矣。第「錢」居十分之一，分數尚少。愚議，錢既便用，請再益之。蓋青蚨朝發夕至[37]，卽可濟夫匠燃眉之急，而且舖行不得以刁勒、低假，無緣而夾雜，是皆夫匠之利也。至若躬親點散，毋令經手者溷入贋錢、減去實數，是在督工者加之意耳。且行之日久，最有利于公家[38]。故，「發錢」不妨于多也。

一、凡，工非數載者，例無關防。第呈請會議，湏用文移，事事俱關錢糧，而乃以白頭之文，行于百里之遠，恐非所以防意外之奸也。愚議：凡大工，如時日迫近，不遑題請關防；或令本差自刻「條記」一顆，以鈐封口。庶防閑周密，而奸萌潛消矣[39]。故，「條記」不可不議也。

一、黄土每方，價值至十餘金，此非「物料」之貴者乎？第舊規稱「斤」，卽以「斤」而折「方」。邇來，量「方」祇見「方」，而遺「斤」，此運價所以不容不裁也。近，巡視科、院之議，以黃土還須秤斤，最爲中窾矣。請自今，工所黃土，將每百斤、每里，給與車戶運價若干，著爲定估，通行遵守。庶畫一之法既定，而囂競之口自息矣。故，「土估」所當酌定也。

屯田清吏司管陵工員外郎　臣　朱　瑛　謹[2]議[40]
工科給事中　臣　何士晉　謹訂[3]

工部廠庫須知

卷之十二

工科給事中 臣 何士晉[41] 彙輯

廣東道監察御史 臣 李 嵩 訂正

屯田清吏司郎中 臣 劉一鵬 叅閲

屯田清吏司主事 臣 胡維霖 攷載

營繕清吏司主事 臣 陳應元

虞衡清吏司主事 臣 樓一堂

都水清吏司主事 臣 黄景章

屯田清吏司主事 臣 華 顏 仝編

臺基廠柴炭[42]

屯田司主事，註差，三年。專掌柴、炭，以供光禄寺「內供」之用。并內閣、翰林院等衙門，凡需用柴、炭「本色」者，皆就關領。如有不時典禮供用，與載有東宮及諸王「出府」等項，係光禄寺所需者，均係職掌之內。

年例柴、炭——

每月給發

○光祿寺[43]，刻票柴、炭。每日、每月關領，以本「寺」堂官「信票」中開數爲據。

正月分

日用木柴，五十七萬五千六百五十七斤四兩。該銀，七百一十九兩五錢七分一釐五毫六絲。

日用木炭，三萬九千七百一十斤一兩。該銀，一百六十二兩八錢一分三釐五毫六絲[44]。

月用木柴，八萬四千四百二十斤。該銀，一百零五兩五錢二分五釐。

月用木炭，一萬五千二百斤。該銀，六十二兩三錢二分。

前件：凡「日用」者[45]，各項逐日開支[46]；「月用」者，各項每月只支一次[47]。約一月而總計之，得有此數[48]，後倣此。

二月分

日用木柴，五十七萬五千六百五十七斤四兩。該銀，七百一十九兩五錢七分一釐五毫六絲$_2$。

日用木炭，三萬九千七百一十斤一兩。該銀，一百六十二兩八錢一分三釐五毫六絲。

月用木柴，八萬六千一百二十斤。該銀，一百零七兩六錢五分。

月用木炭，一萬二千四百斤。該銀，五十兩八錢四分。

三月分

日用木柴，五十九萬五千五百七斤八兩。該銀，七百四十四兩三錢八分四釐三毫七絲。

日用木炭，四萬一千七十九斤六兩。該銀，一百六十八兩四錢二分五釐四毫三絲。

月用木柴，九萬四千三百二十斤。該銀，一百一十七兩九錢。

月用木炭，一萬二千一百斤。該銀，四十九兩六錢一分。

四月分

日用木柴[49]，五十七萬五千六百五十七斤四兩。該銀，七百一十九兩五錢七分一釐五毫六絲

日用木炭，三萬九千七百一十斤一兩。該銀，一百六十二兩八錢一分三釐五毫六絲。

月用木柴，四萬六千九百二十斤。該銀，五十八兩六錢五分。

月用木炭，一萬八百斤。該銀，四十四兩二錢八分。

五月分

日用木柴，五十七萬五千六百五十七斤四兩。該銀，七百一十九兩五錢七分一釐五毫六絲。

日用木炭，三萬九千七百一十斤一兩。該銀，一百六十二兩八錢一分三釐五毫六絲。

月用木柴，四萬九千二百二十斤。該銀六十一兩五錢二分五釐。

月用木炭，一萬一千二百斤。該銀四十五兩九錢二分。

六月分—

日用木柴，五十七萬五千六百五十七斤四兩。該銀，七百一十九兩五錢七分一釐五毫六絲。

日用木炭，三萬九千七百一十斤一兩。該銀，一百六十二兩八錢一分三釐五毫六絲。

月用木柴，六萬二千五百二十斤。該銀，七十八兩一錢五分。

月用木炭，一萬一千三百斤。該銀，四十六兩三錢三分。

七月分—

日用木柴，五十九萬五千五百七斤八兩。該銀，七百四十四兩三錢八分四釐三毫七絲[5]。

日用木炭，四萬一千七十九斤六兩。該銀，一百六十八兩四錢二分五釐四毫三絲。

月用木柴，四萬二千四百二十斤。該銀，五十三兩二分五釐。

月用木炭，一萬五千七百斤。該銀，六十四兩三錢七分。

八月分—

日用木柴，五十九萬五千五百七斤八兩。該銀，七百四十四兩三錢八分四釐三毫七絲。

日用木炭，四萬一千七十九斤六兩。該銀，一百六十八兩四錢二分五釐四毫三絲。

月用木柴，四萬九千六百二十斤。該銀，六十二兩二分五釐。

月用木炭，三萬三千七百斤。該銀，一百三十八兩一錢七分。

九月分

日用木柴，五十七萬五千六百五十七斤四[6]兩。該銀，七百一十九兩五錢七分一釐五毫六絲。

日用木炭，三萬九千七百一十斤一兩。該銀，一百六十二兩八錢一分三釐五毫六絲。

月用木柴，七萬一千九百二十斤。該銀，八十九兩九錢。

月用木炭，一萬三千五百四十斤。該銀，五十五兩五錢一分四釐。

十月分

日用木柴，五十九萬五千五百七斤八兩。該銀，七百四十四兩三錢八分四釐三毫七絲。

日用木炭，四萬一千七十九斤六兩。該銀，一百六十八兩四錢二分五釐四毫三絲。

月用木柴，八萬三千八百二十斤。該銀，一百四兩七錢七分五釐。

月用木炭，二萬八千五百斤。該銀，一百一十[7]六兩八錢五分。

十一月分

日用木柴，五十九萬五千五百七斤八兩。該銀，七百四十四兩三錢八分四釐三毫七絲。

日用木炭，四萬一千七十九斤六兩。該銀，一百六十八兩四錢二分五釐四毫三絲。

月用木柴，八萬九千八百七十斤。該銀，一百一十二兩三錢三分七釐五毫。

月用木炭，四萬一千五百斤。該銀，一百七十兩一錢五分。

十二月分

日用木柴，五十七萬五千六百五十七斤四兩。該銀，七百一十九兩五錢七分一釐五毫六絲。

日用木炭，三萬九千七百一十斤一兩。該銀，一百六十二兩八錢一分三釐五毫六絲[8]。

月用木柴，十四萬二千六百斤。該銀，一百七十八兩二錢五分。

月用木炭，四萬五千四百斤。該銀，一百八十六兩一錢四分。

以上「日用」，共「木柴」七百萬七千一百三十八斤四兩，該銀八千七百五十八兩九錢二分二釐八毫一絲；共「木炭」四十八萬三千三百六十七斤五兩，該銀一千九百八十二兩八錢五釐九毫八絲。

以上「月用」，共「木柴」九十萬三千七百七十斤，該銀一千一百二十九兩七錢一分二釐五毫；共「木炭」二十五萬一千三百四十斤，該銀一千三十兩四錢九分四釐。

每年，日用柴、炭，「小月分」卽照「正月」數，「大月分」卽照「三月」數內有。

○內閣，幷吏科等衙門，折價不等柴、炭。「大月」該多，銀七兩七錢三分五釐；「小月分」該多[9]，銀六兩五錢四釐。

閏月柴、炭

日用木柴，五十九萬五千五百七斤八兩。該銀，七百四十四兩三錢八分四釐三毫七絲。

日用木炭，四萬一千七十九斤六兩。該銀，一百六十八兩四錢二分五釐四毫三絲。

月用木柴，八萬三千八百二十斤。每萬斤，銀一十二兩五錢。該銀一百四兩七錢七分五釐。

月用木炭，二萬八千五百斤。每萬斤，銀四十一兩。該銀一百一十六兩八錢五分。

以上「年例柴、炭」。近年，光祿寺每月刻票柴、炭之數，互有增減。第每月總計銀數，大約以此爲則。

○光祿寺「刻票」外，每月續添柴、炭，其多寡不可預定。此項，當以本廠司官，實裁減過數、開載「實收」者，爲準[10]。

每月關支

○翰林院，《玉牒》糨糊。炭，三百五十斤，該銀一兩六錢八分。「月大」，加二十五斤，該銀一錢二分。

○光祿寺典簿廳。不時，山陵祭祀柴、炭。

○太常寺典簿廳。不時，宰牲祭祀柴、炭。
○禮部精膳司。取，朝鮮國差來陪臣，下程柴、炭。
○會同舘，使客柴、炭。每月，多寡之數不可預定。以「提督會同舘」，逐日關支「手本」爲據。

每年一次

○翰林院，一甲進士，幷庶吉士等。木柴，一萬六千四百三十斤，該銀二十六兩二錢八分八釐。木炭，一萬八千三百七十三斤八兩，該銀八十八兩一錢九分二釐八毫。
○東廠。木炭，四千八百斤，該銀十九兩六錢八分。
○都水司，送承運庫，薰氊。木柴，九千斤，該銀十〻一兩二錢五分。木炭，一千斤，該銀四兩一錢。
○禮部，儀制司鑄印局。炭，四百斤，該銀一兩六錢四分。
○巡視廠庫科道衙門。柴，八百斤，該銀一兩。木炭，四百斤，該銀一兩六錢四分

每年二次

○翰林院，纂修《玉牒》大典。

一次，炭，五萬五千九百六十八斤八兩，該銀二百六十八兩六錢四分八釐八毫。以上，三月取。

一次，炭，八萬五千三十五斤八兩，該銀四百零八兩一錢七分四毫。以上，十二月取。

○翰林院，起居注館。

一次，木炭，三萬三千七百三十四斤十三兩五錢，該銀一百六十一兩九錢二分七釐二毫五絲。以上，三月取[12]。

一次，木炭，四萬四千六百五十六斤二兩，該銀二百十四兩三錢四分九釐六毫。以上，十二月取。

以上各項柴、炭取給，有「有定數」者，有「臨時多寡不等，難以預定」者，又有「數多，須本廠裁減」者，然每月筭「實收」。查照近年「實收」，大約，每月一千數百兩有零。中間有月分取給之多，或至二千數百兩有零者。惟，每年十二月，定至二千數百兩有零。

近年事宜

○東宮，每月，日用木柴。「大月」：木柴，六萬三千斤，該銀七十八兩七錢五分；木炭，四萬五千斤，該銀一百八十四兩五錢。「小月」：減「柴」，二千九百斤，銀二兩六錢二分五釐；減「炭」，一千五百斤，銀六兩一錢五分。

關領錢糧規則：

買辦柴、炭。每，先一月，給「預支領狀」，一千兩[13]。次月，出「實收領狀」，即扣除找給。

柴、炭價估規則：

木柴，照「估」，每萬斤，銀十二兩五錢。

木炭，每萬斤，四十一兩[50]。

如，內閣并六科等衙門，折價：木柴，照「估」，每百斤，銀一錢六分；木炭，每百斤，銀四錢八分[14]。

柴炭廠條議

一·本廠柴、炭，以供大庖烟爨，及各衙門取給。大抵，「實收」逐月開載明悉，「預支」逐月扣銷找給[51]。

一·每月初旬，光祿寺「大票」過廠，固爲刊定成規，亦須總四署「刻票」，磨筭柴、炭銀數。期與規則大約相合，方行給發。

一·每月，續添柴、炭，皆經本「寺」堂印酌過。然，各項「手本」不一，數目亦多，本廠須逐項裁減，俾不至于糜費。

一·不時，吉、凶大典禮柴[52]、炭，雖各有往年行過舊例，亦須監督臨時呈堂，酌量裁減，要歸于節省。

一·各衙門取給者，多由本司「手本」，轉移過廠，俱照例給發。

屯田清吏司管差主事[53]　臣　胡維霖[54]　謹議

工科給事中　臣　何士晉　謹訂[15]

校勘記

❶《屯田司》全篇共四十九葉，底本、「南圖本」各正葉下書口基本均見刻記「屯田司」三字，惟底本第六葉涂污，「南圖本」第十、十六、二十九、三十五、三十六葉漫漶。又，底本第二－三、七－十三、十七－二十三、二十五－三十三、三十六、三十九、四十三、四十五葉，下書口此處背葉有不清晰三字墨痕。

❷「墾」，底本、「南圖本」原作「懇」，今正。

❸「二」，底本漫漶，今據「南圖本」模糊字迹補，「全電檔」同。

❹「篋」，底本、「南圖本」原作「箧」，今逕正，後不再注。

❺「兩五」，底本漫漶，今據「南圖本」補。

❻「該」，底本漫漶，今據「南圖本」補。

❼符號「〇」，底本漫漶，今據「南圖本」補出。

❽「五兩」，底本、「南圖本」原作此，今覈，似與所該銀數不符，疑或脱一「十」字，暫不補。

❾「三司俱無」下半欄，底本見殘損不識墨痕，「南圖本」無，今疑或爲刷印用紙捺押牌記等，現不録。

❿「滿」，底本、「南圖本」原作「滿」，今逕正，後不再注。

⓫「宮」，底本、「南圖本」原作「官」，「全電檔」同，今改。

⓬「科」上，底本、「南圖本」原即接「支」，「全電檔」同，今據前後文例，疑或有脱字，暫不補。

⓭符號「〇」，底本漫漶，今據「南圖本」補出。

⓮「戌」，底本、「南圖本」原作「戍」，今據干支排列改。

⓯「戌」，底本、「南圖本」原作「戍」，今據干支排列改。

⓰「二」，底本模糊，今據「南圖本」補。

⑰「冥」，底本、「南圖本」原作「寘」，今逕正，後不再注。

⑱符號「〇」并「司」字，底本模糊以致漫漶，今據「南圖本」補出，「全電檔」同。

惟，比照本書本卷「邠哀王造墳物料」（二十五葉正），并「開空隧道」下「皇貴妃文氏開空壙道」、「懿妃于氏開空壙道」、「淑妃秦氏開空壙道」、「沅懷王開空壙道」及「静樂公主開空壙道」諸條，其「司設監成造銘旌冥器物料」款（二十八葉正、三十葉正、三十一葉正、三十二葉背、三十四葉正），上均無符號「〇」，故疑衍，暫不删。

⑲「冥」，底本、「南圖本」原作「寘」，今逕正，後不再注。

⑳「五」，底本漫漶，今據「南圖本」補。

㉑「傳」，底本、「南圖本」原作「傳」，今正。

㉒「分」，底本漫漶，今據「南圖本」補。

㉓「營繕所」，底本、「南圖本」原上空兩字格，今據前後格式，改空一字格。

㉔「壑」，底本原作「㲉」，「南圖本」漫漶，今正。

㉕「付」，底本模糊，今據「南圖本」補。

㉖「尺」，底本、「南圖本」原作「天」，「全電檔」同，今改。

㉗符號「〇」，底本、「南圖本」原無，今據前後文例補出。

㉘「廣」，底本模糊，今據「南圖本」補。

㉙符號「〇」，底本漫漶，今據「南圖本」補出。

㉚符號「〇」，底本漫漶，今據「南圖本」補出。

㉛「通積等局」下、「河」下、「橋」下并「竹木等局」下，底本、「南圖本」原均空一字格（即「通」上、「蘆」上、「竹」上、「三」上），今概省。

㉜「欠」下，底本、「南圖本」原空一字格（即「各」上），今疑當爲刻本間隔用，本篇均有此例，現概省却，後不再注。

㉝《又附陵工條議》全篇共三葉，底本置於《屯田司條議》後，「南圖本」置於《柴炭廠條議》後，「全電檔」同，今據底本次第。而，底本闕第三葉，今再據「南圖本」補出，「全電檔」亦不闕。

另，底本一－二葉、「南圖本」一－三葉，正葉下書口基本均見「陵工條議」四字刻記，惟「南圖本」第三葉模糊。

㉞「冐」，底本、「南圖本」原作「冒」，今逕正，後不再注。

㉟「毋」，底本、「南圖本」原作「母」，今改。

㊱「胥」，底本、「南圖本」原作「胥」，今逕正，後不再注。

㊲「蚨」，底本、「南圖本」原作「䵹」，今正。

㊳下標編號「丄」，底本原葉碼作「二」，「全電檔」同，「南圖本」涂污作「十」，今仍據底本。

㊴「消」，底本、「南圖本」原作「涁」，今正。

㊵「議」，底本闕葉，不見此字，「南圖本」模糊，今據前後文例并殘損字形補，「全電檔」同。

㊶「士晉」，并左共七欄之「嵩」、「一鵬」、「維霖」、「應元」、「一堂」、「景章」、「顔」字型，「南圖本」較其上姓氏均略小，「全電檔」同。

㊷《臺基廠柴炭》全篇應共十五葉，底本闕一－二葉，今據「南圖本」補出，「全電檔」亦不闕。而「南圖本」此篇，置於《又附陵工條議》前、《屯田司條議》後，「全電檔」同，今不從，仍據底本次第。

又，底本、「南圖本」各正葉下書口基本均見「柴炭廠」三字刻記，惟底本第十四葉，「南圖本」第二、十四、十五葉，模糊以致漫漶。

另，「臺」，「南圖本」原無，「全電檔」同，該處見版片斷爛痕迹。底本《工部廠庫須知目録》作「柴炭臺基廠」（二葉背），雖次第略异，今仍可據補，僅不從其字序。況，本卷起首「屯田司」職務説明中，已記其「分司爲『臺基柴炭廠』」（一葉背）。或，因以下乃特指具體「柴炭」數目，故「南圖本」刻作此，今暫從。

㊸符號「○」并「光禄」，「南圖本」模糊以致漫漶，今據殘損墨迹，并本卷本篇「光禄寺刻票外每月續添柴炭」條（十葉背）補出，「全電檔」同。

而，底本《目録》「柴炭臺基廠」後更有「屯田司分差」雙行小字，即指其所隸，今前已標注，此不贅録。

㊹「分」，「南圖本」、「玄覽堂本」漫漶，今據前後文例并殘損墨迹補，「全電檔」同，且清晰异常。

㊺「者」，「南圖本」涂污，今據前後文例補，「全電檔」同。

㊻「各」，「南圖本」模糊，今據殘損墨迹并前後文例補，「全電檔」同。

㊼「只」，「南圖本」模糊，今據殘損墨迹補，「全電檔」同。

㊽「數」，「南圖本」模糊，今據殘損墨迹補，「全電檔」同。

㊾「用木」，底本漫漶，今據「南圖本」補。

㊿「木炭」一句與左「如內閣」一段，底本、「南圖本」原續接，連作三欄，「全電檔」同，今據其內容，暫別起一欄。

51「找」，底本、「南圖本」原作「我」，今正。

52「凶」，底本、「南圖本」原作「凶」，據《篇海類編》，此當爲「凶」俗字（卷十九，《人事類二・凶部第七十三》，第二百九十九頁、四十六葉背），今可從并改。

53「管差」，底本原作「監督」，鑒於胡氏早年官職已難詳考，又據本書「南圖本」前各卷細節上偶有修訂，今暫從改，「全電檔」同。

另，據《（雍正）江西通志》「萬曆四十年（一六一二）壬子鄉試」記「胡維霖。新昌人」（第三册，卷五十五，《選舉七・明》，第一千一百零五頁、二十三葉背），《千頃堂書目・別集類》「萬曆癸丑科，四十一年（一六一三）」記「胡維霖《黄檗山人稿八卷》。字夢說，新昌人。四川左布政使」（卷二十六，第六百四十八頁）。而，《胡維霖集・嘯梅軒詩稿》於《丁巳元日早朝》詩前有《署中嘯梅軒在玉河橋東，近翰林院》、《駐沙河督棚工，公署近鞏華城》、《隨大司空周敬翁閱修都城。時寒冬凛烈，余在城下殊覺冷疲，周愈七望八，在城上尚矯健揮斥，深服其勁骨天植也。漫吟》、《與左滄嶼侍御論屯田，詳在〈潞水客談〉。又，詢徐符卿，尚有別書載屯田。因嘆燕薊之農政，久不修爲，作〈屯田歌〉》四詩，涉及胡氏官屬「水部」、「工部」，及「閱修都城」、「論屯田」諸事；別於《丁巳元日早朝》詩「百千萬曆綿周鼎，四十五年垂舜旒」等句後，《天啓元年（一六二一）元日，將赴黄州任。掌科周濟西、蕭如城，侍御羅貞復、李緝敬諸公，携具別余，雪夜吟謝》詩前，載有《章仲山文選，上元招同易白樓侍御，席上漫吟。時，易尚俟命》、《與徐玄扈論修敵臺，時玄扈以少詹兼御史練兵，余管重城》、《同楊大洪都諫共觀》三詩，涉及胡氏「正官『都水』」、管「（都）重城」，及「殿門工程余監督，大工經營伊始」諸情形（卷一，第七十五－七十六頁、一葉正－四葉背）。

可見，自一六一三年得中進士，至一六二一年將離京赴任黃州，其職責與「工部」密切聯繫。尤其在《工部廠庫須知》梓行的萬曆四十三年（一六一五），至上述「丁巳」萬曆四十五年（一六一七）間，本書所記的「胡維霖」當係此人，即筆記體著作《墨池浪語》的撰者。

54 「維霖」并左欄「士晉」字型，底本、「南圖本」比其上姓氏均略小，「全電檔」同。

圖書在版編目（CIP）數據

《工部廠庫須知》點校（正、附册）/（明）何士晉等彙纂；連冕等校點、整理．—北京：中國建築工業出版社，2014．6

ISBN 978-7-112-16851-4

Ⅰ．①工… Ⅱ．①何… ②連… Ⅲ．①建築工程—規章制度—中國—明代 Ⅳ．①TU711

中國版本圖書館CIP數據核字（2014）第098717號

責任編輯：何　楠
書籍設計：康　羽
責任校對：張　穎　姜小蓮
特約審讀：王　銘

《工部廠庫須知》點校（正、附册）
明　何士晉　等　彙纂
連冕、江牧、李亮、許昌偉　校點　整理
*
中國建築工業出版社出版、發行（北京西郊百萬莊）
各地新華書店、建築書店經銷
北京三月天地科技有限公司製版
北京順誠彩色印刷有限公司印刷
*
開本：850×1168毫米　1/32　印張：35　字數：805千字
2014年12月第一版　2014年12月第一次印刷
定價：**148.00**元（共兩册）
ISBN 978-7-112-16851-4
(25612)

(郵政編碼　100037)

二〇一二年度國家古籍整理出版資助項目　最終成果（編號：七十六）

《工部廠庫須知》點校（附册）

明　何士晉　等　彙纂
連冕、江牧、李亮、許昌偉　校點　整理

中國建築工業出版社

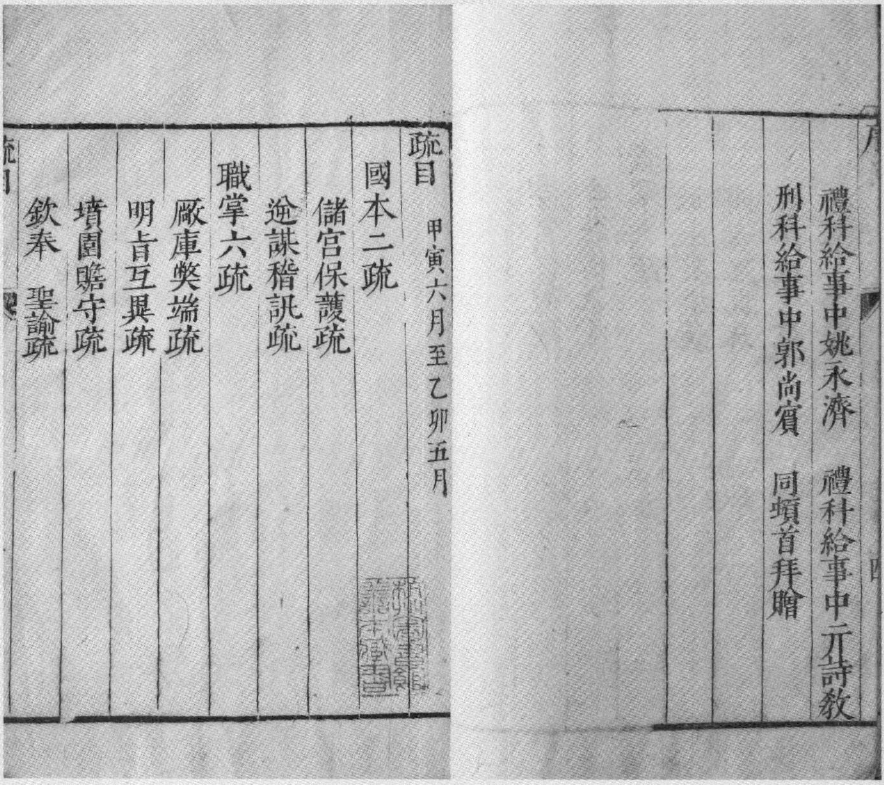
禮科給事中姚永濟　禮科給事中亓詩教
刑科給事中郭尚賔　同頓首拜贈

疏目　甲寅六月至乙卯五月
國本二疏
儲宮保護疏
逆謀稽訊疏
職掌六疏
厰庫獘端疏
明旨互異疏
墳園瞻守疏
欽奉　聖諭疏

《賜餘艸》殘卷書影一

《賜餘艸》殘卷書影二

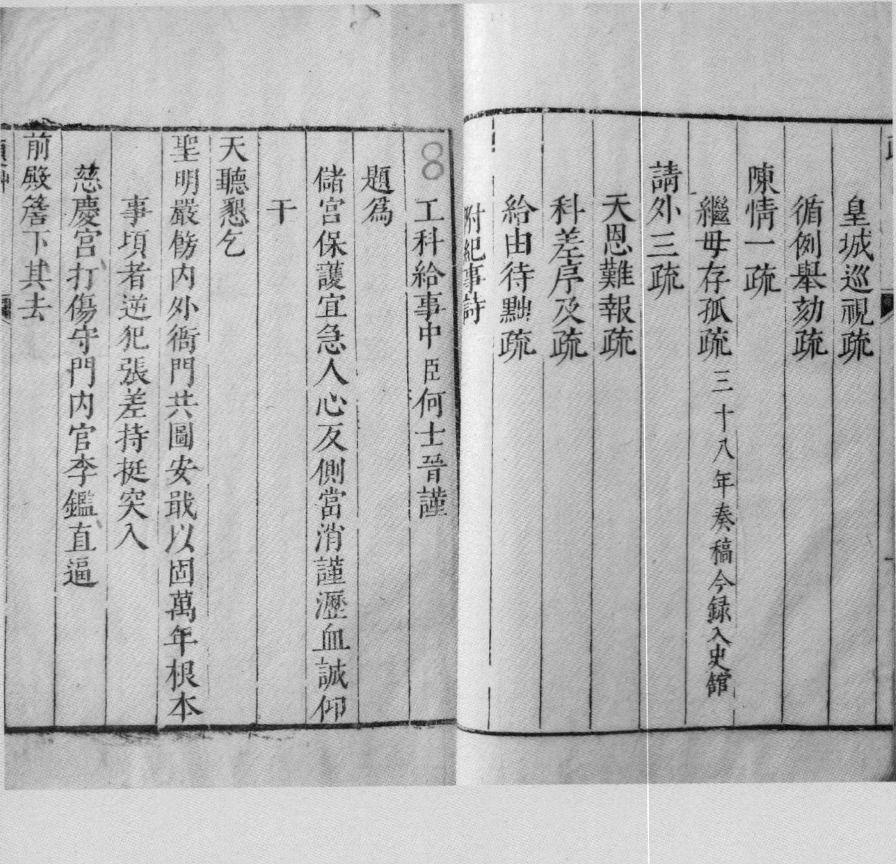
皇城巡視疏
循例舉劾疏
陳情一疏
繼母存孤疏 三十八年奏稿今録入史館
請外三疏
天恩難報疏
科差序及疏
給由待黜疏
附紀事詩

工科給事中 臣 何士晉謹
題爲
儲宮保護宜急人心反側當消謹瀝血誠仰
干
天聽懇乞
聖明嚴飭內外衙門共圖安戢以固萬年根本
事項者逆犯張差持梃突入
慈慶宮打傷守門內官李鑑直逼
前殿簷下其去

賜餘艸[1]

不分卷

明　何士晉　纂[2]

（分工：連　晃　校點、整理　　許昌偉　録入）

序❸

《賜餘艸》序❹

余友何象明，以直諫出為臬憲，再勤諭旨❺，寔係特恩。余從途次得《邸報》❻，而嘆君仁、臣直，千載一時也。

先是，象明巡視廠庫，諸所釐剔，不啻列眉指掌。而又殫慮竭籌，條其鑿鑿可行者，刻為《須知》，永著為令。「水衡」敝轍，如陰霾久積，忽然見天清、日朗之氣。余讀之，具服其文章、経濟，卓然為梧掖白眉。

乃今，竟以批鱗借劍❼，感動聖明。一日，父子、祖孫，馮几筵而隆召對，為千古盛事已。復，盡檢故牘，下所司，中外懽呼，咸仰誦。宮闈雍肅，啟事流通。二十年來，漆室杞憂，庶幾蕩滌，以開億萬載無疆之緒。此其故可知而不可言，伊誰之力也？

象明向多論列，每削草❽，不欲示人。余謂象明：吾儕立交戟下，不患不肯言，患不能言；亦不患不能言，患不得用其言。今，象明一言，而功在社稷，名光日月。且，聖主既陰用其言，又委曲以用其身，寔徼前代諫臣，所不能必之遇。此何異數也[3]，而可無以章君之賜乎？

雖然，象明有隱衷❾，具在「陳情一疏」❿，則余嘗竊窺之，而象明亦嘗言之矣：

「身非我有，為吾親有；則有，有不以官也。官非我有，爲吾君有；則有，有又不以身也。三仇未雪，九地含寃⓫。慷慨以殉一身，則未能死目既瞑，生骨俱餘。依阿以狥一官，則不敢業以資吾君，報吾親矣。能勿為吾親，更[4]報吾君乎？世有道，則直躬而行；國多艱，則委身以赴。主用我，則捐軀以從；時舍我，則奉身而退。吾于出處，綽綽有餘裕焉。」

蓋象明之言若是。今，以其《疏》核其言，而言核。又，以其事核其《疏》，而事核。且，以其情核其事，而情核。舌不溢于其腸也，筆不浮于其膽也。凡象明之所為，自信、信人，無一爽者。第[5]上既已優容而曲貸之矣，胡為乎出之淮陽以示薄譴？不知此正主上所以善成象明也！

象明不嘗三《疏》「請外」乎？當事者，遞采公論而留之。主上，又因再課而復之。案結六年，昭如揭日。而象明，敦恬導雅，猶堅于出焉。今，主上不處象明，則無以顯折檻之忠；若別處象明，又無以顯[6]轉圜之度。故，不由銓推，獨用欽轉，若曰「茲從其《疏》請」耳。而臣忠、主德，于此兩見。是「名」雖為借，「義」則為成。

余小臣，益仰窺聖明在宥，其雨露、霜雪，無非大造而卒使。人不可測類如此，噫嘻！此，象明所為，拜命即行。第曰：君賜我以餘，沒齒不敢忘也。此，刻《賜餘艸》之意也。

楚黃年弟，官應震，題「。

何武莪《諫草》序[12]

漢人之論「諫」也，曰：「去」、「就」以之爲「諫」，「死」、「生」以之爲「諍」[13]。夫，「去」、「就」易耳。一官何與，紛然乃有自詭。必死而不死，亦有自[1正[前，「殘本」闕]]詭[14]。不死而死者，則「死」、「生」亦易[15]。曷共膽之孱[16]，不結心於逢[17]、比，而借厭厭之氣於蜍志也？

「中龍門」之男子，捐劍去而閉「長安」，大索，卒[1帶]不得也。乃庭臣不聞有顯言者，故「漢禍」遂成[18]。盖「敵」以下之骨肉，尚難「樹煩頞」[19]，而况獨居雷霆之下[20]，不忌齒焉[21]？

有「敵」以下，所不堪者乎？五月四日，亦疑其異人。

或謂，不可不問，以安東朝；不可深問，以安主上。然，非有招不來、麾不去者，借尚方劍，抉纖兒逆計[2][22]，以開朝聽[23]。則，問、不問，奚藉焉？

讀武莪《疏》，其憂深，其思苦，不獨其辭直也！武莪解褐，輒報所不共戴[24]，直以身歸朝廷。其眂天下事，不翅庭屏[25]，而膽智足以用其志。故，其言多剴切而盡。夫「盡」，故使天下無所容，而不得不改易絃轍，以聽所條次[26]。頃即少[3]違其禁闥之願[27]，而主上「天地之心」微矣[28]。

武莪不難「死」、「生」，而難「去」、「就」乎？况岳岳鷹角[29]，主上終以「法」寄也。小臣于主上所以待武葳，仰窺主上深心焉。

歲，乙夘秋七月四日。相臺友弟，孫承宗題[30]。

「孫承宗」、「大史氏」[4] [31]

送武莪何老掌科，欽轉浙江僉憲序[32]

今之省闈，其難有甚於往者也。往，朝廷重諫臣，言從計信。正人君子，無不得以展匡贊之益，而營補救之功。今，主上靜攝久[33]、閱歷深，一切事爲，攬爲己有。於是，堂廉稍離合矣，陰陽亦互消長矣，諫牘不盡報矣。報，亦未必行。諫臣，輕矣。不言，則負官。言之迫，或傷激，而無裨於事。堅白之患偏，自「正人君子」受之。故曰：今省闈之難，有甚於往也。

雖然，果爲「正人君子」，何必省闈而後自效？汲長孺，出守河陽；歐文忠、范文正、吳正肅諸人，言論齟齬，便自求外任去。蓋，一日之功名，與百年之議論，古人不以此易彼，類如此。

今年夏，何公武莪，以工垣給諫，擢浙僉憲[34]。原厥所自，誠難一一明言。不佞獨於堂廉離合[35]、陰陽消長之際，深慨於中。而且，以公是行，默消國家二百年來不可知之憂，而人弗覺也。

方其事係宮闈，大小震慄。識者謂：安得如古，不動聲色，大臣維挽其間。而公，知必言，言必盡。言盡，而竟以獲罪。借使，公爾時稍委曲、依忍，無爲觸冒，則禁闈必不出，僉憲必不轉。而惟其必轉僉憲、必出禁闈，吾乃知，主上信左右，甚於信正人君子。

夫，使人主有不信「正人君子」之心，而左右得操其說，以指目之，諫臣不愈輕，言路不愈塞乎？而不佞謂，公是行，猶能使諫臣重，言路以開。蓋，人人皆默，言者貴；人人皆言，言之憂危、慷慨，無委曲、依忍者貴。況，合則垣，不合則外任，使人主謂「正人君子」。無地不可居，而爵祿、功名之果不足縻，諫臣豈不大有造哉？

且，從此以後，又皆公大用之時也。公不見蕭太傅乎？太傅自少府出爲馮翊，漢主以爲[2]議論有餘，欲詳試其政績，而寵用其身。由是以觀朝廷之於公，意念深矣。

今夫，御空羣之驥者，或試之一日千里，或試之峻坂之蟻封，而終則和鸞清節，收爲天閑法廐中物。公之議論，見矣！今日之行，又何不可也？然其所以行，則誠難言哉，難言哉！不佞故官，公之官。因公行，而深有感於今之省闥，其難有甚於徃也！乃論次，而爲之序。

賜進士第、正議大夫，加授資治尹、戶部左侍郎，前奉敕巡撫南、贛、汀、韶等處地方、兵部右侍郎，兼督察院右僉都御史、吏科都給事中，侍生李汝華，頓首、拜撰。

刑部左侍郎張問達，　太常寺少卿史孟麟，

大理寺右寺丞王士昌，　太常寺少卿翁憲祥，

太僕寺少卿周日庠，　戶部山東司主事包見捷，

兵科都給事中張國儒，吏科都給事中李瑾[3]，
吏科右給事中韓光祐，禮科右給事中杜士全，
刑科右給事中馬從龍，工科右給事中徐紹吉，
戶科給事中顧士琦，工科給事中劉文炳，
禮科給事中張孔教，工科給事中歸子顧，
吏科給事中梅之煥，戶科給事中姚宗文，
刑科給事中姜性，戶科給事中商周祚，
禮科給事中余懋孳，兵科給事中趙興邦，
兵科給事中吳亮嗣，刑科給事中姚若水，
吏科給事中解經雅，戶科給事中官應震，
禮科給事中姚永濟，禮科給事中亓詩教，
刑科給事中郭尚賓，同頓首、拜贈[4]。

疏目

甲寅六月至乙卯五月。

國本二疏[37]

儲宮保護疏[38]

工科給事中、臣何士晉，謹題：爲儲宮保護宜急，人心反側當消。謹瀝血誠，仰干天聽，懇乞聖明，嚴飭內外衙門，共圖安戢，以固萬年根本事。

頃者，逆犯張差，持挺突入慈慶宮，打傷守門內官李鑑，直逼前殿簷下。其去東宮，僅數武耳！藉非天佑皇儲，神祇克鬼，立就擒縛，今日乾坤，不知作何景象！而滿朝文武、大小諸臣之頸血，行且濺于何地矣？此事，關係宗社安危，祖宗二百五十餘年，未曾經見。皇上宜何如震怒，三事大臣宜何如計安？乃旬日以來，似猶泄泄，豈刑部主事王之寀一《疏》，果無故而發大難之端耶？

臣昨于《「橋工」疏》中點綴此事[39]，時猶在疑、信之間。及續訪，人言藉藉。因覆閱之寀原《疏》，據云「馬三舅」、「李外父」，則有主名矣。又云，「一老公騎馬」，令跟隨到京；「一老公與飯吃」，令「先衝一遭去」；「一老公與棗棍」，領「由後宰門進，到宮門上」，則有嚮導矣。又云，「到不知街道大宅2正[闕後2背][40]

[3正前闕]貽廟社之禍㊶，毋投鼠而重傷聖主之恩㊷。卽或馮城負嵎，法難終逮，要在輔臣仔肩，曲盡回天之力，廷臣協贊，共攄夾日之心。明主可與忠言，此事寧無結局？而今，方待勘，未卜的耗何如，臣固不敢預擬也。乃臣之所望于[3背]皇上者，急宜保護東宮，以潛消反側。則，臣請竟其說焉。

祖制，東宮冊立之後，宜備宮寮、選侍衛。今宮寮久缺，侍衛全虛。其旦夕給掃除者，聞僅僅數十內官，皆龍鍾老憊㊸，而又分班入直，遂至有闃焉無人者，其啟戎心無惑也。今，請勑各、該衙門：侍衛、官校，必充原額；常川內侍，倍增原數；而更令錦衣衛，日輪千、百戶二員，帶領旗軍，于慈慶宮前後、左右，晝夜巡守；其皇城各門，仍聽巡視科道，設法嚴禁。是「保護東宮」之當議者也，而不止此也。

皇上亦知有「紅封」、「涅槃」等教乎㊹？或十二文錢一「會」，或八文錢一「會」，輦轂之下，無慮數千人。外披緇而內褁甲，人人皆亡命之流。假募化而結中官，日日習宮闈之事。而張差所稱「吃齋」、「討封」，要亦「會」中人[4]也。非令「五城」嚴行緝捕，窮治而解散之，其爲張差之續者，寧知其幾！是又「保護東宮」之當議者也，而不止此也。

皇上亦知有方士、羽流等術乎？或託之符呪，以播弄鬼神；或託之祝禳，以增延壽算。自古，人主好語長生，多爲邪魔所中。而其究，往往離間骨肉，甚至有如漢之巫蠱，起「長安」兵者。今日，此輩盛行，得無有奸璫，引惑宸聰，干預內政？臣前爭執「靈應宮」㊺，正恐藪集此輩，爲皇上防微杜漸，而非敢衡君命也。如果有之，凡彼之溷陳于宣室者，皆陰受人嗾使，而陽借鬼神，以行其說。其于宮闈，豈有利焉？願皇上鑒前代神仙、方術之禍，亟誅逐之，而無令搆煽。是又「保護東宮」之當議者也，而不止此也。

自皇太子冊立以來，告之[5]天地、祖宗，則天地、祖宗，式憑之矣；告之百官、兆姓，則百官、兆姓，翼戴之矣；告之九夷、八蠻，則九夷、八蠻，拱嚮之矣。寧惟皇太子，卽皇長孫，業勤聖諭，凡天地、祖宗、百官、兆庶、九夷、八蠻，亦無不繫心者。當此之際，雖內有同床半夜之啼，外有鑄山煑海之驁，叅以公孫詭之謀，挾以「十常侍」之黨，日令荊軻、聶政，與東宮爲難，天下人心其誰與我？祇足以取赤族之誅，爲萬世笑耳。

故，東宮安，則各宮安[6]；諸藩安，海內俱安。東宮危，則各宮危；諸藩危，海內俱危。孰吉、孰凶，何去、何從，必有能辨之者。

今值東宮震驚之際，人心觀望之時，皇上亟宜下法司之請，正罪人，以謝九廟。更宜慰諭東宮，慎起居，嚴侍衛。而凡與椒房之列者，皆令分任其責，明示「反側子」決無可容。俾從前釁孽，盡行消釋，或猶得及于寬政。是尤「保護東宮」之第一義也！

臣叨言責，一腔熱血㊻，欲報主知，久矣。不幸變起儲宮，義無反顧，舍此不言，誰當言者？用是，不[7]避斧鉞，輒補牘以申前悃。惟，聖明深維宗社大計，蚤渙輪臺，保全主器。臣雖死，得所矣！

干冒天威，曷勝惶悚，隕越俟命之至[47]。

萬曆四十三年，五月二十日。

按：自此《疏》入，主上始命增東宮侍衛，以充原額，每日輪流巡警[8]。

逆謀稽訊疏[48]

工科給事中、臣何士晋，謹題：爲逆謀稽訊甚危，戚畹私《揭》可駭，懇乞聖明，亟勅會勘，以安國本，以消宮釁事。

竊惟，逆犯張差，震驚儲蹕，謀危宗社。臣先已三《疏》奏聞，續經刑部審供龐保、劉成、馬三道、李守才、孔道諸犯，名籍、口詞，鑿鑿在案。則，臣之前《疏》，似非無稽，計皇上亦當垂省覽矣。乃法司會勘之請，業逾五日未報，而臺省諸臣公「疏」、「单疏」，亦一概留中。舉朝皇皇，莫得其解。

臣竊謂，皇上與東宮，不但情親父子，亦且勢共安危。縱不爲[9]東宮計，亦當自爲計。豈有禍逼蕭墻，不少爲動念之理？意者，睿慮深籌、乾剛獨斷，另有一番非常作用：盡割從前牽昵之私，迥出道路猜疑之外[49]，于以對九廟而告萬方，爲大小臣工所憮然失、懽然誦者乎！

然而，候命愆期，旁疑轉棘，遂有因戚臣鄭國泰一《揭》，妄謂皇上有偏護而故遲廻者。臣雖小臣，忝侍禁近，皇上寔以耳目寄之，若有聞于外而不以入告，則爲欺。既入告矣，而有所含糊、忌諱[50]，亦爲欺。欺也者，人臣之大戒也。臣七載梧垣，涓埃未効，不幸遇此大變，區區頂踵，皆非臣有，臣何敢欺？則，臣請盡言而無諱，可乎？

按，本月二十日，戚臣[10]鄭國泰有《部曹轉疑轉深》一《揭》，抄傳《邸報》。盖爲「戸部浙江司署郎中」事，陸大受《疏》發也。查大受《疏》內，雖有「前年爲『藩府庄田』直陳大難[51]，身犯奸畹究鋒」等語，彼特借此發端，以明杞憂之果驗。而語及張差近事，原止欲追究內官姓名、大宅下落，并未嘗直指國泰主謀[52]。其原《疏》見在，御前可覆也。況此時，張差之口供未具，刑曹之勘《疏》未成，國泰豈不能從容少待，而何故心虛膽戰[53]，輒爾具《揭》。自此一《揭》之張皇，而人遂不能無疑于國泰矣。

且，摅其《揭》云，「傾儲」何謀、「主使」何事、「陰養死士」何爲？又云「滅門絕戶，萬載罵名」，又云「事無踪影，言係鬼妖」。臣不知，誰謂其「傾儲」，誰謂其「主使」，誰謂其「陰養死士」，誰謂其「滅門絕戶」？又，誰「無踪影」，誰「係鬼妖」？種種不祥之語，自揑[54]、自造，若辨、若供，不幾于欲盖彌彰耶？卽此《揭》詞之狂誖，而人益不能無疑[11]于國泰矣！

且，國泰倉皇出《揭》，其汲汲于自明，可知也。旣欲自明，卽宜請之皇上，將張差所供內官龐保、劉成，立刻發下，與馬三道、李守才等，俱聽三法司公同拷訊。誰爲主謀，誰爲助惡，誰爲波及，一一審確，具招正法。則國泰之有無，虛實心迹，豈不洞然？胡爲大小諸臣，俱有屢《疏》，國泰至今，寂無一語？勇于私揭，而怯于公言；明告衆人，而暗瞞皇上[55]。掩耳盜鈴，肺肝盡見，而人又不能無疑于國泰矣[56]。

且，人之疑國泰，亦非始于今日也。皇上試問國泰：「三王」之議，何由而起；《閨範》之《序》，何由而進；「妖書」之毒，何由而搆？此基禍之疑也，至今未有以對天下也。皇上又問國泰：孟養浩等，何由而杖；戴士衡等，何由而戍；王德完等，何由而錮？此挑激之疑也，至今未有以謝天下也[12上][57]。皇上又問國泰：南宗順，刑餘也，而陰募死士千人，謂何；「仁義王」，外寇也，而各宮門守以重兵，謂何；王曰乾，逆黨也㊽，而《疏》中先有劉成等㊾，謂何？此不軌之疑也，至今未有以解天下也。皇上又問國泰：如林之旅，環衛洛陽，而青宮之掃除㊿，誰爲減汰二萬之朠；跨連三省，而墳園之贍地(61)，誰爲阻撓；雕峻之工，增及萬厦(62)，而淑靈之杯土，誰爲寢閣？此偏注之疑也，至今未有以慰天下也。

夫疑者，百邪、萬釁之所伏也。積疑至于今日，忽有張差一事，正與從前舉動，適相符合，安得令人獨不疑乎？且，今日之疑國泰，又非僅僅一張差已也。仍恐騎虎難下，挺而走險(63)，一試不效(64)，別有陰謀。皇上不急護[13]東宮，則東宮爲孤注。萬一東宮失護，而皇上又轉爲孤注矣。如之何令人不畏且疑也？

國泰若欲釋人之疑，計惟明告宮中(65)，力求皇上，速將二豎，勑付法曹(66)。如供有國泰主謀，是乾坤之大逆，九廟之罪人。臣等執祖宗之法(67)，爲朝廷討亂賊，不但宮中不能庇國泰(68)，卽皇上亦不能庇國泰。借劍尚方，請自臣始！

設或另有主使，與國泰無干，臣請與國泰約：令國泰自具一《疏》，告之皇上，誓之九廟；嗣此以往，凡皇太子[14]、皇長孫一切起居，俱係國泰全家保護，稍有疎虞，罪坐國泰；則臣與在廷諸臣，亦願以國泰身家之事，乞皇上與皇太子，有好無尤，永全恩禮，是所以報。若國泰今日畏各犯招攀，一味熒惑聖聰，久稽廷訊。或潛散黨與，使之遠逃；或陰斃張差，使之滅口。則此獄，將終不結耶(69)！

自昔，五侯七貴，不勝薰灼，後卒移炎祚，爲萬世戮。我國家，鑒前代之失，獨不許外戚預政，其棄此輩，何異孤雛、腐鼠[70]？而況，謀反大逆，知情故縱，隱藏並坐重辟。其犯干「十惡」，不在「八議」之條。卽今法司，奉《旨》提問，亦原未嘗除出中宮、外戚，則聖明之意可知。若龐、劉二豎，豈遂無「申屠嘉」者？直檄之對簿，倘究竟有一二未到，而衆証明白，卽同獄成。大小諸臣，行且合力[15]殿争，令法司遵照前《旨》，不難徑操三尺而議其後。國泰若恃負嵎煬灶，祇恐噬臍無及矣。語云「禍來須善救」，又云「擇害莫若輕」，惟國泰審處焉。

臣非不知「齒馬爲嫌」、「器鼠宜忌」[71]，因連日呼天不應，諸臣無不恨國泰從中作祟，而未有明發之者。臣恐愈久愈激，愈激愈危，或致復生他變，則事益潰决而不可收。用是，昧死披瀝，點破機關，俾魍魎見晛而消，雷霆應時而發。庶幾此獄蚤結一日，國本蚤安一日。

寧惟國本，爲東宮，卽所以爲皇上。皇上與東宮安，卽福藩、懿親，並受其賜。爲國泰者，且以臣言爲忠告可也。

伏惟[16]聖明裁察，亟檢部《疏》，蚤賜施行。

臣愚，曷勝激切、惶悚，俟命之至。

萬曆四十三年，五月二十六日。

按：此《疏》，五月二十六日具題。

二十七日，《疏》入，傳聞「中旨」，「下緹騎」。旋有力救者謂，「不宜露形迹，須完此事另處」。上，頷之。

二十八日，早，聖駕遂率皇太子、皇長孫，臨御慈寧宮門，召文武百官面諭：立決張差及龐保、劉成，免行會審。

六月十二日[72]，復召吏部、都察院，接出《聖諭》，內云「御史劉光復，震驚几筵，無人臣禮，已經拏送刑部。何士晉，着補外[17]任，爲浙江按察司、清軍驛傳道僉事」。

六月十三日，吏部題爲《「欽奉聖諭事」疏》，稱「工科給事中何士晉，六年考滿，曾經題留。復職『浙江驛傳道』，見有胡世賞在任，合改擬『糧儲道叅議』」。

六月十七日，傳聞「中旨」，「堂上官姑免究，該司官調外任，何士晉杖六十」，已經御批。適是夜，刑部釋放馬三道，招由隨進。聖上見之大喜，因將前《旨》改批，「堂上官姑免究，該司官罰俸半年。何士晉，還照原擬地方職銜，前去任事，不許加陞：胡世賞，另擬地方與他」。

六月十八日，禮部題爲《欽奉聖諭事》，「原題工科給事中何士晉『江西主考』，今陞外任，合行吏、禮二科，開送補差」。奉《聖旨》，「是」。

漆室里人記事 又17。

職掌六疏

廠庫獘端疏[73]

〔即「殘本」十八葉正－三十葉背，今暫存目〕

明旨互異疏[74]

巡視廠庫、工科給事中、臣何士晉等，謹題：爲明旨互異難遵，該監朦朧應究，懇乞聖明，急舉「門工」，以昭大信，以杜聽熒事。

本年，三月二十九日，准工部營繕清吏司「手本」，內稱：「『靈應宮』取用琉璃瓦片，動至一十二萬有奇，爲數頗多，已經酌减呈堂，劄行監督」。但，修窑有費，燒造有價，所需錢糧，不啻巨萬，非預發不能興工。而「明旨」原諭，于「大工瓦」內帶造，至今杳無消息。事干庫藏，相應移會等因到臣。

該臣等查得，提督琉璃窑內監汪良德原題，議于殿門工內，帶造「靈應宮」瓦片，奉《聖旨》，「是。着上緊造辦、送用。欽此」。夫，此一《旨》也，似因「門殿」而帶「玄宮」，猶可言也。及工部據《揭》題覆[31]，「請勑『門工』，諏吉建竪」。奉《聖旨》，「殿宇所用琉璃瓦片，緣係追遵聖母，敬奉豈容少緩？着，遵前《旨》行。鼎建朝門，知道了，侯『旨』行。欽此」。夫，此又一《旨》也，專爲「玄宮」而遺「門殿」，不可言也。

部臣争之不得，至索金錢于廠庫。臣等職司巡視者也，宜爲皇上謹出納；又職備糾繩者也，宜爲皇上襄舉動。安敢無說而處于此？

竊以爲：「靈應宮」之役，非制也；爲「靈應宮」而令部臣溺職燒造，非訓也。皇上爲天地百神之主，卽尊崇備至，誰曰不宜？然，圜丘、方澤，寔惟祖制，神所馮依，將在是矣。皇上顧[32]郊祀不親，馨香漸隔，乃欲以琳宮紺宇，別圖崇奉，不幾迹類于矯誣乎？臣等固知其不可也。

卽皇上托言于「追遵聖母」，而聖母之所注念者，莫如彌留一《詔》。今，恭繹慈綸，不有云「皇太子宜乘時進學」乎？乃儲幄塵封，韶光虛擲，則何以不追遵也？不有云「婚封有定期」乎？乃合巹久稽，好逑未卜，則何以不追遵也？不有云「親賢圖治、永保鴻基」乎？乃九列晨星，臺省轉石，庶寮積薪，廢賢反汗，則何以不追遵也？舍宮廷之急務，而事幽玄；忘繼述之徽音，而譚敬奉。臣等又知其不可也。

且，徃聞聖母廣資福果于神宮、梵宇，誠多修建。然，皆頒發帑金，間命中官以董其役，竝未嘗奪「司空」[33]之職業，動「水衡」之緡錢，蓋有深意存焉。皇上旣爲聖母結未了之緣，何難倣當日捐金故事，而輒煩將作？無論紹述、詒謀，兩無所當。卽聖母在天之靈，寧願陛下有此破格舉動乎？臣等又知其不可也。

且，今日之時何時，工部之官何官也？最急如皇極門，請之不得，而工料一任其催朽。最要如箭樓，請之不得，而觀瞻一任其屑越。最重如「三殿」，請之不得，而物力一任其耗蠹。是舉其職以內者，俱未及營精拮据，況可代閹豎之庖[75]，血玄宮之指乎？卽使「帶造」之《旨》不更，門殿屬之工部，神宇屬之中官，猶宜各自爲政。今兩《旨》互異，正宜力爭，不識該部何意，而遽「劄行監督」也。藉令中官巧借[34]天言，便可俛首惟命，則有「都、俞」，無「吁、咈」，世豈成唐、虞？或封詔，或引裾，伊獨非臣子。具鬚眉而際明盛，守官、守道，其謂之何？臣等又知其不可也。

且，年來異教縱橫，中人最烈。「緇衣」、「白蓮」之屬，既簧鼓于方隅；而「竺乾」、「貝葉」之談，竟浸淫于堂奧[76]。皇上執經端軌，急爲隄防，猶難底止[77]，而況昔年有「西頂」之役，近日有「普陀」之役[78]。漆室杞人，屢屢見告。乃今則直欲以大工金錢，糜之于「靈應宮」，徼福媚神，莫此爲甚！使中外臣民，尤而效之，其又何誅焉？

嗟嗟，自古神仙方士、陰陽禍福之說，嘗乘人主之倦勤，宮府之釜鬵[79]。然，極之「封禪天書」，俱譸張爲幻。而最下者，至不免爲臺城之殉。此亦興亡得失之林，不可不前車視也。以皇上靜攝有年，諸臣向多過慮。近因「婚、講」、「門工」，萬呼不應。而不時[35]內降者，非閹豎之營求[80]，卽鬼神之香火。說者遂疑宮闈之內，必有奸璫窺探聖意，假借方術之談，播弄鬼神之事，致皇上惑于其說。一切朝政壅塞之機，悉由于此。大小臣工，不敢信，亦不敢言。此甚非國家吉祥善事也。一宮瓦片，期期不奉詔，寧惟是金錢可惜，亦藉以明皇上之轉圜，解羣疑之約結。而不然者，傳之史册，將令天下後世，謂陛下爲何如主，而漫視之。臣等又知其不可也。

夫有此「五不可」，而該監汪良德之罪，可勝誅哉？彼明知神宇之物料，無預水曹；輒妄借殿門之題目，混稱「帶造」。朦朧取旨，倏忽變更。使聖主有不信之[36]綸音，臣下有難遵之法守。壞祖宗經常之制，啟朝廷熒惑之端，該監之罪，殆無一可原者！

至于臣等，備員耳目，稟成憲以事主[81]，操白簡以繩邪。若不問蒼生而問鬼神，寧甘嚴譴，未敢舍所學，以從皇上也。

伏乞聖明，俯垂省覽，勑下工部，先將皇極門，諏吉建豎。而箭樓、「三殿」，亦以次興工，實爲萬年堂搆之業。若「靈應宮」，無關民義，其寢之，則帝王之盛軌也。不則，頒賜帑金，責成內監，一惟上命。其汪良德，并乞嚴勑該衙門，重究其朦朧瀆奏之罪。庶幾37聖德益光，慈靈亦慰矣。

臣等職掌所關，不識忌諱，干冐宸嚴，曷勝惶悚，隕越待命之至。

萬曆四十三年，四月初五日。

此《疏》，隨該工部題《爲言官持論甚正，「玄宮」取用非宜等事》，奉《聖旨》：「靈應宮修理，係朕追遵聖母，敬奉至意。且聖母在時，朕以天下孝養，豈惜此費？但今『內庫』缺乏無措，爾爲臣子，宜當仰體。爾部還遵前《旨》，作速處辦應用，以全朕孝敬誠意。鼎建『三門』，已有『候旨行』，不必再來瀆奏」。奉《旨》後，又該本科抄叅停止訖。

按：此時，聞有中官與羽士習祝禳、符呪之術，主上欲建「靈應宮」居之，故此《疏》爭之甚力。迨後《保護X37儲宮疏82》引「漢巫蠱」一段，亦是此意。卒之，主上轉圜，終于停寢，則社稷靈長之慶也。

漆室里人識38正83。

墳園贍守疏

監察工程、工科給事中、臣何士晉，謹題：爲墳園贍守久缺，該部疏請宜從，謹循職補牘，懇乞聖明，卽賜檢發，以終典禮事。

准工部監督墳工、署郎中事、主事張孝「手本」，內稱：「温肅端靜純懿皇貴妃墳園，業于本年二月二十五日工完。一應錢糧，監察科道，查照《循》、《環》，細加磨算，往復考證，攢造《實收》，行將奏繳矣。惟『贍守』，屢請無人，踐污圮壞[84]，不無可慮。雖，向撥巡軍數十名，暫于墻外防護。彼處地方官，又以工完宜撤，非奉『明旨』，不敢擅留。况，本職在事，猶得料理一二，今奉差已久，陛辭有日，三年拮据，未及完此就道。竊恐行後[39]，益無顧忌，又不止如近日之偷盜銅環及門窻、槅檻已也。查得，工部『廠』距墳署近，或令天壽山潘守備，量撥名下勤慎內官三四人，暫往司香，是亦權宜看守之藉。然，質之典禮，稽之往例，終非定規。事關巡視，相應移會，伏祈酌議、題催，以終今日之大典，以免異日之繁費」等因，到臣。該臣看得：

皇貴妃墳園之役，三年于兹矣。監督司官，宵露經營，錙銖覈算，幸得告成事，而及于弛擔[85]。然「司香」、「巡戶」、「贍田」三者，一日不可缺，萬年所必賴也。監督寔始終是役，不及旦夕，奉俞綸而去，隱衷似棘，宜其移會及臣，而不知臣之心，更有棘焉者。

蓋，臣初受事，卽與同差臺臣李嵩，合詞上請矣。匪獨臣也，其工程隸工部，則工部請之矣；其田土隸戶部，則戶部[40]請之矣；其典禮隸禮部，則禮部請之矣。若臺省諸臣，見之叫閽排闥者，尤難更僕數。而近日，工部侍郎林如楚，且因此事，及殿門、箭樓，俱不得請，引咎杜門。是舉朝大小臣工，無不心棘者。皇上若置若遺，槪行寢耳。反覆思之，所不可解者有六，請爲皇上悉數焉。

皇貴妃久侍圣躬，渥承殊寵，一切襄事，原題「加等從優」。故，不惜數十萬金錢，崇官啟域，几筵榱桷，燁燁煌煌。豈其于贍守之微，而反靳之？捐其大而恡其小，厚于始而薄于終，似非所以信絲綸也[41]。

東宮者，皇上所恃以繼離主鬯，而皇貴妃寔育之，則異日之母儀係焉。故，雖有萬氏、李氏二例，該部不敢援，而酌請倍給。要以尊皇上，故推重于東宮；重東宮，故加厚于母妃。此情之所必至，禮之所不可已者。皇太子，行將有天下養母之孝思。而今，不能乞山陵隙地，優給掃除之役，則孝思之鬱積謂何？似非所以崇國本也。

國家靈氣，發源于天壽山，故祖宗陵寢，環列相向。無論其晨昏警蹕，儼若生存。卽歷來備號「皇妃」，是不一姓，寢宮相倚，各有護呵。而獨今[42]之皇貴妃，寥落空山，寂無香火，塵凝苔砌，見者愴然。我祖宗若式靈之，其何以置對？似非所以紹先猷也。

《律》禁盜園林樹木、盜饗薦祭器諸物，視常法綦嚴，此皇上所明也。然，必守望有人，或可隄防捍禦。而有如皇貴妃之墳園，直掉臂出入，惟所攫耳。故，銅環不足而門窻，門窻不足而榻檻，斯亦履霜之漸，不可不問矣。設尤而效之，果有探囊胠篋，不止于環竊、欄檻之類者，皇上將并置之乎，抑追治之耶？置之則立法何爲，追之則典守何在？且，恐因一墳園，而啟諸陵窺伺之漸，則「律例」幾于不及防。似非所以肅王章也。

且，司香內監，固近侍所餘也；巡防陵戶[43]，則守衛所餘也；供贍地土，又版曹所餘也。但求天語傳宣，卽可一時立辦。原非若二萬頃之多，遍搜三省，亦不必有丈量之役，驚擾多人。皇上何事遲疑，不爲結局？夫至皇儲之母妃，不能分福藩之餘壤；仙遊之淑駕，不能儌桐戲之溫綸。而宮闈父子之間，卽萬無軒輊，皇上亦若授人話柄矣。似非所以釋猜疑也。

且，皇上不覩近日東宮奴婢韓本用等所「奏」乎？內廷何地，守衛何人，竟容黠滑男子張差，持棍闖至東宮門外？臣等聞之，無不相顧錯愕[86]，以爲異變事也。雖其人外貌托之瘋癲，中情尙難[44]測識，法司嚴訊，自當得其根因。然，卽此一夫狂逞，所損國威不小。得非習見皇上儲講不開、皇孫不傳、郭妃不殯[87]，卽皇貴妃墳園，雖成不守，遂妄意皇上有遐心，而敢于嘗試，亦未可知。今，必墳園停妥，諸禮並行，則皇貴妃因太子而獲安，皇太子因母妃而益重。銷萌戢釁，道寔有兹。而不然者，宮闈、陵寢之間，俱藏叵測。似非所以保曆服也。

況，張郎中業經戒道，別無監督之司官；李御史又已巡方，未獲臺差之共事。臣子身供役[45]，綆方虞短，鞭豈能長？萬一疎虞，使墳園驚震，各該衙門，誰任其咎？臣卽舉而問之工部，該部必且以皇上之刓印爲詞也。臣叨監察此事，一日未完，亦一日無可謝責。不得不循職補牘，盡言于君父之前。伏乞聖明，俯垂省覽，卽將戶、禮、工三部原《疏》，蚤賜檢發。俾司香、巡戶、贍地，各照例從優，并命官謝土，以完大典。如監督所議，天壽山守備潘朝用，暫行撥守，雖可權宜，寔非成例。欲圖長便，有無別處，責在工部。更乞勑諭侍郎林如楚，卽出視事。酌議力請，仰候宸斷施行。臣愚，曷勝激切懇祈，俟命之至。

萬曆四十三年，五月十一日[46]。

欽奉聖諭疏

工科給事中、臣何士晉，謹題：爲欽奉聖諭事。

萬曆四十三年，五月十一日，該工部署部事、右侍郎林如楚，具題前事，奉《聖旨》[88]：「是。着，何士晉、李嵩去。其督理工程內外官員，已有《旨》了。修理『三門』、箭樓等項，還俟檢發[89]。瑞王府『謝土』，着欽天監擇日行。欽此」。

臣竊惟「胡良」、「巨馬」二橋，節經該部與臺省諸臣建議，咸以爲：事屬州縣地方，止宜責成撫按，委官督造，費省而功倍。政體既得，恩命不虛，此是正論。計皇上必且允從，而不意仍用部司，及臣等監察也。臣子分不辭勞，義無衡命，東西南北，惟上所使。況，橋梁固王政所先，而修築又慈闈德意[47]，皇上仁、孝竝行，在此一舉。臣敢不祇奉明綸，竭蹷趨事？

第同差臺臣李嵩，先已陛辭巡方，廠庫一差，宜有代者。因，署院封印，尙未劄委，臣與嵩，竝蒙欽遣，固不敢冒昧獨行，又不敢逗遛君命。不識該部院何以議處，俾臣等得肅將無悞也。

頃，嵩貽書及臣，商榷此事。知，巡歷尙在昌平一路，其于涿鹿，相距非遙。或令嵩，卽日移駐二橋公所，同臣估計，以經始其事，似爲妥便。不則，有原題城工御史劉廷元在，不妨兼攝廠庫之役，俾臣得藉手報命，統候聖裁。

乃臣因是，而竊嘆皇上之顛倒言官，最不善爲國計者也。何也？二橋雖宜造，特有司事耳。重之以部臣，過矣。而復督之以科道，豈非以科道能爲皇上釐奸剔弊，即一橋梁，不可少乎？然，起復科[48]臣顧士琦、張孔教等，考選科道李若珪、孫之益等，何以屢催屢格，直視之爲可有可無也？諸臣索米長安，既已有人不用；今日「橋工」奉《旨》，又苦欲用無人。夫至于「無人」，而赫赫綸音，動成反汗，寧惟悞事，即國體之所傷大矣。臣故謂，皇上之不善爲國計也。

臣又因是，而竊嘆皇上之工程失序，最不善爲家計者也。何也？二橋雖病涉，特地方害耳。非若「三門」、箭樓，綰宸居之啟閉，杜奸雄之窺伺也。頻歲，門樓屑越，扃鑰疎虞。肘腋之間，盡生荊棘；宮闈之內，伏有虎狼。遂令亡命之張差，白晝持挺，直入禁地。刑部主事王之寀一《疏》，形情畢露[49]，九廟震驚。不審三事大臣，可終委之爲瘋癲，不一研究主謀，啓爲皇上實告否？大獄雖宜慎重，國本應計萬全。臣言及此，心膽俱裂，即百「橋工」，何足置齒。而皇上且云，「『三門』、箭樓」、「還俟檢發」，所特召司空于文華門宣諭者，止此二橋爲諄諄也！騖遠遺近，見利忘害，莫此爲甚。臣故謂，皇上之不善爲家計也。

伏乞聖明，深維猛省，大振乾斷。首，肅清家事。次，整頓國事。而以其餘，及「橋工」。夫，「橋」亦何難？臣等自能爲皇上了此。獨無失輕重、緩急之衡，是臣愚，所爲拳拳引裾者也。

臣，無任悚息，待[50]命之至。

皇城巡視疏

皇城巡視、工科給事中、臣何士晉等，謹題：爲巡視事。

據金吾左衛、百戶夏文奎稟稱，「本月初七日晚，御馬監門外，有不知姓名男子身死」等情，隨經臣等批「仰該總速查報」。今，據左東把總、指揮僉事趙秉忠呈稱，「查得死屍約年三十餘歲，額顱偏左太陽、胸膛兩肋等處，俱青赤，重傷。有大、宛二縣，相驗『結狀』可據」等因到臣，該臣等接管。

《卷》內查：十一月十八日，金吾衛、百戶蘇垢稟稱，「乾光殿後石欄杆上[90]，有不知姓名男子縊死」；十一月二十日，虎賁左衛、千戶湯守仁稟稱，「紅盔房內，有不知姓名男子，將刀自抹，未死」。各呈報在案，此皆事干人命，理合題叅。

臣等又查得，本年，月日不等：鷹房司，內官家人福兒，驗其腮頰、臂膊、左右肋等處，俱青、紅赤，重傷，報稱「縊死」；東華門，寄住內官陳保、家人李承明報稱，「熏[52]死內官李進下小廝『黑子』」，驗其左太陽等處，各有青、赤傷，分寸不等，報稱「縊死」；又有蕭時騰，在內官、叔蕭文昇家，亦報稱「縊死」；新房，內官馮忠，擱出不知姓名男子，偏體重傷，賄買內官郝亮，朦朧具奏，捏稱「倒死」；御用監，西夾道匠役劉良佐，相驗多傷，報稱「縊死」；內官監，內官李寵，擱出不知姓名男子，亦報稱「倒死」；針工局，顧內官、廚役潘岱，偏體重傷，報稱「炕死」；東上門裏臺基下，有不知姓名男子，偏右俱青傷，報稱「撲死」；西上門地方，有男子張文，屍負多傷，報稱「臥死」；西上北門、甜食房裏，有內官齊春，報稱「布袋縊死」；西安裏門、經廠墻下，有不知姓名男子，徧身青、紅赤傷，各分寸不等，報稱「縊死」；光祿寺，「洗白廠」房內，有趙承惠，報稱「縊死」；尚膳監[53]，內官彭昇下小廝「崇慶」，報稱「倒死」；北船塢、西小門外，有不知姓名男子，報稱「縊死」；御馬監「內槽房」，有蔡福，報稱「踢死」；社街門內，有潘豹，報稱「縊死」；東華門地方河內，有千戶蔡文勳，抱「寃狀」一紙，報稱「溺死」。此皆先經題叅，未奉「明旨」，理合催請。

該臣等叅看得：

禁莫嚴于大內，有犯必懲；《律》莫重于人命，雖微必究。故，祖宗二百餘年以來，從未有皇城內題叅人命而不朝上、夕下者。有之，乃自今日始。則，臣等請爲皇上誦言之。

夫「匹婦含寃，三年不雨」，是人命之足干天和，明甚也。今此數十人，驗有多傷，誰非抱寃而死者？國法一日不伸，則怨氣一日不散，積之禁地，恐非吉祥。故，欲以蕩祲沴，則「題叅」不可不問也。

《律》稱「殺人者抵」，原未嘗獨宥中官[54]。卽駕言「自盡」，亦載有「威逼」之條；卽托名「廝養」，亦無可「擅殺」之例。今，則槩稱「縊死」耳、「倒死」耳、「熏死」耳、「溺死」耳，姓名且不可知，寃情其誰與辯？而祖宗立法之意，澌滅盡矣！故，欲以重民命，則「題叅」不可不問也。

且，皇城二十衛官軍，原令其晝夜巡警，而今則強半爲中官役占矣；紫禁城下諸鋪，原設與軍人棲止，而今則盡爲中官霸奪矣。臣等協力清查，必藉明綸嚴飭。乃前後所題諸犯，無一得報，則刑餘長志，而城社愈見其難薰。軍伍行歸于烏有，脫有不虞，其誰與守？亦大可寒心矣！故，欲以肅禁衛，則「題叅」不可不問也。

且，自中官之橫也，而陳奉殺人于楚、梁永殺人于秦、高淮殺人于遼，近日，高寀殺人于閩。皇上明見萬里之外，猶不難從諸臣之[55]請，撤回正法。豈禁城之內，天威咫尺，反容若輩之漏網乎？夫至咫尺遠于萬里，殺人視爲兒戲，而履霜堅冰，臣等更有不忍言者矣。故，欲以防釁孽，則「題叅」不可不問也。

臣等謬叨巡視，自知溺職甚多。然，事可徑行，惟力是視，何敢仰瀆天聽？獨纍纍多命，久屬覆盆，歲序已終，沉寃未剖，白骨尚暴于荒原，青燐或飛于永夜。而臣等，不能徼片語之陽春，舒九原之陰慘，則亦安用巡視爲矣？用是，循例類叅，爲無辜請命。

伏乞聖明，深惟遠覽，亟行乾斷，勑下法司。将臣等前后題叅人命，通提原《疏》內有名犯証，逐一根究明白。其真僞、重輕，揆情比律，務令無枉、無縱。庶衆寃可雪，橫惡[56]知懲，而禁地或漸至肅清矣。

臣等曷勝激切、惶悚，俟命之至。

萬曆四十二年，十二月初三日[57正]。

循例舉劾疏

皇城巡視、工科等衙門給事中等官、臣何士晉等，謹題：爲循例舉劾禁衛官員，以昭勸懲事。

竊惟，皇城守衛，拱護宸居，額設官軍一萬四千一百有奇，領以欽總，督以勳臣，而糾以臣等之巡視，禁至嚴，法至密也。自臨御稀，人心玩，國初之法，十不得存其四五矣；自章奏寢，人心益玩，巡視之職，十不得舉其一二矣。獨有歲終舉劾，稍藉勸懲。臣等敢不悉心采訪，分別其廉貪[91]、勤惰，以佐激揚于萬一？謹據實爲皇上陳之。

訪得：

左東把總指揮，趙國忠。借箸胸蟠星斗[92]，嚴更令肅貔貅。儒將風規，干城領袖。

右西把總指揮，張鏜。雄姿逼類虎臣，壯志欲標銅柱。心勤問夜，才裕籌邊。

旗手衛[58]掌印指揮，劉文理。丰神俊爽，智畧深沉。撫摩惠洽投醪[93]，督率功多守漏。

金吾右衛掌印指揮，顔必端。韜鈐滿腹皆兵，捍衛渾身是膽。武闈妙選[94]，國士前茅。

濟陽衛掌印指揮，蔣廷松。騄駬長才，熊羆猛氣。五夜銀河可挽，一編《黃石》能知。

府軍衛掌印指揮，任以弘。說禮敦詩雅度，飡冰茹蘗清修。念切拱辰，譽隆分閫。

燕山右衛掌印指揮，李成恩。處囊白璧，出匣青萍。儆巡刁斗生寒，揮叱旌旗動色。

羽林前衛掌印指揮，盧陞[95]。恂恂緩帶輕裘，亹亹談兵說劍。戴星積勩，脫穎霏英。

濟州衛掌印指揮，李士俊。聚米神機，絕塵逸足。典禁風霜獨凜[96]，綰符醪纊咸温。

通州衛掌印指揮，莫之臣。控弦九矢無虛，視篆二卯必慎。爪牙猛士，肘腋勞臣。

羽林右衛掌印指揮，李端。偉貌鷹揚，宏猷駿發。不忝禁中頗、牧，還期塞上孫、吳。

金吾前衛掌印指揮，陳正道。腹笥知正知奇，部法[59]克威克愛。金吾績茂，玉壘名高。

羽林左衛僉書指揮，馬化龍。赤汗雄姿，青霜寶氣。飲羽石當作虎，登壇馬化爲龍。

濟陽衛守衛指揮，張愷。談吐剩有波濤，擘畫更無盤錯。勞優夾陛，氣壯吞胡。

虎賁左衛守衛指揮，吳文魁。勇能搏虎，巧可啼猿。夙夜不懈星廬，緩急不忘馬革。

金吾前衛守衛指揮，陶華。禔躬執玉捧盈，撫士推心置腹。勤隨永漏，志奮長纓。

圍子手頭班把總，俞良儆。矯矯英姿，桓桓威武。入直不辭霜雪，出塞可掃風煙。

圍子手二班把總，洪日升。荷戈輦路肅清，舍矢天山可定。禁門赤幟，介冑白眉。

紅盔二班把總，吳應炳。漢家衛尉，天上將軍。傾葵鳳闕常依，橫草龍韜欲展。

明甲頭班把總，梅紹先。環甲七校蹶張，躍馬千夫辟易。落鵰妙手，勒石雄心。

以上諸臣，在東、西二總，年勞最久。而其餘，亦皆一時武弁之良。均當薦揚，以備擢用者也。

又訪得[60]：

府軍左衛守衛指揮，中良策。百般狙詐，一味狼貪。借科歛以充囊：卽「直宿口糧」，動侵一百二十石，貧軍之枵腹何堪？視承委爲奇貨：卽「銅牌使費」，苛索九千六百文，伍長之怨聲有據。以胖襖鋪墊爲名，將七十餘金，盡歸騙局，廉恥不掃地乎？以哄誘「樗蒲」爲事，致兩人姓命，幾喪玉河[97]，罪孽且滔天矣。衆惡皆歸，官常大玷。

燕山右衛守衛指揮，王應奎。性耽麯櫱，目迷孔方。始以侵俸而被叅，既以夤緣而復入。宿衛何事，常餘酩酊之容；頭面何辜，時遭磕破之患？初任，索「見面」：伍長每名一兩矣。未幾，而替補：有「叩頭」之索，計樊仁忠等二十名。所得不已多乎？未幾，而上直有飯錢之索：計王忠等，四百餘名。所得不更多乎？且以賣放，致查點之空虛；復以解銷，累印官之比責。怨聲如沸，醉夢猶酣。

金吾後衛守衛指揮，王有道。奸貪成癖，淫縱絕倫[98]。官名宿衛，而身且[61]宿娼；沉湎青樓，已是裾牛襟馬。身既誤直，而直又賣軍；追呼法署，寧顧毀冠裂裳。甚至，孀母逼逐于外居，菽水罔伸于反哺。行屍走肉，雖豺狼不如；敗俗傷風[99]，恐狗彘所不食[100]。其他一切索錢、索米，如張成所証之「五百文」，陳經所證之「二十石」，特其細事，不足擢髮數矣。根本既亡，法紀難貫。

留守中衛、點城指揮，趙松。胸填鱗甲，手盡錙銖[101]。直軍可占，則王奉等之「三萬六千文」，雖歲計之不足；各衛可需，則張友成之「三百文」、談奉之「六百文」、張棟之「八百文」、宮景和之「一千文」，實月計之有餘。最可羞者，棄糟糠而狐淫敗檢，西城之訐案猶鮮；尤可恨者，隨稅監而虎翼食人，遼左之「叅文」可覆。既作刑餘牙爪，同官恥與爲羣。何當城社，咆哮諸軍，怨且徹骨，大干公論，宜擯官邪[102]。

以上四臣，皆庸劣、貪縱，所當斥逐，以警將來者也。

伏乞[62]勅下，兵部查議。如果臣等所言不謬，將趙國忠等，循資擢用；申良策等，革任回衛。庶賢否別，而勸懲彰。其于肅人心，嚴禁衛，未必無小補矣。

具題，奉《聖旨》，「兵部知道[63正]」。

萬曆四十二年，十二月二十四日。

校勘記

❶「賜餘艸」，今檢杭圖「殘本」，各册書衣當係後加，無題簽等，惟其「目録」葉題作《疏目》，而各《疏》書口上單黑魚尾上方刻記均爲「題艸」，故暫從「殘本」首葉之官應震《賜餘艸序》，改定。

又，「殘本」官氏《序》后，見闕第一葉正葉之孫承宗《序》。復檢孫氏《高陽集·高陽文集》「序文」，該篇題作《何武莪〈諫草〉序》（《高陽文集目次·卷之十一－序文》、卷十一，第二十八、二百九十八頁，一葉背、六十一葉正），今暫不從。

❷「不分卷」、「明」、「纂」，俱係今次校點者新添。

又，「殘本」現存有「序」十五張筒子葉（共二十九面／頁），「疏目」一張（共兩面／頁）、「正文」六十五張（共一百三十面／頁），即共八十一張筒子葉、計一百六十一面／頁。今，再覈具體缺損，「序」當闕半葉（《何武莪〈諫草〉序》之「一葉正」，而未知何時修補者，曾繪出此半葉外框）、「正文」所見已闕二頁（《儲宮保護疏》之「二葉背」、「三葉正」，計一葉）。另，見「又十七」正背、「又三十七」正背，兩處舊刻原有之複葉。

而，「殘本」葉碼「六十三」後，今共闕《陳情一疏·繼母存孤疏》，和《請外三疏》之《天恩難報疏》、《科差序及疏》、《給由待黜疏》，及《附：紀事詩》，共四篇「疏稿」正文與一個詩歌「附録」。

❸「序」，今據「殘本」《賜餘艸序》并《送武莪何老掌科，欽轉浙江僉憲序》兩文，書口上（前者白口，後者係於單黑魚尾上）所刻，補。

又，後者更在葉首題一「序」字。

❹「賜餘艸序」，今見「殘本」全篇以略帶行楷筆意手書上版刷印。

❺「勤」，「殘本」原作「勁」，今正。

❻「邱」，「殘本」原作此，據《龍龕手鏡》，其乃「邸」正字（入聲卷第四，邑部第十一·上聲，第四百五十五頁），今從，不改。

❼「劍」，「殘本」原作「劎」，今逕正，後不再注。

❽「削」，「殘本」書葉蛀爛，今據所剩字形補。

⑨「隱」，「殘本」原作「隱」，據《正字通》，此即「隱」俗字（子集・中集，阜部・「十四」畫，第一千二百四十七頁、二十九葉正），今從，後亦逕改不注。

⑩「陳情一疏」，今據「殘本」《疏目》（一葉背），當即其所記之《繼母存孤疏》，現已佚，惟存其下所引及之「身非我有」一段。

⑪「寃」，「殘本」原作「寃」，據《篇海類編》，此係「寃」俗譌字（卷十四，《宮（宮）室類・宀部第二》，「七」畫，第一百七十二頁、九葉正），今從，後亦逕改不注。

⑫「何武我諫草序」，「殘本」此篇闕半葉，見修補後手繪之黑單邊框綫。今，復核《高陽集》所收（《高陽文集・序文》，卷十一，第一百九十八頁、六十一葉正－六十二葉正），其闕當係首葉正面，且「殘本」第一葉與第二葉裝訂倒錯，故均據之補全、對校。

又，此《序》全篇，「殘本」係行草筆意手書上版刷印。

⑬「諍」，《高陽集》作「諍」，今正。

⑭「自」，今核對「殘本」與《高陽集》，前者所闕半葉應至此，故標明以示。

又，下標編號「一正」，今本篇所有版刻葉碼，逕依「殘本」。惟，此處「殘本」闕半葉，故再加「正」以顯，後不再注。

⑮「昜」，「殘本」原破損，今據所剩字迹，并參《高陽集》，補。

⑯「共」，「殘本」原作此，《高陽集》似作「其」，今暫從「殘本」。

又，「贍」，「殘本」原似作此，《高陽集》似作「贍」，今暫從「殘本」。

⑰「逢」，「殘本」原作此，《高陽集》似作「逄」，今因此處當指夏桀時遭戮之名臣「關龍逢」（《史記》，卷八十七，《李斯列傳第二十七》，第兩千五百六十頁、縮六百四十八頁），故暫從「殘本」。

⑱「禍」，「殘本」原作似「禍」，據《龍龕手鏡》，此當與「禍」俗字「禍」相關（平聲卷第一，ネ部第十一・上聲，第一百一十一頁），今仍可從并改，《高陽集》同。

另，「遂」，「殘本」原作此，《高陽集》無，今不删。

⑲「頬」，「殘本」原似作此，《高陽集》作「顔」。今疑此用典當係《世說新語・品藻》「龐士元至吳」條末，萧梁刘孝标等注家引及蔣濟《萬

機論》所謂「插齒牙，樹頰頦，吐脣物」（中，「第九」，第五百九十二頁），故暫不改。

⑳「居」，「殘本」原作不辨，今暫從《高陽集》。

㉑「焉」，「殘本」原似作「馬」，《高陽集》同，今據前後文意改。

㉒「纖」，「殘本」原作此，《高陽集》似作「纖」，今暫從「殘本」。

㉓「聽」，「殘本」原作此，《高陽集》作「聽」，今暫從「殘本」。

㉔「輙」，「殘本」原似作此，《高陽集》作「輒」，今不改。

㉕「屏」，「殘本」原作此，《高陽集》似作「屛」，今暫不從。

㉖「聽」，「殘本」原作此，《高陽集》作「聽」，今暫從「殘本」。

㉗「即」，「殘本」原作此，《高陽集》作「卽」，今不改。

㉘「主」，「殘本」原作此，《高陽集》似作「王」，今不從。

㉙「鳫」，「殘本」原作此，《高陽集》作「豸」，今不從。

㉚本段「歲」至「題」，「殘本」原作此，《高陽集》無，今不删。

㉛「孫承宗」并「厶史氏」，「殘本」原分别刻爲陽文、陰文兩方形鈐章，《高陽集》無，今仍據「殘本」，以其釋文列出。

㉜「欽轉浙江僉憲序」，「殘本」右原有一欄，欄首刻記一「序」字，今已提前并補録於《疏目》，故此處删。

又，「浙」，「殘本」原作「淛」，今據本書《國本二疏·逆謀稽訊疏》「漆室里人」之「按語」（又十七葉正），并《明史·何士晉傳》（二，卷二百三十五，《列傳第一百二十三·王汝訓、余懋學、張養蒙、孟一脈、何士晉陸大受、張庭、李俸、王德完、蔣允儀、鄒維璉吴羽文》，第六千一百二十九頁），改。

另，再覈《神宗實録－萬曆四十三年·六月－戊子》、《神宗實録－萬曆四十六年·十一月－甲寅》（第二十二册，卷五百三十三、五百七十六，第二百〇六、四百二十四頁）條，均記爲「浙江僉事」；而《（雍正）浙江通志》內，《職官八·明二－提刑按察司僉事》條下，於「已上萬歷間任」款前録有「何士晉，宜興人。」六字（第六册，卷一百一十八，第兩千八百九十一頁），當即概指所謂「欽轉浙江僉憲」事，故可定。

㉝「静」，「殘本」原作「靜」，今逕改，後不再注。

㉞「浙」，「殘本」原作「淅」，今前已改，特從。

㉟「佞」，「殘本」原作「佞」，今正。

㊱「序」并左三條，「殘本」原無，今并參前注及各篇題名，補。

㊲「國本二疏」并「儲宫保護疏」，「殘本」原無，今據《疏目》補。

又，下文此類一、二級標題，「殘本」概無，現均據《疏目》補，後不再注。

㊳「儲宫保護疏」，《神宗實録》「萬曆四十三年五月乙丑」條（第二十二册，卷五百三十二，第一百九十四頁）内，亦見部份摘引。

㊴「橋工疏」，今覈「殘本」後文，疑即指《欽奉聖諭疏》（四十七葉正－五十一葉正），或與之内容相關之某《疏》。

㊵「闕後」，「殘本」第二葉正至此止，今第二葉背至第三葉正已佚，特標明以示。

又，依刻本行格推算，至多失二百五十字。復據正文内容判斷，當爲「梃擊案」王之寀一《疏》之細節，恐乃刊成後，閹者等人爲撤燬。

另，魏閹忠賢等曾于天啓間，爲翻早前「梃擊」、「紅丸」、「移宫」三案，開館委顧秉謙等總裁纂修所謂《三朝要典》，今查其内所引「王之寀上言」語段，與「殘本」所見武艿引及王之寀《疏》相近，現轉録於左。更録《神宗實録》、《罪惟録・王皇后傳》、《明史・王之寀傳》相應詞句，以供參酌：

招稱：「張差，是薊州井兒峪人。小名張五兒，年三十五歲。父張義，病故。有馬三舅、李外父，交我跟不知姓名老公公。説，『事成，與你幾畝地種，勾你受用』。老公騎馬，小的跟走。初三歇燕角舖，初四到京」。問：「何人收留？」復説：「到不知街道大宅子，一老公與我飯吃。説，『你先衝一遭，撞着一箇打殺一箇。打殺了，我們救得你。』遂與我棗棍，領我繇後宰門逛到宫門上。守門的，把我一把拏，交我一棍打倒。到裏邊，輪了兩棍，莫有輪着。老公公多了，就拏住我。」又招：「還有栢木棍、琉璃棍、槎子棍，棍多人衆。」（《三朝要典》，卷一，《挺擊・萬曆乙卯五月－戊午》，第二十九－三十頁、六葉背－七葉背）

有馬三舅、李外父，將差交予不知姓名一老（公），跟随到京。又有不知街道大宅子，一老公與飯、與棍，至有「打上宫去，撞着一個打一

個」等語。（《鈔本明實録》，第二十二册，卷五百三十二，《萬曆四十三年（一六一五）・五月－「丁巳」》，第一百九十一頁）

之宲庵吏書去，止留二役，善問差。差云：「有馬三舅、李外父，着隨不知姓名老公，云事成與幾畝地種。老公騎，差步從之。一宿燕角鋪，次日入大第。大第老公飯我，諭我入，遇有人儘擊之，即死無患。遂給棗棍一，導厚載門入。至宮門傷人，老公多，遂被縛。」又云：「小爺福大。」之宲俱以差聞。戶部郎中陸大受隨請深窮主使。上以《疏》有「奸戚」字樣，俱不報。已刑部司官十八人公審，差供：「三舅名三道，外父名守才，同在薊州井兒峪居住。騎老公係內監龐保，主脩鐵瓦殿者。大第，內監劉成宅也。三道本以送灰至保所。保與成密商玉皇殿，着二人邀差持棍入宮爲前導」云云。又有「三舅持紅票，封我爲真人」等語。已而三道詣部，部請提保、成對鞫，上不即發。（《罪惟録・皇后列傳》，卷二，《王皇后王太后、鄭貴妃、魏慎嬪》，第一千一百七十七頁）

「小名張五兒。有馬三舅、李外父令隨不知姓名一老公，説事成與汝地幾畝。比至京，入不知街道大宅子。一老公飯我云：『汝先衝一遭，遇人輒打死，死了我們救汝。』畀我棗木棍，導我由後宰門直至宮門上，擊門者墮地。老公多，遂被執。」（《明史》，卷二百四十四，《列傳第一百三十二》，第六千三百四十三－六千三百四十四頁、縮一千六百三十三頁）

41 「前闕」，「殘本」第三葉背由此起。

又，「禍」，「殘本」未知名者朱筆讀於此字後，今可從。

42 「毋」，「殘本」原作「母」，今改。

43 「儥」，「殘本」原作「儥」，今正。

44 「槃」，「殘本」原作「槃」，今正。

45 「臣前爭執靈應宮」，今覈「殘本」後文，疑即指《明旨互异疏》（三十一葉正－三十八葉正），或與之內容相關之某《疏》。

46 「熱」，「殘本」原作「熱」，今正。

47 「隕」，「殘本」原作「哨」，今正。

48 「逆謀稽訊疏」，「殘本」此「疏」《明史・何士晉傳》部份見載，今據其現代整理本（簡稱「史本」，第六千一百二十八－六千一百二十九頁、縮一千五百七十八－一千五百七十九頁；又，後文凡有比對《明史》所引者，均同此稱），隨文參酌出校。而，《神宗實録》「萬曆四十三年五月辛未」條（第二十二册，卷五百三十二，第一百九十七頁）內，亦有零星摘引。

另，《萬曆邸鈔・萬曆四十三年乙卯》「五月－己酉」條亦有摘録（下册，第二千二百一十五－二千二百二十頁、二十七葉正－二十九葉背；又，後簡稱「邸鈔」），其首，另見一閱者、或即抄録者眉評，「此等文字，懸之天日，可以無媿」。今亦隨文参酌出校。

49 「猜」，「殘本」原作「猜」，今逕正，後不再注。

50 「諱」，「殘本」原作「諱」，今正。

51 「直」，「殘本」原作「直」，今正。

52 「嘗」，「殘本」原作「甞」，今逕正，後不再注。

又，「直」，「殘本」原作此，「史本」作「實」，今暫不改。

另，陸大受此《疏》除武莪引及數句外，亦部份見載於《明史・陸大受傳》，今據其現代整理本補録如下，以備比照：「青宮何地，張差何人，敢白晝持梃直犯儲蹕，此乾坤何等時耶！業承一內官，何以不知其名？業承一大第，何以不知其所？彼三老、三太互相表裏，而霸州武舉高順寧者，今皆匿於何地？奈何不嚴竟而速斷耶？」（卷二百三十五，第六千一百三十頁、縮一千五百七十九頁）。

53 「膽」，「殘本」原作「膽」，今正。

54 「自」，「殘本」原作「白」，今據上下文意正。

55 「瞞」，「殘本」原作「瞞」，今正。

56 「又」，「殘本」原作此，「邸鈔」作「益」，今暫不改。

57 下標編號并「止」字，「殘本」一册至此止，今特於編號後加此字以示。

58 「黨」，「殘本」原作此，「史本」作「徒」，今暫不改。

59 「劉成等」，「殘本」原作此，「史本」作「龐保、劉成名姓」，今暫不改。

60 「掃除」，「殘本」原作此，「邸鈔」作「儀衛」，今不從。

61 「膽」，「殘本」原作「瞻」，今逕正，後不再注。

又，「墳園之贍地」，并下句「淑靈之杯土」、「寢閣」，今覈「殘本」後文，疑其當指《墳園贍守疏》（三十九葉正－四十六葉背）所陳之事，或與此相關的某《疏》。

62 「增」，「殘本」原作「增」，今逕改，後不再注。

63 「挺而」，「殘本」原作此，「史本」作「駭鹿」，今暫不改。

64 「試」，「殘本」原作此，「史本」作「擊」，今暫不改。

65 「宮中」，「殘本」原作此，「史本」作「貴妃」，今暫不改。

66 「法」，「殘本」原作此，「邸鈔」作「刑」，今暫不改。

67 「臣」，「殘本」原作此，「邸鈔」作「職」，今不從。

又，至此起，下文凡「邸鈔」見引者，「臣」字均爲「職」，今概不從。

68 「宮中」，「殘本」原作此，「史本」作「貴妃」，今暫不改。

69 「此獄將終不結耶」，「殘本」原作此，「史本」作「罪愈不容誅矣」，今暫不改。

70 「腐」，「殘本」原作「腐」，今正。

71 「鼠」，「殘本」原作「鼡」，今正。

72 「六月十二日」至段末「是」，本節「按語」可比照《明史·何士晉傳》所記，今補録於下：「疏入，帝大怒，欲罪之。念事已有跡，恐益致人言。而吏部先以士晉爲『東林黨』，擬出爲浙江僉事，候命三年未下。至是，帝急簡部疏，命如前擬。吏部言闕官已補，請改命。帝不許，命調前補者。吏部又以士晉積資已深，秩當參議。帝怒，切責尚書，奪郎中以下俸。士晉之官四年，移廣西參議」（第六千一百二十九頁、縮一千五百七十九頁）。

73 「廠庫弊端疏」，亦見載於《工部廠庫須知》卷一（底本：「南圖本」爲卷二）《巡視題疏－工部覆疏》中，即本次整理之編號「3」、「何士晉等，萬曆四十三年題本」（四十葉正－五十二葉背：惟其底本闕一葉，即五十二葉正背）。據此，今暫作「存目」處理，「殘本」概合入《工部廠庫須知》，即「正文」該篇內出校。

74 「明旨互異疏」，《明史·何士晉傳》、《神宗實録》（「萬曆四十三年四月辛巳」條內：《鈔本明實録》，第二十二册，卷五百三十一，第一百八十四頁）亦部份見載，今據「史本」（第六千一百二十八頁、缩一千五百七十八頁）隨文參酌出校。

75 「豎」，「殘本」原作「豎」，今逕正，後不再注。

76 「淫」，「殘本」原作「滛」，今逕正，後不再注。

77 「底」，「殘本」原作「厎」，今據上下文意正。

78 「普陀之役」，今疑所指或即萬曆三十一年左右，浙江巡撫尹應元《渡海記事》所謂「近歲，聖母、皇上，屢遣內官賫帑金，重脩梵宇、經藏」之事，可略參今次校點本「佚存」之何士晉《遊補陀八韻》注語。

79 「驚」，「殘本」原作「驚」，今正。

80 「閹豎」，殘本原作此，「史本」作「中貴」，今不改。

81 「稟」，「殘本」原作「禀」，今逕正，後不再注。

82 「保護儲宮疏」，今疑當指「殘本」首篇之《儲宮保護疏》（一葉正－八葉背）。

83 下標編號并「正」字，「殘本」一册至此止，今特於編號後標此字以示，後不再注。

84 「圮」，「殘本」原作「圯」，今改。

85 「擔」，「殘本」原作「擔」，今正。

86 「愕」，「殘本」原作「愕」，今正。

87 「殯」，「殘本」原作「殯」，今正。

88 「聖旨」一段摘引，部份內容亦録於《神宗實録》「萬曆四十三年五月丙辰」條（《鈔本明實録》，第二十二册，卷五百三十二，第一百九十一頁）內。

89 「檢」，「殘本」原作「検」，今正。

90 「欄」，「殘本」原作「欄」，今正。

91 「貪」，「殘本」原作「貪」，今正。

❾❷「蟠」，「殘本」原作「蟠」，今正。

❾❸「醿」，「殘本」原作此，今據上下文意，疑當爲「醪」，暫不改。

❾❹「闈」，「殘本」原作「闈」，今據《篇海類編》，此即「闈」俗字（卷十四，《宮室類·門部第三》，「十」畫，第一百七十五頁、十五葉正），可從并改。

❾❺「陛」，「殘本」原作「陛」，今疑或爲「陛」，暫改。

❾❻「凜」，「殘本」原作「凛」，今據《篇海類編》，此即「凜」俗字（卷四，《時令類·冫部第二十六（第四）》，第六百四十四頁、十葉背），可從并改。

❾❼「喪」，原作「丧」，據《宋元以來俗字譜》分類，此即「喪」字（口部，第十一頁），今從并改。

❾❽「淫」，「殘本」原作「滛」，今正。

❾❾「俗」，「殘本」原作「俗」，今正。

❶⓿⓿「彘」，「殘本」原作「彘」，今正。

❶⓿❶「鍿」，「殘本」原作「鍿」，今據前後文意正。

❶⓿❷「擯」，「殘本」原作「擯」，今正。

詩、文 目録

過四十九盤嶺，宿能仁寺❶ 何士晉 號武莪，節推，宜興人。

七七峰廻磴，三三寺起鍾。泉聲飛燕尾，焰色點芙蓉。
籟入珠林静，香浮瑞靄濃。曉來推户看，石壁幾雲封。

大龍湫

懸崖玉練挂晴空，噴雪飛珠幻莫窮。自是蛟龍能變化，商霖只在此巖中。

剪刀峰

百尺天孫雲錦囬，全凴隻手此刀開。只因欲補山龍衮，不為霓裳輕剪裁。

天柱峰

孤峰屹立矗雲根，半壁東南賴汝存。聞說深山多採使，想應移取到天門。

展旗峰

萬仞高懸大將壇，旗開八面擁層巒。指揮一任風雲捲，未魅山妖膽自寒。

玉女峰

春山為黛玉為肌，一片貞心永不移。莫怪露零沾夜草，從來雲雨未曾知。

卓筆峰

日煖霜毫自染丹，雲烟掃盡墨花殘。而今蒼蘚封彤管，猶有龍蛇顯裏蟠。

載（明）朱諫、胡汝寧編：《（萬曆）鴈山志》，（卷首），第四十二－四十四頁（十葉背－十一葉背）。

遊補陀八韻❷

宜興　何士晋　都諫

琳宮絶壑駕靈鼉❸，萬里煙光擁黛螺❹。乾闥忽傳天樂細，迦陵時送鳥聲和。

御函別啓新蓮藏，浩刦重開舊寶陀。水月觀中龍子出，旃檀林內雁王過❺。

潮音作梵山齊吼❻，野衲栖巖雲滿窩❼。玉筍點斑留片石，金沙疋練護恒河。

莫言島嶼津梁少，翻覺風濤世路多。兩度祝釐登彼岸壬寅、癸卯歲❽，余曾兩到，願言千載不揚波。

載（清）黄應熊、許琰編，（清）釋明智校：《（乾隆）普陀山志》，卷十七，《歷代（朝）詩詠（·明）》，第四百一十二頁（三十一葉正背）。

「徵君父母」特祀案[9]

何士晉　推官、司理[10]

萬曆三十年五月十八日[11]，寧波府推官何士晉，爲請隆祀典，廣孝思，以勵世風事。竊照[12]：孝先百行，祀重千秋。屢朝咸秩無文，昭代尤崇報本。職，莅任以來，查得本府西北隅、薄於廳署，有「董孝子祠」，原奉敕建。每年六月六日，孝子懸弧辰，設有諭祭，府、縣官，照例動支額編錢糧，備儀、造廟、行禮，相承已久[13]。

其母氏，舊有祠，在南郊外，荒頹不葺。議者謂「孝子不得與母同居靈」，似未妥。該前任知府吳安國[14]、推官張似渠、知縣翁憲祥，各捐俸，構三楹於孝子祠後，如「孟母廟」制[15]。工猶未竟，職量爲修繕，至辛丑年十二月二十日[16]，告成地方[17]。祀戶隨建置孝子父、母像，奉香火。乃「祀典」，則未及焉。職嘗隨祭，欲行呈請，恐無堪動錢糧，先行鄞縣查議。

據該縣知縣魏成忠申稱，「董孝子[18]，名黯、字叔達」，云云。此，載在郡《志》可稽者。「看得[19]：董孝子，築居就養，廬墓枕戈，抱義而兼以行仁，復讎而因之全法。至今謁其庭，睹其像，想見其爲人，尚凜凜有生氣。孝哉，公也！可以風矣！其母之行，雖無所表見，但即其受辱鄰兇，自引失言之咎，因甘溪水，雖留慈邑之名。當必與斷機、畫荻之流，同類而齊芳者[20]。且，由子可以知母，由母可以及父。

慈孝萃於一門，風教關於百代。其有功於世道，豈小補哉？在禮，凡有功於民，則祀之。孝子父母，應入祀典。合無於祭孝子之日[21]，聽本府另委教官一員[22]，先於後祠行禮。其祭品、豬、羊等物，約用銀一兩二錢，先該本縣查滅。桃符、門神，銀一兩三錢九分，申詳雜用其中。堪以動支[23]，備辦孝子之父[24]、之母之祭。」

具由到職，該本廳覆，看得[25]：

天倫之慘，如孝子所遭，至不幸矣。想其飲血枕戈，無天可戴；望雲盧墓，有地莫容。雖斷逆子之頭[26]，莫解終天之恨[27]。不就生前之召，忍留身後之名？而況乎廟食無窮也哉？故，祀孝子，非孝子所安也。祀孝子[28]，而遺其母，尤非孝子所安也。

夫，《經》垂「不共」之義，《律》嚴「擅殺」之條。當孝子自囚請死，計惟得從母地下，可以無憾於親，有辭於法。而不意，君之我赦也。君赦，胡敢不生？又不意，後之我祀也。君祀，胡敢不享？若孝子者，其志烈，其思沈[29]，其行無瑕，其精英不可磨滅，蓋庶幾無遺議焉。

顧孝因爲母，祭獨缺焉而不伸？彼食必思親，神能享焉而不吐？在孝子，痛己之親，以及人之親，猶然錫類。在今日，因子之祀，以及親之祀，何憚推恩？矧建祠、置像，母子相依？論前官之創舉，原欲使其俎豆之同歆，而節浮抵數，品物易辦。據該縣之《條陳》，又不患錢糧之無處[30]，欲維風教，孝慈宜極尊崇。

新奉《詔書》：「祭祀並行，申飭應從縣議，永作成規。」緣干請設祀典事理，合行具由詳請。蒙海道右參議王名「道顯」批[31]：「因孝子而併祀其父、母，甚爲妥當[32]，如議照數支辦，委官先祭，永作成規。」此繳，又該本廳，備由通詳[33]，帶管提學道、右布政使范名「洙」批[34]：「據由，於祀典合，於孝子心安。所議設祀錢糧，果否久行無礙？仰府查報。」續經本府知府鄒名「希賢」覆查[35]：「前銀原係裁減，抵充雜用，委屬無礙，轉詳允示，行縣遵照，訖。」

載（清）董華鈞編：《純德彙編》，卷四，《祀典·文移附》，第五百七十八－五百七十九頁、十六葉背－十九葉背。

設置「孝廟」祀田案[36]　何士晉　推官、司理[37]

推官何士晉，爲仰承德意，崇祀育才，以少裨弼教事[38]，竊照：理官祇奉三尺，而「明刑」、「弼教」，則《尙書》志之，似非徒法爲斤斤者。職，燥髮受書，今濫竽「司理」。溫良折獄，愧非其人；欽恤惟刑，徒聞其語。備員已閱五稔[39]，積戾何啻萬端？蓋夙夜疚心，思補不逮[40]，況敢營精職外乎？

惟是，刑罰、教化，相須爲用，兼以代庖邑事，於諸生，又有提調之責焉。爰查鄞縣學[41]，月課久廢，皆因供給無資。先經議裁「空役」銀二十兩有奇，堪充課費。詳蒙兵巡海道按察使范名「洙」批[42]：「據由[43]，撙節之中，寓教化之意，豈惟情、法兩盡？眞能視國如家，各役照議扣給，存銀貯庫，備激賞，以端士風。」此繳，遵行在卷。

未幾，待試者雲集。涓滴易窮[44]，作輟可慮。職[45]，因搜查贖餘，及以「俸薪」等項湊數，共銀六十五兩五分[46]，置買民田二十畝六分一釐[47]，永資學課。每歲，仍量助有行貧生二三人，以示激勸。

又查[48]，本職公署，向無「土地祠」。其神位，即設於客館屏門之內，湫隘溷褻，心甚悚然。職，知該縣修理費詘，不敢輕動。復捐「俸薪」等銀四十五兩，構「退思堂」一所，而移前客館三楹，特設「土地」

專祠，如府祠制。

乃廳署之左[49]，則漢董孝子暨其兩尊人祠也。孝子純德懿行，具在郡《志》，自東漢迄我明，敕封、諭祭，洋洋孔彰。職，常隨祭撫心，見其廟貌漸頹，前工未竟，而兩尊人有像無祀，恐於孝子未安。隨經捐俸設處，葺敝增新，溯源請祀。詳蒙兵巡海道右參議王名「道顯」批[50]：「據申，因孝子而并祀其父母，甚爲妥當，如議。照數支辦，委官先祭，永作成規。」此繳，遵行在卷。

續該五縣印官[51]，議置「祀田」，永虔尸祝。職復薄助[52]，合五邑所捐，共銀八十二兩五錢，買田二十一畝九分六釐五毫。又，將三十一、二年租穀，易銀一十六兩，續置田七畝四分一毫六絲，與前置「學田」[53]，各立籍於鄞、定兩縣。其糧[54]，據縣申稱，「各查，有新墾漲田稅銀可抵，免行徵納」。

此，皆職先後署事爲之者。蓋以「士」爲四民之首，「孝」乃百行之原。教化所先，端係乎此[55]。因思古人，行得一分，則盡一分之力；居此一日，當爲一日之謀。不敢謂，傳舍蘧廬，可借名於省事；亦不敢謂，代庖越俎，恐開罪於多方。大都義覺可爲，總之己原無與。然，在今日，不過邱陵之因；尚冀他年，益廣餼羊之愛。設葑菲不呈於憲臺，則遵行易替；或城社潛生乎蠹孔，則浸沒可虞。謹用條分，仰求批示。

嗣茲以往，每歲終，將該學賑過貧生、考過次數，與祠中增置、開銷等項，各具文申報。如，田有盜賣、有強佔，租有逋負、有侵漁，經委員役，俱不得辭其責。即與本廳承行吏書，一併究招詳奪[56]。庶神人有賴，而教化未必無裨矣。

緣干「崇祀育才」事理[57]，本職未敢擅便，合行呈詳。爲此，今將學、祠二項原額，每年佃納、收放、稽查事款，據臆開列於後，備由另具書冊呈。乞，照詳示下，永爲遵守施行[58]。

右詳，欽差海道按察使洪名「啓睿」批：「各田之設，祀賢育才，種種盛心，該廳業已行之。據議，諸款明悉，歲終申報，以杜侵冒。如議，行繳。」

載（清）董華鈞編：《純德彙編》，卷四，《祀典・文移附》，第五百七十九－五百八十一頁、十九葉背－二十二葉正。

修「董孝子廟」告成文[59]

何士晉　司理[60]

維萬曆三十二年，十二月丙午朔，越二十六日辛未。浙江寧波府推官何士晉[61]，謹以牲醴之儀，致祭於「敕封漢董孝子之神」。

曰：於昭乎徵君，精貞宏遠孝之大，沈毅篤至德之純[62]。彌九藪而亙九埜[63]，貫虹霓而燦星辰。獵神之迹者，謂：委曲於寄母，從容於報復，偃蹇於朝命也，而要非矯激而不情。原神之心者，謂：柔孺慕之色，而生事慊；薦仇人之首，而鬼事慊。身寬漢網，寵賁重垠，終始事母之衷慊也。而吾知其猶蹙頞而呻吟[64]：牲醪之特進[65]，孰與菽水之溫凊；庭楹之累級，孰與圭竇之定省？人見鴻聲煥宇宙，而自恨不忍因母死以成名；人見血食垂千古，而自痛不若效涓滴於溪濱。喟孝思杳然而莫釋，宛靈爽豎目而露齟。凡耄倪過之而怵志，無遐邇不睹之而聳神。豈徒氣消乎疵癘，行使化洽於黎氓？

晉[66]，幸祠宮之密邇，每低回而不能禁。藉明威以佑理，崇報可闕焉而未伸？輪奐繽紛而丹堊，層樓巀嶪而嶙峋[67]。匪侈觀美於闤闠，實敬體夫純孝之幽忱。陳明信於蘋藻，聊以攄仰止之深心。冀君鬲其鑒在，不鄙夷而降臨。

乃爲迎神之歌，曰：

雺霧銷兮豁泬寥，清酤進兮簫鼓驕[68]。颾紅纛兮搖翠旓，回風旋兮駭陰濤。金鼎噴兮靈帳舒，巫徙倚兮獨踟躕。儼恍惚兮逞八虛，神之來兮眉稜朱。黃流溢兮絲管急，神之容兮莊以栗。誰鞠脃兮心孔棘[69]，波臣晉兮怵且惕。日光杲兮雲以皎，靈螭飛兮鶴翯翯。神進爵兮懌且愉，彩雉開兮洒道雨。尸歌徹兮巫蹁躚，傳神命兮竭有言。海波澄兮福祉駢，比屋可封兮億萬斯年。

尚饗[70]！

載（清）董華鈞編：《純德彙編》，卷四，《祀典·附-祭文》，第五百七十五頁、十葉正-十一葉背。

創設「孝子父母祀典」祭告文[71]

何士晉　司理[72]

維萬曆三十二年，十二月丙午朔[73]，越二十六日辛未。浙江寧波府推官何士晉，謹以牲醴之奠[74]，致祭於董公、董母之神。

曰：緊東溟之渺渺，挹明嶺之蒼蒼，溯純孝之自出[75]，掩千載而彌光[76]。惟賢淑同德而齊茂，遂挺生英哲于鄉邦[77]。宜竝貤封于九闔，今何匱祀乎一方？想令子愀然而不樂，即國人奔走其彷徨。憶余計偕而北首[78]，非神母孰翩翩而降祥？蝴蝶三更以入夢，雲龍一箑以留香。已而濫竽於茲土，我署實錯壤於祠旁。每低回以周覽，殊歆痛而感傷。覩前工之未竟，動夙夕之微腸。爰庀材而拓宇，令綺閣其輝煌。子不先乎父食，竝肖祀而正三綱。叩霜臺以上請，乃著令而備烝嘗。意神靈後先於玉砌，恍戲綵逶迤於北堂。仍置田以供伏臘，更勒珉以杜滄桑。弔古昔以勸孝，雖豐昵其亦何妨？告成事以蠲潔，與天地而共久長。

乃爲迎神之歌，曰：

鱠赤鯉兮薦血膋，笙鏞息兮止雲璈。素烏集兮白蜺朝，望神明兮恍虹橋。疑陟降兮水之中，清瀾涌兮瀠魚龍。旗掩映兮聲鏗鍧，靈風來兮甬之東。迓魚軒兮海澨南，聆廡側兮聲訌闐。玉玲瓏兮採翠鈿，歷層階兮珮珊珊。雙旌來兮伏道側，解陸離兮趨几席。芼羞羹兮倚桂柏，退前除兮湛清滌。仙韶振兮雜午漏，飛瓊唱兮雲和奏。親顏悅兮三上壽，滿堂譺笑兮錫爾單厚。

尚饗[79]！

載（清）董華鈞編：《純德彙編》，卷四，《祀典·附－祭文》，第五百七十五－五百七十六頁、十一葉背－十二葉背。

《董孝子廟志》小序[80]

何士晉[81]

明州，故稱「丹山赤水」，閒氣所鍾，代不乏孝烈。睹郡乘所載，虞荔而下，亡慮數十輩，種種令人嗟異焉。然，皆聞董徵君之風而興者乎？苦心縹緲，與海月雙懸；浩氣憑陵[82]，隨江濤竝涌。乾坤所以不朽，是誰貽之血食？萬事宜矣。吾恐耳食不察，猥與祝釐、禳沴者，同類而觀之也[83]，爲志《本傳》第一。

以予觀於孝子，蓋純德士，豈忍以母故邀榮也哉？宥可生也，全歸之幸也；徵不可起也，終天之恨也。然，金書玉版，輝映千古，有孝子則有二親，是又藉以報所生者，爲志《褒崇》第二。

締創之來，遐矣。愈久增麗，生氣若存，詎獨人力哉？禨祥景怪，吾儒所不道，蓋亦有默相焉。遡往事於故居，仰遺風於入廟[84]，卽狄梁公而在，當邅迴不能去。乃草創潤色之功，輪奐丹堊之跡[85]，以存餼羊，則掌故不可廢也，爲志《建置》第三。

廟妥神靈，田需經費，非莫計久遠也。重霤繚墉之基，雕欄藻井之制，神皋奧區之產，連鉤錯齒之規，又無奈滄桑者何也？狐狸穴其壖垣，狡兔窟其囷窌，卽明威赫奕，而一時拮据之思，無乃委諸草莽乎？如有紛更，執此以往，爲志《圖籍》第四[86]。

秩祀何以稱也？崇明制也。父母何以逮也？體孝思也。「黷於祭祀，時謂弗欽。」邊豆之事，不有司存乎？「牲牷肥腯」，「不疾瘯蠡」；「嘉栗旨酒」，不害三時。玉帛以陳之，灌鬯以達之，寅清以宅之，齊肅以將之。先簿正器，左右洋洋，英爽穆淵，景光肸蠁。庶幾嘉德無違心焉，爲志《典禮》第五。

祠事洵乎其落成矣，覆一簣於前人，體同心於兆庶。畚挶如雲，耄倪不日。其自威靈顯赫，實式臨之，莅茲土者，敢叨天功乎？要以庀材鳩工，拓畝儲粟，規模遠矣。夫亦上下交相懋勉，以纘此緒也。傳信有闕，卽後之人，勤丹雘而力莸茨，何所憑而藉焉？亦神之恫也，爲志《文移》第六。

駊騀而高揭者，其貞珉耶？藉以爲揚厲者耶？嵚崎而磂硈者[87]，其贔屭耶，藉以爲證嚮者耶？青金生額，過闕必式；黃絹騰文，入廟沾襟。仰讀俯思，詎緊庭廡一片石也[88]？然，石可磨也，而終天之恨不可滅。雖窮山海之骨，能宣萬一乎？爲志《碑記》第七。

古今純孝，無若徵君者。而其所遭，則極人子之不幸也[89]。余讀先後名公所憑而弔者，述苦思，則晴煙慘淡；哆憤烈，則白日回光。烏雀儼乎其徘徊，松檜闇然而變色，誰則無腸？小人有母，一唱三歎。有不淫下淚，翹首白雲者？非夫矣。第誇月露於篇，釋己耶？爲志《讚詠》第八。

萬曆三十三年，歲次乙巳，春二月，宜興何士晉謹序[90]。

載（清）董華鈞編：《純德彙編》，卷六下，《記序》，第六百一十一－六百一十二頁、十七葉背－二十葉正。

運道最險疏[91]（萬曆三十八年十月題本[92]）

工科給事中　何士晉等[93]

運道最稱險阻，人力難施者，無如黃河。

先年，水出昭陽湖，夏鎮以南，運道衝阻[94]。于是，「開泇之議」始決：入「直河口」，經「猫窩」[95]，抵夏鎮，長二百六十里，較「黃」為近；避淺澁、急溜，二洪之險[96]；建閘、置壩，豬聚諸泉河之水[97]。以時啓閉，用之六年，通行無滯。

今歲，忽有「捨泇由黃[98]」之議[99]，卒致倉皇，損傷糧艘[100]，且有淪溺以死者。費人工牽挽[101]，有至大浮橋[102]，以閼塞[103]，復還由泇者[104]。以故，今運抵灣甚遲，汲汲有守凍之虞[105]。由此言之，「黃」之害，大畧可見。

然，「泇」亦未竟之工也。河面闊八丈，底闊三丈[106]，深一丈三尺至一丈六尺不等。節年雖有增修[107]，大槩止此。地近湖山、岸山[108]，引水易乏[109]、易涸。全藉人工深厚[110]，使有容受豬畜之勢。若河身太隘[111]，伏秋則山水暴漲，旱乾則枯竭無餘，非策也。

謂，宜拓廣濬深[112]，令與會同河相等[113]；重運、回空，往来不相礙，廻旋不相避。即時有亢潤[114]，地有高下，而水常充盛[115]，舟無留行[116]。計歲捐水衡數萬金[117]，督以廉能之吏，為朞三年，可以竣工。然後[118]，循落馬湖北岸[119]，東達宿遷，大興畚鍤[120]，盡避「黃」之險，則泇河之事訖矣。

或謂，泉脉細微，太闊、太深，水不能有。不知泇源遠自蒙、沂，近挾徐塘、許池、文武諸泉河[121]，大率視濟寧泉河畧相等。呂公堂口既塞[122]，則山東諸水總合全收。加以閘壩、隄防，何憂不足？

或謂，直抵宿遷，此功迂而難竟。是又不然。夫昔年，不估以二百六十萬乎，不慮山水暴漲、湖水泛溢乎[123]？不慮石硼[124]，山礓難鑿、沙淤崩潰乎[125]？王市壩不再圮乎[126]？夫，荒度誠難，不無錯愕。及任用得人，綜理有法，功成晏如。此難，與衆人慮始也。

然，近日「繇黃」之說，蓋因泇河二百六十里，曠埜新闢[127]，人跡荒凉，萬艘蟻泊，公私旅困，恐生意外之虞。且計徐州一大都會，貿遷化居者，一旦有折閱之恨。然，此害之小者。惟是，飭郵傳，設機防，繇之既久，漸成樂郊，何必徐土？此破紛紜之一說也[128]。

載（明）朱純臣、孫承宗等編：《明神宗顯皇帝實録》（《鈔本明實録》，第二十一冊），卷四百七十六，《萬曆三十八年·十月－「壬申」》，第五百三十四頁。

「經旛不可用」辯[129]

何士晉

杭人祭祀之日，咸往店鋪，取討、印造「接引佛像」[130]，俗名「經旛」，供于祭筵。嗟嗟，家廟中有「神主」者，何以不請「神主」？無「神主」者，何以不設「紙牌」爲位，奉于中堂拜獻？而乃擺列葷素，上供「經旛」，還是祭佛乎，祭祖先乎？若言，同席而飲，還是佛作主人，作陪客乎？祖先或分庭抗禮，或長跪叩拜乎？或站于其側，或坐于其傍乎？況，有考、有妣，男、女混雜，僧、俗不倫，有是理乎？然，今人但知庶品之豐、儀文之備，曰：「我能盡祭祀之禮也」。而于「誠敬」，何有？必先，澄其念慮，潔其身體，肅其衣冠，變其飲食，聚得自己精神，方得與祖考精神相接。庶先靈能享子孫之祀，而子孫祭則受福矣。

載（清）王復禮編：《家禮辨定》，卷十，《（祭禮）·論辨》，第三百四十－三百四十一頁（九葉背－十葉正）。

酌量兵機疏[131]（天啓二年八月題本[132]）　廣西巡撫、右僉都御史　何士晉

臣，奉命撫粵。適值貴州告急，奉《旨》趨臣赴任。然，未嘗有一兵一餉，付臣挾之而往也已。見兵部「覆疏」：於湖廣調土、漢兵二萬，雲南調「沐兵」一萬；廣西調泗城、南丹，共一萬。卽令總兵杜文煥，督率協剿。而「餉」，則總於「新餉」內動支。

業奉有「明旨」，臣隨具《疏》上請：不必拘定土兵，惟願往者，聽或撥「梧兵」，或借粵東兵，可相兼爲用；「餉」亦不必專責之楚，有不繼，卽以兩廣解京「遼餉」接支。奉《聖旨》：「『狼兵』還酌量調發。一應事宜，會同兩廣總督官，便宜施行。餘，着該部議覆。欽此。」臣，因權漢、土兵而酌之。

漢兵，西粵之所少；「狼兵」，土司之所饒。「狼兵」若調，例止犒賞、行糧；漢兵欲募，必藉「安家」、衣甲。用「漢」，似不如用「狼」之奇；用「狼」，似不如用「漢」之穩。而況，漢兵单弱，神氣不張，「狼兵」必驕恣，而不為我馭。卽欲用「狼」，亦必先用「漢」。臣請「漢」、「土」兼用，而以穩者爲前茅，奇者爲後勁。

然而，「糧餉」不可不議也。今，欲量募數千，以稍張敵愾之氣。計，一名所需「安家」、衣甲，與「行、坐」二糧，約可二十金。則，一千兵，卽需二萬金之餉。其到彼相持，尤難計月日，則所費，更爲無

底之巵。今，臣卽盡括「木價」、「鹽利」、「遼餉」等項，權宜借支，亦僅可募二千餘兵，而粵西之力罄矣。再請督臣撥「梧兵」一千、粵東兵三千，而兩粵之力俱罄矣。乃前項兵餉，於何處取給？雖湖廣之「新餉」，已奉《旨》動支，然未有泒分之的數；粵東之「遼餉」，曾具《疏》題借，亦未見部覆之《咨文》。似必藉天語叮嚀，明勑督、撫二臣，或楚、粵各給十萬，或總於粵東「遼餉」內，支給二十萬。餉多則兵多，餉速則兵速。黔之救，懸於粵之兵；粵之兵，又懸於皇上之餉。此便宜，所當請者一。

然而，「轉輸」不可不議也。滇與楚，有上、下六衞可以轉運，猶恐食不能繼。乃粵西雖鄰黔，而去黔寔遠。如欲從南丹「獨山」進，則吳、王二司等處，不無阻截；而懸崖、湀箐，恐更有焚刧之危。如欲從泗城「安隆司」進，則關嶺一帶，既已乞斷；而盤江循河，又爲玀酋所據。卽湖廣舟行，僅可抵鎮遠。而自此以上，肩挑背負，一兵能運幾何，一日能行幾何？不得不移「檄」所在官、司，沿途預爲接濟。及至敵境，想殘破之州邑，丘墟之閭舍，何從得米？恐亦無人賣米。而兵聚之處，價必騰；外省之兵，人易侮。不格鬭，則搶掠；不饑死，則逃亡。勢所必至。宜令黔、楚二省，此時卽預發官銀，先差人，多買糧米，貯之近地，隨取隨足，方能安戢衆兵，可無他患。此又便宜，所當請者一。

載（明）汪應蛟：《計部奏疏》，卷四，《酌量兵機併陳便宜疏》，第五百九十八－六百零一頁、六葉正－十一葉背。

調兵援黔疏[133]（天啓三年十月題本[134]）　廣西巡撫　何士晉

臣前遵奉「明旨」，將調發過漢兵、「狼兵」，俱移咨援黔，已經奏聞。今遵《旨》，調發土兵。

臣謂，土司以讎殺為性，自川、黔繼變，狐兔生心，其情更為叵測，未信其真可用也，故百計鼓舞。幸泗州出兵一萬二千[135]，去冬卽入黔境：監軍林夢埼救「安南、莊」[136]，有報；破「輭口寨」，以解「新城」圍，有報。此足為「泗兵」入黔之証也。田州出兵六千[137]，亦於去冬卽入滇境。滇之叛目李保，聽安酋嗾使，拒阻「田兵」。監軍葛中選，以事關鄰封，不敢縱「田兵」擅殺，故調「安隆司」兵，見救「安籠所」。「安籠」，卽黔地也。剿「狼羊」，斬獲多功，亦有報。此足為「田兵」改調入黔之證也。

但，臣自五月奉旨「交兵、交餉，盡歸黔督」，今已五閱月矣。黔中，業題委總兵麻鎮，專督泗、田土兵。隨檄行副使林夢埼、葛中選，取有二土官交兵「文結」。則粤之兵事，交割甚明。若餉，則自撙括本省五萬，給發漢兵外，「土兵」原奉《旨》有「湖廣，四萬」，該省竝無解粤。又，題請有「粤東，五萬」，户部不准開銷。及會議，「粤西有二十一萬」，又令總解黔督。則粤之餉，分毫無有，亦已甚明。

今，臣卽奉《旨》催督，止能催督於粤屬之道將，不能催督於黔屬之麻鎮也。從古來，未有餉不及，而能用兵者。「土兵」離粤五閲月矣，今一餉未到。軍前欲令其就食於黔省，豈能越賊巢、天險而飛渡耶？近，見黔中按臣《疏》云，「異省之兵，不應分發見在之餉」。則粤之「二十一萬」見在黔中者，恐不能及粤之「土兵」。督臣又屢次差人索餉於粤。不知粤之無餉，而責臣無米之炊；不知粤之隔遠，而責臣長鞭之及。臣安能從數千里外，果饑者之腹，縛潰者之足乎？

伏乞嚴諭麻鎮，專督泗城等兵，寧少無多，剋期前進。勿更侈言「十萬」，徒駭荒服之人心，無益危疆之實用也。

載（明）朱純臣等編：《明熹宗悊皇帝實録》（《鈔本明實録》，第二十三册），卷三十九，《天啓三年·十月-「甲戌」》，第五百一十五-五百一十六頁。

「署兵部事尚書，遵旨調餉，以解久歸、黔帥之土兵開銷事」題行稿

（首、尾缺，天啓三年九月二十五日）　明　王繼謨、廖起巘

兵部署部事、左侍郎、臣李　等[138]，謹題：「為土兵久歸，黔帥乏餉，情形大更，謹遵明旨，移解『東餉』，以便開銷。并報，道將分兵入黔，以啚策應」事。

職方清吏司案呈奉本部，送兵科抄出，廣西巡撫何　題：

臣于天啟三年正月二十日，遵奉明旨，將調發過狼兵、漢兵，俱移咨，交送貴州總督節制，已經具《疏》報聞。隨准貴州督臣楊述中《咨》，稱「為『欽奉明旨』事，先據援黔總兵官麻鎮，自願徃調泗、田等兵救黔，今接貴院《疏》咨，知已誅逆、用順，調發土官岑雲漢等二萬餘員、名，即令麻鎮統領駕馭，剋期前進」等因。又准總兵麻鎮「手本」，稱「奉貴州督院『憲牌』，據本官『乞給文』，加調土兵：泗城二萬、南丹一萬、那地一萬、東蘭一萬、歸順二萬、田州二萬、安隆司一萬，向武、下雷各五千。『本部院并不遙制，許本官就便調遣』」等因。移報到臣，隨該臣檄行監軍副使林夢琦、葛中選，各將原調兵數，盡交總兵麻鎮節制。并移會督臣，請速委官，運餉接濟。

續准督臣《咨》，稱「分發犒餉，已解四萬，赴貴州布政司，候給泗、田各兵。惟是，普安陷後，黔中阻絕不聞，百里之間，不啻隔世。今准前因，備移黔省撫按，委官先解餉銀二萬三千兩，赴林、葛二道，分給、督發」等因。續據

道將《塘報》，「泗、田出師日久，糧食俱盡，黔中並無一餉解到，呼庚不應，勢將渙散。每日，紛遣把哨追截，拿囬斬首。然，軍法雖嚴，終難加于枵腹之衆。若不亟催『黔餉』，隨地接濟，脫巾反戈，深為可慮」等情。

又，移咨督臣催餉去後，復准貴州按臣侯恂「會稿」，內稱「黔撫『移稿』到職，以為：遠求異省之兵，分發見在之餉，遠者數千里，近亦不下二千里，何時能抵貴州？請將新增餉銀二百萬，盡歸督臣調度。止令各省就其應解之銀，酌募精兵、選委道將，速統前來。乃安南報稱『泗兵退劄鳴球』，則何以慰黔人之翹竚」等因。

該臣看得：

土司以讎殺為性，自川、黔继變，狐兔生心，其中情更為叵測。臣，條有「六難」，具在累《疏》。即應調之後，泗不肯假田以道，田不能越泗以行，聽道將去畱、分合，臣亦已亟言之。泗城要挾無厭，必欲照征「播」事例，餉不足則兵不行。臣又已亟言之，始終未嘗信其真可用也。然，臣明知冒險而欲用之者，非獨以黔圍告急、明旨難違，寔因安酋與泗、田相通，無日不以偽檄、名馬，招之為助。臣若不借「調用」之名，設法以收之，使彼疑我而從安，不惟黔益危，而粵且為黔續。故百計鼓舞，苐欲得其不為安，以為粵患；不助安，以為黔憂。而固粵、援黔，庶幾一舉兩得，此臣之初念也。

幸泗城出兵一萬二千，于去冬即入黔境，監軍林夢琦救「安南」、「安莊」，有報；攻破「軟口寨」，以解「新城」圍，有報。特黔省隔絕不相聞耳，然，貴州按臣《疏》內，不有據安南《塘報》「泗兵退劄鳴球」之語乎？黔「鳴球」離安南三日，不進安南何以言「退鳴球」？其退，因無粮，正與林夢琦之報同，此足為泗兵入黔之證也。田州出兵六千，亦于去冬即入滇境。而滇之叛目李保，聽安酋嗾使，拒阻田兵。監軍葛中選，因事閔鄰封，不敢縱田兵擅殺。而入泗，又阻于無路，故改調安隆司兵，見救安籠所。而安籠，則黔地也。其剿「狼羊」，斬獲多功，亦有報。黔雖隔絕，不有貴州差官姚世鳳目擊乎？此足為田兵改調入黔之證也。

但，臣自正月二十日奉《旨》，交兵、交餉，盡歸黔督，迄今已五閱月矣。黔中，業題委總兵麻鎮，專督泗、田土兵。近見兵部「覆疏」，亦專責成麻鎮，督泗城等兵，恢復安順，俱奉有明旨。臣隨檄行監軍林夢琦、葛中選，取有二土官交兵「文結」，則粵之兵事，前後交割甚明。若餉，則自搒括本省五萬，給發漢兵外，其後用土，原奉《旨》，有「湖廣四萬」，該省並無觧粵。又題請，有「粵東五萬」，戶部不准開銷。及會議，「粵西有二十一萬」，又令總觧黔督。則粵之餉事，分毫無有，亦甚明。今，臣即遵照明旨，督催道將，寔無一兵一餉可為黔助，不過一空文耳。臣之空文，一日一差何敢有停晷？然，能行于粵屬之道將，不能行于黔屬之麻帥也；能行於有餉之道將，不能行于枵腹之豺狼也。

皇上試思，從古以來，有一餉不給，而能用兵之人否；有五月無餉，而能有不退之兵否；有兵在三千里外，餉又在三千里外，兩不照應，而能有居中督進之法否？今，督臣雖咨稱，有「四萬之觧」，又有「二萬三千之觧」，至今尚在黔省，寔未到軍前也！泗、田與黔省有盤江、関嶺之隔，必先救安南、救安莊、救新城、救普安，節節鼓舞、段段掃清，方能前進。今，一餉不到軍前，欲令其就食于黔省，豈能越賊巢、天險而飛渡？即督臣《咨》，稱「普安陷後，百里之間，不啻隔世」，其阻絕情形，業已描寫如畫，何俟臣言？然，未知粵之險阻，更有甚于黔也。

夫，自粵入田，逾田入泗，從泗入黔，相距數千里而遙，無處非苗寨賊巢，無處非危崖峻嶺。攀援上下，劫殺時聞，動需數月之程，何止萬重之障？若嗚球，原係黔界，離泗城已二十餘日，其進安南、抵黔省，總不過十日程耳。泗兵退劄嗚球，黔中既有安南《塘報》，乃相去十日之程，猶不能遣一官、持一餉，前赴嗚球，慰劳土兵，趣之而進。而粵在數千里外，獨能有神輪鬼運之術，果餞者之腹，縛潰者之足乎？故，不知粵之無餉，而責臣為無米之炊，臣不能也；不知粵之隔遠，而望臣為長鞭之及，臣亦不能也。

臣之之調土，原云督發出境，其中途之駕馭，隨地之接濟，責各有司，在臣之前《疏》甚明。即樞臣因地責成之「覆疏」，亦甚明也。況，泗城業以解圍，為告竣之期；麻帥又以多調，為更始之局。道將備歷艱危，既驚心于風雨之不測；土兵從來獷悍，益解體于醪纊之無時。則，臣之操縱其法已窮，止有遵照明旨，移催總兵紀元憲，協同麻鎮，為之督進。

但，師行糧從，無餉必不能用土。據貴州按臣「會稾」既云，「異省之兵，不應分發見在之餉」。則粵之「二十一萬」，見在黔中者，恐終不能及粵之土兵。而黔省督臣，又屢次差人，索粵之「遼餉」，索粵之「抽扣」等銀。不知粵西「遼餉」六萬有奇，地瘠民貧，從來徵不及半。其在二年者，已經奉《旨》，准留本省增兵。其在三年者，例應冬初起徵。此時青黃不接，分毫未有，則安得有「遼餉」可以解黔？

至于監軍林夢琦、葛中選，與游擊陳照、守備陳壯猷，身膺閫外，不能駕馭土司，以致倏進倏退，責之紀律，均屬有違。但，豺狼最稱叵測，原非漢法所能拘；而庚癸轉覺生端，總因黔餉之不至。麻帥業奉特旨，則進止遲速，監軍未便獨操。安籠已報多功，則分合、去留，兵事豈容遙制？似應假以便宜，責其後效。而泗兵、黔餉，仍令麻帥速領前進，與二監軍為犄角可也。

惟是，援黔之役，原令調土一萬，及臣有「漢、土兼用」之《疏》，隨奉有「酌量調發」之《旨》。今查，林、葛二監軍隨部漢、土，合以前發漢兵，即舍泗、田，已逾一萬之外。而臣猶急黔忘粵，日日為黔催兵、為黔解餉，致令道將俱空，南、太之間，夷寇窺乘，幾至失陷。從井之愚，從來未有。今，惇酋又犯黎龍、犯江州、犯馗营，一日而三報矣。彼已黔捷屢聞，而我方粵寇踵至，孰緩孰急，臣不得不明言以告皇上。均是封疆，各有責任。援黔之義，至解圍而止；粵西之責，至交兵而止。業已奉《旨》交兵，猶不使粵為固圉之計，則交夷之禍，誰為臣任？而川黔之變，且恐在目前。

臣方觸瘴瀕危，惟有席藁待擯而已。伏乞聖明，俯垂省覽，勅下該部，備查粵西前後奉《旨》土兵、餉銀，湖廣四萬、廣東五萬、部議二十一萬，曾否有分毫解粵？既無解粵，則粵更有何餉可給土兵？再查，粵西「遼餉」，天啟二年分，曾否奉《旨》留給本省增兵；三年分，見今曾否起徵？既未起徵，則粵更有何餉可解黔省？又查，粵西自正月奉《旨》交兵，至今已五月有餘，黔中曾否有「餉」給泗兵若干，給田兵若干？既未有給，則道將何以督土兵，土兵安能入黔省？而「東餉」十萬，應否遵《旨》移解，聽其一處支銷，免于重冒？并查，林蓼琦、葛中選等，前後入黔，曾否解新城、勦狼羊，應否假便宜、容策勵？統候該部，酌議覆請。

伏乞嚴諭麻鎮，專督泗城等兵，寧少毋多，剋期前進；勿再侈言十萬，重激土司，以為粵患。而粵方夷氛四起，自救不皇，從此兵交、餉鮮，更不能再為黔計。容臣一意自保危疆，毋使粵為黔續。此，尤臣自揣庸忠，於皇上之職分也。謹會同兩廣總督胡　　、廣西巡按賈毓祥，合《疏》上請。等因。

天啟三年八月二十六日，奉《聖旨》：「何士晋，調發援黔，又防禦交夷，具見苦心。這所奏，着該部，作速看議來說。欽此。」

欽遵本月二十九日抄出，到部送司，案呈到部。看得：

黔難方興望救，真同援溺；粵師出境待哺，寧減啼饑。惟是，西粵以泗城之圍解為告竣之期，而黔中以嗚球之退札為逗留之故。粵撫方深慮一萬餘兵，尚苦鞭長之不及腹，而麻帥乃欲調取十萬餘衆，漫言善將之能用多。況，師行粮從，未有裹餉于千里之外。克敵在筭，何必駭聽於十萬之侈？且，黔檄不欲「遠求異省之兵，分發見在之餉」。此，粵撫所以有移「東餉」，以便開銷；報入黔，以圖策應之《疏》也。今，據撫臣，以粵兵救安南、安莊，有報；破軟口寨，解新城圍，有報。此足為泗兵入黔之證矣。救安籠所，為黔地剿狼羊，斬獲為黔屬，此足為田兵改調入黔之證矣。若然，則粵兵之歸黔也，確矣。粵兵從萬山中，走數千里，以救黔，自應移餉以就兵，勢難驅兵以就餉。但，在黔，則以粵有應解之銀，可以飽征戍之腹；在粵，則以黔有應給之餉，當以備宿飽之儲。卒之，餉與兵，兩不相照。而嗚球之退札，遂藉口于饑乏之情形難俟[139]。

臣等，就事而論，粵兵入黔，則去粵遠而去黔近，給餉以就近為便；粵兵援黔，則黔為主而粵為客，給餉客以就主為宜。故，臣部前《疏》有「因地責成，隨地接濟」之說，盖已逆覩于此矣。除「東餉」移鮮黔中，聽戶部查明、酌行外，其[泗、田兵□□中已補□□已發之數為額，不必□□□□□□□。總兵麻鎮（麻帥已革職提問，此文似应另酌），近纏題覆「革任提問」，雖復中以任用，□聽黔中督□選□統領，[140]]餘應如粵撫之議，將田、泗見調之兵，既已在黔，十聽總兵麻鎮訓練、調度。但使士飽馬騰，有投石超距之槩，即此萬衆，自可驅之無前。断不宜侈言十（餘）萬[141]，徒駭荒服之人心，無益危疆之實用也。

今，南、太之間，夷寇乘隙，犯黎龍、犯江州、犯馗當，十田而三報，疆圉正爾多事。監軍林夢琦、葛中選，（督兵入黔，既有薄功，可免厚責，）應假便宜，以策後效，統于俟事平定奪。庥議有晝十，而事無兩委朱。（至于南、太之間，夷寇乘隙，漸有蠢動，該撫雄才大畧，當自不難□滅□。既）既經具題前來，相應覆請，合候命下，遵奉施行。（緣係「士兵久归，黔帥乏調，情形大更。謹遵明旨，移鮮『東餉』，以便開銷。并報，道將分兵入黔，以圖策应。及奉欽依：『何士晉調發援黔，又防禦交夷，具見苦心。這所奏，着該部，作速看议來說』」事。理未敢擅便，謹題請。）

天啟三年九月廿五日，郎中王繼謨、廖起巘。

兵部「為士兵久歸，黔帥乏餉，情形大更」等事，該本部題「云云」等因，天啟三年九月二十八日，本部署部事左侍郎李　等，具題。

十月初一日，奉《聖旨》：「是。欽此」。

欽遵，擬合就行。為此：一咨兩廣總督、貴州總督、廣西巡撫、貴州巡撫，合咨前去，煩照本部題奉欽依內事理，

一體欽遵施行；一咨都察院，合咨貴院，煩為轉行廣西、貴州各巡按御史，照依本部題奉欽依內事理，欽遵施行。

載中國第一歷史檔案館、遼寧省檔案館編：《中國明朝檔案總匯》（一百二十二號，第一冊），第三百三十七－三百五十七頁。

何士晉貴州紀事碑[142]（天啓四年）

歲在天啟壬戌，黔酋弗靖。上命巡撫粵西都御史何士晋督發漢、土大兵，會諸路師討之。鮮圍擣巢，克復州衛，斬級以四千計，招降八萬九千餘，奪獲器物稱是。軍興二載，費僅五萬緡。旋奉詔班師，告成事。上嘉乃績，先後褒敘，八賜璽書，以甲子二月擢兵部右侍郎，總督兩廣。時共事則總督右侍郎胡應台，巡按御史賈毓祥、王心一，覈餉則左布政使謝肇淛，而協援則總兵紀元憲也，其監軍、道將、百執事，具在別記。

大明天啟甲子孟夏日勒石。

載　杜海軍輯校：《桂林石刻總集輯校》（中），《明》，第七百〇五－七百〇六頁。

《粵西疏草》序[143]

侍御王公，以直諫事主上。至觸諱被譴，主上鑒其忠，尋復召還，天下稱「眞御史」。亡何，遂有「按粵」之命。夫「按臣」，持尙方斧，行部所至，山嶽動搖。則，「令」必得之下、「請」必得之上者，莫「按臣」若也。

按粵，異是。粵故民少，而爲猺、爲獞、爲狼、爲獠者，居十之九，不便漢法。環兩江，皆江酋：强者，矯命雄行，「夜郎王」不知漢大；弱則，折而從夷，日惟仰夷鼻息，亦不受漢索。故，官於粵者，猶赴湯然，得一除目，即引去。至甘「彈文」如飴，則「令」或不得之下，他瘠猶自炊也。粵故待人炊，而逋於衡、逋於永，動計十萬緡，不得過而問焉。而且，削餓夫之骨，芸貴筑之田，一再籲曰「若爲德於粵耳」，則「請」或不得之上。

夫「令」或不得之下，「請」或不得之上，便文自營已乎？則負璽書，抑身寄焦釜也。起而與之爭，辟衣絮入棘，左縶右絆，羽翛翛而莫吾恤[144]。故，按粵，視他按難。今日之粵，庚視昔按難。

侍御王公之按西粵也，適黔事再䘏。余固不愛膚髮，披纓急黔。而粵之能爲安者，偵之形種種，見賴天子威靈，得用其仇、用其疑、用其間。毒獸之爪，特資之以外搏，聲之、實之，完黔而粵以謐。公懷柔，諸士酋咸弭耳聽道，將瀕九死不言辛，公教也。他如，復鹽課、覈帑藏、議藩封、賑災黎、清寃獄、辨官方、禦交夷，請餉增兵、更置大將、控扼要害，皆粵可百年恃。

自公視粵，事無滯目，判無停腕，人休勿休。蓋黝鬒欲蒼矣，公不少變：「令」或不得之下，出百道精心，而卒得之下；「请」或不得之上，懸一片血誠，而無不得之上。

予不敏，幸與公同事。凡予所不能得之下、不能得之上者，亦藉公予羽、予翰，庶幾得之上、下間，而不即於罰。蓋予每得公一《疏》、一《檄》，輒擊節歎服，不啻心爲折，而額之加已。於事而竣，迺合「疏、牘」，如千梓之，而問《序》於予，而予益得覩其全，窺其大凡。

公爲安攘，百爾調劑，運於微渺，而轉於呼吸。公固謂，「非予共事地方者不知」，而予愧瞠乎其後。即共事地方，間有不及知，恐公自心自問，亦有不能預知、不欲索知者。茲刻，特其可知者也。

予昔忝諫垣，每謂諫有「四難」：心不真、膽不烈，則有當言而不敢言者；才不宏、識不遠，則有欲言而不能言者。若言人所不敢言者，於古得一人，曰「唐子方」。其所攻訐，在椒宮之寵妃、槐扉之倚毗，竟能回主心而無失主眷。言人所不能言者，於古得一人，曰「陸敬輿」。其所遇主爲猜主，而所遇時爲多難之時。一「狀」上，主意立回；一「檄」下，父老感而泣下。以故，千古欽子方之心膽，而誦敬輿之材識。今以觀於公，在朝則敢言子方之所言[145]，在粵則能言敬輿之所言，殆兼「四難」而有之矣。

公之行也，拳拳以并州爲念。猶以一二未完事，望予爲後勁。予即不敏，曷敢忘公命？而更有祈於公者。

公貞亮，簡於帝，資高勞懋，旦晚列清華、躋柄要。計天子念粵疾苦，必召公爲「平臺、暖閣之問」。公，昔尚請之萬里外，今在帝左右，其再三太息，爲明主忠言，頳尾之民，益幸有瘳乎？予知公始終造粵者，遠矣。

載（明）王心一[146]：《蘭雪堂集》，（首卷），第四百九十三－四百九十四頁。

校勘記

❶「過四十九盤嶺宿能仁寺」，此則前一首係五言律詩，後乃六首七言絶句。另，武莪名姓後「小傳」注，見「節推」官稱，當即指舊所謂「節度推官」，今據刻本乃嘉靖中初編、萬曆二十九年（一六〇一）重修，故序此。

❷「遊補陀八韻」，本詩最早當即收載於明人周應賓万历三十五年（一六〇七）編成之《重修普陀山志・詩類》（簡稱「萬曆志」），其題名爲《遊普陀長律八韻》，并於武莪名姓後簡注「宜興人，工科給事中，前任寧波司理」（卷五，第四百七十一－四百七十二頁、四十二葉正背）。惟，「萬曆志」個別字迹漫漶，今僅據之擇要出校。

❸「靈」，「乾隆志」原作此，「萬曆志」作「蛟」。

❹「煙」，「乾隆志」原作此，「萬曆志」作「烟」。

❺「內」，「乾隆志」原作此，「萬曆志」作「外」。

❻「齊」，刻本原作「齊」，今正。

❼「野」，「乾隆志」原作此，「萬曆志」作「埜」。

❽「癸卯」，今檢《（乾隆）普陀山志》（即「乾隆志」），據其《藝文》卷載漢陽尹應元《渡海記事》一則（「萬曆志」亦載於其第四卷《事略（署）》內，第三百七十七－三百八十一頁、五十四葉正－五十六葉正），書及武莪萬曆三十一年（一六〇三，癸卯；前所謂「壬寅」，當即萬曆三十年）夏，隨時任浙江巡撫尹氏登臨事，惟本詩所標職銜，今疑當係離甬入京，爲工科給事中後補記。現，據「乾隆志」録應元該篇如左，并括出「萬曆志」所特异者，以備參酌：

大明萬歷三十一年癸卯，夏五月。督撫浙江、都御史、漢陽尹應元，視師海上。時，總戎、都督僉事、處州李承勛，簡鋭卒（士）數千以待。聞，補陀山峙大海中，登此山，則諸凡險要，可指顧而知。又，近歲，聖母、皇上，屢遣內官（特遣御用監太監張隨、內官監太監王臣）賫

（齎）帑金，重脩（普陀）梵宇、經藏。（前撫臣會疏請停，留中。）應元以爲「百聞不博一見」，決筴往焉。總戎，具舟卒，諦風潮，訂行期。海道副使、同安王道顯，叅將、蘇州袁世忠，寧波府知府、建安鄒希賢，同知、金谿黃樺，推官、宜興何士晋，定海縣知縣、漳浦朱一鶚，悉從。都御史以是月十三日解纜，十五日抵補陀，既焚香頂禮「觀音大士」。遂歷海潮，陟絶巘，望滄溟，凝睇扶桑，周咨海島，真三生奇觀哉！夫「普陀」、「海潮寺」等耳，又同在一山，海潮、巨刹，宛然恬不爲異。而「普陀」名號最著，因灾脩復，殊非非常之原。一旦重以天子之命，勢必竦動遐邇。鯨波叵測，偵備宜嚴。乃屬叅總各官，整旅飭防，聞警即援，永期寧謐，萬萬弗遺君父憂。總戎暨諸司，分猷共念，可爲一時之盛。爰鐫石，紀歲月，以告嗣來云。（卷十四，《歷朝・明》，第三百四十頁、三十一葉正背）

❾「徵君父母特祀案」，本篇亦載於清乾隆間董秉純所編《董孝子廟志》（卷二，《崇祀・附》，第一百二十一－一百二十五頁、十四葉正－十六葉正；後簡稱「清廟志」），今更據以比勘、出注。

又，「清廟志」《目録》題作《司理何公〈請增祀神父母詳文稿案〉》（三葉正），今暫不從改。

另，本篇後，「清廟志」有《圭田》文一篇（第一百二十五－一百三十一頁、十六葉正－十九葉正），其篇首記「本廟祀田，共二十九畝三分五厘零。俱前明萬歷年間，司理何公所置，公刊入〈廟志〉，今照原刻列后」。今，暫不録出，迨來日清理明刻《董孝子廟志》時再論。

❿「何士晉」并「推官、司理」，《純德彙編》原無，《目次》亦未見，「清廟志」亦同，惟其題名前多「司理何公」四字，今據正文篇首并此補。

另，據《中國歷史大辭典》，「司理」即「推官別稱」，多爲正七品，每府設置一員，「掌理刑名，贊計典」。（中、下册，「司理」、「推官」條，第二千三百九十八、二千六百六十二頁）

⓫「萬」至「日」，《純德彙編》原作此，「清廟志」無，今不删。

⓬「竊」，《純德彙編》原作此，「清廟志」作「切」，今不改。

⓭「相承已久」，《純德彙編》原作此，「清廟志」無，今不删。

⓮「該」并後文「任」，《純德彙編》原作此，「清廟志」無，今不删。

⓯「如孟母廟制」，及其後「工猶未竟，職量爲修繕」，《純德彙編》原作此，「清廟志」無，今不删。

⓰「至」下，《純德彙編》原即接「辛」，「清廟志」多一「今」。查，「辛丑」年，當係萬曆二十九年，與篇首「萬曆三十年」稍不合，今暫據《純德彙編》所改、不添。

⓱「地方」，《純德彙編》原作此，「清廟志」無，今不删。又，「二十日」，《純德彙編》原作此，「清廟志」無，今不删。

⓲「董孝子」下至後文「此載」上，《純德彙編》原作此，「清廟志」作「事母盡孝，斬仇祭墓，自首辭旌，以慈名溪，以溪名縣。宋祥符間，錫號『純德徵君』。國朝洪武四年，封爲『董孝子之神』，命有司歲祀之」，今暫不補。

⓳「看得」至「其母之行」上，《純德彙編》原作此，「清廟志」僅「乃若」兩字，今暫不改。

⓴「而」并「者」，《純德彙編》原作此，「清廟志」無，今不删。

㉑「無」下并「子」下，《純德彙編》原即接「於」、「之」，「清廟志」多一「在」，更無「之」字，今不補、不删。

㉒「另委教官一員」，《純德彙編》原作此，「清廟志」僅作「委官」，今不改。

㉓「其中堪」，《純德彙編》原作此，「清廟志」僅作「可」，今不改。

㉔「辦」，《純德彙編》原作此，「清廟志」無，今不删。

㉕「該本廳」并「看」，《純德彙編》原作此，「清廟志」作「職」、「勘」，今不改。

㉖「斷」并「子」，《純德彙編》原作此，「清廟志」作「斬」、「寄」，今不改。

㉗「莫」，《純德彙編》原作此，「清廟志」作「難」，今不改。

㉘「孝」，《純德彙編》原作此，「清廟志」作「其」，今不改。

㉙「沈」，《純德彙編》原作此，「清廟志」作「沉」，今不改。

㉚「患」下，《純德彙編》原即接「錢」，「清廟志」多一「於」，今不補。

又，「處」，《純德彙編》原作此，「清廟志」作「出」，今不改。

㉛「緣」至「批」，《純德彙編》原作此，「清廟志」作「合具由呈詳，萬歷三十年五月十八日詳，海道右叅議王某批」，今不改。

㉜「妥當」，《純德彙編》原作此，「清廟志」作「合理」，今不改。

㉝「又」至「詳」，《純德彙編》原作此，「清廟志」無，今不刪。

㉞「名洙」，《純德彙編》原作此，「清廟志」作小字「某」，今不改。

㉟「知」至「賢」，《純德彙編》原作此，「清廟志」無，今不刪。

㊱「設置孝廟祀田案」，本篇亦載於「清廟志」（卷二，《崇祀・附》，第一百三十一－一百三十四頁、十九葉正－二十葉背），均置於《徵君父母特祀案》後（「清廟志」於《司理何公〈請增祀神父母詳文稿案〉》、《圭田》篇後），今更據「清廟志」比勘、出注。而，「清廟志」《目録》題作《何司理〈置學田、祀田，詳海道、設條欵〉稾》（三葉正），今暫不從改。另，「清廟志」本篇前，即《圭田》篇末，見附清人、編者董秉純案語，「何公所置，尚有『學田』二十餘畆。因與『祀田』斥置同時、憲詳同案、收支同籍，故亦附載《廟志》。今，學租不知何時已歸學署，與祠無涉，應不贅見。惟，《申詳海道、設立條欵》文稿，『學田』、『祀田』并列，故仍附之」。此，即指本篇後附所開《學田條欵》、《祀田條欵》（第一百三十五－一百四十頁、二十一葉正－二十三葉背），今暫不録出，迨來日清理明刻《董孝子廟志》時再論。又，《純德彙編》本篇末，附有編者、清人董華鈞按語，「何公所置祀田，凡二十九畝三分六釐六毫六絲。詳請立案，委縣主簿收租、增產，并修祠及住僧食用。其字號、圖分、土名，及原額、佃納、貯放、稽查，逐一刊入《廟志》。又，所置『學田』，二十畝六分一釐，委縣丞收給、課費，及賑貧生。因與『祀田』斥置同時、憲詳同案、收支同籍，故亦附載《志》中。今，學租已歸教官；經理『祀田』，現在廟僧主持，俱不贅述」。

㊲「何士晉」并「推官、司理」，《純德彙編》原無，《目次》未見，「清廟志」亦同，惟其題名前多「何司理」三字，今據正文篇首并此補。

㊳「以」，《純德彙編》原作此，「清廟志」無，今不刪。

39 「備員已閱五稔」，當指武𢦏任「推官」逾五年，據《明史》本傳所記，其於「萬曆二十六年（一五九八）舉進士」、「初授寧波推官」（卷二百三十五，《列傳第一百二十三·何士晉》，第六千一百二十七頁、縮一千五百七十八頁），若以此五年計，本篇或約成於萬曆三十一年（一六〇三），即與前後各篇時序基本相合。

40 「思」上，《純德彙編》原即接「心」，「清廟志」多一「而」字，今不補。

41 「縣」，《純德彙編》原作此，「清廟志」無，今不刪。

42 「蒙」，并「名洙」及「批」，《純德彙編》原作此，「清廟志」無，今不刪。

43 「據由」至「雲集」，《純德彙編》原作此，「清廟志」無，僅作「蒙准照議遵行」，今不刪改。

44 「涓」上，《純德彙編》原即接「集」，「清廟志」多一「奈」字，今不補。

45 「職」，《純德彙編》原作此，「清廟志」無，今不刪。

46 「共」至「置」，《純德彙編》原作此，「清廟志」無，今不刪。

47 「六分一釐」，《純德彙編》原作此，「清廟志」作「有奇」，今不改。

48 「又查」至「如府祠制」一段，《純德彙編》原作此，「清廟志」無，今不刪。

49 「乃廳」，《純德彙編》原作此，「清廟志」作「又本職公」，今不改。

50 「詳」至「在卷」，《純德彙編》原作此，「清廟志」僅作「業詳各憲，如議遵行」，今不刪改。

51 「該」，《純德彙編》原作此，「清廟志」作「偕」，今不改。

52 「職復薄助」一句，并下句至「六絲」，《純德彙編》原作此，「清廟志」作「各捐薄俸，買田二十九畝有奇」，今不刪改。

53 「置」，《純德彙編》原作此，「清廟志」無，今不刪。

54 「其糧」一句，《純德彙編》原作此，「清廟志」無，今不刪。

55 「乎」，《純德彙編》原作此，「清廟志」作「于」，今不改。

56 「究招詳奪」，《純德彙編》原作此，「清廟志」作「究詳」，今不改。

57 「緣干」至「事理」，《純德彙編》原作此，「清廟志」作無，今不改。

58 「行」下，《純德彙編》原即接「右」，「清廟志」作「湏至呈者」，今不補。

59 「修董孝子廟告成文」，本篇亦載於「清廟志」（卷四，《藝文祭文、雜著》，第一百九十二－一百九十四頁、一葉背－二葉背），今更據以比勘、出注。

另，「清廟志」題作《脩廟成告孝子文》，今暫不從改。

60 「司理」，《純德彙編》原記于題名前，「清廟志」無，僅於左欄記「何士晋」三字（《純德彙編》未見此例，除正文篇首外，祇於《目次》處見武莪名姓，第五百三十七頁、五葉正），今不刪，惟稍作位置調整。

又，武莪姓名，今據「清廟志」添補。

61 「浙江」，《純德彙編》原作此，「清廟志」無，今不刪。

62 「沈」，《純德彙編》原作此，「清廟志」作「沉」，今不改。

63 「竅」，《純德彙編》原作此，「清廟志」作「竅」，今不改。

又，「埜」，《純德彙編》原作此，「清廟志」作「熱」，今不改。

64 「頒」，《純德彙編》原作此，「清廟志」作「額」，今不改。

65 「特」，《純德彙編》原作此，「清廟志」作「迭」，今不改。

66 「晉」，《純德彙編》原作此，「清廟志」作「某」，今不改。

67 「槳」，《純德彙編》原作此，「清廟志」作「擘」，今不改。

68 「鼓」，《純德彙編》原作此，「清廟志」作「管」，今不改。

69 「腄」，《純德彙編》原作此，「清廟志」作「鞁」，今不改。

⑩「尙饗」，《純德彙編》原作此，「清廟志」無，今不删。

⑪「創設孝子父母祀典祭告文」，本篇亦載於「清廟志」（卷四，《藝文祭文、雜著》，第一百九十四－一百九十六頁、二葉背－三葉背），均列於《修董孝子廟告成文》後，今更據「清廟志」比勘、出注。

⑫「司理」，《純德彙編》原記于題名前，「清廟志」無，今不删，惟稍作位置調整。

另，「清廟志」除篇首外，亦未見獨欄記「何士晋」三字，僅於《目録》處見（第三十五頁、四葉正），《純德彙編》同（即載於《目次》，第五百三十七頁、五葉正）。

又，武莪姓名，即係今次添補。

⑬「丙午朔」至後文「浙江」，《純德彙編》原作此，「清廟志」僅略作「某日」，今不改。

⑭「奠」，《純德彙編》原作此，「清廟志」作「儀」，今不改。

⑮「溯」，《純德彙編》原作此，「清廟志」作「遡」，今不改。

⑯「掩」，《純德彙編》原作此，「清廟志」作「淹」，今不改。

⑰「哲」，《純德彙編》原作此，「清廟志」作「喆」，今不改。

⑱「余」，《純德彙編》原作此，「清廟志」作「予」，今不改。

⑲「尙饗」，《純德彙編》原作此，「清廟志」無，今不删。

⑳「董孝子廟志小序」，本篇亦載於「清廟志」（卷八，《附録》，第三百七十四－三百七十八頁、六葉背－八葉背），今據以比勘、出注。

惟，「清廟志」此題作《何司理士晋舊〈志〉小序》，今暫不改。

㉑「何士晋」，《純德彙編》除篇末、《目次》（第五百三十九頁、八葉正）兩處見武莪外，篇首無，今補至此。

㉒「陵」，《純德彙編》原作此，「清廟志」作「淩」，今暫不改。

㉓「而」下，《純德彙編》原即接「觀」，「清廟志」多一「共」字，今暫不補。

84 「仰」，《純德彙編》原作此，「清廟志」作「追」，今暫不改。

85 「跡」，《純德彙編》原作此，「清廟志」作「志」，今暫不改。

86 「爲」下，《純德彙編》原即接「圖」，今據前後文例，疑當缺一「志」字，故補，「清廟志」同。

87 「𨀉跾」，《純德彙編》原作此，「清廟志」作「踥踕」，今暫不改。

88 「緊」，《純德彙編》原作此，「清廟志」作「繫」，今暫不改。

89 「也」，《純德彙編》原作此，「清廟志」作「焉」，今暫不改。

90 「萬」至「序」，《純德彙編》原作此，「清廟志」無，今不删。

91 「運道最險疏」，本篇亦摘引於《明史・河渠志》「泇河（三十八年）」條（一，卷八十七，《志第六十三・河渠五》，第二千一百二十六－二千一百二十七頁，縮五百七十一頁）、清人傅澤洪編《行水金鑑・運河水》（卷一百二十九，「明神宗萬曆三十八年・十月壬申朔」條，第一百二十八－一百二十九頁、十葉正－十二葉正），另見於繆荃孫等編《江蘇省通誌稿・大事誌》（第一册，卷三十七，《明萬曆三十八年「十月壬申朔」，第五百九十七頁）。今據《行水金鑑》寫本，并《明史》、《江蘇省通誌稿》現代整理本（前簡稱「金鑑本」，後簡稱「史本」、「誌本」）參校出注，惟個別詞句出入，仍主《實録》，不再細細標明。而《實録》影本《校勘記》今亦參酌録出，其「廣本」指「廣方言館舊藏鈔本」、「抱本」指「抱經樓舊藏鈔本」。

另，相應標題并其下職銜等，今據段首及出典信息，縮略補出。

92 「萬曆三十八年十月題本」，今此標註，係暫依《神宗實録》所登録者補出（第二十一册，卷四百七十六，第五百三十四頁）。

93 「等」，《實録》影本原見「等言」二字，「金鑑本」、「誌本」皆同，今特補，僅删「言」字。惟，「史本」作「亦言」。

94 「衝」，《實録》影本原作此，「金鑑本」作「衡」，今不改。

95 「窩」，《實録》影本原似作「高」，「金鑑本」、「誌本」均作「窩」，今暫改。

96 「二」，《實録》影本原作此，「金鑑本」亦同，「影本」《校勘記》稱「廣本」作「三」，今不改。

97 「豬」，《實録》影本原作此，「金鑑本」無此字，「影本」《校勘記》稱「抱本」作「儲」，今不改。

98 「捨」，《實録》影本原似作此，「史本」作「舍」，「金鑑本」、「誌本」同，今暫不改。
又，「由」，《實録》影本原作此，「誌本」同，「金鑑本」作「繇」，今不改。

99 「議」，《實録》影本《校勘記》稱「廣本」作「說」，今不改。

100 「傷」，《實録》影本《校勘記》稱「廣本」作「壞」，今不改。

101 「挽」，《實録》影本原作此，「金鑑本」作「輓」，今不改。

102 「有至」，《實録》影本原作此，「史本」作「或改由」，今不改。

103 「閼」，《實録》影本《校勘記》稱「廣本」作「閉」，今不改。

104 「由」，《實録》影本原作此，「誌本」同，「金鑑本」作「繇」，今不改。

105 「虞」，《實録》影本原似作此，「史本」作「慮」，今暫不改。

106 「闔」，《實録》影本《校勘記》稱「抱本」無此字，今不從。

107 「節」，《實録》影本原作「郎」，「金鑑本」、「誌本」作此，今暫改。

108 「岸山」，《實録》影本原似作此，「金鑑本」、「誌本」作「戽泉」，今暫不從。
又，「山」，《實録》影本《校勘記》稱「廣本、抱本」作「泉」，今不從。

109 「乏」，《實録》影本《校勘記》稱「廣本」作「足」，「金鑑本」作「盈」，今皆不從。

110 「耤」，《實録》影本《校勘記》稱「廣本」作「賴」，今不改。

111 「濫」，《實録》影本《校勘記》稱「廣本、抱本」作「隘」，「金鑑本」亦同，今不改。

112 「拓」，《實録》影本原作此，「金鑑本」作「挑」，今不改。

113 「同」，《實録》影本《校勘記》稱「廣本、抱本」作「通」，「金鑑本」亦同，今不改。

114 「亢」，《實録》影本《校勘記》稱「廣本」作「乾」，今不改。

115 「盛」，《實録》影本原作此，「金鑑本」作「盈」，今不改。

116 「行」，《實録》影本原作此，「金鑑本」作「滯」，今不改。

117 「捐」，《實録》影本《校勘記》稱「抱本」作「損」，今不改。

118 「後」，《實録》影本原無，今據「史本」補，「金鑑本」、「誌本」同，《實錄》影本《校勘記》稱「抱本」亦同。惟，其《校勘記》稱「廣本」作「復」，不從。

119 「落」，《實録》影本原作此，「金鑑本」作「駱」，今不改。

又，「北」，《實録》影本原作此，「金鑑本」同，「誌本」作「南」，今不從。

120 「畚」，《實録》影本原似作「各」，今據「史本」改，「金鑑本」、「誌本」亦同，并從其讀。惟，其上見「大興」二字，現宿遷確有此地名（《中國地圖集》，「D3」，第一百頁），未及詳考起于何时，特存疑。

121 「河」，《實録》影本原作此，「金鑑本」無，今暫不從。

122 「堂」，《實録》影本《校勘記》稱「廣本」作「塘」，今不改。

123 「湖」，《實録》影本原作此，「金鑑本」作「河」，今不改。

又，「溢」，《實録》影本《校勘記》稱「廣本」作「濫」，「誌本」同，今不改。

124 「硼」，《實録》影本原作此，「金鑑本」同，《實録》影本《校勘記》稱「廣本、抱本」作「硼」，今不改。

125 「崩」，《實録》影本原作此，「金鑑本」作「奔」，今不從。

126 「再」，《實録》影本《校勘記》稱「廣本、抱本」其下多「築再」二字，「金鑑本」亦同，今不從。

127 「闢」，《實録》影本原作此，「金鑑本」同，《實録》影本《校勘記》稱「廣本」作「開」，今不從。

128 「此」，《實録》影本《校勘記》稱「廣本、抱本」其下多一「亦」字，今不從。

129 「辯」，原刻本無，今據出典所做歸類并文體補。

又，原刻本後，另附一則摘引者，即編者王氏之「辨定」，今録出如左，以備參酌：

王艸堂云：此不獨明代，至今，杭俗爲然也。宋朱文公《語類》亦云：高宗時，禁福建人家，忌日不得燒紙錢，只燒「經旛」一二紙，甚誤。久矣。（晦庵所言，見《朱子全書・朱子語類－五》：第十八册，卷一百三十二，《本朝六・中興至今日人物下》，第四千一百二十七頁）

另，此篇寫作時間，今疑或與武莪刊刻《文公家禮儀節》相若，即如《中國古籍善本書目・經部》所載「明萬曆四十六年何士晉刻本」（卷二，《禮類・雜禮書》，第二百二十頁、四十七葉背），故暫定萬曆末，遲不及泰昌、天啓朝，特次於此。

130 「印」，刻本原作「卬」，今暫改。

131 「調兵援黔疏」并其下職銜等，今據段首及出典信息，縮略補出。

又，據其所載，是篇完整題名，或係「爲遵旨酌量兵機，併陳便宜之要，懇乞聖明采擇，以奠危疆事」。

132 「天啓二年八月題本」，今此標註，係暫依《全邊略記》所登録者補出（卷八，《兩廣略（湖廣土司在內）》，第二百九十七頁、四十六葉正背）。惟，其出典所收汪氏摘引之「題本」，後見附天啓二年十月初八日《聖旨》一道（第六百零一頁、十一葉背）。

133 「調兵援黔疏」并其下職銜等，今據段首及出典信息，縮略補出。

惟，今詳查中國第一歷史檔案館等編《中國明朝檔案總匯》，見今人擬題爲《「署兵部事尚書爲遵旨調餉以解久歸黔帥之士兵開銷事」題行稿（首尾缺，天啓三年九月二十五日）》一篇，基本收録武莪此《疏》全稿，并相關旨意及經辦官員名姓等。故，現於此「實録節録本」後，再附該「題行稿」，以備參酌。

另，再檢杜海軍輯校《桂林石刻總集輯校・明》，更見天啓甲子（四年，一六二四）《何士晉貴州紀事碑》與此事關係密切，故亦綴録於後。

134 「天啓三年十月題本」，今此標註，係暫依《熹宗實録》所登録者補出（第二十三册，卷三十九，第五百一十五－五百一十六頁）。

135 「泗州」，據譚其驤主編《中國歷史地圖集・明時期－廣西》所示「萬曆十年（一五八二）」情形，當係「泗城州」，今廣西壯族自治區百色凌雲縣（第七十四－七十五頁、「③3」格）。并參《中國地圖集》，其縣治所在即「泗城」（第一百七十頁、「D③」格）。

另，檢《明史・廣西土司傳》，武莪於天啓二年（一六二二）爲「援黔」等事，已對此地做出過先期謀劃，今録出如左，以備考：

天啓二年，巡撫何士晉請復（岑）雲漢知州職，量加都司職銜，令率土兵援黔。從之。（卷三百一十九，《列傳第二百七・廣西土司三－泗城》，第八千二百六十頁、縮二千一百一十五頁；另可參《熹宗實録》卷二十九「天啓二年・十二月－壬申」條見載之兵部所覆，第三百七十頁）

136 「安南莊」，今據《中國歷史地圖集・明時期－貴州》所示「萬曆十年」情形，當指彼時「安南衞」及「安莊衞」，即今貴州黔西南布依族苗族自治州的晴隆縣，與貴州安順市鎮寧布依族苗族自治縣（第八十－八十一頁、「⑤4」「④4」格）。故「莊」上（即「南」下），當脱一「安」字，今暫不補。

137 「田州」，今據《中國歷史地圖集・明時期－廣西》所示「萬曆十年」情形，係今廣西壯族自治區百色田陽縣（第七十四－七十五頁、「④3」格）。并參《中國地圖集》，其縣治所在即「田州」（第一百七十頁、「D④」格）。

另，檢《明史・廣西土司傳》，武裁於天啓二年爲「援黔」等事，亦對此地做出過先期謀劃，今録出如左，以備考：

泰昌元年（一六二〇），總督許弘綱奏：「田州土官岑懋仁肆惡起釁，竊占上林，納叛人黃德隆等，糾衆破城，擅殺土官黃德勳，擄其妻女、印信，乞正其罪。」詔令岑懋仁，速獻印，執送諸犯，聽按臣分別正法，違則進剿。天啟二年，巡撫何士晉請免懋仁逮問，各率土兵援剿，有功優敍，從之。（卷三百一十八，《列傳第二百六・廣西土司二－田州》，第八千二百五十三頁、縮二千一百一十三頁；另可參《熹宗實録》卷二十九「天啓二年・十二月－壬申」條見載之兵部所覆，第三百七十頁）

而，所稱之「上林」，今據《中國歷史地圖集・明時期－廣西》所示「萬曆十年」情形，在田州東南南盤江一綫，近果化州（第七十四－七十五頁、「④4」格）。并參《中國地圖集》，其具體所在，或即今廣西壯族自治區「思林」鎮（第一百七十頁、「E④」格）。

138 「李」下，原檔案抄本空二字格（即「等」上），再檢張德信《明代職官年表・部院侍郎年表（京師）》「天啓三年癸亥（一六二三）・兵部」，見李瑾於是年三月七日（丁酉）「添設」暨補爲該部左侍郎，但「尋丁憂歸」。惟，同年閏十月十二日（戊戌），李邦華由巡撫天津右僉都御史遷任此職，但就時間論，本「題行稿」此處與篇末，當係李瑾，今暫不補。（第一册，第九百四十八－九百四十九頁）

另，本篇全文草撰、抄謄即此李氏，及文末王繼謨、廖起巘等，因仍待詳考，故作者名姓，今亦暫不補。

139 「情形難俟」暨符號「—」，原檔案抄本經未知名姓者圈涂刪去，旁添「難俟」爲其修訂，今以字中劃綫「—」標示，所添字、句等，基本續接於文中相應處，後不再注。

140 符號「[]」并「()」，原檔案抄本此段塗抹較重，今以之區隔，符號「[]」內即所加、改者，符號「()」內即所增眉批。

141 符號「()」并「餘」，原檔案抄本無此符號，惟添字，今特以之標明，後不再注。

142 「何士晉貴州紀事碑」，此文未見確證指乃武莪本人親撰，故作者當存疑。惟，今次綴録，已對原整理本標點稍作調整。另，據輯校者「說明」，桂林疊彩山、七星岩兩處，均刊此摩崖，「高二百四十二釐米、寬三百〇三釐米。正書，字徑十二釐米」。

143 「粵西疏草序」，本篇依《四庫禁燬書叢刊》（集部，一百〇五册）影「中國科學院圖書館藏清乾隆刻本」爲底本，惟因其漫漶較重（且係殘本，僅存「文」六卷），再據浙江圖書館藏「乾隆十三年刻本」（簡稱「浙圖本」）覈補，如無特出，後不贅注。

144 「吾」，底本原字迹缺損，似作「一」，今據「浙圖本」改。

145 「之所」，刻本原爲小字并作兩列，今改作此式。又，後一處同，不再注。

146 「王心一」，當即《明史・侯震暘傳》所附者（《列傳第一百三十四》，卷二百四十六，第六千三百八十頁、縮一千六百四十二頁），吴縣人（今據《蘭雪堂集》首卷之《本傳》，王氏字純甫、號玄珠，萬曆癸丑進士：第四百九十二頁、一葉正），天啓初爲御史，因論客氏「六不可留」遭重譴、奪俸一年，後復官。約於崇禎時，以刑部侍郎終。

補I 擬《西寧疏草》序[1]

明 謝肇淛

御史中丞何公，奉璽書[2]，填撫百粵。時，安酋煽亂，貴筑戒嚴，天子憂之，命楚、蜀、滇、粵撫臣，分道往援。粵視諸藩最瘠，土酋歲訌無虛日。適有《詔》，「調泗城、南丹兵一萬」，公力言不可。既陛辭，則歙炎西馳[3]。時，諸路兵，靡一集也。

下車三日，聲言「發師二十萬征『安』」，《檄》抵酋寨。所過郡縣，商民震恐，告罷市。公喜曰：「此『用聲』法也，得其恐而可矣。」復，傳諭之：「我兵且分三路，若者毋恐已。」乃戒將吏，簡師徒，蒐軍實，椎牛秣馬。得敢死士五千，遣監司，鼓之行。行以次發，若斷若續，使酋不得窮我兵數。

先是，公用黔人為間諜，偵得其情，謂「酋黨烏合，無堅盟。聞粵兵二十萬至，盡欲歸巢。」且，安酋獨畏泗、田、南丹，多方爲餌，闢吏獲其奸人以報。公曰：「吾驟而用『土』，土酋必挾其重以要我，姑以不用用之。」於是，騰文告，推心腹，俾知朝廷威德。時，丹酋莫儁有二心，公以計斬之，懸首藁街，諸夷股弁請命。乃徵精兵于泗、于田、于九土司，合漢兵，可三萬衆，各從間道往。使賊腹背受敵，賊益膽落，遂解圍夜遁。

公晝治軍旅，夜視簿書，心晝口授，左方右圓。每至日旰，不得食；漏三四下，使就枕；歲時，不得與家人杯酒相勞。一腔心血，幾于嘔盡，奚翅被髮纓冠之爲也者？勞苦而功高矣！顧公勞綦甚，功綦章，而一片苦心有不能盡語人者。

漢兵之行也，祈寒風雪，墮指十二三。而黃沙鎮遠，半菽不給，雖慈母，不能有其子。道將坐是，獲罪於黔。公方睦隣，是以有「糾殄」之《疏》。千里轉鬭，山川阻絶，進止難明，機會倏變。慮主客異形，而功罪之失實也，公是以有「交兵」之《疏》。土酋桀驁，幸就漢索，帖耳就道，餘勇可賈。而爲債帥，大言恫喝，卒致獸驚魚駭，功隳半途，狐埋而狐搰之矣，公是以有「抃交泗❹、田」之《疏》。

然，道臣去而將士留也，兵交而賦已悉索也。泗、田它屬，而林、葛二監軍所部「龍向」九土司兵，尤深入不毛，捷報踵相聞也。廷議之責成瘠粵者倍亟，而公毫不以為難。鄰國之徵兵、索餉無已時，而公應之無倦色。狐兔相悲，間諜沓至，好語緩師，訛言惑衆，而公屹然不少動。

嗟夫！使當事者人人如公，何至戎馬生郊，彷徨四顧，而遼左、海東，喪師失地，糜大官金錢者，累累見告也？然，公既不自言功，而中外又倚毗公甚，不獲少紓其勞。則取所梓《疏稿》，屬不佞肇淛，曰：「此，吾年來與子所朝夕拮据者也。世事悠悠，孰知我艱。其爲我一言？」不佞唯唯。

不佞向在水曹。屬公以省垣視筦庫，所爲蒐剔節省者，不遺餘力，俾二百年蠹穴，一旦如掃。亡何，以「調護東宮」外補。無幾，微見顏色，治事益力。今三江城砦，屹若金湯，公晝也。天子知公，寄以西南半壁，不獨撫粵，而且定黔。卽公之心力、精神，亦不自用，而盡爲黔用。

今讀《疏》中語，凡夷、漢之情形，道里之扼塞，兵食之處分，虛實、分合之變，未嘗不詳哉言之也；公私捐瘠之狀、土酋叛服之情，內剢外交、窺伺鮠脆之勢，未嘗不痛哭流涕，爲上陳之也。旣濟而衣袽，未雨而綢繆，計可以裕今垂後者，反覆累數萬言。而其中委蛇運用，人、己無失，一片苦心，所不能盡語人者，絶口不之及。

居，恒語不佞曰：「吾知有國家事而已，豈以人我恩怨起見哉？夫事不必在我，而功不必求人。」知利濟天下，而退若無有，此古大臣之道。究其作用，足以正人心，定國是，奠宗社於泰山之安，寧直敉寧一方已也？

《詩》有之矣：「旣破我斧，又缺我斨❺。周公東征，四國是皇。哀我人斯，亦孔之將。」公今日之謂乎？而以此《疏》盡公者，淺之乎知公者也！

載（明）謝肇淛：《小草齋集·小草齋文集》（上），卷六，《序》，第一百四十七－一百四十九頁。

校勘記

❶ 本篇見載之現代「整理本」略粗疏，今收録時以之爲底本，并據天啓刻本（《小草齋文集》，卷六，《序》，第七百一十一—七百一十二頁、五十三葉背—五十七葉正），重覈一過。

❷「璽」，「整理本」原作「爾」，誤，今從刻本改。

❸「歒」，「整理本」原作此，刻本似作「敲」，今暫不改。

❹「幵」，刻本原作「并」，今正。

❺「缺」，刻本原作「鈌」，今改。

《工部廠庫須知·目録》書影（中國國家圖書館藏萬曆間刻本）

工部廠庫須知目録

綴輯（分工：連　冕　校點、編訂　李亮、許昌偉　整理、録入）

《明實録》與何士晉史料[1]

連晃 校點、編訂

1.0 [2]萬曆邸鈔，萬曆三十五年（一六〇七），丁未，秋七月。

考選科、道官。本月二十日，吏部會同都察院，考選：喻安性等十八員，俱給事中；吕圖南等四十六員，俱御史。喻安性、胡應台、刘文炳、王紹徽、顧士琦、張鳳彩、周永春、張延登、刘一熻、張国儒、彭惟成、何士晋、范世濟、李瑾，俱「科」；吕圖南、黄一騰、荆養喬、熊廷弼、王象恒、陳于廷、穆天顔、房壯麗、侯執蒲、吴亮、刘光復、鄧渼、李耘、張時弼、王国禎、顧造、朱萬春、何太謙、馮嘉會、彭端吾、陸夢祖、金明時、張五典、梁州序、董紹舒、管橘、張爾基、毛堪、楊一桂、王以寧、畢懋康、韓浚、顔思忠、鄭継芳、曾用升、吏記事、刘国縉、徐鑒、刘蔚，俱「道」；黄起龍、鄧雲霄、晏文輝、高節，俱「南科」；傳宗皐、汪懷德、張邦俊、周達曾、陳易、王霖、張養正，俱「南道」。（中，第一千四百四十二頁、二十七葉背-二十八葉正）

2.神宗顯皇帝實録，卷四百三十七，萬曆三十五年，八月（辛酉朔）。

〇癸亥。吏部同都察院考選❸。宜授給事中者：胡應台、喻安性、劉文炳❹、王紹徽、顧士奇❺、張鳳彩、周應春、張延登、劉一燝、張國儒、彭維城、何士晉、李瑾、范濟世等十四人。宜御史者：呂圖南、黄一騰、熊廷弼、荆養喬、王象恒、陳于庭、穆天顔、房壯麗、侯執蒲、吴亮、劉光復、李檈、鄧渼、王國楨、顧慥、朱萬春、何太謙、彭端吾、馮嘉會、陸夢祖、金明時、張五典、梁州彦、董紹舒、管橘、張爾基、毛堪、楊一桂、王以寧、畢懋康、韓浚、顔思忠、鄭繼芳、曾用升、史記事、劉蔚、劉國縉、徐鑒等三十八人。宜授南給事中者：黄起龍、鄧雲霄、晏文輝、高節等四人。宜授南御史者：傅宗皋、王霖、周達、張邦俊、張養正、汪懷德等六人。外分部司者：翟師雍、游漢龍、秦道顯、饒景暉、黄汝亨、馬性惇、汪元功、魏成忠、冀述、夏禹英、洪世俊、徐如翰等十二人。（第二十一册，第三百四十六頁）

3.神宗顯皇帝實録，卷四百四十九，萬曆三十六年（一六〇八），八月（乙卯朔）。

〇（辛酉）以考選喻安性、胡應台、顧士琦、王紹徽、劉文炳、周永春、張鳳彩、張延登、張國儒、彭惟成、何士晉、范濟世、李瑾為給事中；……。有《旨》：「這考選諸官，都依擬用。且閣、部院，催請再四。朕非困惱諸官❻，但因彼此訐辯瀆擾耳。皆繇汪若霖，起意生疑；部寺吴正志等，訐辯奏擾。汪若霖調外任，用部寺吴正志。汪元功、黄汝亨，與勾了的黄一騰，都各降一級，調外任用。今後考選科道，務要精

贋真才，勿狥虛譽、私囑，以亂政治。」（第四百零七頁）

4. 神宗顯皇帝實録，卷四百四十九，萬曆三十六年，八月。

○（己卯）工科給事中何士晉請，「通章奏，以攬權，無為過疑、過察，反至無權；查冒濫，以蓄財，無為剥稅、剥民，反至無財。」不報。（第四百零九頁）

5. 神宗顯皇帝實録，卷四百五十，萬曆三十六年，九月（乙酉朔）。

○（己丑）工科給事中何士晉言❼，「諸臣以衮闕諍之皇上，雖言多逆耳，每荷優容。獨論及輔臣，則必欲借主威以洩怒。是使皇上負逐臣之名，而輔臣收固寵之實。天下所以積憾輔臣，而不能平也。且如孫鑛、郭子章、戴燿、沈子木，皆宜舍不舍。公論乖違，輔臣賡安得不任其咎？」《疏❽》不報。（第四百一十一頁）

6. 神宗顯皇帝實録，卷四百五十一，萬曆三十六年，十月（乙卯朔）。

○丙寅。工科給事中何士晉論劾左都督王之楨❾，「為輔臣爪牙、樞臣腹心❿，追恨先年代人傾陷于王立等，康丕揚、錢夢皐相為犄角，之禎實為戎首。請乞顯斥，以示衆棄。」不報。（第四百一十六頁）

7. 神宗顯皇帝實録，卷四百五十一，萬曆三十六年，十月。

○（丙子）工科給事中何士晉言⓫，「京師拱護宸極，京民捍衛至尊，休戚與共。一聞僉報，鋪商如牛羊雞犬赴屠，其觳觫之狀⓬，悲鳴之聲，直欲使天光盡黯。故，連日與部司諸臣，悉心籌畫。萬不得已，酌爲『調劑之法』：議『鋪墊』以隄其濫，議『貼役』以寬其力，議『交納』以恤其苦，議『改折』以分其責，議『會看』以覈其冒⓭，議『預支』以綜其要，議『冗濫』以滌其源。乞勑下部院會議，覆請施行。」不報。（第四百一十七頁）

8.神宗顯皇帝實録，卷四百五十二，萬曆三十六年，十一月（甲申朔）。

○（甲辰）工科給事中何士晉言，「戶部尚書趙世卿『職掌邊餉』一事⓮，誤國欺君，大無臣禮。乞嚴諭速清，方聽陳乞。」不報。（第四百二十頁）

9.0萬曆邸鈔，萬曆三十六年，戊申，十一月。

附録：工科給事中何士晉「揆地深机尽敗，同朝公論宜伸」，叅朱賡、王錫爵。言，「錫爵斥逐正人，如趙南星、顧憲成、薛敷教、張納陛、于孔兼、高拔龍、安希范等」。（下，第一千六百七十九頁、八十七葉背—八十八葉正）

10.神宗顯皇帝實録，卷四百五十三，萬曆三十六年，十二月（甲寅朔）。

○（丁卯）工科給事中何士晉言，「時值玄冬，距履端僅餘旬日。陛下二三大政⓯，今歲所宜完者，如：放輔臣，以清揆路；罷卿寺、詞林言路，經指摘諸臣，及閩撫徐學聚，以伸公論；斥王之禎，以絶禍本；釋纍臣卞孔時、滿朝薦、王祁才、李獲陽、梁心，以介景福。」不報。（第四百二十二—四百二十三頁）

11.神宗顯皇帝實録，卷四百五十三，萬曆三十六年，十二月。

○（丁丑）巡視廠庫、工科給事中何士晋，條陳《節省四議》⑯：「一曰，酌領狀而嚴其冒；二曰，慎關防以絶其竇；三曰，議修造而求其實；四曰，折弓箭而更其制。⑰」因更言，「鋪商之困，亟宜甦放。」不報。（第四百二十四頁）

12.神宗顯皇帝實録，卷四百五十四，萬曆三十七年（一六〇九），正月（甲申朔）。

○（庚寅）工科給事中何士晉奏言⑱，「廠庫事宜，一『領狀』當酌。每見印領委積，請討嘩然⑲，而文移案牘中，止有『給發』，而無『完銷』。以後商匠、夫役，酌給錢粮，將完過工料，計開總數。雖有妄覬、冒支，不能捏未完為已完。冒領絶，則應領者自簡矣。一『關防』當慎。該庫錢粮，每出入，計二百五十餘萬。宜照太倉銀庫事例，重關、嚴限。庫官、庫吏，第令司啟閉，登記出入，務湏隔遠，不許粘手。一『修造』當議。『盔甲』兩廠，歲造盔甲、腰刀，所費不貲。各省造解，又率皆不堪。以致歲歲議修，以滋冒濫。務令一體，加工精造。即以督造之官，責之領、解。有不如式，便罪坐之。一『弓箭』當折。『戊字庫』所貯弓，不下數百萬。然當外解驗收之時，固已筋剥、羽脫，今裂紘、反角矣。以後省

直，各將折色解部。遇兌換之年，徑以價給軍。俾擇其精者買用，實為兩便。」（第四百二十五頁）

13. 神宗顯皇帝實録，卷四百五十四，萬曆三十七年，正月。

○（丁酉）工科給事中何士晉，以時事需人，因言「起廢」一事。「銓司『訪冊』所稱詿誤、觸犯、遷謫等官，約計二百人。而後來降謫諸臣，尚未與焉。今，一人動經數推，一推動經數月，為宜大破常格，使之陸續被命，以畢恩綸之局」。初，奉詔起廢，所賜環，止顧憲成、朱吾弼等四人，故言官咸以為請。（第四百二十六頁）

13.1 萬曆邸鈔，萬曆三十七年，己酉，春正月。

（壬辰）工科何士晉「時事需人甚急，輔臣敗局宜完」等事，言：「錫爵，『逢』之一字，足以蔽其精神；『賊』之一字，足以定其断案。」又言：「攄銓司『訪冊』，約計二百餘人，皆奉先年恩詔而發。而，後來降謫諸臣，尚未與焉。使一歲用五十人，猶待四年。若一歲用十人，則藉二十餘年矣。幸獲賜環者，僅顧憲成等四人哉。此天下所以痛恨乎輔臣也！」（第一千七百零八—一千七百零九頁、四葉正—五葉背）

14.神宗顯皇帝實録，卷四百五十八，萬曆三十七年，五月（辛巳朔）。

○（戊戌）工科給事中何士晋，催請本科都給事中王德完之命。（第四百四十六頁）

15.神宗顯皇帝實録，卷四百六十一，萬曆三十七年，八月（己酉朔）。

○（己酉）工科給事中何士晉等言，「皇極殿門，儲材久預。原議四月建竪，今又逾時。各匠作夫役，坐縻稟餼，徒為中官谿壑地。」不報。（第四百五十九頁）

16.神宗顯皇帝實録，卷四百六十二，萬曆三十七年，九月（己卯朔）。

○乙巳。工科給事中何士晉等上言，「婚禮太浮，請以瑞王視潞王。」初，潞王費八萬八千餘⑳。至是㉑，視福王㉒，則十九萬一千餘。工部侍郎王汝訓言㉓，「水司告匱，即本司那凑借給，合十萬兩。尚少九萬一千餘兩，請題借冏金如福王時例。不然，則斟酌二王之間，稍賜裁省。寺臣極言冏藏空竭，馬羣併空，且以愛弟之親，費八萬餘？福王浮溢，一時偶然，不可以為定制。」輔臣葉向高因謂皇上，「即未肯全依潞王例，但就中減省，以示撙節，所裨於今日國計不少。」兩「票」上之。（第四百六十七頁）

17.神宗顯皇帝實録，卷四百六十七，萬曆三十八年（一六一〇），二月（丁未朔）。

○（乙卯）真人張國祥，以龍虎山宮殿為水衝倒，懇恩修理。得《旨》：「留本省稅監潘相三十八年應解內外稅銀三萬兩，令國祥自行修理，工完造冊具奏。」時，戶科給事中孟成巳等上言，「財者，百姓之膏血、國家之命脉。即物力充盈，尚不可屑越。今太倉庫藏，出浮于入，大司農方苦不支，兼以饑饉相望，邊餉告急。即歲底有『當年稅銀，二解部充餉[24]，一分留賑饑民』之《旨》，不過四海一滴，有何大濟？他若『三殿』未興、『三門』未竣，藩封尚未告成。其近裏，著已必不可已之費，尚難枚舉。乃荒遠無益道院，以一黃冠羽流，輕三萬金擲之，徒恣市井冒破之需，甚為無謂。胡不移之災地、窘邊[25]，又胡不移之『三殿』、『三門』、藩王府第，為親近肘腋之用？且，與其媿鬼[26]，孰若爱民。以此三萬金，拯救賑恤，則所全活者，功德甚大，運祚自長安，用羽人、方士祚祝為[27]？請收成命，停止稅銀。」嗣，工科給事中何士晉亦以為言。俱不報。（第四百八十七頁）

18. 神宗顯皇帝實録，卷四百七十四，萬曆三十八年，八月（癸酉朔）。

○（戊寅）工科給事中何士晉等，以「皇極門」明年方向通利，歲神協吉，宜建豎，《疏》請「涓定明春豎柱吉辰[28]，庶已完物料不致摧殘、破冒」。不報。（第五百二十六頁）

19. 神宗顯皇帝實録，卷四百七十六，萬曆三十八年，十月（壬申朔）。

○（壬申）工科給事中何士晉等言[29]，「……。」未報。（第五百三十四頁）

20.神宗顯皇帝實録，卷四百七十九，萬曆三十九年（一六一一），正月（壬寅朔）。

○（己未）工科給事中何士晉等言，「卽今青陽布令[30]，萬象一新，方向通利，歲神協吉。乞亟勅定期，蚤建『皇極門』。」不報。（第五百四十六頁）

21.神宗顯皇帝實録，卷四百八十三，萬曆三十九年，五月（庚子朔）。

○（丙午）工科給事中何士晉奏[31]，「繼母吳氏節義，請乞賜表。」録事，下禮部。（第五百六十四頁）

22.0萬曆邸鈔，萬曆四十三年（一六一五），乙卯，春正月。

附録：江西道御史李徵儀「微臣任使永放等事」，薦何士晉，「才品公論所歸，吏部即已內晉，而實俸六年，猶守故官，恐国家從來無此功令」云。（第兩千一百六十四頁、一葉背）

23.神宗顯皇帝實録，卷五百三十，萬曆四十三年，三月（丁未朔）。

○（壬子）巡視廠庫、工科給事中何士晋等言[32]，「水衡欺冒弊端，莫甚於『商匠預支』一事。即萬曆三十年至今，冒領銀，將至四十萬兩[33]。按月而比，累歲而追；逋者自逋，領者自領。今欲設法以杜將來。請將四十二年以前『狀』內，有原未領，亦有領未全者，有未找給，亦有半找給者，通行覆覈。銷其舊領，驗其實收。真則補支，偽則叅送。是之謂『清其源』。將《條例》諸書，查照今昔事宜，逐欵叅酌，某項祖制、某項新綸，悉行改正。并□諸臣『條議』有裨節省者，彙刻一冊。新舊交傳，則預支之多寡可悉㉞。是之謂『定其制』。於『領狀』後，接粘一紙，備開：某項工料，原額若干、已領若干、今請若干。必完及八分，方許再領。而八分完數，以其総，填入領內；以其撒㉟，載入循環。俟下次領到，查其総、撒分數，合則掛給，不合則駁囬。其前項一分，仍于續領內帶銷。至于會查底冊，必另題司官一員專管，以防竊換、洗補諸弊。是之謂『扼其要』。於歲終，查叅拖欠。如非常營建，題定一官為始終者，功過俱當另議，無容置喙。其餘四司監督，凡任內請給銀兩，必本官盡數完銷，部司覆查無異，冊報巡視，方許接管交代。如拖欠數多，冒支有據，每歲終，容臣等比照『考成』事例，移會該部，將本官酌入查叅㊱。是之謂『重其責』。」工部據議覆焉。（第二十二冊，第一百七十七頁）

24. 神宗顯皇帝實録，卷五百三十一，萬曆四十三年，四月（丁丑朔）。

○（辛巳）巡視廠庫、工科給事中何士晉等言㊲，「『靈應宮』之役非制，即託言於追遵聖母㊳，然聖母所注念者，莫如『講婚、用賢』諸事。乃諸臣萬呼不應，而不時內降者，非中官之營求，即鬼神之香火，臣等知其不可也。若該監汪良德，既明知神宇之物料，無預水曹，輒妄借殿門之題目，混稱帶造。朦朧取旨，倏忽變更，其罪無可原者。乞勅下工部，先將『皇極門』諏吉建竪，而箭樓、『三殿』，亦以次第興工。若『靈應宮』無關民義，即不能寢，亦須賜帑金，責成該監，一惟上命㊴。其汪良德，并乞嚴勑該衙門，重究

其瀆奏之罪。」不報。(第一百八十四頁)

25. 神宗顯皇帝實録，卷五百三十二，萬曆四十三年，五月(丙午朔)。

○(丙辰)工部題差管理「胡良」、「巨馬」二橋科道官二員，得《旨》：「着何士晉、李嵩去。其督理工程內外官員，已有《旨》矣。修理『二門❹⓪』工程，箭樓等項，還俟簡發。」(第一百九十一頁)

26. 神宗顯皇帝實録，卷五百三十二，萬曆四十三年，五月。

○(乙丑)工科給事中何士晉言❹①，「頃者，張差持梃入慈慶宮，打傷守門內監，直逼前殿簷下。此祖宗二百五十餘年所未經見，皇上宜何如震怒！乃旬日以來，似猶泄泄。雖事涉宮闈，百宜慎重❹②，然或謀未成、機未露，猶可從容曲處。今，形見、勢迫，業已至此❹③，皇上亟宜下法司之請，正罪人以謝九廟。更宜慰諭東宮，慎起居、嚴侍衛。仍敕各、該衙門：侍衛、官較，必充原額；常川內侍，倍增原數。而，更令錦衣衛千、百戶二員，帶領旗軍，於慈慶宮前後、左右，晝夜巡守。其皇城各門，仍聽巡視科道，設法嚴禁。至於『紅封』、『涅槃』之教，方士、羽衣之流，亟宜誅逐，無令搆煽。此皆保護東宮，以潛消反側，惟聖明深維宗社大計。」(第一百九十四頁)

27. 神宗顯皇帝實録，卷五百三十二，萬曆四十三年，五月。

○（辛未）工科給事中何士晉言[44]，「大受《疏》，未嘗直指國泰主謀。豈不能從容少待，而何故心虛膽戰，輒爾具《揭》？其汲汲於自明，可知也。既欲自明，卽宜請之皇上，將張差所供內官龐保、劉成，立刻發下；并馬三道、李守才等，俱聽法司公同拷訊。誰為主謀，誰為助惡，誰為波及，一一確審，具招正法。則國泰之有無，虛實心迹，豈不洞然？何為諸臣俱有屢《疏》，國泰寂無一語。自此一《揭》之張皇，而人遂不能無疑於國泰矣！」（第一百九十七頁）

28. 神宗顯皇帝實録，卷五百三十三，萬曆四十三年，六月（丙子朔）。

○（丙戌[45]）諭吏部、都察院，「朕見年來科道，或因年例外轉，欲圖固美職[46]；或因陞遷官員，不合己私，呼朋引類，橫噬傍擊，撓亂朝政。今日爭勝負，明日論可否。利口鋒心，逞臆恣肆，沽名邀譽，附和行私，毒害忠良，搏擊善類。朕因未暇簡閱諸《疏》[47]，故此一槩優容[48]。此輩再無底止[49]，使老成不得安其位[50]。昨因狂畜劉光復，大膽高聲，震驚聖母神位，使朕恐懼不安[51]，又無君臣禮，已拏送刑部，着從重擬罪。今後，若有官常不簡的，你該部院遵照憲綱、舊規，不時指名叅奏。不得仍前，借言市恩，狥情壞法，以畏利口。爾吏部，可將近年前後推過[52]、年例外轉科道官何士晉等，俱查照原擬地方，各前去任事。不許推病給假，生事淆亂。如違，一體重治不宥！故諭。」（第二百零五頁）

29.神宗顯皇帝實録，卷五百三十三，萬曆四十三年，六月。

○（戊子）是時，各省、司「通官」，缺至四十九員。上因亢旱祈禱，連日簡發吏部舊《疏》：以……，何士晉爲「浙江僉事」，……。（第二百零六頁）

30.神宗顯皇帝實録，卷五百三十三，萬曆四十三年，六月。

○（辛卯）禮部奏，「工科給事中何士晉，原題『江西主考』，今陞外任，合行吏、禮二科，開送補差。」從之。（第二百零七頁）

31.神宗顯皇帝實録，卷五百三十三，萬曆四十三年，六月。

○（壬辰）吏部遵《旨》，將推過、年例外轉科道，列名上請。仍奏，「何士晉俟命多年，已經再考，例應『右叅議』職銜」。上惡其狥私擅改，顯是市恩，降《旨》切責，「堂上官姑免究，該司官罰俸半年。何士晉照原擬地方職銜，前去任事，不許加陞」。（第二百零七－二百零八頁）

31.1 萬曆邸鈔，萬曆四十三年，乙卯卷，六月。

奪吏部文選司員外蔣一驄等俸，半年。吏部題《欽奉聖諭事》：「遵，將前後推陞過、年例外轉科道，查得：工科給事中何士晉，擬陞浙江清軍驛傳僉事；兵科張鍵，陞陝西臨鞏兵備右叅議兼僉事；河南道鄧漢，陞山東河工水利副使；山西道潘之祥，陞江西九江兵備右叅議兼僉事；兵科都張国儒，陞遼東寧前兵備右叅政兼僉事；廣西道馬孟禎，陞廣東海道副使；河南道徐良彦，陞福建福寧道右叅議。先因屢催『何士晋』，未奉『俞旨』，續經另催，見係胡世賞在任。合無將何士晋，填補『督粮道』程寰缺。」再照，「何士晋，俟命多年，已經再考，例應『右叅議』戢銜。」有《旨》：「朕前覧爾部，屢《疏》催請各省缺員，允發司道等『官本』。連日檢查出吏部推陞，及有陞轉年例科道文書，故有前『諭』發行。爾等只宜遵『諭』，都照原擬地方任事。且，其內張鍵等，各照原擬無更。何乃『何士晋』又狥私借言，擅行陞改戢級？顯是市恩，違旨。堂上官，姑免究；該司官，罰俸半年。何士晋，還照原擬地方戢銜，前去任事，不許加陞。胡世賞，另擬地方輿他，其餘依擬。」（第二千二百四十八—二千二百四十九頁、二十三葉背—二十四葉正）

32. 神宗顯皇帝實録，卷五百七十四，萬曆四十六年（一六一八），九月（丙戌朔）。

○（癸巳）起陞南太常寺少卿[53]，添註曹珍；光禄寺少卿，添註吕純如；稽勳司郎中，王大智；廣西左叅議[54]，何士晉。（第四百零八頁）

33. 神宗顯皇帝實録，卷五百七十六，萬曆四十六年，十一月（丙戌朔）。

○（甲寅）陞山東叅政張五典爲河南按察使，河南副使焦馨爲汝寧叅政，浙江僉事何士晋爲廣西叅政。（第

四百二十四頁）

34.光宗貞皇帝實録，卷一，（萬曆四十八年，七月，丙子朔）。

○（萬曆）四十三年，五月乙卯。有男子張差，持赤梃突入東宮殿簷下，并傷門者，璫輩共執之。東宮奏聞，下法司提問。……。語多涉翊坤宮，之宷以聞。科臣何士晉，力言當窮其事。太常少卿史孟麟，亦有《疏》。神宗不得已，召上慰諭。因率上及皇長孫、諸王孫[55]，詣慈慶宮聖母几筵[56]，行告慰禮。召見羣臣于宮門外，神宗白衣冠，立左簷前，上青袍，侍于右。神宗詔羣臣[57]：「皇太子，國家根本，朕豈有不愛？諸皇孫，振振衆多，朕喜甚何！外廷疑朕有他也？」時，御史劉光復，從班後抗聲稱：「皇上，東宮慈孝，語不甚明[58]！」神宗責其恣肆、震驚几筵，令緹騎捉出，笞杖亂下，上亟止之。得旨，「下法司。」神宗復諄諄理前諭，命決張差、龐保、劉成等。上從旁請，「無株連，以傷天和。」神宗復命上代諭羣臣，上承旨，諭：「爾等毋聽流言，為不忠之臣，使本宮為不孝之子」。神宗悅，命閣臣速擬《諭》以進。尋，誅張差于市，斃龐、劉二璫。內廷比獄，上率從寬典。方事初起，中外聞者無不驚駭，心知其故，而難于言。至「風癲之說」倡，則議者謂其意有所爲。而王之宷直發逆狀，刑部尚書張問達亦以為然。形迹愈露，顧必欲窮究其由來，則所傷實多。神宗默念大臣中無足與計，不得已而自行召諭。其不下二璫，于理亦有深意。又賴上孝思婉篤，曲為周旋，法正而宮闈安。其所全者，大矣。然，使是時福藩尚留邸中，則事更難處。而，

維時主「風癲」者，遂齮齕王之寀，罷其官。史孟麟謫，何士晉補外。人甚不平焉。（第五百七十三頁）

35.光宗貞皇帝實録，卷四，（泰昌元年，一六二〇，八月，丙午朔）。

〇（甲寅）吏部尚書周嘉謨《疏》言，「建言諸臣中，有事關國本者，或叩宸閽、或忤時宰，或引義而建諍[59]，或因人而株連，皆成先帝之令德，廑宗社之遠慮也。雖皇衷有主，未忍言夾日之功。而犯顔不避，何可沒回天之力？先帝神明不測，用意淵深，雖陽棄其身，以杜羣囂之口；寔採其言[60]，以鞏萬年之慶。今，皇上篤念舊人幷其身，而顯庸之，卹沒而不忘優卹，亦諸臣千載一時也。今，查訪列名，如王德完、孟養浩、鐘羽正[61]、李瑄、姜應麟、丁懋遜、鄒德泳、何士晉、……，凡三十二人。其一時開載未備者，再行續請。」先是，科臣周朝瑞《疏》云：「……。」至是有《旨》，「該部議用。」（第五百九十八頁）

36.光宗貞皇帝實録，卷七，（泰昌元年，八月，丙午朔）。

〇（戊辰）陞廣西左參政何士晉[62]，爲尚寶司少卿。（第六百一十五頁）

37.熹宗悊皇帝實録，卷六，天啓元年（一六二一），二月（癸卯朔）。

〇（丙午）江西道御史徐揚先奏請「亟分用舍」[63]，因薦夏嘉遇、劉元珍[64]、何士晉、邵輔忠、錢策、陸大受、……、徐光啓、王之寀、王紹徽等。詔，「部院一併從公議覆。[65]」（第二十三册，第七十一—七十二頁）

38. 熹宗悊皇帝實録，卷六，天啓元年，二月。

○（丙午）陞尚寳司少卿何士晉為太僕寺少卿，邵輔忠為順天府丞，光禄寺寺丞栁佐、盧大中皆本寺少卿，尚寳司司丞袁可立為本司少卿。（第七十二頁）

39. 熹宗悊皇帝實録，卷八，天啓元年，三月（癸卯朔）。

○壬戌。上以初御極，遣鎮遠侯顧大禮、武安侯鄭惟孝、豊城侯李承祚、西寧侯宋光夏、東寧伯焦夢熊、駙馬都尉萬煒，禮部侍郎鄭以偉，太僕寺少卿於倫、何士晉、杜士全[66]，光禄寺少卿吕純如，尚寳司卿柯𣈶、少卿袁可立，錦衣衛都指揮使許濬祥、侯昌國，翰林院編修陳子壯，户科給事中史孔吉、陳胤叢，禮科給事中孫□、兵科左給事中曾汝召，刑科給事中陳所志、熊德陽，分祭嶽鎮、海瀆、歷代帝王、先師孔子，祖陵等陵、「徐王」等王，太嶽、太和山，真武等神，及近年薨逝併追封親王。（第一百頁）

40.0 國榷，卷八十五，熹宗．壬戌，天啓二年（一六二二），正月（丁酉朔）。

辛丑。會議經撫。張問達主責成經撫，功罪一體。王紀議，罷經略。周如磐專用遼撫，黄克纘、周道登、李宗延專任經略。張鳳翔議，經略應削級待罪。何士晉，令責二臣分任其事。王永光主撤經略，陞巡撫任之。上諭，其「協心並力，功罪一體同論」。（第六册，第五千一百九十九頁）

41.熹宗悊皇帝實録，卷十八，天啓二年，正月（丁酉朔）。
○（戊申）兵部尚書張鶴鳴言，「經、撫之事，昨在中府，齊集大小九卿科道，公同會議。主，責成兩人同心，嚴旨戒諭，俾其竭力邃事。……令各自任者，何士晉、孫杰、汪慶伯也。……諸臣之議，具在臣部，求所以和鮮之而不得，明旨切責之而不得。經、撫既不相容，勢必專任其一。夫，以卑避尊，宜令撫臣退步。議者又謂，撫臣一撤，毛文龍必不用命，廣寧士兵必潰，西虜必鮮體。合無因撫臣之請，特賜『尙方』，許以便宜。廣寧之事，一以委之。若經臣威望素著，受國殊恩，不以畢其圖報之悃，是在廟堂斟酌推用，非臣部所敢擅擬也。」得《旨》：「著，吏、兵二部會奏。國家大事，當虛心酌慮，一力主持，不必過為顧慮，反致疑惑。」（第二百三十三—二百三十四頁）

42.熹宗悊皇帝實録，卷二十，天啓二年，三月（丁酉朔）。
○（甲辰）陞太常寺少卿張鳳翔，為都察院右僉都御史，巡撫保定。太僕寺少卿何士晋，爲都察院右僉都御史，巡撫廣西。（第二百五十七頁）

43.熹宗悊皇帝實録，卷二十一，天啓二年，四月（丙寅朔）。
○癸酉。先是，監軍袁崇煥，欲調取廣西「狼兵」五千，舉林翔鳳往；又欲調泗城、南丹一萬。廣西撫臣何士晉言，「狼兵輕生、敢戰，亦土酋之性。而今，亦不然矣。即每歳檄之戍梧、戍桂、戍馗，營十不二三。

率以雇替應點閱，未幾盡逃。而土酋按籍索餉，則必如其額。而所過騷擾，又不可言。至于泗城、南丹，粵之土司，弱者奄奄，强者桀驁，兵之難調甚明。即欲調，二土司似不必取盈一萬。其領兵赴『山海』，第專責林翔鳳。平樂府推官袁玉佩，乞留為地方之用。」《疏》下部，掌兵部事大學士孫承宗題覆，「崇煥欲調取西粵『狼兵』，而粵撫躊躇于徵調之難。一則，身在巖關，欲借力而用其所素附。一則，身在地方，預設念而慮其不可知。今惟待士晉到彼，與玉佩面商，度其情勢，『狼兵』可調則調，不可則已。其泗城、南丹等兵，亦聽該撫，酌量撥發，不必拘定成數。總之，督、撫纓冠之誼，為『山海』者當不後於爲黔。而崇煥、玉佩、翔鳳，既饒有結納之素，且稱『沿途約法井井』，似非漫無師律者。廉頗用趙，卒以成功。異日破虜先登，未必不出於此也。」上是其議。（第二百六十八頁）

44.0 全邊略記，卷八，兩廣略（湖廣土司在內）。

天啓二年八月[67]，粵撫何士晋，奉「援黔」之《旨》，調泗城、南丹萬人[68]，付之杜文煥。而《部咨》，又令與推官袁玉佩，面商「狼兵」可否。然而，田州岑懋仁，招亡納叛，連結交夷，帶甲四十萬。安酋遣細人與之約，西南半壁唾手[69]。然者，田州顧請自備甲馬，以敵乎黃龍府；泗城顧獻安酋書檄，以詰奸自居。而至于戍栅百人，尚乞撤回，殆貌恭也歟？藺囚援遼，倡亂錦江，玀囚征藺，窮兇富水，皆明鑒也。用「漢」不如用「狼」之奇，用「狼」不如用「漢」之穩。梧兵一千，粵東兵三千，畱

餉二十萬，粵力罄矣。（第二百九十七頁、四十六葉正背）

45.熹宗悊皇帝實録，卷二十六，天啓二年，九月（甲午朔）。

○（庚子）廣西巡撫何士晉，叅思恩叅將高雲豸。革任，以慶遠守備陳照，加都司僉書，管思恩叅將事。

（第三百三十二頁）

46.熹宗悊皇帝實録，卷二十六，天啓二年，九月。

○（辛丑）巡撫廣西何士晉奏，「留贊畫袁玉佩，仍以林翔鳳領《勑》，前往宣諭土司。」上從之。尋以輔臣孫承宗奏，「留翔鳳於山海關。」（第三百三十三頁）

47.0 計部奏疏，卷四，《酌量兵機併陳便宜疏》。

戶部尚書臣汪等謹題⑰，「爲遵旨酌量兵機，併陳便宜之要，懇乞聖明采擇，以奠危疆事」。專理新餉、山東清吏司，案呈奉本部，送戶科抄出，廣西巡撫、右僉都御史何士晉題前事，奉《聖旨》：「這《奏》內各欵，都着速行議覆。袁玉佩，准暫留贊畫；林翔鳳，着領《勑》，前往宣諭土司。該部知道。欽此」，欽遵抄出，到部、送司。案：查，先該兩廣總督胡應台題，「為叛酋聚攻省城，全黔危在旦夕。請兵救援，以解倒懸事」，奉《聖旨》：「該部知道。欽此」。查得，《疏》內，議請兵餉，與撫臣《疏》同是一事。除「協援」、「監督」等欵，聽別部議覆，其「糧餉」、「轉輸」二欵，係本部職掌，擬合併覆等因，案呈到部。照得：撫臣何士晉《疏》稱[71]：「……」。該臣等看得：安酋肆逆，黔省圍困。兵部題議，令楚、滇、粵西三省，調兵協剿。而「餉」，則總於楚之「遼餉」動支。夫「遼餉」，專爲遼事而設，未嘗預料有蜀、黔之亂，而多備贏餘，以待其用也。自督撫諸臣，屢疏請給，除內帑捐發外，臣部奉《旨》動過「遼餉」，已七十六萬八千餘兩矣。今，撫臣何士晉議，募調漢、土官兵，欲於楚、粵「遼餉」各給十萬，或於粵東，總給二十萬。師行糧從，勢不容已。第「楚餉」，去歲七十餘萬，既已用盡。今二年分者，又用過十八萬有奇。粵東該餉，二十三萬，除解過及募兵支銷外，止存十萬餘兩。近，又奉《旨》，兌發滇省五萬。今二年分所存，僅五萬餘兩耳。夫，榆關展拓，虎旅雲屯，登津防援，樓舡飃發，廟堂方圖恢復之畧，帑庾尚懷匱乏之憂。豈能再分「遼餉」，爲他項用？顧，黔方之危困，急於水火；鄰省之剿救，切於纓冠。合無卽以粵西，元年分，應解餉銀六萬餘兩，併「鹽利」、「木價」等項，聽該撫留用。再於湖廣，動今二年分「遼餉」四萬兩，聽其取用接濟。然，用兵久近難定，不獨撫臣存乎見少，卽臣等，亦以爲不足。更望皇上，軫念遐荒，慨發帑金十萬兩，解發楚省，俾得爲逐月給餉之需，事平卽止。至於糧米轉運之艱，必不能遠責於粵。應如撫臣議，預行楚、黔二撫臣，坐委司道官，先期料理，買米收貯，隨地接應。務使三軍無枵腹之虞，而鬼方蚤奏蕩平之績。夫是役也，論兵，務取其精，則用「漢」不如用「土」，且兵精而餉可省；論餉，務取其便，則粵募不如近募，且餉便而兵亦便。總之，用粵援黔，兵必兼用「漢」、「土」，以相制；餉必資糧於楚，以近輸。撫臣籌此至熟，無俟臣言矣。恭候聖明裁奪，容臣咨行各撫臣，遵照動支。併，乞發帑金十萬，以濟急用，且以恤「遼餉」之窮。臣等無任惶悚，待命之至。天啓二年十月初八日，奉《聖旨》72：「依議行。餘，着爾部，再行設處。欽此。」（第五百九十八—六百零一頁、六葉正—十一葉背）

48. 熹宗悊皇帝實録，卷二十九，天啓二年，十二月（壬戌朔）。

○壬申。兵部覆廣西巡撫何士晋《疏》言，「思恩知府葛中選，忠義、激發，為泗城、田州二司所信服，宜加副使職銜，暫委監軍，節制土司。都司僉書陳照，加遊擊職銜，督押『狼兵』，協同進剿。泗州土司岑雲漢73，以知州量加都司職銜；田州土司岑懋仁，免其提問。各率土兵援黔有功，一體優敘。」上從之。（第三百七十頁）

49. 熹宗悊皇帝實録，卷三十二，天啓三年（一六二三），三月（辛卯朔）。

○丙申。廣西巡撫何士晉《疏》言，「援黔之役，廣西調泗城、南丹土兵，共一萬。臣見原議用『狼兵』者，共推兵部主事林翔鳳，故請遣林翔鳳，恭齎《宣諭兩江土司》一勑。比照秦良玉加恩事例，明載《勑》中，到此開讀。則，凡垂涎爵賞者，卽桀驁，必且嚮風。已奉《旨》俞允，臣于是告之兩江『聖天子念及爾輩，特遣職方傳宣德意』，各土司靡不舉手加額。近報，翔鳳復留。夫，土司向背，每伺朝廷之恩信。今已昭布絲綸，喧傳中外，乃候經累月，成命虛懸。向所藉爲鼓舞之術者，各土司還而問之臣，臣無辭矣。卽如泗城，招降叛黨三萬二千餘衆，內頂營司羅應魁、慕役司禮思明，猶與叛酋遥如璋、李希堯，同惡相濟。関領、安莊一帶，酷遭其毒者，今不費朝廷之寸鐵斗粟，全營解散，可謂非泗城之功、宣諭之效乎？皇上毋謂，『黔事易結，粵憂之不大也』。省圍卽解，而『水西』之險，三窟可營；黔西卽平，而安順之失，一時難復。近如，南丹從『安』謀叛，出兵三千；柳、慶諸郡，驚徙欲空。設非天幸就誅，兩江蹂躪，幾爲黔續。是不但援黔欲用土司，卽安粵，尤欲善用土司。而用之之法，惟在恩與信。則臣又安得不懇求皇上，毋屯膏，毋渝盟也。」《疏》入，上允，將招叛有功，併各恭順土司，先行獎賞；仍給《勅書》，著該地方官宣諭。（第四百一十五頁）

50.0 明史抄略，《悊皇帝本紀上》，（天啓三年，癸亥）。

（三月）以黔師失利，詔楊述中、魯欽，策勵勦守；何士晋督發，沐昌祚赴援。（第七百六十二頁）

51. 熹宗悊皇帝實録，卷三十三，天啓三年，四月（庚申朔）。

○（丁亥[74]）總督貴州楊述中奏言，「臣接粵撫何士晉《遵旨援黔》一咨，見其部署道將、調度兵食，俱有次第。乞勅士晉，無變前局，一意援黔，以奏膚功。」得《旨》：「廣西援兵，著該撫嚴督，道將作速前進，不得延緩。」（第四百四十四頁）

52.0 熹宗七年都察院實録，卷五，天啓三年，「四月·二十九日（戊子）」。

巡撫貴州、都察院右僉都御史楊述中，《疏》叅「周世匡等監軍出逃」。內稱，「廣西監軍副使周世匡、領兵叅將王慎德、守備苗宗琦，則有大可異者矣。夫貴陽，造告急以來，粤西撫臣何士晋，亟切纓冠之救，分發漢兵五千貟名，夆而付之世匡與慎德等，統以援黔。奉有『明旨』，圍解入黔。亡何，而三千八百之衆，一夜私逃。……」奉《聖旨》：「援兵逃潰，全無法紀。周世匡，身任監軍，不能拘束，及陰嗾使去，情罪更著。著，貴州巡按官，嚴提究問具奏。王慎德等，著革去職銜，戴罪立功。如再違玩，併行重治。部該知道。」（第五百七十頁）

53. 熹宗悊皇帝實録，卷三十五，天啓三年，六月（庚申朔）。

○丙戌。巡撫廣西何士晋，以《粤兵援黔潰逃》疏，叅道將周世匡、王慎德、苗宗琦等75，乞勑該部，分別重處。上諭，「已有《旨》，命該部知之。」（第四百六十八頁）

54. 熹宗悊皇帝實録，卷三十六，天啓三年，七月（己丑朔）。

○（丁酉）交酋犯順，廣西撫臣何士晋，督率官兵屢敗之。捷聞，上命所司，量行録敘。（第四百七十三頁）

54.1 國榷，卷八十五，熹宗·癸亥，天啓三年，七月（己丑朔）。

丁酉。安南祿州酋何惇，入犯上思州，圍遷隆峒，掠憑祥白沙村。廣西巡撫何士晉，擊敗之。（第六冊，第五千二百二十二頁）

55. 熹宗悊皇帝實録，卷三十九，天啓三年，十月（戊午朔）。

○（甲戌）廣西巡撫何士晉言⑯，「……。」《疏》下兵部，部覆言，「粵兵入黔，則去粵遠而去黔近，給餉以就近為便。粵兵援黔，則黔為主，而粵為客，餉客以就主為宜。其土兵，只以原調己發之數為額。更不宜侈言『十萬』，重激土司，以為粵患也。」上是之。（第五百一十五－五百一十六頁）

56. 熹宗悊皇帝實録，卷三十九，天啓三年，十月。

○（丁丑）刑科給事中解學龍言，「……又，黔、蜀諸臣，王三善、侯恂、朱燮元、薛敷政、張論、李橒、史永安、劉錫玄、沈儆炌、何士晉、周著、丘志充等功勞，亟應叙録。……」得《旨》：「川、雲、貴，先後有勞各官，著優叙。……」（第五百一十七頁）

57. 熹宗悊皇帝實録，卷四十，天啓三年，閏十月（丁亥朔）。

○壬辰。兵科都給事中趙時用言，「濟黔，楚額欠五十餘萬，屢催不應。宜責成楚撫，及楚藩司，暫那別項轉發，限以日期，令其回奏。第恐楚額未足了黔事，則非發帑，別無可望。」又言，「調發之兵，泗、田諸土司，狼子野心，不可倚信。宜如粵撫何士晉議，止用板角、安龍兩路官兵，間道以分賊勢。而遵義為『水、藺』之衝，須以重兵扼之。大兵則從『陸廣』而入，漸逼賊巢，賊乃局而不得展。此時，或剿、或撫，惟吾所命。今，未可遽議撫也。」得《旨》：「楚省應給黔餉，如議行。餘，該部議覆」。（第五百二十四頁）

58.熹宗悊皇帝實録，（別本[77]）卷四十，（天啓四年），三月（乙卯朔）。

○[78]丙辰。宣大總督、兵部右侍郎兼右僉都御史吳用先，改總督薊遼。廣西巡撫何士晉，為兵部右侍郎兼右僉都御史，總督兩廣。（第五百八十七頁）

59.熹宗悊皇帝實録，（別本）卷四十二，（天啓四年），五月（甲寅朔）。

○（庚午）廣西巡撫何士晉言[79]，「安南都統黎維祺[80]，政在頭目鄭松。沒[81]，子杜、杜、春爭立[82]，搆殺。安南人亂[83]，高平莫敬寬乘間，直入，維祺走海上。杜擊敗敬寬，維祺復國，但權歸鄭杜。恨高平[84]，封何惇諒山副總兵，攻莫，欲犯宣化。廣西兵餉單弱，先年增兵五千，請留本省『遼餉』六萬有奇，餉新兵，至天啓二年而止。乞再留四年[85]。」章下戶部[86]。（第六百零四頁）

60.0（光緒[87]）高明縣志，卷十五，前事志·明。

（天啓）四年，甲子。初定派「田糧」助「遼餉」。每畝，定銀柒釐。後二年，總督何士晉，欲承「雜稅」抵補，

郡縣紛擾。總督商周祚[88]，復派「田糧」，民始安。（第九百五十八頁、五葉背）

60.1（光緒）德慶州志，卷十五，舊聞志第一・紀事。

（天啓[89]）四年，增田賦。《府志》。按：《明史・食貨志》不載此事，《通鑑輯覽》繫諸「二年九月」，《府志》、《高要志》皆作「四年」，今從之。畝，加銀七釐。後二年，總督何士晉以「雜稅」抵補，稅及果、菜，民大擾。《高要志》。按：《明史》，泰昌元年已加至「九釐」，與此不合。（二十一葉背）

61.熹宗悊皇帝實録，卷五十八，天啓五年（一六二五），四月（戊寅朔）。

〇甲午。工科給事中虞廷陛言，「……兩廣總督何士晉，輕請榷稅[90]，以抵加派，合屬騷然。況，黨護王之寀，挑釁宮闈，躐躋崇膴。若何處分，統乞勑下施行。」得《旨》：「樞輔已出視事，戰守機宜，自能料理。黔事，責成督、撫，須合力協搗，以收蕩平。何士晉[91]，挑釁宮闈，增稅擾民。著，革職為民，追奪《誥命》。」（第二十四册，第三十九-四十頁）

61.1 皇明續紀三朝法傳全録，卷十四，（哲皇帝紀・）乙丑天啓五年，四月。

〇命削兩廣總督何士晉藉，養馬、當差。以其黨護王之寀也。不曰「護國本」，而曰「黨王之寀」，何其巧于借也[92]。（第八百四十五頁，五葉正）

62. 熹宗哲皇帝實録，卷五十八，天啓五年，四月。

○（辛丑）廣西道試御史田景新言[93]，「自逆『奢』作難，叛『安』踵之。張我續，以察處之官，內倚王安[94]，外結劉一燝、周嘉謨。始而賄買河南巡撫，繼而營川貴總督[95]。乃『奢』焰方張，宜進不進；今『奢』賊逃匿，宜追不追。致『水、藺』聯合迄今，蜀難未平，黔禍益烈[96]。我續冒帑金，那借遼餉，及搜括河南州縣，通共八十餘萬。擄我續開銷，止十九餘萬，尚存六十餘萬，未有著落。自逆賂二十萬，啓遣人順流下荊州，至邯鄲，使兩省疆域腥羶，百萬生靈殞命[97]。我續，於是乎，罪通於天矣。惟我續未逮，則粵撫何士晉，遂倣而行之[98]。乃奢彥使人假充貴州催兵，人役納金十萬，道臣周世臣居間[99]，士晉竟按黔兵不發[100]。此其罪，亦不下我續。所當並逮、立追，以充黔餉，以滅黔寃也。……乞將張我續、何士晉立行逮治，追贓充餉。其朱燮元、傅宗龍，委任責成，與黔事始終。」上命[101]，「該部查明，具覆。」（第四十三—四十四頁）

63. 熹宗哲皇帝實録，卷五十八，天啓五年，四月。

○（癸卯）總督兩廣何士晉《䟽》報，「濠鏡澳夷[102]，邇來盤擄，披猖一時。文武各官，決策防禦。今，內姦絕濟，外夷畏服，願自毀其城，止留隕海一面，以禦紅夷。」章下兵部。（第四十六頁）

64. 熹宗悊皇帝實録，卷五十九，天啓五年，五月（戊申朔）。

○（辛酉）督理川貴粮餉、御史丘兆麟，《疏》薦原任總督兩廣何士晉。得《旨》：「何士晉，貪污著聞，削奪未盡其辜。丘兆麟，反覆稱揚，耳目之臣，聞見豈宜如此？姑不究。其督餉事宜，著歸併偏沅撫臣。已差御史，仍回道管事。」（第五十三頁）

65. 熹宗悊皇帝實録，卷六十，天啓五年，六月（丁丑朔）。

○（甲辰）御史吴裕中《疏》言，「令粤五年，身經目擊，借箸有心。今，仰窺我皇上，宵衣求治，遐邇同觀。又見，追逋裁冗、安民弭盗之議，諸臣鑿鑿言之。臣請以平日周悉者，列欵上聞。……一，税餉之擾民滋甚。粤自正餉外，有鴨餉、牛餉、禾虫等餉，及各墟場、大小貿易、經紀等税。皆豪門積棍，鑽納些須，於官府，以爲名；而横行搏噬，于細民，以賈利。舊督臣何士晉，慨然爲抵免『遼』之計[103]。而奉行有司，輒忘遠慮，議復、議創，無處不税，無物不徵，遂使地方嚣然。則一切應革雜項，亟宜查追帖、照，永杜其根。至于濠鏡『澳餉』，断不可增，以資口實。南雄橋税，断當仍舊，以安人心。……」付部看議。（第八十一頁）

66. 熹宗悊皇帝實録，卷六十四，天啓五年，十月（丙子朔）。

○（丁酉）戶部覆御史何廷樞議「粤西『塩法當守』、『加泒當免』」兩事，言「……其『加泒』一節，按該省原額八萬四千六百一十八兩有零。前以節年災荒，徵觧不前，不得已而議減二萬三千七百兩。近，撫臣何士晉，又撡括各項，以抵通省加派者[104]。五年至七年，方議派徵。但窮積疲之地[105]，川、黔震憐之時，而又加以饑饉荐臻之歲，銖兩委難措辦。士晉原《疏》，有所謂『正抵』、有所謂『借抵』。『正抵』可歲以為甞，『借抵』恐後來難繼。宜令良有司，率繇『正抵』之舊章，而又加意於『借抵』之新法。是在該撫按，申飭而力行之者也。」上是之。（第一百二十二頁）

67.熹宗悊皇帝實録，卷六十七，天啓六年（一六二六），正月（乙巳朔）。

○戊午。《聖諭》：「朕惟，君臣父子，人道之大綱；慈孝敬忠，古今之通義。有國家者，修之則治，紊之則亂；爲臣子者，從之則正，悖之則邪。自古迄今，未有能易者也。乃有乘宮庭倉卒之際，遂懷傾危、陷害之謀，搆朝廷、骨肉之嫌，自為富貴、功名之地。其爲亂臣賊子，可勝誅哉？洪惟我皇祖、神宗顯皇帝，早建元良，式端國本，父慈子孝，原無間然。而姦人王之寀、翟鳳翀、何士晋、魏光緒、魏大中、張鵬雲等，乃借『梃擊』，以要首功。我皇考、光宗貞皇帝，一月御天，千秋稱聖，因哀得疾，純孝彌彰。而姦人孫慎行、張問達、薛文周、張慎言、周希令、沈惟炳等，仍借『紅丸』，以挾私怨。迨皇考賔天，朕躬纘緒，父慈子孝，正統相傳。而姦人楊漣、左光斗、惠世揚、周朝瑞、周嘉謨、高攀龍等，又借『移宮』，以貪定策之勲，而希非望之福。將憑几之遺言，委諸草莽；以待封之宮眷，視若寇讎。臣子之分謂何，教忠之義安在？幸天牖朕衷，仰承先志，康妃、皇妹，恩禮有加。而守臣諸臣，凡因『三案』被誣者，皆次第賜環，布列有位，嘉言罔伏，朝政肅清。特允部院、科道諸臣之請，將節次『明旨』，并諸臣正論，命史臣編輯成書，頒行天下。使『三朝』慈孝，燦然大明，天下萬世，無所疑惑。其凡例、體裁，一倣《明倫大典》故事，即於新春開館纂修。卿等受兹委任，須同心恊力，研精殫思，採集周詳，持義明覈。凡係公論，一切訂存；其羣姦邪說，亦量行摘録，後加史官斷案，以昭是非之實。務要早完，書成之日，名之曰《三朝要典》，以仰慰皇祖、皇考在天之靈，用副朕覲光揚烈之意。」（第一百六十頁）

68.熹宗悊皇帝實録，卷七十七，天啓六年，十月（庚子朔）。

○庚申。御史梁夢環言[106]，「殿工告竣，繇廠臣，操貞勤而無二慮[107]，竭股肱以事一一[108]。人能任人而功倍[109]，樽節而用舒[110]，遂使卜宅之烈重光，子來之謨丕著。又[111]，逆奴狡獪百出，每用間諜、細作以窺我，如武長春輩，實繁有徒。向幸廠臣也[112]，見機未萌，嚴行緝捕，奴始不獲售其詐。數年以來，不敢南牧，意怏怏以死[113]，皆廠臣發姦、禁亂之力。」并劾原任兩廣總督何士晉、太常寺少卿程註、吏科給事中沈惟炳[114]，「為門戶渠魁[115]，日圖翻局[116]。註，與趙南星密好，凡官員陞遷，皆其居間，贓私狼籍，可以萬計。惟炳，黨邪害正，賣友沽名，人人切齒。士晉[117]，在粵東時，適有折澚城之議，嚇受攬頭澚夷，計贓不下三四十萬。又虛張『免加派』之美名，實借抽税以媒利。至神棍縱橫，民不聊生，洶洶之狀，幾成大變。」得《旨》：「據奏，廠臣忠貞勞瘁，克襄大典，沉幾先慮，潛消亂萌，功績茂著，朕所鑒知。何士晉，久依門戶，居官貪黷；程註，附權居間，贓私狼籍。俱著彼處撫按，照原參數目⑱，提問追贓，解助大工。沈惟炳，黨邪害正，賣友沽名。著，削了籍爲民⑲，追奪《誥命》。程良籌，係程註之子。著，吏部除名，永不敘用。」（第三百零一頁）

69.熹宗悊皇帝實録，卷八十二，天啓七年（一六二七），三月（戊辰朔）。

○（乙未）總督兩廣商周祚《疏》言，「『湊抵遼餉』一事，閲前督臣何士晉『刻冊』，名非不美。又，總題之曰『無礙公費』，似乎取諸寄也，其實不然。固⑳，摘陳『斷不可行者』三：一曰，查捐公費俸贖；一曰，裁革冗役工食；一曰，議權墟塲雜稅、增設關廠額稅。」下部議覆。（第三百七十一頁）

70.0崇禎長編，卷二十五，崇禎二年，八月（癸丑朔）。

甲子。南道御史張繼孟《疏》糾南兵部尚書胡應台，「撫應天離任時，損二百四十，吳中有『捲地皮』之謠。總督兩廣時，縱海舶市米，激變，殺無辜七人，自誇『定亂』。粵民憫七人冤死，議建廟祀之。後，督臣何士晉，核應台冒餉數萬，已將發覺，而削奪罷去。士晉受禍之慘㉑，每飲恨。應台下石，生平與熊廷弼膠漆，及廷弼遭難，即罵廷弼，為『呈身之媒』。與高攀龍為仇，及攀龍昭雪，又節自稱道，以作『投身之贄』。自筮仕以來，天下好官做盡、賄取盡，邪人、正人被其殺盡、騙盡，便宜討盡。不堪再玷南樞之席」。帝不聽。（第三十頁）

71.0 三垣筆記，附識中・崇禎。

上嘗召周輔延儒等，言及「梃擊」、「紅丸」、「移宮」三案，云：「此三事皆非。……『梃擊』一案，實係風顛。朕記為信王，在宮，忽片板自上墮，其中戈戟森然。時欲奏聞，既而曰：『此或以深宮，須備不虞，故儲自先朝耳。』命內官掩完，迄今如故。若遽上奏，蔓同『梃擊』矣。……」語畢，延儒等唯唯。此袁文宗繼咸，親語喬侍御可聘者。予後入長安，詢之同官，言皆同。南渡後，繼咸有《疏》駁袁侍御弘勳，亦言諸臣風影傳說，立論偏苛，當以此爲戒。予猶疑未確，念張明經自烈與繼咸交最深，持書詢其虛實。自烈答云：「往過潯，晤袁臨侯，果如喬先生所言。」因自述其所記云：「甲申，過袁臨侯署，臨侯問：『三案《要典》具在，操何說折衷之？』余曰：『處國事必平心觀理，而後是非明，公論定。張差事，宜如神廟初年，王大臣入乾清宮，及四十一年，姦人孔學「例」，捕執論如法，不復窮詰。上可全國體，下可杜支蔓。王之寀萬曆戊戌，蒲州人。必欲重加鞫訊，詞連鄭國泰貴妃弟。欲危皇太子，見不逮胡士相萬曆丁未，平湖人。遠甚。假令朝廷惑於何士晉萬曆乙未，宜興人。之說，不興大獄不已，如國體何？……』」三案功過不揜，蓋如此。」（第一百九十五—一百九十七頁）

❶本篇逕依主題詞「何士晉」於《鈔本明實録》（簡稱「影本」，係影自「臺灣『中研院史語所』影并整理之『紅格鈔本』」，即學界所謂「臺本」及其《校勘記》，復略去後者《影印説明》等編輯、整理之相應專文、專論）中所涉之核心内容，編年次第録出。而，异體、別字等，多仍其舊。

又，據學界常例，附列《明熹宗七年都察院實録》、《崇禎長編》，并《萬曆邸鈔》、《明史抄略》、《國榷》，和《計部奏疏》、《皇明續紀三朝法傳全録》、《三垣筆記》、《全邊略記》等《實録》系統外圍史料，以及《（光緒）德慶州志》、《（光緒）高明縣志》等後世追記中，可頭尾續補者、考訂增益者，或出校記，或分別置於《實録》關聯條目前後。惟，個別能與《工部廠庫須知》、《賜餘艸》正文對勘者，及可算作長篇佚文者，則適當於此省略，截出，專章重置，更各於彼處添注説明。

另，「影本」《校勘記》個別縮略詞，須再作解釋的包括：「夢餘録」指《春明夢餘録》、「李本」指「高陽李氏看雲憶弟居鈔本（《熹宗實録》）」、「紅本」指「（清）内閣大庫舊藏明内閣進呈《熹宗實録稿》」。

❷編碼「1.0」，即指前爲「主條目序號」，與後爲「次級條目標識」的組合。「次級條目標識」爲「.0」時，代表《實録》無相關内容，以此條，續接別條，并已作格式縮進。「次級條目標識」爲「.1」時，即代表《實録》見存相關内容，以此條，作補充；或《實録》亦無相關内容，僅上承「.0」條，以再做説明。

又，全篇概同此例，不贅注。

❸「考選」一段，「影本」原作此，《國榷》「整理本」所引略异，今録出如左，以備考：

癸亥。喻安性、胡應台、劉文炳、王紹徽、顧士奇、張鳳彩、周永春、張延登、劉一爌、張國儒、彭惟成、何士晉、范世濟、李瑾、黄起龍、鄧雲霄、晏文輝、高節，俱爲給事中。起龍下，俱南京。吕圖南、黄一騰、荆養喬、熊廷弼、王象恆、陳于廷、穆天顔、房壯麗、侯執蒲、吴亮、劉光復、鄧漢、李檣、張時弼、王國楨、顧慥、朱萬春、何大謙、馮嘉會、彭端吾、陸夢祖、金明時、張五典、梁州序、董紹舒、管橘、張爾基、毛堪、楊一柱、王以寧、畢懋康、韓浚、顔思忠、鄭繼芳、曾同升、史記事、劉國縉、徐鑒、劉蔚、傅宗皐、汪懷德、張邦俊、周達會、陳易、王露、張養，俱試監察御史。宗皐下，俱南京。先，吏部推，踰二年，始下。仍調汪若霖、吴正志，外任。汪元功、黄汝亨、黄一鵬，各鐫一級，調外。（第五册，卷八十，《丁未－神宗萬曆三十五年・八月辛酉朔》，第四千九百七十八頁）

《明史》「附録」之《明史·何士晉陸大受、張庭、李俸傳》箋》出校。

❼「言」下一段，《明史·何士晉傳》亦引及（卷二百三十五，第六千一百二十七頁、縮一千五百七十八頁），個別較緊要之不同，已并入本書「附録」之《明史·何士晉陸大受、張庭、李俸傳》箋》出校。

❽「疏」，「影本」《校勘記》稱「抱本」無此字。

❾「楨」，「影本」《校勘記》稱「抱本」作「禎」。

❿「腹心」，「影本」《校勘記》稱「廣本、抱本」作「心腹」。

⓫「言」下一段，所摘引者即《工部廠庫須知》卷一之《商困剥（剝）膚疏》（「南圖本」在卷二；編號1，一葉正－十一葉背）。

⓬「其」，「影本」《校勘記》稱「廣本、抱本」無此字。

⓭「看」，「影本」作此，《工部廠庫須知》卷二《商困剥（剝）膚疏》通篇用例作「有」，今疑當爲「有」，暫不改。

⓮「一事」，「影本」《校勘記》稱「廣本」無此二字。

⓯「二三」，「影本」《校勘記》稱「廣本」作「三四」。

⓰「節省四議」兩句，所摘引者或爲《工部廠庫須知》卷一之《廠庫事宜疏》（編號2，十八葉正－二十七葉背），其上奏日期據其《疏》末，記在「萬曆三十六年十二月二十四日」，即此「丁丑」日。惟，《疏》内細節，復轉録於下條，即「萬曆三十七年，正月，庚寅（初七日）」中。

⓱「制」，「影本」《校勘記》稱「廣本」作「例」。

⓲「奏」，「影本」《校勘記》稱「抱本」無此字。

⓳「嘩」，「影本」《校勘記》稱「抱本」作「譁」。

⓴「餘」下，「影本」《校勘記》稱「廣本」多一「金」字。

㉑「是」，「影本」《校勘記》稱「抱本」刪此字。

㉒「視」，「影本」《校勘記》稱「抱本」刪此字。

㉓「王汝訓言」并其後「葉向高因謂」兩段，亦見於《（輯校）萬曆起居注》「萬曆三十七年・九月己卯朔－二十七日乙巳」條（第五册，第二千六百六十六－二千六百六十七頁），惟該處敘述較詳，更可參酌。

㉔「二」下，「影本」《校勘記》稱「廣本、抱本」多一「分」字。

㉕「窨邉」，「影本」《校勘記》稱「廣本、抱本」作「窮鄉」。

㉖「媿」，「影本」《校勘記》稱「廣本、抱本」作「媚」。

㉗「祚」，「影本」《校勘記》稱「廣本、抱本」作「祈」。

㉘「涓」，「影本」原似作此，今暫不改。

㉙「言」下一段，該篇今已轉入本書「佚存」之《運道最險疏》，亦於彼處相應出校。

㉚「令」，「影本」原似作「今」，今暫改。

㉛「奏」，今疑或即《賜餘艸》所佚之《繼母存孤疏》。

㉜「言」下一段，所摘引者即《工部廠庫須知》卷一之《廠庫弊端疏》（「南圖本」在第一卷：編號3，四十葉正－五十二葉背）。

㉝「至」，「影本」《校勘記》稱「廣本、抱本」作「近」。

㉞「悉」下，「影本」《校勘記》稱「抱本」多一「見」字。

㉟「撒」，「影本」《校勘記》稱「廣本」作「散」，後一例同。今覈《工部廠庫須知》卷一《廠庫事宜疏》（編號2，二十一葉正）、《廠庫弊端疏》（編號3，四十四葉背）和《林如楚等題本》（編號3.1，五十五葉背），均作「撒」，故暫不改。

㊱「官」，「影本」原作「部」，其《校勘記》稱「抱本」作「官」，今覈前述《工部廠庫須知》卷一之《廠庫弊端疏》（編號3，四十六葉正）底本、「南圖本」均作「官」，故改。

㊲「言」下一段，所摘引者即《賜餘艸》之《明旨互异疏》（三十一葉正－三十八葉正）。

㊳「遵」，「影本」《校勘記》稱「抱本」作「尊」。

㊴「惟」下，「影本」《校勘記》稱「廣本、抱本」多一「皇」字。

㊵「二」，「影本」原作此，惟《賜餘艸》之《欽奉聖諭疏》摘引時作「三」（四十七葉正）。再檢該《疏》，合此，共三處作「三」（四十九葉背、五十葉正），今疑當作「三」，暫不改。

㊶「言」下一段，所摘引者即《賜餘艸》之《儲宮（宮）保護疏》（一葉正－八葉背，惟「殘本」闕二葉背至三葉正）。

㊷「百」，「影本」《校勘記》稱「廣本」作「自」、「抱本」作「固」。

㊸「至」，「影本」《校勘記》稱「抱本」作「如」。

㊹「言」下一段，所摘引者即《賜餘艸》之《逆謀稽訊疏》（九葉正－又十七葉背）。

㊺「丙」，「影本」原模糊，今據干支次第補。

又，《萬曆邸鈔・萬曆四十三年乙卯－六月》亦見本條，惟記在「十三日」，其葉眉處更存一批語，「此，諭處何掌科」（下，第二千二百四十二－二千二百四十三頁、二十葉背－二十一葉正）。今，另將「邸鈔」內個别字句差异，注出如左。

㊻「固」下，「影本」原即接「美」，「邸鈔」多一「位」字，今暫不添。

㊼「暇」，「影本」原作此，「邸鈔」删，今暫不改。

㊽「優」，「影本」原作此，「邸鈔」作「涵」，今暫不改。

㊾「此」下，「影本」原即接「輩」，「邸鈔」多一「畜」字，今不添。

㊿「位」下，「影本」原即接「昨」，「邸鈔」多一句「蒼赤不得保其家」，今暫不添。

51「不」，「影本」原似作「下」，今據「邸鈔」改。

52「可」下，「影本」原即接「將」，「邸鈔」多一「速」字，今暫不添。

又，「推」，「影本」原即接「過」，「邸鈔」多一「陞」字，今暫不添。

53「南」下，「影本」《校勘記》稱「廣本」多一「京」字。

54「議」，「影本」《校勘記》稱「廣本」作「政」。

55「王」，「影本」《校勘記》稱「廣本及夢餘録」作「皇」。

56「慶」，「影本」《校勘記》稱「廣本及夢餘録」作「寧」。

57「詔」，「影本」《校勘記》稱「夢餘録」作「召」。

又，「臣」下，「影本」《校勘記》稱「廣本」多一「諭」字，「夢餘録」多「諭曰」二字。

58「皇上」一句，據明末清初人孫承澤《春明夢餘録》轉引文震孟《孝思無窮疏》，其内對劉光復的「抗聲所稱」倒有另一番記録與評斷，今録下，以備考：「一云：張差闖入東宫，言者紛紛。御史劉光復言：『致辟行刑，一獄吏任，似不必言官詫爲奇貨，居爲元功。』以此二語，爲異議者刺骨，云云。臣按：劉光復之得罪也，實以奏對越次。然據其語，但言『皇上極慈愛，太子極仁孝』兩言，亦未見其有功於神祖及先帝，而『奇貨』、『元功』之語，不可謂非抹殺忠義矣。大抵闖宫一事，梃及殿簷，近侍俱踣，亦天下奇變也。必欲視爲平常，不當根究，以爲僅『一獄吏』之任，此何心哉？《要典》邪說，宜改正者」（上，卷十三，《皇史宬•光宗實録》，第一百七十五－一百七十六頁；孫承澤《山書》亦轉録此篇，惟更題名爲《請改〈光宗實録〉》，卷七，第一百五十六－一百五十九頁）。此意，又與《罪惟録•神宗顯皇帝紀》所言合：「而御史劉光復，以稱頌不的，上誤聞，逮獄，有旨重擬。」（《帝紀》，卷十四，第三百一十九頁）

另，「影本」《校勘記》比對《光宗實録》閹黨「改修本」，亦同於「夢餘録」上述所記之貂璫於《三朝要典》中之謬論（第五册，《明光宗實録卷一校勘記》，第五百一十－五百一十一頁）。故，若以光復無功、或即惡璫篡改，今此句當讀爲，「皇上、東宫慈孝，語不甚明？」

59「建」，「影本」《校勘記》稱「廣本」作「諫」。

60「寔」下，「影本」《校勘記》稱「廣本」多一「陰」字。

61「鐘」，「影本」《校勘記》稱「廣本」作「鍾」。

62 「政」，「影本」《校勘記》稱「廣本」作「議」。
63 「分」，「影本」原作此，今據《熹宗七年都察院實録·天啓元年》所記，徐揚先《疏》題似可擬爲《請伸公道，可息旁囂》（卷一，「二月·初四日」，第四百三十九頁），故疑此或當爲「公」，暫不改。
64 「珍」，「影本」原作「琜」，今前述《熹宗七年都察院實録·天啓元年》徐揚先奏《疏》作此，故改。
65 「詔部院一併從公議覆」，影本原作此，今覈前述《熹宗七年都察院實録·天啓元年》中徐揚先《疏》末句，作「《聖旨》：『這《奏》内各官，該部院一併從公確議覆』」，今暫不改、補。
66 「全」，「影本」《校勘記》稱「李本」作「金」。
67 「天啓二年八月」一段，今覈所引者，即後條明人王應蛟《計部奏疏》所摘之武我《酌量兵機疏》。
68 「丹」，刻本原作「舟」，今改。
69 「半壁」右下，刻本原見一句讀符號「。」，今疑或係誤刻，當斷於「手」下，故改。
70 「汪」下，刻本原空兩字格後接「等」，今删。
71 「稱」下一段，該篇今已轉入本書「佚存」之《酌量兵機疏》。
72 「聖旨」并下「依」，刻本原漫漶，今據上下文意補。
73 「岑」，「影本」原似作「峯」，今覈《明史·廣西土司傳》「泗城」條（卷三百一十九，《列傳第二百七·廣西土司三》，第八千二百六十頁、縮二千一百一十五頁），當爲「岑」，故改。
74 「丁亥」，今據張培瑜編《三千五百年歷日天象》所列《歷代頒行曆書（摘要）》情形排算（第三百六十六頁），此日當爲農曆四月二十八日，而左一條《熹宗七年都察院實録·天啓三年》所記，則在「四月二十九日」，且所言之事亦不相同，故編號分列。
75 「埼」，「影本」原似作此，今覈前述《熹宗七年都察院實録·天啓三年》楊述中《疏》作「琦」，今暫不改。
76 「言」下一段，該篇今已轉入本書「佚存」之《調兵援黔疏》。

77 「別本」，據「臺本」《熹宗實録》首卷所附《影印說明》，此當爲「梁鴻志影印本《熹宗實録》」，後者所主係「江蘇省立國學圖書館本」（即「蘇本」）；參謝貴安：《明實録研究》，第三百二十一—三百二十二、三百二十五頁）。

78 符號「〇」，「影本」之「別本」原無，今據其所影「清『明史館』紅格抄本」格式補出，後不再注。

79 「言」下一段，「影本」原作此，明末清初人許重熙編《嘉靖以來注略》稍异，今録出如左，以備考：

安南都統黎維祺，不能御下，政在鄭松。松歿，其子杜、椿，爭政搆殺，國內大亂。高平莫敬寬，乘隙圖復，直入其都，維祺走海上。杜統兵要之，敬寬敗歸高平，維祺復國。杜令何惇爲諒山總兵，擊敬寬，大戰。廣西巡撫何士晋以聞。（《天啓注略》，卷十四，「十一月丁巳朔」，第二百八十二頁、十二葉背）

80 「統」下，「影本」原即接「黎」，《國榷》此條多一「使」字（整理本，第六册，卷八十六，《熹宗－甲子－天啓四年•五月－甲寅朔庚午》，第五千二百八十一頁），《國榷》「四明盧氏抱經樓清抄本」亦同（後簡稱「盧抄本」：第二十一册，卷六十五，《甲子－天啓四年•五月－甲寅朔－庚午》，第一萬三千零四十八－一萬三千零四十九頁），今暫不補。

81 「没」上，「影本」原空一字格（即「松」下），今疑或係示「松」字之疊，暫刪。復據《國榷》「整理本」，所空即爲「松」，國榷「盧抄本」亦同，今暫不補。

又，「没」，《國榷》整理本同此，惟檢《國榷》「盧抄本」作「歿」，今暫不改。

82 「杜杜春」，「影本」原作此，《國榷》「整理本」此條作「柮、椿」，《國榷》「盧抄本」亦同，全段凡「杜」字，談氏均作「柮」。

今，檢越南「阮朝」張登桂等編《大南寔録前編》，此即「大越－後黎朝」後期之神宗永祚五年夏六月（癸亥，即「廣南國－阮主」熙宗孝文皇帝十年；天啓三年，一六二三年），「鄭主」鄭松病亡前後，其次子鄭椿作亂，繼而長子鄭柮襲位的「內訌」事件（卷二，《熙宗孝文皇帝寔録》，六葉背－七葉正），故《明實録》「影本」恐誤，可從《國榷》。

惟，據越南「大越－後黎朝」范公著續修吴士連等编《大越史記全書》而成的《大越史記本紀續編》（又稱《越史續編》）所載，「內訌」中鄭松親弟「奉國公鄭杜」及杜之「親男、碩郡公」，更扮演了特殊且重要的角色（卷十八，《黎皇朝紀－黎朝神宗上•癸亥五年－六月》，二十葉正－二十一葉正），今疑此「杜杜春」三字，抑或另有別情，故暫不改。

(83)「人」，「影本」原作此，《國榷》各本均作「大」，今暫不改。

(84)「恨」上，「影本」原空一字格（即「杜」下），疑或即示「杜」字之疊，今暫删。

又，據《國榷》各本，所空即均爲「枇」，今不補。

(85)「年」，「影本」原作此，《國榷》「整理本」同。又，檢《國榷》「盧抄本」，作「千」，今暫不改。

(86)「章下戶部」，「影本」原作此，《國榷》「整理本」同。又，檢《國榷》「盧抄本」，作「命部議之」，今暫不改。

(87)「光緒」，本條《高明縣志》修於光緒二十年（一八九四），后條《德慶州志》修於光緒二十五年（一八九九），今故據以序之。

(88)「商周祚」，「復派田糧」一事，若據《熹宗實録》（卷八十二，《天啓七年・三月－乙未》），恐已晚至天啓七年左右，可參後所引及者。

(89)「天啓」，刻本原無，本條記在「光宗泰昌元年，冬。大有年，斗米十錢。舊《志》」左，今疑或指「天啓四年」，而左條《（光緒）高明縣志》即記在「天啓四年」，故補，又據之列此。

另，據是書卷末《光緒德慶州志引用書目》，所謂「《府志》」乃「夏修恕《肇慶府志》」、「舊《志》」爲「乾隆李麟洲《州志》」。（一葉正）

(90)「輕請榷稅」，據清人陳昌齊等編《（道光）廣東通志・黃儒炳傳》引所謂「金《志》」記，「制臺何士晉，增榷雜稅，炳侃曰『不可』，乃止。『遼餉』初興，監司督責繁苛，炳請帶征，民皆稱便。澳門藉餉販糴，省中大怖，炳陳利害，民獲安息」（卷二百八十二，《列傳十五・廣州十五》，第七百六十八頁），惟今仍未詳知虞廷陛所誣可即此事。

(91)「何士晉」兩句，明人徐肇台編《（甲乙）記政録》記「工科虞廷陛一本《東西有疊見事》」所奉《聖旨》乃，「何士晉，黨護王之宷，挑釁宮闈，增稅擾民，假公營私。着，革了職爲民，養馬、當差，還追奪《誥命》。該部知道」（「天啓五年・四月－十八日」，第二百四十二頁，五十四葉正背）；明人吴應箕編《啓禎兩朝剥復録》，亦約略記爲「總督兩廣何士晉，削奪，以虞廷陛糸之也。有《旨》：『養馬、當差』」（卷二，《天啓五年乙丑・四月》，第三百九十八頁，十三葉背）。

(92)「不」至「也」十七字，原係刻記于刊本上板框天頭處之短評。

(93)「言」下一段，亦見於《熹宗七年都察院實録・天啓五年》內（卷九，「四月・二十七日」，第四十九頁；後簡稱「察院本」），今參酌出校如左。

94「倚」，「影本」原作此，「察院本」作「依」，今暫不改。

95「營」下，「影本」原即接「川」，「察院本」多一「鑽」字，今暫不補。

又，「督」下，「影本」原即接「乃」，「察院本」多「宜何如乘勢建功，以贖其僥倖」十二字，今暫不補。

96「烈」下，「影本」原即接「我」，「察院本」多「誰實尸之」四字，今暫不補。

97「靈」，「影本」《校勘記》稱「紅本」作「民」。

98「之」下，「影本」原即接「乃」，「察院本」多「當史永安，九死不囘之日，使士晋因岑兵之忠、麻鎮之義，王三善亦不死於大方矣」三十二字，今暫不補。

99「臣」，「影本」原似作此，「察院本」似作「匡」，今暫不改。

100「晉」下，「影本」原即接「竟」，「察院本」多「且喜拾萬之入」六字，今暫不補。

101「上命」一句，「影本」原作此，「察院本」作「奉《聖旨》，『張我續，該部查覈。何士晉，已有『旨意』了」，今暫不改。

102「濠鏡」，據《中國歷史地圖集‧明時期－廣州府附近》所示「萬曆十年」情形，即今澳門特別行政區（第七十二－七十三頁，「④8」格）。

另，清人印光任、張汝霖《澳門紀略》對「濠鏡澳夷」之事亦有載述，「澳城明季創自佛郎機。萬曆中，蔡善繼由『香山令』仕至『嶺西道』，總督何士晉采其言，下令隳澳城臺」（卷下，《澳蕃篇‧諸蕃附》，第一百四十七頁）。是書現代校注者稱，此即「指兩廣總督何士晉傳令澳葡當局，拆毀在沙梨頭一帶所建設防城堡一事」，「唯此事發生」記於「萬曆中」，乃「時間有誤」，當從《熹宗實録》本條（第一百四十八頁）。

而，清道光間梁廷枏編《粵海關志》時，所收録清時知縣張甄陶《論澳門形勢狀》中，對之則再有補充，「澳夷舊有城垣，爲明總制何士晉所墮，今尚築有短垣一帶。垣以下，係望夏莊，今縣丞所駐，空無居人。垣以內，則澳夷之居，華人雜入其中，賃屋營生，租既歸夷，又口滋釁。從前，有『遷民出澳』之語」（卷二十八，《夷商三》，第一千九百九十頁、十六葉正）。此亦即張甄陶《澳門圖說》所謂，「澳舊有夷城，前明總制何士晉墮之。今，惟築短垣一帶為限，夷人自設夷兵一百二十名，司夜禁、察漏稅」（《（皇朝）清經世文編》，下，卷八十三，《兵政十四‧海防上》，第二千零五十四頁）。

惟，清初，掀起「康熙曆獄」的楊光先，則藉此事，佐證其片面攻訐湯若望、南懷仁等之「高妙」，即「……利瑪竇於萬曆時，陰召其徒以貿易爲名，舳艫衙尾，集廣東之香山澳中，建城一十六座。守臣懼，請設香山參將，增兵以資彈壓。然彼衆日多，漸不可制。天啓中，臺省始以爲言，降『嚴旨』。撫臣何士

晉，廉潔剛果，督全粵兵，毀其城，驅其衆。二三十年之禍，一旦盡消，此往事之可鑒也」(《不得已》，卷上，《闢邪論下》，第二十九頁)。

103「慨然爲抵免『遼』之計」，今檢清人梁士鵬等編《(雍正)欽州志·歷年紀》稱，熹宗天啓五年「是歲，以『雜税』銀充『遼餉』。軍門何士晉，通行各府，民甚悦，歡聲載道」(卷一，第一百六十九頁、二十八葉正背)。

104「以抵通省加派」，今檢明人畢自嚴編《度支奏議》，其《新餉司》載崇禎二年(一六二九)正月二十八日《詰勅·粵西照數起解「遼餉」疏》中稱，「又查，粵西自天啓三年至七年，原任廣西巡撫何士晉，節省搜括，共得三十萬金，抵解『遼餉』，而民間竟不知有加派之苦。此外，尚設處常平軍需，七萬一千五百，以垂永利。是粵西，雖稱荒僻，而有人焉為之苦心經畫，亦自能以開節之道，補風土之偏。多方補湊，儘可以舒鄰急。是在該撫，加之意耳」(第二册，卷三，第三百六十九頁、十五葉正背)，而《新餉司》又載崇禎四年(一六三一)七月初八日《覆粵西協黔解部餉銀疏》稱，「廣西巡撫許如蘭題前事，内開：該省加派六萬九百餘兩，『前任巡撫何士晉，設處各庫之積餘，名爲「短餉」：抽扣各役之工食，名爲「長餉」。具《疏》題，準抵兑天啓三、四、五、六、七年「遼餉」，併未加派。續於「長餉」、「短餉」之内，議留二萬兩，為蒼梧增兵工食。後，「長、短餉」盡復派民間，止派應解部銀四萬九百一十七兩三錢五分，以爲歲額。而「梧兵」工食，止通融支用。平、梧二府，「長餉」不足者，原未派抵。……』」(第三册，卷二十二，第六百二十九頁、二十四葉正背)。此恐即該書《貴州司》所載，崇禎二年三月二十八日《題覆黔、蜀、楚、廣，督、撫、按、院原請黔餉疏》所謂，「嘗聞，舊撫臣何士晉之撫粵西，不一年而湊辦不下幾十萬」之事(第八册，卷一，第一百五十六頁、十七葉正背)。

105「窮」下，「影本」《校勘記》稱「紅本」多一「邊」字。

106「言」下兩段，今覈《熹宗七年都察院實録·天啓六年》(卷十二，「十月·二十三日」，第一百五十七頁)亦見，今參酌出校如左。

又，「御」上，「影本」原即接「申」，「察院本」多「直隸巡按」四字，今不補。

107「繇」，「影本」原作此，「察院本」無，今不删。

又，「操」上，「影本」原即接「臣」，「察院本」多「魏忠賢」三字，今不補。

另，「而」，「影本」原似作此，「察院本」作「向」，今暫不改。

⓵⓪⓼「一一」之後「一」，「影本」原似作此，「察院本」無，即接其下「人」字，今暫不改。

⓵⓪⓽「能」，「影本」原作此，「察院本」無，作「不憚晨宵，罔顧劳瘁」八字，下即接「任」，今不補。

⓵⓵⓪「樽」，「影本」《校勘記》稱「紅本」作「撙」。

⓵⓵⓵「又」下至「何」上，「影本」原作此，「察院本」作「成皇上継述之美，赫殿廷堂構之観。是故，逮極上斉，周室鴻圖，遠邁漢朝，昭視遠夷，流徽来祼。誠皇上齊天之福，而宗社靈長之慶也。以職所見聞，如」五十七字，今疑或爲清時抄手等，爲避文禁而改，特不從。

⓵⓵⓶「也」，「影本」《校勘記》稱「紅本」無。

⓵⓵⓷「意」，「影本」《校勘記》稱「紅本」作「竟」。

⓵⓵⓸「炳」，「影本」原作「柄」，其《校勘記》稱「紅本」作「炳」，「下同，是也」，今據改。

⓵⓵⓹「為」，「影本」原作此，「察院本」作「久惟」，今暫不改。

又，「渠」，「影本」原作此，「察院本」作「巨」，今暫不改。

⓵⓵⓺「日」，「影本」原作此，「察院本」作「日夜」，今暫不改。

又，「圖」，「影本」原作此，「察院本」作「尙啚」，今暫不改。

⓵⓵⓻「士晉」一句，「影本」原作此，「察院本」作「若士晉，貪恶更多，摘髪難數」，今暫不改。

⓵⓵⓼「原」，「影本」原作「厚」，其《校勘記》稱「紅本」作「原」，覈「察院本」亦作「原」，今據後二者改。

又，「叅數」，「影本」原作此，「察院本」作「數叅」，今不改。

⓵⓵⓽「了」，「影本」原作此，「察院本」無，今不刪。

⓵⓶⓪「固」，「影本」《校勘記》稱「梁本」作「因」。

⓵⓶⓵「惨」，「影本」原作「摻」，今改。

《明史·何士晉陸大受、張庭、李俸傳[1]》箋

連冕　編訂

何士晉，字武莪，宜興人。父其孝，得士晉晚。族子利其資，結黨致之死。繼母吳氏匿士晉外家。讀書稍懈，母輒示以父血衣。士晉感厲，與人言，未嘗有笑容。

萬曆二十六年舉進士[2]。持血衣愬之官，罪人皆抵法[3]。初授寧波推官[4]，擢工科給事中[5]。首疏請通章奏[6]、緩聚斂。俄言[7]：「衰職有闕，廷臣言雖逆耳，每荷優容。獨論及輔臣，必欲借主威以洩憤[8]。是陛下負拒諫之名[9]，輔臣收固寵之實，天下所以積憤輔臣而不能平也[10]。如孫鑛、郭子章、戴燿、沈子木，宜舍不舍，公論乖違，輔臣賡安得不任其咎？」無何，劾左都督王之楨久掌錦衣[11]，為內閣爪牙，中樞心腹。又劾大學士王錫爵逢君賊善[12]，召命宜停；戶部尚書趙世卿誤國[13]，無大臣體。已，復言[14]：「朝端大政，宜及今早行者，在放輔臣以清政地，罷大臣被論者以伸公議。斥王之楨以絕禍源，釋卞孔時、王邦才等以蘇冤獄。」

初，皇長孫生，有詔起廢，列上二百餘人。閱三年，止用顧憲成等四人。士晉請大起廢籍[15]。瑞王將婚，詔典禮視福王，費當十九萬[16]。初，帝弟潞王婚費不及其半，士晉請視潞王[17]。帝將崇奉太后，詔建靈

應宮，士晉以非禮力爭[18]，且曰：「聖母所注念者東宮出講，諸王早婚，與遺賢之登進也，乃諸臣屢請不應。而不時內降者，非中貴之營求，即鬼神之香火，何也？」帝皆不省。

未幾，有張差梃擊之事。王之寀鉤得差供，帝遷延不決，士晉三上疏趣之。當是時，變起非常，中外咸疑謀出鄭國泰，然無敢直犯其鋒者。郎中陸大受稍及之，國泰大懼，急出揭自明，人言益籍籍。士晉乃抗疏曰[19]：

陛下與東宮，情親父子，勢共安危，豈有禍逼蕭牆，不少動念者。候命踰期，旁疑轉棘。竊詳大受之疏，未嘗實指國泰主謀，何張皇自疑乃爾？因其自疑，人益不能無疑，然人之疑國泰，不自今日始也。陛下試問國泰，三王之議何由起？《閨範》之序何由進？妖書之毒何由搆？此基禍之疑也。孟養浩等何由杖？戴士衡等何由戍？王德完等何由錮？此挑激之疑也。南宗順，刑餘也，而陰募死士千人，謂何？順義王，外寇也，而各宮門守以重兵，謂何？王曰乾，逆徒也，而疏中先有龐保、劉成名姓，謂何？此不軌之疑也。三者積疑至今日，忽有張差一事，正與往者舉措相符，安得令人不疑！且今日之疑國泰，又非張差一事已也。恐騎虎難下，駭鹿走險，一擊不效，別有陰謀。陛下不急護東宮，則東宮爲孤注。萬一東宮失護，而陛下又轉爲孤注矣。

國泰欲釋人疑，惟明告貴妃，力求陛下速執保、成下吏。如果國泰主謀，是乾坤之大逆，九廟之罪人，非但貴妃不能庇，卽陛下亦不能庇也。借劍尚方，請自臣始。或別有主謀，無與國泰事，請令國泰自任，凡皇太子、皇長孫起居悉屬國泰保護，稍有疎虞，罪卽坐之，則臣與在廷諸臣亦願陛下保全國泰身，無替恩禮。若國泰畏有連引，預熒惑聖聰，久稽廷訊，或潛散黨與，俾之遠逃，或陰斃張差，以冀滅口，則罪愈不容誅矣。惟聖明裁察。

疏入，帝大怒，欲罪之。念事已有跡，恐益致人言。而吏部先以士晉爲東林黨⑳，擬出爲浙江僉事，候命三年未下。至是，帝急簡部疏，命如前擬。吏部言闕官已補，請改命。帝不許，命調前補者。吏部又以士晉積資已深，秩當參議。帝怒，切責尚書，奪郎中以下俸。士晉之官四年㉑，移廣西參議。光宗立，擢尚寶少卿，遷太僕㉒。

天啟二年㉓，以右僉都御史巡撫廣西。安南入犯，督將吏擊卻之。四年，擢兵部右侍郎，總督兩廣軍務，兼巡撫廣東。明年四月，魏忠賢大熾，爭梃擊者率獲罪。御史田景新希旨，誣叛臣安邦彥賄士晉十萬金，阻援兵。遂除士晉名，徵賄助餉。士晉憤鬱而卒。有司徵贓急，家人但輸數百金㉔，產已罄。會莊烈帝立，獲免，復官賜恤㉕。

陸大受，字凝遠，武進人。萬曆三十五年進士。授行人，屢遷戶部郎中㉖。福王將之國，詔賜莊田四萬頃。大受請大減田額，因劾鄭國泰驕恣亂法狀，疏留中。王之寀發張差事，大受抗疏言：「青宮何地，張差何人，敢白晝持梃直犯儲蹕，此乾坤何等時耶！業承一內官，何以不知其名？業承一大第，何以不知其所？彼三老、三太互相表裏，而霸州武舉高順寧者，今皆匿於何地？奈何不嚴竟而速斷耶？」戶部主事蒲州張庭者，大受同年生也，亦上言：「奸人突入大內，狙擊青宮，陛下宜何如震怒，立窮主謀。乃廷臣交章，一無批答，何也？君側藏奸，上下蒙蔽，皆由陛下精神偏注，皇太子召見甚稀，而前此冊立、選婚及近時東宮出講、郭妃卜葬諸事[27]，陛下皆弗勝遲回，强而後可。彼宦寺者安得不妄生測度，陰蓄不逞，以僥倖於萬一哉！」皆不報。

大受尋出爲撫州知府，以清潔著聞。居二年，徐紹吉、韓浚以京察奪其官。庭再遷郎中，被齮齕。引退，抑鬱以死。

又有聞喜李俸者，爲刑部郎中。當諸司會鞫時，張差語涉逆謀，郎中胡士相等相顧不敢録。俸力爭，乃得入獄詞，遂為鄭氏黨所惡。及遷鳳翔知府，諸黨人以言懾之，竟不敢之任。後復中以京察，卒於家。

天啓初，御史張愼言、方震孺、魏光緒、楊新期交章訟三人冤。乃贈庭、俸光禄寺少卿，大受起補韶州。已，都御史高攀龍請加庭、俸廕諡，不果。大受未幾卒。

載（清）張廷玉等：《明史》，卷二百三十五，《列傳第一百二十三》、《校勘記》，第六千一百二十七—六千一百三十一、六千一百四十頁（縮一千五百七十八—一千五百七十九、一千五百八十一頁）。

論曰：東宮事，前百口以之，顧未嘗有其形也。形已著而但以國泰塞責。事不必竟，而斷不可無此等議。究竟前星無恙，安必非武我三疑之論所貽？不然，所爲皇上又為孤注者，前代豈不或一見之哉。

載（清）查繼佐：《罪惟録》（三），卷十三，《諫議諸臣列傳下・何士晉》，第二千一百三十頁。

論曰：諸臣丁濁亂之朝，隨事納忠，冀伸已志，不幸疾呼莫應。非被譴以去，則見幾而作，亦以其道不可以苟污也。至於，「梃擊」之後，繼以「紅丸」，事涉宮闈，動多牽格。豈易以區區口舌爭哉？然而，普天共憤，變出非常，情跡顯然，即隻手難掩。之寀、士晉□爭，未可與深文羅織者比也。當時宮庭、戚畹，相顧錯愕，只欲急趣了結，不緩片晷。此其大較，亦更可知矣。

載（清）萬斯同：《明史》，卷三百四十九，《列傳二百・何士晉》，第二百一十八頁。

論曰：公爲孤童，卽遭家難。仇人既殺公父，慮公爲後患，思并剪焉。公，內則椎心泣血，誓不共戴；外則百計韜晦，始獲自全。已，卒白父寃，置仇于理，論者以爲有伍相國風。及觀公兩封事，又何不避斧鉞也？求忠臣于孝子之門，信哉！

載（清）鄒漪：《啓禎野乘・一集》，卷二，《何總督傳㉘》，第三百五十九頁（十葉正背）。

「奪門之事」當以爲罪，而不當以爲功。如以徐、石爲是，則景帝之勒死，何辜？「挺擊之獄」當以爲功，而不當以爲罪。如以王之寀、何士晉爲非，則姦黨之口供，難滅。諒有定論，毋俟多言。

載（清）徐乾學：《憺園文集》，卷十四，《議下・脩史條議六十一條》，第四百八十九頁（二十葉正）。

箋注

❶本篇末，更加添清人查繼佐《罪惟録》、萬斯同《明史》、鄒漪《啓禎野乘》之「何士晉傳」後之論語三則，及徐乾學《修史條議》一條，以備參考。

❷「進士」，據《（乾隆）江南通志・選舉志》，武我（宜興人）成進士時列「戊戌（一五九八）科趙秉忠榜」第二十七位，同年有江寧顧起元、吴縣毛堪、太倉顧士琦、歙縣畢懋康、婺源游漢龍、婺源汪懷德、寧國黄一騰、青陽劉光復等（第四册，卷一百二十三，《選舉志・進士五-明-萬曆》，第二千〇三十三-二千〇三十四頁、十五葉背-十六葉背）。

又，今更檢明人唐鶴徵等編《（萬曆）重修常州府志・選舉（二）》卷「題名二・甲科表」（「國朝。國朝鄉試中式者，明年春，會試禮部。又中式者，入試內廷。凡三試云」，第六百〇四頁、二十二葉背），武我名下除記爲「府庠」生、「工科給事中」外，還與張邦紀一并，記在「宜興-二十六年戊戌趙秉忠榜」格內（卷十一下，第六百三十三頁、三十七葉正）

❸「罪人皆抵法」，武我早年家事，另可參今次校點本「附録・補Ⅱ」之明人黄汝亨《贈給事中何公傳》一文。

另，據清初人趙吉士《續表忠記・總督何公士晉傳》，武我成進士後「即乞假歸，鳴冤當道，卒置讐於理，稱『何孝子』」。（卷二，《兩廣總督何公傳》，第六百九十八頁、五十四葉背）

❹「初授寧波推官」，武我早年於寧郡的相關情況，及後世之評價，可參明人陸應陽編、清人蔡方炳增補《廣輿記》，及《（雍正）浙江通志》、《（乾隆）鄞縣志》，今録出如左，以備考：

何士晋。寧波府推官。智深膽决，搏擊豪强，案無留牘。（《廣輿記》，卷十一，《浙江・寧波府-名宦-明》，第二百七十一頁、十三葉背）

何士晉。舊《浙江通志》：宜興人，萬曆中，為寧郡司理。郡中「董孝子祠」，初奉母像於偏隅，祀則先神後母。士晉罪之，乃出俸更置後寢以奉母，祀則先母後神，祀典始正，更助之田。又恤諸生之貧，爲置田學宫，使邑丞司其出入。治獄廉平，遇事立剖。（《（雍正）浙江通志》，第八册，卷一百五十二，《名宦七・寧波府-明》，第四千三百三十二頁）

純德廟。舊名「純孝廟」。東漢孝子董君祠也，在州東南五十五步。唐大曆十二年立，即其故宅。先是，其母塑像在南郭外草堂，康憲錢公億訪知，迎歸廟中。具事請於朝，敕封「純德徵君廟」。《乾道圖經》。元至大二年燬，延祐二年重建。明洪武四年，封爲「董孝子之神」。每歲，於六月六日，祀以剛鬣。歲久，圮。正統二年，知府鄭珞新之。成化《志》。嘉靖間，守周希哲又修之。萬歷十二年，守蔡貴易，以神母處室西偏，非禮，拓地建後閣以祀。郡司理何士晉，捐田贍之。聞《志》。國朝，祀典仍明制。「縣册」。……

林邑侯祠。在「董孝子廟」内，祀明郡守林夢官。今，附祀郡司理張似渠、何士晉。聞《志》。（《乾隆鄞縣志》，卷七，《壇廟》，第一百三十三—一百三十四頁、十七葉背—十九葉正；又，是書卷三十《舊志源流》稱，所謂「《乾道圖經》」即《乾道四明圖經十二卷》、「成化《志》」即《成化四明郡志十卷》、「聞《志》」即清人聞性道所修《康熙鄞縣志二十四卷》，第六百八十二—六百九十一頁、十七葉背—三十五葉背）

何士晉。字武我，宜興人。萬歷二十六年進士，授寧波推官。郡中有「董孝子祠」，奉母像偏隅，祭則先子而後母。士晉非之，乃出俸，更置後寢以奉母。置田學宫，恤諸生之貧者。郡邑各鄉，皆有「漏澤園」，歲久，多侵没。乃行文察核，刊石，表于四境。修東岡碶，及前江橋，利被三邑，郡人肖像「清瀾館」祀焉。李《志》。（《乾隆鄞縣志》，卷十一，《名宦・明》，第二百四十七頁、二十三葉正背；又，是書卷三十《舊志源流》稱，所謂「李《志》」當即清人李廷機所修《康熙寧波府志》）

又，前述「董孝子廟」一事，據清人董華鈞編《純德彙編》，稱「神宗萬曆十二年，知府蔡貴易謂『慈母處殿偏，非理』，謀於鄞令周之基，首捐俸，買鄰民地，將廣其宇。而推官張似渠，以二十二年協成後閣，始正神母南面之宫，并設父像。郡人沈一貫、屠隆，并撰《記》。乃工未竟，張去。二十八年，推官何士晉莅任，遂踵成之」。至萬曆三十年，「推官何士晉，以子不先父食，其父、母無祀，恐非孝子所安，通詳當道。定於六月六日，知府委一教官先之，然後隨班正祭。又爲經久計，置祀田三十畝，以備修葺。且，纂集《廟志》，刊刻成書，俾後世可守。郡人余寅全天敘，俱有《記》」。其後附《糧料》則據武我萬曆三十年五月十八日《徵君父母特祀案》（即「何司理詳案」）指認，其時「推官何士晉詳三院，給祭董孝子父母定銀，一兩二錢，鄞縣出辦」。至於，武我為何修廟，該書編者對此則以軼事「何司理神夢」作解，「明萬曆中，宜興何士晉『上春官』，夢老姥謁見。及司李寧郡，拜『孝廟』，則老姥，孝母也。爲拓廟，且置田、設祀」（卷三、七下，《祠廟・邑廟沿革—糧料附》、《題詠・遺事和題解》，第五百六十三、六百五十六頁，五葉正背、三葉正背）。

另，「置田學宫」一事相關細節，復載於清人萬經等編《（雍正）寧波府志》，言「推官何士晉，置田一十九畝九分六釐零，屬縣丞收其所入，以周諸生之匱，《碑記》存『清瀾』生祠」（卷九，《學校・府學—學田》，第四百五十二頁、十五葉背）。

而，「漏澤園」一事相關細節，亦載於《（雍正）寧波府志》，云「萬歷間，推官何士晉，查新、舊義塚：在東區者，計八十四處，立碑『補陀寺』前，開載都畣、土名、四至；在西區者，碑石雖存字，漶滅不可辨」（卷十，《壇廟・府-鄞縣》，第四百八十四頁、四葉背）。又，清人姜炳璋等編《（乾隆）象山縣志・雜志》「宅墓」項下「附録・義塚」條云，「萬歷三十年，推官何士晉，請設義塚三十五所，後廢」。惟，其前已稱，「義塚，宋曰『普同墳』，又曰『漏澤園』」。（卷十二，第八百二十七-八百二十八頁、十六葉正背）

❺「擢工科給事中」，據《續表忠記・總督何公士晉傳》，武我「初李寧波，能治劇。再調杭郡，超拜給事中」（第六百九十八頁、五十四葉背），此所謂「超拜」依明代可能情況，或非指由一般意義上的「正七品」之「推官」，經杭郡而轉任「從七品」的「給事中」（《中國歷史大辭典》），上、下，「給事中」、「推官」條，第一千一百三十一-二千一百三十二、二千六百六十二頁），而恐係稱其由地方官吏遷職入京。

另，前之「再調杭郡」若可憑信，則與何刻《文公家禮儀節》版行時間或能對應，詳參本次校點之《附録・〈廠庫須知〉史料》一篇。

❻「首疏」，今覈此《疏》，《神宗實録》記在萬曆三十六年（一六〇八）八月己卯（《鈔本明實録》，第二十一册，卷四百四十九，第四百〇九頁）。

❼「言」，今覈此言，《神宗實録》記在萬曆三十六年九月己丑（卷四百五十，第四百一十一頁）。

❽「憤」，「史本」原作此，「實録」影本作「怒」，今暫不改。

❾「拒諫」，「史本」原作此，「實録」影本作「逐臣」，今暫不改。

❿「憤」，「史本」原作此，「實録」影本作「憾」，今暫不改。

⓫「王之楨」，今覈此事，《神宗實録》記在萬曆三十六年十月丙寅（卷四百五十一，第四百一十六頁）。

⓬「王錫爵」，今覈此事，《萬曆邸鈔》記在萬曆三十六年十一月之「附録」（下册，第一千六百七十九頁、八十七葉背-八十八葉正）。

⓭「趙世卿」，今覈此事，《神宗實録》記在萬曆三十六年十一月甲辰（卷四百五十二，第四百二十頁）。

⓮「言」，今覈此言，《神宗實録》記在萬曆三十六年十二月丁卯（卷四百五十三，第四百二十二-四百二十三頁）。

⓯「請」，今覈此請，《神宗實録》記在萬曆三十七年（一六〇九）正月丁酉（卷四百五十四，第四百二十六頁）。

⓰「十九萬」，據《明史・福王常洵傳》謂「婚費至三十萬」（卷一百二十，《列傳第八・諸王五-神宗諸子》，第三千六百四十九頁、縮九百五十四頁），

《明史·瑞王常浩傳》謂「日索部帑爲婚費，贏十八萬，藏宮中，且言冠服不能備」（卷一百二十，《列傳第八·諸王五-神宗諸子》，第三千六百五十二頁，縮九百五十五頁），此即清人王頌蔚編《明史考證攟逸》所録之「與此互異」者（卷二十二，《列傳第一百二十三》，第三百〇三頁）。

⑰「潞王」，今覈此事，《神宗實録》記在萬曆三十七年九月乙巳（卷四百六十二，第四百六十七頁）。

⑱「士晉以非禮力爭」，此即指《賜餘艸·明旨互异疏》所言之事（萬曆四十三年四月初五日，即一六五一年：三十一葉正-三十八葉正）。

⑲「疏」，此即《賜餘艸·逆謀稽訊疏》（九葉正-又十七葉背），「史本」此處為節引。

⑳「吏部先以士晉爲東林黨」，武我與「東林」之關係既簡單又複雜，其典型表現便係《明史》本篇此數字，既看似篤定又模棱兩可，其內自要觸及明季「東林運動」和「東林黨」的不少方面。

如，明人孫慎行於「辛酉七月初七日」，約在「武我既鼎立一時」之際（今疑或即天啓元年，一六二一年），撰成《損道人行略》，內言，其「乙未科」（或即萬曆二十三年，一五九五年）、「同年舉（進士）」的薛姓某，即那位「損道人」（「自題銘旌」稱此，其「尊人爲學憲方山翁」，「兩姪，一為侍御公純臺，一為學博公玄臺」，而孫氏稱其爲「又損」。復檢《（乾隆）江南通志·選舉志》「乙未科朱之蕃榜」，僅見「薛近兖，武進人」符合，今疑當即此公：第四冊，卷一百二十三，《進士五·明-（萬歷）》，第二千〇三十三頁、十四葉背），在「戊午冬，自浙藩以京朝歸里」時（今疑或即萬曆四十六年，一六一八年），向其偶提及，在「中丞公劉（某）」的屬意下，「首薦為僉憲武我何君」。孫氏對此事，則不單「吷曰：『誤矣，非「開府」料矣』」，且說「凡推『開府』者，須迎要人、意左右者也。武我，舊科臣，正以事劾貴戚，要人大憾之。至『中旨』外遷，嗛不已，而忽薦之可乎？是子，明於人品，明於世道，未免誤於官也」。另，孫氏更憶及，「武我曾抗疏，與『東林』角者也。自劾貴戚後，人亦以爲『東林』矣」（《玄晏齋文抄》，卷三，第一百六十七頁、九十八葉正-九十九葉背）。

故，孫慎行論武我與「東林」的「關係」，一言以蔽之，即集中體現在其《恩卹諸公志略·何王二公》篇的首句上：「何公之在任也，與『東林』仇者復入。於是，『瘋癲』之票再矣」。他認為，「內廷有言：『此時，科道何在？如此危難，並無人捄護』。公知之，即以《疏》劾戚國泰厲甚。且，明以太子托戚身上」（卷二，第八十五頁、八葉正），這就是武我屢上疏的根本誘因及目的，繼而又由此被動地捲入了「東林黨爭」之內。

目下，僅就「關係」二字論，日人小野和子《明季黨社考》之《東林黨關係者一覽（表）》，登録了包括《東林黨人榜》、《東林點將録》、《東林同志録》、《東林朋黨録》、《東林籍貫》、《盜柄東林夥》在內的六種關鍵文獻，曾有過武我的列名或細節載記（第三百八十二頁）。惟，從演繹的角度論，最別緻者，當屬明末清初文秉《先撥志始》所收之《東林點將録》，其所標即為「馬步三軍頭領，四十六員」中的「地佐星。小温侯。兵部右侍郎，何士晉」（卷上，第五十頁），武莪乃此「馬步三軍頭領」中的第六位，總計一百〇九員將帥中的第六十二位。

另，承《東林點將録》而來，明末清初人顧復編《平生壯觀》時，於「法書·書翰·明」項下，闢《東林諸公遺墨》專章，收有包括「何士晉，兵部侍郎」等在內的，共三十人（顧氏以為確係「東林」之「正人君子」者，僅列二十六人之名姓）之書札一帙（卷五，第一百九十八—二百〇二頁）。

㉑「之官」，據清尹會一等編《（雍正）揚州府志》轉引《儀徵縣志》稱，「何士晉，字武莪，陽羨人。萬曆末，寓居真州（據《中國歷史地名大辭典》，此即儀徵舊稱：下，第二千〇七十七頁）。天啓乙丑（天啓五年，一六二五年），官給諫，《疏》究張差『梃擊』一案，為刑部王之寀左證，氣節赫然。由大中丞解組，歸真。持己方嚴，每獨立中堂，家人無敢過者。時與邑人為『雞黍宴會』，温恭謙厚，盡主客之歡，謂『古人居鄉，誼當如此』」（卷三十三，《人物六·流寓—明》，第六百〇一頁、十三葉正背）。

惟，今再檢清人劉文淇等編《（道光）重修儀徵縣志》，其《人物志·僑寓》卷所引「胡《志》」（據《中國地方志聯合目録》，當即清康熙七年胡崇倫等所修本：第三百五十二頁）此記略异，且有補充，現更録出如左：

何士晉，字武莪，陽羨人。萬歷末，寓居儀真，風力特勁，日以起頹挽薄爲事。天啟乙丑，官給諫，《疏》究「張差挺擊慈慶宮」一案，爲刑部王之寀證券。自是，丰采益著，僉邪側目，氣節赫然。由大中丞解組，歸真。獨立中堂，家人無敢過者。乃至，與里門爲「雞黍宴會」，卒盡主客之歡，於杯酒閒，温恭謙厚。以「名刺」投人門，不受鄉人職名稟謁，謂「古人居鄉，誼當如此」（，嘗稱道勿絶）。生平（性）剛正嚴毅，不諂權要，而喜折節於士君子，隆師尊道。仲子璽祚，隸儀庠，有詩文名（卷三十九，十八葉正—十九葉正）。

現，更覈曾經改補、增修之《（康熙）儀真（徵）縣志》，其《人物下·寓賢列傳》「籍著」類中確見，雖略有錯簡、漏刻，但與「道光重修本」所記，幾乎全同。今，除「道光本」訂正者外，已將差异處，於上括注。（卷九，《明》，第八百二十八—八百二十九頁、一百葉背—一百〇一葉正）。

但，前述各段均略云「萬曆末」寓真州，又謂「天啓乙丑」（即天啓五年、一六二五）并「張差梃擊」之事，更云「由大中丞解組，歸真」，即涉及萬曆四十三年之「梃擊案」，天啓二年以「右僉都御史巡撫廣西」，及魏閹亂政諸事，史實、時次概失序，更未知可是指武莪曾兩度寓居儀徵，今暫録於「梃擊案」後調補處，以備來日詳考。

另，孫慎行《恩卹諸公志略（畧）·何王二公》篇，於「至乙丑，兩公俱削奪」後亦曾記云，「何公邑鬱，客死淮陽，撥正後，復原官」（第八十六—

八十七頁、八葉背-九葉正）。此所謂「淮陽」，或指「真州」？

㉒「遷太僕」，《恩卹諸公志略》中，於武莪「隨陞太僕少卿，久之，出制撫廣西」前，記録了一些「梃擊案」後至神宗崩殂之際的零星情況：「俄，公入賀『厲壽節』，會神宗晏駕，內外恟恟，科道之持公翼正者，最多人。而楊、左爲首，所以破內之積謀，奬外之戮力。語言闕達、竦動遠邇者，實公倡之。識者以爲，此時危疑，非有諸忠正，不能鎮壓；諸忠正，意氣謀畫，非公面告語，不能激發。所謂『天授之時』也」。（今，疑前「畫」字當作「書」：卷二，《何王二公》，第八十五-八十六頁、八葉正背）

㉓「天啟二年」，此後之事，《續表忠記・總督何公士晉傳》所言，凄凄忠义，頗罕聞於「正史」及各本傳，今特録出如左，以備參酌：

履進巡撫廣西，粵人德之，立生祠，與王新建並祀。再進總督兩廣。逆奄竊魁柄，士晉爲正人領袖，心猶忌之。前主「風顛」者，俱起，列要地，且以「黨護王之宷」，合謀傾士晉。羅織「封疆案」，內擬與楊、左諸君子同逮矣。特以士晉握重兵於邊方，懼興晉陽之甲，不敢遽遣緹騎。而左光斗，從獄中刺血作書，縛於家僕股，走粵東，報士晉。蓋光斗與士晉，交最篤，自知必死，馳書訣別也。士晉得書，悲憤欲絶，誓與俱死。將奏請掛冠，歸獄於京師，而奄黨御史梁夢環，叅士晉「門戶巨魁，日謀翻局」。奄卽矯旨，削奪。得報，疾馳到金陵，聞楊、左諸君子，已同斃詔獄。知時事不可爲，遂仰藥而卒。猶列名《三朝要典》之首，坐贓嚴追，逮長子繫獄。崇禎登極，知其冤，悉蠲所坐贓，仍復官，加贈「兵部尚書」，祭葬、廕子，恩典甚渥。

士晉盡節時，其所報讐家，猶眈眈視。士晉懼羅籍沒，讐且乘間覆巢，不敢盡室歸里。治命長君扶柩回宜興，而潛遣側室，攜所育仲、季兩孤，託於嘉善之周宗文、錢士晉。皆浙闈分較時，所得士也。兩人已成進士，登仕版，聞變，毅然以「嬰、臼」自許，急操小舟，往迎如母，而迭奉之於家。兩人又密籌曰：「吾師留丹將碧，而閹孽未剗。兩世兄，年漸長矣，不及時授室，勉之成立，吾輩一旦隨朝露，恐吾師之祀，淪於『若敖』也。何以見吾師於地下？」因各以其女，女兩孤。當是時，兩人者已稱「丈人」行矣。

然，不敢以姻婭故，失師生之禮也。每月朔望，如母在錢，則宗文必具冠帶，登堂肅揖，問起居而退。若在周，士晉亦如之。終其身，未之或間也，兩人之古道如此。（卷二，第七百〇一-七百〇三頁、五十五葉背-五十七葉正）

㉔「家人」，據清人盛楓編《嘉禾徵獻録・光祿寺》項下所載，浙江嘉善人周宗文曾於武莪二子前來投奔時，將自己侄女許配何氏。今，全段録出如左，以備參酌：

周宗文，字開鴻一字開之，嘉善人。萬歷庚子舉人，丙辰進士。知清江縣，拊循疲瘠，築隄以捍。章貢、鈐江諸水邑，素苦盜廉。得其魁，捕斬以狗，餘悉解散。戊午，充本省同考，行取貴州道御史。時，廣寧已失守，糾兵部尚書張鶴鳴「緩師玩寇」。京師大雨雹，《疏》請「扶陽抑陰」，惓惓以「君子、小人消長之道」為言，不報。議「紅丸」，歸獄方從哲、李可灼、崔文昇，忤崔呈秀，以艱歸。例轉湖廣僉事。崇禎改元，起尚寶卿，請卹死節諸臣，糾李承祚等附璫。引疾歸，再起光祿少卿。久之，廷議用為京尹，為柄國者所抑，復引疾歸。宗文秉性仁厚，而有特立之槩。同邑魏大中死獄中，為經營其家事。武進何士晉，名在黨籍，其二子來奔，以姪女妻之，周卹備至。有子宸藻。宸藻，字質菴，順治戊子舉人，乙未進士，選庶吉士。宸藻從弟振瑗，順治戊子舉人，康熙甲辰進士，安邑知縣。（卷十九，第五百二十三頁、五葉背─六葉背）

㉕「復官賜恤」，據明人金日升編《頌天臚筆・簡卹》所載「小傳」，篇題即稱武莪職銜爲「何中丞」（卷十二下，第六百四十九頁、一葉正背）。惟，金氏此書首卷之《眾正標題・姓氏》，則將士晉分入「遣戍」門下（第三百一十二頁、三葉背），此或與明人徐肇台編《（甲乙）記政録》、吳應箕編《啓禎兩朝剥復録》所記「養馬、當差」者（「天啓五年・四月十八日」，第二百四十二頁、五十四葉正背；卷二，《天啓五年乙丑・四月》，第三百九十八頁、十三葉背），及明末傳爲劉若愚編《酌中志餘》中所收、無名氏編《盜柄東林夥》稱，「何士晉，給事。歷兩廣總督，四截。人，養馬」（「東林盛」，第二百六十一頁、四葉背）可有印證。

㉖「戶部郎中」，據《明史考證攟逸》，「大受上疏時，已為戶部郎中，《王之寀傳》又作行人司正，蓋大受以郎中兼司正也。見《要典・傳》，彼此偏舉」（卷二十二，《列傳第一百二十三》，第三百〇三頁）

㉗「郭妃」，據《明史考證攟逸》，「爲皇太子妃，即光宗后，以萬曆四十一年薨」（卷二十二，《列傳第一百二十三》，第三百〇四頁）。

㉘「何總督傳」，鄒氏於篇首所簡記之武莪早年情狀，可小補各篇「傳略」之失載，今摘録如左，以備考：

中萬曆甲午舉人，戊戌成進士。爲人智深勇沉，膽決無雙。筮仕得寧波司理，搏擊豪强，案無留牘。入爲工科給事中，巡視「節慎庫」，釐奸剔蠹，能舉其職。甲寅，巡視皇城。（第三百五十八頁、七葉正；其所謂「甲寅」當係萬曆四十二年，即一六一四年）

制誥、碑記、疏、書、序 十二通

太僕寺少卿何士晉，并父其孝誥命❶

明 孫承宗

制曰：朕，光纂大命，祇服洪庥，念我先皇帝，以豊芑舊人，貽我燕翼。因念我先皇帝，養晦東朝，賴爾公忠，爲調護，遂貽永祚。于今，我皇祖慈寧之召，朕豈忘焉？而况公忠，歷試不獨冏政也。爾太僕寺少卿何士晉，以子大夫高第，由明允而入掖垣，歷藩臬而晉卿貳。蹟成中外，精營職任之嘗；孝矢明神，心苦家庭之變。乃若，誼關國本，重切宮幃，九廟震驚，舉朝皇沮。而爾，神閒氣定，慮切憂深，矢九死以明心，結一忠而爲膽。既褫姦雄之魄，遂調肺腑之恩。卽其信而見疑，暫違築闥，孰與諛而得咎，竟失身名？蓋，國家二百年，養士之報社稷；億萬世，得人以安業。晉符丞載，遷冏牧，茲以覃恩，授爾階「中憲大夫」，錫之誥命。

於戲！公忠遠計，在識定而膽用之。當爾忍家難十餘年，而後報似「留侯良」。及變起觸瑟，而能以死生入奏，似「長孺黯」。至決大政，定大策，而神色不移，似「侍中琦」。《書》不云乎，「僕臣正，厥后克正」！尚堅爾識，用爾膽，無以爾爲人，藉社稷之役矣。懋之哉！

制曰：朕聞，國家有大憝、大艱，唯豪傑之材是倚。故，忠臣發伏戎于衆默，孝子譸賚怨于久銜。然則，非嘗之變殆，天所以啓豪傑乎？卒之嬰，非嘗之變者，集忠孝之後福，則「浥彼注茲」之，天于是乎定。爾，累贈「奉直大夫」、「尚寶寺少卿」何其孝，乃太僕寺少卿士晉之父。賦性既奇，遭家大造，大志未成。于國士，深心遂既。于家猷，而洗腆承歡，情文中禮。既振中衰之緒，兼承先世之仁。合三黨爲一身，拊藐孤其若子。或解衣而拯溺，亦焚劵以捐金。竣爾推豪寇之田廬，惄如調單貧之生養。蓋，宅裏樸厚，秉度寬和。言念鞠哀，永抱分荆之痛；廸成詰胤，竟符夢斗之占。人乘文弱以相加，天篤忠貞而為報。茲用加贈爾爲「中憲大夫」、「太僕寺少卿」。春滿桃溪，三世啓成梁之兆；天回楓陛，九重錫如綍之恩。

載（明）孫承宗：《高陽集·文集》，卷十五，《冊文·詔·論·制詞上》，第三百二十六－三百二十七頁（五十六葉正－五十八葉正）。

何士晉、妻吳氏，并父其孝、前母黃氏、母錢氏、繼母吳氏誥命❷

清　錢謙益

巡撫廣西等處地方軍務、都察院右僉都御史何士晉，授「通議大夫」

制曰：朕臨遣節鉞，錯置方隅。蓋將極選一時之材，用以張皇九牧之寄。矧粵西一道，僻在西南。鎮撫之艱，得人惟允。具官某，性資恢傑，風力肅明。擢在瑣闈，綽有休譽。當先帝之在潛邸，值春宫之有震驚。發憤扣閽，奮讜言以奠安儲位；孤忠去國，在外藩而雅意本朝。迨我初元，召居卿寺。以風猷之茂著，遂節鎮于遐方。蓋爾既弘才，而粵又舊治。吏民服習，撫烏蠻、黃洞以長子孫；地利熟諳，列三江八寨而爲門屏。矧中朝授鉞之始，正鬼方告急之時。觀其慷慨以治行，知能譚笑而戡亂，乃以覃恩授具階。於戲！往代邕管之跡，具在荒陬；先臣藤峽之勛，紀于國史。至乃勦苗之近事，多從西粵以會師。竭爾忠誠，著爲方略。佇彼禡牙之日，紓余拊髀之憂。爾往欽哉！無荒朕命。

妻吳氏，加封「淑人」

制曰：爲吾才節之臣，必有賢明之配。勤勞既著，榮爵惟均。國有常經，亦以示教也。具官某妻，累封「恭人」某氏，出自甲族，歸于名儒。門戶伶仃，則茹荼偕苦；服官黽勉，而龘糲戒廉。迨夕垣抗疏之時，正闔門惶恐之日。一朝放逐，念門屏之蕭然；數載棲遲，喜室家之宛爾。幸哉牽復，及此寵光。以我御窮，永言旨畜于家食；與子偕隱，豈知翟茀以来朝。國既昭從爵之榮，天亦厚勞人之報。茲加封爲「淑人」。予之石窌，蓋有待焉；昭于管彤，斯亦可矣。

父其孝，先贈「中憲大夫」、「太僕寺少卿」，加贈「通議大夫」、「巡撫廣西等處地方軍務、都察院右僉都御史」

制曰：人之有福祉，如有基而厚墉也。基既浚矣，墉亦如之。故士有文明柔順，蒙難于身而發聞于後者，天道雖遠，固可以量測也。累贈具官某，乃具官某之父，寬然長者，温温恭人。孝友性純，若珪璋之渾合；中和氣備，類桃李之不言。遘閔孔多，遭家不造。事久而論始定，身沒而志乃伸。天不吾欺，白日賁臨于幽室；人誰無死，丹書昭雪于下泉。矧茲牙纛之煒煌，兼以綍綸之重疊。種冥冥之德，終能獲報於人间；視夢夢之天，誠亦何憾於造物。蓋十年而必復，信百世其可知。是用贈具階官。於戲！惟我有臣，惟爾有子。求忠於孝❸，蔚然青史之光；資父事君，邈矣先河之澤。爾靈不昧，尚服享之。

前母黄氏，加贈「淑人」

制曰：士以拮据起家爲能，婦以黽勉相夫爲德。其或年德不配，勞勩有聞，不贏其躬，以昌其後，朕尤盡焉傷之。累贈「恭人」某氏，乃具官某之前母，秉是壼彝，作其内治。度身量腹，躬操作以窮年；宿火篝燈，與齏鹽而并日。命之不淑，惜矣無年。用啓右爾後人，遂發聞於再世。自古開國承家之事，惟草昧爲艱難；而先王先河後海之文，在典祀爲殷重。惟予愍册，念彼勞人。兹加贈爲「淑人」。匪徒爲泉壤之光，亦以著閨門之勸。

母錢氏，加贈「淑人」

制曰：古稱母師，必云胎教。非獨辟咡之相詔，抑亦風氣之有傳。爲我娠賢，可無揚美？累贈「恭人」某氏，乃具官某之母，生柔而笄禮，下肅而上慈。當家門不造之時，正相助惟艱之日。漂搖風雨，進雞鳴如晦之箴；黽勉晨昏，爲卵翼自全之計。高朗有丈夫之德，嚴恪修女士之儀。惟爾藐孤，率繇慈訓。夕垣奮筆，緬然畫荻之遺規；辰告宣猷，宛爾機絲之餘教。雖風徽已沬於當日，而儀法具存於後賢。兹加贈爲「淑人」。有命在天，旋觀瀧岡之表；其則不遠，永爲彤史之光。

繼母吴氏加贈淑人

制曰：烈婦之於家也，忠臣之於國也，皆奮不顧身，以信其耿介者，於方寸而已。然而母著苦節，子抱孤忠，一室用以相成，而千秋萃爲盛事。余有典册，宜亟著之。累贈「恭人」某氏，乃具官某之繼母，仔肩壼彝，式是嬪則。誓白骨於泉壤，不負所天；撫黄口之孤童，逾於己出。付餘年於血淚之內，九死而一生；出遺孤於刀俎之中，再世而一息。迨子既奮身於上第，而爾遂畢命於下泉。倘逝者之有知，信下報而不愧。於戲！覽孤生伏闕之疏❹，鬼神涕洟；迨夕郎扣閽之章，天日震動。忘身殉國，固知其志義之激昂；移孝作忠，亦本於賢明之風勵。玆加贈爲「淑人」。於戲！勸懲存乎百世，忠節聚於一門。褒敍死生，厥有徵於故府；區明風烈，庸有裨於王章。

載（清）錢謙益、（清）錢曾箋注：《牧齋初學集》（下），卷九十二，《外制二・都察院二十四道》，第一千九百一十四－一千九百一十七頁。

大中丞前分守左江道何公功德祠碑記❺

明　謝肇淛

粵以左江，屏安南，稱重地。而潯控邕管，據蒼梧上游，地綦重。潯之西，百八十里，當貴、橫、賓、遷之逵，萬山簇峙，二水交流，而合於鬱，所謂「三江」者也。潯故多盜，猺、狼箐居穴處，矯命雄行。他郡諸賊，勾連嘯逞，靡不於茲出沒者。

萬曆戊午，歲大侵，亡命蜂起。或自桂平之龍山、三里至，或自貴之五山至，或自柳之賓州，或宣、來賓至，往來鈔掠人畜。郡縣列堡，戍卒十數餒且羸，「偏將軍」高居郡城，不事事，潯無寧日矣。

越歲，今中丞何公，以叅知分守其地。蒿目憂之，曰：「治盜者，『勦』與『撫』，兩端耳。不知所以『撫』則『勦』窮，不知所以『守』則『撫』又窮。」甫視事，卽騰尺檄，反覆曉譬，示以禍福。盜首廖有恩、韋道廣等，崩角泥首，各率其屬，願受廛，凡千八百有奇。公犒以錢米，制以山總，轄以土舍，協以耕兵，分置要害，信賞必罰。盜益喜過望，微獨不爲盜，而且爲我禦盜。

公曰：「是可以『守』矣。搤吭拊背，制其死命，其在『三江』乎？」單車至其地，環視周咨，鳩工築城，辰山面河，周二百丈有奇，睥睨樓櫓，矯如、翼如。議以淸戎郡丞統之，移潯、梧偏將軍鎭之，增步卒二百、騎卒百餘。厚其糈，俾往來偵哨，與貴之五屯、賓之安城，相犄角。雲屯棊布，刁斗相聞。盜大駭，莫知所爲，盡竄嶺以南去。蓋❻，隨會柄，而群盜西奔；宋均守❼，而於菟北渡。未或逾之者也。

既公以入賀行，司李郭君時斗、横州守趙君廷忠，爲公城之；觀察胡君廷宴、郡丞袁君温，又繼公而潤色之。五載之間，剗宄絶跡，猺民安堵❽，桑麻被野，雞犬之聲相聞，百年畏途倏爲康莊矣。

潯之人，德公甚。於鎮城西，負土建祠：爲門二，爲堂五楹，奉衣冠，爇香炳燭；爲丙舍，東西列。歲時伏臘，郡大夫而下，至於皓髮黄口、雕題辮髻之輩，靡不瞻視膜拜，欣欣而相告，曰：「是生我者也，是脫我於虎豺之口，而衽席之者也！胡可以無紀也？」介而屬之不佞。

不佞嘗謂，「天下無無事之國，而亦未嘗有不可爲之事。」當其無事也，人皆狃之以爲安，而究且釀未然之變。及其不可爲也，人又憚之以爲難，而逡巡首鼠，卒至敗壞而不可收拾。夫惟非常之人，智先於履霜，謀周於步極，預察之數十百年之先，而定計於須臾旬日之頃。較若審括，捷若發機，而訏謨石畫，國家疆圉，卒利賴之。

韓襄毅之平大藤也，糾二十萬衆，出十三道，持籌决勝，如運之掌。王文成思田之役，讋以重兵，寬以文告，盧蘇王受伏，繫尺組，而無亡矢失鏃之費。與公後先，實相望焉。夫襄毅之時竄，利用威者也；文成之勢振，利用柔者也。而公，則處「竄」與「振」之間，兼威、柔而兩用之者也。然，二君子者，皆上厘篚命，下張六師，匝歲畢事，費大官、金錢無訾算。而公，不動聲色，心晝手授，三月之間，奠一方於磐石，而人莫能名，則又韓、王二公所不敢望者也。

公之塡粵也，當夜郎告急之秋，義急纓冠，志堅綢牖。發土、漢師十萬，而國不病；轉餉數千里，而民不勞。誅南丹，駕泗田，而土司悉受漢索；走何惇，降黎莫，而外夷扣關獻欵，相屬於道。西南半壁，晏若泰山，四維而退，然不尸其功，蓋猶以治潯者治粵也。

天子知公忠且勩，旦暮畀之筦樞，任以綂均，竟其猷爲行，令胡塵盡掃，日月廓淸。圖麟賜鵲，爛然與韓、王二公同不朽，而前茅且自潯始。宜潯之尸祝、俎豆，公與天無極也。

金湯如故，甘棠不剪。願繼公而治者，守而勿失。可以重潯矣，可以屏粵矣，而亦可以報公矣。

公筮仕四明，爲名「司李」。入工垣，爲名「諫議」。調護東宮，以身犯雷霆，而無沮喪之色。所至，有功德於國、於民，不可殫書。而不佞在粵言粵，且就潯言潯也，爲記崖畧，以應吏民之請。

公諱士晋，陽羡人，登萬曆戊戌進士。

載（明）謝肇淛：《小草齋集·小草齋文集》（上），卷十六，《碑》，第三百四十五－三百四十七頁。

調補督臣疏[9]

明　王心一

題：爲驚聞黔師再覆，國體大傷，粤有同讐之誼。懇乞聖明，就近調補督臣，以消震鄰，以備撻伐事。

據，署思恩參務、慶遠守備李應勳《稟爲塘報事》稱：「天啓四年，二月二十七日，申時，接得慶遠衛指揮譚紹勳，差軍凌大回稟：『本月二十三日，指揮戚輔臣，差哨官劉雲龍回稟，稱：「貴州軍門王，於正月初三日，被賊誘入深地，截斷其後。軍門王，左肩一鎗，擄入窠穴」』等情。三月二十一日，又準貴州按臣陸《牒》稱：『深入師潰，撫院被拘，傷重損威』，事由失著。第酋之罪惡愈深，天討決不容緩。若聽其逆焰益熾，必至滋蔓難圖。乘今，巢穴殘破之時蹙之，斷然獲醜。緣黔將寡兵單，賊必東攻西遯，非仰仗鄰兵之協力，算難萬全。本院已拜小奏，專仰大猷。計皇上軫念封彊，自可俯允。請照來文，速爲調度兵馬，遴選智勇將官，統督訓練。俟黔中大兵畢集，另會訂期合剿」等因，到臣。該臣看得：

粤西，外患內憂，自救不遑，無日不惴惴焉。方幸黔事告平，則可藉鄰省之兵威，破惇酋跳梁之謀，懾土司跋扈之膽。不意我師不戒，反墮賊計，軍敗將隕，重臣被執，此眞乾坤未有之變，亦臣子莫大之恥也。

臣聞此信，不覺怒髮上指，目眦欲裂，恨不能飛身其境，食肉寢皮。但，以黔省之孤危，勢不容不乞靈於廟算。再度廟堂之謀議，勢又不容不責救於各省。

夫，粵西，時正多難，臣方與撫臣《疏》請，留餉治兵，以謀自固。亦何恃不恐，妄言救黔？即有撤回殘卒，亦皆九死一生，驚魂餘息。無論遣之，必不肯再往。即往，亦無異以肉投虎，何益於黔？然，臣實不能已也。

臣思粵西，既設巡撫，而又設總督，兼制兩粵，此在祖宗，良有深意。夫，亦謂，粵西土瘠民貧，面面土司。而且，界接交南，勢難自立。萬一有急，則軍馬、錢糧，有督臣在，可以通融接應，而保萬全也。故，分之，則粵西不能救粵西；而合之，則舉東西之兵力，未嘗不可効危黔之一臂。此非督臣不任也。

乃，近接《邸報》，則見督臣胡，已陞南京刑部尚書，似不可更留矣。臣知此番庭推，必有名世偉人，來副斯任。然而，微臣鰓鰓，揆時度勢，竊意，未有如駕輕就熟之相宜，而就近推補之甚便者。則，撫臣何士晉，是已。

撫臣熱血滿腔，壯猷蓋世，而又在粵最久，威名孚於土、漢，恩信徧於軍民。倘即以代補督臣之缺，則視兩粵事如其家事，何所不了？而仍責以一面到任，一面即整練援黔兵馬，以俟訂期會剿。則，某將可任，某兵可調，某錢糧可那湊，如自使其家事，有何不辦？

或者曰：撫臣業經考滿，屢荷「明旨」獎諭，自當需召還朝，奈何肯留瘴鄉？不知，國家用人，與臣子報國，皆當以封疆爲重，亦何暇顧其私情？即撫臣自待，不若此矣。臣，用敢冒昧瀆陳，伏乞勑下吏部，再加查議。如臣言不謬，合無即將撫臣何士晉，會推總督兩廣。其下巡撫員缺，別行推補。則在粵，有長城之固；在黔，亦有纓冠之賴矣。

惟陛下裁賜施行。臣不勝惶悚，待命之至。

答軍門何武莪

明　王心一

讀手教，知明公神機妙算，匪夷所思，所謂「老范子，胸中自有數萬甲兵」，亦已見其大槩矣。廟堂議論，亦甚明白，皆識明公，卹鄰救患，一段苦心奇勳，以爲報捷在黔，首功在粵。聖明簡注，又誰容「介之推，不言祿」也？但，粵地素稱瘠薄，近聞調募已空，交夷蠢動，大見可憂。即來「諭」，及大《疏》中，亦屢言之。諒老成長慮，必能首尾相顧，毋煩過計。

然，自非天子推心置腹，以西南半壁，一意委任，則疆埸之事，恐未易言。方今，議論多端，邪正消長，介在未定。故，諸君子，皆欲得台駕還朝，主張國是，領袖正人。不肖既奉簡書，亦將與有此一方責，則不容不先封疆之急，而後他圖。

伏願明公，愈殫忠悃，終此遠猷。務使名高銅柱，然後身歸廟堂，翼贊聖明。不肖知台慈赤心如火，定不怪此言，爲獨異於諸君子也。

載（明）王心一：《蘭雪堂集》，卷一、二，《奏疏》、《書》，第五百〇三－五百〇四、五百一十九頁。

大中丞何公擢制府序⑩

明　謝肇淛

大中丞何公，以名「司李」拜「諫議大夫」。抗疏批鱗，定國是而鞏主鬯，天下想望其丰采。神廟陰用其言，陽出其身，歷三吳、百粵，先後六載。而公所至釐刷，垂不朽業，有大功德於民。

新天子嗣服，亟召公，臚九列。會蜀、黔交訌，西顧拊髀，思得將相才，謐寧之，非公不可。西粵需撫，特以公往。公卽條疏兩粵士、漢情形，如指諸掌。

比入粵，徵兵、措餉，無虛日。計以爲，粵西之餉與兵，强半倚辦粵東，而黔土酋與粵諸夷，聲勢相倚。於是，用「泗」收「田」，用「田」誅「丹」，剪其腹心羽翼。而陰爲諜，聲言「二十萬衆，轉鬬而前，其鋒不可當」。安酋魄奪體解，黔撫乘之，以突入黔城也。

而諦其事⑪，粵道參，粵將詘，粵士餒，粵功隱……而粵將士，感公投醪⑫，思得一當以報。以枵腹殘兵，守黃沙，拒「板角」，力戰於金刀坑、中澤林、安籠、普安、安南，响鈴之間，悉大捷，獲首虜無算。卽忮懻之口，不能盡掩。倘主者稍用公謀，盡任粵將，萬不至有「大方」役。兩載紆籌，廢之一旦，公業無可柰何，時時仰天喟歎曰，「吾盡吾心而已」。

臺省交頌公功，會制臺胡公擢大司寇，以爲兼督東、西粵，又非公不可。于是，擢公「右司馬」，總督兩粵諸軍事。公疏辭不獲，命駕有期。粵西藩臬大夫，重公行，而幸猶屬公，櫜鞬走使數千里，乞不佞言，壯公行。蓋不佞，往伏田間，熟睹公行事，深服公規模之大，計畫之奇，與德器之冲且遠也。

方公授鉞時，遼陽失而榆關危，重慶陷、鄆城叛、貴陽圍，天下脊脊多事。乃其大者，榆關爲國家之肩背；近者，貴陽爲西粵之肘腋。公入粵，首練「標兵」三千，列三大營，盡易其朽甲剜戈，日夕訓練，俾人人有奮心。人第知公爲援隣，固不知其每飯，意未嘗不在榆關也。故曰「規模大」。

已而樞輔出榆關，固天下之大勢定，乃得一意貴陽，深惟遠計，不煩一甲一矢，而殲腹心之疾，於掌股之上。用間、用聲，虛虛實實，如動九天，如潛九地。使賊不知所以戰，不知所以守，撤圍夜遁，孤城以全，莫知誰之力也。故曰「計畫奇」。

維時黔撫，方高步濶視，自謂「不世功」，而公不言功。功亦不及，非意相加，笑而不應。即粵兵屢報功，而公《疏》輒謙讓，謂「臣不任受功」。故曰「德器冲且遠」。

在昔，淮西之役，裴公陛辭，流涕曰：「賊去則朝天有期，賊在則歸闕無日」，天子爲之感動。其氣足以懾西平，而聲足以奪蔡州。千載之下，讀昌黎碑文，凛凛猶有生色。公之事，可相方矣。

至粵西，吏治媮而公爲之激揚，倉庫蝕而公爲之綜核，經費絀而公爲之樽節。土瘠民貧，朝不謀夕，而公爲之噢咻。遼之加餉也，粵西額當六萬有奇，民不堪命，逋負頻仍。公悉索羨費爲抵，一年復爲旁搜曲⑬，定計永抵。此自有「東事」來，所希遘也。

如此類種種，更僕未易數。力支西南半壁，而默鼓寓內士大夫之氣，蓋不獨八桂、五嶺拜公賜矣。趙廣漢爲京兆尹，曰：「得兼治兩輔差易耳」。粵之東、西，左、右手也，而肥瘠懸絕。西兵非東人不集，西餉非東商不辨，無事不相關，而亦無事不掣肘。至於令行禁止，則東能行之西，西不能行之東，其勢居然也。公承新命，總兩粵師，任更重，事更劇，而權更畫一，則公之規模將更大，計畫將更奇。以公之德器所就，書旂常而銘鍾鼎者，裴公不足侔也。

寄語諸大夫：其以不佞語，綺公前旌而留其副，西臺之署爲公左符。

載（明）謝肇淛：《小草齋集·小草齋文集》（上），卷一，《序》，第十七－十九頁。

校勘記

❶「并父其孝誥命」，刻本原無，今據其內信息及文體，擬補。

❷ 此標題，「整理本」原無，今據其各節信息并文體，擬補。

又，錢氏此篇，係目前所見最早涉及武莪三母氏封贈之制誥全文。

今，據明人李維楨《贈工科給事中何公，錢、吴兩孺人墓志銘》所云：約於萬曆二十六年（一五九八）選爲明州司理後，其母錢、吴已封「孺人」；約在三十五年（一六〇七），其三母氏均得封「孺人」；不過，直至萬曆四十二年（一六一四），武莪每年一次、共十六次疏請（包括單獨爲吴氏請）回籍「歸葬」，均未得到批復，僅當地「中丞臺」曾爲此建坊旌表吴氏；直至萬曆四十三年左右，才因「奉命使楚，已事而竣」，而「復乞歸，卜侯山之陽，鵠亭以葬」。（參本次校點之「補II」）

另，除武莪、其父及內眷，隨之受封贈、旌表外，據清人史炳等編《（嘉慶）溧陽縣志·人物志》載，朱明一代，政府層面未旌「完節」婦人中，有「周張氏」者，「時泰妻。隆慶元年（一五六七）生，二十歲守節。家貧無子，皆死靡他，不受人升斗之濟。其戚，兵科給事中何士晉，爲立『綽楔』以旌之。卒年六十」（卷十四，第三百五十一頁、二十五葉背）。惟，所述「兵科給事中」職銜特出，恐誤。目前，僅可知此「周張氏」親緣關係稍遠，約於天啓七年（一六二七）亡，且當在武莪爲「給事中」時，即萬曆三十六年至萬曆四十三年間（一六〇八—一六一五），始立「綽楔」。

❸「求忠於孝」，清人鄒漪《啓禎野乘一集·何總督傳》有云「求忠臣于孝子之門，信哉」（第三百五十九頁、十葉背），或即此謂。

❹「覽孤生伏闕之疏」，今疑當即指《賜餘艸》所佚之《繼母存孤疏》。

❺ 本篇，原載之「整理本」略粗疏，今收録時以之爲底本，并據天啓刻本（《小草齋文集》，卷十六，《碑》，第一百四十九—一百五十一頁、四十一葉背—四十五葉正），重覈一過。

另，其寫作年月，今恐難詳考，惟文中提及「萬曆戊午」（四十六年，一六一八）「越歲（以參知分守）」（即萬曆四十六年九月或十一月頒旨，抵埠恐至四十七年）、「入賀」、「五載之間」，以及「誅南丹，駕泗田」（天啓二年至天啓三年，一六二二—一六二三）、「走何惇，降黎莫」（天啓三年七月至天啓四年五月）數個節點。現前已將《神宗實録》等相關綫索括注於後，故疑寫作時間或不早於天啟三年七月至天啓四年（一六二四）五月。而，全篇未曾絲毫議及武莪「總督兩廣」（天啓四年三月）事，仍稱「大中丞」，即天啓二年三月起爲「都察院右僉都御史，巡撫廣西」之謂（參《中國歷史大辭典》，下，「中丞」條，第三千六百三十八頁），合算「五載」，文稿草成，則當於天啓三年下半年至天啓四年上半年之間，今與謝肇淛研究者所斷者略相若（李玉寶：《謝肇淛與晚明福建文學·謝肇淛年譜》，第二百七十九頁），故次此。

❻「蓋」下一句，「整理本」未識用典，以致破句，不堪卒讀。今查，「隨會治盜」出於《列子·說符篇》（卷八，第二百四十七-二百四十八頁）、「宋均治虎」出於《後漢書·宋均傳》（卷四十一，《第五、鍾離、宋、寒列傳第三十一》，第一千四百一十一-一千四百一十四頁、縮三百七十五-三百七十六頁），特據之訂正。

❼「守」，刻本原作「宋」，因「治虎」事見於宋氏遷九江太守任時，今疑原刻以形近誤，當改。

❽「堨」，刻本原作此，「整理本」爲「堵」，暫不改。

❾「調補督臣疏」，今將吴郡王氏《蘭雪堂集》所見收之，明確係與士晉相關書翰《答軍門何武莪》附此，以備參酌。另，其內更有《答何制臺》（三通）、《再答何制臺》、《與何制臺》計五通覆信，似與武莪相關，議及粵西夷事、「遼餉」，及兵、鹽諸政（卷二，第五百二十五-五百二十九頁，十四葉正-二十葉正、二十二葉正-二十三葉正）。惟，未及詳考其始末因由等，迨至來日再覈，坐實後，方補入。

❿「序」下，刻本、現代「整理本」《目録》、正文原均多一「代」字，今觀其用例，可暫删。又，本篇原載之「整理本」略粗疏，今收録時以之爲底本，并據天啓刻本（《小草齋文集》，卷一，《序》，第六百〇八-六百一十頁、二十八葉背-三十二葉正），重覈一過。

⓫「諦」，刻本原作「諦」，今正。

⓬「投」，刻本原作「报」，今正。

⓭「曲」下，刻本原空一字格（即「定」上），「整理本」加符號「□」，今仍其舊。

補II　贈給事中何公傳

明　黃汝亨

贈給事何公者，予同年、給諫何士晉父也。諱其孝，字惟逵，別號養心。其先，越定海人，宋丞相「執中」之裔。遠祖、諱「仲昇」者，明醫術，隨其子，官常州。會大疫，投以鍼石，立起，於是土人曰「神人也」、「是生我」，爭卜築迎養。仲昇亦樂陽羨山水，遂畱，不去，因爲義興人。

十餘傳而及「溥」。溥者，公祖也，性慷慨施與。舍傍有大溪，病涉，捐貲橋焉。里人德之，呼爲「何石橋」。生子「樞」。志不敢諼，遂以「石橋」爲號。石橋公，醇謹特聞，偶一醉失容，「三月不庭」。子三人，季爲「贈」。

公生于橋成日，里人以爲異。少習舉子業，不售。慨然曰：「吾翁老矣，而家漸落。三子爭爲儒，售不售，未可知。誰爲吾翁『執黍稷』者？」於是躬課僮奴，耰鋤機杼，無遺力，家復起。

而石橋翁歿，兄弟三人出分。公請曰：「其孝習勤苦，能生產、作業，兩兄不能，願處其瘠。」於是，庭宇取湫隘者，塲畝取确鹵者，臧獲取老羸、下劣者。兩兄甚宜之。未幾，伯兄歿，產亦盡，公葬埋。已，所事嫂孀、字姪孤，饔飧、婚娶爲備至。

且非獨如此也。族弟「其才」，業賈而折閱，貧，無貸，以告公。公有質錢二伯千，悉以委之。後不果償，公不問也。狄甥「同炳」亦賈，其人專愚，每賈必敗，敗必請復，貲皆公出。公終其身，無厭色。故人王懷東，喪家無歸，公收而衣食之者三十年。隣人王四，貧，請爲奴。公笑曰：「若吾隣也，而奴之可乎？」予十金，令販粥自立。逾年，而其人大獲，能娶婦，日焚香祝公也。至于環公而居者，東、西數十里，凡雨、暘災，種、畜、器具缺，葬埋、醫藥不給，公貸資之，前後無慮千鍾。有負者，公亦不問也。蓋公長者，慷慨好義，有父風。所振窮扶急，爲德于親戚鄉里甚厚。天道與善，識者謂公「食福報，宐如取諸寄」。而孰知，事固有大不可知者。

公年四十矣，始娶于黃。黃早卒，無子。族凶悍子某，竟奇貨視公。挾所有田宅，迫之售。卽售，迫益價。輒益價，甚則竟奪去。又甚則，轉而售之他人。公悉忍，不較也。凶子且曰：「是孑孑者產，固吾產，而彼以爲予吾耶？」

未幾，公繼娶孺人錢。所佐公，行德好義不惓。于是，給諫生，某甲大失望，恨恨不已，外連凶黨，謀公益急。挾諸惡少，伺公上丘壠，所過官塘山麓間，爲鷙鳥伏，突擊之。公幾殆，天幸得不夗。而錢孺人，竟以是憂悴成疾，遂不起。公益心動，娶吳孺人，以撫有給諫。

給諫纔六齡耳，吳孺人愛護之甚于錢，公甚喜。而謀公者，益轉急，借族人，偵他事。夥黨數十餘人，伺公入城，過松塢，撲擊如山行時。折脇、指髂，血淋淋，被衣袂舁歸。天幸扶以奇藥，又得不死。而某，固謂公已死，佯咆哮奔言，代孤兒赴告，陰實謀害之。孺人覺，從間道，攜兒行外家，匿免。

于是，奸人計失，而心度寃種，在不能已。乃詭某奸人，捏爲公首盜。狀狀無贓，縣坐公誣，招成。公方呻吟床第間，隸人乘以逮公。下之獄，輸鬼薪，公昏昏不知所謂。吳孺人聞之，急洗橐，贖公還。公病創甚，不能起，大呼給諫曰：「我死也，爾不能報吾仇，毋埋吾骨！」遂死❶。而凶子，輒自快得計。嗚呼！豈所謂「天道」也哉？

當是時，給諫纔九歲，孺人憤痛，立求死。給諫持母，號曰：「兒不能獨活，奈殺父者何？」孺人泣曰：「兒不忘父仇，我寧舍兒？」乃忍，不死。是時，殺公者併陽言殺兒。孺人日夜驚悸，計抱兒遠匿朱公所，而昕夕持刀自衛。然，公之遺產，倉庾、牛羊、僮婢，盡爲羣凶有矣。

孺人無衣食，至傭隣婦家，自生活，且給兒讀。如是數年，而給諫漸長。就試，孺人手成二縑，曰：「一鬻，以資汝。一待汝試有名，青之以爲汝衿。」已而，此二縑，復被竊去。孺人不得已，復貸于族，得二銖以往。其人曰：「趣倍償我！」嗟乎！當公夫婦爲德時，宗族人周渥，以免于饑寒，不啻千萬。齷齪子，假二銖，忍弗能予，且刺刺不休。彼固以爲，「我不爲虎，以噬若母子，則『三代之民』矣」。人之善惡，相去爾乎！

初，公大父時，租入歲，數千斛，出入止一斗。及公没，不改，里人稱「何家三世斗」。而是時，孺人母子絕粒，未聞有升勺之報，人情大可覩矣。

給諫之始爲諸生也，孺人出公斂時血衣，給諫問：「此何等衣？」孺人語之故，給諫哭，孺人亦哭。母子相向，且織且讀，悲哀聲徹戶外，聞者亾不流涕。自後，每祭奠，曝衣庭樹，樹爲之枯。一夕，夢老人手紫芝❷，告曰：「而家寃，『三七』乃雪」。給諫雖悲喜集，不解所謂。

萬曆甲午，給諫舉于鄉❸。孺人復出血衣，相抱持，大哭仆地。未幾，殁。又三年，而庭樹產芝，色紫。給諫且喜且泣，曰：「夢不誣我，天爲我報仇，不遠矣。」明年，戊戌，成進士。給諫抱痛，乞差歸。囚服詣「直指」，流涕被面，嗚咽具言《狀》。「直指」憐而寃之，盡執內外諸凶人，抵于法。

蓋自公之亾，「三七二十一」年，而仇始克報。吳越間，爭傳之。以爲人倫中，一大奇快事。

給諫通籍寃事白，始爲寧波府推官。贈公「官如子」，三母皆「孺人」。已，選入爲「工科給事中」，天子加恩近臣，又贈公「官如子」。俞所請歸，始克葬。嗚呼！親公者，咸以飽野犬、狐狸之腹，汁流于渠，骨暴于野。而公夫婦，裒然綸貢，光于宅廬。布衣之老，驟膺天子耳目喉舌之寵。幽與明，一也。九歲孤兒，朝不保暮者，今且鳴珂執簡，得抗顔人主之前，可否天下事，亦榮矣。孰謂，「天道果遠，而爲善者無益」也？

予與給諫，同舉進士。初亦略聞公寃，不甚悉。及給諫有《陳情疏》❹，語甚惻怛，上憐其意，付史館。士大夫聞而悲之，以爲前有趙武子，今有何子士晉。可以警世助、流教化，非爲給諫也。

然，給諫所以報國家，宜何如哉？吾年友李振之❺，有《何贈公別傳》，語更具。

黃子曰：予覽給諫《陳情疏》，及李子所爲《別傳》，爲之髮豎。異哉！天道神明，人不可獨殺。方給諫舉于鄉，仇者，陽置酒謝，伏刺客叢莽❻。將起，爲二虎所搏。幾夗，乃已。及後，上春官，禱于「忠肅祠」中，仇者亦與夜半，忽狂叫「鬼卒縛我」。逾年，暴夗，子女竝絕。其黨，或斃杖下，或自經疫夗。疫者，見緋衣人，榜訊殊酷，屍俱靡爛無可收，或爲豺犬攫噬立盡。

造物者，何不相忘于無事？故，生凶人以肆其毒，貫滿而又誅之。徒使雷霆斧鉞，日相尋于天下，而史臣文士，得續畫爲文章，紓所憤快，以別用其誅奸、旌善之權？抑人性惡，非此無以驚悟？憒憒耶，予幾不能窺其際。

昔，田蚡殺魏其侯，蚡病將夗，見魏其，又見灌夫。袁絲潛殺晁大夫，亦有怪，卒夗于刃。鬼神之爲德，其盛矣乎！其盛矣乎！

（明）黃汝亨：《寓林集》，卷十一，《傳》，第一百五十一－一百五十四頁。

贈工科給事中何公，錢、吳兩孺人墓志銘

明　李維楨

甚哉，天之難諶也！善不必福，而遘禍不善者，或縱之，以厚其毒。至於，摧折子遺之餘而擁佑之，久而靡替，衰而復振，使夫疑者、憒者究；乃爽然失、暢然快，而深懼夫不測之威、不漏之網。無淹速，一也。其明威如此，余於義興何贈公徵焉。

公，初娶黃孺人，繼錢孺人，再繼吳孺人。黃蚤卒，錢實生子「給事」君。而以給事，始有吳。

何，世居「官堂」，丘壠在焉。旁有從子季陽，善田。季陽摴蒱無顧藉，貧矣，將以田，鬻於人。公曰：「如先墓何？」倍其直，取之，而時督責其亡賴。季陽以爲辱，所得直，居無何復盡，復欲鬻田。里有黃正蒙，首匿家三盜學恭、學道、學儉，爲囊橐。聞人言「官堂地佳」，欲之，則甚季陽：「若叔，四十無子，卽其產，若產也。而若，以產予之乎？若語叔，『以產歸我』。不然，吾爲殺若叔。『削株掘根，無與禍鄰』」。季陽惑之，操刃脅公，公絕裾，而避之蒙山外家。自傷：「生不得正襟牖下，更爲餒鬼乎？」日夕望抱子，而給事君生。

諸賊宣言：「懷抱中物，不勝吾折鉤喙，公孰思之！身與產，孰親？而以是區區，父子不相顧，計之左

也。」乃以書致，授季陽，內正蒙。正蒙嘻：「來何暮耶？」呼其黨，毆公。錢孺人驟得耗，悸而怴❼，遂卒。

給事好食豚肝，錢孺人令猶子「高」市之。日旰不歸，憾曰：「我在也，而路□□□□死，兒何所寄命？」攬涕如雨。給事每憶及此事，心爲寸折。而公亦哀給事靡恃，以吳孺人母之。

賊初以「母死，子不必生」，且「後母每虐前母子」。而吳孺人之子給事，無殊前母。賊大恚，必除之乃已。會公族人貞，與學恭鬩，貞欲訟之官。未行，公以他事入邑。正蒙怒：「鼠子，是必道貞難我。」令三賊伏松塢，伺公過，束而之溪畔，裸躬，擠榦、搒楚，并兼投諸水。公強起，復捶之。村人盧保，見而不忍，以竹兜子舁歸，昏不知人。醫言「疻痏」，身無完者，骨斷矣，須土鱉續之。孺人泣，告天、旁求，破其指血殷裳，忽得土鱉數枚以療。

公稍蘇，季陽謂公定死，謀殺給事絕口。入門謬曰：「誰殺吾叔？吾其以孤兒赴愬。」哭而泣不下。孺人先已匿給事，其夜送之舅氏家，而丁寧之，「無出門跬步！不者，轉屍溝壑矣！」季陽輩，迹得之，將略而斃之山谷中。又賂販夫，播蝅於門，潛傳藥於鹹，刺殺之。給事奉母言唯謹❽，不踰戶，以故免。

孺人憂患未歇也，令人負給事，走武林朱公家。朱公故嘗告言黃氏殺人，有貿首仇，而知力能自將，俠頗類朱家。

云諸賊，計曰：「騎虎，勢不得下。然，死毆著，不若死獄。」隱乃召季陽，僞爲公訟學恭盜財者。盜無贓，仗，則坐公誣告耳。郡倅韓某攝縣事，諸賊故與邑胥史，錢通表裏爲奸，使隸逮公，不令公知也。左驗具，倅問公，眾曰：「何某自知罪，不敢對薄。」問季陽，季陽曰：「然！」案空劾入。公律贖，季陽詐亡，逮者反接公。公瘡痍未復，錯愕不審所謂。而逮者還，白倅：「是夫飛揚跋扈，非錮之圜牆不可。」倅已醉，首肯。又迫公，代季陽贖。諸賊賄獄吏，令公不生出獄。留其日，三木敲朴不休。吳孺人急洗槖，爲公贖。公還，身負重傷，病在死法中矣。語給事：「吾生平無獲罪於天，而以賊死，齎志入冥。孺子長，所不報父仇者，無瘞吾骨！」

給事方九齡耳，孺人將以死殉，而有身，姑俟之。生矣，男也，不數月，復夭。孺人泣曰：「庶幾以是左提右挈爲死者地，而不獲有耶？」復欲投繯死。而給事持之泣：「兒非母，無以至。今母死，兒何能獨存，獨不思父訣時語乎？」孺人噭然而哭：「所爲報父仇者，必子有成也。無成，與無子同，徒亂人意，不若速死。」給事泣而諾，而母更戒之：「言出吾口，入若耳。亂之生也，則言不密爲階。若父飽仇毒拳不敢言，垂沒而後軋于語，若可不慎哉？」遣給事，復之朱公家。

「學」諸賊，無所發難，小挺矣。季陽入室，掠僮僕、器具、雞豚殆盡。

孺人爲鄰婦傭刺繡紋，容身而衣，量腹而食，而以其贏，共給事脡脯、燈火。給事間歸省，孺人坐之公靈牀前，咨考其學，有不解，怒而予杖：「吾所忍死謂何，而忍負之？」夜午，書聲、刀尺聲相應，渴則氷漿，饑則豆羹，與淚俱飲也。

自是，給事益刻厲，書其父不祿時日，置衣帶中。同舍生或徵逐酒食，視帶輒止。強之酒，財沾脣而止。閉一室不通外事，穴壁進饘粥，而題曰「會稽關」。學成爲諸生，孺人治一帛，充傚賃，市兒竊以走。貸得二錢，步而往，足爲重繭。其當厄，皆此類也。

公始被毆，血淋漓染衣，孺人殮公，則瘞血衣，以俟給事長而觀之。其夜夢父老，執紫芝，語曰：「此而家報，『三七』乃驗」。瞿然覺，莫曉所以。嘗私取衣，曝庭中桃，桃立爲枯。而給事以先輩謁母，母率之憑公棺而號。已，出血衣相視，相抱大哭，昏仆地，慘然無生趣，若病狂易者。一日，謂給事：「未亡人，十七年泣血與此衣等，若不能報仇，我死無瘞吾骨！」遂絶。給事痛割善毀，亦若狂易，逾年小差。而舊所瘞血衣處，有枯桑生紫芝其上。

季陽好爲謾辭謝罪，願殺黄賊自效，給事陽許之。置酒東埠，相對接待甚備，而陰令賊，翳宿莽行刺。給事心動，且母命不敢忘，陽醉別去。而行刺者，逢二虎，佹脱，季陽大驚。丁酉，上公車，禱於于「忠肅祠」。其夜，季陽暴譸，若鬼伯縛之者。

明年，給事成進士，觀戶部政，將具疏，白父冤。友人格之：「審爾迹章露，罪人不可必得。」乃白司徒楊公，以犒師遼陽，便道還里。而鹽筴使者袁公，業已下吏捕學恭。學恭逃死，大索十日不得。忽得之，云：「有二虎，繞前後足爲枳。」給事詣諸臺，流涕言曰：「世無無父之子，國無不子之臣。某父何辜，爲衆惡所魚肉，荼酷萬狀。生母、繼母，皆坐父故。孤寒寡偶，控籲無階，私痛迄今。如謂罪止一人，則律有同謀；如謂事經累歲，則見知故在。學道、學儉，虐甚加功；正蒙、季陽，實先造意。四凶，罪不容死，偷生已久。三喪，視而不含，銜恨無窮，不共戴天，有如此日。」見者鼻酸、心悴，通邑薦紳，仗義執言，邑令驗問，頗有遂。而某子甲，或中賂撓之。給事奔告「直指」劉公，劉公惻然改容，記下郡理邵公，窮治獄。具尸學恭，衢加木焉，畀野犬爭啗之。道、儉變姓名，入山，中丞陳公搜捕。道疫死，或曰「見緋衣人，鉗灼考立其罪」，尸糜爛，無收者。季陽論「胥靡」，又一年，暴死，血胤斬然。正蒙，先二年中盜，焚死。其年己亥，距公卒，二十有一歲，符「三七」之數云。

給事既雪恥除兇，爲文，告父母，慟如初喪，欲終身自廢，以謝地下人。而友人難之，「孰使爾釋二親，憾者非君恩耶？報君卽報親，負君卽負親也！」乃謁，選人，司理明州，以考績，贈父如其官，母錢、吳俱「孺人」。已，擢兵部主事，未任，選工科給事中。值國慶，復贈父如其官，三母皆「孺人」。而疏請歸葬，十六上不報。又特爲吳孺人請，曰：「臣母爲夫立孤，孤立，而臣母以死殉臣父。臣一毛一髮皆母恩，一字一句皆母教。臣既不及祿養臣母，節限於年未旌，臣何以自解？」中丞臺，爲坊表閭。又踰年，奉命使楚，已事而竣，復乞歸，卜侯山之陽，鵠亭以葬。

而余陳臬浙時，習給事治行。給事屬爲父母志墓，咽塞不能置辭。已讀李水部所爲公《別傳❾》，令人怒髮豎，令人悲涕下，復令人喜粲齒，實人間一大奇事。媿余不文，爲識其大都，而敘公生平如左：

公名其孝，字惟達，別號養心。其先，浙定海人，宋丞相「執中」二十三世孫也。遷義興，則七世祖仲昪。從子「益」，任常州路教授，覽「官堂」里之勝，樂之。里人病疫，得翁藥，皆甦。焚香羅拜，留翁家焉。數傳至東園翁時，愍生鉉，鉉生溥。溥，富而能仁，歲粟百千，出入一斗，曰「吾子孫，世守之」。里有「門前山」，形家以爲吉，將畀蔣氏所善張公，曰：「君獨無父母耶？」仍別予之地。

子石橋公「樞」，性謹恪，飲醉歸，失容，「三月不庭」。舍傍溪漲，行旅斷絶，爲造石橋，人因號「石橋公」。舉三子，伯「其廉」，仲「其清」，季則「贈公」。

公生當橋成日，賀客傳說「天之所以胙，善也」。習舉子業，不售。而石橋公，困重繇，才公任以家。公力課男女耕織，旦莫不休，業乃中興。事父，與母黃孺人，生養、死葬如禮。思至而痛，中路嬰兒之失母也，哭不絶聲矣。兩兄析箸，交讓爭處卑，委利爭受寡，力事爭就勞。曰：「先人故以我善治生。一切埤益，我何敢薄同生者，而辱先人命？夫代勞、代匱，爲人弟事也。」錢孺人相公，行德三族、四鄰，下至臧獲，遇之甚厚。偕公經紀伯、兄喪，爲嫂「杜」、「若」、兩子「通」與「高」衣食計。給事之未生也，以「高」任筦籥，而「通」得專其父所遺，一意養母。輸公家之賦，入私室之責，兩人束手蒙成而已。族兄「其財」，賈無資，貿二千緡，業之，折閱不問。授甥狄「同炳」母錢，已失，復授，終身不衰。收養故人王懷東三十年。鄰人王四賣身，還其券，以十金令息之聚婦。環官堂而居者，熯潦不時，出廩以賑。五年而後，收負者，身請爲奴，妻若子爲質，皆不受。耕耨之器，穜稑之種，斂殯之具，戶口之算，仰給公如寄。蒙袂輯屨之衆腹，猶果然出入一斗，守大父語無失，里人稱「何氏三世斗」焉。

公，生嘉靖辛卯某月某日，卒之年某月某日，年四十有九。錢孺人，某公女，生某年某月某日，卒某年某月某日，年某。吳孺人，某公女，生某年某月某日，卒某年某月某日，年某。

給事名士晉。娶諸生吳公某女，封「孺人」。女兄，適同邑張生廉。女弟，適溧陽諸生狄公某，子「同燏」。俱錢孺人出。男孫「熙祚」，邑諸生，娶翰林學士、吳公道行子、東昌守公玄女。女「一娥」，未字。

余聞之孔子，「善不積，不足以成名；惡不積，不足以滅身」。小人以小善爲無益，而弗爲也；以小惡爲無傷，而弗去也。惡積而不可掩，罪大而不可解。何氏一斗，小善耳，而積之三世，不易。惟不易，而善積焉。公不以蒙大難，一日忘善。虎爲之驅也，神爲之夢也，鬼爲之厭也，桃爲之槁也，芝爲之榮也，天何嘗一日忘公善？其有給事，非朝夕之故矣。

給事法父母，陰行善，官十六年⑩，以其祿爲義田、義倉，睦宗族鄉黨，卹老疾矜寡。敬共神明，治一國津梁。「何氏斗」，行爲魁柄，斟酌太和元氣，「小善」云乎哉？

給事法父母，陰行善，官十六年⑩，以其祿爲義田、義倉，睦宗族鄉黨，卹老疾矜寡。敬共神明，治一國津梁。「何氏斗」，行爲魁柄，斟酌太和元氣，「小善」云乎哉？

銘曰：一田舍翁，而歷試諸艱，玉成厥終。一弱女子，而子藉以生，夫藉以無死。何好修而不免其身？無乃前世，因天道無常善，是親不於其身，於後人。天勝人者，人未定；人既定者，天爲勝。吁嗟！何公積善之家，必有餘慶。

（明）李維楨：《大泌山房集》，卷九十六，《墓志銘》，第七百〇五－七百〇八頁、一葉正－八葉背。

箋注

❶「遂夙」，武莪家仇，據清人吴騫《桃溪客語》，别有一段軼聞，今録於左，以知惡曝奸：

何直指士晉，父爲族人所害。里有土豪黄某，實陰佐之。黄，黨於魏閹，藉其勢以陵轢鄉里，未幾而敗。今斷橋澗西北，名「月臺頭」，有樓十八楹，制甚宏敞。樓之後，「月臺」故址具存。相傳，皆黄之舊也。（卷二，「月臺」，第十七頁）

❷「紫芝」，武莪仇報，至《桃溪客語》時已演爲「典故」，今録於左，以助談資：

明何武莪給事，家桃溪。今，「何家橋」及「桑園」，皆其故址。武莪少孤，父爲族人所害。母吴，私以血衣曝桃枝，桃輒爲枯。夜夢老人，持一靈芝與之，曰：「此，而家報復之機，『三七』以爲驗。」武莪舉于鄉，忽一芝生于空桑。吴泣曰：「此復讐之時矣。」遂出血衣授武莪。時族人黨於魏閹。俾至京圖之，其冤始白。計距夢時，正二十一年云。（卷一，「夢芝」，第二頁）

❸「舉」，據《（乾隆）江南通志・選舉志》，武莪（宜興人）成舉人時，係「萬歷二十二年（一五九四）甲午科」、「（常州人）龔三益（解元）等共一百三十五人」中列第四十二位，同科有太倉顧士琦、歙縣汪元功、婺源游漢龍等（第四册，卷一百二十九，《選舉志・舉人五》，第二千一百五十七－二千一百五十八頁、二十二葉背－二十五葉正）。

又，今更檢明人唐鶴徵等編《（萬曆）重修常州府志・選舉（一）》卷「題名・鄉舉表」（「國朝。子、午、卯、酉年，并應天府鄉試」），第五百零一頁、四十葉正），武莪名下除記爲「戊戌」科進士外，并與後曾出任吴江教諭的楊于陛等，均記在「宜興－二十二年甲午」格內，標明爲「俱，府庠」生（卷十一上，第五百五十頁、六十四葉背）。

❹「陳情疏」并後句「付史館」，據《賜餘艸・疏目》，當爲原《陳情一疏》項下所收之《繼母存孤疏》，今已佚。而，《目》下亦已註明，「三十八年『奏稿』，今録入『史館』」（一葉背）。

❺「李振之」，今檢尚恒元、孫安邦主編《中國人名异稱大辭典》，朱明一代於萬曆、崇禎間，可考索人士內，字「振之」者，僅見「李之藻」（《綜合卷》第五百七十六頁、《檢索卷》第六百五十七頁）。復檢楊廷福、楊同甫編《明人室名别稱字號索引》，僅見李氏字「振之」者爲「李之藻」（上，第二百七十八頁）。兩書均未録有名係「振之」者，故疑此當即指「之藻」。惟，今未查得此篇下落。

❻「伏刺客叢莽」并下文「二虎所搏」，今檢清人陳玉瑾等編《（康熙）常州府志》，其《摭遺·宜興》卷載，「給諫何士晉微時，父其孝，死於暴横之手。孺人吳氏，檢臨命血衣，曝園中桃樹上，樹爲之枯。夜夢老人持一芝告曰，『此而家報，「三七」而驗』，孺人不解所謂。後，給諫歌《鹿鳴》時，忽有一芝，從枯桑中生。是時，凶黨懼禍，翳叢中，欲刺士晉，爲二虎所搏，幾斃澤中。事白，逮羣凶，有一人進去，索十日不獲，忽得之近地。詢之，則二虎枳其前，跬步難越，竟抵法。屈指計年，正符『三七』之數」（卷三十八，第八百四十五－八百四十六頁、二十五葉背－二十六葉正）。此，當即黄汝亨是篇所及之「故事」，流布至清初時之新演繹。

❼「恘」，刻本原作「恘」，今正。

❽「言」，刻本原字污，今暫據殘損字形補。

❾「李水部」并「別傳」，前已略證此人當係李之藻，今覈徐光臺《西學對科舉的衝擊與迴響－以李之藻主持福建鄉試爲例》文，振之曾於萬曆三十一年（一六零三）後，赴山東「張秋」任「水部郎中」（即「工部都水司郎中」，第七十八頁）。另，據方豪《李之藻研究》，李氏於萬曆二十六年（戊戌年，一五九八）登進士第（第一百九十四頁），與武我同在「趙秉忠榜」（參本書《〈明史·何士晉陸大受、張庭、李倖傳〉箋》所注）。故，可定此「李水部」確爲李之藻，「別傳」即黄氏前文所謂《何贈公別傳》。

❿「官十六年」，或指武我自成進士（萬曆二十六年）後，爲官十六載。若如此，則此篇寫成時間約在萬曆四十二年至四十三年間（一六一四－一六一五）。而，今再檢《明史·李維楨傳》（卷二百八十八，《列傳第一百七十六·文苑四》，第七千三百八十五－七千三百八十六頁、縮一千八百九十五頁），此京山李氏本寧，卒於天啓六年（一六二六），與上所估計者，及文中所謂「又踰年，奉命使楚，已事而竣，復乞歸，卜侯山之陽，鵠亭以葬」基本可合。

《廠庫須知》史料[1]

暨《工部廠庫須知》，并《諫草》、《疏稿》、《賜餘艸》，《孝子祠志》、《董孝子廟志》，何刻《四禮儀節》、《文公家禮儀節》史料

連冕 編訂

1.1.1（清）黃虞稷：《千頃堂書目》，卷九，《史部·典故類》，第二百四十三頁。

何士晉《廠庫須知》。十二卷。

1.1.2（清）錢曾：《錢遵王述古堂藏書目録》，卷四，《掌故》，第六百七十九頁。

《廠庫須知》十二卷。十二本[2]。

1.1.3（清）徐乾學：《傳是樓書目》，《史部·職官》，第五十二頁（二十六葉背）。

《廠庫須知》。一本[3]。

1.1.4（清）萬斯同：《明史》，卷一百三十四，《志一百八-藝文二·史部-故事類》，第三百三十頁。

何士晉《廠庫須知》。十二卷。

1.1.5（清）張廷玉等：《明史》（一），卷九十七，《志第七十三-藝文二·史類-（四）故事類》，第二千三百九十一頁。

何士晉《廠庫須知》。十二卷。

1.1.6繆荃孫等編：《江蘇省通誌稿·經籍誌》，卷十一，《（江陰-）宜興荆溪（-靖江）·史部》，第五百四十六頁。

《工部廠庫須知》十二卷。（明）何士晉。

1.1.7屈萬里編：《「中央圖書館」善本書目初稿》❹，卷二，《史部·政書類-工商之屬》，《屈萬里先生全集》（第十六册，第三集），第九十六頁。

《工部廠庫須知》。十一卷，十一册。明何士晉等編。明萬曆間刊本。缺卷一。

1.1.8顧廷龍：《玄覽堂叢書續集提要》❺，《顧廷龍文集·下編》，第四百四十八頁。

《工部廠庫須知》十二卷。明何士晋輯。明萬曆四十三年刊本。

士晋，字武莪，宜興人。萬曆戊戌進士，初授寧波推官，擢工科給事中，巡視廠庫。越數年，再承其乏，洞悉利弊，痛請改革，因祖制與新綸不同，新例與舊章互異，宜定畫一。時部中所遵行者《會典條例》及《水部備考》諸書傳刻已數十年矣，多所變異，乃由工部四司查照今昔事宜，始巡視所議，逐款校讐、酌議增減，彙刻《須知》，關于各司應備物料數量價格無不詳載，凡當時服用名物、造作原料皆可考見。

1.1.9北京圖書館善本部編：《北京圖書館善本書目》，卷三，《史部下・政書類-工藝》（第三册），三十八葉正。

《工部廠庫須知》十二卷。明何士晋撰。明萬曆刻本。二四十册。（一〇四二❻）

1.1.10《中國古籍善本書目》編輯委員會編：《中國古籍善本書目・史部》（下），卷十三，《政書類・考工》，第一千三百五十三頁（一百二十四葉正）。

《工部廠庫須知》十二卷。明何士晋撰。明萬曆刻本。（一三四八六❼）

1.2.1（清）趙懷玉：《亦有生齋集・文鈔（文）》，卷七，《跋》，第八十五-八十六頁（二葉正-四葉正）。

《皇明脩文備史》書後❽

《皇明脩文備史》，四十帙，向從婦弟、桐鄉金少權得之。少權得自汪氏「古香樓」，桐鄉藏書家也。有鈔本❾，無栞本❿。所鈔各種書中，間有分卷者，而全書竝無卷數⓫。首頁有《總目》⓬，有「崑山顧寍人炎武彙輯」一行⓭。

《目》所列書⓮，計七十五種⓯：曰《皇明帝系圖》⓰，曰《皇明帝后紀略》⓱，曰《皇明寶訓》⓲，曰《穆皇登極儀》⓳，曰《神宗步禱儀》（以《謁陵儀》附焉）⓴，曰《獻實》（上、下）㉑，曰《儲匱餉增疏》㉒，曰《兵制志》㉓，曰《簡閱軍器疏》㉔，曰《太倉考》（刪），曰《太常紀》（刪）㉕，曰《謚紀考》，曰《廠庫須知》（上、下）㉖，曰《九邊考》㉗，曰《北邊世系考》㉘，曰《大同板升考》㉙，曰《平播日録》，曰《平播碑》㉚，曰《東三邊速把亥列傳》，曰《炒花花大列傳》㉛，曰《黑石炭列傳》，曰《董狐狸、兀魯思、罕長委列傳》㉜，曰《長昂列傳》，曰《宣大鎮史二官及車達雞列傳》㉝，曰《寍夏鎮哱拜哱承恩列傳》，曰《朝鮮國倭奴情形疏》㉞，曰《回夷列傳》，曰《播酋楊應龍列傳》㉟，曰《巢賊賴元爵、藍一清諸酋列傳》，曰《黎岐列傳》，曰《十寨諸獞傳》，曰《礦盜王張住傳》，曰《京營叛兵傳》㊱，曰《王之佐列傳》，曰《坌虔劉堂艮及草坪石纂祿列傳》㊲，曰《浙江大營叛兵馬文英及象山昌國營叛兵何中列傳》，曰《叛兵陸文緒、傅胎子列傳》，曰《叛兵王禮、董承恩、張瑣兒、張勝豪列傳》，曰《湖盜殷應采列傳》㊳，曰《崇明、江陰諸塩盜傳》㊴，曰《貴州安國亨及安智列傳》、《奢效忠及土婦奢世統、奢世續列傳》㊵，曰《雲南鐵鎖菁羅思諸夷列傳》㊶，曰《緬甸列傳》㊷，曰《羅雄者繼榮、必六列傳》㊸，曰《安南莫茂洽列傳》，曰《可齋雜記》㊹，曰《水東日記》㊺，曰《守溪長語》，曰《寓圃雜記》㊻，曰《損齋備忘録》㊼，曰《清溪暇筆》㊽，曰《瑯琊漫鈔》㊾，曰《謇齋瑣綴録》㊿，曰《菽園雜記》51，曰《野記》52，曰《後鑒録》53，曰《西征石城記》，曰《撫安東方記》54，曰《興復哈密記》55，曰《東征紀行録》56，曰《雲中紀變》，曰《庚戌始末志》57，曰《防邊紀事》，曰《伏戎紀事》，曰《撻國紀事》，曰《靖夷紀事》，曰《綏廣紀事》，曰《平夷賦》，曰《平番始末》，曰《平蠻録》，曰《炎徼紀聞》，曰《安南奏議》，曰《西南紀事》58，曰《議處安南事宜》，曰《史乘考誤》59。

自帝統以至外夷60，大而兵、刑、禮、樂，小而筦庫出納、人物之臧否、議論之短長、行事之法戒、形勢之要害，莫不備載。又恐鄉曲附會，有乖傳信，故以《考誤》終之，所以備「全史」之采擇者，賅而且覈。

然，有援引、無斷制，鈔謄雖勤，次第未允61。又有海防、江防諸《論》，及疆臣、部臣各邊防《疏》，另爲一帙62，不入《總目》，無所附麗。且，藏書者，僅較書之厚薄，率爾付裝，遂致片段不分[63]，有牽連、割裂之病。而字畫之舛譌，亦復不少。

蓋亭林述而不作，有志於「明史」，而未暇成書者。愚以爲，邊防《論》、《疏》，宜厠「四裔」紀載之後。後列《可齋雜記》以下十一種書，而以《史乘考誤》終之。庶視原本，稍有倫次耳。

全紹衣精於考核，流覽極博，所爲《亭林神道表》詳載著述，獨無此書。此書卷帙頗繁，而自來序録家亦多未之及。由是觀之，亭林生平撰述，恐尚不止此也[64]。

1.2.2（清）李兆洛：《養一齋文集》，卷七，《題跋》，第一百〇一—一百〇二頁（三葉背—四葉背）。

《皇明修文備史》書後[65]

此書，收盦先生所藏[66]，自爲《書後》之文。首序得此書之由，而以書之無「倫次」，當別爲校正。又謂，亭林著述當「不止此」。先生殁後，洛從嗣君子廣所見之[67]，因借鈔而編閲焉[68]。疑此書，特國初人[69]、留心明代者所裒録耳，不出亭林也。先生所言，「次第未允」、「片段不分」、「牽連、割裂之病」，是矣。

而七十五種中，見于《皇明紀録彙編》[70]、《金聲玉振集》者，凡卅餘種[71]。《紀録彙編》、《金聲玉振集》皆于萬歷中刊行，亭林豈有未之見者，而更煩存覽耶[72]？天啟、崇禎間事，無一字及之，豈詳遠略近？

于已刊行之書，勤勤搜採[73]；而未刊行之本，乃屏置，不一存攬耶？

《兵制志》[74]、《太常紀》、《太倉考》、《廠庫須知》，詳峃瑣屑[75]，可考見一代制度。九邊諸《傳》，及內地叛兵諸《傳》，雖多錯亂，亦可藉見當時情事。餘如，《水東日記》、《守溪長語》等，各已刻本人之集；《寓園雜記》、《菽園雜記》之類[76]，又散刻「叢書」中。僅有一二種未經聞見者，亦率無實事可採。吾故以爲，决不出亭林手也。

今，録載原《目》，而條次其分別前後之宜于下。其見于他書者，輒不復存，葢省于原書十之三焉。

1.2.3李希聖：《雁影齋題跋》，卷一，第三百二十五—三百二十七頁。

《修文備史》鈔本[77]

題崑山顧寧人炎武彙輯。所輯書，曰《皇明帝系圖》，無撰人名。曰《皇明帝后紀畧》，盛元佐編。曰《皇明寶訓》，五卷。宋濂等編。曰《穆皇登極儀》，下題見《世經堂集》。曰《神宗步禱儀》附《謁陵》，曰《獻實》，四十卷。袁秩撰。明人列傳自徐達起，至徐禎卿止。曰《儲匱餉增疏》，曰《兵制志》，三卷。史繼偕撰。曰《太倉考刪》，曰《太常紀刪》，四卷。蕭彥撰，下題念潛子刪輯。曰《謚紀考》，曰《廠庫須知》，何士晉撰。曰《九邊考》，長沙魏焕撰。曰《北邊世系考》，曰《大同板升考》，曰《平播日録》，曰《平播碑》，曰《東三邊列傳》速把亥、炒花花大、黑石炭、董狐狸、兀魯思、罕長委、長昂、宣大鎮史二官、車達難、寧夏鎮哱拜哱承恩、回夷[78]、播酋楊應龍、巢賊賴元爵藍一請諸酋、黎岐、十寨諸獞、礦盜王張仕、京營叛兵、王之佐、坌虔劉堂艮、草坪石纂祿、浙江大營畔兵馬文英、象山昌國營畔兵何中列[79]、叛兵陸文緒傳胎子、叛兵王禮重承恩張瑣兒張勝豪[80]、湖盜殷應采、崇明江陰諸盜[81]、貴州安國亨安智奢效忠、土婦奢世統奢世續、雲南鐵鎖菁羅思諸夷[82]、緬甸、羅雄者繼榮必六、安南莫茂洽。以上列傳目。曰《可齋雜記》，彭時撰。曰《水東日記》，曰《守溪長語》，曰《寓圃雜記》，曰《損齋備忘録》，二卷。梅純撰。曰《清溪暇筆》，曰《琅琊漫抄》，曰《謇齋瑣綴》，八卷。尹直撰。曰《菽園雜記》，陸容撰。曰《埜記》，四卷。祝允明撰。曰《後鑒録》，曰《西征石城記》，曰《撫安□□記》，曰《興復哈密記》，曰《東征紀行記》，曰《雲中紀變》，曰《庚戌始末志》，王世貞撰。曰《防邊紀事》，曰《伏戎紀事》，曰《撻國紀事》，曰《靖夷紀事》，曰《綏廣紀事》，曰《平夷賦》，曰《平番始末》，曰《平蠻録》，曰《炎徼紀聞》，曰《安南奏議》，曰《西南紀事》，二卷。郭應聘撰。曰《議處安南事宜》，曰《史乘考誤》，共數十種。

前有趙收庵懷王序[83]，言得自桐鄉金少權，金氏得自汪氏古香樓，桐鄉藏書家也。有抄本，無刊本。所抄各種，間有分卷者，而全書並無卷數。全紹衣精於考核，流覽極博，所爲亭林《神道表》詳載著述，獨無此書。自來序録家亦未之及。此趙氏之言也。而趙氏前有一序，以爲不出亭林，謂七十五種中，見於《皇明紀録彙編》、《金聲玉振集》凡三十餘種。二書皆於萬曆中刊行，亭林豈有不見之理？啟禎間事，無一字及之。而《水東日記》、《守溪長語》等書，各已刻入本人之集。《寓圃雜記》、《菽園雜記》又散刻叢書中。以爲決不出亭林之手。序但稱洛，不署姓，俟考。

余謂：此亭林隨手記録之書，欲以留備史料。啟禎以後之事，殆欲輯録而未暇。其中如《兵衛》、《太常》、《太倉》、《廠庫》，詳密瑣屑，可考見一代制度。九邊及西南諸夷，內地畔兵諸傳，皆爲明史諸書所不詳，亦可見當時情事。非亭林留心掌故，決不能爲此。核其體例，與《郡國利病書》用意相同，殆晚年自負國史之重，隨手編輯，未及成書，而先生遽歿，故止於嘉隆以前。平定張穆譔《亭林年譜》，於顧氏著述臚舉歲月，搜采無遺，亦無此書之名，誠非常之祕笈矣。惟鈔手極劣，譌舛甚多。藏書者僅較書之厚薄，率爾付裝，遂使片段不分，有牽連割裂之病。好學如趙味辛何以不爲之校刊，甚不可解。海內好古之士，儻能廣爲流布，將已有傳本者備存其目，不必再刊，庶不負前賢之用心矣。

1.2.4《中國古籍善本書目》編輯委員會編：《中國古籍善本書目・史部》（上），卷七，《雜史類》，第二百五十八頁（二十九葉背）。　（二七六五[84]）

《皇明修文備史》一百五十六卷。題清顧炎武編。清抄本，惲毓鼎跋。

《廠庫須知》六卷。明何士晉撰。

《諫草》、《疏稿》、《賜餘艸》史料

2.1.1（清）孫奇逢：《孫徵君日譜録存》，卷十七，《康熙元年壬寅·七十九歲》，第三十一－三十二頁（三十四葉正－三十六葉正）。

（三月－二十三日）甲辰，公及第[85]。……。公，乙卯南京試録，爲異己者忌。且將之南京，爲何武莪叙《諫草》，大爲劉芳瀛、楊伓南一流人所憎，然皆相與年友也。南京回，遇芳瀛於途，哭問曰：「奈何與何武莪做這篇好文字？」公曰：「文生於事，願年兄做事十倍武莪，當有十倍好文字叙之；百倍武莪，當有百倍好文字叙之。胸中儲好文字尙多，只恐用不著。」

因問南塲策題傷世，公曰：「下筆亦知觸忌，正如古所謂『喉中有物，必吐爲快』。然，亦竊計之矣。唐陽城，賢者，韓退之作《諍臣論》以激之。宋高若訥，亦非不肖，歐陽永叔激以『不知人間有羞恥事』。當韓、歐未語時，不聞陽、高之忠讜也，安知忠讜不自韓、歐之一激乎？願諸公能爲陽、高，大爲國家進賢、退不肖。或超高、陽而上之，予卽夕貶、網盡，禍甚韓、歐，亦且甘之。年兄爲我語諸公，但省所爲，勿怪人議。諸公朝夕彈文，甯有避忌乎？」

丁巳大察，亓掌科詩教、韓掌道浚，以劉芳瀛輩之議，擬公降調掌院，劉是庵一爆不可。既擬外轉，是庵必不可，曰：「孫所據，綱常大關係。吾輩一錯手，將身家性命付此公一事矣。」先是，有謂公「當講和諸公」者，公笑曰：「今和，何如初同也？吾輩爲君子所容，不是君子；爲小人所容，豈非小人？」公，生平冷面獨行，不與小人爲緣，多如此。

2.2.1（清）黃虞稷：《千頃堂書目》，卷三十，《集部・表奏類》，第七百四十六頁。

何士晉《疏藁》[86]。**一卷**。此目係盧氏校補。「別本」有注文云[87]：「字武義[88]，宜興人。萬曆戊戌進士」。

2.2.2（清）萬斯同：《明史》，卷一百三十六，《志一百十–藝文四・集部上–表奏類》，第四百六十五頁。

何士晉《疏稿》。**一卷**。

2.2.3（清）黃之雋等編：《（乾隆）江南通志》（五），卷一百九十三，《藝文志・集部–奏議–明》，第三千一百七十七頁（四葉正）。

何武莪《疏稿》。**一卷**。宜興何士晉。

2.2.4 繆荃孫等編：《江蘇省通誌稿・經籍誌》，卷十一，《（江陰–）宜興荊溪（–靖江）・集部》，第五百五十二頁。

何武莪《疏稿》一卷。（明）何士晉。

2.3.1《中國古籍善本書目》編輯委員會編：《中國古籍善本書目·史部》（上），卷七，《詔令奏議類·奏議》，第三百七十七頁（八十九葉正）。

《賜餘草》不分卷。明何士晉撰。明萬曆四十三年刻本。

存《國本二疏》、《職掌六疏》　（四〇四一❽❾）

《孝子祠志》、《董孝子廟志》史料

3.1.1（明）屠隆：《〈董孝子祠志〉序》[90]，（清）董華鈞編：《純德彙編》，卷六下，《記序》，第六百一十二—六百一十三頁、二十葉正—二十一葉背。

《董孝子祠志》序

夫，屬毛離裏，顧汝、復汝，言罔極也。《南陔》、《由庚》，《蓼莪》、《陟岵》，先王誠重之矣。虞舜受終文祖，傳祀永祚，自克諧以孝始；神禹元圭告成，保世滋大，繇幹蠱蓋愆一念，上格玄穹[91]，「張仲孝友」，式昌周道，上麗斗魁，應化綿遠。王氏祥、覽，力惇孝弟，明德衍慶，子姓鼎盛，至與六朝，終始剖判，未有不寧。唯[92]，是自穹昊，上有「孝弟王」，傳道蘭公，感授黃堂諶姆[93]。以及高明太史，標「净明、忠孝」之旨，普濟羣靈，度世超劫。

故云，「孝道之大，通於神明」。聖賢、荃宰，循吏、良牧，往往以「孝」治天下。仇香理陳元，不罰而化，化「孝」若斯之速也；吏紿母病，太邱仗劍，自起行討，討「不孝」若斯之嚴也。

我明州竝海，土厚俗寵，自古多質行君子。孝子董公黯之行孝也，殺人以復母仇，必俟其人之母，終其天年。復仇之中，不忘錫類，義正氣平，憤而不激，緩急合道。絀匹夫之諒，遵君子之風。表世範俗，爍彼璘儀，德埒泰媼矣。歷代崇祀，香火千秋，詎不偉哉？

荆溪何公，第進士、未拜官時，於燕京，感神母入夢。比選明州李，抵官舍，謁「孝子祠」，睹神母，恍然燕京夢中所見者，大駭。異其事，遂增築後宮，妥孝子父、母靈。復置田，增歲祀，而後孝子之心慰矣。公性純孝，每謁神祠，肅然以恭，泫然以涕，儼然與孝子陟降左右。臨民視事，拳拳以「孝弟」勸化父子、兄弟。終公在李，百姓絕無有以不孝弟，干公三尺也者。而又，流矜卹、普在宥、拯無告、澤枯骨，親以逮疏，仁以廣孝。是皆「德」之休明，「李」之善物也。

公命仕僧性能，葺祠修祀，室宇煥然。更纂《孝子祠志》，志「祠宇」、志「傳記」、志「詩文」、志「祀田」，總之爲千秋不朽計[94]，而屬隆序之首簡。

隆謂：孝子之孝，與何公之以「孝」治郡，泱泱大風哉！兩，足表東海矣。于是乎書。

萬歷乙巳，夏五月午日。東海屠隆緯真甫撰。

3.1.2（清）董秉純：《新脩〈董孝子廟志〉序》，（清）董秉純：《董孝子廟志》，第九—十頁（五葉正背）。

新脩《董孝子廟志》序[95]

寧波府治南，不百步，有「漢董孝子廟」。廟舊有《志》，肇於前明萬歷間、寧李何公士晋。其書，畧備「封典」、「圖籍」、「碑版」、「題咏」。顧公江南人，搜羅浙東文獻，不無掛漏、錯誤。

越百二十餘年，歲在甲子。先君子鈍軒先生，既脩《董氏家乘》，取是書校正之。歎曰：「數典忘祖，古人耻之。況敢隨俗唯阿，以誣祖乎？」乃往質之全謝山太史。太史開卷，即抉摘其可疑者如干，為書一通，復之先子。會太史出遊，先子隻輪孤翼，匆匆未就。

又二十年，歲甲申。族祖息泉先生，手是書，謂純曰：「是爾先師、先子，未竟之業也，子盍簒而成之。」純，拜受、卒讀，竊謂：

此書，若但網羅放失，勾稽瑣碎，取雅去俗，催腐致新，不過詞章之薈撮、文苑之英華而已。至於，攷古蹟之疑似，審沿革之混淆，正志乘之錯譌，摘金石之瑕疵，則數百年成憲，在所必翻，諸巨公鴻裁，未免彈射。

雖然，古人謂「不讀盡天下書，不許妄置雌黃」。予何人？輒取先輩傳世行遠之大手筆，改而削之。而不慎守其傳述之由來，是勇于自是、輕于侮昔，亦同歸于狂易而已矣。

因取其同異之瞭然訛誤者，各論著之，以弁于簡端。而，仍載自來原文于諸卷；但，于篇末，附以予所攷訂。俟世之博雅，審定焉。……

乾隆二十九年，歲在甲申，九月九日。鄞西廂後裔董秉純謹序。

3.2.1《中國古籍善本書目》編輯委員會編：《中國古籍善本書目・史部》（下），卷十一，《地理類二・雜志》，第一千零五十九頁（四十九葉正）。

《董孝子廟誌》八卷。明何士晉撰[96]。明崇禎刻本[97]。　　（一一九四一[98]）

何刻《四禮儀節》、《文公家禮儀節》史料

4.1.1（明）徐應乾[99]：《〈四禮損益〉序》，（明）包萬有[100]：《四禮損益》，（清）褚成允、胡壽海等編：《（光緒）遂昌縣志》，卷十，《藝文》，「《四禮損益》、《範數贊辭》、《小學遺書》、《食貨録》、《月旦會簿》、《書院約言》、《五經同異二百卷》、《編年合録八十卷》、《史編餘言》、《正蒙集解》、《唐山寤歌》、《講學創記》·明包萬有撰」條，第五百七十九–五百八十頁（二十六葉正–二十七葉正）。

《四理損益》序

曩予分氊四明時，則司李武莪何公，營精風教，輯《四禮儀節》，徵余預編摭焉。型古揆今，矩矱犁然備已。迨游東粵，攜是编，以楷式遐方士，時有知嚮往者。家食以還，獲交於包子似之，每相與上下古今，喜其博雅好修。一日，出《四禮損益》，視余而請《序》。

余騙然曰：季世，人惟勢利是騖，澆靡是競，惡覩所謂「禮節」也者。而蔑循之，冠儀曠而不舉，婚媾多而論財，喪禮繁縟而乏精禋。蓋，鄉俗之漸澌潰也，不啻江河逾下矣。乃包子，獨有旨於「禮節」，而加

之損益，則豈真世俗中人哉？

竊聞之，「禮」有「情」、「文」兩端，緣「情」斯立，由「文」斯行。故，「戒賓」、「三加」，「納采」、「共牢」，冠、婚之文也。順而成德、靜好宜家，冠、婚之情也。「寢苫」、「依廬」，「時薦」、「歲享」，喪、祭之文也。戚容痛心、齊明存著，喪祭之情也。「情」與「文」相須，而本末辨焉。方今，知「四禮」之文者眇矣。矧知「四禮」之情者誰與？《記》稱「大禮必簡」，尼父稱「禮奢甯儉」。夫，「簡」豈疏率之謂乎，「儉」豈靳嗇之謂乎？篤乎情，而或有節；達於文，而情常無窮。乃所謂真簡、儉也，是崇本、救時之深意也！要之，禮不虛行，顧其人何如耳？故曰：「忠信之人，可以學禮。」

包子，箕裘家學，質直醕茂，鄉閭推忠信焉。援古據臆，損益「四禮」，期於標「儀節」之芳模，挽澆靡之頹習。其志遠，其慮深矣，余因令付之剞劂。將俾披是編者，玩其文，諳其情，庶幾「先民之是程」，少有裨補於風教云爾。

於是，謬敘其概，以告吾鄉之同志於「禮」者。於戲，是編也，甯獨可風吾鄉也乎哉？

4.2.1（明）虞淳熙[101]：《〈家禮儀節〉序》，《虞德園先生集》，卷三，第一百八十六-一百八十七頁（十六葉正-十八葉正）。

《家禮儀節》序 代作[102]

夫「禮」始於太乙。孔子曰「道之以『德』，齊之以『禮』」，「齊之」爲言「一」也。一道德，而齊「禮」以叶「一」，《尙》曰「黎民咸二」哉？（武宗垂典，期會於一；皇上所稱，較若畫一，其斯之謂矣。）

《儀禮》自姬公，《家禮》自文公。[而酌緯合經，約爲《儀節》，則先正丘文莊公，斯萬世畫一之律令也。]姬公從朔於至德，龍子之國，至今有儀。而文公之提舉東浙，將亦有儀訓焉？然，予治「鄮」歷臯，未覩其一也：

諭丱帢纚，取數多於「東昏」之四種。陶匏不登，「庖」代「贄」矣。「百両」浮淫，「三周之輪」枳矣。棘人虛廬，茅馬塞途；掩骼慫令，焦尾興謠。上賓、亞賓，爇而資冥；野仲、游光，匹於家祏矣。

斯浙之所行「四禮」，奢耶，儉耶？一而齊之，可無節耶？徃，余稽先後《會典》、《文公家禮》，以「四禮」，示四明。比之蒞官斯土，而頒文、諭行禮，輯刻陳祥道之《（禮）書》者[103]，奚耻鰥在？故，有典之家，取便瀛箱；無稽之家，懸其測蠡。四明（曰「明」）四禮」，明於「四目」，蓋一付梓，而免「伐檀」之誚也。如，字蟫黎杇，迨今日，何「四履」既拓，一視罔渝？方且，流行「六諭」，「速於置郵」？

脩同軌、同倫之教，弼以所提之「刑」，克一克齊，猶之不貳事，不移官也。惟茲臣庶，勿諐於訓，乃餙黑幪，乃斷結褵，乃究蟬緌，乃投豻獸。「四刑」也者，懲「四禮」之不踐，民無尤焉。

且，汝浙，亦師「太伯之讓王」乎？其產，由「禮」之英，若文阿《儀禮》、《義》[104]，味道《儀禮解》，彥肅、明復《儀禮圖》[105]；陸佃、顧越、黃宜、錢時所論著，竝翼文莊。固，姬公之「魚麗」，文公之「魚筌」也，可讓於師耶？師在盈丈之外，而官在兩觀之內，汝不有「四體」乎？

禮者，體也。體一不備，謂之「不成人」，經訓也。「體」，猶「甆爲野土」。而「禮」者，理也、心也，孝皇《〈典〉序》命曰：「聖聖相承，先後一心」者也。「一」之之謂「齊」，又帝训也。可弗譓于「訓」，還于太乙哉？

吾書，載「訓」而行，應藏酤册、田券之側。彼所計錙銖，圭撮耳。瘠體剜心，「唐」風是訓。而，奚其「訓」？然有問焉：胡不聚鷸，示以書；胡不雕魚，示以書；胡不屑蜃而燃鯢，示以書？

心安而色愉，常守其富，守「禮」之效也。藉苐令鄙至于濯冠、瓦樽，「肩不掩豆」[草笠、荆奩，壑欐沚毛]，亦心作容沘，企而及之，定於「一」矣。爰命老更舍鐸，而爲繇蕞「象」、「鄮」之講誦，洋溢於浙，聲訖於紘埏。其有二乎？

賈公彥云：「《儀禮》爲本，《周禮》爲末。」《周禮》大[六]屬，條枚綿綿。而「荄」，蘖於優優之儀，是故君子務焉。

書凡幾[八]卷，陰陽其文，考索爲易。其幅帙瞰乎《會典》，尊王之義也。

[萬曆戊午，陽月至日。陽羨何士晉，書於武林之「種德堂」。]

[「何士晉印」、「青瑣侍臣」[106]]

4.3.1 北京圖書館善本部編：《北京圖書館善本書目》，卷一，《經部・禮類–雜禮書》（第一册），二十葉背。

《文公家禮儀節》八卷。明丘濬撰。明萬曆四十六年何士晉刻本[107]。四册。

（一〇五三八）

4.3.2 《中國古籍善本書目》編輯委員會編：《中國古籍善本書目・經部》，卷二，《禮類・雜禮書》，第二百二十頁（四十七葉背）。

《文公家禮儀節》八卷。明丘濬撰。明萬曆四十六年何士晉刻本。

（二三五九[108]）

校勘記

❶ 本篇，依主題詞「廠庫須知」等分別摘録，并據編纂者生年或出版時間，次第安排。而，文獻來源下迄當代，涉及書目、正史、大事記之著録，及別集文句等内容。

惟，題名若作「工部廠庫須知」，幾無綫索，詳可參見書前之《校點説明》。

❷ 本條，另參今人瞿鳳起重訂《虞山錢尊王藏書目録彙編》，錢氏《也是園書目》「史部・職掌」類中，亦記「《廠庫須知》十二卷」（第二卷，第五十二頁）。

❸ 本條，又見於是書「清道光八年劉氏味經書屋鈔本」中，記在「史部－成字四格・職官」項下，爲「《廠庫須知》。六本」（卷二，第七百一十五頁，三十葉正）。

❹「中央圖書館善本書目初稿」，此書又稱《「中央圖書館」善本書目初稿第一輯》，原爲「五卷二册，油印本」，惟其編纂時次，據《校讀記》所描述之信息推測，當於民國三十五年（一九四六）前後。（劉兆祐、林慶彰：《校讀記》，屈萬里編：《屈萬里先生全集》，第十六册、第三集，第三百三十三－三百三十四頁）

❺「玄覽堂叢書續集提要」，據《顧廷龍文集》所附簡短説明（第四百五十三頁），此文當約於一九四九年六月前完成。

❻「一〇四二一」，據該書《編例》即指檢索「書號」（一葉背）。

❼「一三四八六」，據該書《藏書單位代號表－檢索表》所示，此檢索編碼指向代號爲「〇一〇一」的「北京圖書館」（即今「中國國家圖書館」）和「一六〇一」的「南京圖書館」。（下，第一千五百三十七、二千五百四十八、二千九百頁，一葉正、六葉背、一百八十二葉背）

又，今檢一九八九年版《北京圖書館古籍善本書目》，其所藏刻本著録爲：「二十四册。九行十八字白口四周雙邊」，書號即爲「一〇四二一」。（第二册，《史部・政書類－工藝》，第一千零六十九頁）

❽ 本篇，更與「北京圖書館古籍珍本叢刊」所影《皇明修文備史》前，佚名摘録之趙氏此文（第二頁），及其原書《總目》（第三－四

頁）對校。

又，其所抄趙氏文者，非全篇（無書名臚列一段），其書葉末欄另有「光緒癸卯年（一九零三），得於巴陵方氏。凡無墨圈者，皆有目無書。澄齋毓鼎識」二十六字。今，復檢《惲毓鼎澄齋日記》「光緒廿九年癸卯」之殘卷，似未見著録，惟與《中國古籍善本書目・史部》、《北京圖書館古籍善本書目・史部》所記跋者一致（上，第二百五十八頁、二十九葉背；第二册，《雜史類》，第三百三十九－三百四十頁）。

而，所謂「巴陵方氏」者，今疑當即「碧琳琅（瑯）館主人」、湖南岳陽流寓廣東之名賢，清末名藏書家方功惠（參 李玉安、黃正雨編：《中國藏書家通典》，《清》，第六百三十七－六百三十八頁）。惟，粗檢國家圖書館藏民國間「北平圖書館」傳抄之《碧琳瑯館書目・史部》，似亦未見。然而，再檢約於光緒二十四年（一八九八），由湖南湘鄉李希聖鑒定而筆録的有關方氏藏書之《雁影齋題跋》，其卷一即見《修文備史》，可知澄齋所言當不謬。今特録出李氏題跋於後，以備參酌。

❾「鈔」，刻本原作此，「備史本」作「抄」，今不改。

❿「栞」，刻本原作此，「備史本」作「刻」，今不改。

⓫「竝」，刻本原作此，「備史本」作「並」，今不改。

⓬「總」，刻本原作此，「備史本」作「緫」，今不改，後不再注。

⓭「寍」，刻本原作此，「備史本」作「寧」，復覈書影《總目》，此字做「寧」（第三頁），今暫不改，後不再注。

⓮「目」，「備史本」《總目》書名上下，見部份墨筆等圈點痕迹，并附有佚名所記之編纂者及排列次序等信息，刻本基本皆無，今疑或即澄齋所標，現僅悉數移録於校記中，以作參酌。

⓯「五」，刻本原作此，「備史本」無，今不從。

⓰「圖」下，「備史本」單行小字記「無撰人名」。

⓱「略」，刻本原作此，「備史本」作「畧」，今不改。

又，「略」下，「備史本」單行小字記「盛元佐編」。

⑱「訓」下，「備史本」單行小字記「宋濂等編」。

⑲「儀」下，「備史本」單行小字記「移入《太常紀》」。

⑳「以謁陵儀附焉」，刻本原作此，「備史本」雙行小字作「附《謁陵》，移入《太常紀》」，今暫不改。

㉑「獻實上下」，刻本原作此，「備史本」分作兩欄，記爲「獻實上」、「獻實下」，今不改。

又，「上」下，「備史本」單行小字記「袁袠撰」。

㉒「疏」，刻本原作此，「備史本」作「疏」，今不改，後不再注。

又，「疏」下，「備史本」單行小字記「移《兵衛制》後」。

㉓「志」下，「備史本」雙行小字記「史繼偕撰。移《太常紀》後」。

㉔「疏」下，「備史本」單行小字記「附《兵志》」。

㉕「删」下，「備史本」單行小字記「蕭彦纂」。

㉖「廠庫須知上下」，刻本原作此，「備史本」分作兩欄，記爲「廠庫須知上」、「廠庫須知下」，今不改。

又，「上」下，「備史本」單行小字記「何士晉輯」。

㉗「邊」，刻本原作此，「備史本」作「邊」，今不改，後不再注。

又，「考」下，「備史本」單行小字記「魏焕撰。附顧中丞《撫遼疏議》」。

㉘「考」下，「備史本」單行小字記「附《九邊考》」。

㉙「考」下，「備史本」單行小字記「附《九邊考》」。

㉚「碑」下，「備史本」雙行小字記「附《川貴總督王象乾議處播州地界疏》。移《播酋傳》後」。

又，「碑」下，即「平播日録」與「平播碑」間界欄，見「此二種移之，誤入《十寨諸獞》後」數字。

㉛ 第二「花」字，刻本原作此，「備史本」似作「苍」，今據原篇標題作「花」（第五百一十二頁），故仍從。

㉜ 「罕」，刻本原作此，「備史本」似作「四十」兩字，而其旁界欄見一「罕」字，今據該抄本原篇題作「罕」（第五百一十六頁），故仍從。

㉝ 「及」，刻本原作此，「備史本」無，作空一字格，今不改，後不再注。

㉞ 「疏」下，「備史本」見圈點痕，并單行小字記「誤在《議處安南》後」。

㉟ 「傳」下，「備史本」單行小字記「上下」。

㊱ 「傳」下，「備史本」見圈點痕，并單行小字記「此三種誤在《朝鮮國》後」。

㊲ 「劉」，刻本原作「劉」，今正。

又，「傳」下，「備史本」見圈點痕，并單行小字記「誤在《羅雄傳》後」。

㊳ 「采」，刻本原作「宷」，「備史本」作此，今據該抄本原篇題作「采」（第八百五十九頁），故改。

㊴ 「塩」，刻本原作「鹽」，「備史本」作此，今據該抄本原篇題作「塩」（第八百六十頁），故改。

又，「盜」，刻本原作此，「備史本」係於「塩」下界欄旁補添此一小字。

另，「傳」下，「備史本」見圈點痕，并單行小字記「以上五種在第十七册」。

㊵ 「奢效忠」，刻本原置此，「備史本」列於前條「安智」二字後，今據四篇排布狀況（第五百八十－五百八十五頁），疑當從「備史本」，暫不改。

㊶ 「鐵」，刻本原作此，「備史本」作「鉄」，今不改。

又，「菁」，刻本原作「菁」，今正。

㊷ 「傳」下，「備史本」單行小字記「附陳中丞《疏》」。

㊸ 「雄」，刻本原似作「榮」，「備史本」作此，今據該刻本原篇題作「雄」（第五百九十頁），故改。

㊹「記」下，「備史本」單行小字記「彭時撰」。

㊺「記」下，「備史本」單行小字記「見《紀録彙編》，不録。凡有圈者同」。

㊻「雜」，刻本原作此，「備史本」作「襍」，今不改，後不再注。

㊼「損」，刻本原作此，「備史本」作「捐」，今不改。

又，「備」，刻本原作此，「備史本」作「偹」，今不改。

另，「録」下，「備史本」單行小字記「梅純撰」。

㊽「清」，刻本原作此，「備史本」作「淸」，今不改。

㊾「鈔」，刻本原作此，「備史本」作「抄」，今不改。

㊿「録」下，「備史本」單行小字記「尹直撰」。

51「記」下，「備史本」單行小字記「陸容，文、撰」。

52「野」，刻本原作此，「備史本」作「埜」，今不改。

又，「記」下，「備史本」單行小字記「祝允明撰」。

53「鑒」，刻本原作此，「備史本」作「鑑」，今不改。

又，「録」下，「備史本」單行小字記「謝蕡録」。

54「東方」，刻本原作此，「備史本」無、空二字格，今「備史本」有目無書，故仍從刻本。

55「密」，刻本原作此，「備史本」作「宻」，今不改。

56「録」下，「備史本」單行小字記「应移《平播》後」。

57「志」下，「備史本」單行小字記「王世貞撰。移《大同板升考》下」。

58「事」下，「備史本」單行小字記「郭應聘撰」。

59 「誤」下，「備史本」單行小字記「王世貞撰」。

60 「統」，刻本原作此，「備史本」作「紀」，今不從。

61 「第」，刻本原作此，「備史本」作「第」，今不改。

62 「爲」，刻本原作此，「備史本」作「為」，今不改，後不再注。

63 「段」，刻本原作此，「備史本」作「叚」，今不改。

64 「也」后，刻本已完結，「備史本」另多「收菴（龕）趙懷玉」六字，今不補。

65 本篇，更與「北京圖書館古籍珍本叢刊」所影，《皇明修文備史》前佚名抄寫之相同記文（第一頁；當即李氏此篇）對校。

66 「收」，刻本原作此，「備史本」作「収」，今不改。

67 「洛」，刻本原字大小與上下同，「備史本」縮小并靠右欄綫，今從之。

68 「編」，刻本原作此，「備史本」作「徧」，今暫不改。

69 「特」，刻本原字大小與上下同，「備史本」縮小、上提并靠右欄綫，其下更空一字格，今不從。

70 「于」，刻本原作此，「備史本」作「於」，今不改，後不再注。

71 「卅」，刻本原作此，「備史本」作「丗」，今不改。

72 「覽」，刻本原作此，「備史本」作「録」，今不改。

73 「搜」，刻本原作此，「備史本」作「披」，今不改。

74 「制」，刻本原作此，「備史本」作「衛」，誤，不從。

75 「峦」，刻本原作此，「備史本」作「啚」，今不改。

76 「襍」，刻本原作此，「備史本」作「雜」，今不改。

77 「修文備史鈔本」，是篇現代「整理本」標點多處欠妥，植字亦見錯謬，因《皇明修（脩）文備史》原書尚存，故僅就必要處核對「備史本」，出注、糾改，餘者暫仍其舊。

(78)「回夷」，整理本原上與「寧夏鎮哱拜哱承恩」粘連不分，今檢「備史本」原作兩篇（《寧夏鎮哱拜哱承恩列傳》、《回夷列傳》，第五百二十八－五百三十九、五百四十頁），當斷，故於「恩」下（即「回」上）添符號「、」。

(79)「列」，整理本原作此，今檢「備史本」原篇，乃衍誤，何氏名姓僅爲「何中」（《浙江大營叛兵列傳》，第八百五十五頁、三葉背），暫不删。

(80)「重」，整理本原作此，今檢「備史本」原篇，乃形近誤，其姓當爲「董」（《叛兵王禮董承恩張鎖兒張勝豪列傳》，第八百五十七頁、七葉正），暫不改。

(81)「崇明江陰諸盜」，整理本原作此，今檢「備史本」原篇，當作「崇明江陰諸塩盜」（《崇明江陰諸塩盜列傳》，第八百六十頁），暫不補。

(82)「銕」，整理本原作此，今檢「備史本」原篇，乃形近誤，其名姓當爲「鐵鎖菁」（《雲南鐵鎖菁羅思諸夷列傳》，第五百八十六頁、一葉正背），暫不改。

惟，整理本斷句亦誤，其頓號原置於「銕」後，今删。

(83)「王」，整理本原作此，今檢「備史本」原篇，乃形近誤，趙氏當爲「懷玉」（《皇明脩文備史書後》，第二頁），暫不改。

另，由此一段可知，「備史本」《總目》前同一笔体所抄就之李兆洛與趙懷玉兩《書後》，當早於惲毓鼎得此書時即已见在，亦恐非爲澄齋手迹。

(84)「二一七六五」，據該書《藏書單位代號表－檢索表》所示，此檢索編碼指向代號爲「〇一〇一」的「北京圖書館」。（下，第一千五百三十七、二千六百五十一頁，一葉正、五十八葉正）

又，今檢一九八九年版《北京圖書館古籍善本書目》，其所藏《皇明修文備史》清抄本著録爲：「十八册。十三行二十四字藍格白口左右雙邊」，書號「〇一五一三」（第二册，《史部・雜史類－斷代》，第三百三十九－三百四十頁）。另，據此書《編例》第五條第⑦款，

「書號前加零字頭的，係一九三七年以前之本館舊藏」（第一册，第二頁）。

(85) 「甲辰公及第」，今覈《孫徵君日譜録存》前本月「二十一日」、「二十二日」篇題所記，爲《跋孫子淵家藏文正公手蹟後》及《讀文正公舊紀數則》，特别是後者内文見云「高陽，初入相」等，更至「二十六日」均涉「孫文正公」（第三十-三十四頁、三十二葉正-三十九葉背），則此處所謂「公」，當即指其。而，明人可稱「高陽」孫氏者，應係孫承宗。

又，據《明史·孫承宗傳》，其於「萬曆三十二年（一六零四，甲辰年）登進士第二人」（卷二百五十，《列傳第一百三十八》，第六千四百六十五頁、縮一千六百六十三頁），與此合。再檢後文「乙卯南京試録」，孫承宗之《何武莪〈諫草〉序》所記年月即「乙夘秋七月四日」（四葉背），由一六零四年至明亡，僅有萬曆四十三年（一六一五）爲「乙卯」年。而《高陽集·序》，亦見楊璧於嘉慶十二年（一八零七）所撰之《孫文正公全集序》（第十五-十七頁），故可定此「公」即爲孫承宗。惟，《明史》該本傳末言，孫氏「謚文忠」（第六千四百七十七頁、縮一千六百六十六頁），與此异。

另，更覈明人孫銓編、清人孫奇逢訂正之《高陽太傅孫文正公年譜》「萬曆四十三年乙夘，公，五十三歲」條，其内所云，俱符契。今録出如左，以備參酌：

五月，東宫有「梃擊」之變，御史劉廷元以「風顛」蔽其獄。閣臣吴道南，咨以諮公，公曰：「事關東宫，不可不問；事關皇宫，不可深問。龐保、劉成而下，不可不問；龐保、劉成而上，不可深問。獨皇上能了此，須輔臣密揭，啓之」。道南謝曰：「謹受教。」於是，「梃擊」之議定。

典南京試，爲人序《諫艸》，及發策頗著。其語，主「風顛」者啣之。（卷一，《自一至五十九歲》，第七十八-七十九頁、十葉背-十一正）

(86) 「何士晉疏藁」，今檢《江蘇藝文志·無錫卷-宜興市-明》，記爲「何武莪《疏稿》一卷。史部政書類。佚。見《千頃堂書目》卷三十」（下，第一千三百二十頁），與此略异。

(87) 「盧氏」并「别本」，據該書《出版説明》及《凡例》所載，即鐵琴銅劍樓藏「經王振聲過録盧文弨、吴騫依黄氏所著《明史·藝文志》原稿所校者」中的「盧文弨朱筆校語」，而「別本」指「舊鈔本及編者據其他材料校訂者」（第二五頁）。又，前所謂「編者」，即瞿鳳起、潘景鄭等整理、點校者。

(88)「義」，「整理本」原作此，今疑誤識與誤植，當爲「莪」，暫不改。另，此誤典型者，即如清人徐開任所編《明名臣言行録・總督何公士晉》，其首稱爲「字武義，常州武進人」、其末稱「遂起汪文言獄，坐公贓十萬」（卷八十三，第六百二十五－六百二十六頁、八葉正－十葉背）。日人小野和子《明季黨社考・東林黨關係者一覽》中亦記「何士晉。字武義。號武莪」（第三百八十二頁），恐亦同謬。

(89)「四〇四一」，據該書《藏書單位代號表－檢索表》所示，此檢索編碼指向代號爲「一七〇二」的「杭州市圖書館」（即今「杭州圖書館」：下，第一千五百五十二、一千六百八十頁，七葉背、七十二葉背）。另，據「全國古籍普查平台」二零一零年十月二十日仇家京導入之數據，此書普查編號爲「330000-1702-0000600」，其著録題名依據「序跋一」（即官應震《序》）、著者依據「書中行文」，其他題名，依據版心又稱「題艸」。而，版本著録依據序跋，并參《中國古籍善本書目》本條，乃綫裝三册，開本高、寬 27.3 × 17.3 厘米，版框高、寬 20.5 × 15.5 厘米，每半葉九行、每行十八字，白口、四周單邊、單黑魚尾，內文更見佚名圈點。其來源爲「杭州文化局撥交」，曾經襯紙修復，至二零一一年定爲「三級甲等」、三册均係「四級破損」古籍。

(90)「董孝子祠志序」，本篇亦載於清董秉純編《董孝子廟志》（第二十一－二十三頁、十一葉正－十二葉正），其內題名僅記作「原序」。另，此題名，長卿原文僅作「孝子祠志」，今暫依《純德彙編》，惟著録時仍據屠氏所稱。

(91)「玄」，《純德彙編》原作此，「清廟志」作「元」，當係避玄燁諱，今不改。

(92)「唯」，《純德彙編》原作此，「清廟志」作「惟」，今不改。

(93)「姆」，《純德彙編》原作此，「清廟志」作「母」，今不改。

(94)「總」，《純德彙編》原作此，「清廟志」作「惣」，今不改。

95 「新脩董孝子廟志序」，今次校點，乃摘引篇首，其後係董秉純考訂孝子籍貫、孝廟及墓之沿革等內容，現以符號「……」略去。

96 「撰」，今據該書「南圖」刻本內容，當訂「編」爲妥。

97 「崇禎」，據清人董華鈞嘉慶間所刊成之《純德彙編》云，「推官何士晉，於萬曆三十五年（一六零七），創《孝子廟志》」，且「所述孝子《本傳》，一仍《府志》原文」。而此，當是指在萬曆三十年，武我議於廟內奉祀孝子父母，議遣教官、知府正祭，并置祀田之後，「纂集」、「刊刻成書」，故在董氏族人中又有稱爲「何公所纂《孝廟志》」（卷二、三，《志乘附》、《祠廟・邑廟沿革》，第五百五十四、五百六十三頁，八葉背、五葉正、六葉背）。

惟，據清人董華鈞乾隆三十年（一七六五）刊成的《純德彙編》內收録的武我《〈董孝子廟志〉小序》末，所記年日爲「萬曆三十三年，歲次乙巳，春二月」（卷六下，《記序》，第六百一十二頁、二十葉正），與屠隆《〈孝子祠志〉序》所記時次趨同，故初版刻成當定在「萬曆三十三年」（一六零五）爲妥。

而，「崇禎」年號的來源，今疑當係審定者據「南圖」所藏此「明廟志」後世重裝時，增補、置入的幾幅插頁草定：即第二册見「崇禎十四年（一六四一）八月初七日」、「顺治八年（一六五一）九月初四日」《文移》二篇（內容應係「寧波府」及「寧波府理刑推官何」，據當地儒生董師儒所述，同爲嚴禁居民圍繞廟址搭建，以防火災等事，並由該生示諭民眾），及第四册見「崇禎十五年（一六四二）十月初五日，吳西蓼孝廉张肇元」所撰《題董孝子祠有序》一篇、「崇禎辛巳（一六四一）岁季夏朔日，四明守林梦官題拜书」《本府林郡侯募緣疏文》一篇。至於具體考辨，迨日後清理「明廟志」，再做辯正。

98 「一一九四一」，據該書《藏書單位代號表－檢索表》所示，此檢索編碼指向代號爲「一六〇一」的「南京圖書館」。（第一千五百四十八、二千八百六十四頁，六葉背、一百六十四葉背）

99 「徐應乾」，據《千頃堂書目》所載，今疑《士林正鵠》之遂昌籍撰者當即此人，現録出如左，以備參酌：

徐應乾《士林正鵠》。四卷。字以清，遂昌人，貢士，官雷州府學教授。蒐輯古人孝、悌、忠、信、清、慎、勤、敏八行，凡二百餘條。（卷十一，《子部・儒家類》，第三百零六頁）

另，明人歐陽保等編《（萬曆）雷州府志・名宦志》載有其小傳，而《（光緒）遂昌縣志・人物》亦見。今概録出，以備參酌：

徐應乾，浙江人，由歲貢，萬曆四十年任府教授。端莊儒雅，綽有師範。前訓英德，著有《士林正鵠》、《讀書正旨》諸書，頗見大意。委彙集《雷州志草》，編摩就緒，其勞足嘉。未及一載，竟循例劣轉，公論惜之。（卷十五，《教職》，第二百四十八頁、三十八葉背－三十九葉正）

徐應乾，字以清。行誼端謹，學問淵宏。家貧，課生徒，束贄奉父，均予諸昆，不入私室。夙著才名，由恩貢，授甯波訓導、清遠教諭、雷州府教授。所至，作人、訓士，一本蘇湖。董修《府志》事，筆削允當。所著有《昌岩藏稿》、《士林正鵠》行世。（卷八，《文學・明》，第五百一十五頁、三葉背）

(100) 「包萬有」，《（光緒）遂昌縣志・人物》載其小傳，現録出如左，以備參酌：

包萬有，字似之。六歲失怙，事繼母如所生。居繼母喪，啜粥茹蔬三年。十八，補弟子員，屢試優列。入棘闈，主司命題，曲意媚逆璫，遂投筆而出。棄青衿，放浪山水，博極群書，經史百家、內典丹經，靡不淹貫。建「兌谷書院」，會同志講學焉。又，捐輸義倉穀一百石，以賑饑。兩應修《郡志》，聘修《邑乘》者三。所著有《編年合録》、《五經同異》、《範數贊辭》、《小學遺書》、《食貧録》等書。歿，郡伯周宿來先生，讀其撰述，慨然想見其爲人，詳請祀入鄉賢。入《通志》。（卷八，《文學・國朝》，第五百一十八頁、八葉正背；另，「食貧録」之「貧」，該書《藝文》卷、即本條，作「貨」，今暫不改）

(101) 「虞淳熙」，今節録清人錢謙益《列朝詩集小傳》所載者於左，以備參酌：

淳熙，字長孺，錢塘人。萬曆癸未進士，授兵部職方主事。東、西方用兵，所條上皆有條理。……遷主客員外。會稽勳郎呂胤昌以孫塚宰甥引去，塚宰從物望，推長孺改補。癸巳內計，塚宰與趙考功盡黜宰執之私人，黨人力攻孫、趙，指摘長孺不當補呂闕，以撼塚宰。塚宰爭之，強朝士持清議者，訟言臺諫議非是，並攻執政。上震怒，塚宰罷去，長孺與趙削籍，而諸言者皆得重譴。萬曆間之黨論，堅持不可拔，自此始也。歸田三十載，值天啓之初，羣公皆自謫籍起，而長孺卒於家，年六十有九。……家貧無書，與其弟淳貞字僧孺者，搜奇獵祕，閉門鈔寫，方術陰符，靡不通曉。十七喪母，相依習天臺「止觀」，夜則談神鬼變化、狡獪之事，至漏盡不寐。長孺好仙，僧孺亦好仙。已而長孺好佛，僧孺亦好佛。兄弟偕隱南山回峯下，相與棲寂課玄，採蓴行藥，以終老焉。……長孺少見知于李于鱗、王元美，賦才奇譎，搜抉奇字僻句，務不經人弋獲，以爲絶出。於時賢，頗心折湯若士、屠長卿，自詭以易几勝之。雖未免牛鬼蛇神之誚，可謂經奇者也。……子宗瑤、宗玖，皆有文。刻《德園集》六十卷。（丁集下，《虞稽勳淳熙》，第六百二十八－六百二十頁）

(102) 「代作」，此二字亦見於該書《目録》（第一百三十一頁、三葉背），應即指代武我所作，詳可并參后注。惟，凡或屬何氏之添改者，今已用「[]」括出，而虞氏原文被删改者，另用符號「()」括出。

(103) 「祥」，《虞德園先生集》原似作「禅」，「何刻本」作「詳」，今據《宋史・陳暘傳》（卷四百三十二，《列傳第一百九十一・儒林二》，第一萬二千八百四十八－一萬二千八百四十九頁、縮三千二百七十頁），《禮書》作者閩人陳氏當爲此字，故正。

(104) 「文阿儀禮義」，「文阿」當指沈文阿，今據唐人姚思廉《陳書・沈文阿傳》，此吳興武康人沈國衛，「治『三禮』、『三傳』」，撰《儀禮》、《經典大義》若干卷（卷三十三，《列傳第二十七・儒林》，第四百三十四－四百三十六頁、縮一百一十三－一百一十四頁）。而，唐人李延壽《南史・沈文阿傳》，除另録有國衛「《春秋、禮記、孝經、論語義記》」若干卷（卷七十一，《列傳第六十一・儒林－沈峻太史叔明、峻子文阿》，第一千七百四十一－一千七百四十三頁、縮四百五十四－四百五十五頁）外，餘概與《陳書》本傳略同，故或當將此三字分作兩書爲妥。

(105) 「彥肅、明復儀禮圖」，今據清人永瑢、紀昀等編《欽定四庫全書總目》，「彥肅」當指南宋趙彥肅《士冠禮、婚禮、饋食圖》（上，卷三，《經部三・易類三》，「《復齋易說》六卷」條，第二十一頁）；而據清人王梓才等編《宋元學案補遺》，「明復」當指宋人楊明復《冠昏喪祭圖》（第六册，卷六十七，《九峯學案補遺・翁氏門人－學正楊蒲城先生明復》，第三千六百七十二頁）。故，此所謂「儀禮圖」者，當僅係略稱。

(106) 「何士晉印」并「青瑣侍臣」，此爲何氏刻本文末，原所摹之兩方形陽、陰文印樣之釋文。

(107) 「何士晉刻本」，此刻本見署名武我、「萬曆戊午（四十六年，一六一八）陽月至日」於「武林之種德堂」之《序》一篇。復檢此文，當即於明人虞淳熙《虞德園先生集》中所收「代作」之《〈家禮儀節〉序》，故不録在今次校點本之何氏《佚存・詩文》篇内。而，虞氏年里大略，亦見於《千頃堂書目》，「字長孺，錢塘人，吏部稽勳郎中」（卷二十五，《別集類・萬曆癸未科》，第六百二十九頁）。另，前所謂「武林」與「錢塘」，當指今杭州，故有論者定此本即於之江畔「重刻」（吕振宇：《〈家禮〉源流編年輯考》，第一百八十六－一百八十七頁）。

108 「二二五九」，據該書《藏書單位代號表－檢索表》所示，此檢索編碼指向代號爲「〇一〇一」和「〇三四一」的「北京圖書館」（即今「國家圖書館」）、「南開大學圖書館」。（第五百零一、五百零三、五百八十五頁，一葉正、二葉正、四十三葉正）又，今檢一九八九年版《北京圖書館古籍善本書目》，其所藏刻本著録爲：「四册。八行十六字小字雙行同黑口四周雙邊」，書號即爲「一〇五三八」（第一册，《經部・禮類－雜禮書》，第八十七頁）。更檢《南開大學圖書館館藏古籍善本書目》，其所藏刻本著録爲：「八册。八行十六字白口四周雙邊」，書號「善 534/882」（《經部・禮類》，第十一頁）。

代跋

「公共良知」：一部書冊的重現及研辯小史

連冕　撰寫、制表

如若，能將《工部廠庫須知》❶，這部物理形態上并非格外厚重的書冊，放回到歷史的河流之中，那麼，它好似瑩亮浪花般的「躍出」，以及向着黑沉漩渦的「隱沒」，實在又與一連串令人頗感奇譎的「戲劇性」事件，緊緊相扣。而鄭振鐸，當是它在近代時，較早的「公共化的良性知識」的發現者之一。所以說「公共化」，即指藉由社群內足可推進共享的「話語能力」，進行紹介、做出薦舉，繼而將舊的、或已消失百千年的，當前又確能資以利用的「良知」、「真識」，重新引入一種超越「私家秘藏」、「口傳心授」的「絕學」式的，可供大衆反復比勘、檢驗的科學研辯領域。

而鄭氏在民國三十年（一九四一）一月十七日致信張壽鏞（咏霓），提及了當日軍侵華進入瘋狂階段，於上海成立的「文獻保存同志會❷」考慮購買「劉、張二《目》」中的善本古書，特別是「『劉物』則多史料，稿本甚合保存『文獻』之目的。即全捨其宋元而取其明刊抄校，亦甚可觀。我輩所得，有數大特色：

（一）抄校本多而精，（二）史料多，且較專門，如得『劉物』，則欲纂輯『明史長編』，必可成功」。其後，對於「明史長編」將分出的部類，鄭氏主要舉了「列傳」、「本紀」和「表志」三綜。尤其是最末者，他說，「亦可搜羅明人各著作，如《國朝列卿年表》、《馬政記》、《廠庫須知》等爲之」❸。

西諦此段夾叙夾議的簡潔論評，從學術史層面折射出了一組不小的問題：他們構想的「明史長編」，自是在比附中國舊日「正史」的修纂體例，這也才有了相對而言的，承繼「列傳」、「本紀」來說的「明人各著作」，即以「私家纂述」添補朱明一朝官書、史志存留至民國時的匱乏，那麼被舉出的《廠庫須知》或即屬此類；其次，《廠庫須知》除了整體上當然須納入「表志」的範疇，它到底是一部怎樣的作品，編著者、收藏者是誰，鄭氏又如何得曉其詳？

一　重現（二十世紀四十年代初）

臺灣「中央圖書館」最早整理刊布的《上海文獻保存同志會第六號工作報告書（民國三十年一月六日）》❹，據陳福康後來研究，其內容基本當係由西諦「親自起草」❺，因此也披露了致信張氏約十一天前的一段光景裏的相應情形：

沈氏「海日樓」藏書，現已全部散出，歸「中國書店」出售。敝處事前再三與之約定，全部書籍須先由敝處先行閱定後，始可散售他人，此點現已辦到，并已由該店分批將各書送來。經仔細選剔後，所得者頗爲可觀。其中關於明代史料部分及天一閣舊藏部分最爲重要，除與劉氏書重複者尚未決定是否收購外，已決定購買者有：《皇明獻徵録》，《皇明經世文編》，萬曆本《大明律》，萬曆本《大明律集解》，嘉靖藍印本《遼東志》，嘉靖本《嘉興府圖經》，萬曆本《海鹽圖經》，萬曆本《廠庫須知》，明末本《五邊典則》（徐日允輯，見《全毀目》）等罕見之明代史料書；又天一閣藏書之……；又有……，（均爲天一閣藍格抄本）均是不能放手者。……，連罕見之清刊本等，約可選得二百餘種，并有《大正大藏經》等在内，其價尚未談妥，約須費二三千元之譜。

據之可知，鄭氏所采訪到的《廠庫須知》，或是屬於曾任清刑部貴州司主事、安徽布政使的嘉興沈曾植「海日樓」舊藏中的「明代史料」部分❻。而事實上，更在此《報告》前的一九四〇年十二月十四日，鄭氏亦曾去信《報告》的接收者——方履任民國「中央圖書館」首任館長的蔣復璁（慰堂），以基本相同的描述，介紹過被「扣留」在身邊，準備接洽以「中英庚款」購入的《廠庫須知》等一批「關於明代之『史料』書」❼。而這，當係《廠庫須知》與彼時該館結緣的起點❽，繼之終因影入《玄覽堂叢書》（續集），并被留爲「公藏」，而化作「公共知識」架構内的一個必然成分。

於是，到了第二年五月三日的《第八號工作報告書》末，在附列「印書」之事，即擬刊行的「善本叢書」共四集中，其第一集「明代典章」門第六號，便乃《廠庫須知（明刊本）》❾。而這個「善本叢書」，「後經調整、增補，不分四集，改名爲《玄覽堂叢書》，于本年影印出版，共十函一百二十册，收有關明代史料三十三種，附一種，共三十四種。其後，於一九四七年和一九四八年，又曾影印《玄覽堂叢書》續集和三集」[10]。不過，從實際出版看，最終是在牌記標爲「中華民國三十六年（一九四七）五月，『中央圖書館』影印」的《玄覽堂叢書・續集》內（第一百〇五-一百一十六册），有史以來首次藉現代技術公開了《廠庫須知》，其題名并作者、版本，也正式穩定爲「《工部廠庫須知十二卷》，明何士晉撰、明萬曆刊本」[11]。一九五九年出版《中國叢書綜録》時，亦將之進一步歸入「史部・政書類・專志」之屬[12]。而顧廷龍曾協助鄭氏編印過《玄覽堂叢書・三集》[13]，因得約於一九四九年六月前，較早地便爲其撰寫了提要[14]。

目前，這個將十二卷分爲十二册的，在每卷首葉右下版框內鈐有「『國立中央圖書館』收藏」元朱文長方印鑒的本子，即保留於易名後的、大陸地區江蘇省「南京圖書館」內[15]。祇是，隨着查考工作的深入，我們發現，「南圖」內另存一部幾乎未曾系統公布過書影、殘剩十卷的，同鈐一章的《工部廠庫須知》[16]。這，會否即乃在一九四六年梓行的《「中央圖書館」善本書目初稿》中，「史部・政書類-工商之屬」項下所記，「何士晉等編」、已「缺卷一」的，那部同爲「明萬曆間刊本」的「《工部廠庫須知》。十一卷，十一册」[17]？

加之，《玄覽堂叢書》各集所收，於二十一世紀初，曾較系統地轉影入《續修四庫全書》（第八百七十八册），《廠庫須知》也由此被歸爲「史部•政書類」，并改稱「明何士晉纂輯」[18]，而得以大範圍傳播。還有，各類電子掃描件於萬維網絡間的便利流轉，現代數據輸入、輸出、印裝的愈發簡速，文物保護和版權意識相應又愈發增强，導致其竟復因人心之懶散、愚妄與狹隘、險惡，糾纏着昌明科技的「綜合副作用」，反倒在「化身千百」之餘，令其版本來源、收藏信息、编著者綫索等反倒又日趨模糊起来。

比如，中國國家圖書館所藏的，目前已知又一部全本《工部廠庫須知》，於二十世紀九十年代前后被编入《北京圖書館古籍珍本叢刊》（第四十七册）前，未見有多少學者議及。遺憾的是，現代手段也非能完整呈現可能的原真面貌，僅依「複製件」所见之漫漶鈐章查對，幾乎無法了解多少其被納入「公藏」前的「蹤迹」。而，這些精微的綫索，雖頻頻招致某些鄙下、自私的圖利者的嫌弃，却是真正負責任、曉大義的歷史研究，所必要依賴的稳靠「工具」。於是，解答由西諦先生所引發的疑問，還得回到「如何科學地揭示《廠庫須知》」，這類高度理性的，如「知識考古」般堅毅不懈的學術勞作上[19]。

二　研辯

當是繼《玄覽堂叢書》刊行後，可查考到的較早直接運用《廠庫須知》作爲研究支撑的學者，在大陸地區應乃中國史及經濟史學家白壽彝與王毓銓，及後來成爲中國海關史學家的陳詩啓，而於海外，則是中國經濟制度史學家楊聯陞。

2.1 第一階段：引證與路徑（二十世紀五十年代-二十世紀七十年代）

一九五四年十月，白、王二位於《歷史研究》共同刊布《說秦漢到明末官手工業和封建制度的關係》一文，主要就工匠供役情況及連帶的產品質量等，四次引證《廠庫須知》⑳。此係早期研究匠役制度的經典手筆，立論主要站在封建社會的「人」的問題之上，并未有清晰的「經濟史」傾向，仍緊扣着「階級分析」暨「剥削與生產關係」的「政治史」，而《廠庫須知》也僅乃錯雜於以各代官私史册、政書爲重點的引證材料中的一部。至一九五六年七月，白氏發表《明代礦業的發展》，議及「民礦」和「資本主義萌芽」階段的物品交換價值時，方大段利用了《廠庫須知》內的「物料單」㉑，也才拉開了後來由社會經濟史、區域經濟史角度，切進朱明銅礦、采煤、製鐵業等問題，并適量叙及該書之序幕㉒。

至於陳氏，約在一九五五年十二月，《明代的工匠制度》刊出時，亦曾引證《廠庫須知》㉓。一九五八年三月，於其論文結集《明代官手工業的研究》內之《明代官手工業的組織》與《明代官手工業物料的供應和管理》篇，當論及「工部領導下的官手工業組織」和物料供應鏈上下游相關細節時，除了《明實録》、《明會典》和部分方志外，便是大量依賴《廠庫須知》所羅陳的材料㉔。

而就版本學上，比對這三位早期徵引者所選取的內容，很快將發現，他們均應利用了《玄覽堂叢書》㉕，但竟也同樣未對該書，包括彙纂者何士晉等，做過什麼評價。惟，陳氏的研究畢竟較細緻而微觀，在「階級性」之餘，更真切觸及到了制度操持層面的不少內在規律，因而也更加明白地駛向了「經濟行爲分析」的「航點」[26]。

一九六二年三月間，楊聯陞則於巴黎「法蘭西學院」完成的四次法語講演——「從經濟角度看帝制中國的公共工程」中，對《廠庫須知》做了三次鄭重引述，并將之目爲一部「有趣的書」，透過它，「我們得到許多明代行政黑暗面的第一手資料」[27]。約一年後，在中國大陸地區，王世襄於《文物》雜志第七期發表《談清代的匠作則例》。對於他，這或許是頭尾約半個世紀的「則例」研究生涯的啓動標志。其內，王氏悉數了從《考工記》、《營造法式》、《梓人遺制》、《元代畫塑記》、《魯班經匠家鏡》，再到《龍江船廠志》、《工部廠庫須知》等，這些「在不同程度上都具有則例的性質」的專書，而特別是最末者，「和清代官書工部則例（有）更多相似之處」[28]，并以爲：

各種匠作立規格、定標準，目的是很明確的，除了爲的是將成功的經驗確定下來之外，封建統治者要求事事有則例，便於計算開支，檢查規格，以期質和量得到保證，將則例視作防奸杜弊的一種工具。

如果說，前幾位係由制度、經濟史的維度關注《廠庫須知》，并遵循了以「私家著述補充一代正史」的邏輯，那麼王氏恐怕更是首次從該書中，解析出了「物質文化-造物史」和「工藝美術-設計史」的內涵。到了一九八〇年左右，當他發表「明式傢具」系列論文時，該書也成了一個可具體化的，能作爲某類形制的指稱源頭，而被直接采納爲支撐其科學化論述的文獻史料證據——比如，關於北京匠師口中所沿用的「接桌」[29]。

到了一九八五年十月，科學出版社印行《中國古代建築技術史》，於其第十五章第五節，由王璞子撰寫的《〈工程做法〉評述》中[30]，在論述清代被稱作「工部律」、特具影響的專著《工程做法》時認爲，該書勢必參照、承襲了明代的「事例舊檔」[31]，另外：

> 最明顯的，清代官工物料名制規格，產地供應多本於明代所行，直接引錄於明《工部廠庫須知》一書，可見此篇淵源所本。

這說明，王璞子不僅如王世襄那般關注《廠庫須知》，甚至藉「名物制度史」認爲，起碼就清代中央官署的「物料」論，與明代的表述，也即與是書，實質上未有多大的偏離，縱然他也曾說，其內「記載建材名目規格，極少涉及工程造作」[32]。王璞子逝後，一九九五年由其於生前主編、中國建築工業出版社刊布的，《〈工程做法〉注釋》書前《說明》中，編者透露：早在二十世紀五十年代末、六十年代初，北京故宮博物院古建管理部便已着手整理滿清工部的《工程做法》[33]。也即，或與王世襄幾乎同時，建築史研究領域，尤其在建築工程技術層面，便已從物料運用與管理的角度，開始綜合探尋《廠庫須知》的種種價值。

倘能允許我們「跨時代」、「跨學科」地觀察，這《〈工程做法〉注釋》所貫徹的學術主張，實際還是一種隱性的，具備「準『歷史比較』[34]」意識和「歷史社會學[35]」特點的定量式鑽研——其「數據化」的整理手段，折射出潛藏於表面之下的，以現代科學方法爲背景的研辯觀念。而該書最特別的「表列體」編注手段，也恰恰提醒我們，或可將之借用於《廠庫須知》的整理上，繼而打通經濟制度史與物質文化史之間的

「壁壘」。

不過，回過頭看看，將《廠庫須知》的引證式討論推而廣之的，當屬黃仁宇於一九六四年提交給美國密歇根大學的博士論文《明代的漕運》和一九七四年出版的《十六世紀明代中國之財政與稅收》。作爲一種必然，在兩書的《前言》與《致謝》裏，黃氏提到了楊聯陞對其寫作草稿的直接影響[36]，而前書最末所附《文獻目録注釋》的第五節《漕河的行政管理及相關制度》中，更有專段議及《廠庫須知》[37]：

何士晉編輯的《工部廠庫須知》以較長篇幅列舉了北京的宫廷供應品[38]。該書最後一部分收録的資料，反映了十七世紀初明廷在各省各府州通過供應渠道徵收了哪些物品，隨後通過漕河運輸到北京。

雖引用多處，却論評簡短，但它还是説明了，黃氏觀察此書的視角，比之楊氏看作「有趣的」行政專書，已大有拓寬：通過漕河的輸運活動，將物品與人的生產、消費等行爲貫穿，繼而從最基本的「物質文化」延伸向「形而上」的稅費徵稽等制度設計，着實是高明不少。於是，就黃氏自身「徵引系統」進行内部比照，其後著不僅明確指出所依靠的正是「玄覽堂叢書」提供的版本[39]，且所獲成果，顯然更具有「史學史」上的開創價值。

若再擴大考察範圍，國外漢學研究領域，李約瑟 [Joseph Terence Montgomery Needham] 當然是位不折不扣的關鍵貢獻者，其中也必要包括他和同行們對《廠庫須知》的發掘。在《中國科學技術史》第四卷「物理學及相關技術」的第二分册「機械工程」部分（劍橋大學出版社，一九六五年梓行），討論到「國家工場」的各色情形之際，其曾專門議及：

> 明清時代工部的活動就可以構成一本書。能夠在所收集的物品冊和申請單中體會言外之意的讀者，可以從何士晉在一六一五年編的《工部廠庫須知》裏找到一個關於工部工廠、工場和倉庫的資料寶庫。

為此，他們還「不止一次」地進行引證[40]，即於第五卷「化學及相關技術」第七分冊「軍事技術：火藥的史詩」（劍橋大學出版社，一九八六年梓行）的「拋射武器•從爆燃到高爆-硝石含量的增加」段落中認為，於該書內「可發現十七世紀早期在國家工廠裏製造火藥的細節」，而該分冊的「參考文獻」部分，還為之給出了一個相對冗長，但頗貼切的英文譯名：「What Should be known (to officials) about the Factories, Workshops, and Storehouses of the Ministry of Works」[41]。

我們覺得很有必要用直譯的方式，透過這串并不一定惹眼的拉丁字母，而將李氏的理解詮釋出來。實際上，這也能夠初步解開西諦那些隻言片語留給後人的疑惑，也比之《中國歷史大辭典》精煉的定義——即「是書述明代工部職掌、條例及所屬廠庫諸項規則」[42]，更具「養分」：乃「（為相應官員們）知曉并掌握，由負責國家營造的『工部』所屬的，那些工廠、作坊和倉庫內，必須瞭然於胸的各種情況」，而準備的一部專門「手冊」。

至於法國漢學家謝和耐 [Jacuqes Gernet]，在二十世紀七十年代初成稿的《中國社會史》裏，談到明代精神生活於一五五〇至一六四四年的「勃興」，繼而引發「科學意識與對實學的新關注」時，將一六一五年左右的《廠庫須知》，及一六二八年王徵與德國耶穌會會士鄧玉函 [Johannes Schreck] 合作的《遠西奇器圖說》㊸、一六三七年宋應星《天工開物》、一六三九年徐光啓《農政全書》并提，并與李氏幾乎同調，甚至可能是直接沿用後者的見解，認爲該書「內含關於中國技術史的豐富內容」㊹。

如此，約自二十世紀四十年代鄭振鐸等人的重新發現以來，《廠庫須知》第一階段的「現代學術行旅」，便以三個方向作爲「公共知識」的「傳播出口」（即「闡釋-研辯路徑」，或「維度」），爲日後的深入研辯提供了必要的啓迪：

首先，是「政治與制度」層面。此乃一條傳統的「路徑」，由其而來，最直接的聯繫便是關於明代，特別是明末萬曆、天啓、崇禎三朝的政治運行，并引導向對朱明覆滅因由的種種考辨、批判及新的探尋。不過，僅就這樣的角度展開，該書的核心，即那些「有趣」的「物品册和申請單」，恰恰更難被揭示出多少發人深省的答案，除了一味痛斥腐敗、黑暗和治理的無能、失效之外。

那麼，第二條「路徑」——「經濟與管理」，便因「宏大叙事」的某種「無力」而生。陳詩啓、黃仁宇等的努力，即是在如此一個更實際，也是更具針對性的歷史斷面上措手。他們的收穫，也是在承繼了「政治制度」方向上的直覺式體悟後的，一類更趨「微觀」的推進。衹是，此「微觀」仍殘留着「沉默人格」的角色特徵——它們衹是「供應表」上的名目，當然也仍僅能爲「宏大」的「頂層設計」，提供些或還稱得上必要的「註脚」。此情此景，一如明清史專門家李洵於一九七九年左右，論及「《明史·食貨志》的編纂學」

之「史料來歷」時，也衹得含混地提到過的那樣——「何士晉書，史志編纂者，似皆有參考」㊺。

第三個「維度」，即「物質與文化」方向。基於不同研究者所能窺知，或者是所能揭示出的不同側面，其內還可再作細分，主要包括：「名物用度」語境，以「雜件」爲代表；「軍事執行」語境，以「火器」爲代表；「機械工程」語境，以「建築」爲代表。惟，此三種「語境」小類，也有層級遞進關係，即「雜件」乃表象，「火藥」係初步的升華，而「建築」方爲綜合運用。事實上，以此三小類爲核心，所投射出的三個方向的「文獻群」，基本涵括了《廠庫須知》的關鍵載記內容。更因它們均籠罩於同一書册的寫作框架之下，其間自然也有着不少共通點：例如，除了能夠被歸入「物質文化史」的範疇，還可以像李約瑟等人那般，將之轉入「科技史」的研辯空間。

2.2　第二階段：多元與復合（二十世紀八十年代—二十世紀末葉）

二十世紀八十年代，中國歷史研究界及海外漢學界全面復甦，關於《廠庫須知》的研辯也得以逐漸擺脫引證模式，步入新的大面積深化階段。而「經濟與管理」層面的研究路徑，算得上較成功、也較早地得到了延續。一九八二年四月，《明史研究論叢》第一輯刊發許敏《明代嘉靖、萬曆年間「召商買辦」初探》即乃先聲。

該文主要沿襲了二十世紀五六十年代大陸史學界對「資本主義萌芽」的討論，又有進一步拓殖。其細節化地分析了「召商買辦」於明中葉後（即「嘉、萬年間」）社會生產力提升之際，如何漸次成爲政府實際操持的必然選項，在涉及具體的商人構成和商品類別、數量等等後，試圖厘清貨幣與商人群體的關係，繼而如何作用於「召買」行爲，及正、負面之影響[46]。不過，許氏的核心手段，仍主要爲「引證」，且特別集中於《廠庫須知》前兩卷所收載的，何士晉等相關中層官吏的「題本」——這類叙述體例稍顯完整的材料上。由此，足見其頗受政治制度史研究方法所左右。

一九八五年八月，《東北師大學報》發表趙毅《鋪戶、商役與明代城市經濟》一文，雖未有大量引證，却是在學術史上較早地將《廠庫須知》所提供的材料，明確設置到「城市經濟史」、「區域經濟史」的研究背景內[47]。直至二十一世紀初，因高壽仙發表《明萬曆年間北京的物價和工資》一文，則更將類似手法，運用到就萬曆朝前、中、后三期的《萬曆會計録》、《宛署雜記》和《廠庫須知》的，横向且更稱周詳、精細的比對上。

高氏議及，「該書自卷三至卷一二，詳細記載了工部所屬各機構『會有』、『召買』的各項物料數額及單價，以及一些部門的勞務價格，總數達四百餘種」[48]。换句話講，《廠庫須知》收録的那些，有趣且在其他文獻內頗罕有的、大篇幅物料價值等記録，實際可被視作經濟史極鮮活的時代標本。他甚至認爲，儘管前述三部專書史料「衹能說大體反映了萬曆年間北京市場的價格水平」，但「絶大多數物品都衹有一種價格，它們作爲招商買辦的標準價格，反映的應當是各種物品的中间價格」。

另外，透過其總結出的各物品市值與變動情況，不單較明白而集中地呈現出了當時的人工勞動報酬，我們因此還能窺知《廠庫須知》所羅列的名物類目，即包括：食料、調料、燃料、草料、香料、顏料、漆料、金屬料及其他雜料；更有服飾、樂器、文房、傢什，炊煮餐飲具、一般用具，茶、糖、酒、燈、燭、紙，絲及製品，棉、麻、毛、皮、角及製品；和相關動、植物等等。不過，同年，高氏的《明代時估制度初探——以朝廷的物料買辦為中心》一文，仍將研究重新繞回對歷史財政制度的探尋[49]。祇是，此種關注，最早還能追溯至臺灣邱仲麟的《人口增長、森林砍伐與明代北京生活燃料的轉變》與高氏的《明代北京燃料的使用與采供》兩文上[50]。

稍作總結，就宏觀「經濟與管理」角度的展開，對於《廠庫須知》，還是主要體現在「引證」式的論述支撐中。如，二〇〇〇年徐東升完成的《八–十九世紀初中國企業與經營管理》、二〇〇九年王海妍完成的《明代捐納研究——以文捐為考察對象》博士學位論文，二〇〇五年梁科完成的《明代京通倉儲制度研究》、二〇一三年周琳琳完成的《明代府州縣倉官研究》碩士學位論文。值得注意的是，梁科的研究，乃首次較成功運用《廠庫須知》單卷內容，而進行專門辯證者。其能突破宏觀局限，充分吸收文獻所提供的數據「養分」，將之盡力落實於「微觀」，即「倉場」的可能修築、運作上[51]。而徐東升論文，則顯然借鑒了王世襄早年的理解，即「其作用與宋代的法式是一樣的，為官營企業生產提供標準，使工人製作各類產品有據可依」[52]，但卻流於籠統、空泛，甚至莫名地忽視了「標準」問題之下的經濟核算，最終竟映照出某種理論路徑的倒退。此「倒退」，藉二〇〇〇年王毓銓主編之《中國經濟通史：明代經濟卷》第五章就「官手工業」等的討論中，其對《廠庫須知》僅簡單羅列式的引證，也可見證[53]。

而上述提及之「標準」，倒確於「標準化」和建築史研究領域內有所推進，更隱含了關於「質量管理」觀念的細節辯證。一九八〇年，科技史家嚴敦傑於《標準化通訊》發表《中國標準化史的研究》一文，首次從標準化及數理統計角度，尤其是與「優先數」[*preferred numbers*]相似的算法層面[54]，分析了《廠庫須知》對熔煉黃銅時的「抽樣檢驗」問題[55]。在一九八四年印行的《中國企業管理百科全書》中，由朱一文撰寫的「企業管理史」部分之「中國古代標準」詞條，再次肯定了《廠庫須知》於「標準化」技術發展上的作用[56]。一九八八年，葉柏林、陳志田《標準化》一書的首章首節，關於「標準化」歷史的回顧裏，則沿用了相同的提法[57]。而在可能的實際情形中，其又將如何操作？《中國企業管理百科全書》「生產管理」部分，由廖永平撰寫的「質量控制」條目，則依據《廠庫須知》所提供的內容，尤其對製錢熔銅的質量「抽樣檢查」，作了簡要的議論[58]。到了一九八九年，岳志堅主編的《中國質量管理》一書，在描述「古代質量管理的內容」時，更是對此進行了一定的細節鋪陳[59]。一九九〇年，《標準化詞典》梓行，《廠庫須知》因「涉及到不少有關標準的問題」[60]，而正式成爲標準化領域裏一個特定「名詞」，祇是其英文譯名「Notice to Factories and Storehouse of Industries」，即「工業部門所屬工場與倉庫的告示」，染上了更强烈的「官方强制」色彩。

那麼，與李約瑟等人的迻譯相較，中國研究者是將該書特別標示的「須知」兩字，對照爲指「通知、布告」或「注意、啓事」一類義項的「notice」。儘管，在「工部」[*industry*]一詞的對譯上略顯偏離，但也恰恰從「現代西方工業製造」這樣的「概念變革史」和「隱性『比較史』」（即「準『歷史比較』」）側面，說明了舊時的「標準化」意志，在「文官系統」所控制下的中央造作、倉儲等部門內的別樣地位。而一九八八年出版的祝慈壽《中國古代工業史》，則更早選擇了如此思路，將《廠庫須知》置入其不加區分的「泛工業化」的大背景下進行討論[61]。

不過，很顯然，即便在經濟史研究界，「以機器代替人工來生產各種貨物與勞務」，才是真正意義上的「工業化」（或即「近代工業化」），而其於中國的時間節點當晚至兩次「鴉片戰爭」[62]。否則，我們最好祇稱之爲「早期工業化」，或即「近代工業化之前的工業發展」（「使得工業在經濟中所占的地位日益重要，甚至超過農業所占的地位」），而《廠庫須知》循着時空邏輯看，恰恰處於「資本主義萌芽」出現的嘉、萬時期，也即中國「早期工業化」的最可能開端上[63]。

此外，不論「原始」、「早期」，抑或「近代」，與「工業化」伴生的，除了「標準化」，還有「計量化」，及暗藏於內的一個極關鍵「母題」——「統計」。真實的情狀是，所謂「抽樣檢驗」的運用，本身便已踏入統計學所要考察的區域，即「抽樣法」。甚至有論者指出，《廠庫須知》所記載的前述內容，較之法國數學家波萊司於一八〇〇年爲估計人口總數而進行的出生人口統計抽樣「早近三百年」[64]。

而建築上的「標準化」，何偉於二〇一〇年完成的《明清官式建築技術標準化及其經濟影響》碩士論文中，在部分選用了「區域經濟史」等領域前輩研究者的成果後稱，「《工部廠庫須知》一書爲明代後期進行的營建活動提供了依據，使建築工程精確預算成爲可能」[65]。「精確預算」的基本保證，就是質料的相對標準化運作，包括製成、采買、保固、汰換等等，否則不論物價如何控制，其理性的「計劃目標」，恐也勢難實現。

但，《廠庫須知》之所以刊行，正好又從另一側面說明了朱明王朝後期，經濟、生活中較大範圍內出現的「精準觀念」，與當時社會、政局動蕩間的劇烈矛盾。也是在如此的衝撞之下，才誕生了這樣一部期許以之「治亂世」的簿籍。衹是，其可能的效力，恐怕在戎馬倥傯之際，確也難以逐項又全局性地發揮。因此，我們自然也無法肆意高估該書的歷史功用，及那些僅存留於紙面，而未必得到徹底貫徹的各色操持。不過，在第二階段的研究中，典型的成功者，也恰是從嘗試擺脫宏觀上的政治、經濟話語出發，而即由諸如「科技史」等，更偏近於微觀檢視的「物质文化」領域起步。

一九九一年七月及十月《文物春秋》、《自然科學史研究》分別發表周衛榮《我國古代黃銅鑄錢考略》與《中國古代用鋅歷史新探》兩文，一九九二年九月《文物春秋》刊布其《「水錫」考辨》一文[66]。周氏主要從事冶鑄化學、金相學研究，尤精古泉製造及定量檢測分析，其后兩篇專論，大量使用并論述了《廠庫須知》所記載的礦物材料，繼而將該書的定性文字，落實爲可供實驗的定量「參數」。特別是關於「黃銅鑄

「錢」、「水錫」及「用鉡、用鉛」情況等方面的探尋，截至二〇〇三年，周氏及合作者主要在《廠庫須知》的支撐下，約計完成了七篇成果報告[67]，較系統地從歷史語言、文獻考訂、民族調查、文物考古、數據提煉、工藝實踐等多重角度，爲該書向現代「公共知識」的轉化，提供了一種較理想的模式。

不過，建築史暨古代營建技術研究領域，對《廠庫須知》真正運用的新開始，似乎也要晚到二十世紀八九十年代，且主要局限在「琉璃構件」及其釉料層面。如，較早因之而提及該書的，當係於一九八二年出版的《中國建築材料年鑒（一九八一—一九八二）》裏，張新國等的《古代建築材料的明珠——琉璃瓦》專文[68]，而一九八七年劉翩天在《陶瓷研究》發表《建築琉璃》內，亦見類似的引證[69]。一九九三年六月，胡漢生於《古建園林技術》雜志，首先摘編其書「琉璃、黑窑廠」卷內容，而成《明代琉璃構件的樣制與名稱》短文[70]，乃較早的專門化整理成果。

胡氏更於一九九七年《中國紫禁城學會論文集》（第一輯）中刊布《北京故宮交泰殿創建年代考》[71]，初步運用前述文獻與地上可能實物互參，既說明了該書的真實性，還間接得出明清內廷、陵墓主體建築之間存在着的密切相關度。由此而起，至二〇一〇年九月王光堯出版《明代宮廷陶瓷史》，於琉璃窑爐和原料來源等的技術與制度層面[72]，以及二〇一〇年十一月李合等刊布《北京故宮和遼寧黄瓦窑清代建築琉璃構件的比較研究》，并二〇一三年六月發表《北京明清建築琉璃構件黄釉的無損研究》[73]，以及二〇一三年七月王文濤發表《關於紫禁城琉璃瓦款識的調查》諸篇[74]，才終於透過宮廷所用建築「琉璃構件」這個切面，綜合排比文獻，轉化相關配方史料，尤其是藉助現代定量檢測工具，在現存歷史實物證據的調研上展開嘗試，而對胡氏前所揭示之內容，在學術史上獲得了一些更明确的成果。

當然，就總體而言，歷史建築研究界在此所言「關於《廠庫須知》的學術研究史」第二階段裏，對該書記載的材料之運用，也是有其不少天生和實際的缺陷。反過來講，也因其絕非單純的營建類官書[75]，或所謂「建築古籍」，更無怪乎那些厮混於「藝術設計」領域內低下的淺薄覬覦、附庸者，在毫無學養、不具基本歷史語言分辨力的情況下，又不知耻地鬧出將書內屢遭痛斥的太監的別稱「貂寺」之「寺」改作「飼養」之「飼」，將「題本」之「題」改作「提出」之「提」[76]，將行賄「折乾」之「乾」改作「乾净」之「干」等等等等，荒唐、不堪的鄙陋笑話。甚至，爲了炫耀「學問」、獵取「頭銜」的狡黠私心，竟不惜摧毁珍貴文獻的「原生價值」，如將書內明人對「奴兒哈赤」的蔑稱，煞有介事地改爲「努爾哈赤」，更將全書的特殊標號，爲了操作其勾當的快捷、討巧而悉數删除……

儘管，上述「盜墓挖墳」般的畸態「清理」，均是該書重現後，作爲呈予大衆的「公共知識」，所必要直面的險惡世情之一，但其種種惡狀，總難免令前輩、時賢艱辛的發掘、爬梳之功，特爲蒙塵。如此，在更加狹義的「物質文化」領域，即工藝、設計界對《廠庫須知》的探查，也就因此顯得失語。這，除了其本身可笑的文獻掌握、解讀水準外，實質研究的極端不規範，速成的眼前利益等等，也統統產生了惡劣的影響。

不過，中國台灣的吴美鳳，倒算是不多的幾位，在第二階段中，較早由「傢具史」層面，初步成功引及此書者。其二〇〇三年提交的博士學位論文《盛清傢具形制流變研究》，在敘述晚明宮廷傢具時，選用了何士晉等人關於萬曆龍床形制和耗資的記錄[77]。可哂的是，此段內容，包括吳氏原話，後來同樣被個別「僞專家」所「照單全收」，以構成其僅有零星幾根朽爛支架的所謂「研究格局」。

那麼，「物質與文化」層面展開的重任，一度還是落到了「政治制度」與「經濟管理」兩相復合的領域。即在第二階段末期，出現將《廠庫須知》所提供的內容作爲關鍵分析「數據」，而措手於軍事經濟及營建管理等層面的「制度問題」的討論，從而也形成了本階段研究一個更顯著的特點。較突出者，包括：李伯重《萬曆後期的盔甲廠與王恭廠——晚明中央軍器製造業研究》，王毓藺《明北京營建燒造叢考之一——燒造地域的空間變化和燒辦方式變遷》、《明北京營建燒造叢考之一——燒辦過程的考察》，和王大文的碩士學位論文《明清火器技術理論化研究》[78]。此數篇雖晚出，但其間的共同傾向，正是站在「物質文化」的立場，以《廠庫須知》所登載的數據、流程、模式等爲依託，於政治、經濟相關事件及其運作的大背景下，有側重且「寫實」地勾勒了歷史時期社會生產、經營等的，諸般潛藏於「表單」之間的複雜規律。

尤其李伯重是篇，格外專精於《廠庫須知》描述製作軍械、火藥的「盔甲王恭廠」卷，并藉之較完整地考察了從中央到地方軍器製造業的方方面面，特別是：首次提取出了兩廠可能的員工人數、日常工作，以及產品種類、數量；詳加考證出了明末南、北方烽火頻仍之際，透過該書而呈現的，冷、熱兵器交接時代的，種種爭戰械具及其製備邏輯。遺憾的是，李氏的結論却顯蒼白，僅匆忙將晚明中央軍器製造業的頹敗，歸因於「國家不能有效地履行職責」式的必然[79]。如此煞尾，也足見深受傳統政治、制度史研究的影響。故而，我們不得不認爲，縱然進入研辯史的「第二階段」，即由二十世紀七十年代末至今，可是在狹義、單純的「政治制度史」層面，能夠借力於《廠庫須知》，而做出新的、更詳盡的成果者，却又實在罕有。

不過，范金民、金文一九九三年刊行的《江南絲綢史研究》，倒是較早地從「物質文化」與「政治制度」復合的角度，或者説就是從「區域經濟史」層面，在論及「明代中央織造機構」各「局」、「所」的政治構架和職能之際，簡單引述了《廠庫須知》[80]。當然，這一切又均和《廠庫須知》所流露出的强烈「政治經濟史」氣息密不可分。祇是，在另一類釋讀能力的指導下，或許還能投射出另一組「光斑」，即「法律史」的意涵，這倒可以填補某些「政治與制度」上的研辯缺憾與空白。

較早由此角度正式切進的，當屬羅豪才一九八八年主編《行政法論》中「行政監督」之「產品質量監督」一節——其承襲「古代標準」討論思路，提到了明代熔銅質量抽樣檢查之事。若反推編寫者的邏輯，即《廠庫須知》已被納入古代行政法系統「產品質量監督方面的法律規範」框架[81]。一九九五年，宋偉、苟小菊發表《中國古代科技法制史芻議》[82]，仍沿用「產品質量的法制化管理」此一命題來分析《廠庫須知》。不過，其又恐怕是從「科技法」這個「部門法」的古代思想與措施角度，對該書首次作了學術史上的必要展開。到了二〇〇五年，易繼明《技術理性、社會發展與自由：科技法學導論》一書，延續了前面「科技法」的邏輯，但更明確地指認《廠庫須知》即爲明代科技立法的新措施[83]。

而中國法律史學者楊一凡，也保持了對《廠庫須知》的關注。一九九九年，其向「第八屆明史國際學術討論會」提交的《明代法律史料的考證和文獻整理（提綱）》一文[84]，是現代繼鄭振鐸、顧廷龍等之後，再次由歷史文獻學，尤其是專題、專門、專科化史料整理的面向，指出了該書作爲明代稀見法律簿籍的獨特意義。至二〇〇二年，在反駁中華法系「諸法合體，民刑不分」觀點的討論篇章裏，其便將《廠庫須知》歸入明代與經濟相關的「單行法」序列[85]。

同在二〇〇二年，中國政法大學郭婕於博士學位論文《明代商事法的研究》議及對商人的管理制度「商役」時，也出現了雖近乎「制度史」而非全然的「法律史」範疇下的簡單引述[86]。承此，於二〇一二年姚國艷出版的《明朝商稅法制研究——以抽分廠的運營爲對象》中[87]，才在「商稅法」這個更具體而微的古代法律、法規類型上，對《廠庫須知》的新的專門運用，有了些許推動。不過，若再回到二〇〇四年，艾永明於《中國法學》發表的《中華法系并非「以刑爲主」》則更準確地言明，《廠庫須知》係「經濟行政管理類」、於成熟期行政立法操作下的法律形態的表現之一，係李唐以降的「文法」，而非表面上之「刑書」[88]。這已開啓了從理論層面，將前文羅氏、楊氏等的觀念作了具有專門化色彩的新的綜合。

但，美籍學者姜永琳二〇〇五年刊布長文《從明代法律文化看中華帝國法律的刑事性——向楊一凡教授請教》[89]，就着法律執行可能的歷史邏輯，更加清醒地提出：

《工部廠庫須知》。這本身不是政府頒布的法律。而是何士晉私人所彙集的法規。（楊一凡教授將此書歸爲經濟「單行法」，似爲不妥。）其中絕大部分無保障措施。僅是在其中的《巡視廠庫須知》中有「罪及書役」、「庫胥究明重處」、「罪及該吏」等刑法詞語。

姜氏於該節末，另有頗堪思量的一段話，似乎又徹底取消了人們從「法的形式」上對該書的種種分類假想：

> 總之，就筆者手頭現有的資料看，楊一凡教授所開列的這些單行法規都具有着刑法的性質。它們或是運用自身規定的刑罰，或是援引律例等其他刑法，保證其行爲規則的實施。它們都不是「行政」、「民事」等非刑事部門法律規範。筆者認爲，明代衹存在刑事法律，其特徵是其刑事法律規範存在於多部法律文件中；而《大明律》以及《問刑條例》是整個刑事法律體系的核心部分。凡是設有保障措施的法律文件規定的都是刑罰；凡是沒有保障措施的法律文件都要依賴《大明律》和/或《問刑條例》來貫徹實施（「法外用刑」則自當別論）。明代法律的刑事性和《大明律》的核心作用典型地體現在該律的「不應爲」條：「凡不應得爲而之者，笞四十。（謂《律》、《令》無條，理不可爲者。）事理重者，杖八十。」……此條的功能在於拾遺補缺，將《大明律》的適用範圍擴大到「無窮」。任何有違統治者意志的行爲均可以此條此律定罪施刑。在這樣的法律體制內是沒有「行政法」或「民法」的空間的。

這個顯係追隨「民刑不分」（即「明代的司法實踐是刑事法律實踐」，「在他們的法律觀中，并不存在『民事法律』和『刑事責任』的區分」，所以「明代的法律文化就是刑事法律文化」）觀念的批評[90]，或許多少影響到了二〇〇六年當爲《中國大百科全書·法學（卷）》，楊氏在修訂先前撰寫的詞條「明代法規」，即論及「輔律」之「例」時，還是將新添加的、「內容涉及到諸司職掌、行政、經濟、軍事、刑制、教育、科舉、監察和當時社會生活的各個方面」，包括《廠庫須知》在內的書目，謹慎地定義爲「明代條例及條例彙編性文獻」[91]，而未確指其可能的「規範」與「專科」屬性。

雖如此，但細玩姜氏該篇，在其看來《廠庫須知》僅是被「私人所彙集的法規」，而且因「絕大部分無保障措施」，不過偶見「刑法詞語」，恐怕也算得刑事法律。加之「區分部門法律除了看其調整對象外還要考察其調整方法（保障措施）」[92]，所以該書更不是「非刑事部門法律規範」，衹是具有那麼些「刑法的性質」罷了。此處唯一的問題在於，本質上，他也没能給出明白的說辭，即《廠庫須知》到底算作何種類型的歷史文獻，是傾向於或服務於有效力的刑事法律、條例、法規，或僅爲毫無約束力的決議性文件、彙編性文書，還是真的不過乃何士晉一厢情願編輯出的、供個人使用的參考手册。

不過，最終欲要得出答案，怕也絕非簡單地說一句「刑法性質的法規」那麼輕巧。而我們認爲，解決問題的可能方向，仍當推羅豪才等近年向中國引介的「軟法」概念[93]，雖然依姜氏看來，這還是「利用現代法律理論來分析中華帝國的法律現象」。可我們自然也不該忘却克羅齊 [Benedetto Croce] 的名言，總歸「一切真歷史都是當代史」[94]。

2.3　第三階段：文獻與理董（二十一世紀初至今）

就總體而言，第一階段是「發現」的延續，第二階段是「研辯」的開始，而二十一世紀前十年，叙述

《廠庫須知》的「學術史」，則必要面對「如何回歸材料本身」的現實情狀。第一階段的三種「路徑」，和第二階段後期對此的「復合式」討論，無不反映了研究者試圖藉助各自的知識背景，而進行更理想的運用與詮釋，衹是倉促間的引證往往無以獲得可喜的豐收。不過，李伯重前述約於二〇一一年完成的篇什，倒是個不錯的新開端，其也表明，對《廠庫須知》一類較特殊，且有明確專科化傾向的歷史文獻的研辯，終須依賴於切實進行的「識文斷字」式的全局梳理。

一九九九年，白瑛刊布《論知識經濟與建築管理》文，倒是首次在「現代知識社會」這個大背景下結合「管理學」思維，而將《明會典》與《廠庫須知》并提。對前者的議論，雖僅短短半句話——「似保留有關建築的公文程式」[95]，也仍不能說是「回歸原典」，但卻中肯地闡發了該書的根本特性：即與《會典》這種傳統上「記載一代典章制度之書」（「專重制度法令，不詳敘史實」）[96]，有着密切聯繫，并以模塊化的「公文」形式傳世，同時具備與「建築」行業的一定相關度。而二〇一一年，丁海斌等正式出版的《中國古代科技檔案遺存及其科技文化價值研究》一書第六章，儘管仍有不少表述失當之處，也即以此類「歷史文書」概念，初步將之歸入「建築檔案的直接遺存」中的「具體規章」[97]。另外，二〇一二年，劉永華甚至切進至歷史語言的「毛細血管」層面，以該書關於「見方」的用例爲語料，而借助引證的方式，勾描出其成詞邏輯及路綫[98]。

不過，二〇〇七年加拿大魯克思發表的《一五九六年和一七九八年故宮後三宮的重建》一文[99]，則可謂目前已知的此種「回歸」，於海外漢學界的初始點之一。其提及，在研究萬曆年間的「重建」時，主要參考了「《明實録》、《工部廠庫須知》和《冬官紀事》」三部書册，并仍由「文書、檔案」層面評論此著：「詳細雜亂地提供了關於工部事務的描述」，「有的內容直接涉及后三宮（乾清宮、交泰殿、坤寧宮）」。奇怪的是，字裏行間，魯氏對《廠庫須知》仍陌生，未見幾多運用。當提及清代《工部工程做法》時，他甚至突兀莫名地說，「明代的規則從來沒有這樣搜集和發布過，但是我認爲它們實際上和清朝的是一樣的」。而真正的情形是，《廠庫須知》確已記録了部分簡單的尺寸、工價規則，後來滿清雍正朝的《工程做法》與之也有承傳關係。不過，它又實在稱不得爲一部絕對意義上的官修專册，或即後世所謂的各部「則例」罷了。惟，魯氏文首所希望論證的，「修繕和重建是在一種高度有組織、井然有序和官僚制度下完成的。官員、大臣和工匠們一起管理着工程」，又是西方學界難能可貴的，對中國古代工程、營造與管理方面的良性體認。

約要遲至二〇一〇年四月，官嵬於《新建築》發表《〈工部廠庫須知〉淺析——兼及明代建築工官制度鈎沉》[100]，恐怕才是建築史界總結前期成果，希冀以原典爲突破，全面啓動梳理該書的開端，也方爲《廠庫須知》第三階段研辯的真正端點。

官氏通篇，以「物質文化」的切進角度爲最顯著特徵，縱然起首仍相對片面地稱之爲「中國古代建築工官制度産物的建築官書」，「側重於記載工官機構運行的典章制度」，以致較單純地認爲其內「保存了很多富有價值的明代建築史料」。故此，若與魯克思兩相參照，可見一種實際上均尚未完全回歸史料、爬梳文獻，以圖於運用之際獲得徹悟的矛盾感。比如，典型的謬誤即表現在，官氏該文第一部分，應係錯看明人馬從龍等《清查積弊疏》題本所記「萬曆四十年四月」時日，誤將刻書年代草率定爲「應該不早於萬曆四十五年」[101]，儘管經今次校點，我們已經發現《玄覽堂叢書・續集》（後影入《續修四庫全書》）所收之《廠庫須知》，確在「改刊」時間上較晚[102]。不過，他還是查閲了《會典》等材料，真正進入到歷史學的專業語境，更對該書逐卷進行簡要剖辨，并指出於建築史研究時的所能依循的蹤跡，最末還着落到由此而或可實現的「更貼近原始設計意圖的分析」上。這些，均可見其之勤與善的用功和用心。

可惜，同年九月前，建築史界甚至仍有人在中外合作科研的「包裝」下，毫不妥協地承襲了那些相對落伍的思維，即將宋代《營造法式》和《廠庫須知》草率比較後稱，「他們是將建築作爲封建秩序和等級的象徵，目的在於加强建築制度的管理、建築技術的規範以及控制財政開支，而不是記録建築技術」[103]。我們不否認《廠庫須知》中存在過於「宏大的叙事」嫌疑，以致更多時候無法以一部理想且直接的建築類文獻，呈現於世人面前，但，果真沒有基本、微觀的技術保證，又何談加强管理、進行規範、控制開支？所謂「研究」，恰恰是要透過表面「徵象」，剥離出非「寬泛」的技術細節，而非一味責難那些不可能生活在現代民主制度下的辛勞的古人。

惟，是年八月，白建新刊布《萬曆工部三書所證內官董役與召買開納事例述考》[104]，則係首次就歷史文獻學角度，利用橫向比對手法，嚴謹地研究了《廠庫須知》的部分「片段」。與官氏的單篇相較，白文討論該書的章節，體量上甚至略多，主要的切入點仍圍繞於「經濟與制度」層面，重頭內容則是「職差」、「年例」與「召買」情況的臚舉，但寫作者「文本細讀」的工作顯得更多，衹是叙述邏輯和眉目，稍欠清朗。

具體來說，白文篇首認爲，「萬曆工部三書」，即《繕部紀略》（郭尚友，約一六一四年、萬曆四十二年）、《工部廠庫須知》（約一六一五年）與《兩宮鼎建記》（賀仲軾，約一六一六年），「是萬曆晚期專門記述工部的董理內廷營建，督責匠役、帑費、物料的三部著作」，「前兩部是官修政書，帶有行政法規的性質」，「是當時中央政府行政機構在商品經濟環境中采取的應對措施」，「與後來清代的《會典事例》雖然記載內容不同，但體例相近，功能一致」，是對於由「建築物產生過程即營建活動過程」切進研究的有價值材料[105]。尤其是《廠庫須知》：

> 從監察的角度，詳細列出工部各司各差職掌、廠庫物料收發程序、交接手續、規則和外解折色、本色的數目。……體例粗糙，但史料珍稀，是認識萬曆晚期工部政務的一扇門戶。……這種在大工興作之前强化監察的現象，既是從物料管理上對重建三殿正常秩序的維護，也是外朝科道、部臣對內官監的制約。……記載的工部四司十九差可補萬曆《會典》、《明史》、《明會要》所載不足，也有與萬曆《會典》難以吻合之處。……大量年例中保存了許多有關營建、軍旗製造、宮廷生活的珍貴史料[106]。

但，由於與《兩宮鼎建記》相連排比，白氏的論說中，單方面地混淆了《繕部紀略》、《廠庫須知》，尤其是後者的整體性和內廷工作獨特性之間的關係。當然，也再次簡單地理解了《繕部紀略》、《廠庫須知》兩書，作爲可能的「官修政書」的身份；甚至將其內所記載的，在明代當算是精細的「規章」和「物品單」，簡單斥爲「粗糙」，并與重修三殿的「大工」完全掛鉤。不過，白氏議及與清代行政規範系統內的「會典事例、則例」，倒可謂與王世襄、王璞子等的，和「則例」、「做法」的歷史對照，幾乎同調。其言外之意，即是要指出：該書實乃古代行政監察、工程監督、經濟控管、行爲規範等的多元手段的又一典型體現，是封建文官系統在制度設計層面，與皇權、宦官等的不斷試探與博弈的又一標志成果。

關於此「成果」，二〇一一年前後，我們亦曾刊布過一組學術普及短論予以揭示，并指出了《廠庫須知》研究——在目下業已開啓的關於其「學術史」的第三階段內，更重要的工作應建立在「管理學」和「管理史」的路徑上，以圖實現新的拓進：

其編輯成書的主要目的，又是進行收支平衡與領用控制，繼而保證「上游」供應者不受權奸的無端盤剝，并約束位於消費鏈「下游」的終端製造者、使用者。抽象上看，便是通過行政策略，以壓制最高統治集團無止境的「物欲」。其本質，也可以說，即文官集團運用當時制度所賦予的「合法」手段，就社會管理權展開更加明確的「條文化」爭奪[107]。

當然，我們的傾向，即是着眼「管控-治理」角度，絕非輕率地選取魯莽的、「階級-階層」對立式的「管制」思維，率先推動微觀上解析文獻的行爲得到可靠落實，繼而不僅僅滿足於影印、標校，而是進一步「借助表格化、科學化的疏通，在工藝材料的掌握等方面多做工作，包括搭建關聯性的資料庫等等」，以完善真正意義上的，對專門史料的誠謹理董，也即對先民及由其所創製出的，偉岸的「公共化的良性知識」的重新回歸和尊重。而這，更是我們上述所記録下的，追溯那種「知識與生存之間的關係」，在「學術發展史上已經采取的各種形式的軌跡」的唯一目標⑱。

如此，《工部廠庫須知》於二十世紀四十年代初重現，經過三階段的初步研辯後，人們對它大致情形，已多少有了瞭解。加之現代影印、出版業的傳播效用，令某些「斗大」正字都認不得幾個的國人，也大可打着「校注」的「簡易」旗號，憑着經濟交易的銅臭手段，刊印些不需支付數百年前原創者版權費用，而僅祇爲今人的所謂「書號」擔責的，品格、質量俱劣的速成册籍。其間，那些掩耳盜鈴者、瞞心昧己者，不是「懷鼠」般效仿前輩、同儕的已成說辭，便是「濫竽」般叨唸些貌似高深的空泛闡釋。但，事實上，即便「名利」已然「雙收」，他們却從未虔敬地埋首，逐字、逐句地研讀該書，更勿論對其成書背景、彙纂之人等等進行過，或者「將要進行」什麼可靠的科學分析。

故而，爲了從學脈上警醒那些尤其酷好瞞心昧己，以致久假不歸者，我們於梳理「研辯史」的最末，開列兩套關於該書「各卷編纂及主體」（表一）和「『四司十九差』職掌」（表二）的綜合表格，希冀著，以之充作能够阻絶他們攝入「自用」、「自專」的狂邪鴆毒的「藥引」。因爲，即便僅由《廠庫須知》所透照出的星稀的歷史鱗爪，亦足見「公共良知」，萬萬不該由某個或具體、或虛渺的「聖人」來背負「盛名」。其却係集體前行之際的重絫，而終極的目標，是尋得那片真正屬於明日的美地！

注釋

❶ 除徵引文獻時，保持其所記之題名情形——或簡稱、或全稱，餘下行文，則基本省爲《廠庫須知》，後不再注。

❷ 陳福康：《鄭振鐸等人致舊「中央圖書館」的秘密報告》，第八十七-八十八頁。

❸ 鄭振鐸：《致友人信・致張壽鏞》（一九四一年），《鄭振鐸全集・書信》（第十六册），第一百三十一-一百三十一頁。

❹ 「中央圖書館」館刊編輯委員會編：《館史史料選輯・古籍搜購與集藏》，第八十七頁。

❺ 陳福康：《鄭振鐸等人致舊「中央圖書館」的秘密報告（續）》，第一百一十二頁。

❻ 并參 李玉安、黄正雨編：《中國藏書家通典》，第七百一十二-七百一十三頁；尚恒元、孫安邦主編：《中國人名异稱大辭典》（綜合卷），第七百七十五頁。另，有論者據此直接指認，「玄覽堂」所影即沈氏舊藏，但未見舉列任何鈐章等版本證象。（劉明：《鄭振鐸編〈玄覽堂叢書〉的底本及入藏國家圖書館始末探略》，第五十六頁）

惟，今復檢國家圖書館所藏沈氏《海日樓書目不分卷》（一九二五年抄本），似未見相關信息。

❼ 沈津：《鄭振鐸致蔣復璁信札》（上），第二百四十九-二百五十、二百六十二-二百六十三頁。

❽ 顧力仁、阮静玲：《國家圖書館古籍收購與鄭振鐸》，第一百三十二-一百三十三、一百三十九頁。

❾ 「中央圖書館」館刊編輯委員會編：《館史史料選輯・古籍搜購與集藏》，第九十五頁。

❿ 陳福康：《鄭振鐸等人致舊「中央圖書館」的秘密報告（續）》，第一百二十三頁。

⓫ 「中央圖書館」編：《玄覽堂叢書續集・目録》，《玄覽堂叢書・續集》（第一册），（一葉背）。

⓬ 上海圖書館編：《中國叢書綜録》（子目，第二册），第四百六十九頁。

⓭ 鄭振鐸：《致友人信・致顧廷龍》，《鄭振鐸全集・書信》（第十六册），第二百三十九-二百四十頁。

另，值得一提的是，有論者曾僅將《玄覽堂叢書》一、二集的印行、出版，歸入現「南京圖書館」源頭之一的「中央圖書館」名下（王曉路：《南京圖書館印行出版史初探》，第四十四頁），其緣由估計是《玄覽堂叢書・三集》「自一九四八年用洋宣紙影印後，一直没有裝訂」，後於一九五五年南京圖書館「經主管部門批准裝訂出售二百部」（《南京圖書館志》編寫組編：《南京圖書館志（1907-1995）》，第二百一十八頁）。

⑭ 顧廷龍：《玄覽堂叢書三集提要》，《顧廷龍文集・下編》，第四百四十八、四百五十三頁。

⑮ 關於南京圖書館沿革及書藏淵源概況，可參《南京圖書館志（1907-1995）》（第二頁）。

⑯ 此殘本，現「南圖」索書編號爲「117562」，進一步情況可參今次校點《徵引書目・核心-刻本》項下。惟，因該館多番以「規定」等嚴苛說辭阻撓，迄今仍未詳見原册，故相應之版本考證等，爲謹慎起見，祇得暫付闕如。

⑰ 屈萬里編：《「中央圖書館」善本書目初稿》，卷二，「史部・政書類-工商之屬」，《屈萬里先生全集》（第三集第十六册），第九十六頁。

⑱ 《續修四庫全書》編纂委員會、復旦大學圖書館古籍部編：《續修四庫全書・總目録-索引》，第九十六頁。另，《續修四庫全書》該本所録「牌記」有誤，進一步情況可參今次校點《徵引書目・核心-景本》項下。

⑲ 即福柯 [Michel Foucault] 所謂，「檔案的這種從未完結的，從未被完整地獲得的發現形成了屬於話語的形成的描述，實證性的分析，陳述範圍測定的總的範圍」，雖然他接着還說過，「准予所有這些研究以考古學的名稱。這個詞并不促使人們去尋找起始，也不把分析同挖掘或者地質探測相聯繫。它確指一種在已說出的東西存在的層次上探究描述的一般主題」。（[法]米歇爾・福柯：《知識考古學》，第一百四十七頁）

⑳ 白壽彝、王毓銓：《說秦漢到明末官手工業和封建制度的關係》，第六十九、七十八-七十九、九十四頁。

㉑ 白壽彝：《明代礦業的發展》，第一百〇七頁。

㉒ 羅麗馨：《明代的銅礦業》，第五十頁；邱仲麟：《明代的煤礦開采——生態變遷、官方舉措與社會勢力的交互作用》，第三百六十七頁；唐立宗：《明代福建製鐵業發展的再思考》，第一百八十八頁。

㉓ 陳詩啓：《明代的工匠制度》，第七十一頁。

㉔ 陳詩啓：《明代官手工業的研究》，第四十七-五十五、一百〇七-一百三十八頁。

㉕ 因「玄覽堂叢書本」（即今次點校之「南圖本」）與「國圖本」（即今次點校之「底本」）最大的不同在於第一卷和第二卷的次第，前者《廠庫議約》、《節愼庫條議》在首，《巡視題疏-本部覆疏》在後，「國圖本」相反，此乃就「影本」角度初步推斷研究者所用版本的最好依據。陳氏最典型的引

證，即列卷二爲《巡視題疏·本部覆疏》，如其書引「劉元霖題（本）」所示（第一百二十九頁）。

㉖ 陳氏《明代官手工業的研究》梓行後，一九六二年曾爲《歷史教學》雜志撰寫過一篇關於此主題的概要性短文《明代的官手工業及其演變》，其前半部分，更是明確呈現出「重經濟」的特點，而對《廠庫須知》的使用也可謂更嫻熟。（陳詩啓，第十五、十七、十九頁）

㉗ 楊聯陞：《從經濟角度看帝制中國的公共工程》，劉夢溪主編：《中國現代學術經典·洪業、楊聯陞卷》，第七百五十二、七百七十四、七百八十八頁。又，其初次引用時，已標明爲《玄覽堂叢書·續集》本。

另，此所謂「黑暗面」之典型者，多即指透過《廠庫須知》的「題疏」部分得曉，「如此從事工程貪污、舞弊之事，長期以來已成明代宦官集體營生的慣用手法」。（陳玉女：《明代萬曆時期慈圣皇太后的崇佛—兼論佛、道兩勢力的對峙》，《明代的佛教與社會》，第一百一十七-一百一十八頁；該文最早發表於《成功大學歷史學報》，臺南，第二十三卷，第一百九十五-二百四十五頁）

㉘ 王世襄：《談清代的匠作則例》，第十九頁。

㉙ 王世襄：《明式傢具的「品」》，第七十八、八十頁。

㉚ 本篇多數內容，一九八三年已刊布。（王璞子：《清工部頒布的〈工程做法〉》，第四十九-五十五頁）

㉛ 中國科學院自然科學史研究所主編：《中國古代建築技術史》，第五百四十七-五百四十八頁。

㉜ 王璞子：《前言》，王璞子主編：《〈工程做法〉注釋》，第五頁。

㉝ 王璞子主編：《〈工程做法〉注釋·說明》，第三頁。

㉞ 「歷史比較」，即指「對兩種或兩種以上的歷史社會進行精確的和系統的相互對比，目的是要對其間的共同性和差异性以及趨同性和趨异性的發展進程進行考察」。（[德]哈特穆特·凱博：《歷史比較研究導論》，第五頁）

㉟ 從歷史社會學學者的角度看，該學科「還是混雜了與經濟、社會歷史的邊界，甚至在主要研究領域上也是糅合的，也沒有區分與政治社會學的邊界，而這可能碰巧是政治學學者們的努力」（[美]西達·斯考切波：[Theda Skocpol]《歷史社會學的新興議題與研究策略》，[美]西達·斯考切波編：《歷史社會學的視野與方法》，第三百七十九頁）。換言之，當前所進行的不少寬泛意義上的「歷史研究」，往往可能已進入了「歷史社會學」這個「新領域」或

「新角度」，但不少歷史、政治等學者并不自知，更毋論在其他邊緣學科的學術實踐中。當然，在我們的理解中，事實上，此類新的行動趨勢，更應當被鼓勵爲是一種具有開拓價值的嘗試。

㊱ [美]黄仁宇：《致謝》，《十六世紀明代中國之財政與稅收》，第二頁。

㊲ [美]黄仁宇：《前言》、《文獻目録注釋》，《明代的漕運》，第（扉頁）、i、二百三十八頁。

㊳ 此句，黄氏原文爲「Ho Shih-chin's Kung-pu Ch'ang-k'u Hsi-chih enumerates the palace supplies in Peking at length」，其并未明言《廠庫須知》即乃何士晉所「編輯」。（Huang, Ray. The Grand Canal During The Ming Dynasty, 1368-1644. 323.）

㊴ [美]黄仁宇：《十六世紀明代中國之財政與稅收》，第四百八十七頁。

㊵ [美]李約瑟：《李約瑟中國科學技術史·物理學及相關技術·機械工程》（第四卷第二分册），《第二十七章·引論》，第十八頁。

㊶ [美]李約瑟：《李約瑟中國科學技術史·化學及相關技術·軍事技術：火藥的史詩》（第五卷第七分册），《第三十章·軍事技術（續）》，第二百九十九、五百一十八頁。

㊷ 鄭天挺等主編：《中國歷史大辭典（音序本）》（上），第七百六十六頁。另，此譯名亦已見於《李約瑟中國科學技術史》第四卷第二分册《參考文獻·A.1800年以前的中文書籍》部分（第六百八十七頁）。

㊸ 張柏春等：《〈奇器圖説〉的版本流變》，《傳播與會通——〈奇器圖説〉研究與校注·〈奇器圖説〉研究》（上），第一百八十二—一百八十三頁。

㊹ [法]謝和耐：《中國社會史》，第三百九十頁。

㊺ 李洵：《明史食貨志的編纂學——〈明史食貨志校注〉前言》，《〈明史·食貨志〉校注》，第六頁。

㊻ 許敏：《明代嘉靖、萬曆年間「召商買辦」初探》，中國社會科學院歷史研究所明史研究室編：《明史研究論叢》（第一輯），第一百八十五—二百〇九頁。

㊼ 趙毅：《鋪戶、商役與明代城市經濟》，第三十五—三十六、三十八頁。

㊽ 高壽仙：《明萬曆年間北京的物價和工資》，第四十六—四十七頁。

㊾ 高壽仙：《明代時估制度初探——以朝廷的物料買辦爲中心》，第五十五—六十四頁。

㊿ 邱仲麟：《人口增長、森林砍伐與明代北京生活燃料的轉變》，第一百七十二頁；參見高壽仙：《明代北京燃料的使用與採供》，第一百二十三-一百三十四頁。

51 參見 梁科：《明代京通倉儲制度研究》，第五十五-五十六、一百二十一-一百二十一頁。

52 徐東升：《八—十九世紀初中國企業與經營管理》，第一百〇七頁。

53 王毓銓主編：《中國經濟通史：明代經濟卷》（上），第二百七十三-二百七十四、三百〇五、三百一十八-三百二十、三百二十二、三百二十四-三百二十五頁。

54 據中華人民共和國國家標準《優先數和優先數系》（GB/T 321-2005/ISO 3:1973），所謂「優先數系是公比爲$\sqrt[5]{10}$、$\sqrt[10]{10}$、$\sqrt[20]{10}$、$\sqrt[40]{10}$和$\sqrt[80]{10}$，且項值中含有十的整數冪的幾何級數的常用圓整值」，而「優先數」就是「符合R5、R10、R20、R40和R80系列的圓整值」。（中華人民共和國國家質量監督檢驗檢疫總局等：《優先數和優先數系》，第一頁）

另，據中華人民共和國國家標準《優先數和優先數化整值系列的選用指南》（GB/T 19764-2005/ISO 497:1973），認爲「嚴格遵循優先數的優點」，指「無論是在各種機械零件自身的標準化上，還是在產品結構的標準化上，當其功能特性系列也像每個零件的尺寸那樣采用等比級數時，使用優先數系都有優越性」，即包括能得到最佳級數、具備廣泛的適用性、使技術和商業計算簡單化，以及便於計算單位的換算等優點。（中華人民共和國國家質量監督檢驗檢疫總局等：《優先數和優先數化整值系列的選用指南》，第一頁）

55 嚴敦傑：《中國標準化史的研究》，第十頁。

56 《中國企業管理百科全書》編輯委員會編：《中國企業管理百科全書》（上），第四十四頁。

57 葉柏林、陳志田：《標準化》，第四-五頁。

58 《中國企業管理百科全書》編輯委員會編：《中國企業管理百科全書》（上），第四百四十一頁。

59 岳志堅主編：《中國質量管理》，第二十二-二十三頁。

60 趙全仁、崔王午主編：《標準化詞典》，第一百一十三頁。

61 祝慈壽：《中國古代工業史》，第六百三十四、六百三十八-六百四十、六百四十六頁。

62 全漢昇：《甲午戰爭以前的中國工業化運動》，《中國經濟史論叢》（第二冊），第七百六十七-七百六十八頁。

63 李伯重：《江南的早期工業化（1550—1850）》（修訂版），第一、十八-十九頁。

64 馬保平：《試論統計實踐活動的產生與我國統計活動概況》，第八十三頁。

65 何偉：《明清官式建築技術標準化及其經濟影響》，第六十八頁。

66 參見　周衛榮：《我國古代黃銅鑄錢考略》，第十八-二十四頁；周衛榮：《中國古代用鋅歷史新探》，第二百五十九-二百六十六頁；周衛榮：《「水錫」考辨》，第五十七-六十一頁。

67 參見　戴志強、周衛榮：《中國古代黃銅鑄錢歷史的再驗證——與麥克·考維爾先生商榷》，第二十二-二十五頁；周衛榮：《雲貴地區傳統煉鋅工藝考察與中國煉鋅歷史的再考證》，第八十六-九十六頁；賈瑩、周衛榮：《齊國及明代錢幣的金相學考察》，第二十一-三十頁；周衛榮：《「錫鑞」與六朝「白錢」》，中國錢幣學會古代錢幣委員會等編：《六朝貨幣與鑄錢工藝研究》，第三-五頁。

68 張新國、王旭、孟凡印：《古代建築材料的明珠——琉璃瓦》，中國建築工業出版社主編：《中國建築材料年鑒（1981—1982）》，第一百一十九頁。

69 劉醞天：《建築琉璃（一）》，第三十七頁。

70 胡漢生：《明代琉璃構件的樣制與名稱》，第四十九頁。

71 胡漢生：《北京故宮交泰殿創建年代考》，單士元、于倬云主編：《中國紫禁城學會論文集》（第一輯），第一百三十二-一百三十三頁。

72 王光堯：《明代宮廷陶瓷史》，第三百〇九、三百一十一-三百二十四頁。

73 參見　李合、段鴻鶯、丁銀忠等：《北京故宮和遼寧黃瓦窑清代建築琉璃構件的比較研究》，第六十四-七十頁；李合、丁銀忠、陳鐵梅等：《北京明清建築琉璃構件黃釉的無損研究》，第七十九-八十四頁。

74 王文濤：《關於紫禁城琉璃瓦款識的調查》，第一百五十四頁。

75 稱《廠庫須知》係「營建類官書」（即所謂「建築官書」）最基本的當代出處，當源自曹汎爲《中國大百科全書·美術（卷）》所撰寫的詞條「中國古代主要建築著作和工師」，其因時代局限持此觀點，後竟被不少低劣的「僞學者」、「僞專家」不假思索地抄襲、挪用。

另，在該詞條「官書」版塊內，曹氏亦稱其爲「具體規章」。（《中國大百科全書》總編輯委員會等編：《中國大百科全書·美術》，第二册，第一千〇九十二-一千〇九十三頁）

(76) 參見 單士元：《題本》，《單士元集·史論叢編》（第四卷第二册），第四百一十三-四百三十二頁。

(77) 吴美鳳：《盛清傢具形制流變研究》，第六十四頁。

(78) 參見 王毓藺：《明北京營建燒造叢考之一——燒造地域的空間變化和燒辦方式變遷》，第二十一-七十一頁；《明北京營建燒造叢考之一——燒辦過程的考察》，第三十八-四十七頁；王大文：《明清火器技術理論化研究》，蘇州大學碩士學位論文，二〇一一年四月。

另，就時間上觀察，引及《廠庫須知》的此類篇什，較早者還有《明北京城營建石料采辦研究》（陳喜波、韓光輝，第九十八-一百〇三頁）、《物流視角下的明北京營建木材采辦研究——以川木采辦爲例》（劉旭、陳喜波，第一千四百〇七—一千四百一十五頁），較近期者更有《中國古代城池工程計量與計價初探》（王茂華、姚建根、吕文静，第二百〇四-二百二十一頁）等。

(79) 李伯重：《萬曆後期的盔甲廠與王恭廠——晚明中央軍器製造業研究》，趙軼峰、萬明主編：《世界大變遷視角下的明代中國——國際學術研討會論文集》，第二百〇八頁。

(80) 范金民、金文：《江南絲綢史研究》，第一百〇六、一百一十三頁。

(81) 羅豪才主編：《行政法論》，第二百八十九、二百九十一頁。

(82) 宋偉、苟小菊：《中國古代科技法制史芻議》，第三十、三十三頁。

(83) 易繼明：《技術理性、社會發展與自由：科技法學導論》，第二百一十八頁。

(84) 楊一凡：《明代法律史料的考證和文獻整理（提綱）》，龍西斌、余學群主編：《第八屆明史國際學術討論會論文集》，第二十六頁。

(85) 楊一凡：《對中華法系的再認識——兼論「諸法合體，民刑不分」說不能成立》，倪正茂主編：《批判與重建：中國法律史研究反撥》，第一百六十四頁。

(86) 郭婕：《明代商事法的研究》，第三十五頁。

87 姚國艷：《明朝商稅法制研究——以抽分廠的運營爲對象》，第十二頁。

88 艾永明：《中華法系并非「以刑爲主」》，第一百五十六頁。

89 [美]姜永琳：《從明代法律文化看中華帝國法律的刑事性——向楊一凡教授請教》，朱誠如、王天有主編：《明清論叢》（第六輯），第一百一十六-一百一十七頁。

90 [美]姜永琳：《從明代法律文化看中華帝國法律的刑事性——向楊一凡教授請教》，第一百二十三-一百二十四頁。

91 《中國大百科全書》總編輯委員會編：《中國大百科全書·法學》（修訂版），第三百六十六-三百六十七頁；并參《中國大百科全書》總編輯委員會《法學》編輯委員會等編：《中國大百科全書·法學》，第四百二十八-四百二十九頁。

92 [美]姜永琳：《從明代法律文化看中華帝國法律的刑事性——向楊一凡教授請教》，第一百一十八頁。

93 所謂「軟法規範」，即「不能運用國家強制力保證實施的法規範（內涵），它們由部分的國家法規範與全部的社會法規範共同構成（外延）」，與屬於「國家法」的「硬法」相區別。（羅豪才、宋功德：《軟法亦法：公共治理呼喚軟法之治》，第二百九十九-三百頁）

94 [意]貝奈戴托·克羅齊：《歷史學的理論和實際》，第二頁。

95 白瑛：《論知識經濟與建築管理（一）》，第五頁。

96 鄭天挺等主編：《中國歷史大辭典（音序本）》（上），第一千〇九十五頁。

97 丁海斌等：《中國古代科技檔案遺存及其科技文化價值研究》，第二百六十五頁。

98 劉永華：《「見方」的意義、用法和成詞過程》，第九十四-九十九頁。

99 [加拿大]魯克思：《一五九六年和一七九八年故宮後三宮的重建》，《中國紫禁城學會論文集》（第五輯，下），第五百一十八—五百二十頁。

100 官嵬：《〈工部廠庫須知〉淺析——兼及明代建築工官制度鈎沉》，第一百二十二-一百二十四頁。另，據篇末所附收稿日期，此文於二〇〇七年九月已提交。

101 官氏描述其判斷依據爲，「原書正文前的『引』、『敘』落款時間分別是萬曆四十三年、萬曆乙卯六月，即公元一六一五年，但在第一卷所載奏疏中，曾有萬曆四十四年的揩子」（《〈工部廠庫須知〉淺析——兼及明代建築工官制度鈎沉》，第一百二十二頁）。

102 關於「改刊」問題，可參今次校點之卷六《虞衡司・年例錢糧-不等年分》「丁字庫羊皮等料」項下（五十八葉正—五十九葉正），具體考證則另篇再叙。

103 張淑嫻：《揚州匠意：寧壽宮花園內檐裝修》，故宮博物院、柏林馬普學會科學史所編：《宮廷與地方：十七至十八世紀的技術交流》，第一百二十六頁。

104 白建新：《萬曆工部三書所證內官董役與召買開納事例述考》，朱誠如、王天有主編：《明清論叢》（第十輯），第一百-一百二十六頁。

105 白建新：《萬曆工部三書所證內官董役與召買開納事例述考》，第一百、一百二十頁。

106 白建新：《萬曆工部三書所證內官董役與召買開納事例述考》，第一百、一百〇五-一百〇六、一百〇九、一百一十一頁。

107 連冕：《再談「罕傳」》，第十六版。

108 [德]卡爾・曼海姆 [Karl Mannheim]：《意識形態和烏托邦：知識社會學引論》，第二百八十五頁。

徵引書目

核心

刻本

（明）何士晉：《工部廠庫須知》（十二卷），明萬曆刻本，北京，國家圖書館藏（善，01042）❶。［即同「底本」］❷

（明）何士晉：《工部廠庫須知》（十二卷），明萬曆四十三年（一六一五）刻本❸，南京圖書館藏（善，117563）。［「南圖全本」，存「全電檔」；當近「玄覽堂本」，即近「續四庫本」］

（明）何士晉：《工部廠庫須知》（殘，存一一十卷），明萬曆四十三年刻本❹，南京圖書館藏（善，117562）。［「南圖殘本」，存「殘電檔」］❺

（明）何士晉等編：《董孝子廟志》（八卷），明萬曆三十三年（一六〇五）刻本（萬曆三十五年、崇禎十四–十五年、順治八年修補本），南京圖書館藏（孤，114517）❻。

（明）何士晉：《賜餘鹵》（不分卷，殘），明萬曆四十三年刻本，杭州圖書館藏（孤，239–302）。

景本

（明）何士晉：《工部廠庫須知（十二卷）》，「中央圖書館」編：《玄覽堂叢書・續集》（第一百〇五–一百一十六册）❼，南京，「中央圖書館」（影），民國三十六年（一九四七）版。

（明）何士晉：《工部廠庫須知》，「中央圖書館」編：《玄覽堂叢書・續集》（第二十三–二十五册），臺北，「中央圖書館」（影民國間印本），一九八五年版。

（明）何士晉：《工部廠庫須知》，鄭振鐸編：《玄覽堂叢書・續集》（第一百〇五–一百一十六册），揚州，江蘇廣陵古籍刻印社（影民國三十六年影本），一九八七年版。

（明）何士晉：《工部廠庫須知（十二卷）》，北京圖書館古籍出版社編輯組編：《北京圖書館古籍珍本叢刊》（史部・政書類，第四十七册），北京，書目文獻出版社（影明萬曆刻本），一九九八年版。[「底本」]

（明）何士晉：《廠庫須知（上下卷）》，（傳・清）顧炎武彙輯：《皇明修文備史》，北京圖書館古籍出版社編輯組編：《北京圖書館古籍珍本叢刊》（史部・雜史類，第八册），北京，書目文獻出版社（影清抄本），一九九八年版。[「備史本」]

（明）何士晉纂輯：《工部廠庫須知（十二卷）》，《續修四庫全書》編撰委員會編：《續修四庫全書》（史部・政書類，第八百七十八册），上海古籍出版社（影上海辭書出版社圖書館藏明萬曆四十三年林如楚刻本）❽，二〇〇二年版。[「南圖本（影本）」❾，即同「玄覽堂本」，即近「南圖全本」]

（明）何士晉纂輯：《工部廠庫須知（十二卷）》，北京愛如生數字化技術研究中心、劉俊文編：《中國基本古籍庫》

（哲科庫•科技類-建築園林目），合肥，黃山書社（多媒體），二〇〇六年版。[即近「續四庫本」]

（明）何士晉：《工部廠庫須知》，鄭振鐸編：《玄覽堂叢書•續集》（第十册），揚州，廣陵書社（影民國間印本），二〇一〇年版。

舊籍

（傳•先秦）列禦寇：《列子（集釋）》，楊伯峻集釋，北京，中華書局，一九七九年版。

（先秦）佚名、（漢）毛亨、（東漢）鄭玄箋、（唐）孔穎達疏：《毛詩正義》（三册），龔抗云等整理，北京大學出版社（《十三經註疏》標點本），一九九九年版。

（先秦-漢）佚名、（西漢）孔安國傳、（唐）孔穎達疏：《尚書正義》，廖名春等整理，北京大學出版社（《十三經註疏》標點本），一九九九年版。

（先秦-漢）佚名、（東漢）鄭玄注、（唐）孔穎達疏：《禮記正義》（三册），龔抗云整理，北京大學出版社（《十三經註疏》標點本），一九九九年版。

（先秦-漢）佚名、（魏）王弼注、（唐）孔穎達疏：《周易正義》，李申、盧光明整理，北京大學出版社（《十三經注疏》標點本），一九九九年版。

（先秦）佚名、（晉）郭璞注、（北宋）邢昺疏：《爾雅注疏》，李傳書整理，北京大學出版社（《十三經注疏》標點本），一九九九年版。

（先秦）莊周、（清）王先謙集解：《莊子集解》，沈嘯寰點校，北京，中華書局，一九八七年版。

（西漢）司馬遷、（南朝・宋）裴駰集解、（唐）司馬貞索隱、（唐）張守節正義：《史記》，北京，中華書局，一九五九年（一九九七年縮印）版。

（東漢）班固、（唐）顏師古注：《漢書》，北京，中華書局，一九六二年（一九九七年縮印）版。

（東漢）劉熙編：《釋名（彙校）》，任繼昉纂，濟南，齊魯書社，二〇〇六年版。

（東漢）許慎，（清）段玉裁注：《說文解字注》，杭州，浙江古籍出版社（縮影經韻樓原刻本），二〇〇六年版。

（南朝・宋）范曄、（唐）李賢等注：《後漢書》，北京，中華書局，一九六五年（一九九七年縮印）版。

（南朝・宋）劉義慶、（南朝・梁）劉孝標注：《世說新語（箋疏）》（三册），余嘉錫箋疏，周祖謨等整理，北京，中華書局，二〇〇七年版。

（南朝・梁）顧野王編、（北宋）陳鵬年等重編：《大廣益會玉篇》，北京，中華書局（影清張氏澤存堂本），一九八七年版。

（唐）李延壽：《南史》，北京，中華書局，一九七五年（一九九七年縮印）版。

（唐）徐堅等：《初學記》（三册），北京，中華書局，一九六二年版。

（唐）顏元孫：《干祿字書》，上海，商務印書館（「叢書集成初編」影「夷門廣牘」本，第一千〇六十四册），民國二十五年（一九三六）版。

（唐）姚思廉：《陳書》，北京，中華書局，一九七二年（一九九七年縮印）版。

（唐）張參：《五經文字》，上海，商務印書館（「叢書集成初編」影「後知不足齋叢書從唐石本覆刊」本，第一千〇六十四册），民國二十五年（一九三六）版。

（北宋）陳鵬年等編：《（宋本）廣韻》（附《韻鏡》、《七音略》），南京，鳳凰出版傳媒集團江蘇教育出版社（影南宋孝宗間婺州浙刊巾箱本），二〇〇八年版。

（北宋）陳鵬年等編：《新校互注宋本〈廣韻〉》（定稿本，二册），余廼永校注，世紀出版集團上海人民出版社（影清張氏澤存堂康熙四十三年翻宋本），二〇〇八年版。

（北宋）丁度等編：《集韻》，嘉慶十九年（一八一四）顧廣圻補刊本。

（北宋）丁度等編：《集韻》，光緒二年（一八七六）川東官舍姚覲元重刊本。

（北宋）丁度等編：《（宋刻）集韻》，北京，中華書局（影北京圖書館藏宋本），一九八九年版。

（北宋）司馬光、（元）胡三省音注：《資治通鑒》，「標點資治通鑒小組」校點，北京，中华书局，一九五六年版。

（北宋）蘇軾：《蘇軾文集》，孔凡禮點校，北京，中華書局，一九八六年版。

（北宋）鄭樵：《通志》，北京，中華書局（影「萬有文庫·十通」本），一九八七年版。

（南宋）黎靖德編：《朱子語類》（八册），王星賢點校，北京，中華書局，一九八六年版。

（南宋）毛晃增注、毛居正重增：《增修互注禮部韻略》，北京圖書館出版社（「中華再造善本」影上海圖書館藏元至正十五年日新書堂刻明修本），二〇〇五年版。

（南宋）趙彦衛：《雲麓漫鈔》，傅根清點校，北京，中華書局，一九九六年版。

（南宋）朱熹：《四書章句集註》，北京，中華書局，一九八三年版。

（南宋）朱熹：《朱子語類》，鄭明等點校，朱杰人等主編：《朱子全書》（第十四-十八册），上海、合肥，上海世紀出版股份有限公司上海古籍出版社、安徽教育出版社，二〇一〇年版。

（遼）釋行均編：《龍龕手鏡》，北京，中華書局（影山西省文物局藏高麗本景遼刻本），一九八五年版。

（金）韓孝彥、韓道昭編、（明）釋文儒、釋思遠、釋文通刪補：《成化丁亥重刊改併五音類聚四聲篇海》，《續修四庫全書》編纂委員會編：《續修四庫全書》（經部・小學類，第二百二十九册），上海古籍出版社（影北京大學圖書館藏明成化三年至七年明釋文儒募刻本），二〇〇二年版。

（元）李文仲：《字鑑》，上海，商務印書館（「叢書集成初編」影「鐵華館叢書」本，第一千〇七十三册），民國二十五年（一九三六）版。

（元）脫脫等：《宋史》（三册），北京，中華書局，一九七七年（一九九七年缩印）版。

（明）畢自嚴編：《度支奏議》（八册），上海世紀出版股份有限公司上海古籍出版社（影北京圖書館藏明崇禎刻本），二〇〇八年版。

（明）房可狀：《房海客侍御疏》，《四庫禁燬書叢刊》編纂委員會編：《四庫禁燬書叢刊》（史部，第三十八册），北京出版社（影北京圖書館藏明天啓二年刻本），二〇〇〇年版。

（明）方孔炤：《全邊略記》，《四庫禁燬書叢刊》編纂委員會編：《四庫禁燬書叢刊》（史部，第十一册），北京出版社（影北京大學圖書館藏明崇禎刻本），二〇〇〇年版。

（明）高濂：《遵生八牋（校注）》，趙立勛校注，北京，人民衛生出版社，一九九三年版。

（明）高汝栻編：《皇明通紀法傳全録・皇明續紀三朝法傳全録》，《續修四庫全書》編纂委員會編：《續修四庫全書》（史部・編年類，第三百五十七册），上海古籍出版社（影浙江圖書館藏明崇禎九年刻本），二〇〇二年版。

（明）顧秉謙等：《三朝要典》，《四庫禁燬書叢刊》編纂委員會編：《四庫禁燬書叢刊》（史部，第五十六册），北京出版社（影北京大學圖書館藏明天啓六年禮部刻本），二〇〇〇年版。

（明）胡維霖：《胡維霖集》，《四庫禁燬書叢刊》編纂委員會編：《四庫禁燬書叢刊》（集部，第一百六十四-

一百六十五册），北京出版社（影江西省圖書館藏明崇禎刻本），二〇〇〇年版。

（明）黄汝亨：《寓林集》，《續修四庫全書》編纂委員會編：《續修四庫全書》（集部·別集類，第一千三百六十八–一千三百六十九册），上海古籍出版社（影湖北省圖書館藏明天啓四年吴敬吴芝等刻本），二〇〇二年版。

（明）金日升編：《頌天臚筆》，《四庫禁燬書叢刊》編纂委員會編：《四庫禁燬書叢刊》（史部，第五–六册），北京出版社（影中國歷史博物館配補「中國史學叢書」景明崇禎二年刻本），二〇〇〇年版。

（明）李清：《三垣筆記》，北京，中華書局，一九八二年版。

（明）李維禎：《大泌山房集》：《四庫全書存目叢書》編輯委員會編：《四庫全書存目叢書》（集部·別集類，第一百五十一–一百五十二册），濟南，齊魯書社（影北京師範大學圖書館藏明萬曆三十九年刻本配鈔本），一九九六年版。

（明）劉若愚編：《酌中志·酌中志餘》，《四庫禁燬書叢刊》編纂委員會編：《四庫禁燬書叢刊》（史部，第七十一册），北京出版社（影清鈔「明季野史彙編」本），二〇〇〇年版。

（明）陸應陽編、（清）蔡方炳增補：《廣輿記》，《四庫禁燬書叢刊》編纂委員會編：《四庫禁燬書叢刊》（史部，第十八册），北京出版社（影山東省圖書館藏清康熙刻本），二〇〇〇年版。

（明）吕維祺輯、（清）曹溶增、（清）錢綎補：《四譯館增定館則·新增館則》，《續修四庫全書》編纂委員會編：《續修四庫全書》（史部·職官類，第七百四十九册），上海古籍出版社（影「玄覽堂叢書·三集」影明崇禎刻清康熙十二年袁懋德補刻增修後印本），二〇〇二年版。

（明）梅膺祚編、（清）吴任臣編：《字彙·字彙補》，上海辭書出版社（影上海辭書出版社圖書館藏清康熙二十七年靈隱寺刻本·影顧廷龍藏清康熙五年刻本），一九九一年版。

（明）丘濬編：《文公家禮儀節》，明萬曆四十六年（一六一八）何士晉刻本，北京、天津，國家圖書館、南開大學圖書館（善、膠，10538；善，534/882）。

（明）歐陽保、徐應乾等編：《（萬曆）雷州府志》，廣東省地方史志辦公室編：《廣東歷代方志集成·雷州府部》（第一册），廣州，嶺南美術出版社（影湛江市地方史志辦公室景日本「尊經閣文庫」藏本），二〇〇九年版。

（明）沈懋孝：《長水先生文鈔》，《四庫禁燬書叢刊》編纂委員會編：《四庫禁燬書叢刊》（集部，第一百五十九—一百六十册），北京出版社（影中國科學院圖書館、南京圖書館藏明萬曆刻本），二〇〇〇年版。

（明）申時行等編：《（萬曆朝重修本）明會典》，北京，中華書局（縮印一九三六年商務印書館「萬有文庫」排本），一九八九年版。

（明）宋濂、樂韶鳳編：《洪武正韻》，明刻「七十六韻」本，浙江圖書館藏（善，898）。

（明）宋濂編、（明）屠隆訂正：《篇海類編》，《續修四庫全書》編纂委員會編：《續修四庫全書》（經部·小學類，第二百二十九—二百三十册），上海古籍出版社（影國家圖書館藏明刻本），二〇〇三年版。

（明）孫承宗：《高陽集》，《續修四庫全書》編纂委員會編：《續修四庫全書》（集部·別集類，第一千三百七十册），上海古籍出版社（影清初刻嘉慶補修本），二〇〇二年版。

（明）孫銓編：《高陽太傅孫文正公年譜》（孫承宗），于浩編：《明代名人年譜》（第十册），北京圖書館出版社（影清乾隆六年刻本），二〇〇六年版。

（明）孫慎行：《恩卹諸公志略》，周駿富主編：《明代傳記叢刊·名人類》（第四十一—六十八册），臺北，明文書局（影清「荊駝逸史」活字本），一九九一年版。

（明）孫慎行：《玄晏齋集五種·玄晏齋文抄》，《四庫禁燬書叢刊》編纂委員會編：《四庫禁燬書叢刊》（集部，第一百二十三册），北京出版社（影明崇禎間刻本），二〇〇〇年版。

臺灣「中研院」歷史語言研究所編校：《（鈔本）明實録》（二十八册，附《熹宗七年都察院實録》、《崇禎實録》、《崇禎長編》、《痛史本〈崇禎長編〉》、《寳訓》），北京，綫裝書局（影臺灣「中研院」歷史語言研究所整理「紅格」本），二〇〇五年版。

臺灣「中研院」歷史語言研究所編校：《〈明實録〉校勘記》（五册），北京，綫裝書局（影臺灣「中研院」歷史語言研究所原刊本），二〇〇五年版。

（明）談遷：《國榷》（六册），張宗祥校點，北京，中華書局，一九五八年版。

（明）談遷：《國榷》（二十五册），杭州，浙江古籍出版社（影浙江圖書館藏四明盧氏抱經樓清抄本），二〇一二年版。

（明）唐鶴徵等編：《（萬曆）重修常州府志》，南京圖書館編：《南京圖書館藏稀見方志叢刊》（第五十五-六十册），北京，國家圖書館出版社（影萬曆四十六年刻本），二〇一二年版。

（明）王心一：《蘭雪堂集》，清乾隆十三年（一七四八）刻本，浙江圖書館藏（善，7863）

（明）王心一：《蘭雪堂集》，《四庫禁燬書叢刊》編纂委員會編：《四庫禁燬書叢刊》（集部，第一百〇五册），北京出版社（影中國科學院圖書館藏清乾隆刻本），二〇〇〇年版。

（明）汪應蛟：《海防奏疏·撫畿奏疏·計部奏疏》，《續修四庫全書》編纂委員會編：《續修四庫全書》（史部·詔令奏議類，第四百八十册），上海古籍出版社（影國家圖書館藏明刻本），二〇〇二年版。

（明）吴應箕編：《啓禎兩朝剥復録》，《續修四庫全書》編纂委員會編：《續修四庫全書》（史部·雜史類，第四百三十八册），上海古籍出版社（影北京圖書館藏清初吴氏樓山堂刻本），二〇〇二年版。

（明）謝肇淛：《小草齋集·續集·小草齋文集》，《四庫全書存目叢書》編輯委員會編：《四庫全書存目叢書》（集部·別集類，第一百七十五－一百七十六册），濟南，齊魯書社（影福建師範大學圖書館藏明刻本配鈔本、江西省圖書館藏明天啓刻本），一九九六年版。

（明）謝肇淛：《小草齋集》（二册），江中柱點校，福州，福建人民出版社，二〇〇九年版。

（明）許重熙：《嘉靖以來注略（皇明五朝紀要）》，《四庫禁燬書叢刊》編纂委員會編：《四庫禁燬書叢刊》（史部，第五册），北京出版社（影北京大學圖書館藏明崇禎六年刻本），二〇〇〇年版。

（明）徐肇臺編：《（甲乙、續丙、續丁）記政録·新政》，《續修四庫全書》編纂委員會編：《續修四庫全書》（史部·雜史類，第四百三十八册），上海古籍出版社（影北京圖書館藏明崇禎刻本），二〇〇二年版。

（明）佚名編：《萬曆邸鈔》（三册），揚州，江蘇廣陵古籍刻印社（影臺灣「中央圖書館」藏清初抄本），一九九一年版。

（明）佚名編：《（輯校）萬曆起居注》（六册），南炳文、吴彥玲輯校，天津古籍出版社，二〇一〇年版。

（明）虞淳熙：《虞德園先生集》，《四庫禁燬書叢刊》編纂委員會編：《四庫禁燬書叢刊》（集部，第四十三册），北京出版社（影北京大學圖書館、中國科學院圖書館藏明末刻本），二〇〇〇年版。

（明）張煌言：《張蒼水集》，上海古籍出版社，一九八五年版。

（明）張自烈、（清）張文英編：《正字通》，北京，中國工人出版社（影康熙九年序弘文書院刊本），一九九六年版。

（明）鄭明選：《鄭侯昇集》，《四庫禁燬書叢刊》編纂委員會編：《四庫禁燬書叢刊》（集部，第七十五册），北京出版社（影湖北省圖書館藏明萬曆三十一年鄭文震刻本），二〇〇〇年版。

中國第一歷史檔案館、遼寧省檔案館編：《中國明朝檔案總彙》（一百〇一册），桂林，廣西師範大學出版社（影鈔本等），二〇〇一年版。

（明）周應賓編：《（萬曆）重修普陀山志》，杜潔祥主編：《中國佛寺史志彙刊》（第一輯第九册），臺北，明文書局（影北平圖書館藏萬曆三十五年張隨刊本，第一百〇五册），一九八〇年版。

（明）朱諫、胡汝寧編：《（萬曆）鴈山志》，杜潔祥主編：《中國佛寺史志彙刊》（第二輯第十册），臺北，明文書局（影臺北「故宮博物院」圖書館藏萬曆二十九年樂清知州胡氏刻本，第二百一十二册），一九八〇年版。

（清）曹仁虎编：《炙硯集》，春祺堂，乾隆三十九年（一七七四）刻本，北京，國家圖書館藏（97988）。

（清）陳昌齊等編：《（道光）廣東通志》，《續修四庫全書》編纂委員會編：《續修四庫全書》（史部•地理類，第六百六十九-六百七十五册），上海古籍出版社（影一九三四年商務印書館景清道光二年刻本），二〇〇二年版。

（清）陳維崧：《陳維崧集》（三册），陳振鵬標點、李學穎校補，上海世紀出版股份有限公司上海古籍出版社，二〇一〇年版。

（清）陳玉璂等編：《（康熙）常州府志》，江蘇古籍出版社編：《中國地方志集成•江蘇府縣志輯》（第三十六册），南京，江蘇古籍出版社（影康熙三十四年刻本），一九九一年版。

（清）褚成允、胡壽海等編：《（光緒）遂昌縣志》，上海書店編：《中國地方志集成•浙江府縣志輯》（第六十八册），上海書店（影光緒二十二年尊經閣刻本），一九九三年版。

（清）董秉純編：《董孝子廟志》，吴平等主編：《中國祠墓志叢刊》（第五十七册），揚州，廣陵書社（影清乾隆間崇本堂刻本），二〇〇四年版。

（清）董華鈞編：《純德彙編》，張壽鏞編：《四明叢書》（第六輯第二十一册），臺北，新文豐出版公司（影民國二十七年四明張氏約園重刊嘉慶七年本），一九八八年版。

（清）方濬頤：《二知軒詩續鈔》，《續修四庫全書》編纂委員會編：《續修四庫全書》（集部·別集類，第一千五百五十六册），上海古籍出版社（影華東師範大學圖書館藏清同治刻本），二〇〇二年版。

（清）方功惠編：《碧琳瑯館書目》，林夕主編：《中國著名藏書家書目彙刊·近代卷》（第四册），北京，商務印書館（影國家圖書館藏民國二十一年北平圖書館傳抄本），二〇〇五年版。

（清）傅澤洪編：《行水金鑑》，《景印文淵閣四庫全書》（史部三百三十八·地理類，第五百八十-五百八十二册），臺北，臺灣商務印書館，一九八三年版。

（清）顧藹吉編：《隸辨》，北京，中華書局（影康熙五十七年項絪玉淵堂刊本），一九八六年版。

（清）顧復：《平生壯觀》，林虞生校點，上海世紀出版股份有限公司上海古籍出版社，二〇一一年版。

（清）賀長齡等編：《（皇朝）清經世文編》（三册），北京，中華書局（影清光緒十二年思補樓重校本），一九九二年版。

（清）胡崇倫等編：《（康熙）儀真（徵）縣志》，中國科學院圖書館編：《稀見中國地方志彙刊》（第十三册），北京，中國書店（影清康熙七年刻康熙三十二年增修後印本），一九九二年版。

（清）黃應熊、許琰編，（清）釋明智校：《（乾隆）普陀山志》，《續修四庫全書》編纂委員會編：《續修四庫全書》（史部·地理類，第七百二十三册），上海古籍出版社（影清乾隆刻本），二〇〇二年版。

（清）黃虞稷：《千頃堂書目》（附索引），瞿鳳起、潘景鄭整理，上海古籍出版社，二〇〇一年版。

（清）黃之雋等編：《乾隆江南通志》（五册），揚州，廣陵書社（影尊經閣藏板乾隆二年重修本），二〇一〇年版。

（清）姜炳璋等編：《（乾隆）象山縣志》，成文出版社編：《中國方志叢書·華中地方-浙江省》（第四百七十六冊），臺北，成文出版社有限公司（影乾隆二十三年刊本），一九八三年版。

[日]今西春秋譯：《滿和蒙和對訳〈滿洲實録〉》，東京，刀水書房，一九九二版。

（清）景清等：《（光緒）欽定武場條例十六卷》，《四庫未收書輯刊》編纂委員會編：《四庫未收書輯刊》（第九輯第九冊），北京出版社（影清光緒二十一年刻本），二〇〇〇年版。

（清）崑岡等編：《（光緒）欽定大清會典》，《續修四庫全書》編纂委員會編：《續修四庫全書》（史部・政書類，第七百九十四冊），上海古籍出版社（影光緒石印本），二〇〇三年版。

（清）來保等編：《（乾隆）欽定大清會典則例》，《景印文淵閣四庫全書》（史部三百八十二・政書類，第六百二十一—六百二十五冊），臺北，臺灣商務印書館，一九八三年版。

（清）李希聖：《雁影齋題跋》，李慧標點，上海世紀出版股份有限公司上海古籍出版社，二〇〇九年版。

（清）李兆洛：《養一齋文集》，《續修四庫全書》編纂委員會編：《續修四庫全書》（集部・別集類，第一千四百九十五冊），上海古籍出版社（影山東省圖書館藏清道光二十三年活字印、二十四年增修本），二〇〇二年版。

（清）梁士鵬等編：《（雍正）欽州志》，廣東省地方史志辦公室編：《廣東歷代方志集成・廉州府部》（第四冊），廣州，嶺南美術出版社（影故宮博物院圖書館藏本），二〇〇九年版。

（清）梁廷枏編：《粵海關志》，沈雲龍主編：《近代中國史料叢刊續編》（第十九輯第一百八十一—一百八十四冊），臺北，文海出版社（影清業文堂刊本），一九七五年版。

（清）梁章鉅：《南省公餘録》，廣陵書社編：《筆記小説大觀》（第九冊），揚州，廣陵書社（影上海進步書局本），二〇〇七年版。

（清）劉文淇等編：《（道光）重修儀徵縣志》，光緒十六年（一八九〇）刻本。

繆荃孫等：《江蘇省通誌稿·大事誌、文化誌、經籍誌》（第一册、第七册），江蘇省地方誌編撰委員會辦公室等編、王亮功等校點，南京，江蘇古籍出版社，一九九一、二〇〇三年版。

（清）錢謙益：《列朝詩集小傳》（二册），上海古籍出版社，一九八三年版。

（清）錢謙益、（清）錢曾箋注：《牧齋初學集》（三册），錢仲聯標校，上海世紀出版股份有限公司上海古籍出版社，二〇〇九年版。

（清）錢維喬、錢大昕編：《（乾隆）鄞縣志》，《續修四庫全書》編纂委員會編：《續修四庫全書》（史部·地理類，第七百〇六册），上海古籍出版社（影華東師範大學圖書館藏清乾隆五十三年刻本），二〇〇二年版。

（清）錢曾：《錢遵王述古堂藏書目録》，《四庫全書存目叢書》編輯委員會編：《四庫全書存目叢書》（史部·目録類，第二百七十七册），濟南，齊魯書社（影北京圖書館藏清初錢氏述古堂鈔本），一九九六年版。

（清）錢曾：《虞山錢尊王藏書目録彙編》，瞿鳳起編，世紀出版集團上海古籍出版社，二〇〇五年版。

（清）阮葵生：《茶餘客話》（二册），李保民校點，上海世紀出版股份有限公司上海古籍出版社，二〇一二年版。

（清）邵瑛：《說文解字群經正字》，《續修四庫全書》編纂委員會編：《續修四庫全書》（經部·小學類，第二百一十一册），上海古籍出版社（影華東師範大學圖書館藏民國六年景邵啓賢景清嘉慶二十一年桂隱書屋刻本），二〇〇三年版。

（清）沈增植：《海日樓書目》，沈氏海日樓，一九二五年抄本，北京，國家圖書館藏（善，15584）。

（清）盛楓編：《嘉禾徵獻録》，《續修四庫全書》編纂委員會編：《續修四庫全書》（史部·傳記類，第五百四十四册），上海古籍出版社（影南京圖書館藏清抄本），二〇〇二年版。

（清）史炳等編：《（嘉慶）溧陽縣志》，江蘇古籍出版社編：《中國地方志集成·江蘇府縣志輯》（第三十二册），南京，江蘇古籍出版社（影嘉慶十八年刻本），一九九一年版。

（清）宋梅：《炙硯詞》，張宏生編：《清詞珍本叢刊》（第二十二册），南京，鳳凰出版傳媒集團鳳凰出版社（影鈔本），二〇〇七年版。

（清）孫承澤編：《山書》，裘劍平點校，杭州，浙江古籍出版社，一九八九年版。

（清）孫承澤：《春明夢餘録》（二册），王劍英點校，北京古籍出版社，一九九二年版。

（清）孫奇逢：《孫徵君日譜録存》，《續修四庫全書》編纂委員會編：《續修四庫全書》（史部·傳記類，第五百五十八-五百五十九册），上海古籍出版社（影湖北省圖書館藏清光緒十一年刻本），二〇〇二年版。

（清）湯大奎：《炙硯瑣談》，《四庫未收書輯刊》編纂委員會編：《四庫未收書輯刊》（第十輯第三十册），北京出版社（影清乾隆五十七年趙懷玉亦有生齋刻本），二〇〇〇年版。

（清）萬經等編：《（雍正）寧波府志》，上海書店編：《中國地方志集成·浙江府縣志輯》（第三十册），上海書店（影道光二十六年刻本），一九九三年版。

（清）萬斯同：《明史》，《續修四庫全書》編纂委員會編：《續修四庫全書》（史部·別史類，第三百二十四-三百三十一册），上海古籍出版社（影北京圖書館藏清抄本），二〇〇二年版。

（清）王復禮編：《家禮辨定》，《四庫全書存目叢書》編輯委員會編：《四庫全書存目叢書》（經部·禮類，第一百一十五册），濟南，齊魯書社（影康熙間刻本），一九九七年版。

王世襄編：《清代匠作則例彙編·佛作-門神作》，北京古籍出版社，二〇〇二年版。

（清）王士禛：《漁洋精華録（集釋）》（三册），李毓芙等整理，上海世紀出版股份有限公司上海古籍出版社，一九九九年版。

（清）王頌蔚編：《明史考證攟逸・補遺》，臺北，臺灣學生書局，一九六八年版。

（清）王贈芳等編：《（道光）濟南府志》，鳳凰出版社編：《中國地方志集成・山東府縣志輯》（第一－三册），南京，鳳凰出版社（影道光二十年刻本），二〇〇四年版。

（清）王梓才、馮雲濠編：《宋元學案補遺》（十册），沈芝盈、梁運華點校，北京，中華書局，二〇一二年版。

（清）吳騫：《桃溪客語》，長沙，商務印書館（「叢書集成初編」排「拜經樓叢書」本，第三千一百五十四册），民國二十八年（一九三九）版。

（清）吳錫麒：《有正味齋詩集・有正味齋駢體文》，《續修四庫全書》編纂委員會編：《續修四庫全書》（集部・別集類，第一千四百六十八－一千四面六十九册），上海古籍出版社（影清嘉慶十三年刻《有正味齋全集》增修本），二〇〇三年版。

（清）謝旻等編：《（雍正）江西通志》，成文出版社編：《中國方志叢書・華中地方－江西省》（第七百八十二册），臺北，成文出版社有限公司（影雍正十年刊本），一九八九年版。

（清）徐開任編：《明名臣言行録》，《續修四庫全書》編纂委員會編：《續修四庫全書》（史部・傳記類，第五百二十－五百二十一册），上海古籍出版社（影天津圖書館藏清康熙間刻本），二〇〇二年版。

（清）徐乾學編：《傳是樓書目》，《續修四庫全書》編纂委員會編：《續修四庫全書》（史部・目録類，第九百二十册），上海古籍出版社（影北京圖書館藏清道光八年劉氏味經書屋鈔本），二〇〇二年版。

（清）徐乾學編：《傳是樓書目》，林夕主編：《中國著名藏書家書目彙刊・明清卷》（第十七－十八册），北京，商務印書館（影民國四年鉛印《二徐書目》合刻本），二〇〇五年版。

（清）徐乾學：《憺園文集》，《續修四庫全書》編纂委員會編：《續修四庫全書》（集部·別集類，第一千四百一十二册），上海古籍出版社（影上海辭書出版社圖書館藏清康熙刻冠山堂印本），二〇〇二年版。

（清）楊光先等：《不得已》（附二種），陳占山校注，合肥，黄山書社，二〇〇〇年版。

（清）楊文駿等編：《（光緒）德慶州志》，光緒二十五年（一八九九）刻本。

（清）印光任、張汝霖：《澳門紀略（校注）》，趙春晨校注，澳門文化司署，一九九二年版。

（清）尹會一等編：《（雍正）揚州府志》，成文出版社編：《中國方志叢書·華中地方-江蘇省》（第一百四十六册），臺北，成文出版社有限公司（影雍正十一年刊本），一九七四年版。

（清）永瑢、紀昀等編：《欽定四庫全書總目》（二册，整理本），《四庫全書》研究所整理，北京，中華書局，一九九七年版。

（清）惲毓鼎：《惲毓鼎澄齋日記》（二册），史曉風整理，杭州，浙江古籍出版社，二〇〇四年版。

（清）查繼佐：《罪惟録》（四册），方福仁校補，杭州，浙江古籍出版社，一九八六年版。

（清）張廷玉等：《明史》（二册），北京，中華書局，一九七四年（一九九七年縮印）版。

（清）張之洞：《張之洞全集》（十二册），趙德馨主編、吴劍杰等點校，武漢出版社，二〇〇八年版。

（清）趙懷玉：《亦有生齋集》，《續修四庫全書》編纂委員會編：《續修四庫全書》（集部·別集類，第一千四百六十九-一千四百七十册），上海古籍出版社（影遼寧省圖書館藏清道光元年刻本），二〇〇二年版。

（清）趙吉士：《續表忠記》，周駿富主編：《明代傳記叢刊·名人類》（第三十七-六十四册），臺北，明文書局（影「中央研究院」歷史語言研究所藏清康熙三十七年刻本），一九九一年版。

（清）趙良霨：《肖巖詩鈔》，《續修四庫全書》編纂委員會編：《續修四庫全書》（集部·別集類，第一千四百六十四册），上海古籍出版社（影中國科學院圖書館藏清嘉慶五年涇城雙桂齋刻本），二〇〇二年版。
浙江省地方志編撰委員會編：《清雍正朝〈浙江通志〉標點本》（十五册），北京，中華書局，二〇〇一年版。
（清）朱駿聲：《説文通訓定聲》，北京，中華書局（影臨嘯閣刻本），一九八四年版。
（清）莊廷鑨編：《明史抄略》，《續修四庫全書》編纂委員會編：《續修四庫全書》（史部・別史類，第三百二十三册），上海古籍出版社（影北京圖書館藏清吕葆中家抄本），二〇〇二年版。
（清）鄒漪：《啓禎野乘・一集》，《四庫禁燬書叢刊》編纂委員會編：《四庫禁燬書叢刊》（史部，第四十－四十一册），北京出版社（影北京圖書館藏明崇禎十七年柳圍草堂刻清康熙五年重修本），二〇〇〇年版。
（清）鄒兆麟等編：《（光緒）高明縣志》，成文出版社編：《中國方志叢書・華南地方－廣東省》（第一百八十六册），臺北，成文出版社有限公司（影光緒二十一年刊本），一九七四年版。
趙爾巽等編：《清史稿（校注）》（第一册），「國史館」校注，臺北，「國史館」，一九八六年版。

域外

[越南・陈－后黎]黎文休、吴士連、范公著等編：《大越史記全書》，順化，約正和十八年（一六九七）後，越南國家圖書館藏（殘本）。（「漢喃古籍文獻典藏數位化計畫」，NLV-Classic-nlvnpf 0144-11、12-18，R.3563、255、256、3560、3558、3559、3557、3113，<http://lib.nomfoundation.org/collection/1/volume/183/，/184/-/190/>）
[越南・阮]張登桂等編：《大南寔録前編》，順化，紹治四年（一八四四），越南國家圖書館藏。（「漢喃古籍文獻

典藏數位化計畫」，NLV-Classic-nlvnpf 0143-01，02-04，R.765，5917，773，777，<http://lib.nomfoundation.org/collection/1/volume/179/，/180/-/182/>）

[意]利瑪竇：《耶穌會與天主教進入中國史》，文錚譯，北京，商務印書館，二〇一四年版。

[意]利瑪竇、[比]金尼閣：《利瑪竇中國札記》，何高濟等譯，北京，中華書局，二〇一〇年版。

現代

版行

北京圖書館善本部編：《北京圖書館善本書目》（八册），北京，中華書局，一九五九年版。

北京圖書館編：《北京圖書館古籍善本書目》（五册），北京，書目文獻出版社，一九八九年版。

[意]貝奈戴托·克羅齊：《歷史學的理論和實際》，[英]道格拉斯·安斯利、傅任敢譯，北京，商務印書館，一九八二年版。

陳詩啓：《明代官手工業的研究》，武漢，湖北人民出版社，一九五八年版。

陳玉女：《明代的佛教與社會》，北京，北京大學出版社，二〇一一年版。

陳垣：《史諱舉例》，北京，中華書局，二〇一二年版。

丁海斌等：《中國古代科技檔案遺存及其科技文化價值研究》，北京，科學出版社，二〇一一年版。
杜海軍輯校：《桂林石刻總集輯校》（三册），北京，中華書局，二〇一三年版。
范金民、金文：《江南絲綢史研究》，北京，農業出版社，一九九三年版。
方豪：《李之藻研究》，臺北，臺灣商務印書館，一九六六年版。
顧頡剛：《顧頡剛全集·顧頡剛古史論文集》（第一册），北京，中華書局，二〇一〇年版。
顧廷龍：《顧廷龍文集》，北京圖書館出版社、上海科學技術文獻出版社，二〇〇二年版。
[德]哈特穆特·凱博：《歷史比較研究導論》，趙進中譯，北京大學出版社，二〇〇九年版。
黄慶華：《中葡關係史（一五一三—一九九九）》（三册），合肥，黄山書社，二〇〇六年版。
[美]黄仁宇：《十六世紀明代中國之財政與税收》，阿風等譯，北京，生活·讀書·新知三聯書店，二〇〇七年版。
[美]黄仁宇：《明代的漕運》，張皓、張升譯，臺北，聯經出版事業股份有限公司，二〇一三年版。
翦伯贊主編：《中外歷史年表》（校訂本），張傳璽等校訂，北京，中華書局，二〇〇八年版。
[德]卡爾·曼海姆：《意識形態和烏托邦：知識社會學引論》，霍桂恒譯，北京，中國人民大學出版社，二〇一三年版。
李伯重：《江南的早期工業化（一五五〇—一八五〇）》（修訂版），北京，中國人民大學出版社，二〇一〇年版。
李洵：《〈明史·食貨志〉校注》，北京，中華書局，一九八二年版。
李棪：《東林黨籍考》，北京，人民出版社，一九五七年版。
李玉安、黄正雨編：《中國藏書家通典》，香港，中國國際文化出版社，二〇〇五年版。

[英]李約瑟等：《李約瑟中國科學技術史·物理學及相關技術-機械工程》（第四卷第二分册），鮑國寶等譯，北京、上海，科學出版社、上海古籍出版社，一九九九年版。
[英]李約瑟等：《李約瑟中國科學技術史·化學及相關技術-軍事技術：火藥的史詩》（第五卷第七分册），劉曉燕等譯，北京、上海，科學出版社、上海古籍出版社，二〇〇五年版。
劉復、李家瑞編：《宋元以來俗字譜》，北平，「中央研究院」歷史語言研究所，民國十九年（一九三〇）版。
[英]羅德里克·弗拉德：《計量史學方法導論》，王小寬譯，上海，上海译文出版社，一九九七年版。
羅豪才主編：《行政法論》，北京，光明日報出版社，一九八八年版。
羅豪才、宋功德：《軟法亦法：公共治理呼喚軟法之治》，北京，法律出版社，二〇〇九年版。
羅竹風主編：《漢語大詞典》（三册），上海世紀出版股份有限公司上海辭書出版社（縮印本），二〇〇七年版。
孟慶龍等：《世界歷史·世界歷史大事年表（分册）》（第三十八册，二册），南昌，江西人民出版社，二〇一一年版。
孟森：《明清史講義》（二册），北京，中華書局，一九八一年版。
繆咏禾：《明代出版史稿》，南京，江蘇人民出版社，二〇〇〇年版。
[法]米歇爾·福柯：《知識考古學》，謝强、馬月譯，北京，生活·讀書·新知三聯書店，二〇〇七年版。
[美]牟復禮等編：《劍橋中國明代史：一三六八-一六四四》（二册），張書生等譯，北京，中國社會科學出版社，一九九二年版。
《南京圖書館志》編寫組編：《南京圖書館志（一九〇七-一九九五）》，南京出版社，一九九六年版。
南開大學圖書館編：《南開大學圖書館館藏古籍善本書目》，天津，南開大學圖書館，一九八六年（自印本）。

屈萬里：《「中央圖書館」善本書目初稿》，《屈萬里先生全集》（第三集第十六册），臺北，聯經出版事業公司，一九八五年版。
全漢昇：《中國經濟史論叢》（二册），北京，中華書局，二〇一二年版。
單士元：《單士元集·史論叢編》（第四卷，三册），單嘉玖、李燮平等整理，北京，紫禁城出版社，二〇〇九年版。
上海圖書館編：《中國叢書綜録》（三册），上海世紀出版股份有限公司上海古籍出版社，二〇〇七年版。
尚恒元、孫安邦主編：《中國人名异稱大辭典》（二册），太原，山西人民出版社，二〇〇二年版。
史爲樂主編：《中國歷史地名大辭典》（二册），北京，中國社會科學出版社，二〇〇五年版。
譚其驤主編：《中國歷史地圖集》（八册），北京，中國地圖出版社，一九八二年版。
王光堯：《明代宫廷陶瓷史》，北京，紫禁城出版社，二〇一〇年版。
王璞子主編：《〈工程做法〉注釋》，北京，中國建築工業出版社，一九九五年版。
王天有：《明代國家機構研究》，北京大學出版社，一九九二年版。
王效清主編：《中國古建築術語辭典》，北京，文物出版社，二〇〇七年版。
王毓銓主編：《中國經濟通史：明代經濟卷》（二册），北京，經濟日報出版社，二〇〇〇年版。
王彦坤編：《歷代避諱字彙典》，北京，中華書局，二〇〇九年版。
吴美鳳：《盛清傢具形制流變研究》，北京，紫禁城出版社，二〇〇七年版。
[美]西達·斯考切波編：《歷史社會學的視野與方法》，封積文等譯，世紀出版集團上海人民出版社，二〇〇七年版。

[日]小野和子：《明季黨社考》，李慶、張榮湄譯，上海世紀出版股份有限公司上海古籍出版社，二〇〇六年版。
[法]謝和耐：《中國社會史》，黄建華、黄迅余譯，南京、北京，江蘇人民出版社、人民出版社，二〇一〇年版。
謝貴安：《明實録研究》，上海世紀出版股份有限公司上海古籍出版社，二〇一三年版。
《續修四庫全書》編纂委員會、復旦大學圖書館古籍部編：《續修四庫全書・總目録-索引》，上海古籍出版社，二〇〇三年版。
許逸民：《古籍整理釋例》，北京，中華書局，二〇一一年版。
楊廷福、楊同甫編：《明人室名别稱字號索引》（二册），上海古籍出版社，二〇〇二年版。
姚國艷：《明朝商税法制研究——以抽分廠的運營爲對象》，北京，中國政法大學出版社，二〇一二年版。
葉柏林、陳志田：《標準化》，北京，中國科學技術出版社，一九八八年版。
易繼明：《技術理性、社會發展與自由：科技法學導論》，北京大學出版社，二〇〇五年版。
岳志堅主編：《中國質量管理》，北京，中國財政經濟出版社，一九八九年版。
張柏春等：《傳播與會通——〈奇器圖説〉研究與校注》（二册），南京，鳳凰出版傳媒集團江蘇科學技術出版社，二〇〇八年版。
張德信編：《明代職官年表》（四册），合肥，黄山書社，二〇〇九年版。
張培瑜：《三千五百年歷日天象》，鄭州，大象出版社，一九九七年版。
趙全仁、崔王午主編：《標準化詞典》，北京，中國標準出版社，一九九〇年版。
鄭振鐸：《鄭振鐸全集》（二十一册），石家莊，花山文藝出版社，一九九八年版。
鄭天挺等主編：《中國歷史大辭典（音序本）》（三册），上海世紀出版股份有限公司上海辭書出版社，二〇〇七年版。

《中國大百科全書》總編輯委員會《法學》編輯委員會等編：《中國大百科全書・法學》，北京，中國大百科全書出版社，一九八四年版。

《中國大百科全書》總編輯委員會編：《中國大百科全書・法學》（修訂版），北京，中國大百科全書出版社，二〇〇六年版。

《中國大百科全書》總編輯委員會等編：《中國大百科全書・美術》（二册），北京，中國大百科全書出版社，一九九〇年版。

《中國地圖集》編輯委員會編：《中國地圖集》（第二版），北京，中國地圖出版社，二〇一一年版。

《中國古籍善本書目》編輯委員會編：《中國古籍善本書目・經部-史部》（一册、二册），上海古籍出版社，一九八九、一九九三年版。

中國科學院北京天文臺主編：《中國地方志聯合目録》，北京，中華書局，一九八五年版。

中國科學院自然科學史研究所主編：《中國古代建築技術史》，北京，科學出版社，一九八五年版。

《中國企業管理百科全書》編輯委員會編：《中國企業管理百科全書》（二册），北京，企業管理出版社，一九八八年版。

中國社會科學院語言研究所詞典編輯室編：《現代漢語詞典》（第六版），北京，商務印書館，二〇一二年版。

中華人民共和國國家質量監督檢驗檢疫總局等：《優先數和優先數系（GB/T 321-2005/ISO 3:1973）》，北京，中國標準出版社，二〇〇五年版。

中華人民共和國國家質量監督檢驗檢疫總局等：《優先數和優先數化整值系列的選用指南（GB/T 19764-2005/ISO

497:1973）》，北京，中國標準出版社，二〇〇五年版。
朱誠如、孟憲剛主編：《清朝通史•大事記（分卷）》（第十四册），北京，紫禁城出版社，二〇〇二年版。
祝慈壽：《中國古代工業史》，上海，學林出版社，一九八八年版。

◤學位論文

郭婕：《明代商事法的研究》，北京，中國政法大學博士學位論文，二〇〇二年四月。
何偉：《明清官式建築技術標準化及其經濟影響》，蘇州大學碩士學位論文，二〇一〇年四月。
李玉寶：《謝肇淛與晚明福建文學》，上海師範大學博士學位論文，二〇一〇年四月。
連冕：《工以治世：清代旗纛及其思想研究》，北京，清華大學博士學位論文，二〇〇九年十一月。
梁科：《明代京通倉儲制度研究》，北京大學碩士學位論文，二〇〇五年六月。
呂振宇：《〈家禮〉源流編年輯考》，上海，華東師範大學博士學位論文，二〇一三年四月。
王大文：《明清火器技術理論化研究》，蘇州大學碩士學位論文，二〇一一年四月。
王海妍：《明代捐納研究——以文捐爲考察對象》，天津，南開大學博士學位論文，二〇〇九年五月。
徐東升：《8–19世紀初中國企業與經營管理》，廈門大學博士學位論文，二〇〇〇年六月。
周琳琳：《明代府州縣倉官研究》，长春，東北師範大學碩士學位論文，二〇一三年六月。
Huang, Ray. The Grand Canal During The Ming Dynasty, 1368-1644. Diss. U of Michigan, 1964. Ann Arbor: UMI, 1964. 65-10980.

篇什

艾永明：《中華法系并非「以刑爲主」》，《中國法學》，二〇〇四年第一期（二〇〇四年二月）。
白建新：《萬曆工部三書所證內官董役與召買開納事例述考》，朱誠如、王天有主編：《明清論叢》（第十輯），北京，紫禁城出版社，二〇一〇年版。
白壽彝、王毓銓：《說秦漢到明末官手工業和封建制度的關係》，《歷史研究》，一九五四年第五期（一九五四年十月）。
白壽彝：《明代礦業的發展》，《北京師範大學學報（社會科學）》，一九五六年第一期（一九五六年九月）。
白瑛：《論知識經濟與建築管理（一）》，《基建管理優化》，第十一卷第四期，一九九九年十二月。
陳福康：《鄭振鐸等人致舊「中央圖書館」的秘密報告》，《出版史料》，二〇〇一年第一輯（二〇〇一年二月）。
陳福康：《鄭振鐸等人致舊「中央圖書館」的秘密報告（續）》，《出版史料》，二〇〇四年第一期（二〇〇四年二月）。
陳詩啓：《明代的工匠制度》，《歷史研究》，一九五五年第六期（一九五五年十二月）。
陳詩啓：《明代的官手工業及其演變》，《歷史教學》，一九六二年第十期。
陳涴：《努爾哈赤崛起與李成梁關係史事鈎沉》，《滿族研究》，二〇〇九年第一期（二〇〇九年三月）。
陳喜波、韓光輝：《明北京城營建石料采辦研究》，《北京社會科學》，二〇一〇年第二期（二〇一〇年四月）。
陳玉女：《明代萬曆時期慈圣皇太后的崇佛——兼論佛、道兩勢力的對峙》，《「成功大學」歷史學報》（臺南），第二十三卷，一九九七年十二月。
戴志强、周衞榮：《中國古代黃銅鑄錢歷史的再驗證——與麥克·考維爾先生商榷》，《中國錢幣》，一九九三年第四期（一九九三年十二月）。
高壽仙：《明代北京燃料的使用與采供》，《故宮博物院院刊》，二〇〇六年第一期（二〇〇六年一月）。
高壽仙：《明萬曆年間北京的物價和工資》，《清華大學學報（哲學社會科學版）》，第二十三卷，二〇〇八年第三期（二〇〇八年五月）。
高壽仙：《明代時估制度初探——以朝廷的物料買辦爲中心》，《北京聯合大學學報（人文社會科學版）》，第六卷第四期，二〇〇八年十二月。
顧力仁、阮静玲：《國家圖書館古籍收購與鄭振鐸》，《臺灣圖書館館刊》（臺北），二〇一〇年第二期（二〇一〇年十二月）。
官嵬：《〈工部廠庫須知〉淺析——兼及明代建築工官制度鈎沉》，《新建築》，二〇一〇年第二期（二〇一〇年四月）。
「中央圖書館」館刊編輯委員會編：《館史史料選輯·古籍搜購與集藏》，《「中央圖書館」館刊·五十週年館慶特刊》（臺北），新十六卷第一期，一九八三年四月。
郭沫若：《甲申三百年祭》，《歷史人物（含〈甲申三百年祭〉）》，北京，中國人民大學出版社，二〇〇五年版。
胡漢生：《明代琉璃構件的樣制與名稱》，《古建園林技術》，一九九三年第三期（一九九三年六月）。
胡漢生：《北京故宮交泰殿創建年代考》，單士元、于倬云主編：《中國紫禁城學會論文集》（第一輯），北京，紫禁城出版社，一九九七年版。

計翔翔：《明末在華天主教士金尼閣事迹考》，《世界歷史》，一九九五年第一期（一九九五年二月）。
計翔翔：《明末在華傳教士金尼閣墓志考》，《世界宗教研究》，一九九七年第一期（一九九七年三月）。
賈瑩、周衛榮：《齊國及明代錢幣的金相學考察》，《文物保護與考古科學》，第十五卷第三期，二〇〇三年八月。
[美]姜永琳：《從明代法律文化看中華帝國法律的刑事性——向楊一凡教授請教》，朱誠如、王天有主編：《明清論叢》（第六輯），北京，紫禁城出版社，二〇〇五年版。
李伯重：《萬曆後期的盔甲廠與王恭廠——晚明中央軍器製造業研究》，趙軼峰、萬明主編：《世界大變遷視角下的明代中國——國際學術研討會論文集》，長春，吉林人民出版社，二〇一二年版。
李合、段鴻鶯、丁銀忠等：《北京故宫和遼寧黄瓦窑清代建築琉璃構件的比較研究》，《文物保護與考古科學》，第二十二卷第四期，二〇一〇年十一月。
李合、丁銀忠、陳鐵梅等：《北京明清建築琉璃構件黄釉的無損研究》，《中國文物科學研究》，二〇一三年第二期（二〇一三年六月）。
連冕：《設計藝術「經典」與目録學》，《美術報》，「設計周刊·連聲快語（專欄）」，二〇一〇年十一月二十七日，总第八百八十八期，第四十六版。
連冕：《致X君：關於傳統工藝文獻的計量史學視野》，《美術報》，「設計周刊·連聲快語（專欄）」，二〇一〇年十二月二十五日，总第八百九十二期，第六十九版。
連冕：《關於古代物質文化史罕傳文獻整理》，《美術報》，「設計周刊·連聲快語（專欄）」，二〇一一年十月二十二日，总第九百三十五期，第七十三版。
連冕：《再談「罕傳」》，《美術報》，「設計周刊·連聲快語（專欄）」，二〇一二年五月五日，總第九百六十三期，第十六版。

連冕：《藝術文獻整理應遵循學術規範》，《美術觀察》，二〇一三年第三期。

連冕：《故紙四説：關於古典專門文獻理董》，《藝術生活（福州大學廈門工藝美術學院學報）》，二〇一四年第一期（二〇一四年二月）。

林嵩：《〈平妖傳〉异體字與版本研究叢札——兼談古籍整理研究中的异體字》，《文獻》，二〇一二年第四期（二〇一二年十月）。

劉翩天：《建築琉璃（一）》，《陶瓷研究》，一九八七年第一期（一九八七年四月）。

劉明：《鄭振鐸編〈玄堂覽叢書〉的底本及入藏國家圖書館始末探略》，《新世紀圖書館》，二〇一四年第七期。

劉旭、陳喜波：《物流視角下的明北京營建木材采辦研究——以川木采辦爲例》，《地理研究》，第二十九卷第八期，二〇一〇年八月。

劉永華：《「見方」的意義、用法和成詞過程》，《語言研究》，第三十二卷第二期，二〇一二年四月。

[加拿大]魯克思：《一五九六年和一七九八年故宮後三宮的重建》，《中國紫禁城學會論文集》（第五輯，下），北京，紫禁城出版社，二〇〇七年版。

羅麗馨：《明代的銅礦業》，《文史學報》（臺北），第二十五期，一九九五年三月。

馬保平：《試論統計實踐活動的產生與我國統計活動概況》，《蘭州商學院學報（綜合版）》，一九八九年第二期（一九八九年七月）。

邱仲麟：《人口增長、森林砍伐與明代北京生活燃料的轉變》，《「中央研究院」歷史語言研究所集刊》（臺北），第七十四本第一分，二〇〇三年三月。

邱仲麟：《明代的煤礦開采——生態變遷、官方舉措與社會勢力的交互作用》，《「清華學報」》（新竹），新三十七卷第二期，二〇〇七年十二月。
沈津：《鄭振鐸致蔣復璁信札（上）》，《文獻》，二〇〇一年第三期（二〇〇一年七月）。
宋偉、荀小菊：《中國古代科技法制史芻議》，《科技與法律》，一九九五年第三期（一九九五年九月）。
唐立宗：《明代福建製鐵業發展的再思考》，《明代研究》（臺北），第十期，二〇〇七年十二月。
王茂華、姚建根、吕文静：《中國古代城池工程計量與計價初探》，《中國科技史雜志》，第三十三卷第二期，二〇一二年六月。
王璞子：《清工部頒布的〈工程做法〉》，《故宫博物院院刊》，一九八三年第一期（一九八三年四月）。
王世襄：《談清代的匠作則例》，《文物》，一九六三年第七期。
王世襄：《明式傢具的「品」》，《文物》，一九八〇年第四期。
王文濤：《關於紫禁城琉璃瓦款識的調查》，《故宫博物院院刊》，二〇一三年第四期（二〇一三年七月）。
王曉路：《南京圖書館印行出版史初探》，《江蘇圖書館學報》，一九九一年第三期（一九九一年六月）。
王毓藺：《明北京營建燒造叢考之一——燒造地域的空間變化和燒辦方式變遷》，《故宫博物院院刊》（北京），二〇一二年第二期（二〇一〇年三月）。
王毓藺：《明北京營建燒造叢考之一——燒辦過程的考察》，《首都師範大學學報》（社會科學版，北京），二〇一三年第一期（二〇一三年二月）。
吴文侯：《（中國建築工業出版社）審讀記録表》，北京，二〇一三年十一月四日、二〇一四年六月八日（手稿）。
徐光臺：《西學對科舉的衝擊與迴響——以李之藻主持福建鄉試爲例》，《歷史研究》，二〇一二年第六期。

許敏：《明代嘉靖、萬曆年間「召商買辦」初探》，中國社會科學院歷史研究所明史研究室編：《明史研究論叢》（第一輯），南京，江蘇人民出版社，一九八二年版。

嚴敦傑：《中國標準化史的研究》，《標準化通訊》，一九八〇年第二期（一九八〇年四月）。

楊聯陞：《從經濟角度看帝制中國的公共工程》，洪業、楊聯陞：《中國現代學術經典・洪業、楊聯陞卷》，劉夢溪主編，王鍾翰等編校，石家莊，河北教育出版社，一九九六年版。

楊一凡：《明代法律史料的考證和文獻整理（提綱）》，龍西斌、余學群主編：《第八屆明史國際學術討論會論文集》，長沙，湖南人民出版社，二〇〇一年版。

楊一凡：《對中華法系的再認識——兼論「諸法合體，民刑不分」說不能成立》，倪正茂主編：《批判與重建：中國法律史研究反撥》，北京，法律出版社，二〇〇二年版。

佚名編：《（「臺灣圖書館」）本館簡史》，「『臺灣圖書館』全球咨詢網」。<http://www.ncl.edu.tw/ct.asp?xItem=16965&CtNode=1211&mp=2>

佚名編：《中國版本圖書館月度CIP數據精選》，《全國新書月》，二〇一三年第九期。

張淑嫻：《揚州匠意：寧壽宮花園內檐裝修》，故宮博物院、柏林馬普學會科學史所編：《宮廷與地方：十七至十八世紀的技術交流》，北京，紫禁城出版社，二〇一〇年版。

張新國、王旭、孟凡印：《古代建築材料的明珠——琉璃瓦》，北京，中國建築工業出版社主編：《中國建築材料年鑒（一九八一—一九八二）》，中國建築工業出版社，一九八二年版。

趙毅：《鋪戶、商役與明代城市經濟》，《東北師大學報》，一九八五年第四期（一九八五年八月）。
周衞榮：《我國古代黃銅鑄錢考略》，《文物春秋》，一九九一年第二期（一九九一年七月）。
周衞榮：《中國古代用鋅歷史新探》，《自然科學史研究》，第十卷第三期，一九九一年十月。
周衞榮：《「水錫」考辨》，《文物春秋》，一九九二年第三期（一九九二年九月）。
周衞榮：《雲貴地區傳統煉鋅工藝考察與中國煉鋅歷史的再考證》，《中國科技史料》，第十八卷第二期，一九九七年六月。
周衞榮：《「錫鑞」與六朝「白錢」》，中國錢幣學會古代錢幣委員會等編：《六朝貨幣與鑄錢工藝研究》，南京，鳳凰出版社，二〇〇五年版。

注釋

❶ 今次校點、整理時，參考、徵引所用刻本原件等，均標明藏地、特殊版別及索書編號，凡無藏地、特殊版別者，亦無索書編號者，即爲「普通古籍」或「通行本」。

❷ 此處所注，均爲與今次校點相關之版本簡稱等信息，後均同。

❸ 此本部分内容經「改刊」增葉，今暫據通常情況著録，詳細考辨另行刊出。

❹ 今亦暫據通常情況著録。

❺ 「南圖」所藏兩本，今因該館古籍庫房司守冥頑，校點者凡五次親赴提請，概未得覽觸原槧，僅見「全本」二〇一三年年中，并「殘本」凡二十四頁、二〇一三年九月十三日電子影掃之圖片檔案。故，此兩「電子檔」，今其影掃「全本」者，簡稱「全電檔」，「殘本」者簡稱「殘電檔」。

❻ 此「南圖」所藏，共四册。據各册瓷青皮紙封面貼簽所示，當係民國間「上海居留民團東亞攻究會文庫」收存之「漢籍」，其時分入「史/11-30」，册數亦登記爲「Vols. 4」（另，各册封面近書根處亦有「104」編號戳記），各册内首頁左上角亦鈐有「上海居留民團東亞攻究會圖書之印」朱文大方印一枚。當已經舊時修補，半葉版框均高20.4 cm、寬13.5-14.3 cm，每半葉八行、行十六字，四周單邊，白口印「董孝廟誌」四字。各册内有少量墨釘，個別邊框未印全者，見墨筆界畫。

其第二册補入「崇禎十四年（一六四一）八月初七日」、「順治八年（一六五一）九月初四日」文移二篇，共四葉，今據字體、字形格局判斷，或係由活字排出。

而第四册更爲複雜，首係《徵君後裔祖德詠》，起至朱明四十八世孫董文衡，終於五十八世孫董經權，計十九葉。次爲陳九官「萬曆乙巳（一六〇五）仲夏端陽日」所撰，《清瀾館記》附《憲牌》一篇。再次爲徐時進「萬曆丁未（一六〇七）中秋月吉旦」所撰，附題「鄞縣知縣柯昶、慈溪縣知縣潘汝禎、奉化縣知縣汪應嶽、定海縣知縣樊王家，象山縣知縣吳學周、縣丞沈邦宇、主簿徐承德；督工鄞縣主簿邢國佐，住僧性能立石」的《清瀾館記》又一篇。再次爲「裔孫劍鍔拜識」的，活字印《祖德詩跋》一篇。各篇均四周單邊，半葉八行、行十六字。除前述《祖德詩跋》一葉，白口刻「祖德詩跋」四字、無葉碼外，餘均白口刻「董孝廟誌」、葉碼爲「記一」至「記八」，初步推斷，應均係後世重裝時附入。

該册再次，爲「崇禎十五年（一六四二）十月初五日，吴西蓼孝廉張肇元」所撰《題董孝子祠有序》一篇，墨印「張肇元印」、「□貞」（據清人董華鈞編《純德彙編・題詠上》，張氏字「我貞」，惟今「□」字暫不識）兩朱文方印，四周單邊，半葉八行、行十六字。再次爲「苕庵居士陳於緘」所撰《附孝子行并贈天鑒》一篇，四周單邊，半葉八行、行十六字，後半葉有墨釘二處。兩文，共四葉，皆白口，惟上書口及葉碼處，概做兩墨釘，亦應爲後世重裝附入。

該册再次，爲「崇禎辛巳（一六四一）歲季夏朔日，四明守林夢官題拜書」《本府林郡侯募緣疏文》一篇，手書上版，四周單邊，無界格，半葉八行、行十六字，粗黑口，亦當爲後世重裝附入。

❼ 因「南圖殘本」從未公布，「玄覽堂本」是否均皆以「南圖全本」爲底本影制，或有用殘本置换、補配等，仍待詳考。

❽ 此牌記版別乃誤録，應爲「南京圖書館藏明萬曆刻本」。《續修四庫全書》所「影」，即加鈐「中華書局圖書館藏書」章的，由原「中央圖書館收藏」（現存於「南圖」），民國間影出之「玄覽堂本」。即「續四庫本」，乃據現上海辭書出版社圖書館所藏民國間「玄覽堂本」影出。今，經校點者親赴該館調查，更與相關工作人員共同確認。

❾ 今次校點、整理時，爲不再混淆版本綫索，所稱之「南圖本」，即暫指此「續四庫本」。惟，其間仍有小异，詳細考辨，另行刊布。

表1　《工部廠庫須知》各卷纂編及主體綜表

卷次	卷目	篇目	職官		行爲	主體	
						概要/時次	字數
「卷首」	序	引	署部事	林如楚	引	簡述刻書起意、頒行原委。/萬曆四十三年季夏日	260
		工部廠庫須知叙	工科給事中	何士晉	叙	概述國家行政「節用」理財觀念，并其時工部混亂收支、刻書之須，兼及可能達成之效果。/萬曆乙卯（四十三年）六月	1340
	目録	工部廠庫須知目録	\	\	\	十二卷（不含「卷首」）簡目。	185
卷1	凡例	\	\	\	\	簡述開列「職名」、「職掌」、「年例」、「規則」、「會有」、「外解」、「議論」因由。	960
	巡視題疏－工部覆疏	「商困剥膚疏」（1）	巡視廠庫工科給事中	何士晉	題	涉及稽查國家經費物料，及因「外解」而起的「僉報」、「攬納」、「招募」、「鋪墊」、「買辦」諸弊，兼議「鋪墊」、「貼役」、「交納」、「改折」、「會有」、「預支」、「冗濫」諸端，提出「隄濫」、「寬力」、「恤苦」、「分責」、「覈冒」、「綜要」、「滌源」的「調劑」改進之法，并以此示警。/萬曆三十六年十月二十二日	3280
		「劉元霖等題本」（1.1）	工部署部事右侍郎	劉元霖等		涉及營造、將作物料「本色」、「折色」，及「正供」、「鋪墊」等問題，回應「僉報」、「墊費」、「貼役」、「交納」、「會無」、「預支」、「冗員」、「冗役」等可能改進。/萬曆四十三年正月初六日	1900
		「廠庫事宜疏」（2）	巡視廠庫工科給事中	何士晉		試圖劃一「廠庫」規範，以「領狀」、「關防」、「修造」、「弓箭」爲突破，以「嚴冒」、「絶竇」、「求實」、「更制」得節省，并再次示警。/萬曆三十六年十二月二十四日	3275

續表1

卷次	卷目	篇目	職官		行爲	主體：概要/時次	字數
卷1	巡視題疏－工部覆疏	「舊例相沿疏」（2.1）	工部署部事右侍郎	劉元霖	題	回應最苦之「僉商」、最煩之「預支」，可痛疾之「委官」、「書辦」，所駭聞之「庫藏」，及最苦、最難、最不肯承認之「惜薪司柴炭」等問題。/萬曆三十七年三月	2195
		「清查積弊疏」（2.2）	工科給事中	馬從龍等		糾發湖廣解官、布政司都事鄭士毓，通同內監，改「折色」料銀爲「本色」案。/萬曆四十年四月初四日	1085
		「廠庫弊端疏」（3）	巡視廠庫工科等衙門給事中等官	何士晉等		涉及「預支」欺冒之事，提出「清已往」的「截追」之法，更有「清源」、「定制」、「扼要」、「重責」的「杜將來」諸法，并以爲當革「餘銀」、覈「事例」、飭「外解」。/萬曆四十三年三月初六日	4375
		「林如楚等題本」（3.1）	工部署部事右侍郎	林如楚等		回應清「預支」之源、定「年例」之制、扼「錢糧」之要、重「考成」之責等問題。	3310
卷2	廠庫議約－約則	\	工科給事中	何士晉	議	以議定約，涉及「交代」、「共事」、「關防」、「舊牘」、「外解」、「事例」、「互查」、「掛銷」、「預支」、「年例」、「考成」、「對同」、「行移」、「册庫」、「部單」、「收放」、「掛欠」、「銀色」、「敲兑」、「防察」、「餘錢」、「覆兑」、「日總」、「那借」、「交盤」、「近習」、「報商」、「會收」、「鑄錢」、「鉛鐵」、「陵工」，共三十一事。	6850
			工科右給事中 工科給事中 廣東道監察御史	徐紹吉 劉文炳 李嵩	仝訂		
		「李瑾照會」（4）	巡視廠庫工科給事中	李瑾	照	首議預支「實收」之截出，再論監督「請銀」、印君「發銀」之責，當盡停舊「預支」銀、酌給舊「實收」銀，而庫銀當「搭支」、「年例」當緩急，各役工食當四季齊給，「比較」之法當宜嚴宜簡。	2275
	節慎庫	\	工科給事中	何士晉	纂輯	職掌情形。	115
			廣東道監察御史	李嵩	訂正		

續表1

卷次	卷目	篇目	職官		行爲	主體 概要/時次	字數
卷2	節愼庫	\	屯田清吏司主事	李純元	攷載	職掌情形。	
			營繕清吏司主事 虞衡清吏司主事 都水清吏司主事 屯田清吏司主事	陳應元 樓一堂 黃景章 華顏	仝編		
		節愼庫條議	管庫屯田清吏司主事	李純元	議	「謹收放」、「察銀色」、「平秤兑」、「革找欠」、「杜纔越」、「議事例」、「肅吏胥」、「戒昏暮」、「酌那借」、「辦奸商」、「嚴守衛」。	1990
			工科給事中	何士晉	訂		
卷3	營繕司	\	工科給事中	何士晉	纂輯	a. 職掌情形。 b. 所需「年例錢糧」衙署等：（內官、司設、神宮、司禮、欽天、御馬、國子）監、錦衣衛、（「三法」、尚寶）司、（司苑、禮部鑄印）局、長陵等陵、臨清磚廠、通惠河、京倉、（供用、承運）庫、織染所、宗人府、侯、伯、駙馬。 c. 所需「公用年例錢糧」者：（司禮、印綬）監、工科（辦事官）、（營繕、清匠、尚寶、混堂、繕工、吏部驗封）司、節愼庫（餘丁）、司務廳、巡視廠庫科道（書辦）、禮部（精膳司、祠祭司）、內閣、「纂修」各館（史館）、誥勑制勅房、（精微科、工科録本）吏、文書房、謄黃主事、營繕司（櫃吏、雜科書辦、掌印）、巡視工程科院、各工程堂上、大工提督工程太監（管理工程太監、奏事司房太監）、（小工司房、上本抄旨意、內朝房、報堂）官、監督司官、承發科、大堂知印、表背匠。 d. 「造器規式」名目：鵝帽、（抹金）銅帶、帶鞓、創金冠、雨衣（絹）、（明）盔（襻）、（擺錫、明）甲、黑油腰刀（刀）、小拴、硃紅漆弓、長箭、葵花撒袋、鞓帶、節愼庫木匣（木鞘）。	15150
			廣東道監察御史	李嵩	訂正		
			營繕清吏司郎中	聶心湯	參閱		
			營繕清吏司主事 虞衡清吏司主事	陳應元 樓一堂	仝編		

續表1

卷次	卷目	篇目	職官		行爲	主體：概要/時次	字數
卷3	營繕司	\	都水清吏司主事 屯田清吏司主事	黃景章 華顏	仝編	e.「外解額徵」地區等：順天、永平、保定、河間、真定、順德、廣平、大名、南直應天、蘇州、松江、常州、鎮江、廬州、鳳陽、淮安、揚州、徽州、寧國、池州、太平、安慶、廣德、和州、滁州、徐州、浙江、山東、江西、山西、陜西、廣東、河南、四川、湖廣、福建、（直隸大同、直隸沈陽）中屯衛、山東臨清衛。 f. 外解「雜料」名目：匠班（價）、葦夫、蘇麻、磚料（灰）、椿木、葦草（課）、河道、子粒、皇木車價、賃基。	
		營繕司條議	營繕清吏司掌印郎中	聶心湯	議	皂隸工食、遞減「使費」、遞減「頂首」、除名「預支」、各置「冊庫」、堪耐磚瓦、減省燒磚、兩年「會估」、愛惜楠杉、止用外官、省用美材、離任責成。	1755
			工科給事中	何士晉	訂		
卷4	營繕司分差	三山大石窩　\	工科給事中	何士晉	纂輯	a. 職掌情形。 b. 石料名目：大石窩白玉石、青白石，馬鞍山青砂石、紫石，白虎澗豆碴石、牛欄山青砂石、石徑山青砂石。 c. 壽宮明樓柱石、碑座，石徑山青砂柱頂、街條等石之開價、運價；并大石窩、馬鞍山、白虎澗、牛欄山、懷柔廠等至城里數。	1065
			廣東道監察御史	李嵩	訂正		
			營繕清吏司郎中	聶心湯	參閱		
			營繕清吏司郎中 營繕清吏司主事 虞衡清吏司主事 都水清吏司主事 屯田清吏司主事	徐爾恒 陳應元 樓一堂 黃景章 華顏	仝編		

續表1

卷次	卷目	篇目		職官		行爲	主體：概要/時次	字數
卷4	營繕司分差		大石窩條議	營繕清吏司督理郎中	徐爾恒	議	精覈工價、查確運價、了結「實收」、查禁「雜灰」、日查夫役、不預寄頓。	580
				工科給事中	何士晉	訂		
		都重城	\	工科給事中	何士晉	纂輯	a. 職掌情形。 b. 重城、都城之濶、高，及每層用磚、用灰細數。 c. 重城、都城之高、深，及層數對應夫、匠細數。	590
				廣東道監察御史	李嵩	訂正		
				營繕清吏司郎中	聶心湯	參閲		
				營繕清吏司主事	趙明欽	攷載		
				營繕清吏司主事 虞衡清吏司主事 都水清吏司主事 屯田清吏司主事	陳應元 樓一堂 黄景章 華顔	仝編		
		修倉廠	\	工科給事中	何士晉	纂輯	a. 職掌情形。 b. 「大修」物料名目：（黄松、杉、散）木（楂）、長柴、松椽、泥兜布、（綠、白）麻、（黑城、減角）磚、（同、大倉）瓦、勾頭、（白、青）灰、鐵釘、蘆葦、（石徑山「柱頂」、厫門土襯）石、土坯。 c. 「大修」運價、工價名目：灣河、（木、石、瓦）搭匠、（桶、箔）匠、織箔夫。 d. 「鼎新建造」物料名目：（杉、散）木、松椽、（黑城、減角）磚、（同、大倉板）瓦、勾頭、（白、青）灰、土坯、（柱頂、厫門土襯）石、（綠、白）麻、箔、蘆葦、泥兜布、釘。 e. 「鼎新建造」用工：（木、石、瓦、箍桶、搭材）匠，織箔匠、夫。 f. 料價、工價名目：（杉、散、松）木、（柱頂石、厫門土襯）石、（減角、黑城）磚、同瓦、勾頭、土坯、（白、青）灰、泥兜布、蘆葦、釘、（綠、白）麻，（木、石、瓦）搭匠、夫之長工、短工。	2690
				廣東道監察御史	李嵩	訂正		
				營繕清吏司郎中	聶心湯	參閲		
				營繕清吏司主事	陳應元	攷載		
				虞衡清吏司主事 都水清吏司主事 屯田清吏司主事	樓一堂 黄景章 華顔	仝編		

續表1

卷次	卷目	篇目		職官		行爲	主體：概要/時次	主體：字數
卷4	營繕司分差	修倉廠	修倉廠條議	營繕清吏司管理修倉主事	陳應元	議	「公料計以復舊規」、「定報簿以時協濟」、「定官攢以防混失」、「禁幫貼以省賠累」、「裕工料以圖永賴」。	1150
				工科給事中	何士晉	訂		
		繕工司	\	工科給事中	何士晉	纂輯	a. 職掌情形，兼及「小修」。 b. 四司「見行事宜」衙署：營繕司-（內官、神宮、欽天）監、太廟、正陽等九門、禮部鑄印局，虞衡司-（兵仗、酒醋麵）局、寶鈔司，都水司-供用庫、（織染、司苑）局，屯田司-公、侯、伯、都督、各太監、命婦。	1905
				廣東道監察御史	李嵩	訂正		
				營繕清吏司郎中	聶心湯	參閲		
				營繕清吏司主事	李篤培	攷載		
				營繕清吏司主事 虞衡清吏司主事 都水清吏司主事 屯田清吏司主事	陳應元 樓一堂 黃景章 華顔	仝编		
			繕工司條議	營繕清吏司主事	李篤培	議	囚徒「折色」、正項錢糧、稽核「勘合」、囚徒監所、「小修」規則、「截收」之法、綜核體恤、衙役工食、嚴稽禁索。	2290
				工科給事中	何士晉	訂		
		見工灰石作	\	工科給事中	何士晉	纂輯	a. 職掌情形。 b. 「見行事宜」採辦名目，及工作、錢糧：（木、石）料、琉璃瓦片、（黑窑、河路）磚料、青白灰料、金磚、包金土，銅料東行、鐵料西行，鋪戶錢糧。	805
				廣東道監察御史	李嵩	訂正		
				營繕清吏司郎中	聶心湯	參閲		

續表1

卷次	卷目	篇目		職官		行爲	主體：概要/時次	字數
卷4	營繕司分差	見工灰石作	\	虞衡清吏司主事	周頌	攷載		
				營繕清吏司主事 虞衡清吏司主事 都水清吏司主事 屯田清吏司主事	陳應元 樓一堂 黃景章 華顏	仝編		
			見工灰石作條議	虞衡清吏司監督主事	周頌	議	酌散「預支」、堆廠物料、東西兩行、車運木植、成造石料、運石規則、關防磚料、班軍實用。	2055
				工科給事中	何士晉	訂		
		清匠司	\	工科給事中	何士晉	纂輯	a. 職掌情形。 b. 「食糧匠數」涉及衙門：內監、局，盔甲廠、鑄印局。 c. 「公用銀兩」名目：筆墨、銀硃、紙劄、打掃廳房、造册紙張、工食。	660
				廣東道監察御史	李嵩	訂正		
				營繕清吏司郎中	聶心湯	參閱		
				營繕清吏司主事	丘志充	攷載		
				營繕清吏司主事 虞衡清吏司主事 都水清吏司主事 屯田清吏司主事	陳應元 樓一堂 黃景章 華顏	仝編		
			清匠司條議	司務廳舊署司事司務 營繕清吏司督理司事主事	鄭弼 丘志充	同議	稽覈匠役。	270
				工科給事中	何士晉	訂		

續表1

卷次	卷目	篇目		職	官	行爲	主體 概要/時次	字數
卷5	營繕司分差	瑠璃黑窑廠	\	工科給事中 廣東道監察御史 營繕清吏司郎中 營繕清吏司主事 營繕清吏司主事 虞衡清吏司主事 都水清吏司主事 屯田清吏司主事	何士晉 李嵩 聶心湯 趙明欽 陳應元 樓一堂 黃景章 華顏	纂輯 校正 參閲 攷載 仝編	a. 職掌情形。 b. 瑠璃廠「見行」匠、料名目：（做坯片、淘澄、修窑瓦、裝燒窑、荅應、安砌）匠、（碾土供作、開清塘口局、運瓦）夫，（坩子、黃）土、煤炸、黃丹、（馬牙、黛赭、紫英）石、焇、（鉛、銅）末、蘇嘛呢青、無名異。兼及一、二、三、四、五作并瓦作，做造名目與運瓦料脚價。 c. 黑窑廠「見行」柴、土、工匠規則名目：（方、城、平身、板、斧办、券副、望板、混、沙板、新板）磚、（同、板、花邊）瓦（條）、勾頭、滴水、吻、（閣）獸、獅子、海馬、當溝，（做坯片、裝燒窑、做模子木）匠、供作夫，（鶯房黑、黃）土。兼及運磚料脚價。	5835
			瑠璃黑窑廠條議	營繕清吏司管窑主事 工科給事中	趙明欽 何士晉	議 訂	增「小票」、勤收驗、禁花銷。	460
		神木廠－山西大木廠－臺基廠	\	工科給事中 廣東道監察御史 營繕清吏司郎中 營繕清吏司員外郎 營繕清吏司主事 營繕清吏司主事 屯田清吏司主事 虞衡清吏司主事 都水清吏司主事	何士晉 李嵩 聶心湯 米萬鐘 陳應元 賈宗悌 華顏 樓一堂 黃景章	纂輯 訂正 參閲 仝攷載 仝編	a. 三差職掌情形。 b. 木料等價及運價規則名目：長梁、（柁、散、松、大杉、榆、栗、鐵力）木、（小鷹架）平頭杉木、（大）鷹架杉木、杉條木－杉槁木、（椅、柁）枋、（松、松木净、杉木）板、（楠木連二、杉木連二、單料）板枋、槐木車軸、檀木（捎、軸）、貓竹、綠麻、綿葦席、蓟稭、葦箔、荊茨、（稻、泥稔）草。 c. 兼及內、外與長、短工，築土墻、清脚夯夫工價規則，門殿、造床、雜項雕工匠價，與三廠廠夫規則。	5180

續表1

卷次	卷目	篇目		職官		行爲	主體：概要/時次	字數
卷5	營繕司分差	神木廠－山西大木廠－臺基廠	神木廠條議	營繕清吏司管差員外郎 營繕清吏司舊管差主事	米萬鐘 陳應元	仝議	名材毋擅取、舊木當量取、取用須稽覈、「木票」應稽考。	425
				工科給事中	何士晉	訂		
			山西廠條議	營繕清吏司管差主事	賈宗悌	議	委任責成、冊籍稽查、救燎以備。	580
				工科給事中	何士晉	訂		
			臺基廠條議	屯田清吏司管差主事	華顏	議	「定運法」、「覈工程」、「議蓋藏」、「建官房」、「嚴關防」、「用枯朽」。	1275
				工科給事中	何士晉	訂		
卷6	虞衡司	\		工科給事中	何士晉	纂輯	a. 職掌情形。 b. 所需「年例錢糧」衙署等：寶鈔司、（廣積、乙字、丁字）庫、（兵仗、酒醋麵）局、尚寶司、修倉廠、錦衣衛象房、琉璃窑、遼東、寧夏。 c. 所需「公用年例錢糧」者：司禮監、工科、虞衡司（表背匠、櫃上書辦、雜科書辦）、巡視（盔甲廠、廠庫）科道、節慎庫、三堂司（務）廳、火房、左堂、（驗試廳、寶源局）司官、（北安門、東、西安門）看守廠夫、工科、承發科、大堂知印、節慎庫（庫官、餘丁）、四司書辦、（抄報、精微科、進「考成」）吏、（上本抄旨意、內朝房、工科辦事、報堂）官。 d. 「外解額徵」地區等：順天、直隸永平、直隸保定、直隸河間、直隸真定、直隸順德、直隸廣平、直隸大名、應天、直隸安慶、直隸徽州、直隸池州、直隸太平、直隸蘇州、直隸松江、直隸	23400

續表1

卷次	卷目	篇目	職官		行爲	主體：概要/時次	主體：字數
卷6	虞衡司	\	廣東道監察御史	李嵩	訂正	常州、直隸鎮江、直隸廬州、直隸鳳陽、直隸淮安、直隸揚州、直隸廣德、直隸滁州、直隸徐州、直隸和州、浙江、江西、福建、湖廣、河南、山東、山西、四川、陝西、廣東、直隸寧國、廣西、潼關衛（蒲州所）、直隸九江、德州衛（左衛）、天津衛（左衛、右衛）、滄州所、寧山衛、（大同、沈陽、興州）中屯衛、武清衛、涿鹿衛、神武衛。 e. 外解軍裝名目：軍器、胖襖、弓箭撒袋、弓、箭、弦、焇硝。 f. 外解雜料名目：翎毛、（活）天鵝、牛（筋、角）、（狐、麂、虎、羊）皮、鹿（大、小）、（缸、拾瓶）罈、野味、山場地租、瘦地、鐵冶民夫、匠班、（白、紅綠、本色）榜紙、（課、料）鐵。	
			虞衡清吏司郎中	徐久德	攷載		
			虞衡清吏司主事 營繕清吏司主事 都水清吏司主事 屯田清吏司主事	樓一堂 陳應元 黃景章 華顔	仝编		
		虞衡司條議	虞衡清吏司署印郎中	徐久德	議	「緩年例」、「造細藥」、「防叵測」、「辦錢銅」。	1800
			工科給事中	何士晉	訂		
卷7	虞衡司分差	寶源局 \	工科給事中	何士晉	彙輯	a. 職掌情形。 b. 「年例鑄錢」所需物料名目等：白麻、「四火黃銅」、水錫、炸塊、木炭、砂礶、松香、小車、爐頭綑匠工食。 c. 「年例鑄器」衙門及職官、職屬等：寶鈔司、翰林院、酒醋麵局、供用庫、巡按、「三殿」。 d. 鑄錢所需物料名目等：净銅、水錫、炸塊、木炭、松香、砂礶、工價。 e. 鑄器規則名目：朝鐘、（鼓樓、王府）銅點、承運庫大鐵鎚、銅斧、生鐵（銀錠、砧子）、鐵（鑊、鍋、楞、檻、券）、雲板、信符、（守衛）金牌、法馬、（搶飯店、貼黃、光祿寺煮料、御馬監煮料）鐵鍋、會極門火盆、禮部鑄印黃銅。	4810
			廣東道監察御史	李嵩	訂正		
			虞衡清吏司郎中	徐久德	參閱		
			虞衡清吏司員外郎	陳堯言	攷載		

續表1

卷次	卷目	篇目		職官		行爲	主體 概要/時次	字數
卷7	虞衡司分差	寶源局	\	營繕清吏司主事 虞衡清吏司主事 都水清吏司主事 屯田清吏司主事	陳應元 樓一堂 黃景章 華顏	仝編		
			寶源局條議	監督寶源局虞衡清吏司員外郎	陳堯言	議/輯	「鎔化銅片」、「酌用水錫」、「扣抵工食」、「稽覈錢糧」。	1060
				工科給事中	何士晉	訂		
		街道廳	\	工科給事中	何士晉	彙輯	a. 職掌情形。 b. 「見行事宜」查理場所、衙門及職屬等：都城内、外街道，橋梁、溝渠，各城河墻、紅門、水關，蘆溝橋堤岸等；「五城」、兵馬司、各衙門、上林苑、「五府」；東安、西安、北安門、西公生門北糞廠，五城兵馬司、廠夫、（都水、虞衡）司；皇墻週圍紅舖、各門直房、棋盤街柵欄、九門牌坊、各門「聖旨牌」、九門城樓、營繕司、内官監；九門角樓軍器、兵部、盔甲廠；聖駕、郊祀、幸學、謁陵、紅石口道路，浮橋；官街、官溝。 c. 「工料規則」名目：石料、（白城、黑城磚、斧刅）磚、紙劄、筆、墨。	1235
				廣東道監察御史	李嵩	訂正		
				虞衡清吏司郎中	徐久德	參閲		
				虞衡清吏司員外	林恭章	攷載		
				營繕清吏司主事 虞衡清吏司主事 都水清吏司主事 屯田清吏司主事	陳應元 樓一堂 黃景章 華顏	仝編		
			街道廳條議	虞衡清吏司管差員外郎	林恭章	議	「修溝渠」、「省浮橋」。	450
				工科給事中	何士晉	訂		

續表1

卷次	卷目	篇目		職官		行爲	主體：概要/時次	主體：字數
卷7	虞衡司分差	驗試廳	\	工科給事中	何士晉	纂輯	a. 職掌情形。 b. 「驗試各項名目」：軍器、胖衣、硝、黄、皮、鐵、紙張、絲、料、麻。	305
				廣東道監察御史	李嵩	訂正		
				虞衡清吏司郎中	徐久德	參閲		
				虞衡清吏司主事	樓一堂	攷載		
				營繕清吏司主事 都水清吏司主事 屯田清吏司主事	陳應元 黄景章 華顏	仝編		
			驗試廳條議	虞衡清吏司管廳主事	樓一堂	議	「創立盆硝進驗」、「鐫勒解進軍器」、「關防解進胖衣」、「申飭造解歸并」。	1910
				工科給事中	何士晉	訂		
卷8	虞衡司分差	盔甲王恭廠	\	工科給事中	何士晉	纂輯	a. 職掌情形。 b. 「年例軍器」名目：（連珠砲、夾靶鎗）鉛彈、（夾靶鎗、連珠砲、鳥嘴銃）火藥、迅藥、藥線、起火屏風、（鐵心長、五龍、夾靶、快、羊角、拒馬、毛）鎗、鉤鐮、虎乂、大滚刀、紅盔、（青布、紫花布）擺錫釘甲、鐵帽兒盔（一等、二等）、黑油腰刀（二等、三等）、明盔、明甲、臂手、纓頭木桶、戰車（圍裙）、盾牌、日月旗（大、小）、搏刀、（湧珠、連珠）砲、庫藏作房。 c. 「成造軍器規則」名目：迅砲、大鐵銃（鉛彈）、鳥嘴銃（鉛彈）、（黑油、硃紅）長鎗、大砍刀、濶面弓（箭、弦）、隨銃牛皮大褡連、大小杏黄旗、大佛郎機、提砲、戰車、火箭、鐵箭頭、箭（溜、罩）、藥桶、木架、火藥、藥線、令旗、令牌，（玄武門、國子監、西直門）更鼓。	21660
				廣東道監察御史	李嵩	訂正		
				虞衡清吏司郎中	徐久德	參閲		
				虞衡清吏司主事	王道元	考載		
				營繕清吏司主事 虞衡清吏司主事 都水清吏司主事 屯田清吏司主事	陳應元 樓一堂 黄景章 華顏	仝編		

續表1

卷次	卷目	篇目		職官		行爲	主體：概要/時次	字數
卷8	虞衡司分差	盔甲王恭廠	盔甲王恭二廠條議	虞衡清吏司管廠主事	王道元	議	「核硝黄」、「酌修造」、「清完欠」。	1060
				工科給事中	何士晉	訂		
卷9	都水司	\		工科給事中	何士晉	彙輯	a. 職掌情形。 b. 所需「年例錢糧」衙署等：（御用、神宮、司設、御馬、司禮、尚衣、內官）監、（屯田、營繕）司、（供用、丙字、丁字）庫、（司苑、織染、針工、兵仗、銀作、巾帽）局、光禄寺、修倉廠、營繕所、監生、通惠河。 c. 所需「年例公用錢糧」者：表背匠、（科道、雜科、掛號、四司）書辦、內府承運庫、鋪戶、（承行、櫃）吏、節慎庫主事（庫官、餘丁）、街道廳、司官、工科（抄謄吏、辦事官）、承發科、內相、大堂知印、「三堂」司務廳、巡視廠庫科道、（抄報、精微科）吏、（上本抄旨意、內朝房、報堂）官、針工局、「三堂」、司廳、都水司。 d. 「外解額徵」地區及所需衙署等：順天、永平、保定、河間、真定、順德、廣平、大名、應天、安慶、徽州、寧國、池州、太平、蘇州、松江、常州、鎮江、廬州、鳳陽、淮安、揚州、廣德、滁州、徐州、和州、陝西，浙江、江西、福建、湖廣、河南、山東、山西、四川、廣東、廣西、雲南布政司，通惠河道、西城兵馬司，（節慎、供用、甲字、內承運）庫、南京神帛堂、（司禮、內官、御用、司設、南京孝陵神宮、印綬）監、（織染、銀作、司苑、南京司苑、內織染、南京內織染）局、南京工部、堂長、六科廊、中書科掌印官。 e. 年例「河泊額徵」名目：（黄、白、黄絡、苧、絡）麻、魚線膠、（碎小）翎毛、（生、熟、熟建）鐵、桐油、牛（角、觔）、銀硃、生漆、（生、熟、紅）銅。 f. 「雜派額徵」名目：（黄櫨、椴、桐、槲桑、胭脂、花梨、南	24405
				廣東道監察御史	李嵩	訂正		
				都水清吏司署印郎中	胡爾慥	攷載		

續表1

卷次	卷目	篇目	職官		行爲	主體：概要/時次	主體：字數
卷9	都水司	\	營繕清吏司主事 虞衡清吏司主事 都水清吏司主事 屯田清吏司主事	陳應元 樓一堂 黃景章 華顏	仝編	棗、紫榆、椿）木、薥稭、蘆席、（蒲、蓆、葦、椿）草、藍靛、（欒榜、書籍）紙、（大、中、小樣）磁罈、槐花、烏梅、梔子、筆管、（兔、香狸）皮、（山羊、棕、翠）毛、芒苗苕蔕、竹掃蔕、白猪鬃、粗細銅絲（鍍白）、粗細鐵線、（鐵、鍼）條、碌子、青花綿、松香、（光、沙）葉、（實心）班竹、（嚴、罩、生）漆、（長節）猫竹、（筀、紫、水）竹、桐油、白圓藤、石磨（鐵臍）、樵炭、川二硃、廣膠、綠麻、磚灰，（挑河、閘）夫，（河灘、房基、退灘）籽粒、賃基、官房、地租。 g.「織造額解」名目：紵絲、生絹、紗、羅、綾、紬。 h.「段疋折價」名目：陝西羊羢、葛布、制帛、「兔毛」等筆、裝盛櫃匣、屏風、畫軸、楣杆、床、桌、彩漆膳盒托盒、油漆、銀硃、金銀箔、生鐵鍋竈、砂銚、礶、盤、（楠、杉、竹、木）板枋、魚牙、杮茨、篾簟、蒲蓆、棕薦、曬晾木架、大小砂鍋、竹籃、筐、盒、荷葉（鍋鑵、鍋銚）、（砂茶、砂汁）瓶、砂礶鏵、鮮薑、果品、竹簍、杠索、誥勑，織羅匠役。	
卷10	都水司分差	通惠河 \	工科給事中	何士晉	纂輯	a. 職掌情形。 b. 年例「收解錢糧」地區，并「支用錢糧」等：霸州、武清縣、文安縣、大城縣、靜海縣、東岸管河指揮、西岸管河主簿、通流閘閘官，挑挖天津海口新河、修理「通倉」。	1000
			廣東道監察御史	李嵩	訂正		
			都水清吏司署印郎中	胡爾慥	參閱		
			都水清吏司員外郎 營繕清吏司主事 虞衡清吏司主事 都水清吏司主事 屯田清吏司主事	朱元修 陳應元 樓一堂 黃景章 華顏	仝編		

續表1

卷次	卷目	篇目		職官		行爲	主體：概要/時次	主體：字數
卷10	都水司分差	六科廊	/	工科給事中	何士晉	纂輯	a. 職掌情形。 b. 年例名目與職屬等：夷人衣服靴襪、賞夷面紅段衣、散賞各夷、套虜賞衣、順義王衣服、各夷賞段、（萬壽正旦宴、文武舉宴、王府婚禮、公主婚禮、內閣考滿宴）花、曆日黃羅銷金袱、御馬、象氈、（狀元進士、三生、廚役）袍服等、親王出府馬槽、幸學賜衣、陪祀武官祭服、各壇神馬槽樁、「三院」女樂冠頂衫裙，供用庫、織染所、圜丘等壇、尚寶司、王府、織染局。	16960
				廣東道監察御史	李嵩	訂正		
				都水清吏司郎中	胡爾慥	參閱		
				都水清吏司主事	徐楠	攷載		
				營繕清吏司主事 虞衡清吏司主事 都水清吏司主事 屯田清吏司主事	陳應元 樓一堂 黃景章 華顏	仝編		
			六科廊條議	都水清吏司管差主事	徐楠	議	「備賞」節省、詳慎，年例「會有」、「召買」。	595
				工科給事中	何士晉	訂		
卷11	都水司分差	器皿廠	\	工科給事中	何士晉	纂輯	a. 職掌情形。 b. 「年例一應器皿」所涉職屬、事項及場所等：（光祿、太常）寺、壇廟、翰林院、兵部、國子監、犧牲所、詹事府、吏部三堂，册封、親王婚禮，王、妃、公主、嬪、妃墳所，長陵等陵，「恭仁」、「恭讓」十一陵寢，（太、文）廟、社稷壇、（奉先、神靈）殿，（裝夷綵段、武官誥命、順義王衣服、頒給朝鮮曆日、親王之國）木櫃、（王府印、駙馬誥命、換給番僧勑）匣、表亭、氈套、香帛（匣）、龍亭、銷金袱、道士夏衣。 c. 「成造各器」名目：硃紅竹絲連二盒（連三盒）、硃紅（大）膳盒、戧金（大）膳盒、硃紅（大）托盒、戧金（大）托盒、（硃紅、戧金）擡酒膳盒、圓板盒、硃紅竹絲茶飯盒、硃紅竹絲大單盒、硃紅錫鑲	12560
				廣東道監察御史	李嵩	訂証		
				都水清吏司郎中	胡爾慥	參閱		

續表1

卷次	卷目	篇目		職官		行爲	主體：概要/時次	主體：字數
卷11	都水司分差	器皿廠	\	都水清吏司主事	黃景章	仝攷	木水桶、硃紅錫鑲木方箱、硃紅木箱、硃紅水沿木桌、油紅杉木案桌、大連椅、板凳、（大、中、小）油紅蒸籠、壚酒大竹籮、竹葉棕大醬簍、竹絲雙酒絡、祭桌蓋替（大、小，并銷金黃羅夾袱、黃絹銷金油袱等）、（大、小）祭桌、戧金大馬盆、油紅馬桌、硃紅茶架、（長春苦酒）糜案、錫鑲養（三）牲匣、紅熟銅行灶、鐵大淺鍋、（煮荳、煮醬黃）大鐵鍋、生銅退牲中接口鍋、生鐵拖爐、銅銚、錫頂罐、錫茶壺、錫粉盤、錫（大盪）酒壺、錫大汁壺瓶、（大、小）戧金膳桌、戧金果菜楪、戧金頂盤、膳厨房、（九龍膳、百味）亭、裝盛磁器樣箱、回青木櫃、黃生絹、黃絹銷金三幅袱、葵花袍、抹金銅帶、鹿籠、大銅鍋、澆花板、鑞豆龍袱條、陵壇油龍袱、太廟羊角燈。	
—	—	—	—	都水清吏司主事	黃元會	—	—	
—	—	—	—	營繕清吏司主事 虞衡清吏司主事 屯田清吏司主事	陳應元 樓一堂 華顏	仝編	—	
—	—	—	器皿廠條議	都水清吏司督廠主事 都水清吏司督廠主事	黃景章 黃元會	仝議	「覈會料」、「嚴辦納」、「酌物料」、「調餘廩」、「復回銷」、「扃□著」。	1395
—	—	—	—	工科給事中	何士晉	訂	—	
卷12	屯田司	\		工科給事中	何士晉	纂輯	a. 職掌情形。 b. 所需「年例錢糧」職屬等：（御用、御馬、內官）監、都水司、（巾帽、司苑、銀作、織染、惜薪）局、西捨飯店、天壽山、翰林院、太常寺（樂舞生）、壩上大馬房、（易州山、修倉）廠。 c. 所需「年例公用錢糧」者：司禮監、（工、承發）科、屯田司（司官）、裱背匠、巡視（廠庫）科道、「三堂」（司廳、司務廳）、四司、巾帽局、節慎庫（主事、庫官、庫吏、餘丁）、壽宮管理太監、火房、（雜科、承行、屯田司、司禮監、屯科、工科、巡視科道、造册）書辦、（門、工科抄謄、抄報、精微科、進考成）吏、惜薪司、內相、大堂知印、（上本抄旨意、內朝房、工科辦事、報堂）官。	11165
—	—	—		廣東道監察御史	李嵩	訂正	—	
—	—	—		屯田清吏司郎中	劉一鵬	攷載	—	

續表1

卷次	卷目	篇目	職官		行爲	主體 概要/時次	字數
卷12	屯田司	\	營繕清吏司主事 虞衡清吏司主事 都水清吏司主事 屯田清吏司主事	陳應元 樓一堂 黃景章 華顏	仝編	d. 造墳、開挖隧道、祭葬所涉人員等：宜妃楊氏、（郊哀、沅懷）王、潞王長女、內宮封「夫人」者、皇貴妃文氏、懿妃于氏、淑妃秦氏、（靜樂、雲夢、永福、永淳長、壽陽長）公主、內相、皇親、駙馬、（翊聖、安聖）夫人，親王、妃、「繼」，帝孫，郡王、妃，文臣、父、母、妻；左、右都督，都督同知、僉事，管府事、外總兵官，父、母、妻；王府銘旌、各工所奏繳「文册」、陵工內外官員人等。 e. 「外解額徵」、「柴夫折價」地區及衙署等：順天、永平、保定、河間、真定、順德、廣平、大名、應天、安慶、徽州、寧國、池州、太平、蘇州、松江、常州、鎮江、廬州、鳳陽、淮安、揚州、滁州、徐州、和州、廣德，浙江、江西、福建、湖廣、河南、山東、山西、四川、廣東、陝西；（「通積」、通惠河、蘆溝橋竹木）等局。	
		屯田司條議	屯田清吏司掌印郎中	劉一鵬	議	「查完欠」、「嚴支放」。	400
			工科給事中	何士晉	訂		
		\ 陵工條議	屯田清吏司管陵工員外郎	朱瑛	議	「舊估急宜更定」、「發錢不妨於多」、「條記不可不議」、「土估所當酌定」。	665
			工科給事中	何士晉	訂		

續表1

卷次	卷目	篇目		職官		行爲	主體：概要/時次	主體：字數
卷12	屯田司分差	臺基柴炭廠	\	工科給事中	何士晉	彙輯	a. 職掌情形。 b. 所需「年例柴炭」并關領、價估等涉及衙署：（光禄寺、太常寺）典簿廳、內閣、六科（吏科）、翰林院（起居注館）、典簿廳、禮部（精膳司、儀制司鑄印局）、會同館、東廠、都水司、承運庫、巡視倉庫科道衙門、東宮。	3285
				廣東道監察御史	李嵩	訂正		
				屯田清吏司郎中	劉一鵬	參閲		
				屯田清吏司主事	胡維霖	孜載		
				營繕清吏司主事 虞衡清吏司主事 都水清吏司主事 屯田清吏司主事	陳應元 樓一堂 黄景章 華顏	仝編		
			柴炭廠條議	屯田清吏司管差/監督主事	胡維霖	議	「實收」「預支」、「刻票」磨算、裁減糜費、「手本」過廠。	260
				工科給事中	何士晉	訂		

續表1

卷次	分司	分差 組/種	總計 細節 職官	員數	行爲	人名	所屬	管轄	頻次	資格	字數
1+12	4	1+7/21	8	33（+1）	16	33	8	18	221	7	208495
「卷首」、卷1	\	引、「題覆疏」	右侍郎	2	引、題	林如楚 劉元霖	工部	署部事	2、2	正三品	\
卷2		「議約」	右給事中	1	訂	徐紹吉	工科	\	1	從七品	
「卷首」、「各卷」，卷2		敘、「題覆疏」、各差，「議約」	給事中	2	敘、題、議、纂輯、訂、彙輯，照	何士晉 李瑾		巡視廠庫	47，1		
卷1、卷2		「題覆疏」、「議約」		2	題、訂	馬從龍 劉文炳			1、1		
卷2、「各卷」		「議約」、各差	監察御史	1	訂、訂正、訂証、校正	李嵩	廣東道	\	22	正七品	
卷3、卷4、卷5	營繕	三山大石窩、都重城、修倉廠、繕工司、見工灰石作、清匠司、琉璃黑窑廠	郎中	1	參閱、議	聶心湯	營繕司	掌印	10	正五品	
卷4		三山大石窩		1	編、議	徐爾恒		督理	2		
卷6、卷7、卷8	虞衡	寶源局、街道廳、驗試廳、盔甲王恭廠		1	攷載、議、參閱	徐久德	虞衡司	署印	6		

續表1

卷次	分司	分差 組/種	總計 細節 職官	員數	行爲	人名	所屬	管轄	頻次	資格	字數
卷9、卷10、卷11	都水	通惠河、六科廊	郎中	1	攷載、參閲	胡爾愷	都水司	署印	4	正五品	\
卷12	屯田	臺基柴炭廠		1	攷載、議、參閲	劉一鵬	屯田司	掌印	3		
卷5	營繕	神木廠	員外郎	1	攷載、議	米萬鐘	營繕司	管差	2	從五品	
卷7	虞衡	寶源局		1	攷載、議/輯	陳堯言	虞衡司	監督寶源局	2		
卷7		街道廳		1	攷載、議	林恭章		管差	2		
卷10	都水	通惠河		1	編	朱元修	都水司	\	1		
卷12	屯田	陵工		1	議	朱瑛	屯田司	管陵工	1		
卷4	營繕	清匠司	主事	1	攷載、議	丘志充	營繕司	督理司事	2	正六品	
卷2、卷4、「各卷」		修倉廠、各差		1	編、攷載、議	陳應元		管理修倉	23		
卷4、卷5		都重城、琉璃黑窑廠		1	攷載、議	趙明欽		管窑	3		
卷5		山西廠（神木廠）		1（1）		賈宗悌(陳應元)		管差（舊）	1（+1）		
卷4		繕工司		1		李篤培		\	2		

續表1

總計												
卷次	分司	分差 組/種	細節									字數
			職官	員數	行爲	人名	所屬	管轄	頻次	資格		
卷2、卷7、「各卷」	虞衡	驗試廳、各差	主事	1	編、攷載、議	樓一堂	虞衡司	管廳	22	正六品		\
卷8		盔甲王恭廠		1	攷載、議	王道元		管廠	2			
卷4	營繕	見工灰石作		1		周頌		\	2			
卷2、卷11、「各卷」	都水	器皿廠、各差		1	編、攷、議	黃景章	都水司	督廠	22			
卷11		器皿廠		1	攷、議	黃元會			2			
卷10		六科廊		1	攷載、議	徐楠		管差	2			
卷2	\	節慎庫		1		李純元	屯田司	管庫	2			
卷12	屯田	臺基柴炭廠		1		胡維霖		管差/監督	2			
卷2、卷5、「各卷」	營繕	臺基廠、各差		1	編、攷載、議	華顏		管差	22			
卷4		清匠司	司務	1	議	鄭弼	司務廳	署司事(舊)	1	從九品		

說明：

1. 各卷次，逕依今次校點新訂《目録》。
2. 卷1、卷2，篇目後所括注編號，即爲今次校點所添。
3. 凡卷次、篇目等加引號者，即爲今次校點暫擬。其中，「各卷」指除「卷首」，及交叉出現之卷2、4、5、7、11外的餘下數卷。
4. 「字數」，均係約數，概依今次校點成果，基本不計「校記」、符號等。
5. 「行爲」及表末「總計·細節」項下，兩詞間加添符號「/」者，即爲區隔今次校點所用底本與「南圖本」之不同表述。
6. 「概要」項下，開列次第、內容等，多據今次校點成果。而加括弧者，即爲前後文詞接近之表述的省并；而直接摘引部分，已以引號標出。惟，個別字句稍有調整、壓縮。
7. 表末「總計」，以「卷次」爲主序，以職官「資格」爲輔綫，逐一臚陳。其「細節·資格」項下，依《（萬曆重修本）明會典·吏部九—稽勛清吏司》「資格」條（卷十，第六十四-六十七頁）所開列者記入。惟，「分差」之「組」，乃指「卷目」項下明確寫明某司「分差」者，外加「節慎庫」一組。其「細節·頻次」項下，指參與纂編之「行爲」，內文非此類而提及者，全不計入。
8. 全表，凡無項目可填者，均以符號「\」補空。

（連　冕　製表）

表2 《工部廠庫須知》「四司十九差」職掌綜表

卷次	司別	差名/分差	職官/屬用	要素		權責		
				時限	條件	事項	運作	錢糧/其他
卷2	\	節慎庫	四司輪差主事	1年	\	專管庫藏。	a. 一應解納、支發錢糧，以四司印信關會，及堂上批准字樣爲憑。 b. 巡視科、院，面同查覈。 c. 嚴鎖鑰、謹出納。	應收、應發，款目在四司項下。
卷3	營繕司	/三山大石窩、都重城、灣廠（通惠河道兼管）、琉璃黑窑廠、修理京倉廠、清匠司、繕工司（兼管小修）、神木廠兼磚廠、山西廠、臺基廠、見工「灰、石作」。	/營繕所，所正一員、所副二員、所丞二員，「武功三衛」經歷等官。	\	\	掌工、作事。	a. 一切營造，由掌印郎中酌議呈堂。 b. 或用題請而分屬。	/各差，各項制度、規則，載在《會典》、掌自內府。
卷4	營繕司分差	三山大石窩	營繕司註差郎中	\	勑書關防公署	專掌燒造、開運各工灰、石事。	動工，本差往涖事焉。	錢糧出本司，「工價」本差出給「實收」。
		都重城	營繕司註差員外郎	\	關防公署	專司修理城垣事。	「都重城」遇有坍塌，查明呈堂，會同科、院，勘估、修理。	不拘年分，工料亦隨時，多寡無定則。
		修倉廠	營繕司註選主事/（委用爲）各衛經歷	3年	\	專管京倉修理事。	a. 雇募夫、匠，戶部有軍夫所納米折銀，聽本差移司，轉行支給，每次工完奏繳。 b. 每年，小修屬戶部，大修屬本部。	凡本部辦料錢糧，則四司協派。

續表2

卷次	司別	差名/分差	職官/屬用	要素		權責		
				時限	條件	事項	運作	錢糧/其他
卷4	營繕司分差	繕工司	a. 「營繕」分司。 b. 註選。	\	關防公署	專管內府各監、局年例、灰炭、錢糧。	a. 國初，凡法司問過囚徒，撥送工部，搬運灰、炭。嘉靖年間，准納工價，收貯節慎庫，動支、買辦。 b. 追比上納，在「繕工」。萬曆六年，刑部題准「自行追比」，每年額解一千七百一十六兩。	/迄今，節年拖欠,至于三萬餘兩。上供缺乏，無可抵應。
		小修				原無專管，萬曆三十五年，歸并管理。	\	/瞿主事始奉「堂劄」，以繕工司事簡，將之歸并，故兼有「小修」名。
		見工「灰、石作」	a. 「營繕」分差。 b. 四司中，酌委員外、主事，或數員管理。	\	無衙門	a. 二差。 b. 宮殿興作，奉堂劄，差委監督。工止，虛掌工、作事。	a. 多與內監同事，動有牴牾。 b. 頭緒煩雜，奸弊萌生。	\
		清匠司	營繕司註選主事	3年	\	專掌清理內府監、局、匠役事。	a. 舊制，天下匠役，輸入供作，本司多勾取、查覈之事。 b. 後，外省准折色，而隸藉應者，悉屬內官。 c. 但存其名，不過外解、給批廻與折糧，戶部據「花名册」掛號。	a. 見在食糧數，爲戶部憑照。 b. 一二公費有關於庫領。

續表2

卷次	司別	差名/分差	職官/屬用	要素		權責		
				時限	條件	事項	運作	錢糧/其他
卷5	營繕司分差	瑠璃黑窑廠	營繕司註選主事	3年	關防公署	一差兼管二窑。	每動工，題請燒造，多寡不等。	錢糧出本司，本差出給「實收」。
		神木廠	「營繕」分差	\	\	掌收各項材、木。	a. 地在城外，便灣廠輸運。 b. 歲時儲積，供取用。 c. 所積，每多於「山」、「臺」兩廠。 d. 廠中木料，每年出入盈縮不等，難定數目。	木價、運價、土工、匠作等價。/先朝營建時，有巨木蔽牛，浮河而至，疑爲「神木」，遂得名。
		山西大木廠				a. 掌收各項材、木。 b. 造作之場。	a. 與「神木廠」同儲材、木。 b. 與「臺基廠」同儲材。 c. 廠屋三層，内監居住，監督從外遙制。	動工「夫、匠價」、起運「木運價」。/亦國初舊設。
		臺基廠				a. 掌收各項材、木。 b. 造作之場。	a. 與「神木廠」同儲材、木。 b. 與「臺基廠」同儲材。 c. 近宫殿，造作所就，易于輸運。 d. 内有磚砌方地一片，爲規畫之區。 e. 廠屋三層，内監居住，監督從外遙制。	動工「夫、匠價」、起運「木運價」。/國初無，後增設，一切營建，定式於此，故日「臺基」。
卷6	虞衡司	/寶源局、驗試廳、盔甲王恭二廠。	/寶源局大使，皮作局大使、副使，軍器局大使、副使。	\	\	掌，天下山澤、採捕、陶冶之事。	四方一切輸貢，及各監局鑄辦，皆由本司統覈、出納。	\

續表2

卷次	司別	差名/分差	職官/屬用	要素		權責		
				時限	條件	事項	運作	錢糧/其他
卷7	虞衡司分差	寶源局	虞衡司註差員外郎 /寶源局大使	\	關防 鼓鑄公署	監督、專司鼓鑄之事。	\	\
		街道廳	虞衡司註差員外郎 /五城兵馬司（咸隸）	3年	關防 公署	a. 專司街道、溝渠。 b. 時稽覈通、塞。	\	各司關領，或動支各城坊「房號銀」。
		驗試廳	虞衡司註差	3年	關防 公署	專管驗試之事。	a. 一應外解本色物料，其多寡數目，據各司送驗爲憑。 b. 驗中，押送「十庫」收貯；不中，駁還商解更換。 c. 各司外解料銀、各項「折色」，徑送庫貯，本差無與。	/真贋雜投，詐巧百出，典茲任者，稱煩瑣云。
卷8		盔甲王恭廠	a. 「虞衡」分司。 b. 註差主事。 /軍器局	3年	關防	a. 二廠兼領。 b. 專掌修造軍器。	\	\
卷9	都水司	/總理：通惠河、器皿廠、六科廊；於外：北河差郎中、南河差郎中、中河差郎中、夏鎮閘差郎中、南旺泉閘差主事、荊州抽分差主事、杭州抽分差主事、清江廠差主事。	/文思院大使、副使，織染所大使、副使。	\	\	掌，川瀆、陂池、橋道、舟車、織造、衡量事。	奉勑分理。	錢糧不係本部。

續表2

卷次	司別	差名/分差	職官/屬用	要素		權責		
				時限	條件	事項	運作	錢糧/其他
卷10	都水司分差	通惠河	都水司奉敕註差員外郎	3年	駐通州	a. 掌通會河漕政。 b. 修理通州倉廒。 c. 灣廠收發木料。	自大通橋至通州，迤南至天津止，其中閘、垻之事，皆隸焉。	\
卷10	都水司分差	六科廊	都水司註差主事 /文思院、馬槽廠	3年	公署	a. 專掌諸夷賞勞。 b. 內庭典禮取給。	設差于內，督官作匠役，成造備賞。	/內府「六科」之傍，因名。
卷11	都水司分差	器皿廠	都水司註差主事/管繕所，註選所丞一員。	3年	造作公署	a. 專管造光禄寺每歲上供。 b. 太常寺壇、廟之器。	a. 或題造，或咨造，各按「例」斟酌、造辦。 b. 匠作18種：木作、竹作、桶作、蒸籠作、捲胎作、油作、漆作、戧金作、貼金作、染作、索作、絛作、銅作、錫作、鐵作、彩畫作、裁縫作、祭器作。	/九「陵」，及婚、喪典禮，各衙門一應器物。
卷11	屯田司	/臺基柴炭廠、外差「易州山廠」、陵工。	/柴炭司正使一員、副使二員。	\	\	a. 國初，經理開墾器具、耕牛事。 b. 今，耕屯隸有司，止管上供。 c. 監局柴炭與山陵事。 d. 「陵工」臨時委差。	\	/國初，以軍食爲重，特設。
卷12	屯田司分差	臺基柴炭廠	屯田司註差主事	3年	\	a. 專掌柴、炭，供光禄寺「內供」。 b. 內閣、翰林院等衙門，需用柴、炭「本色」，皆就關領。 c. 不時典禮供用，與載有東宮及諸王「出府」等項，係光禄寺所需。	\	\

續表2

總計

	名目	
司差	1庫	節慎
	4司	營繕、虞衡、都水、屯田
	19差	三山大石窩、都重城、修理京倉廠、繕工司（小修）、見工「灰、石作」、清匠司、琉璃黑窑廠、神木廠、山西大木廠、臺基廠、寶源局、街道廳、驗試廳、盔甲王恭廠、通惠河道、六科廊、器皿廠、臺基柴炭廠
	17分差	灣廠（通惠河道兼管）、磚廠（神木廠兼），營繕所、皮作局、軍器局、文思院、織染所、馬槽廠、柴炭司；北河差郎中、南河差郎中、中河差郎中、夏鎮閘差郎中、南旺泉閘差主事、荆州抽分差主事、杭州抽分差主事、清江廠差主事

職官	分司 職名	司別	選任	司隸	資格	分差 職名	所屬/司隸	員額	資格
	郎中	營繕	註差	三山大石窩	正五品	所正	營繕所/營繕	1	正七品
	員外郎	四司	酌委	營繕-見工「灰、石作」	從五品	經歷	武功三衛、各衛-修倉廠/營繕	\	從七品
		營繕	註差	都重城		所副	營繕所/營繕	2	正八品
		虞衡		寶源局、街道廳		所丞	營繕所/營繕，器皿廠（註選）/都水	3	正九品
		都水	奉敕註差	通惠河		大使	寶源局、皮作局/虞衡 文思院-六科廊、織染所/都水	\	
	主事	四司	輪差	節慎庫	正六品		軍器局-盔甲王恭廠/虞衡		從九品
			酌委	營繕-見工「灰、石作」		副使	皮作局/虞衡 文思院-六科廊、織染所/都水		
		營繕	註選	修倉廠、清匠司、琉璃黑窑廠					
						正使	柴炭司/屯田	1	
		虞衡	註差	盔甲王恭廠		副使	軍器局-盔甲王恭廠/虞衡	\	未入流
		都水		六科廊、器皿廠			柴炭司/屯田	2	
		屯田		臺基柴炭廠		\	五城兵馬司-街道廳/虞衡	\	\
							馬槽廠-六科廊/都水		

說明:

1. 各卷次，逕依今次校點新訂《目録》。
2. 全表內容，多據今次校點成果，惟個別字句稍有調整、壓縮。
3. 表末，「總計· 職官-名目」兩「資格」項下，概依《（萬曆重修本）明會典· 吏部九 稽勛清吏司》「資格」條（卷十，第六十四-六十七頁）所開列者填入。惟，個別與《（萬曆重修本）明會典》所載不盡相同者，則暫比照填入，如：「武功三衛」、各衛「經歷」，參自「各衛經歷司經歷」；織染所「大使」、「副使」，參自「織染局大使」、「織染局副使」；柴炭司「正使」，參自「柴炭司大使」；柴炭司「副使」，參自「軍器局副使」。或，據《（萬曆重修本）明會典》他處明文填入，如：織染所「大使」，亦依《兵部四十· 皂隸》「（弘治）十六年題准：凡織染所大使、營繕所所丞，俱九品官員」條（卷一百五十七，第八百〇七頁）；織染所「副使」，亦依《禮部三十七· 印信-印信制度》「刑部、都察院各司獄司，順天、應天二府照磨所、司獄司，鴻臚寺司儀署、司賓署，國子監典籍廳、上林苑監典簿廳，内府寶鈔等各庫、御馬倉、草倉、會同館、織染所、文思院、皮作局、顔料局、鞍轡局、寶源局、軍器局、都稅等司、教坊司，……，以上正、從九品，俱銅印方一寸九分、厚二分二釐」條（卷七十九，第四百五十八頁）。
4. 全表，凡無項目可填者，均以符號「\」補空。

（連　晃　製表）